최신 출제기준 반영

소방설비
기사 실기

기계분야

저자 **강단아**

2025
국가기술자격
검정시험대비

ENGINEER
FIRE PROTECTION SYSTEM - MECHANICAL

예문사

Preface

머리말

소방설비기사 기계분야의 응시자는 꾸준히 증가하는 추세이며, 지난 해 2만 명을 돌파하였습니다. 많은 수험생 여러분께 보다 빠르고 정확한 정보만을 제공할 수 있도록 이론과 과년도 기출문제를 분석하여 체계적으로 정리했습니다.

물론 수험생 여러분이 법제처를 통해 개정된 법을 찾아가면서 공부하는 방법이 가장 좋습니다. 하지만 시간이 금인 현대사회에서 일일이 찾아가며 공부하기에는 효율적이지 않기 때문에 믿을 수 있는 교재 하나만 보고도 충분히 학습할 수 있도록 하였습니다.

이 책은 다음과 같이 구성하였습니다.

1. 이론을 쉽게 이해할 수 있도록 최대한 많은 표와 그림을 사용하였습니다.
   딱딱할 수 있는 문장을 암기하는 것은 여간 어려운 일이 아닙니다. 표나 그림 등 시각적 요소를 통해 개념의 이해와 암기를 도울 수 있도록 하였습니다.
2. 최근 개정된 법규을 반영하였습니다.
   자주 개정되는 소방관련 법령을 반영하였으며 해마다 교재의 내용을 수정하고 보완할 예정입니다.

저는 대학 전공과정에서, 직장에서, 그리고 강의를 하고 있는 지금도 소방 공부를 하고 있습니다. 따라서 수험생 여러분이 어느 부분에서 어려움을 느끼는지도 충분히 이해하고 인지하고 있습니다. 제가 느꼈을 때 어려웠던 부분을 좀 더 쉬운 용어로 풀어서 해석하거나 혹은 간단한 그림을 넣어 최대한 손이 가는 교재를 만들고자 하였습니다.

혹시라도 내용의 오류나 미흡한 부분이 있다면 아낌없는 조언 부탁드립니다. 항상 수험생 여러분의 편의에 맞춰 공부를 할 수 있는 완벽한 교재로 거듭날 수 있도록 노력하겠습니다.

끝으로 출간하기까지 물심양면으로 도와주신 에듀인컴과 도서출판 예문사에 감사의 말씀을 드립니다.

저 자 **강단아**

이 책의 구성

PART 01 이론편

1
표와 그림 등 시각적 요소를 이용
하여 이해와 암기를 돕습니다.

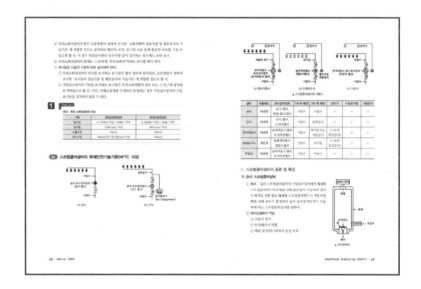

2
화재안전기술기준(NFTC)을 포함
하여 최신 소방관련 법규를 반영
하였습니다.

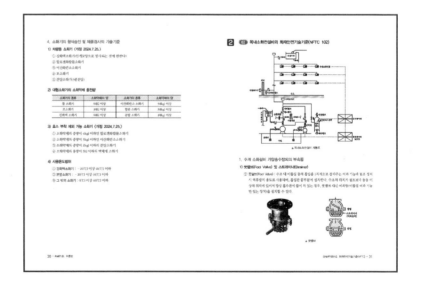

4

PART **02** 기출문제편

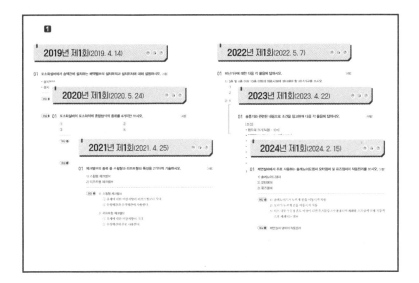

❶ 과년도 기출문제를 회차별로 수록
하여 기출 경향을 파악할 수 있습
니다.

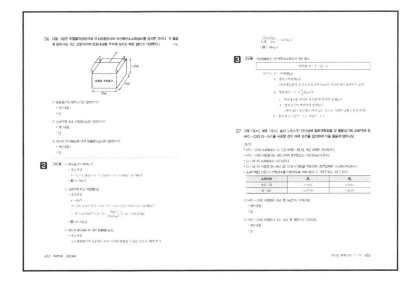

❷ [해답] 입문자도 알기 쉽도록 자세한
계산과정과 정답을 일목요연하게
정리하였습니다.

❸ [해설] 문제와 관련된 개념이나 공식
을 보충하여 완벽히 이해할 수 있
도록 하였습니다.

시험 정보

💬 **소방설비기사 기계분야 출제기준**

직무 분야	안전관리	중직무 분야	안전관리	자격 종목	소방설비기사 (기계분야)	적용 기간	2023. 1. 1. ~ 2025. 12. 31.

직무내용 : 소방시설(기계)의 설계, 공사, 감리 및 점검업체 등에서 설계 도서류를 작성하거나, 소방설비 도서류를
　　　　　바탕으로 공사 관련 업무를 수행하고, 완공된 소방설비의 점검 및 유지관리업무와 소방계획수립을 통해
　　　　　소화, 화재통보 및 피난 등의 훈련을 실시하는 소방안전관리자로서의 주요사항을 수행하는 직무이다.

수행준거 : 1. 소방기계시설의 구성요소에 대한 조작과 특성을 설명할 수 있다.
　　　　　2. 소방시설의 시스템을 설계 할 수 있다.
　　　　　3. 소방시설의 배치계획 및 설계서류 작성 및 적산을 수행할 수 있다.
　　　　　4. 소방시설의 작동 및 유지관리 업무를 수행할 수 있다.
　　　　　5. 소방시설 시공 실무를 수행할 수 있다.

실기검정방법	필답형	시험시간	3시간

실기 과목명	주요항목	세부항목	세세항목
소방기계시설 설계 및 시공 실무	1. 소방기계시설 설계	1. 작업분석하기	1. 현장 여건, 요구사항 분석을 할 수 있다. 2. 기본계획 수립, 기본설계서, 실시설계서를 작성할 수 있다. 3. 공사시방서, 공사내역서, 운영관리지침서를 작성할 수 있다.
		2. 소방기계시설 구성하기	1. 재료의 상호 연관성에 대해 설명할 수 있다. 2. 소방기계시설의 기기 및 부품을 조작할 수 있다. 3. 소방기계시설의 기능 및 특성을 설명할 수 있다.
		3. 소방시설의 시스템 설계하기	1. 소방기계시설을 구성하는 재료의 규격 및 크기를 산정할 수 있다. 2. 소방기계시설의 물량을 결정하기 위한 계산을 수행할 수 있다. 3. 소방기계시설 자료의 활용을 할 수 있다. 4. 도면작성 및 판독을 할 수 있다. 5. 시방서의 작성 등을 할 수 있다.
		4. 소방시설의 배치계획 및 설계서류 작성하기	1. 계통도를 작성할 수 있다. 2. 평면도를 작성할 수 있다. 3. 상세도를 작성할 수 있다. 4. 소방기계시설의 설계 및 시공 관련 업무를 수행할 수 있다. 5. 소방기계설비의 적산 등을 할 수 있다.
	2. 소방기계시설 시공	1. 설계도서 검토하기	1. 설계도서상의 누락, 오류, 문제점을 검토하여 설계도서 검토서를 작성할 수 있다. 2. 설계도면, 시공 상세도, 계산서를 검토하여 시공상의 문제점을 파악하고 조치할 수 있다.

실기 과목명	주요항목	세부항목	세세항목
		2. 소방기계시설 시공하기	1. 소화기구를 설치할 수 있다. 2. 옥내·외소화전설비를 설치할 수 있다. 3. 스프링클러(간이스프링클러)설비를 설치할 수 있다. 4. 물분무소화설비를 설치할 수 있다. 5. 포소화설비를 설치할 수 있다. 6. 이산화탄소소화설비를 설치할 수 있다. 7. 할로겐화합물소화설비를 설치할 수 있다. 8. 분말소화설비를 설치할 수 있다. 9. 청정소화약제소화설비를 설치할 수 있다. 10. 피난기구 및 인명구조기구를 설치할 수 있다. 11. 소화용수설비를 설치할 수 있다. 12. 거실제연 및 특별피난계단 및 비상용 승강기 승강장의 제연설비를 설치할 수 있다. 13. 연결송수관설비, 연결살수설비, 연소방지설비를 설치할 수 있다. 14. 기타 소방기계시설 관련 설비를 설치할 수 있다
		3. 공사 서류 작성하기	1. 시공된 시설을 검사하여 설계도서와 일치여부를 판단할 수 있다. 2. 시공된 시설을 검사하여 관련 서류를 작성할 수 있다. 3. 공정관리 일정을 계획하여 공사일지를 작성할 수 있다.
	3. 소방기계시설 유지관리	1. 소방시설의 작동 및 유지관리 하기	1. 소방시설의 기술공무 관리 및 실무 작업을 할 수 있다. 2. 기계시설의 점검 및 조작을 할 수 있다. 3. 계측 및 사고요인을 파악할 수 있다. 4. 재해방지 및 안전관리 업무를 수행할 수 있다. 5. 자재관리 업무를 수행할 수 있다.
		2. 소방기계 시설의 유지보수 및 시험점검하기	1. 유지보수 관리 및 계획을 수립할 수 있다. 2. 시험 및 검사를 할 수 있다. 3. 기계기구 점검 및 보수작업을 할 수 있다. 4. 설치된 소방시설을 정상 가동하고, 작동기능 점검 사항을 기록할 수 있다. 5. 종합정밀 점검 사항을 기록할 수 있다. 6. 소방시설 운영에 관한 업무 일지를 작성할 수 있다. 7. 기록 사항을 분석하여 보수정비를 할수 있다. 8. 보수에 필요한 부품 및 장비를 확보하고, 점검 기록부를 작성 보존할 수 있다.

차례

PART 01. 이론편

PART
02 기출문제편

차례

01

이론편

소방의 유체역학

01 기초단위 및 주요 물리량

1. 기초단위

1) 절대단위

① 정의 : 길이[m], 질량[kg], 시간[s]을 기본량으로 표현한 단위
② C.G.S 단위계 : 길이[cm], 질량[g], 시간[s] 단위계
③ M.K.S 단위계 : 길이[m], 질량[kg], 시간[s] 단위계

2) 중력단위(공학단위)

① 정의 : 길이[m], 중량[kg$_f$], 시간[s]을 기본량으로 표현한 단위
② C.G.S 단위계 : 길이[cm], 중량[g$_f$], 시간[s] 단위계
③ M.K.S 단위계 : 길이[m], 중량[kg$_f$], 시간[s] 단위계

3) SI단위계(국제표준단위계)

국제적으로 규정한 단위로 7개의 기본단위와 2개의 보조단위로 구성된다.

구분	물리량	SI단위의 명칭	기호
기본단위	길이(Length)	미터(Meter)	m
	질량(Mass)	킬로그램(Kilogram)	kg
	시간(Time)	초(Second)	s
	온도(Temperature)	켈빈(Kelvin)	K
	물질의 양(Amount of Substance)	몰(Mole)	mol
	전류(Electric Current)	암페어(Ampare)	A
	광도(Luminous Intensity)	칸델라(Candela)	cd
보조단위	평면각(Plane Angle)	라디안(Radian)	rad
	입체각(Solid Angle)	스테라디안(Steradian)	sr

4) SI단위계 기본단위에 붙이는 접두사

접두어	인자	기호	접두어	인자	기호
테라(tera)	10^{12}	T	데시(deci)	10^{-1}	d
기가(giga)	10^{9}	G	센티(centi)	10^{-2}	c
메가(mega)	10^{6}	M	밀리(milli)	10^{-3}	m
킬로(kilo)	10^{3}	k	마이크로(micro)	10^{-6}	μ
헥토(hecto)	10^{2}	h	나노(nano)	10^{-9}	n
데카(deca)	10^{1}	da	피코(pico)	10^{-12}	p

5) 차원계의 종류

① MLT계 : M(질량, Mass), L(길이, Length), T(시간, Time)로 표현한 것으로, SI 단위계(질량계)의 차원

② FLT계 : F(힘, Force), L(길이, Length), T(시간, Time)로 표현한 것으로, 공학단위계(중량계)의 차원

2. 주요 물리량

1) 힘(Force, F)

① 정의 : 질량과 가속도의 곱[N][kg · m/s²]

※ 중량(무게) : 질량[kg]을 가진 물체의 중력가속도에 의한 힘

$$F = m \cdot g$$

여기서, F : 힘[kg · m/s²], m : 질량[kg], g : 중력가속도[m/s²]

② 단위 환산

㉠ 절대단위 1[N] = 1[kg · m/s²]

㉡ 중력단위 1[kg$_f$] = 1[kg · force] = 9.8[N]

2) 압력(Pressure, P)

① 정의 : 단위 면적당 작용하는 힘[Pa][N/m²]

$$P = \frac{F}{A}$$

여기서, P : 압력[kgf/cm², N/m²], F : 힘[kgf, N], A : 단면적[m², cm²]

② 단위 환산

㉠ 절대단위 1[Pa] = 1[N/m²]

㉡ 중력단위 1[kg$_f$/cm²] = 9.8[N/cm²]

③ 표준대기압의 크기

$$1[\text{atm}] = 1.0332[\text{kgf/cm}^2] = 10{,}332[\text{kgf/m}^2] = 10.332[\text{mH}_2\text{O}] = 760[\text{mmHg}]$$
$$= 1.01325 \times 10^5[\text{N/m}^2][\text{Pa}] = 101.325[\text{kPa}] = 1{,}013[\text{mbar}] = 14.7[\text{PSI}][\text{lbf/in}^2]$$

④ 압력의 구분

　㉠ 절대압력(Absolute Pressure) : 완전 진공을 기준으로 하여 측정한 압력으로, 대기압까지 포함한 압력

　　• 절대압력 = 대기압력 + 계기압력
　　• 절대압력 = 대기압력 − 진공압력

　㉡ 계기압력(Gauge Pressure) : 국소대기압을 기준으로 한 압력으로, 대기압을 0으로 하여 측정한 압력계의 지시 압력

　　• 계기압력 = 절대압력 − 대기압력

　㉢ 진공압력(Vacuum Pressure) : 대기압보다 작은 정도의 압력으로, 진공계가 지시하는 압력

　　• 진공압력 = 대기압력 − 절대압력

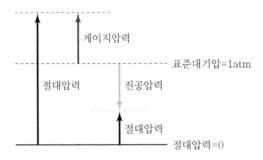

Reference

압력 측정장치 구분

① 압력계 : 대기압보다 큰 압력을 측정하는 압력계기
② 진공계 : 대기압보다 작은 압력을 측정하는 압력계기
③ 연성계 : 대기압보다 큰 정압과 대기압보다 작은 부압을 측정하는 압력계기
　• 정압(＋압력) : 대기압 이상의 압력
　• 부압(−압력) : 대기압 미만의 압력

[압력계]　　　　　　[연성계]　　　　　　[진공계]

3) 일(Work, W)

① 정의 : 힘과 거리의 곱[J][N · m]

$$W = F \times L$$

여기서, W : 일[N · m], F : 힘[kg · m/s²], L : 거리[m]

② 단위 환산

    ㉠ 절대단위 $1[J] = 1[N \cdot m] = 1[kg \cdot m^2/s^2]$

    ㉡ 중력단위 $1[kg_f \cdot m] = 9.8[N \cdot m]$

4) 일률, 동력(Power, P)

① 정의 : 단위 시간당 한 일의 양[W][J/s][N · m/s]

$$P = \frac{W}{t}$$

여기서, P : 일률[N · m/s], W : 일[N · m], t : 시간[s]

② 단위 환산

    ㉠ 절대단위 $1[W] = 1[J/s] = 1[N \cdot m/s] = 1[kg \cdot m^2/s^3]$

    ㉡ 중력단위 $1[kgf \cdot m/s] = 9.8[N \cdot m/s]$

5) 밀도(Density, ρ)

① 정의 : 단위 체적당 질량[kg/m³]

$$\rho = \frac{m}{V}$$

여기서, ρ : 밀도[kg/m³], m : 질량[kg], V : 체적[m³]

② 액체의 밀도 : 온도 및 압력 변화에 따라 부피변화가 거의 일어나지 않아 밀도가 변하지 않는다.

    ※ 물의 밀도(4[℃]) $\rho_w = 1,000[kg/m^3]$

③ 기체의 밀도 : 온도 및 압력 변화에 따라 부피변화가 일어나 밀도가 변한다.

    ㉠ 표준상태(0[℃], 1기압)인 경우

$$\rho = \frac{M}{22.4[m^3]}$$

여기서, ρ : 밀도[kg/m³], M : 분자량[kg]

    ㉡ 그 밖의 경우

$$\rho = \frac{PM}{RT}$$

여기서, ρ : 밀도[kg/m³], P : 압력[N/m²], M : 분자량[kg/kmol]

T : 절대온도[K], R : 기체정수[N·m/kmol·K]

※ 공기의 밀도 $\rho_{air} = 1.275$[kg/m³]

Reference --

비체적(Specific Volume)

단위 질량당 체적[m³/kg]으로 밀도의 역수

$$V_S = \frac{V}{m} = \frac{1}{\rho}$$

여기서, V_S : 비체적[m³/kg], V : 체적[m³], m : 질량[kg], ρ : 밀도[kg/m³]

$$V_S = \frac{1}{\rho} = \frac{RT}{PM}[\text{m}^3/\text{kg}]$$

여기서, V_S : 비체적[m³/kg], ρ : 밀도[kg/m³], R : 기체정수[8,313.85 N·m/kmol·K]

T : 절대온도[K], P : 압력[N/m²], M : 가스의 분자량[kg/kmol]

----

6) 비중량(Specific Weight, γ)

① 정의 : 단위 체적당 중량[N/m³][kgf/m³]

$$\gamma = \frac{W}{V}$$

여기서, γ : 비중량[kgf/m³], W : 중량[kgf], V : 체적[m³]

② 단위 환산

㉠ 절대단위 $\gamma = \dfrac{\text{중량}}{\text{부피}} = \dfrac{W}{V} = \dfrac{m \cdot g}{V} = \rho \cdot g \ [\text{N}/\text{m}^3]$

㉡ 중력단위 $\gamma = \dfrac{\text{절대단위의 비중량}}{g_c} = \dfrac{\rho \cdot g}{g_c} = \dfrac{g}{g_c} \times \rho \ [\text{kgf}/\text{m}^3]$

7) 비중(Specific Gravity, S)

① 정의 : 동일 부피에서 기준물질의 무게에 대한 어떤 물질의 무게의 비 또는 기준물질의 밀도에 대한 어떤 물질의 밀도의 비로 무차원수

② 기체의 비중(증기비중)

증기밀도(증기비중)이 1보다 큰 기체는 공기보다 무겁고, 1보다 작은 기체는 공기보다 가볍다.

$$\frac{\text{어떤 기체의 밀도}}{\text{표준상태에서 공기의 밀도}} = \frac{\rho}{\rho_{Air}} = \frac{\gamma}{\gamma_{Air}} = \frac{\text{어떤 기체의 분자량}}{\text{공기의 평균분자량}} = \frac{M}{29}$$

③ 액체, 고체의 비중

$$\frac{\text{어떤 물질의 밀도}}{4℃ \ \text{물의 밀도}} = \frac{\rho}{\rho_w}$$

8) 온도(Temperature, T)

① 정의 : 어떤 물질의 뜨겁고 차가운 정도를 나타내는 값

② 온도의 구분

　㉠ 섭씨온도[℃]

　　• 1기압에서 순수한 물의 어는점(빙점)을 0[℃], 끓는점(비점)을 100[℃]로 하여, 그 사이를 100등분한 상대온도

　　• 화씨온도[℉]와 관계식 : $℃ = \dfrac{5}{9}(℉ - 32)$

　㉡ 화씨온도[℉]

　　• 1기압에서 순수한 물의 어는점(빙점)을 32[℉], 끓는점(비등점)을 212[℉]로 하여, 그 사이를 180등분한 상대온도

　　• 섭씨온도[℃]와 관계식 : $℉ = \dfrac{9}{5}℃ + 32$

　㉢ 절대온도

　　• 켈빈(Kelvin)온도 : 섭씨온도[℃]의 절대온도 $K = ℃ + 273.15$

　　• 랭킨(Rankine)온도 : 화씨온도[℉]의 절대온도 $℉R = ℉ + 460$

9) 잠열

① 정의 : 온도의 변화 없이 상태가 변할 때 필요한 열량[kcal]

$$Q = m \cdot r$$

여기서, Q : 잠열[kcal], m : 질량[kg], r : 잠열[kcal/kg]

② 물의 기화잠열 : 539[kcal/kg]

③ 얼음의 융해잠열 : 80[kcal/kg]

10) 현열(Sensible Heat)

상태의 변화 없이 온도가 변할 때 필요한 열량[kcal]

$$Q = m \cdot C \cdot \Delta t$$

여기서, Q : 현열[kcal], m : 질량[kg], C : 비열[kcal/kg · ℃], Δt : 온도차[℃][K]

Reference --

비열(Specific Heat)

단위 질량 물질의 온도를 1[℃](1[K]) 높이는 데 필요한 열의 양[kcal/kg · ℃][kJ/kg · ℃]

① 물의 비열 : 1[kcal/kg · ℃]

② 얼음의 비열 : 0.5[kcal/kg · ℃]

----

02 유체역학

1. 기체의 법칙

1) 보일(Boyle)의 법칙

온도가 일정할 때 기체의 체적은 압력에 반비례한다.

$$PV = 일정, \ P_1 V_1 = P_2 V_2$$

여기서, P_1 : 처음 압력, P_2 : 나중 압력, V_1 : 처음 체적, V_2 : 나중 체적

2) 샤를(Charles)의 법칙

압력이 일정할 때 기체의 체적은 절대온도에 비례한다.

$$\frac{V}{T} = 일정, \ \frac{V_1}{T_1} = \frac{V_2}{T_2}$$

여기서, T_1 : 처음 절대온도, T_2 : 나중 절대온도, V_1 : 처음 체적, V_2 : 나중 체적

3) 보일-샤를(Boyle-Charles)의 법칙

기체의 체적은 절대온도에 비례하고 압력에는 반비례한다.

$$\frac{PV}{T} = 일정, \ \frac{P_1 V_1}{T_1} = \frac{P_2 V_2}{T_2}$$

여기서, $P_1(P_2)$: 처음(나중)의 압력, $V_1(V_2)$: 처음(나중)의 체적,
$T_1(T_2)$: 처음(나중)의 절대온도

4) 이상기체 상태방정식

$$PV = nRT, \ n = \frac{W}{M} \ \rightarrow \ PV = \frac{W}{M}RT$$

여기서, P : 압력[N/m²], V : 체적[m³], n : 몰수[kmol], R : 기체상수[N · m/kmol · K]
T : 절대온도[K], M : 분자량[kg], W : 질량[kg]

$$PV = W\overline{R}T$$

여기서, P : 압력[N/m²], V : 체적[m³], W : 기체의 질량[kg]
$\overline{R}$: 특정기체상수[N · m/kg · K], T : 절대온도[K]

기체상수(R)

$PV = nRT$식에서 $R = \dfrac{PV}{nT}$이다.

위 식에 아보가드로의 법칙을 적용시키면

$$R = \frac{1[\text{atm}] \times 22.4[\text{m}^3]}{1[\text{kmol}] \times 273[\text{K}]} = 0.082[\text{atm} \cdot \text{m}^3/\text{kmol} \cdot \text{K}]$$

$$R = \frac{101,325[\text{N/m}^2] \times 22.4[\text{m}^3]}{1[\text{kmol}] \times 273[\text{K}]} = 8,313.85[\text{N} \cdot \text{m}/\text{kmol} \cdot \text{K}]$$

$$R = \frac{101.325[\text{kN/m}^2] \times 22.4[\text{m}^3]}{1[\text{kmol}] \times 273[\text{K}]} = 8.314[\text{kN} \cdot \text{m}/\text{kmol} \cdot \text{K}]$$

특정기체상수($\overline{R}$)

$PV = W\overline{R}T$식에서 $\overline{R} = \dfrac{PV}{WT}$이다.

5) 아보가드로의 법칙

모든 기체는 온도와 압력이 같다면 같은 체적 속에는 같은 수의 분자수를 갖는다. 표준상태(0[℃], 1[atm])에서 모든 기체 1[kmol][mol]이 차지하는 부피는 22.4[m³][L]이며, 그 속에는 6.022×10^{23}개의 분자가 존재한다.

2. 유체의 동역학

1) 연속방정식(Equation of Continuity)

유체가 흐를 때 질량보존의 법칙을 적용한 방정식

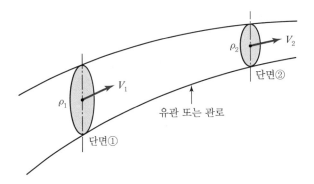

① 질량유량(Mass Flowrate)

$$A_1 V_1 \rho_1 = A_2 V_2 \rho_2$$

여기서, A_1 : 배관 ①의 단면적[mm²], A_2 : 배관 ②의 단면적[mm²]

V_1 : 배관 ①의 유속[m/s], V_2 : 배관 ②의 유속[m/s]

ρ_1 : 배관 ① 유체의 밀도[kg/m³], ρ_2 : 배관 ② 유체의 밀도[kg/m³]

※ 비압축성 유체의 경우 밀도의 변화가 없으므로 $\rho_1 = \rho_2$

$$A_1 V_1 = A_2 V_2$$

② 중량유량(Weight Flowrate)

$$A_1 V_1 \gamma_1 = A_2 V_2 \gamma_2$$

여기서, A_1 : 배관 ①의 단면적[mm²], A_2 : 배관 ②의 단면적[mm²]

V_1 : 배관 ①의 유속[m/s], V_2 : 배관 ②의 유속[m/s]

γ_1 : 배관 ① 유체의 비중량[N/m³], γ_2 : 배관 ② 유체의 비중량[N/m³]

2) 베르누이 방정식(Bernoulli's Equation)

에너지보존의 법칙을 유체의 유동에 적용한 방정식으로 관내에 유체가 정상류(마찰에 의한 에너지 손실이 없는 상태)로 흐를 때 에너지의 총합(전수두)은 항상 일정하다는 법칙

$$\frac{P_1}{\gamma} + \frac{V_1^2}{2g} + Z_1 = \frac{P_2}{\gamma} + \frac{V_2^2}{2g} + Z_2$$

여기서, P : 압력[N/m²], γ : 비중량[N/m³]

V : 유속[m/s], g : 중력가속도[m/s²], H : 전수두[m]

> **Reference** -
>
> $\dfrac{P}{\gamma}$: 압력수두, $\dfrac{V^2}{2g}$: 속도수두, Z : 위치수두

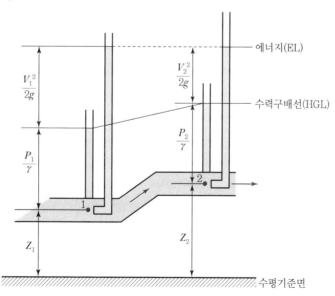

▲ 유관에서 유체의 에너지

수정 베르누이방정식

이상유체가 아닌 실제유체의 유동은 유체가 배관 내를 흐를 때 점성에 의해 마찰손실이 발생하며, 배관 내 펌프가 있는 경우 수정 베르누이 방정식을 사용한다.

$$\frac{P_1}{\gamma} + \frac{V_1^2}{2g} + Z_1 + H = \frac{P_2}{\gamma} + \frac{V_2^2}{2g} + Z_2 + h_L$$

여기서, H : 펌프의 전양정, h_L : 손실수두

---

3) 유량측정

① 노즐의 방사압력을 이용한 유량측정

$$Q = 0.6597\,CD^2\sqrt{10P} = 0.653D^2\sqrt{10P}$$

여기서, Q : 유량[L/min], D : 노즐의 내경[mm], P : 방사압력[MPa]
C : 계수(호스 노즐의 경우 보통 C의 값을 0.99로 본다.)

② 분사헤드의 방사압력을 이용한 유량측정

$$Q = K\sqrt{10P}$$

여기서, Q : 유량[L/min], K : 방출계수, P : 방사압력[MPa]

③ 오리피스(Orifice) 유량계를 이용한 유량측정

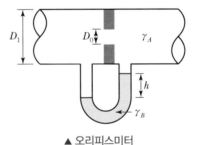

▲ 오리피스미터

$$Q = A_0 V_0, \quad V_0 = \left(\frac{C_0}{\sqrt{1-m^2}}\right)\sqrt{2gH\left(\frac{\gamma_B - \gamma_A}{\gamma_A}\right)} \text{ 이므로}$$

$$Q = \left(\frac{\pi D_0^2}{4}\right)\left(\frac{C_0}{\sqrt{1-m^2}}\right)\sqrt{2gH\left(\frac{\gamma_B - \gamma_A}{\gamma_A}\right)}$$

여기서, Q : 유량[m³/s], A_0 : 오리피스의 단면적[m²], V_0 : 오리피스에서의 유속[m/s]
C_0 : 오리피스 계수, g : 중력가속도[m/s²], H : 마노미터의 높이차[m]
γ_A : A물질의 비중량[N/m³], γ_B : B물질의 비중량[N/m³]
m : 개구비($m < 1$)

$$m = \left(\frac{A_0}{A_1}\right) = \left(\frac{D_0}{D_1}\right)^2$$

④ 벤투리(Venturi) 유량계를 이용한 유량측정

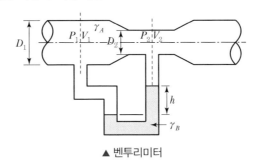

▲ 벤투리미터

$$Q = A_V V_V, \ V_V = \left(\frac{C_V}{\sqrt{1-m^2}} \right) \sqrt{2gH \left(\frac{\gamma_B - \gamma_A}{\gamma_A} \right)} \ \text{이므로}$$

$$Q = \left(\frac{\pi D_V^{\,2}}{4} \right) \left(\frac{C_V}{\sqrt{1-m^2}} \right) \sqrt{2gH \left(\frac{\gamma_B - \gamma_A}{\gamma_A} \right)}$$

여기서, Q : 유량[m³/s], A_V : 벤투리의 단면적[m²], V_V : 벤투리에서의 유속[m/s]

C_V : 벤투리 계수, g : 중력가속도[m/s²], H : 마노미터의 높이차[m]

γ_A : A물질의 비중량[N/m³], γ_B : B물질의 비중량[N/m³], m = 개구비($m < 1$)

유량계의 분류
① 직접법 : 유량을 직접 눈금으로 읽을 수 있는 유량계(로터미터, 위어)
② 간접법 : 계산으로 유량을 측정하는 유량계(오리피스미터, 벤투리미터, 노즐에 의한 방법)

3. 관내의 유동

1) 하겐 – 윌리엄스(Hazen Williams)식

난류흐름의 물이 흐르는 배관 내에 발생되는 마찰손실압력을 구하기 위한 공식

$$\Delta P = 6.053 \times 10^4 \times \frac{Q^{1.85}}{C^{1.85} \times D^{4.87}}$$

여기서, ΔP : 배관 1[m]당의 마찰손실압력[MPa/m]

Q : 배관을 흐르는 유량[L/min]

C : 조도(거칠음계수), D : 배관의 직경[mm]

$$\Delta P = 6.174 \times 10^4 \times \frac{Q^{1.85}}{C^{1.85} \times D^{4.87}}$$

여기서, ΔP : 배관 1[m]당의 마찰손실압력[(kgf/cm²)/m]

Q : 배관을 흐르는 유량[L/min]

C : 조도(거칠음계수), D : 배관의 직경[mm]

▼ 각 배관별 조도

구분		주철관	흑관	백관	동관, 합성수지배관
스프링클러설비	습식	100	120	120	150
	건식	100	100	120	150
	준비작동식	100	100	120	150
	일제살수식	100	120	120	150

2) 달시 – 바이스바하 방정식(Darcy – Weisbach Equation)

정상류(층류 및 난류)의 유체가 흐르는 직관에서 발생하는 마찰손실수두를 구하기 위한 공식

$$h_L = f \frac{L}{D} \frac{V^2}{2g}$$

여기서, h_L : 마찰손실수두[m], f : 마찰계수, D : 배관의 직경[m], L : 직관의 길이[m]

V : 유체의 유속[m/s]

① 마찰계수(f)

㉠ 유체의 흐름이 층류일 때($Re < 2{,}100$) : 관 마찰계수 f는 레이놀즈수만의 함수

$$f = \frac{64}{Re}, \quad Re = \frac{\rho VD}{\mu} = \frac{VD}{\nu}$$

여기서, ρ : 밀도[kg/m³], V : 속도[m/s], D : 관 직경[m]

μ : 점성계수[N · s/m² = Pa · s], ν : 동점성계수[m²/s]

㉡ 유체의 흐름이 난류일 때($Re > 4{,}000$) : 관 마찰계수 f는 상대조도와 무관하고 레이놀즈 수에 의해서 Blasius식을 이용

$$f = 0.3164\, Re^{-\frac{1}{4}}$$

② 수력반경(R_h) : 배관의 단면이 원형관이 아닌 경우 직경 D 대신 수력직경 D_h을 적용한다.

수력반경 R_h[m] $= \dfrac{\text{유동단면적}\,[\mathrm{m}^2]}{\text{접수길이}\,[\mathrm{m}]}$,

수력직경 D_h[m] $= 4 \times$ 수력반경 R_h[m]

㉠ 사각형 관의 수력반경

$$R_h = \frac{\text{가로} \times \text{세로}}{(\text{가로} \times 2) + (\text{세로} \times 2)}$$

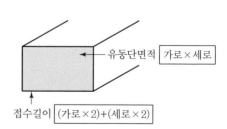

유동단면적 : 가로×세로

접수길이 : (가로×2)+(세로×2)

ⓛ 동심 2중관의 수력반경

$$Rh = \frac{\dfrac{\pi D^2}{4} - \dfrac{\pi d^2}{4}}{(\pi D + \pi d)} = \frac{\dfrac{\pi}{4}(D^2 - d^2)}{\pi(D + d)}$$

$$= \frac{1}{4}(D - d)$$

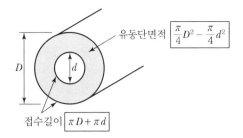

유동단면적 $\boxed{\dfrac{\pi}{4}D^2 - \dfrac{\pi}{4}d^2}$

접수길이 $\boxed{\pi D + \pi d}$

Reference

하겐 – 포아젤의 식(Hargen – Poiselle's Law)

층류의 흐름인 경우 원형 직관에서의 마찰손실을 구하기 위한 공식

손실수두 $H = \dfrac{128\mu l Q}{\pi \rho g D^4} = \dfrac{128\mu l Q}{\pi \gamma D^4}$ $\quad \because \nu = \dfrac{\mu}{\rho}, \gamma = \rho \cdot g$

여기서, μ : 점성계수[N · s/m² = Pa · s], l : 길이[m], Q : 유량[m³/s], γ : 비중량[N/m³]

D : 관직경[m], ν : 동점성계수[m²/s]

$\Delta P = \dfrac{128\mu l Q}{\pi D^4}$ $\quad \because H = \dfrac{\Delta P}{\gamma}, \Delta P = \gamma \cdot H$

---

3) 부차적 손실

직관(주손실) 이외의 배관의 부속류 또는 단면의 변화에 의해 발생되는 기계적인 에너지 손실을 말한다.

① 손실계수 K값이 주어진 경우

$$H = K\frac{V^2}{2g}$$

여기서, H : 손실수두[m], K : 손실계수

V : 유속[m/s], g : 중력가속도[m/s²]

Reference

상당길이(등가길이)가 주어진 경우

$h_L = f\dfrac{L}{D}\dfrac{V^2}{2g} = K\dfrac{V^2}{2g}$

$\therefore K = f\dfrac{L}{D}$ 이므로 $L_e = \dfrac{KD}{f}$

여기서, L_e : 상당길이, K : 손실계수

D : 관의 내경, f : 관의 마찰계수

---

② 관의 확대에 의한 손실

$$H = \frac{(V_1 - V_2)^2}{2g} = \left(1 - \frac{A_1}{A_2}\right)^2 \frac{V_1^2}{2g} = K \frac{V_1^2}{2g}$$

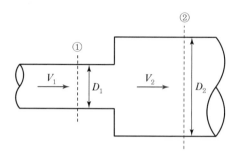

▲ 관의 급격한 확대

③ 관의 축소에 의한 손실

$$H = \frac{(V_0 - V_2)^2}{2g}, \quad A_0 V_0 = A_2 V_2$$

$$\therefore \ V_0 = \frac{A_2}{A_0} V_2$$

$$h_L = \left(\frac{A_2}{A_0} - 1\right)^2 \cdot \frac{V^2}{2g}, \ \frac{A_0}{A_2} = C_c$$

$$h_L = \left(\frac{1}{C_c} - 1\right)^2 \frac{V_2^2}{2g} = K \frac{V_2^2}{2g}$$

C_c : 축소계수, K : 손실계수

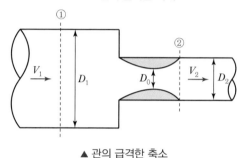

▲ 관의 급격한 축소

4. 운동량에너지 방정식

① 운동량에 의한 노즐의 반발력(반동력)

$$F[\text{N}] = \rho Q \Delta V$$

여기서, F : 노즐의 반발력(반동력)[N]

　　　　ρ : 유체의 밀도[kg/m³](물의 밀도 : 1,000[kg/m³])

　　　　Q : 방수량[m³/s]

　　　　ΔV : 호스와 노즐의 유속차[m/s]

② 노즐의 반발력(반동력) = 플랜지 볼트에 작용하는 힘

$$F[\text{N}] = P_1 A_1 - \rho Q \Delta V$$
$$= \frac{\gamma A_1 Q^2}{2g} \left(\frac{A_1 - A_2}{A_1 A_2}\right)^2$$

여기서, F : 노즐의 반발력(반동력)[N]

　　　　P_1 : 호스 내 압력[Pa]

　　　　A_1 : 호스의 단면적[m²]

　　　　A_2 : 노즐의 단면적[m²]

　　　　ρ : 유체의 밀도[kg/m³](물의 밀도 : 1,000[kg/m³])

γ : 유체의 비중량[N/m³](물의 밀도 : 9,800[N/m³])

Q : 방수량[m³/s]

ΔV : 호스와 노즐의 유속차[m/s]

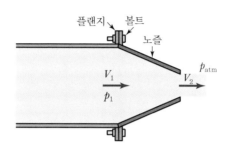

Reference

공식 유도

베르누이 방정식 $\dfrac{P_1}{\gamma} + \dfrac{V_1^2}{2g} + Z_1 = \dfrac{P_2}{\gamma} + \dfrac{V_2^2}{2g} + Z_2$

$$\dfrac{P_1}{\gamma} = \dfrac{V_2^2 - V_1^2}{2g} \ (\because P_2 = P_{atm} = 0, \ Z_1 = Z_2)$$

노즐의 반발력 $F[\text{N}] = P_1 A_1 - \rho Q \Delta V$

$$= \dfrac{\gamma(V_2^2 - V_1^2)}{2g} A_1 - \dfrac{\gamma}{g} Q(V_2 - V_1) \ (\because \gamma = \rho g)$$

연속방정식 $Q = AV$이므로 $V_1 = \dfrac{Q}{A_1}$, $V_2 = \dfrac{Q}{A_2}$ 을 위의 공식에 각각 대입하면

$$\therefore F[\text{N}] = \dfrac{\gamma A_1}{2g} \left\{ \left(\dfrac{Q}{A_2}\right)^2 - \left(\dfrac{Q}{A_1}\right)^2 \right\} - \dfrac{\gamma}{g} Q \left(\dfrac{Q}{A_2} - \dfrac{Q}{A_1} \right)$$

$$= \dfrac{\gamma A_1 Q^2}{2g} \left\{ \left(\dfrac{1}{A_2}\right)^2 - \left(\dfrac{1}{A_1}\right)^2 \right\} - \dfrac{\gamma A_1 Q^2}{2g} \left(\dfrac{2}{A_2 A_1} - \dfrac{2}{A_1^2} \right)$$

$$= \dfrac{\gamma A_1 Q^2}{2g} \left(\dfrac{1}{A_2^2} - \dfrac{2}{A_2 A_1} + \dfrac{1}{A_1^2} \right)$$

$$= \dfrac{\gamma A_1 Q^2}{2g} \left(\dfrac{A_1^2 - 2A_1 A_2 + A_2^2}{(A_1 A_2)^2} \right)$$

$$= \dfrac{\gamma A_1 Q^2}{2g} \left(\dfrac{A_1 - A_2}{A_1 A_2} \right)^2$$

※ 노즐 구경 D[mm]와 방수압 P[MPa]가 주어진 경우 노즐의 반발력

$$F[\text{N}] = \rho Q \Delta V = \rho \times \dfrac{D^2 \pi}{4} \times (\sqrt{2gh})^2 \ (\because \text{토리첼리방정식} \ V = \sqrt{2gh})$$

$$= \dfrac{\gamma}{g} \times \dfrac{D^2 \pi}{4} \times 2g \dfrac{P}{\gamma} \ (\because P = \gamma H)$$

$$= \dfrac{2\pi D^2 P}{4} = 1.57 D^2 P$$

03 펌프 및 펌프의 이상현상

1. 펌프

1) 원심펌프(Centrifugal Pump)

회전식 펌프로서 보통 소방용 펌프로 많이 사용한다. 임펠러(Impeller)의 회전에 의해 생기는 원심력을 이용하여 속도에너지를 압력에너지로 변환하는 방식의 펌프이다.

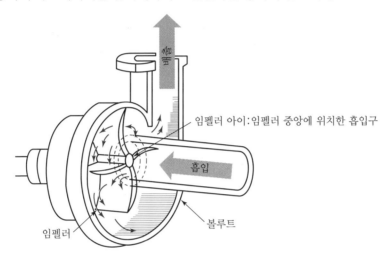

흡입 측으로 들어온 (비압축성)유체는 임펠러의 중심으로 유입되면, 임펠러가 회전하면서 발생하는 원심력에 의하여 유체가 임펠러 바깥쪽으로 밀려나면서 속도가 빨라진다. 유체의 속도를 더 빠르게 하기 위해서는 임펠러의 크기를 더 키우거나 회전속도를 빠르게 한다.

2) 안내깃에 따른 분류

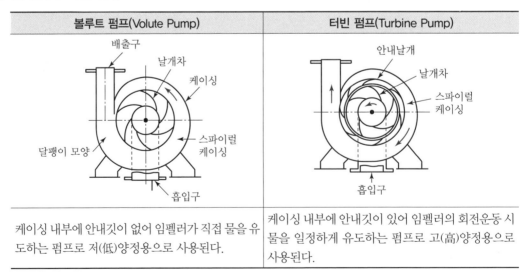

볼루트 펌프(Volute Pump)	터빈 펌프(Turbine Pump)
케이싱 내부에 안내깃이 없어 임펠러가 직접 물을 유도하는 펌프로 저(低)양정용으로 사용된다.	케이싱 내부에 안내깃이 있어 임펠러의 회전운동 시 물을 일정하게 유도하는 펌프로 고(高)양정용으로 사용된다.

3) 소방펌프의 성능

① 소방펌프는 소화설비별 토출압력과 토출량을 충족하면서 다음 기준에 적합하여야 한다.

    ㉠ 체절양정은 정격토출양정의 140[%]를 초과하지 아니할 것

    ㉡ 정격토출량의 150[%]로 운전 시 정격토출압력의 65[%] 이상일 것

② 펌프의 성능곡선

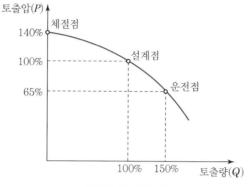

▲ 펌프의 성능시험곡선

5) 펌프의 동력

① 수동력(Water Horse Power) : 펌프 내에 회전차(임펠러)의 회전에 의하여 펌프를 통과하는 유체에 주어지는 동력, 즉 펌프에 의해 유체에 공급되는 동력

$$P = \gamma \times Q \times H$$

여기서, P : 수동력[kW], γ : 비중량[kN/m³] (물의 비중량 : 9.8[kN/m³])
        Q : 정격토출량[m³/s], H : 전양정[m]

② 축동력(Brake Horse Power) : 전동기가 펌프를 구동하는 데 필요한 동력, 즉 모터에 의해 실제로 펌프에 주어지는 동력

$$P = \frac{\gamma \times Q \times H}{\eta}$$

여기서, P : 수동력[kW], γ : 비중량[kN/m³] (물의 비중량 : 9.8[kN/m³])
        Q : 정격토출량[m³/s], H : 전양정[m], η : 펌프의 효율

③ 전동기동력(Electrical or Engine Horse Power) : 모터 또는 엔진에 공급되는 동력

$$P = \frac{\gamma \times Q \times H}{\eta} \times K$$

여기서, P : 수동력[kW], γ : 비중량[kN/m³] (물의 비중량 : 9.8[kN/m³])
        Q : 정격토출량[m³/s], H : 전양정[m], η : 펌프의 효율, K : 전달계수

단위환산(일률, 마력)

- 1[HP]＝0.746[kW]
- 1[PS]＝0.736[kW]

펌프의 효율계산

- 펌프효율(η_p)＝체적효율(η_v)×수력효율(η_h)×기계효율(η_m)
- 펌프효율(η_p)＝$\dfrac{수동력}{축동력}$

2. 펌프의 상사법칙(펌프를 서로 다른 속도, 다른 임펠러의 지름으로 운전하는 경우)

1) 유량

$$\frac{Q_2}{Q_1} = \left(\frac{N_2}{N_1}\right) \times \left(\frac{D_2}{D_1}\right)^3$$

여기서, N : 회전수[rpm], D : 펌프의 직경[m]

2) 양정

$$\frac{H_2}{H_1} = \left(\frac{N_2}{N_1}\right)^2 \times \left(\frac{D_2}{D_1}\right)^2$$

여기서, N : 회전수[rpm], D : 펌프의 직경[m]

3) 동력

$$\frac{P_2}{P_1} = \left(\frac{N_2}{N_1}\right)^3 \times \left(\frac{D_2}{D_1}\right)^5$$

여기서, N : 회전수[rpm], D : 펌프의 직경[m]

4) 비속도(비교회전도)

토출량 1[m³/min], 양정 1[m]가 되도록 설계할 경우 임펠러의 분당 회전수를 말한다.

$$N_s = \frac{N\sqrt{Q}}{\left(\dfrac{H}{n}\right)^{\frac{3}{4}}}$$

여기서, N_s : 비속도[rpm · m³/min · m], N : 임펠러의 회전속도[rpm],
Q : 토출량[m³/min], H : 펌프의 전양정[m], n : 단수

5) 펌프의 압축비

$$K = \sqrt[n]{\frac{P_2}{P_1}}$$

여기서, K : 압축비, n : 펌프의 단수, P_1 : 펌프의 흡입압력, P_2 : 펌프의 토출압력

6) 펌프의 연결(토출량 Q, 양정 H인 펌프 2대를 직렬 또는 병렬로 연결한 경우)

① 직렬연결 : 양정이 2배가 된다.($Q_2 = Q_1$, $H_2 = 2H_1$)

② 병렬연결 : 유량이 2배가 된다.($H_2 = H_1$, $Q_2 = 2Q_1$)

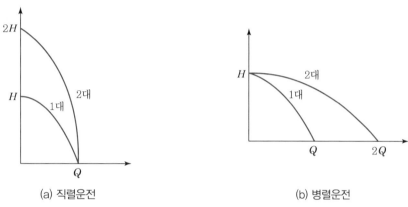

(a) 직렬운전   (b) 병렬운전

▲ 직렬운전, 병렬운전

7) 펌프의 흡입양정(NPSH : Net Positive Suction Head)

① 유효흡입양정($NPSH_{av}$: Available Net Positive Suction Head) : 펌프의 설치 현장 조건에 따른 흡입수두로서 펌프 자체와는 무관하게 흡입 측 배관 또는 시스템에 따라 정해진다.

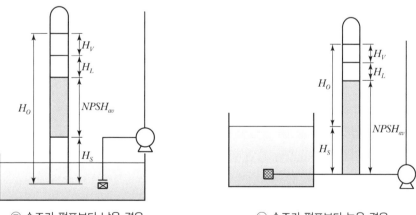

㉠ 수조가 펌프보다 낮은 경우   ㉡ 수조가 펌프보다 높은 경우

▲ 유효흡입양정

⊙ 수조가 펌프보다 낮을 때(흡입일 때)

$$NPSH_{av} = H_O - H_V - H_S - H_L$$

⊙ 수조가 펌프보다 높을 때(압입(정압)일 때)

$$NPSH_{av} = H_O - H_V + H_S - H_L$$

여기서, $NPSH_{av}$: 유효흡입양정[m], H_O : 대기압수두[m], H_V : 포화증기압수두[m],
H_S : 흡입 측 배관의 흡입수두[m], H_L : 흡입마찰수두[m]

② 필요흡입양정($NPSH_{re}$: Required Net Positive Suction Head) : 펌프의 형식에 따라 정해지는 흡입수두로서 펌프의 종류나 양정에 따라 다른 값을 가진다.

③ 공동(Cavitation)현상이 발생되지 않을 조건 : 유효흡입양정($NPSH_{av}$)이 필요흡입양정($NPSH_{re}$)보다 작으면 임펠러 내부의 압력이 떨어져서 포화증기압 이하가 되고 물의 증발로 기포가 발생하면서 공동현상이 발생한다. 따라서 펌프의 흡입구에서 포화증기압 이상으로 압력을 유지해야 한다.

⊙ $NPSH_{av} \geq NPSH_{re}$: 공동현상이 발생하지 않는다.

⊙ $NPSH_{av} < NPSH_{re}$: 공동현상이 발생할 수 있다.

→ 설계조건 : $NPSH_{av} \geq NPSH_{re} \times 1.3$

3. 펌프의 이상현상

1) 공동[캐비테이션(Cavitation)]현상

(1) 정의

흡입양정이 높거나 유속의 급격한 변화 등으로 배관 내 유체의 압력이 국부적으로 포화증기압 이하로 내려가면서 기포(공간)가 발생하는 현상이다.

(2) 개선대책

① 수조를 펌프보다 높게 설치한다.

② 펌프의 흡입 측을 최소화하여 흡입양정을 작게 한다.

③ 펌프의 흡입 측 배관의 유속을 줄인다.

④ 펌프의 흡입관경을 크게 한다.

⑤ 펌프 임펠러의 회전속도를 줄인다.

⑥ 펌프 임펠러의 유속을 줄인다.

2) 수격[워터해머링(Water Hammering)]현상

(1) 정의

밸브의 급격한 개폐 등으로 인한 유체의 흐름이 급변하는 경우 유체의 운동에너지가 압력에너지로 바뀌면서 진동 및 충격을 발생시키는 현상이다.

(2) 개선대책

　① 토출 측에 서지탱크(Surge Tank) 또는 수격방지기를 설치한다.

　② 급격하게 밸브 개폐조작을 하지 않는다.

　③ 펌프의 흡입 측 배관의 유속을 줄인다.

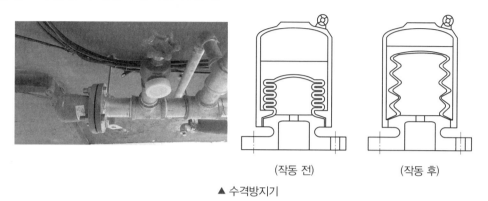

(작동 전)　　　(작동 후)

▲ 수격방지기

3) 맥동[서징(Surging)]현상

(1) 정의

유량이 주기적으로 변하여 펌프 입출구에 설치된 진공계 · 압력계가 흔들리고 진공과 소음이 일어나며 펌프의 토출유량이 변하는 현상이다.

(2) 개선대책

　① 펌프의 양정곡선이 우하향인 특성의 부분만 상시 사용한다.

　　이를 위해 펌프에 바이패스 라인을 설치하고, 우상향 부분의 토출량을 항시 바이패스시킨다.

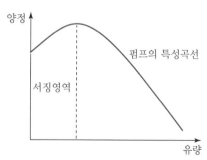

　② 유량조절밸브를 배관 중 수조의 전방에 설치한다.

　③ 토출 배관은 공기가 고이지 않도록 약간 상향 구배의 배관을 한다.

　④ 운전점을 고려하여 적합한 펌프를 선정한다.

　⑤ 풍량 또는 토출량을 줄인다.

　⑥ 방출밸브 등을 써서 펌프 속의 양수량을 서징할 때의 양수량 이상으로 증가시키거나 무단 변속기 등을 써서 회전차의 회전수를 변화시킨다.

　⑦ 배관 내의 불필요한 공기탱크 등을 제거하고 관로의 단면적, 유속, 저항 등을 바꾼다.

01 소화기구 및 자동소화장치의 화재안전기술기준(NFTC 101)

1. 설치대상

1) 소화기구 설치대상

① 연면적 33[m²] 이상인 것. 다만, 노유자 시설의 경우에는 투척용 소화용구 등을 화재안전기준에 따라 산정된 소화기 수량의 2분의 1 이상으로 설치할 수 있다.

② ①에 해당하지 않는 시설로서 가스시설, 발전시설 중 전기저장시설 및 문화재

③ 터널

④ 지하구

2) 자동소화장치 설치대상(후드 및 덕트가 설치되어 있는 주방에 한한다)

① 주거용 주방자동소화장치를 설치해야 하는 것 : 아파트 등 및 오피스텔의 모든 층

② 상업용 주방자동소화장치를 설치해야 하는 것

　㉠ 판매시설 중 「유통산업발전법」에 해당하는 대규모점포에 입점해 있는 일반음식점

　㉡ 「식품위생법」 제2조제12호에 따른 집단급식소

③ 캐비닛형 자동소화장치, 가스자동소화장치, 분말자동소화장치 또는 고체에어로졸자동소화장치를 설치해야 하는 것 : 화재안전기준에서 정하는 장소

2. 용어의 정의

① "소화약제"란 소화기구 및 자동소화장치에 사용되는 소화성능이 있는 고체·액체 및 기체의 물질을 말한다.

② "소화기"란 소화약제를 압력에 따라 방사하는 기구로서 사람이 수동으로 조작하여 소화하는 다음의 소화기를 말한다.

　㉠ "소형소화기"란 능력단위가 1단위 이상이고 대형소화기의 능력단위 미만인 소화기를 말한다.

　㉡ "대형소화기"란 화재 시 사람이 운반할 수 있도록 운반대와 바퀴가 설치되어 있고 능력단위가 A급 10단위 이상, B급 20단위 이상인 소화기를 말한다.

③ "자동확산소화기"란 화재를 감지하여 자동으로 소화약제를 방출 확산시켜 국소적으로 소화하는 다음 각 소화기를 말한다. 〈개정 2023.8.9.〉

ⓐ "일반화재용자동확산소화기"란 보일러실, 건조실, 세탁소, 대량화기취급소 등에 설치되는 자동확산소화기를 말한다.

ⓑ "주방화재용자동확산소화기"란 음식점, 다중이용업소, 호텔, 기숙사, 의료시설, 업무시설, 공장 등의 주방에 설치되는 자동확산소화기를 말한다.

ⓒ "전기설비용자동확산소화기"란 변전실, 송전실, 변압기실, 배전반실, 제어반, 분전반 등에 설치되는 자동확산소화기를 말한다.

④ "자동소화장치"란 소화약제를 자동으로 방사하는 고정된 소화장치로서 형식승인이나 성능인증을 받은 유효설치 범위(설계방호체적, 최대설치높이, 방호면적 등을 말한다) 이내에 설치하여 소화하는 다음 각 소화장치를 말한다.

ⓐ "주거용 주방자동소화장치"란 주거용 주방에 설치된 열발생 조리기구의 사용으로 인한 화재 발생 시 열원(전기 또는 가스)을 자동으로 차단하며 소화약제를 방출하는 소화장치를 말한다.

ⓑ "상업용 주방자동소화장치"란 상업용 주방에 설치된 열발생 조리기구의 사용으로 인한 화재 발생 시 열원(전기 또는 가스)을 자동으로 차단하며 소화약제를 방출하는 소화장치를 말한다.

ⓒ "캐비닛형 자동소화장치"란 열, 연기 또는 불꽃 등을 감지하여 소화약제를 방사하여 소화하는 캐비닛 형태의 소화장치를 말한다.

ⓓ "가스자동소화장치"란 열, 연기 또는 불꽃 등을 감지하여 가스계 소화약제를 방사하여 소화하는 소화장치를 말한다.

ⓔ "분말자동소화장치"란 열, 연기 또는 불꽃 등을 감지하여 분말의 소화약제를 방사하여 소화하는 소화장치를 말한다.

ⓕ "고체에어로졸자동소화장치"란 열, 연기 또는 불꽃 등을 감지하여 에어로졸의 소화약제를 방사하여 소화하는 소화장치를 말한다.

⑤ "거실"이란 거주 · 집무 · 작업 · 집회 · 오락 그 밖에 이와 유사한 목적을 위하여 사용하는 방을 말한다.

⑥ "능력단위"란 소화기 및 소화약제에 따른 간이소화용구에 있어서는 형식승인된 수치를 말하며, 소화약제 외의 것을 이용한 간이소화용구에 있어서는 표에 따른 수치를 말한다.

▼ 간이소화용구의 능력단위

간이소화용구		능력단위
1. 마른 모래	삽을 상비한 50[L] 이상의 것 1포	0.5단위
2. 팽창질석 또는 팽창진주암	삽을 상비한 80[L] 이상의 것 1포	0.5단위

⑦ "일반화재(A급 화재)"란 나무, 섬유, 종이, 고무, 플라스틱류와 같은 일반 가연물이 타고 나서 재가 남는 화재를 말한다. 일반화재에 대한 소화기의 적응 화재별 표시는 'A'로 표시한다.

⑧ "유류화재(B급 화재)"란 인화성 액체, 가연성 액체, 석유 그리스, 타르, 오일, 유성도료, 솔벤트,

래커, 알코올 및 인화성 가스와 같은 유류가 타고 나서 재가 남지 않는 화재를 말한다. 유류화재에 대한 소화기의 적응 화재별 표시는 'B'로 표시한다.

⑨ "전기화재(C급 화재)"란 전류가 흐르고 있는 전기기기, 배선과 관련된 화재를 말한다. 전기화재에 대한 소화기의 적응 화재별 표시는 'C'로 표시한다.

⑩ "주방화재(K급 화재)"란 주방에서 동식물유를 취급하는 조리기구에서 일어나는 화재를 말한다. 주방화재에 대한 소화기의 적응 화재별 표시는 'K'로 표시한다.

⑪ "금속화재(D급 화재)"란 마그네슘 합금 등 가연성 금속에서 일어나는 화재를 말한다. 금속화재에 대한 소화기의 적응 화재별 표시는 'D'로 표시한다. 〈신설 2024.7.25.〉

3. 소화기구 설치기준

1) 특정소방대상물의 설치장소에 따라 표에 적합한 종류의 것으로 할 것

▼ 소화기구 소화약제별 적응성 〈신설 2024.7.25.〉

소화약제 구분 / 적응대상	가스			분말		액체				기타			
	이산화탄소소화약제	할론소화약제	할로겐화합물 및 불활성기체소화약제	인산염류소화약제	중탄산염류소화약제	산알칼리소화약제	강화액소화약제	포소화약제	물·침윤소화약제	고체에어로졸화합물	마른모래	팽창질석·팽창진주암	그밖의것
일반화재 (A급 화재)	–	○	○	○	–	○	○	○	○	○	○	○	–
유류화재 (B급 화재)	○	○	○	○	○	○	○	○	○	○	○	○	–
전기화재 (C급 화재)	○	○	○	○	○	*	*	*	*	○	–	–	–
주방화재 (K급 화재)	–	–	–	–	*	–	*	*	*	–	–	–	*
급속화재 (D급 화재)	–	–	–	–	*	–	–	–	–	–	○	○	*

[비고] "*"의 소화약제별 적응성은 「소방시설 설치 및 관리에 관한 법률」 제37조에 의한 형식승인 및 제품검사의 기술기준에 따라 화재 종류별 적응성에 적합한 것으로 인정되는 경우에 한한다.

2) 특정소방대상물에 따른 소화기구의 능력단위는 표의 기준에 따를 것

▼ 특정소방대상물별 소화기구의 능력단위

특정소방대상물	소화기구의 능력단위
1. 위락시설	해당 용도의 바닥면적 30[m²]마다 능력단위 1단위 이상

특정소방대상물	소화기구의 능력단위
2. 공연장 · 집회장 · 관람장 · 문화재 · 장례식장 및 의료시설	해당 용도의 바닥면적 50[m²]마다 능력단위 1단위 이상
3. 근린생활시설 · 판매시설 · 운수시설 · 숙박시설 · 노유자시설 · 전시장 · 공동주택 · 업무시설 · 방송통신시설 · 공장 · 창고시설 · 항공기 및 자동차 관련 시설 및 관광휴게시설	해당 용도의 바닥면적 100[m²]마다 능력단위 1단위 이상
4. 그 밖의 것	해당 용도의 바닥면적 200[m²]마다 능력단위 1단위 이상

[비고] 소화기구의 능력단위를 산출함에 있어서 건축물의 주요구조부가 내화구조이고, 벽 및 반자의 실내에 면하는 부분이 불연재료 · 준불연재료 또는 난연재료로 된 특정소방대상물에 있어서는 위 표의 바닥면적의 2배를 해당 특정소방대상물의 기준면적으로 한다.

3) 2)에 따른 능력단위 외에 표에 따라 부속용도별로 사용되는 부분에 대하여는 소화기구 및 자동소화장치를 추가하여 설치할 것

▼ 부속용도별로 추가해야 할 소화기구 및 자동소화장치 〈개정 2024.7.25.〉

용도별	소화기구의 능력단위
1. 다음 각목의 시설. 다만, 스프링클러설비 · 간이스프링클러설비 · 물분무등소화설비 또는 상업용 주방자동소화장치가 설치된 경우에는 자동확산소화기를 설치하지 않을 수 있다. 가. 보일러실 · 건조실 · 세탁소 · 대량화기취급소 나. 음식점(지하가의 음식점을 포함한다) 다중이용업소 · 호텔 · 기숙사 · 노유자시설 · 의료시설 · 업무시설 · 공장 · 장례식장 · 교육연구시설 · 교정 및 군사시설의 주방. 다만, 의료시설 · 업무시설 및 공장의 주방은 공동취사를 위한 것에 한한다. 다. 관리자의 출입이 곤란한 변전실 · 송전실 · 변압기실 및 배전반실(불연재료로된 상자 안에 장치된 것을 제외한다)	1. 해당 용도의 바닥면적 25[m²]마다 능력단위 1단위 이상의 소화기로 할 것. 이 경우 나목의 주방에 설치하는 소화기 중 1개 이상은 주방화재용 소화기(K급)로 설치해야 한다. 2. 자동확산소화기는 해당 용도의 바닥면적을 기준으로 10[m²] 이하는 1개, 10[m²] 초과는 2개 이상을 설치하되, 보일러, 조리기구, 변전설비 등 방호대상에 유효하게 분사될 수 있는 위치에 배치될 수 있는 수량으로 설치할 것
2. 발전실 · 변전실 · 송전실 · 변압기실 · 배전반실 · 통신기기실 · 전산기기실 · 기타 이와 유사한 시설이 있는 장소. 다만, 제1호 다목의 장소를 제외한다.	해당 용도의 바닥면적 50[m²]마다 적응성이 있는 소화기 1개 이상 또는 유효설치방호체적 이내의 가스 · 분말 · 고체에어로졸 자동소화장치, 캐비닛형자동소화장치(다만, 통신기기실 · 전자기기실을 제외한 장소에 있어서는 교류 600[V] 또는 직류 750[V] 이상의 것에 한한다)
3. 「위험물안전관리법 시행령」 별표 1에 따른 지정수량의 1/5 이상 지정수량 미만의 위험물을 저장 또는 취급하는 장소	능력단위 2단위 이상 또는 유효설치방호체적 이내의 가스 · 분말 · 고체에어로졸 자동소화장치, 캐비닛형 자동소화장치

용도별				소화기구의 능력단위
4. 「화재의 예방 및 안전관리에 관한 법률 시행령」 별표 2에 따른 특수가연물을 저장 또는 취급하는 장소	「화재의 예방 및 안전관리에 관한 법률 시행령」 별표 2에서 정하는 수량 이상			「화재의 예방 및 안전관리에 관한 법률 시행령」 별표 2에서 정하는 수량의 50배 이상마다 능력단위 1단위 이상
	「화재의 예방 및 안전관리에 관한 법률 시행령」 별표 2에서 정하는 수량의 500배 이상			대형소화기 1개 이상
5. 「고압가스안전관리법」, 「액화석유가스의 안전관리 및 사업법」 및 「도시가스사업법」에서 규정하는 가연성가스를 연료로 사용하는 장소	액화석유가스 기타 가연성가스를 연료로 사용하는 연소기기가 있는 장소			각 연소기로부터 보행거리 10[m] 이내에 능력단위 3단위 이상의 소화기 1개 이상. 다만, 상업용 주방자동소화장치가 설치된 장소는 제외한다.
	액화석유가스 기타 가연성가스를 연료로 사용하기 위하여 저장하는 저장실(저장량 300[kg] 미만은 제외한다)			능력단위 5단위 이상의 소화기 2개 이상 및 대형소화기 1개 이상
6. 「고압가스안전관리법」, 「액화석유가스의 안전관리 및 사업법」 또는 「도시가스사업법」에서 규정하는 가연성가스를 제조하거나 연료 외의 용도로 사용하는 장소	저장하고 있는 양 또는 1개월 동안 제조·사용하는 양	200[kg] 미만	저장하는 장소	능력단위 3단위 이상의 소화기 2개 이상
			제조·사용하는 장소	능력단위 3단위 이상의 소화기 2개 이상
		200[kg] 이상 300[kg] 미만	저장하는 장소	능력단위 5단위 이상의 소화기 2개 이상
			제조·사용하는 장소	바닥면적 50[m²]마다 능력단위 5단위 이상의 소화기 1개 이상
		300[kg] 이상	저장하는 장소	대형소화기 2개 이상
			제조·사용하는 장소	바닥면적 50[m²]마다 능력단위 5단위 이상의 소화기 1개 이상
7. 마그네슘 합금 칩을 저장 또는 취급하는 장소				금속화재용 소화기(D급) 1개 이상을 금속재료로부터 보행거리 20[m] 이내로 설치할 것

[비고] 액화석유가스·기타 가연성가스를 제조하거나 연료 외의 용도로 사용하는 장소에 소화기를 설치하는 때에는 해당 장소 바닥면적 50[m²] 이하인 경우에도 해당 소화기를 2개 이상 비치해야 한다.

4) 소화기 설치기준

① 특정소방대상물의 각 층마다 설치하되, 각층이 2 이상의 거실로 구획된 경우에는 각 층마다 설치하는 것 외에 바닥면적이 33[m²] 이상으로 구획된 각 거실에도 배치할 것 〈개정 2024.1.1.〉

② 특정소방대상물의 각 부분으로부터 1개의 소화기까지의 보행거리가 소형소화기의 경우에는 20[m] 이내, 대형소화기의 경우에는 30[m] 이내가 되도록 배치할 것. 다만, 가연성 물질이 없는 작업장의 경우에는 작업장의 실정에 맞게 보행거리를 완화하여 배치할 수 있다.

5) 소화기구(자동확산소화기를 제외한다)는 거주자 등이 손쉽게 사용할 수 있는 장소에 바닥으로부터 높이 1.5[m] 이하의 곳에 비치하고, 소화기에 있어서는 "소화기", 투척용 소화용구에 있어서는 "투척용 소화용구", 마른모래에 있어서는 "소화용 모래", 팽창질석 및 팽창진주암에 있어서는 "소화질석"이라고 표시한 표지를 보기 쉬운 곳에 부착할 것. 다만, 소화기 및 투척용 소화용구의 표지는 「축광표지의 성능인증 및 제품검사의 기술기준」에 적합한 축광식 표지로 설치하고, 주차장의 경우 표지를 바닥으로부터 1.5[m] 이상의 높이에 설치할 것

6) **자동확산소화기 설치기준**

   ① 방호대상물에 소화약제가 유효하게 방출될 수 있도록 설치할 것
   ② 작동에 지장이 없도록 견고하게 고정할 것

7) **주거용 주방자동소화장치 설치기준**

   ① 소화약제 방출구는 환기구(주방에서 발생하는 열기류 등을 밖으로 배출하는 장치를 말한다)의 청소부분과 분리되어 있어야 하며, 형식승인 받은 유효설치 높이 및 방호면적에 따라 설치할 것
   ② 감지부는 형식승인 받은 유효한 높이 및 위치에 설치할 것
   ③ 차단장치(전기 또는 가스)는 상시 확인 및 점검이 가능하도록 설치할 것
   ④ 가스용 주방자동소화장치를 사용하는 경우 탐지부는 수신부와 분리하여 설치하되, 공기보다 가벼운 가스를 사용하는 경우에는 천장 면으로부터 30[cm] 이하의 위치에 설치하고, 공기보다 무거운 가스를 사용하는 장소에는 바닥 면으로부터 30[cm] 이하의 위치에 설치할 것
   ⑤ 수신부는 주위의 열기류 또는 습기 등과 주위온도에 영향을 받지 않고 사용자가 상시 볼 수 있는 장소에 설치할 것

8) **상업용 주방자동소화장치 설치기준**

   ① 소화장치는 조리기구의 종류별로 성능인증을 받은 설계 매뉴얼에 적합하게 설치할 것
   ② 감지부는 성능인증을 받은 유효높이 및 위치에 설치할 것
   ③ 차단장치(전기 또는 가스)는 상시 확인 및 점검이 가능하도록 설치할 것
   ④ 후드에 설치되는 분사헤드는 후드의 가장 긴 변의 길이까지 방출될 수 있도록 소화약제의 방출방향 및 거리를 고려하여 설치할 것
   ⑤ 덕트에 설치되는 분사헤드는 성능인증을 받은 길이 이내로 설치할 것

9) **소화기구 설치제외**

   이산화탄소 또는 할로겐화합물을 방출하는 소화기구(자동확산소화기를 제외한다)는 지하층이나 무창층 또는 밀폐된 거실로서 그 바닥면적이 20[m²] 미만의 장소에는 설치할 수 없다. 다만, 배기를 위한 유효한 개구부가 있는 장소인 경우에는 그렇지 않다.

4. 소화기의 형식승인 및 제품검사의 기술기준

1) 차량용 소화기 〈개정 2024.7.25.〉

① 강화액소화기(안개모양으로 방사되는 것에 한한다)
② 할로겐화합물소화기
③ 이산화탄소소화기
④ 포소화기
⑤ 분말소화기(3종분말)

2) 대형소화기의 소화약제 충전량

소화기의 종류	소화약제의 양	소화기의 종류	소화약제의 양
물 소화기	80[L] 이상	이산화탄소 소화기	50[kg] 이상
포소화기	20[L] 이상	할론 소화기	30[kg] 이상
강화액 소화기	60[L] 이상	분말 소화기	20[kg] 이상

3) 호스 부착 제외 가능 소화기 〈개정 2024.7.25.〉

① 소화약제의 중량이 4[kg] 이하인 할로겐화합물소화기
② 소화약제의 중량이 3[kg] 이하인 이산화탄소소화기
③ 소화약제의 중량이 2[kg] 이하의 분말소화기
④ 소화약제의 용량이 3[L] 이하의 액체계 소화기

4) 사용온도범위

① 강화액소화기 : $-20[℃]$ 이상 $40[℃]$ 이하
② 분말소화기 : $-20[℃]$ 이상 $40[℃]$ 이하
③ 그 밖의 소화기 : $0[℃]$ 이상 $40[℃]$ 이하

02 옥내소화전설비의 화재안전기술기준(NFTC 102)

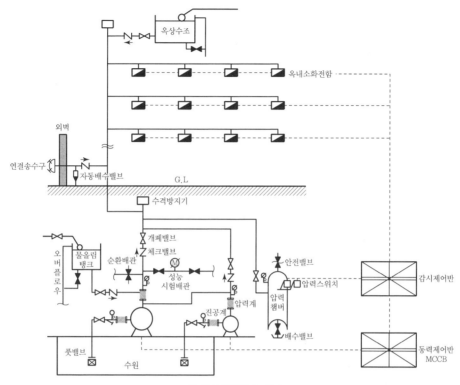

▲ 옥내소화전설비 계통도

1. 수계 소화설비 가압송수장치의 부속물

1) 풋밸브(Foot Valve) 및 스트레이너(Strainer)

① 풋밸브(Foot Valve) : 수조 내 이물질 등의 흡입을 1차적으로 걸러주는 여과 기능과 펌프 정지
  시 역류방지 용도로 사용되며, 흡입관 끝부분에 설치한다. 수조의 위치가 펌프보다 동등 이
  상의 위치에 있어서 항상 흡수관에 물이 차 있는 경우, 풋밸브 대신 여과망(이물질 여과 기능
  만 있는 장치)을 설치할 수 있다.

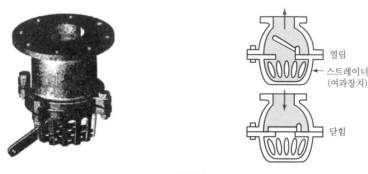

▲ 풋밸브

② 스트레이너(Strainer) : 흡입관의 이물질 등이 펌프 내로 침입하는 것을 방지하기 위해 2차적으로 걸러주는 여과장치이다. 여과기로 모양에 따라 Y형, U형, V형 등으로 구분하지만, 소화설비에는 Y형이 많이 사용된다.

2) 밸브

① 게이트밸브(Gate Valve) : 밸브 디스크가 유체의 통로를 수직으로 움직이면서 개폐하는 용도로 사용되며, 유량조절의 목적으로는 사용되지 않는다.

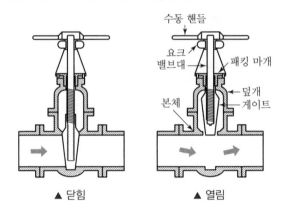

▲ 닫힘　　　　　▲ 열림

② 버터플라이밸브(Butterfly Valve) : 밸브 내 원판형 디스크가 축을 중심으로 회전하면서 관로를 개폐하는 구조다. 구조가 간단하고 유지보수가 용이하지만 오픈(개방) 시 디스크의 존재로 유체의 저항이 발생한다.

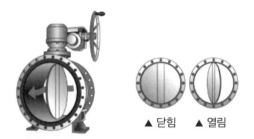

▲ 닫힘　　▲ 열림

③ 앵글밸브(Angle Valve) : 유체의 흐름을 직각으로 변환시킬 때 사용되는 밸브로 앵글스톱밸브라고도 하며 옥내소화전 방수구로 사용된다.

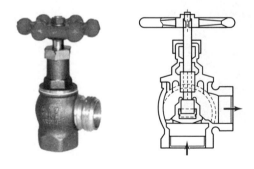

④ **체크밸브(Check Valve)** : 유체를 한쪽 방향으로만 흐르게 하는 역류방지용 밸브로서 역지밸브라고도 한다. 밸브 구조 및 작동 형식에 따라 스윙형, 리프트형 등으로 나뉜다.

　㉠ 스윙형(Swing Type)
- 밸브가 경첩식으로 부착되어 힌지에 의하여 디스크가 스윙운동을 하는 구조로 유체의 흐름을 제한한다.
- 주로 수평배관에 사용하지만, 수직배관에도 사용가능하여 물·증기·기름 및 공기배관 등에 사용한다.
- 마찰손실은 리프트형에 비해 적지만, 수력에 의존하여 폐쇄속도가 느리고 누설(리크) 우려가 크다.
- 고가수조의 체크밸브에 사용되며, 송수구에 사용 시 누설 우려 때문에 사용하지 않는다.

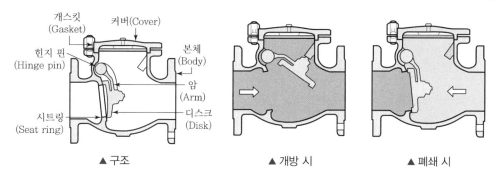

▲ 구조　　　　　▲ 개방 시　　　　　▲ 폐쇄 시

　㉡ 리프트형(Lift Type)
- 유체의 압력에 의하여 밸브가 밀어 올려져 개방되는 구조로 유체의 흐름을 제한한다.
- 체크밸브의 구조상 배관의 수평부에만 사용된다.
- 리프트에 의하여 유체의 저항이 커서 마찰손실이 크다.

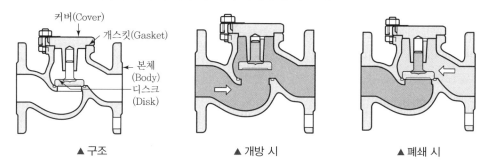

▲ 구조　　　　　▲ 개방 시　　　　　▲ 폐쇄 시

　㉢ 스모렌스키형(Smolensky Type)
- 리프트형(Lift Type) 체크밸브에 기능을 추가하여 수직방향으로 설치하는 밸브이다.
- 중간의 바이패스밸브가 있어 수동으로 물을 역류시킬 수 있다.
- 스프링에 의하여 폐쇄가 빨라 수격작용을 방지할 수 있어 해머리스(Hammerless) 체크밸브라고도 부른다.
- 펌프 토출 측 체크밸브로 가장 많이 사용된다.

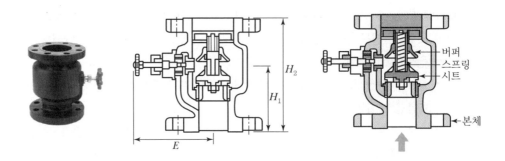

⑤ 릴리프밸브(Relief Valve) : 배관 및 고압용기에 설치하여 설정 압력 직하에서 자동으로 개방되어 액체를 대기 중으로 방출하여 고압으로부터 설비 및 장치를 보호해주는 기능을 한다. 이때 설정 압력은 압력조정용 나사로 조정이 가능하다.

⑥ 안전밸브(Safety Valve) : 배관 및 고압용기에 설치하여 설정 압력 이상 시 자동으로 개방되어 증기 및 가스를 대기 중으로 방출하여 고압으로부터 설비 및 장치를 보호해주는 기능을 한다. 이때 설정 압력은 제조 시 고정된 압력으로 조정이 불가능하다.

3) 신축이음(Expansion Joints)

배관이 온도의 변화에 따라 팽창 또는 수축 등의 이유로 파괴되는 것을 방지하기 위하여 관 접합부 등에 설치하는 이음이다.
① 슬리브형(Sleeve Type)
② 벨로즈형(Bellows Type)
③ 루프형(Loop Type)
④ 스위블형(Swivel Type)
⑤ 볼조인트(Ball Joint)

2. 설치대상

위험물 저장 및 처리 시설 중 가스시설, 지하구 및 업무시설 중 무인변전소(방재실 등에서 스프링클러설비 또는 물분무등소화설비를 원격으로 조정할 수 있는 무인변전소로 한정)는 제외한다.

① 연면적 3,000[m²] 이상(지하가 중 터널을 제외)이거나 지하층·무창층 또는 층수가 4층 이상인 것 중 바닥면적이 600[m²] 이상인 층이 있는 것은 모든 층
② 근린생활시설, 판매시설, 운수시설, 의료시설, 노유자시설, 업무시설, 숙박시설, 위락시설, 공장, 창고시설, 항공기 및 자동차 관련 시설, 교정 및 군사시설 중 국방·군사시설, 방송통신시설, 발전시설, 장례시설 또는 복합건축물로서 연면적 1,500[m²] 이상이거나 지하층·무창층 또는 층수가 4층 이상인 층 중 바닥면적이 300[m²] 이상인 층이 있는 것은 모든 층
③ 건축물의 옥상에 설치된 차고 또는 주차장으로서 사용되는 면적이 200[m²] 이상인 경우 해당 부분
④ 지하가 중 터널로서 길이가 1,000[m] 이상인 터널 또는 예상교통량, 경사도 등 터널의 특성을 고려하여 행정안전부령으로 정하는 터널
⑤ 공장 또는 창고로서 지정수량의 750배 이상의 특수가연물을 저장·취급하는 것

3. 용어의 정의

① "고가수조"란 구조물 또는 지형지물 등에 설치하여 자연낙차의 압력으로 급수하는 수조를 말한다.
② "압력수조"란 소화용수와 공기를 채우고 일정압력 이상으로 가압하여 그 압력으로 급수하는 수조를 말한다.
③ "충압펌프"란 배관 내 압력손실에 따른 주펌프의 빈번한 기동을 방지하기 위하여 충압 역할을 하는 펌프를 말한다.
④ "정격토출량"이란 펌프의 정격부하운전 시 토출량으로서 정격토출압력에서의 펌프의 토출량을 말한다.
⑤ "정격토출압력"이란 펌프의 정격부하운전 시 토출압력으로서 정격토출량에서의 펌프의 토출측 압력을 말한다.
⑥ "진공계"란 대기압 이하의 압력을 측정하는 계측기를 말한다.
⑦ "연성계"란 대기압 이상의 압력과 대기압 이하의 압력을 측정할 수 있는 계측기를 말한다.
⑧ "체절운전"이란 펌프의 성능시험을 목적으로 펌프 토출측의 개폐밸브를 닫은 상태에서 펌프를 운전하는 것을 말한다.
⑨ "기동용수압개폐장치"란 소화설비의 배관 내 압력변동을 검지하여 자동적으로 펌프를 기동 및 정지시키는 것으로서 압력챔버 또는 기동용압력스위치 등을 말한다.
⑩ "급수배관"이란 수원 또는 송수구 등으로부터 소화설비에 급수하는 배관을 말한다.
⑪ "분기배관"이란 배관 측면에 구멍을 뚫어 둘 이상의 관로가 생기도록 가공한 배관으로서 다음의 분기배관을 말한다.
　　㉠ "확관형 분기배관"이란 배관의 측면에 조그만 구멍을 뚫고 소성가공으로 확관시켜 배관 용접이음자리를 만들거나 배관 용접이음자리에 배관이음쇠를 용접 이음한 배관을 말한다.

  ぉ "비확관형 분기배관"이란 배관의 측면에 분기호칭내경 이상의 구멍을 뚫고 배관이음쇠
   를 용접 이음한 배관을 말한다.
 《 "개폐표시형 밸브"란 밸브의 개폐여부를 외부에서 식별이 가능한 밸브를 말한다.
 》 "가압수조"란 가압원인 압축공기 또는 불연성 기체의 압력으로 소화용수를 가압하여 그 압력
  으로 급수하는 수조를 말한다.
 「 "주펌프"란 구동장치의 회전 또는 왕복운동으로 소화용수를 가압하여 그 압력으로 급수하는
  주된 펌프를 말한다.
 」 "예비펌프"란 주펌프와 동등 이상의 성능이 있는 별도의 펌프를 말한다.

4. 기술기준

1) 수원의 양

① 가압송수장치(펌프)의 토출량 및 지하수조의 저수량(호스릴옥내소화전설비 동일)

층수	펌프의 토출량	수원의 양
29층 이하	N(최대2개) × 130[L/min]	N(최대2개) × 130[L/min] × 20[min] = N × 2.6[m³]
30층 이상 49층 이하	N(최대5개) × 130[L/min]	N(최대5개) × 130[L/min] × 40[min] = N × 5.2[m³]
50층 이상	N(최대5개) × 130[L/min]	N(최대5개) × 130[L/min] × 60[min] = N × 7.8[m³]

② 옥상수조의 저수량 : 유효수량의 1/3 이상을 저장한다.

2) 옥상수원을 설치하지 않아도 되는 경우

① 지하층만 있는 건축물
② 고가수조를 가압송수장치로 설치한 옥내소화전설비
③ 수원이 건축물의 최상층에 설치된 방수구보다 높은 위치에 설치된 경우
④ 건축물의 높이가 지표면으로부터 10[m] 이하인 경우
⑤ 주펌프와 동등 이상의 성능이 있는 별도의 펌프로서 내연기관의 기동과 연동하여 작동되거나
 비상전원을 연결하여 설치한 경우
⑥ 학교 · 공장 · 창고시설로서 동결의 우려가 있는 장소로서 기동스위치에 보호판을 부착하여
 옥내소화전함에 설치한 경우
⑦ 가압수조를 가압송수장치로 설치한 옥내소화전설비

3) 수조의 설치기준

① 점검에 편리한 곳에 설치할 것
② 동결방지조치를 하거나 동결의 우려가 없는 장소에 설치할 것
③ 수조의 외측에 수위계를 설치할 것. 다만, 구조상 불가피한 경우에는 수조의 맨홀 등을 통하여
 수조 안의 물의 양을 쉽게 확인할 수 있도록 해야 한다.

④ 수조의 상단이 바닥보다 높은 때에는 수조의 외측에 고정식 사다리를 설치할 것

⑤ 수조가 실내에 설치된 때에는 그 실내에 조명설비를 설치할 것

⑥ 수조의 밑 부분에는 청소용 배수밸브 또는 배수관을 설치할 것

⑦ 수조 외측의 보기 쉬운 곳에 "옥내소화전소화설비용 수조"라고 표시한 표지를 할 것. 이 경우 그 수조를 다른 설비와 겸용하는 때에는 그 겸용되는 설비의 이름을 표시한 표지를 함께 해야 한다.

⑧ 소화설비용 펌프의 흡수배관 또는 소화설비의 수직배관과 수조의 접속부분에는 "옥내소화전소화설비용 배관"이라고 표시한 표지를 할 것. 다만, 수조와 가까운 장소에 소화설비용 펌프가 설치되고 해당 펌프에 표지를 설치한 때에는 그렇지 않다.

Reference

소화설비용 전용수조로 하지 않아도 되는 경우

① 옥내소화전설비용 펌프의 풋밸브 또는 흡수배관의 흡수구를 다른 설비의 풋밸브 또는 흡수구보다 낮은 위치에 설치한 때

② 고가수조로부터 옥내소화전설비의 수직배관에 물을 공급하는 급수구를 다른 설비의 급수구보다 낮은 위치에 설치한 때

다른 설비와 겸용하는 경우의 유효수량

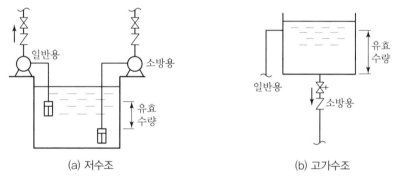

(a) 저수조 (b) 고가수조

옥내소화전설비의 풋밸브 · 흡수구 또는 수직배관의 급수구와 다른 설비의 풋밸브 · 흡수구 또는 수직배관의 급수구와의 사이의 수량을 그 유효수량으로 한다.

---

4) 가압송수장치

① 방수압력 및 방수량(호스릴옥내소화전설비 동일)

　㉠ 해당 층의 옥내소화전(2개 이상 설치된 경우에는 2개의 옥내소화전)을 동시에 사용할 경우

　　• 방수압력 : 0.17[MPa] 이상 0.7[MPa] 이하(노즐선단에서의 방수압력이 0.7[MPa]을 초과할 경우에는 호스접결구의 인입 측에 감압장치를 설치해야 한다.)

　　• 방수량 : 130[L/min] 이상

방수압력 측정

① 측정위치 : 옥내소화전설비가 설치된 최상층, 최하층, 소화전이 가장 많이 설치된 층

② 측정방법

　㉠ 해당 층의 소화전(2개 이상이면 2개)을 모두 개방하여 노즐선단에서부터 노즐구경의 $\frac{1}{2}$ 을 떨어뜨린

　　지점에 피토게이지(Pitot Gauge) 입구를 수류의 중심선에 일치하도록 두고 방수압력을 측정한다.

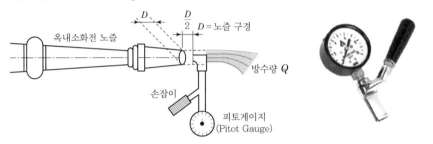

▲ 방수압력 측정방법 　　　　　　　▲ 방수압력측정계(피토게이지)

　㉡ 측정된 방수압력이 규정방수압력 범위를 유지하는지 확인하고, 다음 식을 통한 방수량이 규정방수량

　　이상인지 확인한다.

　　• $Q = 0.653D^2\sqrt{10P}$ 또는 $Q = K\sqrt{10P}$

　　• Q : 유량[L/min], D : 내경[mm], P : 방사압력[MPa], K : 방출계수

감압장치의 종류

① 감압밸브 또는 오리피스에 의한 방법 : 호스접결구의 인입구 측에 감압밸브(Pressure Reducing Valve) 또는 오리피스를 설치하여 방수압력을 낮추는 방법으로 설치가 간편하여 옥내소화전설비가 이미 설치되어 있는 곳에서도 사용할 수 있다.

▲ 감압밸브 또는 오리피스에 의한 방법

② 고가수조에 의한 방법 : 고가수조의 경우 자연낙차압력을 통하여 송수하는 방식으로 비상전원이 필요하지 않아 가장 신뢰성이 높다. 다만, 고층건축물의 경우 저층부에 과다한 낙차압력이 가해지므로 고가수조를 고층부와 저층부로 구역을 분리하여 설치한다.

③ 중계펌프에 의한 방법 : 고층부와 저층부로 구역을 분리하여 고층용 펌프와 저층용 펌프를 별도로 설치하는 방법이다.

④ 전용배관에 의한 방법 : 고층부와 저층부로 구역을 분리하여 고층용 펌프 및 배관과 저층용 펌프 및 배관을 별도로 설치하는 방법이다.

② 펌프의 토출 측에는 압력계를 체크밸브 이전에 펌프 토출 측 플랜지에서 가까운 곳에 설치하고 흡입 측에는 연성계 또는 진공계를 설치할 것. 다만, 수원의 수위가 펌프의 위치보다 높거나 수직회전축 펌프의 경우에는 연성계 또는 진공계를 설치하지 아니할 수 있다.

Reference

압력측정장치
① 압력계 : 펌프의 토출압력(정압, 대기압(0.1[MPa] 이상)을 측정하기 위하여 펌프의 토출 측 배관에 설치한다.
② 진공계 : 펌프의 흡입수두(부압, 절대진공(0[MPa] 이상), 대기압(0.1[MPa] 이하)를 측정하기 위하여 펌프의 흡입 측 배관에 설치한다.
③ 연성계 : 펌프의 흡입수두(정압 및 부압, 절대진공(0[MPa] 이상), 중압(약 0.4[MPa] 이하))를 측정하기 위하여 펌프의 흡입 측 배관에 설치한다.

③ 펌프의 성능은 체절운전 시 정격토출압력의 140[%]를 초과하지 않고, 정격토출량의 150[%]로 운전 시 정격토출압력의 65[%] 이상이 되어야 하며, 펌프의 성능을 시험할 수 있는 성능시험배관을 설치할 것. 다만, 충압펌프의 경우에는 그렇지 않다.

Reference

펌프 성능시험곡선

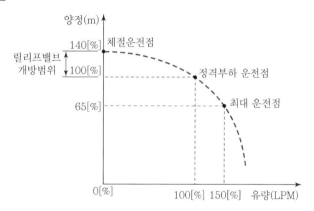

펌프의 성능시험배관 설치기준
① 성능시험배관은 펌프의 토출 측에 설치된 개폐밸브 이전에서 분기하여 직선으로 설치하고, 유량측정장치를 기준으로 전단 직관부에는 개폐밸브를 후단 직관부에는 유량조절밸브를 설치할 것. 이 경우 개폐밸브와 유량측정장치 사이의 직관부 거리 및 유량측정장치와 유량조절밸브 사이의 직관부 거리는 해당 유량측정장치 제조사의 설치사양에 따르고, 성능시험배관의 호칭지름은 유량측정장치의 호칭지름에 따른다.
② 유량측정장치는 펌프의 정격토출량의 175[%] 이상까지 측정할 수 있는 성능이 있을 것

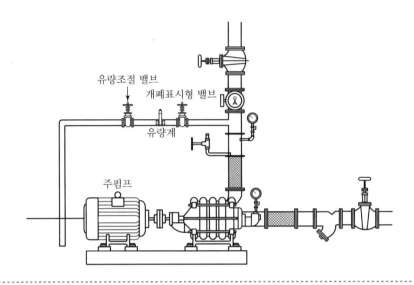

④ 가압송수장치에는 체절운전 시 수온의 상승을 방지하기 위한 순환배관을 설치할 것. 다만, 충압펌프의 경우에는 그렇지 않다.

→ 가압송수장치의 체절운전 시 수온의 상승을 방지하기 위하여 체크밸브와 펌프 사이에서 분기한 구경 20[mm] 이상의 배관에 체절압력 미만에서 개방되는 릴리프밸브를 설치할 것

⑤ 기동용 수압개폐장치 중 압력챔버를 사용할 경우 그 용적은 100[L] 이상의 것으로 할 것

> **Reference**
>
> **기동용 수압개폐장치**
> ① 설치목적
>   ㉠ 배관 내 압력 변동을 검지하여 자동적으로 펌프를 기동 및 정지
>   ㉡ 압력챔버 상부의 공기가 완충작용을 하여 급격한 압력변화를 방지
>   ㉢ 배관 내의 수격현상 방지
> ② 종류 : 압력챔버 또는 기동용 압력스위치 등

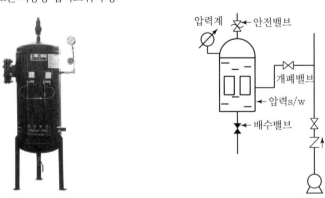

▲ 기동용 수압개폐장치

⑥ 수원의 수위가 펌프보다 낮은 위치에 있는 가압송수장치에는 다음의 기준에 따른 물올림장치를 설치할 것
　㉠ 물올림장치에는 전용의 수조를 설치할 것
　㉡ 수조의 유효수량은 100[L] 이상으로 하되, 구경 15[mm] 이상의 급수배관에 따라 해당 수조에 물이 계속 보급되도록 할 것

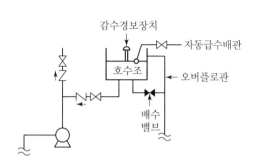

▲ 물올림장치

⑦ 가압송수장치는 부식 등으로 인한 펌프의 고착을 방지할 수 있도록 다음의 기준에 적합한 것으로 할 것. 다만, 충압펌프는 제외한다.
　㉠ 임펠러는 청동 또는 스테인리스 등 부식에 강한 재질을 사용할 것
　㉡ 펌프축은 스테인리스 등 부식에 강한 재질을 사용할 것

Reference

고가수조방식
① 건축물의 옥상 등에 수조를 설치하고 자연낙차압력를 이용하는 방식으로 비상전원이 필요하지 않기 때문에 가압송수장치 중 가장 안전하고 신뢰성이 있는 방식이다.
② 고가수조의 자연낙차수두(수조의 하단으로부터 최고층에 설치된 소화전 호스 접결구까지의 수직거리)

$$H = h_1 + h_2 + 17(\text{옥내소화전 및 호스릴옥내소화전설비})$$

　여기서, H : 필요한 낙차[m], h_1 : 소방용 호스마찰손실 수두[m], h_2 : 배관의 마찰손실수두[m]
③ 고가수조에는 수위계 · 배수관 · 급수관 · 오버플로우관 및 맨홀을 설치할 것

압력수조방식
설정압력 이상을 유지할 수 있도록 자동식 공기압축기로 압력탱크의 1/3 이상을 압축공기로 채우는 방식이다.
① 압력수조의 필요압력

$$P = P_1 + P_2 + P_3 + 0.17(\text{옥내소화전 및 호스릴옥내소화전설비})$$

　여기서, P : 필요한 압력[MPa], P_1 : 호스의 마찰손실압력[MPa]
　　　　　P_2 : 배관의 마찰손실압력[MPa], P_3 : 낙차의 환산압력[MPa]
② 압력수조에는 수위계 · 급수관 · 배수관 · 급기관 · 맨홀 · 압력계 · 안전장치 및 압력저하 방지를 위한 자동식 공기압축기를 설치할 것

가압수조방식
가압원인 압축공기 또는 불연성 고압기체에 따라 소방용수를 가압시키는 방식이다.

① 가압수조의 압력은 방수압 및 방수량을 20분 이상 유지되도록 할 것
② 가압수조 및 가압원은 「건축법 시행령」 제46조에 따른 방화구획 된 장소에 설치할 것
③ 가압수조를 이용한 가압송수장치는 소방청장이 정하여 고시한 「가압수조식가압송수장치의 성능인증 및 제품검사의 기술기준」에 적합한 것으로 설치할 것

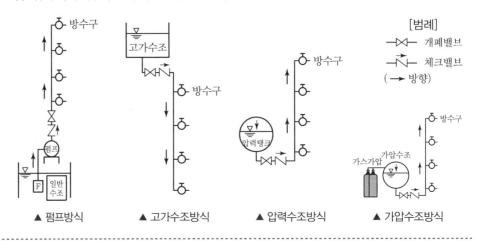

▲ 펌프방식　　▲ 고가수조방식　　▲ 압력수조방식　　▲ 가압수조방식

5) 배관

① 배관과 배관이음쇠는 다음의 어느 하나에 해당하는 것 또는 동등 이상의 강도 · 내식성 및 내열성 등을 국내 · 외 공인기관으로부터 인정받은 것을 사용해야 하고, 배관용 스테인리스 강관(KS D 3576)의 이음을 용접으로 할 경우에는 텅스텐 불활성 가스 아크 용접(Tungsten Inertgas Arc Welding)방식에 따른다.

사용압력	배관의 종류
1.2[MPa] 미만	• 배관용 탄소강관(KS D 3507) • 이음매 없는 구리 및 구리합금관(KS D 5301)(습식에 한함) • 배관용 스테인리스강관(KS D 3576) 또는 일반 · 배관용 스테인리스강관(KS D 3595) • 덕타일 주철관(KS D 4311)
1.2[MPa] 이상	• 압력배관용 탄소강관(KS D 3562) • 배관용 아크용접 탄소강강관(KS D 3583)

> **Reference**
>
> **소방용 합성수지배관으로 설치할 수 있는 경우**
> ① 배관을 지하에 매설하는 경우
> ② 다른 부분과 내화구조로 구획된 덕트 또는 피트의 내부에 설치하는 경우
> ③ 천장(상층이 있는 경우에는 상층바닥의 하단을 포함한다)과 반자를 불연재료 또는 준불연재료로 설치하고 소화배관 내부에 항상 소화수가 채워진 상태로 설치하는 경우

② 펌프의 흡입 측 배관 설치기준

  ㉠ 공기 고임이 생기지 않는 구조로 하고 여과장치를 설치할 것

  ㉡ 수조가 펌프보다 낮게 설치된 경우에는 각 펌프(충압펌프를 포함한다)마다 수조로부터 별도로 설치할 것

③ 펌프의 토출 측 주배관의 구경은 유속이 4[m/s] 이하가 될 수 있는 크기 이상으로 해야 하고, 옥내소화전방수구와 연결되는 가지배관의 구경은 40[mm](호스릴옥내소화전설비의 경우에는 25[mm]) 이상으로 해야 하며, 주배관 중 수직배관의 구경은 50[mm](호스릴옥내소화전설비의 경우에는 32[mm]) 이상으로 해야 한다.

  → 연결송수관설비의 배관과 겸용할 경우의 주배관은 구경 100[mm] 이상, 방수구로 연결되는 배관의 구경은 65[mm] 이상의 것으로 해야 한다.

④ 배관은 동결방지조치를 하거나 동결의 우려가 없는 장소에 설치해야 한다. 다만, 보온재를 사용할 경우에는 난연재료 성능 이상의 것으로 해야 한다.

> **Reference**
>
> **배관의 동결을 방지하기 위한 방법**
> ① 보온재로 감싸는 방법   ② 가열코일로 감싸는 방법
> ③ 중앙난방을 이용하는 방법   ④ 부동액을 주입하는 방법

⑤ 급수배관에 설치되어 급수를 차단할 수 있는 개폐밸브(옥내소화전방수구를 제외한다)는 개폐표시형으로 해야 한다. 이 경우 펌프의 흡입 측 배관에는 버터플라이밸브 외의 개폐표시형 밸브를 설치해야 한다.

> **Reference**
>
> **개폐표시형 밸브를 설치해야 하는 부분**
> ① 흡입 측 배관에 설치된 개폐밸브
> ② 토출 측 배관에 설치된 개폐밸브
> ③ 옥상수조 또는 고가수조와 수직배관에 설치된 개폐밸브
> ④ 송수구와 주배관의 연결배관에 설치된 개폐밸브
>
> **흡입배관에 버터플라이밸브를 설치할 수 없는 이유**
> 디스크에 의하여 유체의 마찰저항이 커서 공동현상이 발생할 수 있고, 순간적인 개폐로 수격작용이 발생할 수 있다.

⑥ 송수구의 설치기준

  ㉠ 소방차가 쉽게 접근할 수 있고 잘 보이는 장소에 설치하고, 화재층으로부터 지면으로 떨어지는 유리창 등이 송수 및 그 밖의 소화작업에 지장을 주지 않는 장소에 설치할 것

  ㉡ 송수구로부터 옥내소화전설비의 주배관에 이르는 연결배관에는 개폐밸브를 설치하지 않을 것. 다만, 스프링클러설비 · 물분무소화설비 · 포소화설비 · 또는 연결송수관설비의 배관과 겸용하는 경우에는 그렇지 않다.

ⓒ 지면으로부터 높이가 0.5[m] 이상 1[m] 이하의 위치에 설치할 것

ⓔ 송수구는 구경 65[mm]의 쌍구형 또는 단구형으로 할 것

ⓜ 송수구의 부근에는 자동배수밸브(또는 직경 5[mm]의 배수공) 및 체크밸브를 다음의 기준에 따라 설치할 것. 이 경우 자동배수밸브는 배관 안의 물이 잘 빠질 수 있는 위치에 설치하되, 배수로 인하여 다른 물건이나 장소에 피해를 주지 않아야 한다.

ⓑ 송수구에는 이물질을 막기 위한 마개를 씌울 것

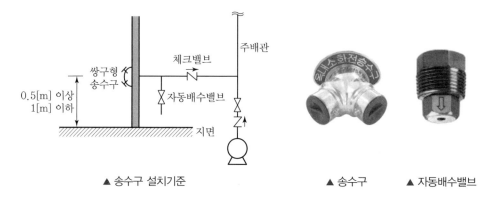

▲ 송수구 설치기준   ▲ 송수구   ▲ 자동배수밸브

6) 방수구의 설치기준

① 특정소방대상물의 층마다 설치하되, 해당 특정소방대상물의 각 부분으로부터 하나의 옥내소화전 방수구까지의 수평거리가 25[m](호스릴옥내소화전설비를 포함한다) 이하가 되도록 할 것. 다만, 복층형 구조의 공동주택의 경우에는 세대의 출입구가 설치된 층에만 설치할 수 있다.

② 바닥으로부터의 높이가 1.5[m] 이하가 되도록 할 것

③ 호스는 구경 40[mm](호스릴옥내소화전설비의 경우에는 25[mm]) 이상의 것으로서 특정소방대상물의 각 부분에 물이 유효하게 뿌려질 수 있는 길이로 설치할 것

④ 호스릴옥내소화전설비의 경우 그 노즐에는 노즐을 쉽게 개폐할 수 있는 장치를 부착할 것

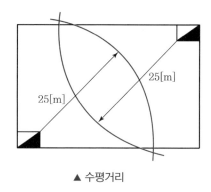

▲ 수평거리

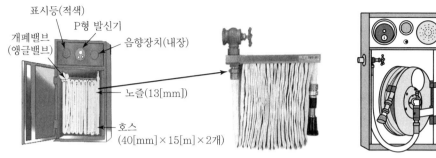

▲ 옥내소화전함 구조　　　　　　　▲ 호스릴옥내소화전함 구조

7) 수원 및 가압송수장치의 펌프 등의 겸용

① 옥내소화전설비의 수원을 스프링클러설비 · 간이스프링클러설비 · 화재조기진압용 스프링클러설비 · 물분무소화설비 · 포소화설비 및 옥외소화전설비의 수원과 겸용하여 설치하는 경우의 저수량은 각 소화설비에 필요한 저수량을 합한 양 이상이 되도록 해야 한다. 다만, 이들 소화설비 중 고정식 소화설비(펌프 · 배관과 소화수 또는 소화약제를 최종 방출하는 방출구가 고정된 설비를 말한다)가 2 이상 설치되어 있고, 그 소화설비가 설치된 부분이 방화벽과 방화문으로 구획되어 있는 경우에는 각 고정식 소화설비에 필요한 저수량 중 최대의 것 이상으로 할 수 있다.

② 옥내소화전설비의 가압송수장치로 사용하는 펌프를 스프링클러설비 · 간이스프링클러설비 · 화재조기진압용 스프링클러설비 · 물분무소화설비 · 포소화설비 및 옥외소화전설비의 가압송수장치와 겸용하여 설치하는 경우의 펌프의 토출량은 각 소화설비에 해당하는 토출량을 합한 양 이상이 되도록 해야 한다. 다만, 이들 소화설비 중 고정식 소화설비가 2 이상 설치되어 있고, 그 소화설비가 설치된 부분이 방화벽과 방화문으로 구획되어 있으며 각 소화설비에 지장이 없는 경우에는 펌프의 토출량 중 최대의 것 이상으로 할 수 있다.

③ 옥내소화전설비 · 스프링클러설비 · 간이스프링클러설비 · 화재조기진압용 스프링클러설비 · 물분무소화설비 · 포소화설비 및 옥외소화전설비의 가압송수장치에 있어서 각 토출 측 배관과 일반급수용의 가압송수장치의 토출 측 배관을 상호 연결하여 화재 시 사용할 수 있다. 이

경우 연결 배관에는 개폐표시형밸브를 설치해야 하며, 각 소화설비의 성능에 지장이 없도록 해야 한다.

④ 옥내소화전설비의 송수구를 스프링클러설비 · 간이스프링클러설비 · 화재조기진압용 스프링클러설비 · 물분무소화설비 · 포소화설비 또는 연결송수관설비의 송수구와 겸용으로 설치하는 경우에는 스프링클러설비의 송수구의 설치기준에 따르고, 연결살수설비의 송수구와 겸용으로 설치하는 경우에는 옥내소화전설비의 송수구의 설치기준에 따르되 각각의 소화설비의 기능에 지장이 없도록 해야 한다.

03 옥외소화전설비의 화재안전기술기준(NFTC 109)

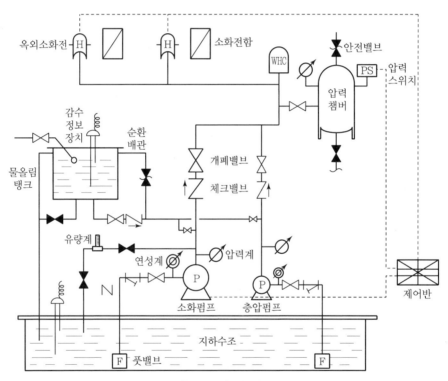

▲ 옥외소화전설비 계통도

1. 설치대상

① 지상 1층 및 2층의 바닥면적의 합계가 9,000[m²] 이상인 것. 이 경우 같은 구 내의 둘 이상의 특정소방대상물이 행정안전부령으로 정하는 연소 우려가 있는 구조인 경우에는 이를 하나의 특정소방대상물로 본다.

② 「문화유산의 보존 및 활용에 관한 법률」에 따라 보물 또는 국보로 지정된 목조건축물

③ 공장 또는 창고시설로서 지정수량의 750배 이상의 특수가연물을 저장 · 취급하는 것

2. 설치기준

1) 수원의 양(단, 옥상수조는 설치하지 않음)

가압송수장치(펌프)의 토출량 및 지하수조의 저수량

펌프의 토출량	수원의 양
N(최대2개) $\times$ 350[L/min]	N(최대2개) $\times$ 350[L/min] $\times$ 20[min] $= N \times 7$[m³]

2) 가압송수장치 방수압력 및 방수량

① 당해 특정소방대상물에 설치된 옥외소화전(2개 이상 설치된 경우에는 2개)을 동시에 사용할 경우
   ㉠ 방수압력 : 0.25[MPa] 이상 0.7[MPa] 이하
   ㉡ 방수량 : 350[L/min] 이상
② 노즐선단에서의 방수압력이 0.7[MPa]을 초과할 경우에는 호스접결구의 인입 측에 감압장치를 설치해야 한다.

3) 배관 등

① 호스접결구는 지면으로부터의 높이가 0.5[m] 이상 1[m] 이하의 위치에 설치하고 특정소방대상물의 각 부분으로부터 하나의 호스접결구까지의 수평거리가 40[m] 이하가 되도록 설치해야 한다.
② 호스는 구경 65[mm]의 것으로 해야 한다.
③ 그 밖의 사항은 옥내소화전과 동일하다.

4) 소화전함 등

① 옥외소화전설비에는 옥외소화전마다 그로부터 5[m] 이내의 장소에 소화전함을 다음의 기준에 따라 설치해야 한다.

소화전의 설치개수	소화전함의 설치개수
10개 이하	소화전마다 설치
11개 이상, 30개 이하	11개 이상을 분산배치
31개 이상	소화전 3개마다 1개 이상 설치

② 옥외소화전설비의 함은 소방청장이 정하여 고시한 「소화전함의 성능인증 및 제품검사의 기술기준」에 적합한 것으로 설치하되 밸브의 조작, 호스의 수납 등에 충분한 여유를 가질 수 있도록 할 것. 이 경우 연결송수관의 방수구를 같이 설치하는 경우에도 또한 같다.

③ 옥외소화전설비의 함에는 그 표면에 "옥외소화전"이라는 표시를 해야 한다.

④ 표시등은 다음의 기준에 따라 설치해야 한다.

　㉠ 옥외소화전설비의 위치를 표시하는 표시등은 함의 상부에 설치하되, 소방청장이 정하여 고시한 「표시등의 성능인증 및 제품검사의 기술기준」에 적합한 것으로 할 것

　㉡ 가압송수장치의 기동을 표시하는 표시등은 옥외소화전함의 상부 또는 그 직근에 설치하되 적색등으로 할 것. 다만, 자체소방대를 구성하여 운영하는 경우 가압송수장치의 기동 표시등을 설치하지 않을 수 있다.

> **Reference** -
>
> **옥내 · 옥외 소화전설비의 비교**
>
> | 구분 | 옥내소화전설비 | 옥외소화전설비 |
> |---|---|---|
> | 방수압 | 0.17[MPa] 이상 0.7[MPa] 이하 | 0.25[MPa] 이상 0.7[MPa] 이하 |
> | 방수량 | 130[L/min] 이상 | 350[L/min] 이상 |
> | 노즐구경 | 13[mm] | 19[mm] |
> | 호스구경 | 40[mm](호스릴 25[mm]) 이상 | 65[mm] |
>
> -

04 스프링클러설비의 화재안전기술기준(NFTC 103)

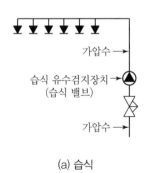

(a) 습식

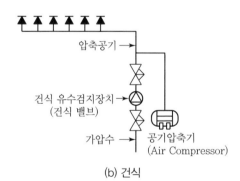

(b) 건식

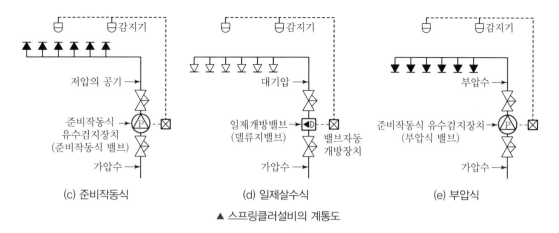

(c) 준비작동식   (d) 일제살수식   (e) 부압식

▲ 스프링클러설비의 계통도

설비	사용헤드	유수검지장치	1차 측 배관	2차 측 배관	감지기	수동조작함	시험장치
습식	폐쇄형	습식 밸브, 알람(체크)밸브	가압수	가압수	×	×	○
건식	폐쇄형	건식 밸브, 드라이밸브	가압수	압축공기	×	×	○
준비작동식	폐쇄형	준비작동식 밸브, 프리액션밸브	가압수	대기압 또는 저압공기	○(교차 회로방식)	○	×
일제살수식	개방형	일제개방밸브, 델류즈밸브	가압수	대기압	○(교차 회로방식)	○	×
부압식	폐쇄형	준비작동식 밸브, 프리액션밸브	가압수	부압수	○	○	○

1. 스프링클러설비의 종류 및 특징

1) 습식 스프링클러설비

① 정의 : "습식 스프링클러설비"란 가압송수장치에서 폐쇄형 스프링클러헤드까지 배관 내에 항상 물이 가압되어 있다가 화재로 인한 열로 폐쇄형 스프링클러헤드가 개방되면 배관 내에 유수가 발생하여 습식 유수검지장치가 작동하게 되는 스프링클러설비를 말한다.

② 리타딩챔버의 역할
  ㉠ 오동작 방지
  ㉡ 안전밸브의 역할
  ㉢ 배관 및 압력스위치의 손상 보호

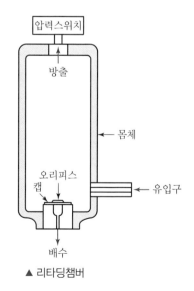

▲ 리타딩챔버

2) 건식 스프링클러설비

① 정의 : "건식 스프링클러설비"란 건식 유수검지장치 2차 측에 압축공기 또는 질소 등의 기체로 충전된 배관에 폐쇄형 스프링클러헤드가 부착된 스프링클러설비로서, 폐쇄형 스프링클러헤드가 개방되어 배관 내의 압축공기 등이 방출되면 건식 유수검지장치 1차 측의 수압에 의하여 건식 유수검지장치가 작동하게 되는 스프링클러설비를 말한다.

② 긴급개방장치(Quick Opening Device) : 건식 스프링클러설비는 습식과 다르게 동결의 우려는 없지만, 설비 작동 시 건식 밸브 2차 측에 있는 압축공기가 차 있어 신속한 개방이 어렵다. 이러한 소화시간의 지연을 최소화하기 위하여 2차 측 배관의 내용적이 2840[L]를 초과하는 경우 건식 밸브 2차 측의 공기압력이 설정압력보다 작아졌을 때 다음과 같은 긴급개방장치를 설치한다.

   ㉠ 엑셀레이터(Accelerater) : 2차 측 압축공기의 일부를 건식 밸브의 클래퍼 1차 측 중간챔버로 보내어 건식 밸브를 신속히 개방되도록 하는 가속장치이다.

   ㉡ 익져스터(Exhauster) : 2차 측의 압축공기를 대기 중으로 배출시키는 가속장치이다.

3) 준비작동식 스프링클러설비

① 정의 : "준비작동식 스프링클러설비"란 가압송수장치에서 준비작동식 유수검지장치 1차 측까지 배관 내에 항상 물이 가압되어 있고, 2차 측에서 폐쇄형 스프링클러헤드까지 대기압 또는 저압으로 있다가 화재발생 시 감지기의 작동으로 준비작동식 밸브가 개방되면 폐쇄형 스프링클러헤드까지 소화수가 송수되고, 폐쇄형 스프링클러헤드가 열에 의해 개방되면 방수가 되는 방식의 스프링클러설비를 말한다.

② 슈퍼비조리판넬(Supervisory Panel) : 슈퍼비조리판넬은 준비작동식 밸브의 수동식 조정장치이다.

③ 교차회로방식 : 설비의 오동작을 방지하기 위하여 하나의 방호구역 내에 2 이상의 감지기회로를 구성하는 방식이다. 인접회로의 감지기가 동시에 작동하였을 때 설비가 작동한다.

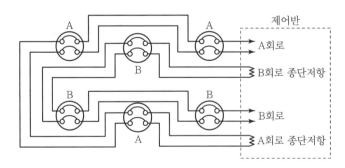

   ㉠ 적용설비 : 준비작동식/일제살수식 스프링클러설비, 이산화탄소 소화설비, 할론 소화설비, 할로겐화합물 및 불활성기체 소화설비, 분말소화설비

ⓛ 교차회로방식을 적용할 수 없는 감지기 : 불꽃감지기, 정온식 감지선형 감지기, 복합형 감지기, 분포형 감지기, 광전식 분리형 감지기, 아날로그식 감지기, 다신호방식의 감지기, 축적형 감지기

4) 일제살수식 스프링클러설비

① 정의 : "일제살수식 스프링클러설비"란 가압송수장치에서 일제개방밸브 1차 측까지 배관 내에 항상 물이 가압되어 있고 2차 측에서 개방형 스프링클러헤드까지 대기압으로 있다가 화재 시 자동감지장치 또는 수동식 기동장치의 작동으로 일제개방밸브가 개방되면 스프링클러헤드까지 소화수가 송수되는 방식의 스프링클러설비를 말한다.

② 밸브의 개방원리에 따라 감압개방방식과 가압개방방식으로 구분한다.

ㄱ 감압개방방식 : 실린더실의 압력이 감압되면서 일제개방밸브가 개방되는 방식

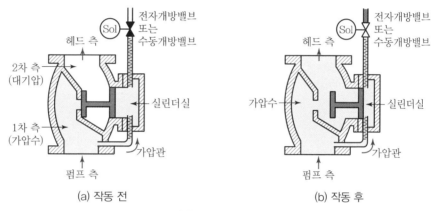

▲ 감압개방식 일제개방밸브

ⓛ 가압개방방식 : 1차 측 가압수가 실린더실을 가압하면서 일제개방밸브가 개방되는 방식

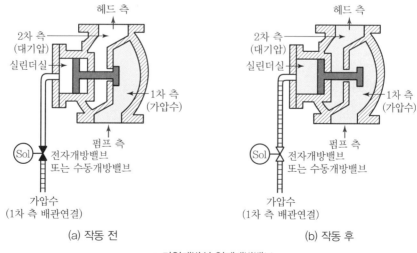

▲ 가압개방식 일제개방밸브

5) 부압식 스프링클러설비

"부압식 스프링클러설비"란 가압송수장치에서 준비작동식 유수검지장치의 1차 측까지는 항상 정압의 물이 가압되고, 2차 측 폐쇄형 스프링클러헤드까지는 소화수가 부압으로 되어 있다가 화재 시 감지기의 작동에 의해 정압으로 변하여 유수가 발생하면 작동하는 스프링클러설비를 말한다.

2. 설치대상

특정소방대상물	스프링클러설비 적용기준	설치장소
① 층수가 6층 이상인 특정소방대상물	㉠ 주택 관련 법령에 따라 기존의 아파트 등을 리모델링하는 경우로서 건축물의 연면적 및 층의 높이가 변경되지 않는 경우. 이 경우 해당 아파트 등의 사용검사 당시의 소방시설의 설치에 관한 대통령령 또는 화재안전기준을 적용한다. ㉡ 스프링클러설비가 없는 기존의 특정소방대상물을 용도변경하는 경우	
② 기숙사(교육연구시설·수련시설 내에 있는 학생 수용을 위한 것을 말한다) 또는 복합건축물	연면적 5,000[m²] 이상인 경우에는 모든 층	
③ 문화 및 집회시설(동·식물원은 제외), 종교시설(주요구조부가 목조인 것은 제외), 운동시설(물놀이형 시설 및 바닥이 불연재료이고 관람석이 없는 운동시설은 제외)	다음 중 어느 하나에 해당되는 경우 ㉠ 수용인원이 100명 이상인 것 ㉡ 영화상영관의 용도로 쓰이는 층의 바닥면적이 지하층 또는 무창층인 경우에는 500[m²] 이상, 그 밖의 층의 경우에는 1,000[m²] 이상인 것 ㉢ 무대부가 지하층·무창층 또는 4층 이상의 층에 있는 경우에는 무대부의 면적이 300[m²] 이상인 것 ㉣ 무대부가 ㉢ 외의 층에 있는 경우에는 무대부의 면적이 500[m²] 이상인 것	모든 층
④ 판매시설, 운수시설 및 창고시설(물류터미널에 한정한다)	바닥면적의 합계가 5,000[m²] 이상이거나 수용인원이 500명 이상인 경우	
⑤ 근린생활시설 중 조산원 및 산후조리원 / 의료시설 중 정신의료기관 / 의료시설 중 종합병원, 병원, 치과병원, 한방병원 및 요양병원 / 노유자시설 / 숙박이 가능한 수련시설 / 숙박시설	어느 하나에 해당하는 용도로 사용되는 시설의 바닥면적의 합계가 600[m²] 이상인 것	
⑥ 창고시설(물류터미널은 제외)	바닥면적 합계가 5,000[m²] 이상인 경우	

특정소방대상물	스프링클러설비 적용기준	설치장소
⑦ 특정소방대상물	지하층·무창층(축사는 제외한다) 또는 층수가 4층 이상인 층으로서 바닥면적이 1,000[m²] 이상인 층	해당 층
⑧ 랙식 창고(Rack-warehouse)	천장 또는 반자의 높이가 10[m]를 초과하고, 랙이 설치된 층의 바닥면적의 합계가 1,500[m²] 이상인 경우	모든 층
⑨ ⑥에 해당하지 않는 공장 또는 창고시설	다음의 어느 하나에 해당하는 시설 ㉠ 지정수량의 1,000배 이상의 특수가연물을 저장·취급하는 시설 ㉡「원자력안전법 시행령」에 따른 중·저준위방사성폐기물의 저장시설 중 소화수를 수집·처리하는 설비가 있는 저장시설	해당 시설
⑩ 지붕 또는 외벽이 불연재료가 아니거나 내화구조가 아닌 공장 또는 창고시설	다음의 어느 하나에 해당하는 것 ㉠ 창고시설(물류터미널에 한정한다) 중 ④에 해당하지 않는 것으로서 바닥면적의 합계가 2,500[m²] 이상이거나 수용인원이 250명 이상인 것 ㉡ 창고시설(물류터미널은 제외한다) 중 ⑥에 해당하지 않는 것으로서 바닥면적의 합계가 2,500[m²] 이상인 것 ㉢ 공장 또는 창고시설 중 ⑦에 해당하지 않는 것으로서 지하층·무창층 또는 층수가 4층 이상인 것 중 바닥면적이 500[m²] 이상인 것 ㉣ 랙식 창고시설 중 ⑧에 해당하지 않는 것으로서 바닥면적의 합계가 750[m²] 이상인 것 ㉤ 공장 또는 창고시설 중 ⑨ ㉠에 해당하지 않는 것으로서 지정수량의 500배 이상의 특수가연물을 저장·취급하는 시설	모든 층
⑪ 교정 및 군사시설	다음의 어느 하나에 해당하는 경우에는 해당 장소 ㉠ 보호감호소, 교도소, 구치소 및 그 지소, 보호관찰소, 갱생보호시설, 치료감호시설, 소년원 및 소년분류심사원의 수용거실 ㉡「출입국관리법」에 따른 보호시설로 사용하는 부분. 다만, 보호시설이 임차건물에 있는 경우는 제외한다. ㉢「경찰관 직무집행법」제9조에 따른 유치장	해당 장소
⑫ 지하가(터널은 제외한다)	연면적 1,000[m²] 이상인 것	
⑬ 발전시설 중 전기저장시설		
⑭ ①~⑬까지의 특정소방대상물에 부속된 보일러실 또는 연결통로 등		

3. 용어의 정의

① "개방형 스프링클러헤드"란 감열체 없이 방수구가 항상 열려져 있는 헤드를 말한다.

② "폐쇄형 스프링클러헤드"란 정상상태에서 방수구를 막고 있는 감열체가 일정온도에서 자동적으로 파괴·용융 또는 이탈됨으로써 방수구가 개방되는 헤드를 말한다.

③ "조기반응형 헤드"란 표준형 스프링클러헤드 보다 기류온도 및 기류속도에 조기에 반응하는 것을 말한다.

④ "측벽형 스프링클러헤드"란 가압된 물이 분사될 때 헤드의 축심을 중심으로 한 반원상에 균일하게 분산시키는 헤드를 말한다.

⑤ "건식 스프링클러헤드"란 물과 오리피스가 분리되어 동파를 방지할 수 있는 스프링클러헤드를 말한다.

⑥ "유수검지장치"란 유수현상을 자동적으로 검지하여 신호 또는 경보를 발하는 장치를 말한다.

⑦ "일제개방밸브"란 일제살수식 스프링클러설비에 설치되는 유수검지장치를 말한다.

⑧ "가지배관"이란 헤드가 설치되어 있는 배관을 말한다.

⑨ "교차배관"이란 가지배관에 급수하는 배관을 말한다.

⑩ "주배관"이란 가압송수장치 또는 송수구 등과 직접 연결되어 소화수를 이송하는 주된 배관을 말한다.

⑪ "신축배관"이란 가지배관과 스프링클러헤드를 연결하는 구부림이 용이하고 유연성을 가진 배관을 말한다.

⑫ "반사판(디플렉터)"이란 스프링클러헤드의 방수구에서 유출되는 물을 세분시키는 작용을 하는 것을 말한다.

4. 설치기준

1) 수원의 양

① 폐쇄형 헤드를 사용하는 경우

층수	펌프의 토출량	수원의 양
29층 이하		N(기준개수) $\times$ 80[L/min] $\times$ 20[min] $= N \times 1.6$[m³]
30층 이상 49층 이하	N(기준개수) $\times$ 80[L/min]	N(기준개수) $\times$ 80[L/min] $\times$ 40[min] $= N \times 3.2$[m³]
50층 이상		N(기준개수) $\times$ 80[L/min] $\times$ 60[min] $= N \times 4.8$[m³]

※ N : 스프링클러헤드의 설치개수가 가장 많은 층(아파트의 경우에는 설치개수가 가장 많은 세대)에 설치된 스프링클러헤드의 개수가 기준개수보다 적은 경우에는 그 설치개수를 말한다.

① 창고의 경우 창고시설의 화재안전기술기준(NFTC 609)에 따라 수원의 양을 산출할 수 있다.

라지드롭형 스프링클러헤드	N(설치개수, 최대 30개) $\times$ 160[LPM] $\times$ 20[min] $= N$(설치개수, 최대 30개) $\times$ 3.2[m³] 랙식창고에 설치한 경우 N(설치개수, 최대 30개) $\times$ 160[LPM] $\times$ 60[min] $= N$(설치개수, 최대 30개) $\times$ 9.6[m³]
화재조기진압용 스프링클러헤드	$Q = 12 \times 60 \times K\sqrt{10P}$ 여기서, Q : 수원의 양[L] K : 상수[L/min $\cdot$ MPa$^{\frac{1}{2}}$] P : 헤드 선단의 압력[MPa]

② 아파트 등의 경우 공동주택의 화재안전기술기준(NFTC 608)에 따라 수원의 양을 산출할 수 있다.

폐쇄형 스프링클러헤드를 사용하는 경우	N(기준개수 10개) $\times$ 80[LPM] $\times$ 20[min] $= N$(기준개수 10개) $\times$ 1.6[m³]
아파트 등의 각 동이 주차장으로 서로 연결된 구조인 경우	N(기준개수 30개) $\times$ 80[LPM] $\times$ 20[min] $= N$(기준개수 30개) $\times$ 1.6[m³]

※ N : 스프링클러헤드의 설치개수가 가장 많은 세대에 설치된 스프링클러헤드의 개수가 기준개수보다 작은 경우에는 그 설치개수를 말한다.

② 개방형 헤드를 사용하는 경우

최대 방수구역의 헤드 수가 30개 이하일 경우	29층 이하	N(설치개수) $\times$ 80[L/min] $\times$ 20[min] $= N \times 1.6$[m³]
	30층 이상 49층 이하	N(설치개수) $\times$ 80[L/min] $\times$ 40[min] $= N \times 3.2$[m³]
	50층 이상	N(설치개수) $\times$ 80[L/min] $\times$ 60[min] $= N \times 4.8$[m³]
최대 방수구역의 헤드 수가 30개 초과일 경우	29층 이하	Q[m³/min] $\times$ 20[min]
	30층 이상 49층 이하	Q[m³/min] $\times$ 40[min]
	50층 이상	Q[m³/min] $\times$ 60[min]

수리계산을 통한 송수량[L/min]

$Q = N \times K\sqrt{P_1} = N \times K\sqrt{10P_2}$

여기서, Q : 펌프의 토출량[L/min], N : 최대 방수구역의 헤드 수,
K : 방출계수, P_1 : 평균 방사압력[kgf/cm²], P_2 : 평균 방사압력[MPa]

③ 옥상수원 및 수조의 설치기준 : 옥내소화전설비와 동일하다.

2) 가압송수장치

① 정격토출압력 및 송수량

방수압력	0.1[MPa] 이상, 1.2[MPa] 이하
방수량	80[L/min] 이상

② 충압펌프의 설치기준

ㄱ 자연압보다 적어도 0.2[MPa]이 더 크도록 하거나 가압송수장치의 정격토출압력과 같게 할 것

※ 자연압 : 충압펌프에서 최고위 살수장치(일제개방밸브 사용 시 최고위 일제개방밸브)까지의 높이

ㄴ 펌프의 정격토출량은 정상적인 누설량보다 적어서는 안 되며, 스프링클러설비가 자동적으로 작동할 수 있도록 충분한 토출량을 유지할 것

③ 내연기관을 사용하는 경우

ㄱ 제어반에 따라 내연기관의 자동기동 및 수동기동이 가능하고, 상시 충전되어 있는 축전지설비를 갖출 것

ㄴ 내연기관의 연료량은 펌프를 20분(층수가 30층 이상 49층 이하는 40분, 50층 이상은 60분)이상 운전할 수 있는 용량일 것

> **Reference**
> ---
>
> **고가수조방식**
> ① 고가수조의 자연낙차수두(수조의 하단으로부터 최고층에 설치된 헤드까지의 수직거리)
>
> $$H = h_1 + 10$$
>
> 여기서, H : 필요한 낙차[m], h_1 : 배관의 마찰손실수두[m]
> ② 고가수조에는 수위계 · 배수관 · 급수관 · 오버플로우관 및 맨홀을 설치할 것
>
> **압력수조방식**
> ① 압력수조의 필요압력
>
> $$P = P_1 + P_2 + 0.1$$
>
> 여기서, P : 필요한 압력[MPa], P_1 : 낙차의 환산압력[MPa], P_2 : 배관의 마찰손실압력[MPa]
> ② 압력수조에는 수위계 · 급수관 · 배수관 · 급기관 · 맨홀 · 압력계 · 안전장치 및 압력저하 방지를 위한 자동식 공기압축기를 설치할 것
> ---

④ 폐쇄형 스프링클러설비의 방호구역 및 유수검지장치 설치기준

ㄱ 하나의 방호구역 바닥면적은 3,000[m²]를 초과하지 아니할 것. 다만, 폐쇄형 스프링클러설비에 격자형 배관방식(2 이상의 수평주행배관 사이를 가지배관으로 연결하는 방식을 말한다)을 채택하는 때에는 3,700[m²] 범위 내에서 펌프용량, 배관의 구경 등을 수리학적으로 계산한 결과 헤드의 방수압 및 방수량이 방호구역 범위 내에서 소화목적을 달성하는 데 충분할 것

ⓛ 하나의 방호구역에는 1개 이상의 유수검지장치를 설치하되, 화재발생 시 접근이 쉽고 점검하기 편리한 장소에 설치할 것

ⓒ 하나의 방호구역은 2개 층에 미치지 않도록 할 것. 다만, 1개 층에 설치되는 스프링클러헤드의 수가 10개 이하인 경우와 복층형 구조의 공동주택에는 3개 층 이내로 할 수 있다.

ⓔ 유수검지장치를 실내에 설치하거나 보호용 철망 등으로 구획하여 바닥으로부터 0.8[m] 이상 1.5[m] 이하의 위치에 설치하되, 그 실 등에는 가로 0.5[m] 이상 세로 1[m] 이상의 출입문을 설치하고 그 출입문 상단에 "유수검지장치실"이라고 표시한 표지를 설치할 것

ⓜ 스프링클러헤드에 공급되는 물은 유수검지장치를 지나도록 할 것. 다만, 송수구를 통하여 공급되는 물은 그러하지 아니하다.

ⓗ 자연낙차에 따른 압력수가 흐르는 배관상에 설치된 유수검지장치는 화재 시 물의 흐름을 검지할 수 있는 최소한의 압력이 얻어질 수 있도록 수조의 하단으로부터 낙차를 두어 설치할 것

ⓢ 조기반응형 스프링클러헤드를 설치하는 경우에는 습식 유수검지장치 또는 부압식 스프링클러설비를 설치할 것

⑤ 개방형 스프링클러설비의 방수구역 및 일제개방밸브의 설치기준

ⓖ 하나의 방수구역은 2개 층에 미치지 아니할 것

ⓛ 방수구역마다 일제개방밸브를 설치할 것

ⓒ 하나의 방수구역을 담당하는 헤드의 개수는 50개 이하로 할 것. 다만, 2개 이상의 방수구역으로 나눌 경우에는 하나의 방수구역을 담당하는 헤드의 개수는 25개 이상으로 할 것

ⓔ 일제개방밸브는 실내에 설치하거나 보호용 철망 등으로 구획하여 바닥으로부터 0.8[m] 이상 1.5[m] 이하의 위치에 설치하되, 그 실 등에는 가로 0.5[m] 이상 세로 1[m] 이상의 출입문을 설치하고 그 출입문 상단에 "일제개방밸브실"이라고 표시한 표지를 설치할 것

3) 배관

(1) 배관의 구경

① 수리계산에 의한 방법 : 가지배관의 유속은 6[m/s], 그 밖의 배관의 유속은 10[m/s]를 초과하지 않는 구경으로 할 것

② 규약에 의한 방법

(단위 : mm)

급수관의 구분 \ 구경	25	32	40	50	65	80	90	100	125	150
가	2	3	5	10	30	60	80	100	160	161 이상
나	2	4	7	15	30	60	65	100	160	161 이상
다	1	2	5	8	15	27	40	55	90	91 이상

ⓒ 폐쇄형 스프링클러헤드를 사용하는 설비의 경우로서 1개 층에 하나의 급수배관(또는 밸브 등)이 담당하는 구역의 최대면적은 3,000[㎡]를 초과하지 아니할 것

ⓛ 폐쇄형 스프링클러헤드를 설치하는 경우에는 "가"란의 헤드 수에 따를 것. 다만, 100개 이상의 헤드를 담당하는 급수배관(또는 밸브)의 구경을 100[mm]로 할 경우에는 수리계산을 통하여 규정한 배관의 유속에 적합하도록 할 것

ⓒ 폐쇄형 스프링클러헤드를 설치하고 반자 아래의 헤드와 반자 속의 헤드를 동일 급수관의 가지관상에 병설하는 경우에는 "나"란의 헤드 수에 따를 것

ⓛ 무대부 또는 특수가연물을 취급하는 장소에 폐쇄형 스프링클러헤드를 설치하는 경우의 배관구경은 "다"란에 따를 것

ⓜ 개방형 스프링클러헤드를 설치하는 경우 하나의 방수구역이 담당하는 헤드의 개수가 30개 이하일 때는 "다"란의 헤드 수에 의하고, 30개를 초과할 때는 수리계산방법에 따를 것

> **Reference** ....
>
> 수직배수배관의 구경은 50[mm] 이상으로 해야 한다. 다만, 수직배관의 구경이 50[mm] 미만인 경우에는 수직배관과 동일한 구경으로 할 수 있다.
>
> ....

(2) 가지배관의 배열

① 토너먼트(Tournament) 배관방식이 아닐 것

② 교차배관에서 분기되는 지점을 기점으로 한쪽 가지배관에 설치되는 헤드의 개수(반자 아래와 반자 속의 헤드를 하나의 가지배관 상에 병설하는 경우에는 반자 아래에 설치하는 헤드의 개수)는 8개 이하로 할 것

(3) 교차배관의 위치 · 청소구 및 가지배관의 헤드설치

① 교차배관은 가지배관과 수평으로 설치하거나 또는 가지배관 밑에 설치하고, 그 구경은 배관구경 표에 따르되, 최소 구경이 40[mm] 이상이 되도록 할 것. 다만, 패들형 유수검지장치를 사용하는 경우에는 교차배관의 구경과 동일하게 설치할 수 있다.

② 청소구는 교차배관 끝에 40[mm] 이상 크기의 개폐밸브를 설치하고, 호스접결이 가능한 나사식 또는 고정배수 배관식으로 할 것. 이 경우 나사식의 개폐밸브는 옥내소화전 호스접결용의 것으로 하고, 나사보호용의 캡으로 마감해야 한다.

③ 하향식 헤드를 설치하는 경우에 가지배관으로부터 헤드에 이르는 헤드접속배관은 가지배관 상부에서 분기할 것. 다만, 소화설비용 수원의 수질이 「먹는물관리법」에 따라 먹는 물의 수질기준에 적합하고 덮개가 있는 저수조로부터 물을 공급받는 경우에는 가지배관의 측면 또는 하부에서 분기할 수 있다.

(4) 시험장치 설치기준

① 습식 스프링클러설비 및 부압식 스프링클러설비에 있어서는 유수검지장치 2차 측 배관에 연결하여 설치하고 건식 스프링클러설비인 경우 유수검지장치에서 가장 먼 거리에 위치한 가지배관의 끝으로부터 연결하여 설치할 것. 이 경우 유수검지장치 2차 측 설비의 내용적이 2,840[L]를 초과하는 건식 스프링클러설비는 시험장치 개폐밸브를 완전 개방 후 1분 이내에 물이 방사되어야 한다.

② 시험장치 배관의 구경은 25[mm] 이상으로 하고, 그 끝에 개폐밸브 및 개방형 헤드 또는 스프링클러헤드와 동등한 방수성능을 가진 오리피스를 설치할 것. 이 경우 개방형 헤드는 반사판 및 프레임을 제거한 오리피스만으로 설치할 수 있다.

③ 시험배관의 끝에는 물받이 통 및 배수관을 설치하여 시험 중 방사된 물이 바닥에 흘러내리지 않도록 할 것. 다만, 목욕실 · 화장실 또는 그 밖의 곳으로서 배수처리가 쉬운 장소에 시험배관을 설치한 경우에는 그렇지 않다.

(5) 배관에 설치되는 행거의 설치기준

① 가지배관에는 헤드의 설치지점 사이마다 1개 이상의 행거를 설치하되, 헤드 간의 거리가 3.5[m]를 초과하는 경우에는 3.5[m] 이내마다 1개 이상 설치할 것. 이 경우 상향식 헤드와 행거 사이에는 8[cm] 이상의 간격을 두어야 한다.

② 교차배관에는 가지배관과 가지배관 사이마다 1개 이상의 행거를 설치하되, 가지배관 사이의 거리가 4.5[m]를 초과하는 경우에는 4.5[m] 이내마다 1개 이상 설치할 것

③ 수평주행배관에는 4.5[m] 이내마다 1개 이상 설치할 것

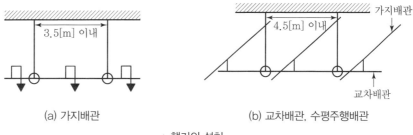

(a) 가지배관   (b) 교차배관, 수평주행배관

▲ 행거의 설치

(6) 급수밸브의 급수개폐밸브 작동표시 스위치 설치기준

① 급수개폐밸브가 잠길 경우 탬퍼스위치의 동작으로 인하여 감시제어반 또는 수신기에 표시되어야 하며 경보음을 발할 것

② 탬퍼스위치는 감시제어반 또는 수신기에서 동작의 유무 확인과 동작시험, 도통시험을 할 수 있을 것

③ 급수개폐밸브의 작동표시 스위치에 사용되는 전기배선은 내화전선 또는 내열전선으로 설치할 것

(7) 배관의 배수를 위한 기울기

① 습식 스프링클러설비 또는 부압식 스프링클러설비의 배관을 수평으로 할 것. 다만, 배관의 구조상 소화수가 남아 있는 곳에는 배수밸브를 설치해야 한다.

② 습식 스프링클러설비 또는 부압식 스프링클러설비 외의 설비에는 헤드를 향하여 상향으로 수평주행배관의 기울기를 500분의 1 이상, 가지배관의 기울기를 250분의 1 이상으로 할 것. 다만, 배관의 구조상 기울기를 줄 수 없는 경우에는 배수를 원활하게 할 수 있도록 배수밸브를 설치해야 한다.

4) 헤드

① 스프링클러헤드는 특정소방대상물의 천장·반자·천장과 반자 사이·덕트·선반 기타 이와 유사한 부분(폭이 1.2[m]를 초과하는 것에 한한다)에 설치해야 한다. 다만, 폭이 9[m] 이하인 실내에 있어서는 측벽에 설치할 수 있다.

 Reference

헤드의 구조
① 프레임(Frame) : 헤드의 나사부분과 디플렉터를 연결하는 연결이음쇠
② 디플렉터(Deflector) : 헤드에서 방출되는 물을 세분화시키는 반사판
③ 감열체 : 평상시에는 헤드를 폐쇄하고 있다가 화재에 의하여 일정 온도에 도달 시 스스로 파괴 또는 용융되어 헤드로부터 이탈됨으로써 방수구가 개방되는 부분. 감열체는 유리밸브와 퓨즈블링크 타입이 사용된다.

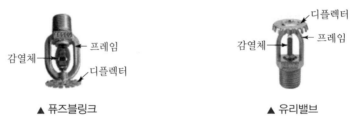

▲ 퓨즈블링크   ▲ 유리밸브

헤드의 구분
① 감열체의 유무에 따라 폐쇄형과 개방형으로 구분할 수 있다.

▲ 폐쇄형   ▲ 개방형

② 부착 방식에 따라 상향형, 하향형, 측벽형으로 구분할 수 있다.

▲ 상향형   ▲ 하향형   ▲ 측벽형

③ 사용목적에 따라 조기진압형, 랙식, 주거형, 라지드롭, 드라이펜던트 헤드로 구분할 수 있다.

▲ 드라이펜던트형 헤드

▲ 차폐판 부착 헤드

▲ 조기반응형 헤드

조기반응형 헤드

① RTI가 50 이하인 속동형 헤드로 습식 · 부압식 설비에 설치할 수 있다.

② 반응시간지수(RTI) : RTI(Response Time Index)란 기류의 온도 · 속도 및 작동시간에 대하여 스프링클러 헤드의 반응을 예상한 지수로서 아래 식에 의하여 계산하고 $[(m \cdot s)^{0.5}]$을 단위로 한다.

$RTI = r\sqrt{u}$

　여기서, r : 감열체의 시간상수[s], u : 기류의 속도[m/s]

② 반응시간지수(RTI)에 따른 분류

반응시간지수(RTI)	헤드
50 이하	조기반응형(Fast Response) 헤드
51 초과 80 이하	특수반응형(Special Response) 헤드
81 초과 350 이하	표준반응형(Standard Response) 헤드

드라이펜던트형 헤드(Dry Pendent Head)

배관 내의 물이 스프링클러 몸체에 유입되지 않도록 상단에 유로를 차단하는 플런저(Plunger)가 설치되어 있어 헤드가 개방되지 않으면 물이 헤드 몸체로 유입되지 못하도록 되어 있는 헤드

----

② 수평거리

천장 · 반자 등의 각 부분으로부터 하나의 스프링클러헤드까지의 수평거리

특정소방대상물	수평거리
무대부, 특수가연물 저장 또는 취급하는 장소	1.7[m] 이하
일반건축물	2.1[m] 이하
내화건축물	2.3[m] 이하

※ 라지드롭형 스프링클러헤드를 설치하는 천장 · 반자 · 천장과 반자 사이 · 덕트 · 선반 등의 각 부분으로부터 하나의 스프링클러헤드까지의 수평거리는 특수가연물을 저장 또는 취급하는 창고는 1.7[m] 이하, 그 외의 창고는 2.1[m](내화구조로 된 경우에는 2.3[m]를 말한다) 이하로 할 것

※ 아파트 등의 세대 내 스프링클러헤드를 설치하는 천장 · 반자 · 천장과 반자 사이 · 덕트 · 선반 등의 각 부분으로부터 하나의 스프링클러헤드까지의 수평거리는 2.6[m] 이하로 할 것

③ 헤드의 배치방법

㉠ 정방형 배치

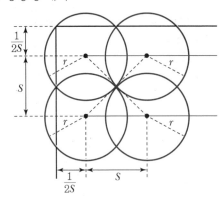

$$S = 2r\cos 45°$$

여기서, S : 헤드 간의 거리[m]
r : 수평거리[m]

㉡ 장방형 배치

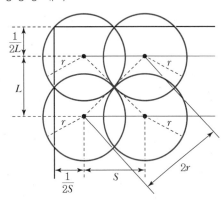

$$Pt = 2r$$

여기서, Pt : 대각선의 길이[m]
r : 수평거리[m]

㉢ 지그재그형 배치

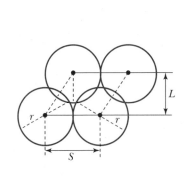
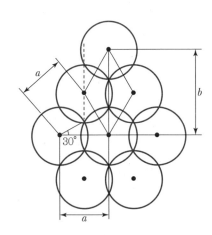

$$a = 2r\cos 30° \quad b = 2a\cos 30°$$

여기서, a : a의 거리[m], b : b의 거리[m], r : 수평거리(반경)[m]

④ 헤드의 설치

　㉠ 무대부 또는 연소할 우려가 있는 개구부에 있어서는 개방형 스프링클러헤드를 설치할 것

　㉡ 다음에 해당하는 장소에는 조기반응형 스프링클러헤드를 설치할 것

　　• 공동주택 · 노유자시설의 거실

　　• 오피스텔 · 숙박시설의 침실

　　• 병원 · 의원의 입원실

⑤ 폐쇄형 헤드의 평상시 최고 주위온도에 따른 표시온도

설치장소의 최고 주위온도	표시온도
39[℃] 미만	79[℃] 미만
39[℃] 이상 64[℃] 미만	79[℃] 이상 121[℃] 미만
64[℃] 이상 106[℃] 미만	121[℃] 이상 162[℃] 미만
106[℃] 이상	162[℃] 이상

※ 높이가 4[m] 이상인 공장에 설치하는 스프링클러헤드는 그 설치장소의 평상시 최고 주위 온도에 관계없이 표시온도 121[℃] 이상의 것으로 할 수 있다. 〈개정 2024.1.1.〉

Reference

유리밸브형, 퓨즈블링크형 스프링클러헤드의 표시온도

유리밸브형		퓨즈블링크형	
표시온도[℃]	액체의 색별	표시온도[℃]	프레임의 색별
57	오렌지	77 미만	색 표시 안함
68	빨강	78~120	흰색
79	노랑	121~162	파랑
93	초록	163~203	빨강
141	파랑	204~259	초록
182	연한 자주	260~319	오렌지
227 이상	검정	320 이상	검정

⑥ 스프링클러헤드의 설치방법

　㉠ 살수에 방해되지 아니하도록 스프링클러헤드로부터 반경 60[cm] 이상의 공간을 보유할 것. 다만, 벽과 헤드 간의 공간은 10[cm] 이상으로 한다.

　㉡ 스프링클러헤드와 그 부착면과의 거리는 30[cm] 이하로 할 것

　㉢ 배관 · 행거 및 조명기구 등 살수를 방해하는 것이 있는 경우에는 그로부터 아래에 설치 하여 살수에 장애가 없도록 할 것. 다만, 장애물 폭의 3배 이상 이격하여 설치한 경우 그러 하지 아니하다.

　㉣ 반사판은 그 부착면과 평행하게 설치할 것. 다만, 측벽형 헤드 또는 연소할 우려가 있는 개구부에 설치하는 스프링클러헤드의 경우에는 그러하지 아니하다.

ⓜ 천장의 기울기가 10분의 1을 초과하는 경우 헤드의 설치기준
- 천장의 최상부에 스프링클러헤드를 설치하는 경우에는 최상부에 설치하는 스프링클러 헤드의 반사판을 수평으로 설치할 것
- 천장의 최상부를 중심으로 가지관을 서로 마주보게 설치하는 경우에는 최상부의 가지관 상호 간의 거리가 가지관상의 스프링클러헤드 상호 간의 거리의 2분의 1 이하(최소 1[m] 이상이 되어야 한다)가 되게 스프링클러헤드를 설치하고, 가지관의 최상부에 설치 하는 스프링클러헤드는 천장의 최상부로부터의 수직거리가 90[cm] 이하가 되도록 할 것. 톱날지붕, 둥근지붕 기타 이와 유사한 지붕의 경우에도 이에 준한다.

ⓗ 연소할 우려가 있는 개구부에는 그 상하좌우에 2.5[m] 간격으로(개구부의 폭이 2.5[m] 이하 인 경우에는 그 중앙에) 스프링클러헤드를 설치하되, 스프링클러헤드와 개구부의 내측 면으로부터 직선거리는 15[cm] 이하가 되도록 할 것. 이 경우 사람이 상시 출입하는 개구 부로서 통행에 지장이 있는 때에는 개구부의 상부 또는 측면(개구부의 폭이 9[m] 이하인 경우에 한한다)에 설치하되, 헤드 상호 간의 간격은 1.2[m] 이하로 설치하여야 한다.

ⓢ 습식 스프링클러설비 및 부압식 스프링클러설비 외의 설비에는 상향식 스프링클러헤드 를 설치할 것

Reference

상향식 헤드를 설치하지 않아도 되는 경우
① 드라이펜던트 스프링클러헤드를 사용하는 경우
② 스프링클러헤드의 설치장소가 동파의 우려가 없는 곳인 경우
③ 개방형 스프링클러헤드를 사용하는 경우

※ 측벽형 스프링클러헤드를 설치하는 경우 긴 변의 한쪽 벽에 일렬로 설치(폭이 4.5[m] 이상 9[m] 이하인 실에 있어서는 긴 변의 양쪽에 각각 일렬로 설치하되 마주보는 스프링 클러헤드가 나란한 꼴이 되도록 설치)하고 3.6[m] 이내마다 설치할 것

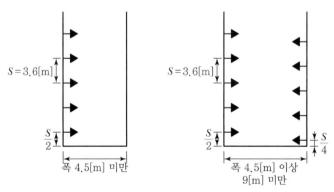

▲ 측벽형 헤드의 설치

ⓞ 상부에 설치된 헤드의 방출수에 따라 감열부에 영향을 받을 우려가 있는 헤드에는 방출수 를 차단할 수 있는 유효한 차폐판을 설치할 것

⑦ 보와 가장 가까운 스프링클러헤드의 설치기준

스프링클러헤드의 반사판 중심과 보의 수평거리	스프링클러헤드의 반사판 높이와 보의 하단 높이의 수직거리
0.75[m] 미만	보의 하단보다 낮을 것
0.75[m] 이상 1[m] 미만	0.1[m] 미만일 것
1[m] 이상 1.5[m] 미만	0.15[m] 미만일 것
1.5[m] 이상	0.3[m] 미만일 것

※ 다만, 천장면에서 보의 하단까지의 길이가 55[cm]를 초과하고 보의 하단 측면 끝부분으로부터 스프링클러헤드까지의 거리가 스프링클러헤드 상호 간 거리의 2분의 1 이하가 되는 경우에는 스프링클러헤드와 그 부착면과의 거리를 55[cm] 이하로 할 수 있다.

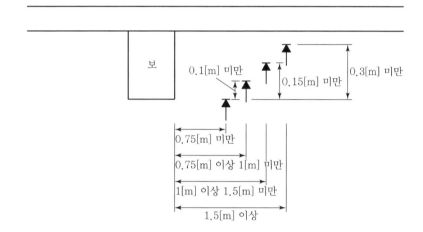

5) 헤드의 설치 제외 장소

① 계단실(특별피난계단의 부속실을 포함한다) · 경사로 · 승강기의 승강로 · 비상용 승강기의 승강장 · 파이프덕트 및 덕트피트(파이프 · 덕트를 통과시키기 위한 구획된 구멍에 한한다) · 목욕실 · 수영장(관람석 부분을 제외한다) · 화장실 · 직접 외기에 개방되어 있는 복도 · 기타 이와 유사한 장소

② 통신기기실 · 전자기기실 기타 이와 유사한 장소

③ 발전실 · 변전실 · 변압기 기타 이와 유사한 전기설비가 설치되어 있는 장소

④ 병원의 수술실 · 응급처치실 기타 이와 유사한 장소

⑤ 천장과 반자 양쪽이 불연재료로 되어 있는 경우로서 그 사이의 거리 및 구조가 다음에 해당하는 부분

　㉠ 천장과 반자 사이의 거리가 2[m] 미만인 부분

　㉡ 천장과 반자 사이의 벽이 불연재료이고 천장과 반자 사이의 거리가 2[m] 이상으로서 그 사이에 가연물이 존재하지 아니하는 부분

⑥ 천장·반자 중 한쪽이 불연재료로 되어 있고 천장과 반자 사이의 거리가 1[m] 미만인 부분

⑦ 천장 및 반자가 불연재료 외의 것으로 되어 있고 천장과 반자 사이의 거리가 0.5[m] 미만인 부분

⑧ 펌프실·물탱크실·엘리베이터 권상기실·그 밖의 이와 비슷한 장소

⑨ 현관 또는 로비 등으로서 바닥으로부터 높이가 20[m] 이상인 장소

⑩ 영하의 냉장창고의 냉장실 또는 냉동창고의 냉동실

⑪ 고온의 노가 설치된 장소 또는 물과 격렬하게 반응하는 물품의 저장 또는 취급장소

⑫ 불연재료로 된 특정소방대상물 또는 그 부분으로서 다음에 해당하는 장소

　　㉠ 정수장·오물처리장 그 밖의 이와 비슷한 장소

　　㉡ 펄프공장의 작업장·음료수공장의 세정 또는 충전하는 작업장 그 밖의 이와 비슷한 장소

　　㉢ 불연성의 금속·석재 등의 가공공장으로서 가연성 물질을 저장 또는 취급하지 아니하는 장소

　　㉣ 가연성 물질이 존재하지 않는 「건축물의 에너지절약설계기준」에 따른 방풍실

⑬ 실내에 설치된 테니스장, 게이트볼장, 정구장 또는 이와 비슷한 장소로서 실내바닥, 벽, 천장이 불연재료 또는 준불연재료로 구성되어 있고 가연물이 존재하지 않는 장소로서 관람석이 없는 운동시설(지하층은 제외)

6) 드렌처설비의 설치기준

연소할 우려가 있는 개구부에 다음 기준에 따른 드렌처설비를 설치한 경우에는 당해 개구부에 한하여 스프링클러헤드를 설치하지 아니할 수 있다.

① 드렌처헤드는 개구부 위측에 2.5[m] 이내마다 1개를 설치할 것

② 제어밸브(일제개방밸브·개폐표시형 밸브 및 수동조작부를 합한 것을 말한다)는 특정소방대상물 층마다에 바닥면으로부터 0.8[m] 이상 1.5[m] 이하의 위치에 설치할 것

③ 수원의 수량은 드렌처헤드가 가장 많이 설치된 제어밸브의 드렌처헤드의 설치개수에 1.6[m³]를 곱하여 얻은 수치 이상이 되도록 할 것

④ 드렌처설비는 드렌처헤드가 가장 많이 설치된 제어밸브에 설치된 드렌처헤드를 동시에 사용하는 경우에 각각의 헤드선단에 방수압력이 0.1[MPa] 이상, 방수량이 80[L/min] 이상이 되도록 할 것

⑤ 수원에 연결하는 가압송수장치는 점검이 쉽고 화재 등의 재해로 인한 피해우려가 없는 장소에 설치할 것

> **Reference**
>
> **연소할 우려가 있는 개구부**
> 에스컬레이터, 컨베이어벨트 설치장소 등과 같이 용도 및 구조의 특성상 방화구획부분을 관통하여 상시 개방될 수밖에 없는 부분

05 간이스프링클러설비의 화재안전기술기준(NFTC 103A)

1. 설치대상

특정소방대상물		간이스프링클러설비 적용기준	설치장소
① 공동주택 중 연립주택 및 다세대주택		다만, 연립주택 및 다세대주택에 설치하는 간이스프링클러설비는 화재안전기준에 따른 주택전용 간이스프링클러설비를 설치한다.	해당 장소
② 근린생활시설		㉠ 바닥면적 합계가 1,000[m²] 이상인 것 ㉡ 의원, 치과의원 및 한의원으로서 입원실이 있는 시설 ㉢ 조산원 및 산후조리원으로서 연면적 600[m²] 미만인 시설	모든 층
③	의료시설 중 종합병원, 병원, 치과병원, 한방병원 및 요양병원	바닥면적의 합계가 600[m²] 미만인 것	해당 시설
	정신의료기관 또는 의료재활시설	㉠ 바닥면적의 합계가 300[m²] 이상 600[m²] 미만인 것 ㉡ 창살(철재ㆍ플라스틱 또는 목재 등으로 사람의 탈출 등을 막기 위하여 설치한 것을 말하며, 화재 시 자동으로 열리는 구조로 되어 있는 창살은 제외한다)이 설치된 시설은 300[m²] 미만인 것	
④ 교육연구시설 내에 합숙소		연면적 100[m²] 이상인 경우	모든 층
⑤ 노유자시설		㉠ 노유자생활시설 ㉡ 바닥면적의 합계가 300[m²] 이상 600[m²] 미만인 것 ㉢ 바닥면적의 합계가 300[m²] 미만이고, 창살(철재ㆍ플라스틱 또는 목재 등으로 사람의 탈출 등을 막기 위하여 설치한 것을 말하며, 화재 시 자동으로 열리는 구조로 되어 있는 창살은 제외한다)이 설치된 시설	해당 시설
⑥ 숙박시설		바닥면적의 합계가 300[m²] 이상 600[m²] 미만인 것	해당 시설
⑦ 건물을 임차하여 「출입국관리법」 제52조제2항에 따른 보호시설			해당 부분
⑧ 복합건축물		연면적 1,000[m²] 이상인 경우	모든 층

Reference

다중이용업소에 설치ㆍ유지하여야 하는 안전시설 등

간이스프링클러설비(캐비닛형 간이스프링클러설비를 포함)는 다음의 영업장에 설치한다.
① 지하층에 설치된 영업장
② 숙박을 제공하는 형태의 다중이용업소의 영업장 중 다음에 해당하는 영업장. 다만, 지상 1층에 있거나 지상과 직접 맞닿아 있는 층(영업장의 주된 출입구가 건축물 외부의 지면과 직접 연결된 경우를 포함한다)에 설치된 영업장은 제외한다.
　㉠ 산후조리업의 영업장
　㉡ 고시원업의 영업장
　㉢ 밀폐구조의 영업장
　㉣ 권총사격장의 영업장

2. 용어의 정의

① "캐비닛형 간이스프링클러설비"란 가압송수장치, 수조(「캐비닛형 간이스프링클러설비 성능인증 및 제품검사의 기술기준」에서 정하는 바에 따라 분리형으로 할 수 있다) 및 유수검지장치 등을 집적화하여 캐비닛 형태로 구성시킨 간이 형태의 스프링클러설비를 말한다.

② "상수도직결형 간이스프링클러설비"란 수조를 사용하지 않고 상수도에 직접 연결하여 항상 기준 방수압 및 방수량 이상을 확보할 수 있는 설비를 말한다.

③ "주택전용 간이스프링클러설비"란 연립주택 및 다세대주택에 설치하는 간이스프링클러설비를 말한다. 〈신설 2024.12.1.〉

3. 설치기준

1) 수원의 양

① 상수도직결형의 경우에는 수돗물

② 수조(캐비닛형 포함)를 사용하는 경우

적어도 1개 이상의 자동급수장치를 갖추어야 하며, 2개의 간이헤드에서 최소 10분[영 별표 4 제1호마목2)가) 또는 6)과 8)에 해당하는 경우에는 5개의 간이헤드에서 최소 20분] 이상 방수할 수 있는 양 이상을 수조에 확보할 것

$$수원 = N \times Q[\text{L/min}] \times T[\text{min}]$$

여기서, N : 간이헤드 개수(2개), Q : 방수량(50[L/min]), T : 방사시간(10분)
(다만, 주차장 부분에 표준반응형 스프링클러헤드를 사용할 경우는 80[L/min])

> **Reference**
>
> **소방시설 설치 및 관리에 관한 법률 시행령 별표 4 제1호마목2)가) 또는 6)과 8)**
> 다음의 어느 하나에 해당하는 경우에는 간이헤드(N)는 5개, 방사시간(T)은 20분을 적용하여 수원의 양을 산정한다. 또한 상수도직결형 및 캐비닛형 간이스프링클러설비를 제외한 가압송수장치를 설치하여야 한다.
> ① 근린생활시설로 사용하는 부분의 바닥면적 합계가 1,000[m²] 이상인 것은 모든 층
> ② 숙박시설로 사용되는 바닥면적의 합계가 300[m²] 이상 600[m²] 미만인 시설
> ③ 복합건축물로서 연면적 1,000[m²] 이상인 것은 모든 층

2) 가압송수장치

① 종류

㉠ 상수도설비에 직접 연결하는 방법 ㉡ 전동기 또는 내연기관에 따른 펌프 이용방법
㉢ 고가수조 이용방법 ㉣ 압력수조 이용방법
㉤ 가압수조 이용방법 ㉥ 캐비닛형식 이용방법

② 정격토출압력 및 방수량

가장 먼 가지배관에서 2개(또는 5개)의 간이헤드를 동시에 개방할 경우	
방수압력	0.1[MPa] 이상
방수량	50[L/min](주차장에 표준반응형 스프링클러를 사용하는 경우 80[L/min]) 이상

③ 방호구역 및 유수검지장치 설치기준

　㉠ 하나의 방호구역의 바닥면적은 1,000[m²]를 초과하지 않을 것

　㉡ 하나의 방호구역에는 1개 이상의 유수검지장치를 설치하되, 화재 시 접근이 쉽고 점검하기 편리한 장소에 설치할 것

　㉢ 하나의 방호구역은 2개 층에 미치지 않도록 할 것. 다만, 1개 층에 설치되는 간이헤드의 수가 10개 이하인 경우에는 3개 층 이내로 할 수 있다.

　㉣ 유수검지장치는 실내에 설치하거나 보호용 철망 등으로 구획하여 바닥으로부터 0.8[m] 이상 1.5[m] 이하의 위치에 설치하되, 그 실 등에는 개구부가 가로 0.5[m] 이상 세로 1[m] 이상의 출입문을 설치하고 그 출입문 상단에 "유수검지장치실"이라고 표시한 표지를 설치할 것

　㉤ 간이헤드에 공급되는 물은 유수검지장치를 지나도록 할 것. 다만, 송수구를 통하여 공급되는 물은 그렇지 않다.

　㉥ 자연낙차에 따른 압력수가 흐르는 배관상에 설치된 유수검지장치는 화재 시 물의 흐름을 검지할 수 있는 최소한의 압력이 얻어질 수 있도록 수조의 하단으로부터 낙차를 두어 설치할 것

　㉦ 간이스프링클러설비가 설치되는 특정소방대상물에 부설된 주차장 부분에는 습식 외의 방식으로 할 것. 다만, 동결의 우려가 없거나 동결을 방지할 수 있는 구조 또는 장치가 된 곳은 그렇지 않다.

3) 배관 및 밸브 등의 순서

① 상수도직결형의 경우

　㉠ 수도용 계량기, 급수차단장치, 개폐표시형 밸브, 체크밸브, 압력계, 유수검지장치(압력스위치 등 유수검지장치와 동등 이상의 기능과 성능이 있는 것을 포함한다), 2개의 시험밸브의 순으로 설치할 것

　㉡ 간이스프링클러설비 이외의 배관에는 화재 시 배관을 차단할 수 있는 급수차단장치를 설치할 것

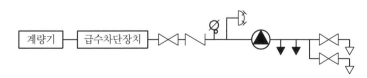

② 펌프 등의 가압송수장치를 이용하는 경우 : 수원, 연성계 또는 진공계(수원이 펌프보다 높은 경우를 제외한다), 펌프 또는 압력수조, 압력계, 체크밸브, 성능시험배관, 개폐표시형 밸브, 유수검지장치, 시험밸브의 순으로 설치할 것

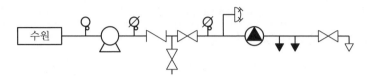

③ 가압수조를 가압송수장치로 이용하는 경우 : 수원, 가압수조, 압력계, 체크밸브, 성능시험배관, 개폐표시형 밸브, 유수검지장치, 2개의 시험밸브의 순으로 설치할 것

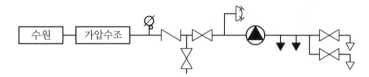

④ 캐비닛형의 가압송수장치로 이용하는 경우 : 수원, 연성계 또는 진공계(수원이 펌프보다 높은 경우를 제외한다), 펌프 또는 압력수조, 압력계, 체크밸브, 개폐표시형 밸브, 2개의 시험밸브의 순으로 설치할 것. 다만, 소화용수의 공급은 상수도와 직결된 바이패스관 또는 펌프에서 공급받아야 한다.

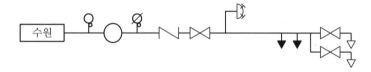

4) 주택전용 간이스프링클러설비 〈신설 2024.12.1.〉

① 상수도에 직접 연결하는 방식으로 수도용 계량기 이후에서 분기하여 수도용 역류방지밸브, 개폐표시형 밸브, 세대별 개폐밸브 및 간이헤드의 순으로 설치할 것. 이 경우 개폐표시형 밸브와 세대별 개폐밸브는 그 설치위치를 쉽게 식별할 수 있는 표시를 해야 한다.

② 주택전용 간이스프링클러설비에는 가압송수장치, 유수검지장치, 제어반, 음향장치, 기동장치 및 비상전원은 적용하지 않을 수 있다.

5) 간이헤드

① 폐쇄형 간이헤드를 사용할 것

② 간이헤드의 작동온도

실내의 최대 주위천장온도	공칭작동온도
0~38[℃]	57~77[℃]
39~66[℃]	79~109[℃]

③ 간이헤드를 설치하는 천장 · 반자 · 천장과 반자 사이 · 덕트 · 선반 등의 각 부분으로부터 간이헤드까지의 수평거리는 2.3[m] 이하가 되도록 하여야 한다. 다만, 성능이 별도로 인정된 간이헤드를 수리계산에 따라 설치하는 경우에는 그러하지 아니하다.

④ 간이헤드의 디플렉터에서 천장 또는 반자까지의 거리

헤드의 종류	거리
상향식, 하향식 간이헤드	25~102[mm]
측벽형 간이헤드	102~152[mm]

⑤ 상향식 간이헤드 아래에 설치되는 하향식 간이헤드에는 상향식 헤드의 방출수를 차단할 수 있는 유효한 차폐판을 설치할 것

⑥ 간이스프링클러가 설치되는 특정소방대상물에 부설된 주차장 부분에는 표준반응형 스프링클러헤드를 설치하여야 한다.

06 화재조기진압용 스프링클러설비의 화재안전기술기준(NFTC 103B)

1. 용어의 정의

"화재조기진압용 스프링클러헤드"란 특정한 높은 장소의 화재위험에 대하여 조기에 진화할 수 있도록 설계된 헤드를 말한다.

2. 설치기준

1) 설치장소의 구조

① 해당 층의 높이가 13.7[m] 이하일 것. 다만, 2층 이상일 경우에는 해당 층의 바닥을 내화구조로 하고 다른 부분과 방화구획 할 것

② 천장의 기울기가 1,000분의 168을 초과하지 않아야 하고, 이를 초과하는 경우에는 반자를 지면과 수평으로 설치할 것

③ 천장은 평평해야 하며 철재나 목재트러스 구조인 경우, 철재나 목재의 돌출 부분이 102[mm]를 초과하지 않을 것

④ 보로 사용되는 목재 · 콘크리트 및 철재 사이의 간격이 0.9[m] 이상 2.3[m] 이하일 것. 다만, 보의 간격이 2.3[m] 이상인 경우에는 화재조기진압용 스프링클러헤드의 동작을 원활히 하기 위해 보로 구획된 부분의 천장 및 반자의 넓이가 28[m²]를 초과하지 않을 것

⑤ 창고 내의 선반 등의 형태는 하부로 물이 침투되는 구조로 할 것

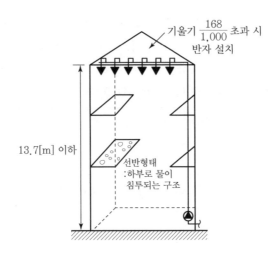

2) 수원의 양

수원은 수리학적으로 가장 먼 가지배관 3개에 각각 4개의 스프링클러헤드가 동시에 개방되었을 때 헤드선단의 압력이 표에 따른 값 이상으로 60분간 방수할 수 있는 양 이상을 확보할 것

$$Q = 12 \times K \sqrt{10P} \times 60$$

여기서, Q : 수원의 양[L], K : 상수[L/min/(MPa)$^{\frac{1}{2}}$], P : 헤드선단의 압력[MPa]

▼ [별표] 화재조기진압용 스프링클러헤드의 최소 방사압력[MPa]

최대층고	최대저장높이	화재조기진압용 스프링클러헤드				
		$K=360$ 하향식	$K=320$ 하향식	$K=240$ 하향식	$K=240$ 상향식	$K=200$ 하향식
13.7[m]	12.2[m]	0.28	0.28	–	–	–
13.7[m]	10.7[m]	0.28	0.28	–	–	–
12.2[m]	10.7[m]	0.17	0.28	0.36	0.36	0.52
10.7[m]	9.1[m]	0.14	0.24	0.36	0.36	0.52
9.1[m]	7.6[m]	0.10	0.17	0.24	0.24	0.34

3) 배관

화재조기진압용 스프링클러설비의 배관은 습식으로 해야 한다.

4) 헤드

① 헤드 하나의 방호면적은 6.0[m²] 이상 9.3[m²] 이하로 할 것
② 가지배관의 헤드 사이의 거리는 천장의 높이가 9.1[m] 미만인 경우에는 2.4[m] 이상 3.7[m] 이하로, 9.1[m] 이상 13.7[m] 이하인 경우에는 3.1[m] 이하로 할 것

천장 높이	가지배관 사이거리(헤드 간의 수평거리)
9.1[m] 미만	2.4[m] 이상 3.7[m] 이하
9.1[m] 이상 13.7[m] 이하	2.4[m] 이상 3.1[m] 이하

③ 헤드의 반사판은 천장 또는 반자와 평행하게 설치하고 저장물의 최상부와 914[mm] 이상 확보되도록 할 것

④ 하향식 헤드의 반사판의 위치는 천장이나 반자 아래 125[mm] 이상 355[mm] 이하일 것

⑤ 상향식 헤드의 감지부 중앙은 천장 또는 반자와 101[mm] 이상 152[mm] 이하이어야 하며, 반사판의 위치는 스프링클러배관의 윗부분에서 최소 178[mm] 상부에 설치되도록 할 것

⑥ 헤드와 벽과의 거리는 헤드 상호 간 거리의 2분의 1을 초과하지 않아야 하며 최소 102[mm] 이상일 것

⑦ 헤드의 작동온도는 74[℃] 이하일 것. 다만, 헤드 주위의 온도가 38[℃] 이상의 경우에는 그 온도에서의 화재시험 등에서 헤드작동에 관하여 공인기관의 시험을 거친 것을 사용할 것

⑧ 상부에 설치된 헤드의 방출수에 따라 감열부에 영향을 받을 우려가 있는 헤드에는 방출수를 차단할 수 있는 유효한 차폐판을 설치할 것

5) 저장물의 간격

저장물품 사이의 간격은 모든 방향에서 152[mm] 이상의 간격을 유지하여야 한다.

6) 환기구

① 공기의 유동으로 인하여 헤드의 작동온도에 영향을 주지 않는 구조일 것

② 화재감지기와 연동하여 동작하는 자동식 환기장치를 설치하지 아니할 것. 다만, 자동식 환기장치를 설치할 경우에는 최소 작동온도가 180[℃] 이상일 것

7) 설치제외

① 제4류 위험물

② 타이어, 두루마리 종이 및 섬유류, 섬유제품 등 연소 시 화염의 속도가 빠르고 방사된 물이 하부까지에 도달하지 못하는 것

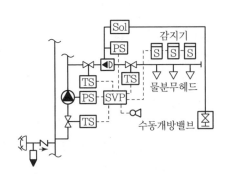

▲ 감지기방식

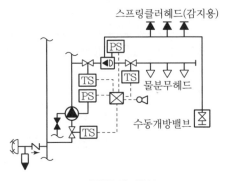

▲ 폐쇄형 헤드방식

1. 용어의 정의

"물분무헤드"란 화재 시 직선류 또는 나선류의 물을 충돌·확산시켜 미립상태로 분무함으로써 소화하는 헤드를 말한다.

> **Reference**
>
> **물분무헤드**
> ① "충돌형"이란 유수와 유수의 충돌에 의해 미세한 물방울을 만드는 물분무헤드를 말한다.
> ② "분사형"이란 소구경의 오리피스로부터 고압으로 분사하여 미세한 물방울을 만드는 물분무헤드를 말한다.
> ③ "선회류형"이란 선회류에 의해 확산 방출하거나 선회류와 직선류의 충돌에 의해 확산 방출하여 미세한 물방울로 만드는 물분무헤드를 말한다.
> ④ "디플렉터형"이란 수류를 살수판에 충돌하여 미세한 물방울을 만드는 물분무헤드를 말한다.
> ⑤ "슬릿형"이란 수류를 슬릿(Slit)에 의해 방출하여 수막상의 분무를 만드는 물분무헤드를 말한다.

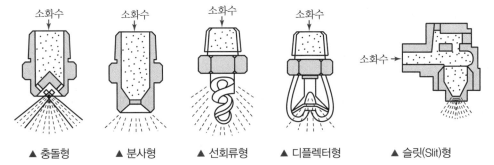

▲ 충돌형　　　▲ 분사형　　　▲ 선회류형　　　▲ 디플렉터형　　　▲ 슬릿(Slit)형

소화효과

질식효과	화재 시 연소열에 의하여 수증기로 기화가 되면서 체적이 약 1,700배 팽창하여 연소면의 산소공급을 차단한다.
냉각효과	미립자 상태의 물은 기화가 용이하여 열흡수가 용이하다.
유화효과	유류화재 시 유류표면에 방사되면서 유화층(에멀견층)을 형성하여 연소면의 산소공급을 차단한다.
희석소화	가연물의 농도를 낮추어 가연물을 차단한다.

2. 설치기준

1) 수원의 양

① 특수가연물을 저장 또는 취급하는 특정소방대상물

$$Q = A[\text{m}^2] \times 10[\text{L/m}^2 \cdot \text{min}] \times 20[\text{min}]$$

여기서, Q : 수원[L], A : 바닥면적(최대방수구역 바닥면적, 최소 50[㎡] 이상)

② 차고 또는 주차장

$$Q = A[\text{m}^2] \times 20[\text{L/m}^2 \cdot \text{min}] \times 20[\text{min}]$$

여기서, Q : 수원[L], A : 바닥면적(최대방수구역 바닥면적, 최소 50[㎡] 이상)

③ 절연유 봉입변압기

$$Q = A[\text{m}^2] \times 10[\text{L/m}^2 \cdot \text{min}] \times 20[\text{min}]$$

여기서, Q : 수원[L], A : 바닥 부분을 제외한 표면적을 합한 면적[㎡]

④ 케이블 트레이, 덕트

$$Q = A[\text{m}^2] \times 12[\text{L/m}^2 \cdot \text{min}] \times 20[\text{min}]$$

여기서, Q : 수원[L], A : 투영된 바닥면적[㎡]
※ 투영(投影)된 바닥면적 : 위에서 빛을 비춘 때 바닥 그림자의 면적

⑤ 컨베이어벨트 등

$$Q = A[\text{m}^2] \times 10[\text{L/m}^2 \cdot \text{min}] \times 20[\text{min}]$$

여기서, Q : 수원[L], A : 벨트 부분의 바닥면적[㎡]

▼ 〈정리〉 특정소방대상물별 수원량

소방대상물	수원량 산정방법	펌프의 토출량
특수가연물 저장 취급	$A[\text{m}^2] \times 10[\text{L/min} \cdot \text{m}^2] \times 20[\text{min}]$ A : 바닥면적(최소 면적 50[㎡] 적용)	$A[\text{m}^2] \times 10[\text{L/min} \cdot \text{m}^2]$
컨베이어벨트	$A[\text{m}^2] \times 10[\text{L/min} \cdot \text{m}^2] \times 20[\text{min}]$ A : 벨트 부분 바닥면적	$A[\text{m}^2] \times 10[\text{L/min} \cdot \text{m}^2]$
절연유 봉입변압기	$A[\text{m}^2] \times 10[\text{L/min} \cdot \text{m}^2] \times 20[\text{min}]$ A : 바닥 부분 제외 변압기 표면적	$A[\text{m}^2] \times 10[\text{L/min} \cdot \text{m}^2]$
케이블 트레이, 케이블 덕트	$A[\text{m}^2] \times 12[\text{L/min} \cdot \text{m}^2] \times 20[\text{min}]$ A : 투영된 바닥면적	$A[\text{m}^2] \times 12[\text{L/min} \cdot \text{m}^2]$
차고 · 주차장	$A[\text{m}^2] \times 20[\text{L/min} \cdot \text{m}^2] \times 20[\text{min}]$ A : 바닥면적(최소 면적 50[㎡] 적용)	$A[\text{m}^2] \times 20[\text{L/min} \cdot \text{m}^2]$

2) 기동장치

① 수동식 기동장치의 설치기준

  ㉠ 직접조작 또는 원격조작에 의하여 각각의 가압송수장치 및 수동식 개방밸브 또는 가압송수
  장치 및 자동개방밸브를 개방할 수 있도록 설치할 것

  ㉡ 기동장치의 가까운 곳의 보기 쉬운 곳에 '기동장치'라고 표시한 표지를 할 것

② 자동식 기동장치의 설치기준 : 자동화재탐지설비 감지기의 작동 및 폐쇄형 스프링클러헤드의
  개방과 연동하여 경보를 발하고 가압송수장치 및 자동개방밸브를 기동할 수 있는 것으로 할
  것. 다만 자동화재탐지설비의 수신기가 설치되어 있는 장소에 상시 사람이 근무하고 있고
  화재 시 물분무소화설비를 즉시 작동시킬 수 있는 경우에는 그렇지 않다.

3) 물분무헤드

① 물분무헤드는 표준방사량으로 당해 방호대상물의 화재를 유효하게 소화하는 데 필요한 수
  를 적정한 위치에 설치하여야 한다.

(a) 일반형 헤드　　　　　　　　　　　　　　　(b) 지하통로 및 터널용 헤드

▲ 물분무헤드

② 고압의 전기기기가 있는 장소는 전기의 절연을 위하여 전기기기와 물분무헤드 사이에 다음
  표에 따른 거리를 두어야 한다.

전압[kV]	거리[cm]	전압[kV]	거리[cm]
66 이하	70 이상	154 초과 181 이하	180 이상
66 초과 77 이하	80 이상	181 초과 220 이하	210 이상
77 초과 110 이하	110 이상	220 초과 275 이하	260 이상
110 초과 154 이하	150 이상		

4) 차고 및 주차장의 배수설비

① 차량이 주차하는 장소의 적당한 곳에 높이 10[cm] 이상의 경계턱으로 배수구를 설치할 것

② 배수구에는 새어 나온 기름을 모아 소화할 수 있도록 길이 40[m] 이하마다 집수관 · 소화피트
  등 기름분리장치를 설치할 것

③ 차량이 주차하는 바닥은 배수구를 향하여 100분의 2 이상의 기울기를 유지할 것

④ 배수설비는 가압송수장치의 최대송수능력의 수량을 유효하게 배수할 수 있는 크기 및 기울
  기로 할 것

5) 물분무헤드의 설치 제외

① 물에 심하게 반응하는 물질 또는 물과 반응하여 위험한 물질을 생성하는 물질을 저장 또는 취급하는 장소

② 고온의 물질 및 증류범위가 넓어 끓어 넘치는 위험이 있는 물질을 저장 또는 취급하는 장소

③ 운전 시에 표면의 온도가 260[℃] 이상으로 되는 등 직접 분무를 하는 경우 그 부분에 손상을 입힐 우려가 있는 기계장치 등이 있는 장소

> **Reference**
>
> **기울기**
>
> | 구분 | 기울기 | |
> |---|---|---|
> | 습식 스프링클러설비 또는 부압식 스프링클러설비 외의 설비 | 수평주행배관 | 헤드를 향하여 상향으로 $\frac{1}{500}$ 이상 |
> | | 가지배관 | 헤드를 향하여 상향으로 $\frac{1}{250}$ 이상 |
> | 물분무소화설비를 설치하는 차고 또는 주차장 바닥 | 배수구를 향하여 $\frac{2}{100}$ 이상 | |
> | 개방형 헤드를 사용하는 연결살수설비의 수평주행배관 | 헤드를 향하여 $\frac{1}{100}$ 이상 | |

08 미분무소화설비의 화재안전기술기준(NFTC 104A)

1. 용어의 정의

① "미분무소화설비"란 가압된 물이 헤드 통과 후 미세한 입자로 분무됨으로써 소화성능을 가지는 설비로서, 소화력을 증가시키기 위해 강화액 등을 첨가할 수 있다.

② "미분무"란 물만을 사용하여 소화하는 방식으로 최소 설계압력에서 헤드로부터 방출되는 물 입자 중 99[%]의 누적체적분포가 400[μm] 이하로 분무되고 A, B, C급 화재에 적응성을 갖는 것을 말한다.

③ "미분무헤드"란 하나 이상의 오리피스를 가지고 미분무소화설비에 사용되는 헤드를 말한다.

④ "저압 미분무소화설비"란 최고사용압력이 1.2[MPa] 이하인 미분무소화설비를 말한다.

⑤ "중압 미분무소화설비"란 사용압력이 1.2[MPa]을 초과하고 3.5[MPa] 이하인 미분무소화설비를 말한다.

⑥ "고압 미분무소화설비"란 최저사용압력이 3.5[MPa]을 초과하는 미분무소화설비를 말한다.

⑦ "설계도서"란 점화원, 연료의 특성과 형태 등에 따라서 건축물에서 발생할 수 있는 화재의 유형이 고려되어 작성된 것을 말한다.

2. 설치기준

1) 설계도서

미분무소화설비의 성능을 확인하기 위하여 하나의 발화원을 가정한 설계도서는 다음의 기준을 고려하여 작성되어야 하며, 설계도서는 일반설계도서와 특별설계도서로 구분한다.

① 점화원의 형태
② 초기 점화되는 연료 유형
③ 화재 위치
④ 문과 창문의 초기상태(열림, 닫힘) 및 시간에 따른 변화상태
⑤ 공기조화설비, 자연형(문, 창문) 및 기계형 여부
⑥ 시공 유형과 내장재 유형

> **Reference** -
>
> **일반설계도서와 특별설계도서**
>
> 1. 공통사항
>   설계도서는 건축물에서 발생 가능한 상황을 선정하되, 건축물의 특성에 따라 제2호의 설계도서 유형 중 (1)의 일반설계도서와 (2)부터 (7)까지의 특별설계도서 중 1개 이상을 작성한다.
>
> 2. 설계도서의 유형
>   (1) 일반설계도서
>   　① 건물용도, 사용자 중심의 일반적인 화재를 가상한다.
>   　② 설계도서에는 다음 사항이 필수적으로 명확히 설명되어야 한다.
>   　　㉠ 건물사용자 특성
>   　　㉡ 사용자의 수와 장소
>   　　㉢ 실 크기
>   　　㉣ 가구와 실내 내용물
>   　　㉤ 연소 가능한 물질들과 그 특성 및 발화원
>   　　㉥ 환기 조건
>   　　㉦ 최초 발화물과 발화물의 위치
>   　③ 설계자가 필요한 경우 기타 설계도서에 필요한 사항을 추가할 수 있다.
>   (2) 특별설계도서 1
>   　① 내부 문들이 개방되어 있는 상황에서 피난로에 화재가 발생하여 급격한 화재 연소가 이루어지는 상황을 가상한다.
>   　② 화재 시 가능한 피난 방법의 수에 중심을 두고 작성한다.
>   (3) 특별설계도서 2
>   　① 사람이 상주하지 않는 실에서 화재가 발생하지만, 잠재적으로 많은 재실자에게 위험이 되는 상황을 가상한다.
>   　② 건축물 내의 재실자가 없는 곳에서 화재가 발생하여 많은 재실자가 있는 공간으로 연소 확대되는 상황에 중심을 두고 작성한다.
>   (4) 특별설계도서 3
>   　① 많은 사람이 있는 실에서 인접한 벽이나 덕트 공간 등에서 화재가 발생한 상황을 가상한다.
>   　② 화재감지기가 없는 곳이나 자동으로 작동하는 소화설비가 없는 장소에서 화재가 발생하여 많은 재실자가 있는 곳으로의 연소 확대가 가능한 상황에 중심을 두고 작성한다.

(5) 특별설계도서 4

　① 많은 거주자가 있는 아주 인접한 장소 중 소방시설의 작동범위에 들어가지 않는 장소에서 아주 천천히 성장하는 화재를 가상한다.

　② 작은 화재에서 시작하지만 큰 대형화재를 일으킬 수 있는 화재에 중심을 두고 작성한다.

(6) 특별설계도서 5

　① 건축물의 일반적인 사용 특성과 관련, 화재하중이 가장 큰 장소에서 발생한 아주 심각한 화재를 가상한다.

　② 재실자가 있는 공간에서 급격하게 연소 확대되는 화재를 중심으로 작성한다.

(7) 특별설계도서 6

　① 외부에서 발생하여 본 건물로 화재가 확대되는 경우를 가상한다.

　② 본 건물에서 떨어진 장소에서 화재가 발생하여 본 건물로 화재가 확대되거나 피난로를 막거나 거주가 불가능한 조건을 만드는 화재에 중심을 두고 작성한다.

-----

2) 수원

① 미분무소화설비에 사용되는 소화용수는 「먹는물관리법」에 적합하고, 저수조 등에 충수할 경우 필터 또는 스트레이너를 통해야 하며, 사용되는 물에는 입자 · 용해고체 또는 염분이 없어야 한다.

② 배관의 연결부(용접부 제외) 또는 주배관의 유입 측에는 필터 또는 스트레이너를 설치해야 하고, 사용되는 스트레이너에는 청소구가 있어야 하며, 검사 · 유지관리 및 보수 시에 배치 위치를 변경하지 않아야 한다. 다만, 노즐이 막힐 우려가 없는 경우에는 설치하지 않을 수 있다.

③ 사용되는 필터 또는 스트레이너의 메시는 헤드 오리피스 지름의 80[%] 이하가 되어야 한다.

④ 수원의 양은 다음의 식을 이용하여 계산한 양 이상으로 해야 한다.

$$Q = N \times D \times T \times S + V$$

여기서, Q : 수원[m³], N : 방호구역(방수구역) 내 헤드의 개수
　　　　D : 설계유량[m³/min], T : 설계방수시간[min]
　　　　S : 안전율(1.2 이상), V : 배관의 총체적[m³]

3) 미분무헤드

① 미분무헤드는 소방대상물의 천장 · 반자 · 천장과 반자 사이 · 덕트 · 선반 기타 이와 유사한 부분에 설계자의 의도에 적합하도록 설치해야 한다.

② 하나의 헤드까지의 수평거리 산정은 설계자가 제시해야 한다.

③ 미분무소화설비에 사용되는 헤드는 조기반응형 헤드를 설치해야 한다.

④ 폐쇄형 미분무헤드는 그 설치장소의 평상시 최고주위온도에 따라 다음 식에 따른 표시온도의 것으로 설치해야 한다.

$$T_a = 0.9 T_m - 27.3[℃]$$

여기서, T_a : 최고주위온도[℃], T_m : 헤드의 표시온도[℃]

⑤ 미분무헤드는 배관, 행거 등으로부터 살수가 방해되지 아니하도록 설치해야 한다.

⑥ 미분무헤드는 설계도면과 동일하게 설치해야 한다.

⑦ 미분무헤드는 '한국소방산업기술원' 또는 법 규정에 따라 성능시험기관으로 지정받은 기관에서 검증받아야 한다.

09 포소화설비의 화재안전기술기준(NFTC 105)

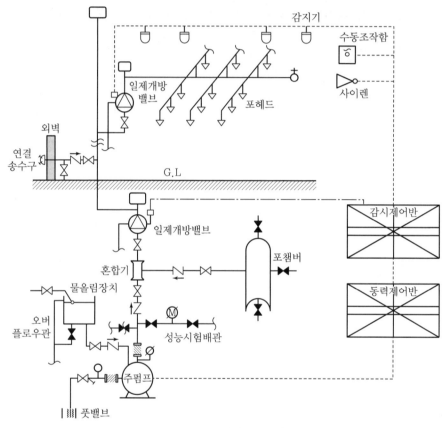

▲ 포소화설비

1. 포소화설비의 종류

1) 포소화설비의 방출방식

① **포워터스프링클러설비** : 방호대상물의 천장 또는 반자에 포워터스프링클러헤드를 설치하고 폐쇄형 헤드 또는 화재감지기의 동작으로 헤드를 통해 발포시켜 방사하는 방식

② **포헤드설비** : 방호대상물의 천장 또는 반자에 포헤드를 설치하고 폐쇄형 헤드 또는 화재감지기의 동작으로 헤드를 통해 발포시켜 방사하는 방식

③ **고정포방출설비** : 고정포방출구를 설치하여 방출구를 통해 발포시켜 방사하는 방식

　　㉠ 고발포용 고정포방출구 : 창고, 차고 · 주차장, 항공기 격납고 등의 실내에 설치하는 방출구

　　㉡ 고정포방출구 : 위험물 탱크 화재를 소화하기 위하여 탱크 내부에 설치하는 방출구

④ **압축공기포소화설비** : 압축공기 또는 압축질소를 일정비율로 포수용액에 강제 주입 혼합하는 방식

⑤ **호스릴 포소화설비** : 노즐이 이동식 호스릴에 연결되어 포약제를 발포시켜 방사하는 방식

⑥ **포소화전설비** : 노즐이 고정된 방수구와 연결된 호스와 연결되어 포약제를 발포시켜 방사하는 방식

⑦ **보조포소화전설비** : 위험물옥외탱크저장소의 방유제 밖에 설치하여 방유제 내부에 화재발생 시 호스에 연결된 노즐에서 포약제를 발포시켜 방사하는 방식

2) 특정소방대상물에 따른 적응 포소화설비

특수가연물을 저장 · 취급하는 공장 또는 창고, 차고 또는 주차장	• 포워터스프링클러설비 • 포헤드설비 • 고정포방출설비 • 압축공기포소화설비
※ 차고 · 주차장 중 　① 완전 개방된 옥상주차장 또는 고가 밑의 주차장으로서 주된 벽이 없고 기둥뿐이거나 주위가 위해방지용 철주 등으로 둘러싸인 부분 　② 지상 1층으로서 지붕이 없는 부분	• 포워터스프링클러설비 • 포헤드설비 • 고정포방출설비 • 압축공기포소화설비 • 호스릴포소화설비 • 포소화전설비
항공기 격납고(다만, 항공기 격납고 중 바닥면적의 합계가 1,000[m²] 이상이고 항공기의 격납위치가 한정되어 있는 경우에는 그 한정된 장소 외의 부분에 대하여는 호스릴포소화설비를 설치할 수 있다)	• 포워터스프링클러설비 • 포헤드설비 • 고정포방출설비 • 압축공기포소화설비
발전기실, 엔진펌프실, 변압기, 전기케이블실, 유압설비 중 바닥면적의 합계가 300[m²] 미만	고정식 압축공기포소화설비 설치 가능

2. 설치기준

1) 수원의 양

① 포워터스프링클러설비

$$Q = N \times 75[\text{L/min}] \times 10[\text{min}]$$

여기서, Q : 수원의 양[L], N : 포워터스프링클러헤드가 가장 많이 설치된 층의 설치개수

(특수가연물을 저장 · 취급하는 공장 또는 창고, 차고, 주차장의 경우 바닥면적 200[m²]를 초과 시 200[m²]에 설치된 헤드의 개수)

② 포헤드설비

$$Q = A \times \alpha \times 10[\text{min}]$$

여기서, Q : 수원의 양[L], α : 분당 방사량[L/m² · min]

A : 가장 넓은 층의 바닥면적(특수가연물을 저장 · 취급하는 공장 또는 창고, 차고, 주차장의 경우 200[m²]를 초과하는 경우에는 200[m²])

▼ 특정소방대상물별 포헤드의 분당 방사량

특정소방대상물	포소화약제의 종류	바닥면적 1[m²]당 방사량[L]
차고 · 주차장 및 항공기 격납고	단백포소화약제	6.5 이상
	합성계면활성제 포소화약제	8.0 이상
	수성막포소화약제	3.7 이상
특수가연물을 저장 · 취급하는 특정소방대상물	단백포소화약제	6.5 이상
	합성계면활성제 포소화약제	6.5 이상
	수성막포소화약제	6.5 이상

③ 고정포방출설비

㉠ 전역방출방식

$$Q = V \times \alpha \times 10[\text{min}]$$

여기서, Q : 수원의 양[L], V : 관포체적[m³], α : 관포체적 1[m³]당의 방출량[L/m³ · min]

▼ 고정포방출구의 관포체적 1[m³]당 분당 방출량

특정소방대상물	포의 팽창비	1[m³]에 대한 포수용액방출량[L]
항공기 격납고	팽창비 80 이상 250 미만	2.00
	팽창비 250 이상 500 미만	0.50
	팽창비 500 이상 1,000 미만	0.29
차고 또는 주차장	팽창비 80 이상 250 미만	1.11
	팽창비 250 이상 500 미만	0.28
	팽창비 500 이상 1,000 미만	0.16
특수가연물을 저장, 취급하는 특정소방대상물	팽창비 80 이상 250 미만	1.25
	팽창비 250 이상 500 미만	0.31
	팽창비 500 이상 1,000 미만	0.18

㉡ 국소방출방식

$$Q = A \times \alpha \times 10[\text{min}]$$

여기서, Q : 수원의 양[L], A : 방호면적[m²], α : 방호면적 1[m²]당의 분당 방사량[L/m² · min]

▼ 방호면적 1[m²]당의 분당 방출량

방호대상물	방호면적 1[m²]에 대한 분당 방출량[L]
특수가연물	3
기타의 것	2

> **Reference**
>
> **관포체적과 방호면적**
> ① 관포체적 : 당해 바닥면으로부터 방호대상물의 높이보다 0.5[m] 높은 위치까지의 체적
> ② 방호면적 : 방호대상물의 각 부분에서 각각 당해 방호대상물 높이의 3배(1[m] 미만의 경우에는 1[m])의 거리를 수평으로 연장한 선으로 둘러싸인 부분의 면적

④ 압축공기포소화설비

$$Q = A \times \alpha \times 10 [\min]$$

여기서, Q : 수원의 양[L], A : 방호면적[m²], α : 방호면적 1[m²]당의 분당 방사량[L/m² · min]

방호구역의 종류	α
일반가연물, 탄화수소류	1.63[L/m² · min]
특수가연물, 알코올류, 케톤류	2.3[L/m² · min]

⑤ 포소화전설비 및 호스릴포설비

$$Q = N \times 300 [\mathrm{L/min}] \times 20 [\min] = N \times 6{,}000 [\mathrm{L}]$$

여기서, Q : 수원의 양[L], N : 호스 접결구의 수(5개 이상의 경우 5개)

※ 다만 바닥면적 200[m²] 미만인 곳에 옥내포소화전방식 또는 호스릴방식에 있어서는 위의 식에 의해 산출된 양의 75[%]로 할 수 있다.

> **Reference**
>
> 포소화설비의 계산식에 의한 수원의 양은 포수용액으로 볼 수도 있다. 다만, 사용농도가 조건으로 제시된 경우에는 수용액과 포약제 및 수원의 양을 따로 구할 수 있다.
>
> **2개 이상의 포소화설비가 설치된 경우 수원 산정**
> ① 특수가연물을 저장·취급하는 공장 또는 창고 : 하나의 공장 또는 창고에 포워터스프링클러설비·포헤드설비 또는 고정포방출설비가 함께 설치된 때에는 각 설비별로 산출된 저수량 중 최대의 것으로 할 것
> ② 차고 또는 주차장 : 하나의 차고 또는 주차장에 호스릴포소화설비·포소화전설비·포워터스프링클러설비·포헤드설비 또는 고정포방출설비가 함께 설치된 때에는 각 설비별로 산출된 저수량 중 최대의 것으로 할 것
> ③ 항공기 격납고 : 포워터스프링클러설비, 포헤드설비, 고정포방출설비 각각의 산출량 중 최대의 양으로 하되 호스릴포설비가 설치된 경우에는 이를 합한 양 이상으로 할 것

⑥ 고정포방출구방식(위험물옥외탱크저장소) 포수용액의 양

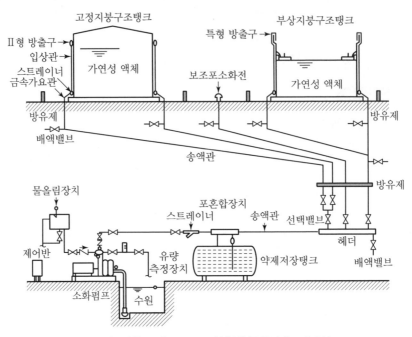

▲ 고정포방출구 및 보조포소화전(위험물옥외탱크저장소)

㉠ 고정포방출구

$$Q = A \times Q_1 \times T = A \times Q_2$$

여기서, Q : 포수용액의 양[L], A : 탱크의 액표면적[m²]
  Q_1 : 표면적 1[m²]당의 분당 방사량[L/m² · min]
  T : 방출시간[min], Q_2 : 표면적 1[m²]당의 방사량[L/m²]

▼ 고정포방출구의 종류별 방출률

위험물의 구분 / 포방출구의 종류	I형		II형		특형		III형		IV형	
	포수용액량 [L/m²]	방출률 [L/m² · min]	포수용액량 [L/m²]	방출률 [L/m² · min]	포수용액량 [L/m²]	방출률 [L/m² · min]	포수용액량 [L/m²]	방출률 [L/m² · min]	포수용액량 [L/m²]	방출률 [L/m² · min]
제4류 위험물 중 인화점이 21[℃] 미만인 것	120	4	220	4	240	8	220	4	220	4
제4류 위험물 중 인화점이 21[℃] 이상 70[℃] 미만인 것	80	4	120	4	160	8	120	4	120	4
제4류 위험물 중 인화점이 70[℃] 이상인 것	60	4	100	4	120	8	100	4	100	4

ⓒ 보조포소화전설비

$$Q = N \times 400[\text{L/min}] \times 20[\text{min}] = N \times 8,000[\text{L}]$$

여기서, Q : 포수용액의 양[L], N : 호스 접결구의 수(3개 이상의 경우 3개)

ⓒ 배관보정량(송액관에 필요한 양)

$$Q = A \times L \times 1,000[\text{L/m}^3]$$

여기서, Q : 포수용액의 양[L], A : 배관의 단면적[m²], L : 배관의 길이[m]

Reference

「화재안전기술·성능기준」과 「위험물안전관리법」에 대한 비교

「화재안전기술·성능기준」에 따르면 배관보정량은 내경 75[mm] 이하의 송액관을 제외하고, 「위험물안전관리법」에 따르면 배관보정량은 내경에 관계없이 가산한다.

「화재안전기술·성능기준」	「위험물안전관리법」
물(100[%]) + 포약제(S[%]) → 포수용액(100[%])	물(100[%] − S[%]) + 포약제(S[%]) → 포수용액(100[%])

물(수원) 및 포약제량 산정방법

① 물의 저장량 = 포수용액의 양 × 물의 농도$(1 - S)$
② 포약제 저장량 = 포수용액의 양 × 포약제의 농도(S)

Reference

고정포방출구 종류

① Ⅰ형 방출구(Cone Roof Tank) : 방출된 포가 액면 위에서 전개될 수 있도록 탱크 내부에 포의 통로(홈통)가 있는 설비

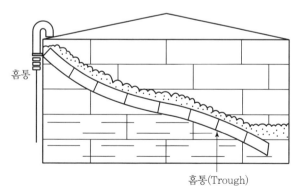

홈통

홈통(Trough)

② Ⅱ형 방출구(Cone Roof Tank) : 방출된 포가 탱크 측판 내부로 흘러내려서 액면에 전개되도록 반사판(디
  플렉터)이 있는 설비

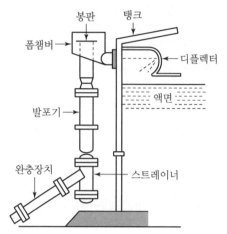

③ Ⅲ형(표면하포주입방식) 방출구(Cone Roof Tank) : 포를 탱크 밑으로 주입하여 포가 탱크 내의 유류를
  통해 표면으로 떠올라 소화하는 방식

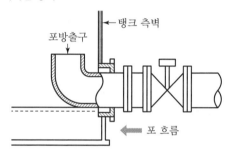

④ Ⅳ형(반표면하포주입방식) 방출구(Cone Roof Tank) : 표면하포주입방식의 개량형으로 탱크 하부에 호스
  (호스컨테이너)를 이용하여 액면에서 포를 방출하는 방식

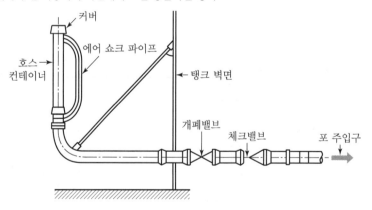

⑤ 특형 방출구(Floating Roof Tank) : 탱크의 측면과 굽도리판(Foam Dam)에 의하여 형성된 환상 부분에 포를 방출하여 소화작용을 하도록 설치된 설비

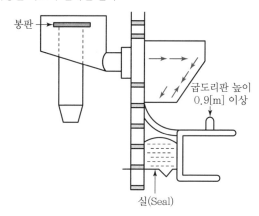

2) 포소화약제의 혼합방식

① 라인 프로포셔너 방식(Line Proportioner Type)
 ㉠ 펌프와 발포기의 중간에 설치된 벤투리관의 벤투리작용에 따라 포소화약제를 흡입·혼합하는 방식
 ㉡ 설치비가 저렴하다.
 ㉢ 설치가 용이하다.
 ㉣ 혼합비가 부정확하다.

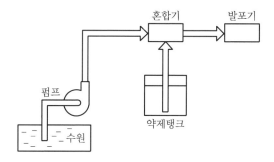

② 펌프 프로포셔너 방식(Pump Proportioner Type)
 ㉠ 펌프의 토출관과 흡입관 사이의 배관 도중에 설치한 흡입기에 펌프에서 토출된 물의 일부를 보내고, 농도 조정밸브에서 조정된 포소화약제의 필요량을 포소화약제 탱크에서 펌프 흡입 측으로 보내어 이를 혼합하는 방식
 ㉡ 소방펌프차에 주로 사용하는 방식이다.
 ㉢ 압력손실이 작다.
 ㉣ 보수가 용이하다.

③ **프레셔 프로포셔너(Pressure Proportioner Type)**
　　㉠ 펌프와 발포기의 중간에 설치된 벤투리관의 벤투리 작용과 펌프 가압수의 포소화약제 저장
　　　탱크에 대한 압력에 따라 포소화약제를 흡입 · 혼합하는 방식
　　㉡ 위험물 제조소에서 가장 많이 사용하는 방식이다.

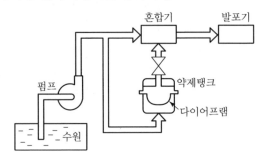

④ **프레셔 사이드 프로포셔너(Pressure Side Proportioner Type)**
　　㉠ 펌프의 토출관에 압입기를 설치하여 포소화약제 압입용 펌프로 포소화약제를 압입시켜
　　　혼합하는 방식
　　㉡ 대형설비에 주로 사용한다.
　　㉢ 혼합비율이 가장 일정하다.

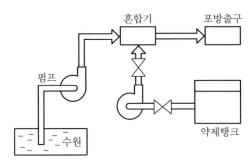

⑤ **압축공기포 믹싱챔버방식(CAFS : Compressed Air Foam System)**
　　㉠ 압축공기 또는 압축질소를 일정비율로 포수용액에 강제 주입 혼합하는 방식
　　㉡ 포약제를 물과 공기 또는 질소와 혼합시켜 물의 표면장력을 감소시킴으로써 연소물질에
　　　침투되는 침투력을 증가시켜 빠르게 소화
　　㉢ 차고, 주차장, 항공기격납고, 발전기실, 엔진펌프실, 변압기, 케이블실 등 적용

3) 개방밸브
　① 자동 개방밸브는 화재감지장치기의 작동에 따라 자동으로 개방되는 것으로 할 것

② 수동식 개방밸브는 화재 시 쉽게 접근할 수 있는 곳에 설치할 것

4) 기동장치

(1) 수동식 기동장치

    ① 직접조작 또는 원격조작에 따라 가압송수장치 · 수동식 개방밸브 및 소화약제 혼합장치를 기동할 수 있는 것으로 할 것

    ② 2 이상의 방사구역을 가진 포소화설비에는 방사구역을 선택할 수 있는 구조로 할 것

    ③ 기동장치의 조작부는 화재 시 쉽게 접근할 수 있는 곳에 설치하되, 바닥으로부터 0.8[m] 이상 1.5[m] 이하의 위치에 설치하고 유효한 보호장치를 설치할 것

    ④ 기동장치의 조작부 및 호스 접결구에는 가까운 곳의 보기 쉬운 곳에 각각 "기동장치의 조작부" 및 "접결구"라고 표시한 표지를 설치할 것

    ⑤ 차고 또는 주차장에 설치하는 수동식 기동장치는 방사구역마다 1개 이상 설치할 것

    ⑥ 항공기 격납고에 설치하는 수동식 기동장치는 각 방사구역마다 2개 이상을 설치하되 그중 1개는 각 방사구역으로부터 가장 가까운 곳 또는 조작에 편리한 장소에 설치하고 1개는 화재감지기의 수신기를 설치한 감시실 등에 설치할 것

(2) 자동식 기동장치

자동화재탐지설비감지기의 작동 또는 폐쇄형 스프링클러헤드의 개방과 연동하여 가압송수장치 · 일제개방밸브 및 포소화약제 혼합장치를 기동시킬 수 있도록 다음의 기준에 따라 설치하여야 한다.

    ① 폐쇄형 스프링클러헤드를 사용하는 경우

        ㉠ 표시온도가 79[℃] 미만인 것을 사용하고, 1개의 스프링클러헤드의 경계면적은 20[m²] 이하로 할 것

        ㉡ 부착면의 높이는 바닥으로부터 5[m] 이하로 하고, 화재를 유효하게 감지할 수 있도록 할 것

        ㉢ 하나의 감지장치 경계구역은 하나의 층이 되도록 할 것

    ② 화재감지기를 사용하는 경우

        ㉠ 화재감지기는 「자동화재탐지설비 및 시각경보장치의 화재안전기술기준」 제7조의 기준에 따라 설치할 것

        ㉡ 화재감지기 회로에는 다음 기준에 따른 발신기를 설치할 것

            • 조작이 쉬운 장소에 설치하고 스위치는 바닥으로부터 0.8[m] 이상 1.5[m] 이하의 높이에 설치할 것

            • 특정소방대상물의 층마다 설치하되 당해 특정소방대상물의 각 부분으로부터 수평거리가 25[m] 이하가 되도록 할 것. 다만 복도 또는 별도로 구획된 실로서 보행거리가 40[m] 이상일 경우에는 추가로 설치하여야 한다.

- 발신기의 위치를 표시하는 표시등은 함의 상부에 설치하되 그 불빛은 부착면으로부터 15° 이상의 범위 안에서 부착지점으로부터 10[m] 이내의 어느 곳에서도 쉽게 식별할 수 있는 적색등으로 할 것
  © 동결 우려가 있는 장소의 포소화설비의 자동식 기동장치는 자동화재탐지설비와 연동으로 할 것

3. 포헤드 및 고정포방출구

1) 팽창비

최종 발생한 포 체적을 원래 포 수용액 체적으로 나눈 값을 말한다.

$$\rightarrow 팽창비 = \frac{방출 후 포 체적}{방출 전 수용액 체적}$$

팽창비에 따른 구분			포방출구의 종류	약제의 종류
저발포	20 이하		포헤드, 압축공기포헤드	단백포, 수성막포, 불화단백포, 합성계면활성제포, 내알코올포
고발포	제1종	80 이상 250 미만	고발포용 고정포방출구	합성계면활성제포
	제2종	250 이상 500 미만		
	제3종	500 이상 1,000 미만		

2) 포헤드(포워터스프링클러헤드 · 포헤드)의 설치기준

① 포워터스프링클러헤드는 천장 또는 반자에 설치하고 바닥면적 8[m²]마다 1개 이상 설치할 것
② 포헤드는 천장 또는 반자에 설치하고 바닥면적 9[m²]마다 1개 이상 설치할 것
③ 특정소방대상물의 보가 있는 부분의 포헤드는 다음 표의 기준에 따라 설치할 것

포헤드와 보의 하단의 수직거리	포헤드와 보의 수평거리
0	0.75[m] 미만
0.1[m] 미만	0.75[m] 이상 1[m] 미만
0.1[m] 이상 0.15[m] 미만	1[m] 이상 1.5[m] 미만
0.15[m] 이상 0.30[m] 미만	1.5[m] 이상

④ 포헤드 상호 간에는 다음의 기준에 따른 거리 이하가 되도록 할 것
  ㉠ 정방형으로 배치한 경우

$$S = 2r \times \cos 45°$$

여기서, S : 포헤드 상호 간의 거리[m], r : 유효반경(2.1[m])

ⓛ 장방형으로 배치한 경우

$$Pt = 2r$$

여기서, Pt : 대각선의 길이[m], r : 유효반경(2.1[m])

조건이 없다면, 면적에 따른 헤드 수량과 수평거리에 따른 헤드 수량 중 많은 개수의 헤드를 설치한다.

⑤ 압축공기포소화설비의 분사헤드는 천장 또는 반자에 설치하되 방호대상물에 따라 측벽에 설치할 수 있으며 유류탱크 주위에는 바닥면적 13.9[m²]마다 1개 이상, 특수가연물저장소에는 바닥면적 9.3[m²]마다 1개 이상으로 당해 방호대상물의 화재를 유효하게 소화할 수 있도록 할 것

방호대상물	방호면적 1[m²]에 대한 분당 방출량[L]
특수가연물	2.3
기타의 것	1.63

3) 차고 · 주차장에 설치하는 호스릴포소화설비 또는 포소화전설비의 설치기준

① 특정소방대상물의 어느 층에 있어서도 그 층에 설치된 호스릴포방수구 또는 포소화전방수구(호스릴포방수구 또는 포소화전방수구가 5개 이상 설치된 경우에는 5개)를 동시에 사용할 경우 각 이동식 포노즐 선단의 포수용액 방사압력이 0.35[MPa] 이상이고 300[L/min] 이상(1개 층의 바닥면적이 200[m²] 이하인 경우에는 230[L/min] 이상)의 포수용액을 수평거리 15[m] 이상으로 방사할 수 있도록 할 것

② 저발포의 포소화약제를 사용할 수 있는 것으로 할 것

③ 호스릴 또는 호스를 호스릴포방수구 또는 포소화전방수구로 분리하여 비치하는 때에는 그로부터 3[m] 이내의 거리에 호스릴함 또는 호스함을 설치할 것

④ 호스릴함 또는 호스함은 바닥으로부터 높이 1.5[m] 이하의 위치에 설치하고 그 표면에는 "포호스릴함(또는 포소화전함)"이라고 표시한 표지와 적색의 위치표시 등을 설치할 것

⑤ 방호대상물의 각 부분으로부터 하나의 호스릴포방수구까지의 수평거리는 15[m] 이하(포소화전방수구의 경우에는 25[m] 이하)가 되도록 하고 호스릴 또는 호스의 길이는 방호대상물의 각 부분에 포가 유효하게 뿌려질 수 있도록 할 것

4) 고발포용 고정포방출구의 설치기준

① 전역방출방식

㉠ 개구부에 자동폐쇄장치(방화문 또는 불연재료로 된 문으로 포수용액이 방출되기 직전에 개구부가 자동적으로 폐쇄될 수 있는 장치를 말한다)를 설치할 것

㉡ 고정포방출구는 바닥면적 500[m²]마다 1개 이상 설치할 것

ⓒ 고정포방출구는 방호대상물의 최고부분보다 높은 위치에 설치할 것. 다만, 밀어올리는 능력을 가진 것에 있어서는 방호대상물과 같은 높이로 할 수 있다.

② **국소방출방식** : 방호대상물이 서로 인접하여 불이 쉽게 붙을 우려가 있는 경우에는 불이 옮겨 붙을 우려가 있는 범위 내의 방호대상물을 하나의 방호대상물로 하여 설치할 것

🔟 이산화탄소소화설비의 화재안전기술기준(NFTC 106)

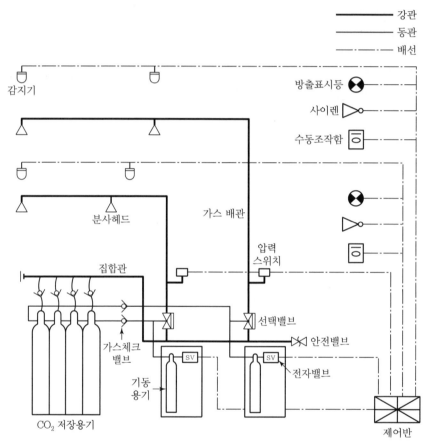

▲ 이산화탄소소화설비 계통도

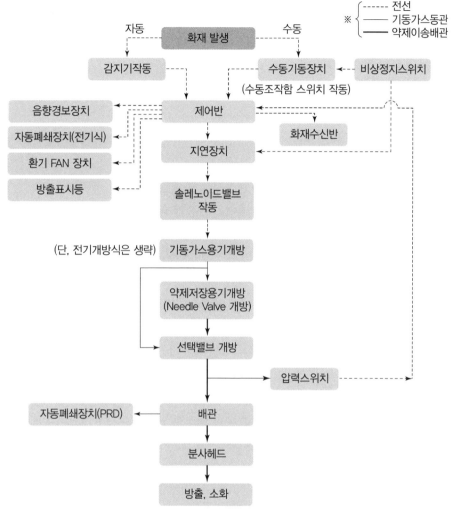

▲ 이산화탄소소화설비 동작순서

1. 용어의 정의

① "전역방출방식"이란 소화약제 공급장치에 배관 및 분사헤드 등을 설치하여 밀폐 방호구역 전체에 소화약제를 방출하는 방식을 말한다.

② "국소방출방식"이란 소화약제 공급장치에 배관 및 분사헤드 등을 설치하여 직접 화점에 소화약제를 방출하는 방식을 말한다.

③ "호스릴방식"이란 소화수 또는 소화약제 저장용기 등에 연결된 호스릴을 이용하여 사람이 직접 화점에 소화수 또는 소화약제를 방출하는 방식을 말한다.

④ "충전비"란 소화약제 저장용기의 내부 용적과 소화약제의 중량과의 비(용적/중량)를 말한다.

$$C = \frac{V}{G}$$

여기서, C : 충전비
G : 충전중량[kg]
V : 용기의 내용적[L]

⑤ "심부화재"란 목재 또는 섬유류와 같은 고체가연물에서 발생하는 화재형태로서 가연물 내부에서 연소하는 화재를 말한다.

⑥ "표면화재"란 가연성 물질의 표면에서 연소하는 화재를 말한다.

⑦ "교차회로방식"이란 하나의 방호구역 내에 2 이상의 화재감지기회로를 설치하고 인접한 2 이상의 화재감지기에 화재가 감지되는 때에 소화설비가 작동하는 방식을 말한다.

⑧ "방화문"이란 「건축법 시행령」 제64조의 규정에 따른 60분+ 방화문, 60분 방화문 또는 30분 방화문을 말한다.

⑨ "방호구역"이란 소화설비의 소화범위 내에 포함된 영역을 말한다.

⑩ "선택밸브"란 2 이상의 방호구역 또는 방호대상물이 있어 소화수 또는 소화약제를 해당하는 방호구역 또는 방호대상물에 선택적으로 방출되도록 제어하는 밸브를 말한다.

⑪ "설계농도"란 방호대상물 또는 방호구역의 소화약제 저장량을 산출하기 위한 농도로서 소화농도에 안전율을 고려하여 설정한 농도를 말한다.

⑫ "소화농도"란 규정된 실험 조건의 화재를 소화하는 데 필요한 소화약제의 농도(형식승인대상의 소화약제는 형식승인된 소화농도)를 말한다.

2. 설치기준

1) 저장용기 적합장소

① 방호구역 외의 장소에 설치할 것. 다만, 방호구역 내에 설치할 경우에는 피난 및 조작이 용이하도록 피난구 부근에 설치해야 한다.

② 온도가 40[℃] 이하이고, 온도변화가 작은 곳에 설치할 것

③ 직사광선 및 빗물이 침투할 우려가 없는 곳에 설치할 것

④ 방화문으로 구획된 실에 설치할 것

⑤ 용기의 설치장소에는 해당 용기가 설치된 곳임을 표시하는 표지를 할 것

⑥ 용기 간의 간격은 점검에 지장이 없도록 3[cm] 이상의 간격을 유지할 것

⑦ 저장용기와 집합관을 연결하는 연결배관에는 체크밸브를 설치할 것. 다만, 저장용기가 하나의 방호구역만을 담당하는 경우에는 그렇지 않다.

2) 저장용기 설치기준

① 저장용기의 충전비는 고압식은 1.5 이상 1.9 이하, 저압식은 1.1 이상 1.4 이하로 할 것

② 저압식 저장용기에는 내압시험압력의 0.64배부터 0.8배의 압력에서 작동하는 안전밸브와 내압시험압력의 0.8배부터 내압시험압력에서 작동하는 봉판을 설치할 것

③ 저압식 저장용기에는 액면계 및 압력계와 2.3[MPa] 이상 1.9[MPa] 이하의 압력에서 작동하는 압력경보장치를 설치할 것

④ 저압식 저장용기에는 용기 내부의 온도가 섭씨 영하 18[℃] 이하에서 2.1[MPa]의 압력을 유지할 수 있는 자동냉동장치를 설치할 것

⑤ 저장용기는 고압식은 25[MPa] 이상, 저압식은 3.5[MPa] 이상의 내압시험압력에 합격한 것으로 할 것

> **Reference** ···

저장방식에 따른 분류

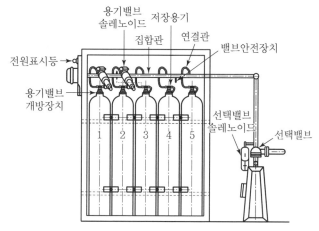

▲ 고압식 이산화탄소소화설비

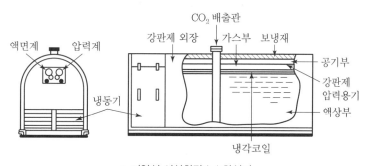

▲ 저압식 이산화탄소소화설비

저압식 저장용기 부속장치
① 안전장치(안전밸브) : 내압시험압력의 0.64배부터 0.8배의 압력에서 작동
② 안전장치(봉판) : 내압시험압력의 0.8배부터 내압시험압력에서 작동
③ 액면계

④ 압력계

⑤ 압력경보장치 : 2.3[MPa] 이상 1.9[MPa] 이하의 압력에서 작동

⑥ 자동냉동장치 : 용기 내부의 온도가 −18[℃] 이하로 유지될 수 있도록 설치

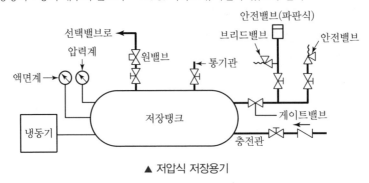

▲ 저압식 저장용기

3) 이산화탄소 소화약제 저장용기의 개방밸브는 전기식·가스압력식 또는 기계식에 따라 자동으로 개방되고 수동으로도 개방되는 것으로서 안전장치가 부착된 것으로 해야 한다.

Reference

개방밸브 개방방식에 따른 분류

① 전기식 : 화재감지기의 작동 또는 수동조작스위치의 동작에 의해 저장용기 및 선택밸브에 설치된 전자밸브 (Solenoid Valve)가 개방되는 방식

② 가스압력식 : 화재감지기의 작동 또는 수동조작스위치의 동작에 의해 기동용기에 설치된 전자밸브 (Solenoid Valve)가 개방되어 기동용 가스 압력에 의해 선택밸브 및 저장용기가 개방되는 방식

③ 기계식 : 밸브 내의 압력차에 의해 개방되는 방식

4) 이산화탄소 소화약제 저장용기와 선택밸브 또는 개폐밸브 사이에는 내압시험압력 0.8배에서 작동하는 안전장치를 설치해야 한다.

5) 소화약제의 양

① 전역방출방식

㉠ 가연성 액체 또는 가연성 가스 등 표면화재 방호대상물의 경우 : 방호구역의 체적(불연재료나 내열성의 재료로 밀폐된 구조물이 있는 경우에는 그 체적을 감한 체적) 1[m³]에 대하여 다음 표에 따른 양

$$W = (V \times \alpha) + (A \times \beta)$$

여기서, W : 이산화탄소의 약제량[kg], V : 방호구역의 체적[m³], α : 체적계수[kg/m³]

A : 자동폐쇄장치가 없는 개구부의 면적[m²], β : 면적계수[kg/m²]

방호구역 체적[m³]	방호구역의 체적 1[m³]에 대한 소화약제의 양[kg/m³]	최저 한도량 [kg]	개구부 가산량[kg/m²] (자동폐쇄장치 미설치 시)
45 미만	1	45	5
45 이상 150 미만	0.9		5
150 이상 1,450 미만	0.8	135	5
1,450 이상	0.75	1,125	5

방호구역의 개구부에 자동폐쇄장치를 설치하지 아니한 경우에는 기준에 따라 산출한 양에 개구부면적 1[m²]당 5[kg]을 가산해야 한다. 이 경우 개구부의 면적은 방호구역 전체 표면적의 3[%] 이하로 해야 한다.

※ 설계농도가 34[%] 이상인 방호대상물의 소화약제량은 기준에 의한 산출량에 다음 표에 의한 보정계수를 곱하여 산출한다.

▼ 가연성 액체 또는 가연성 가스의 소화에 필요한 설계농도

방호대상물	설계농도[%]
수소(Hydrogen)	75
아세틸렌(Acetylene)	66
일산화탄소(Carbon Monoxide)	64
산화에틸렌(Ethylene Oxide)	53
에틸렌(Ethylene)	49
에탄(Ethane)	40
석탄가스, 천연가스(Coal Gas, Natural Gas)	37
사이크로 프로판(Cyclo Propane)	37
이소부탄(Iso Butane)	36
프로판(Propane)	36
부탄(Butane)	34
메탄(Methane)	34

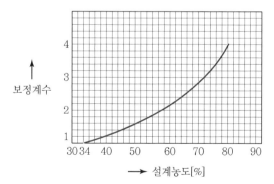

▲ 설계농도에 따른 보정계수

Reference

설계농도가 34[%] 이상인 경우 약제량

$W = (V \times \alpha) \times N + (A \times \beta)$

여기서, W : 이산화탄소의 약제량[kg], V : 방호구역의 체적[m³]

α : 체적계수[kg/m³], N : 보정계수

A : 자동폐쇄장치가 없는 개구부의 면적[m²], β : 면적계수[kg/m²]

ⓛ 종이·목재·석탄·섬유류·합성수지류 등 심부화재 방호대상물의 경우 : 방호구역의
체적(불연재료나 내열성의 재료로 밀폐된 구조물이 있는 경우에는 그 체적을 감한 체적)
1[m³]에 대하여 다음 표에 따른 양

방호대상물	방호구역 1[m³]에 대한 소화약제의 양[kg/m³]	설계농도 [%]	개구부 가산량[kg/m²] (자동폐쇄장치 미설치 시)
유압기기를 제외한 전기설비 케이블실	1.3	50	10
체적 55[m³] 미만의 전기설비	1.6	50	10
서고, 전자제품창고, 목재가공품 창고, 박물관	2.0	65	10
고무류, 면화류 창고, 모피창고, 석탄창고, 집진설비	2.7	75	10

방호구역의 개구부에 자동폐쇄장치를 설치하지 아니한 경우에는 기준에 따라 산출한 양
에 개구부면적 1[m²]당 10[kg]을 가산해야 한다. 이 경우 개구부의 면적은 방호구역 전체
표면적의 3[%] 이하로 해야 한다.

② **국소방출방식**

㉠ 윗면이 개방된 용기에 저장하는 경우와 화재 시 연소면이 한정되고 가연물이 비산할 우
려가 없는 경우

$$W = A \times 13[\text{kg/m}^2] \times h$$

여기서, W : 이산화탄소의 약제량[kg], A : 방호대상물의 표면적[m²]

h : 고압식은 1.4, 저압식은 1.1

㉡ 그 외의 경우

방호공간(방호대상물의 각 부분으로부터 0.6[m]의 거리에 따라 둘러싸인 공간을 말한다)
의 체적 1[m³]에 대한 식에 따라 산출한 양

$$W = V \times Q \times h$$

여기서, W : 이산화탄소의 약제량[kg], V : 방호공간의 체적[m³]

Q : 방호공간 1[m³]당 약제량[kg/m³], h : 고압식은 1.4, 저압식은 1.1

※ 방호공간 산정 시 가로, 세로는 양쪽으로 0.6[m] 확장되므로 1.2[m]를 더하고, 높이는
위쪽으로만 0.6[m] 확장되므로 0.6[m]를 더하여 산정한다.

방출계수

$$Q = 8 - 6\frac{a}{A}\,[\text{kg/m}^3]$$

여기서, a : 방호대상물 주위에 설치된 벽면적의 합계[m²]

　　　　A : 방호공간의 벽면적의 합계[m²]

　　　　(벽이 없는 경우에는 벽이 있는 것으로 가정한 당해 부분의 면적)

※ A는 방호공간의 벽면 4면의 합계를 의미하고, a는 실제로 설치된 벽면적의 합계(주위에 설치된 벽이 없는 경우 0)로 항상 A가 a보다 크다.

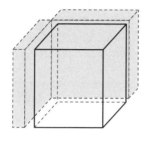
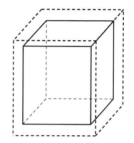

a = 실제 설치된 벽면적　　　　A = 0.6[m] 증가시킨 가상의 벽

▲ 국소방출방식의 방호공간 계산

③ 호스릴이산화탄소소화설비 : 하나의 노즐에 대하여 90[kg] 이상

6) 기동장치

(1) 수동식 기동장치

이 경우 수동식 기동장치의 부근에는 소화약제의 방출을 지연시킬 수 있는 방출지연스위치(자동복귀형 스위치로서 수동식 기동장치의 타이머를 순간 정지시키는 기능의 스위치를 말한다)를 설치해야 한다.

① 전역방출방식은 방호구역마다, 국소방출방식은 방호대상물마다 설치할 것

② 해당 방호구역의 출입구 부근 등 조작을 하는 자가 쉽게 피난할 수 있는 장소에 설치할 것

③ 기동장치의 조작부는 바닥으로부터 0.8[m] 이상 1.5[m] 이하의 위치에 설치하고, 보호판 등에 따른 보호장치를 설치할 것

④ 기동장치 인근의 보기 쉬운 곳에 "이산화탄소소화설비 수동식 기동장치"라는 표지를 할 것

⑤ 전기를 사용하는 기동장치에는 전원표시등을 설치할 것

⑥ 기동장치의 방출용 스위치는 음향경보장치와 연동하여 조작될 수 있는 것으로 할 것

⑦ 기동장치에는 보호장치를 설치해야 하며, 보호장치를 개방하는 경우 기동장치에 설치된 부저 또는 벨 등에 의하여 경고음을 발할 것 〈신설 2024.8.1.〉

⑧ 기동장치를 옥외에 설치하는 경우 빗물 또는 외부 충격의 영향을 받지 아니하도록 설치할 것 〈신설 2024.8.1.〉

(2) 자동식 기동장치

자동식 기동장치는 자동화재탐지설비의 감지기의 작동과 연동하는 것으로서 다음의 기준에 따라 설치해야 한다.

① 자동식 기동장치에는 수동으로도 기동할 수 있는 구조로 할 것

② 전기식 기동장치로서 7병 이상의 저장용기를 동시에 개방하는 설비는 2병 이상의 저장용기에 전자 개방밸브를 부착할 것

③ 가스압력식 기동장치는 다음의 기준에 따를 것

  ㉠ 기동용 가스용기 및 해당 용기에 사용하는 밸브는 25[MPa] 이상의 압력에 견딜 수 있는 것으로 할 것

  ㉡ 기동용 가스용기에는 내압시험압력의 0.8배부터 내압시험압력 이하에서 작동하는 안전장치를 설치할 것

  ㉢ 기동용 가스용기의 체적은 5[L] 이상으로 하고, 해당 용기에 저장하는 질소 등의 비활성기체는 6.0[MPa] 이상(21[℃] 기준)의 압력으로 충전할 것

  ㉣ 질소 등의 비활성기체 기동용 가스용기에는 충전 여부를 확인할 수 있는 압력게이지를 설치할 것

④ 기계식 기동장치는 저장용기를 쉽게 개방할 수 있는 구조로 할 것

3. 배관 및 헤드

1) 배관의 설치기준

① 배관은 전용으로 할 것

② 강관을 사용하는 경우의 배관은 압력배관용탄소강관(KS D 3562) 중 스케줄 80(저압식은 스케줄 40) 이상의 것 또는 이와 동등 이상의 강도를 가진 것으로 아연도금 등으로 방식 처리된 것을 사용할 것. 다만, 배관의 호칭구경이 20[mm] 이하인 경우에는 스케줄 40 이상인 것을 사용할 수 있다.

③ 동관을 사용하는 경우의 배관은 이음이 없는 동 및 동합금관(KS D 5301)으로서 고압식은 16.5[MPa] 이상, 저압식은 3.75[MPa] 이상의 압력에 견딜 수 있는 것을 사용할 것

④ 고압식의 1차 측(개폐밸브 또는 선택밸브 이전) 배관부속의 최소사용설계압력은 9.5[MPa]로 하고, 고압식의 2차 측과 저압식의 배관부속의 최소사용설계압력은 4.5[MPa]로 할 것 〈개정 2024.8.1.〉

▼ 〈요약〉 배관

구분		설치조건
강관 (압력배관용 탄소강관)	고압식	스케줄 80 이상(20[mm] 이하인 경우 : 스케줄 40 이상)
	저압식	스케줄 40 이상

구분		설치조건
동관 (이음이 없는 동 및 동합금관)	고압식	16.5[MPa] 이상
	저압식	3.75[MPa] 이상
개폐밸브 또는 선택밸브의 2차 측 배관부속	고압식	1차 측 : 9.5[MPa] 이상, 2차 측 : 4.5[MPa] 이상
	저압식	4.5[MPa] 이상

2) 배관의 구경은 이산화탄소 소화약제의 소요량이 다음의 기준에 따른 시간 내에 방출될 수 있는 것으로 해야 한다.

방출방식	구분	방사시간
전역방출방식	가연성 액체 또는 가연성 가스 등 표면화재 방호대상물	1분
	종이, 목재, 석탄, 섬유류, 합성수지류 등 심부화재 방호대상물	7분
	이 경우 설계농도가 2분 이내에 30[%]에 도달해야 한다.	
국소방출방식		30초

3) 분사헤드

① 전역방출방식의 이산화탄소소화설비의 분사헤드
  ㉠ 방출된 소화약제가 방호구역의 전역에 균일하고 신속하게 확산할 수 있도록 할 것
  ㉡ 분사헤드의 방출압력이 2.1[MPa](저압식은 1.05[MPa]) 이상의 것으로 할 것
  ㉢ 특정소방대상물 또는 그 부분에 설치된 이산화탄소소화설비의 소화약제의 저장량은 기준에서 정한 시간 이내에 방출할 수 있는 것으로 할 것

② 국소방출방식의 이산화탄소소화설비의 분사헤드
  ㉠ 소화약제의 방출에 따라 가연물이 비산하지 않는 장소에 설치할 것
  ㉡ 이산화탄소 소화약제의 저장량은 30초 이내에 방출할 수 있는 것으로 할 것
  ㉢ 성능 및 방출압력이 기준에 적합한 것으로 할 것

③ 분사헤드의 오리피스구경
  ㉠ 분사헤드에는 부식방지조치를 해야 하며 오리피스의 크기, 제조일자, 제조업체가 표시되도록 할 것
  ㉡ 분사헤드의 개수는 방호구역에 소화약제의 방출시간이 충족되도록 설치할 것
  ㉢ 분사헤드의 방출률 및 방출압력은 제조업체에서 정한 값으로 할 것
  ㉣ 분사헤드의 오리피스의 면적은 분사헤드가 연결되는 배관구경 면적의 70[%] 이하가 되도록 할 것

④ 분사헤드 설치제외
  ㉠ 방재실 · 제어실 등 사람이 상시 근무하는 장소
  ㉡ 니트로셀룰로스 · 셀룰로이드제품 등 자기연소성 물질을 저장 · 취급하는 장소

ⓒ 나트륨 · 칼륨 · 칼슘 등 활성금속물질을 저장 · 취급하는 장소

ⓓ 전시장 등의 관람을 위하여 다수인이 출입 · 통행하는 통로 및 전시실 등

4) 음향경보장치

① 이산화탄소소화설비의 음향경보장치
   ⓐ 수동식 기동장치를 설치한 것은 그 기동장치의 조작과정에서, 자동식 기동장치를 설치한
     것은 화재감지기와 연동하여 자동으로 경보를 발하는 것으로 할 것
   ⓑ 소화약제의 방출개시 후 1분 이상 경보를 계속할 수 있는 것으로 할 것
   ⓒ 방호구역 또는 방호대상물이 있는 구획 안에 있는 자에게 유효하게 경보할 수 있는 것으로
     할 것

② 방송에 따른 경보장치
   ⓐ 증폭기 재생장치는 화재 시 연소의 우려가 없고, 유지관리가 쉬운 장소에 설치할 것
   ⓑ 방호구역 또는 방호대상물이 있는 구획의 각 부분으로부터 하나의 확성기까지의 수평거리
     는 25[m] 이하가 되도록 할 것
   ⓒ 제어반의 복구스위치를 조작하여도 경보를 계속 발할 수 있는 것으로 할 것

5) 전역방출방식의 자동폐쇄장치

① 환기장치를 설치한 것에 있어서는 이산화탄소가 방사되기 전에 당해 환기장치가 정지할 수
   있도록 할 것
② 개구부가 있거나 천장으로부터 1[m] 이상의 아랫부분 또는 바닥으로부터 당해 층의 높이
   의 3분의 2 이내의 부분에 통기구가 있어 이산화탄소의 유출에 따라 소화효과를 감소시킬
   우려가 있는 것에 있어서는 이산화탄소가 방사되기 전에 당해 개구부 및 통기구를 폐쇄할 수
   있도록 할 것
③ 자동폐쇄장치는 방호구역 또는 방호대상물이 있는 구획의 밖에서 복구할 수 있는 구조로 하고
   그 위치를 표시하는 표지를 할 것

6) 배출설비

지하층, 무창층 및 밀폐된 거실 등에 이산화탄소소화설비를 설치한 경우에는 방출된 소화약제
를 배출하기 위한 배출설비를 갖추어야 한다.

7) 안전시설 등

① 소화약제 방출 시 방호구역 내와 부근에 가스 방출 시 영향을 미칠 수 있는 장소에 시각경보
   장치를 설치하여 소화약제가 방출되었음을 알도록 할 것
② 방호구역의 출입구 부근 잘 보이는 장소에 약제방출에 따른 위험경고표지를 부착할 것

③ 방호구역 내에 이산화탄소 소화약제가 방출되는 경우 후각을 통해 이를 인지할 수 있도록 부취발생기를 다음의 어느 하나에 해당하는 방식으로 설치해야 한다. 〈신설 2024.8.1.〉

　㉠ 부취발생기를 소화약제 저장용기실 내의 소화배관에 설치하여 소화약제의 방출에 따라 부취제가 혼합되도록 하는 방식 〈신설 2024.8.1.〉

　　• 소화약제 저장용기실 내의 소화배관에 설치할 것 〈신설 2024.8.1.〉

　　• 점검 및 관리가 쉬운 위치에 설치할 것 〈신설 2024.8.1.〉

　　• 방호구역별로 선택밸브 직후 2차 측 배관에 설치할 것. 다만, 선택밸브가 없는 경우에는 집합배관에 설치할 수 있다. 〈신설 2024.8.1.〉

　㉡ 방호구역 내에 부취발생기를 설치하여 이산화탄소소화설비의 기동에 따라 소화약제 방출 전에 부취제가 방출되도록 하는 방식 〈신설 2024.8.1.〉

4. 호스릴이산화탄소소화설비(호스릴가스계 동일)

1) 설치장소

화재 시 현저하게 연기가 찰 우려가 없는 장소(차고 또는 주차의 용도로 사용되는 부분 제외)로서 다음의 어느 하나에 해당하는 장소에 설치한다.

① 지상 1층 및 피난층에 있는 부분으로서 지상에서 수동 또는 원격조작에 따라 개방할 수 있는 개구부의 유효면적의 합계가 바닥면적의 15[%] 이상이 되는 부분

② 전기설비가 설치되어 있는 부분 또는 다량의 화기를 사용하는 부분(해당 설비의 주위 5[m] 이내의 부분을 포함한다)의 바닥면적이 해당 설비가 설치되어 있는 구획의 바닥면적의 5분의 1 미만이 되는 부분

2) 설치기준

① 방호대상물의 각 부분으로부터 하나의 호스접결구까지의 수평거리가 15[m] 이하가 되도록 할 것

② 호스릴이산화탄소소화설비의 노즐은 20[℃]에서 하나의 노즐마다 60[kg/min] 이상의 소화약제를 방출할 수 있는 것으로 할 것

③ 소화약제 저장용기는 호스릴을 설치하는 장소마다 설치할 것

④ 소화약제 저장용기의 개방밸브는 호스릴의 설치장소에서 수동으로 개폐할 수 있는 것으로 할 것

⑤ 소화약제 저장용기의 가장 가까운 곳의 보기 쉬운 곳에 적색의 표시등을 설치하고, 호스릴이산화탄소소화설비가 있다는 뜻을 표시한 표지를 할 것

이산화탄소소화설비 관련 계산 공식

① 기화체적 계산

㉠ 표준상태(0[℃], 1기압)일 때

$$X[\text{m}^3] = \frac{W[\text{kg}]}{44[\text{kg/kmol}]} \times 22.4[\text{m}^3/\text{kmol}]$$

여기서, W : 질량[kg]

㉡ 그 외

이상기체상태방정식 $PV = nRT = \frac{W}{M}RT$

여기서, P : 압력[atm] [Pa], V : 유속[m/s], n : 몰수[mol]

W : 질량[kg], M : 분자량[kg/kmol]

R : 이상기체상수($= 0.082$[atm · L/mol · K] $= 8.314$[N · m/mol · K])

T : 절대온도[K]

② CO_2의 기화체적[m³] 및 방사(소화)농도[%]

㉠ CO_2의 기화체적[m³]

$$X[\text{m}^3] = \frac{21 - O_2}{O_2} \times V$$

㉡ CO_2의 방사(소화)농도[%] $= \frac{21 - O_2}{21} \times 100$

여기서, O_2 : CO_2 방사 후 산소[%]

11 할론소화설비의 화재안전기술기준(NFTC 107)

1. 용어의 정의

① "충전비"란 소화약제 저장용기의 내부 용적과 소화약제의 중량과의 비(용적/중량)를 말한다.

② "별도 독립방식"이란 소화약제 저장용기와 배관을 방호구역별로 독립적으로 설치하는 방식을 말한다.

> **Reference**
>
> 하나의 방호구역을 담당하는 소화약제 저장용기의 소화약제량의 체적합계보다 그 소화약제 방출 시 방출경로가 되는 배관(집합관을 포함한다)의 내용적의 비율이 1.5배 이상일 경우에는 해당 방호구역에 대한 설비는 별도 독립방식으로 해야 한다.

③ "선택밸브"란 2 이상의 방호구역 또는 방호대상물이 있어 소화수 또는 소화약제를 해당하는 방호구역 또는 방호대상물에 선택적으로 방출되도록 제어하는 밸브를 말한다.

④ "집합관"이란 개별 소화약제(가압용 가스 포함) 저장용기의 방출관이 연결되어 있는 관을 말한다.

2. 설치기준

1) 저장용기의 설치기준(저장용기 적합장소는 CO₂ 소화설비 동일)

① 축압식 저장용기의 압력은 온도 20[℃]에서 할론 1211을 저장하는 것은 1.1[MPa] 또는 2.5 [MPa], 할론 1301을 저장하는 것은 2.5[MPa] 또는 4.2[MPa]이 되도록 질소가스로 축압할 것

② 저장용기의 충전비는 할론 2402를 저장하는 것 중 가압식 저장용기는 0.51 이상 0.67 미만, 축압식 저장용기는 0.67 이상 2.75 이하, 할론 1211은 0.7 이상 1.4 이하, 할론 1301은 0.9 이상 1.6 이하로 할 것

③ 동일 집합관에 접속되는 저장용기의 소화약제 충전량은 동일 충전비의 것으로 할 것

2) 가압용 가스용기는 질소가스가 충전된 것으로 하고, 그 압력은 21[℃]에서 2.5[MPa] 또는 4.2[MPa]이 되도록 해야 한다.

3) 가압식 저장용기에는 2.0[MPa] 이하의 압력으로 조정할 수 있는 압력조정장치를 설치해야 한다.

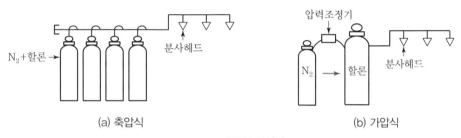

▲ 할론소화설비

Reference

할론소화설비 종류

① 방출방식에 따라 전역방출방식, 국소방출방식, 호스릴방출방식으로 구분하며, CO₂ 소화설비와 같다.

② 기동방식에 따라 전기식, 가스압력식, 기계식으로 구분하며, CO₂ 소화설비와 같다.

③ 가압방식에 따른 분류

　㉠ 가압식

　　할론약제의 방출을 위한 압축가스(N₂)를 별도의 용기에 저장하여 화재 발생 시 가압식 가스용기가 먼저 개방되어 저장용기에 압력을 가하여 방사하는 방식

　㉡ 축압식

　　할론약제의 방출을 위한 압축가스(N₂)를 저장용기에 충전시켜두었다가 화재 발생 시 용기밸브의 개방으로 방사하는 방식

구분	축압식 저장용기의 압력
할론 1211	1.1[MPa] 또는 2.5[MPa]
할론 1301	2.5[MPa] 또는 4.2[MPa]

④ 할론약제에 따른 분류

할론약제의 종류	분자식	증기압 (20[℃] 기준)	상온·상압	방사압력	방식
할론 2402	$C_2F_4Br_2$	0.05[MPa]	액체	0.1[MPa]	가압식 또는 축압식
할론 1211	CF_2ClBr	0.25[MPa]	기체	0.2[MPa]	축압식
할론 1301	CF_3Br	0.14[MPa]	기체	0.9[MPa]	축압식

4) 소화약제의 양

① 전역방출방식 : 방호구역의 체적(불연재료나 내열성의 재료로 밀폐된 구조물이 있는 경우에는 그 체적을 제외한다) 1[m³]에 대하여 다음 표에 따른 양

$$W = (V \times \alpha) + (A \times \beta)$$

여기서, W : 할론약제 약제량[kg], V : 방호구역의 체적[m³], α : 체적계수[kg/m³]
A : 자동폐쇄장치가 없는 개구부의 면적[m²], β : 면적계수[kg/m²]

▼ 특정소방대상물과 약제의 종류별 체적계수 및 면적계수

특정소방대상물 또는 그 부분		소화약제의 종별	방호구역의 체적 1[m³]당 소화약제의 양[kg]	가산량[kg] (개구부 1[m²]당)
차고, 주차장, 전기실, 통신기기실, 전산실, 기타 이와 유사한 전기설비가 설치되어 있는 부분		할론 1301	0.32 이상 0.64 이하	2.4
특수가연물을 저장, 취급하는 특정소방대상물 또는 그 부분	가연성 고체류, 가연성 액체류	할론 2402	0.40 이상 1.1 이하	3.0
		할론 1211	0.36 이상 0.71 이하	2.7
		할론 1301	0.32 이상 0.64 이하	2.4
	면화류, 나무껍질 및 대팻밥, 넝마 및 종이부스러기, 사류, 볏짚류 목재 가공품 및 나무부스러기를 저장·취급하는 것	할론 1211	0.60 이상 0.71 이하	4.5
		할론 1301	0.52 이상 0.64 이하	3.9
	합성수지류를 저장·취급하는 것	할론 1211	0.36 이상 0.71 이하	2.7
		할론 1301	0.32 이상 0.64 이하	2.4

② 국소방출방식

㉠ 윗면이 개방된 용기에 저장하는 경우와 화재 시 연소면이 1면에 한정되고 가연물이 비산할 우려가 없는 경우

$$W = A \times \alpha \times \beta$$

여기서, W : 할론약제 약제량[kg], A : 방호대상물의 표면적[m²]
α : 방호대상물의 표면적 1[m²]에 대한 소화약제의 양[kg/m²], β : 약제별 계수

▼ 할론약제의 종류별 약제량

소화약제의 종별	방호대상물 표면적 1[m²]에 대한 소화약제량	약제별 계수
할론 2402	8.8[kg]	1.1
할론 1211	7.6[kg]	1.1
할론 1301	6.8[kg]	1.25

㉡ 그 외의 경우 : 방호공간(방호대상물의 각 부분으로부터 0.6[m]의 거리에 따라 둘러싸인 공간을 말한다)의 체적 1[m³]에 대하여 다음의 식에 따라 산출한 양

$$W = V \times Q \times h$$

여기서, W : 할론 약제량[kg], V : 방호공간의 체적[m³],
$\quad\quad\quad Q$: 방호공간 1[m³]당의 약제량[kg/m³],
$\quad\quad\quad h$: 약제별 계수(할론 2402, 1211은 1.1, 할론 1301은 1.25)

> **Reference** ···
>
> **방출계수**
>
> $Q = X - Y\dfrac{a}{A}[\text{kg/m}^3]$
>
> 여기서, a : 방호대상물 주위에 설치된 벽 면적의 합계[m²]
> $\quad\quad\quad A$: 방호공간의 벽면적의 합계[m²](벽이 없는 경우에는 벽이 있는 것으로 가정한 당해 부분의 면적)
>
> ※ X 및 Y의 수치
>
> | 소화약제의 종별 | X의 수치 | Y의 수치 |
> |---|---|---|
> | 할론 2402 | 5.2 | 3.9 |
> | 할론 1211 | 4.4 | 3.3 |
> | 할론 1301 | 4.0 | 3.0 |
>
> ··

③ 호스릴할론소화설비

소화약제의 종별	소화약제의 양
할론 2402 또는 1211	50[kg]
할론 1301	45[kg]

3) 자동식 기동장치

자동화재탐지설비의 감지기의 작동과 연동하는 것으로서 다음의 기준에 따라 설치해야 한다.
① 자동식 기동장치에는 수동으로도 기동할 수 있는 구조로 할 것
② 전기식 기동장치로서 7병 이상의 저장용기를 동시에 개방하는 설비는 2병 이상의 저장용기에 전자 개방밸브를 부착할 것

③ 가스압력식 기동장치는 다음의 기준에 따를 것

　　㉠ 기동용 가스용기 및 해당 용기에 사용하는 밸브는 25[MPa] 이상의 압력에 견딜 수 있는 것으로 할 것

　　㉡ 기동용 가스용기에는 내압시험압력의 0.8배부터 내압시험압력 이하에서 작동하는 안전장치를 설치할 것

　　㉢ 기동용 가스용기의 체적은 5[L] 이상으로 하고, 해당 용기에 저장하는 질소 등의 비활성 기체는 6.0[MPa] 이상(21[℃] 기준)의 압력으로 충전할 것. 다만, 기동용 가스용기의 체적을 1[L] 이상으로 하고, 해당 용기에 저장하는 이산화탄소의 양은 0.6[kg] 이상으로 하며, 충전비는 1.5 이상 1.9 이하의 기동용 가스용기로 할 수 있다.

④ 기계식 기동장치는 저장용기를 쉽게 개방할 수 있는 구조로 할 것

3. 배관 및 헤드

1) 배관의 설치기준

① 배관은 전용으로 할 것

② 강관을 사용하는 경우의 배관은 압력배관용 탄소강관(KS D 3562) 중 스케줄 40 이상의 것 또는 이와 동등 이상의 강도를 가진 것으로서 아연도금 등에 따라 방식 처리된 것을 사용할 것

③ 동관을 사용하는 경우에는 이음이 없는 동 및 동합금관(KS D 5301)의 것으로서 고압식은 16.5[MPa] 이상, 저압식은 3.75[MPa] 이상의 압력에 견딜 수 있는 것을 사용할 것

④ 배관 부속 및 밸브류는 강관 또는 동관과 동등 이상의 강도 및 내식성이 있는 것으로 할 것

2) 분사헤드

① 전역방출방식

　　㉠ 방출된 소화약제가 방호구역의 전역에 균일하고 신속하게 확산할 수 있도록 할 것

　　㉡ 할론 2402를 방출하는 분사헤드는 해당 소화약제가 무상으로 분무되는 것으로 할 것

　　㉢ 분사헤드의 방출압력은 할론 2402를 방출하는 것은 0.1[MPa] 이상, 할론 1211을 방출하는 것은 0.2[MPa] 이상, 할론 1301을 방출하는 것은 0.9[MPa] 이상으로 할 것

　　㉣ 기준저장량의 소화약제를 10초 이내에 방출할 수 있는 것으로 할 것

② 국소방출방식

　　㉠ 소화약제의 방출에 따라 가연물이 비산하지 않는 장소에 설치할 것

　　㉡ 할론 2402를 방출하는 분사헤드는 해당 소화약제가 무상으로 분무되는 것으로 할 것

　　㉢ 분사헤드의 방출압력은 할론 2402를 방출하는 것은 0.1[MPa] 이상, 할론 1211을 방출하는 것은 0.2[MPa] 이상, 할론 1301을 방출하는 것은 0.9[MPa] 이상으로 할 것

　　㉣ 기준저장량의 소화약제를 10초 이내에 방출할 수 있는 것으로 할 것

4. 호스릴할론소화설비

1) 설치장소(호스릴이산화탄소소화설비와 동일)

화재 시 현저하게 연기가 찰 우려가 없는 장소(차고 또는 주차의 용도로 사용되는 부분 제외)로서 다음의 어느 하나에 해당하는 장소

① 지상 1층 및 피난층에 있는 부분으로서 지상에서 수동 또는 원격조작에 따라 개방할 수 있는 개구부의 유효면적의 합계가 바닥면적의 15[%] 이상이 되는 부분

② 전기설비가 설치되어 있는 부분 또는 다량의 화기를 사용하는 부분(해당 설비의 주위 5[m] 이내의 부분을 포함한다)의 바닥면적이 해당 설비가 설치되어 있는 구획의 바닥면적의 5분의 1 미만이 되는 부분

2) 설치기준

① 방호대상물의 각 부분으로부터 하나의 호스접결구까지의 수평거리가 20[m] 이하가 되도록 할 것

② 소화약제 저장용기의 개방밸브는 호스릴의 설치장소에서 수동으로 개폐할 수 있는 것으로 할 것

③ 소화약제 저장용기는 호스릴을 설치하는 장소마다 설치할 것

④ 호스릴방식의 할론소화설비의 노즐은 20[℃]에서 하나의 노즐마다 1분당 다음 표에 따른 소화약제를 방출할 수 있는 것으로 할 것

소화약제의 종별	1분당 방사하는 소화약제의 양
할론 2402	45[kg]
할론 1211	40[kg]
할론 1301	35[kg]

⑤ 소화약제 저장용기의 가장 가까운 곳의 보기 쉬운 곳에 적색의 표시등을 설치하고, 호스릴 방식의 할론소화설비가 있다는 뜻을 표시한 표지를 할 것

Reference

오존파괴지수(ODP : Ozone Depletion Potential)

$$ODP = \frac{\text{어떤 물질 1[kg]이 파괴하는 오존의 양}}{\text{CFC} - 11, 1[kg]\text{이 파괴하는 오존의 양}}$$

지구온난화지수(GWP : Global Warming Potential)

$$GWP = \frac{\text{어떤 물질 1[kg]에 의한 지구온난화정도}}{CO_2\ 1[kg]\text{에 의한 지구온난화정도}}$$

---

⑫ 할로겐화합물 및 불활성기체소화설비의 화재안전기술기준(NFTC 107A)

1. 용어의 정의

① "할로겐화합물 및 불활성기체소화약제"란 할로겐화합물(할론 1301, 할론 2402, 할론 1211 제외) 및 불활성기체로서 전기적으로 비전도성이며 휘발성이 있거나 증발 후 잔여물을 남기지 않는 소화약제를 말한다.

② "할로겐화합물소화약제"란 불소, 염소, 브롬 또는 요오드 중 하나 이상의 원소를 포함하고 있는 유기화합물을 기본성분으로 하는 소화약제를 말한다.

③ "불활성기체소화약제"란 헬륨, 네온, 아르곤 또는 질소가스 중 하나 이상의 원소를 기본성분으로 하는 소화약제를 말한다.

④ "충전밀도"란 소화약제의 중량과 소화약제 저장용기의 내부 용적과의 비(중량/용적)를 말한다.

⑤ "최대허용 설계농도"란 사람이 상주하는 곳에 적용하는 소화약제의 설계농도로서, 인체의 안전에 영향을 미치지 않는 농도를 말한다.

2. 기술기준

1) 소화약제의 종류

소화약제	화학식	최대허용설계농도[%]
퍼플루오로부탄(FC-3-1-10)	C_4F_{10}	40
하이드로클로로플루오로카본혼화제 (HCFC BLEND A)	HCFC-123($CHCl_2CF_3$) : 4.75[%] HCFC-22($CHClF_2$) : 82[%] HCFC-124($CHClFCF_3$) : 9.5[%] $C_{10}H_{16}$: 3.75[%]	10
클로로테트라플루오로에탄(HCFC-124)	$CHClFCF_3$	1.0
펜타플루오로에탄(HFC-125)	CHF_2CF_3	11.5
헵타플루오로프로판(HFC-227ea)	CF_3CHFCF_3	10.5
트리플루오로메탄(HFC-23)	CHF_3	30
헥사플루오로프로판(HFC-236fa)	$CF_3CH_2CF_3$	12.5
트리플루오로이오다이드(FIC-13I1)	CF_3I	0.3
도데카플루오로-2-메틸펜탄-3-원 (FK-5-1-12)	$CF_3CF_2C(O)CF(CF_3)_2$	10
불연성 · 불활성기체혼합가스(IG-01)	Ar	43
불연성 · 불활성기체혼합가스(IG-100)	N_2	
불연성 · 불활성기체혼합가스(IG-541)	N_2 : 52[%], Ar : 40[%], CO_2 : 8[%]	
불연성 · 불활성기체혼합가스(IG-55)	N_2 : 50[%], Ar : 50[%]	

할로겐화합물(분자식) 명명법

① FC, HFC □ - □ - □
  첫 번째 □ = C 개수 - 1
  두 번째 □ = H 개수 + 1
  세 번째 □ = F 개수
② HCFC □ - □ - □ - □
  첫 번째 □ = C 개수 - 1
  두 번째 □ = H 개수 + 1
  세 번째 □ = F 개수
  네 번째 □ = Cl 개수

불활성기체(각 분자의 구성) 명명법

IG - □, □, □
  첫 번째 □ = N_2 [%]
  두 번째 □ = Ar [%]
  세 번째 □ = CO_2 [%]

2) 저장용기 적합장소

① 방호구역 외의 장소에 설치할 것. 다만, 방호구역 내에 설치할 경우에는 피난 및 조작이 용이하도록 피난구 부근에 설치해야 한다.
② 온도가 55[℃] 이하이고, 온도변화가 작은 곳에 설치할 것
③ 직사광선 및 빗물이 침투할 우려가 없는 곳에 설치할 것
④ 저장용기를 방호구역 외에 설치한 경우에는 방화문으로 구획된 실에 설치할 것
⑤ 용기의 설치장소에는 해당 용기가 설치된 곳임을 표시하는 표지를 할 것
⑥ 용기 간의 간격은 점검에 지장이 없도록 3[cm] 이상의 간격을 유지할 것
⑦ 저장용기와 집합관을 연결하는 연결배관에는 체크밸브를 설치할 것. 다만, 저장용기가 하나의 방호구역만을 담당하는 경우에는 그렇지 않다.

3) 저장용기 설치기준

① 저장용기의 충전밀도 및 충전압력은 표에 따를 것
② 저장용기는 약제명·저장용기의 자체중량과 총중량·충전일시·충전압력 및 약제의 체적을 표시할 것
③ 동일 집합관에 접속되는 저장용기는 동일한 내용적을 가진 것으로 충전량 및 충전압력이 같도록 할 것
④ 저장용기에 충전량 및 충전압력을 확인할 수 있는 장치를 하는 경우에는 해당 소화약제에 적합한 구조로 할 것

⑤ 저장용기의 약제량 손실이 5[%]를 초과하거나 압력손실이 10[%]를 초과할 경우에는 재충전하거나 저장용기를 교체할 것. 다만, 불활성기체 소화약제 저장용기의 경우에는 압력손실이 5[%]를 초과할 경우 재충전하거나 저장용기를 교체해야 한다.

4) 소화약제의 양(전역방출방식)

① 할로겐화합물소화약제

$$W = \frac{V}{S} \times \left(\frac{C}{100-C} \right)$$

여기서, W : 소화약제의 무게[kg], V : 방호구역의 체적[m³]

C : 체적에 따른 소화약제의 설계농도[%]

[(소화농도×안전계수(A급 화재 1.2, B급 화재 1.3, C급 화재 1.35)] 〈개정 2024.8.1.〉

t : 방호구역의 최소 예상온도[℃], S : 소화약제별 선형상수($K_1 + K_2 \times t$)[m³/kg]

② 불활성기체소화약제

$$X = 2.303 \times \frac{V_s}{S} \times \log \left(\frac{100}{100-C} \right)$$

여기서, X : 공간체적당 더해진 소화약제의 부피[m³/m³]

C : 체적에 따른 소화약제의 설계농도[%]

[소화농도×안전계수(A급 화재 1.2, B급 화재 1.3, C급 화재 1.35)] 〈개정 2024.8.1.〉

V_s : 20[℃]에서 소화약제의 비체적[m³/kg], t : 방호구역의 최소 예상온도[℃]

S : 소화약제별 선형상수($K_1 + K_2 \times t$)[m³/kg]

※ 체적에 따른 소화약제의 설계농도[%]는 상온에서 제조업체의 설계기준에서 정한 실험수치를 적용한다. 이 경우 설계농도는 소화농도[%]에 안전계수(A · C급 화재 1.2, B급 화재 1.3)를 곱한 값으로 할 것

5) 수동식 기동장치

수동식 기동장치의 부근에는 소화약제의 방출을 지연시킬 수 있는 방출지연스위치(자동복귀형 스위치로서 수동식 기동장치의 타이머를 순간 정지시키는 기능의 스위치를 말한다)를 설치해야 한다.

① 방호구역마다 설치할 것

② 해당 방호구역의 출입구 부근 등 조작을 하는 자가 쉽게 피난할 수 있는 장소에 설치할 것

③ 기동장치의 조작부는 바닥으로부터 0.8[m] 이상 1.5[m] 이하의 위치에 설치하고, 보호판 등에 따른 보호장치를 설치할 것

④ 기동장치 인근의 보기 쉬운 곳에 "할로겐화합물 및 불활성기체소화설비 수동식 기동장치"라는 표지를 할 것

⑤ 전기를 사용하는 기동장치에는 전원표시등을 설치할 것

⑥ 기동장치의 방출용 스위치는 음향경보장치와 연동하여 조작될 수 있는 것으로 할 것

⑦ 50[N] 이하의 힘을 가하여 기동할 수 있는 구조로 할 것

⑧ 기동장치에는 보호장치를 설치해야 하며, 보호장치를 개방하는 경우 기동장치에 설치된 부저 또는 벨 등에 의하여 경고음을 발할 것 〈신설 2024.8.1.〉

⑨ 기동장치를 옥외에 설치하는 경우 빗물 또는 외부 충격의 영향을 받지 아니하도록 설치할 것 〈신설 2024.8.1.〉

3. 배관 및 헤드

1) 배관의 두께

$$관의\ 두께(t) = \frac{PD}{2SE} + A$$

여기서, P : 최대허용압력[kPa], D : 배관의 바깥지름[mm]

SE : 최대허용응력[kPa]

(배관재질 인장강도의 1/4값과 항복점의 2/3값 중 적은 값×배관이음효율×1.2)

A : 나사이음, 홈이음 등의 허용값[mm](헤드설치부분은 제외한다)

(나사이음 : 나사의 높이, 절단홈이음 : 홈의 깊이, 용접이음 : 0)

※ 배관이음 효율

① 이음매 없는 배관 : 1.0

② 전기저항 용접배관 : 0.85

③ 가열맞대기 용접배관 : 0.60

2) 배관과 배관, 배관과 배관 부속 및 밸브류의 접속 방법

나사접합, 용접접합, 압축접합 또는 플랜지접합 등의 방법을 사용해야 한다.

3) 배관의 구경

배관의 구경은 해당 방호구역에 할로겐화합물소화약제는 10초 이내에, 불활성기체소화약제는 A · C급 화재 2분, B급 화재 1분 이내에 방호구역 각 부분에 최소 설계농도의 95[%] 이상에 해당하는 약제량이 방출되도록 해야 한다.

소화약제의 배관 내 유량 산정 방법

① 할로겐화합물 소화약제 유량[kg/s] = $\dfrac{\dfrac{V}{S} \times \left(\dfrac{C \times 0.95}{100 - C \times 0.95} \right)}{10[s]}$

② 불활성기체 소화약제 유량[m³/s]

    ㉠ A · C급 화재 = $\dfrac{2.303 \times \dfrac{V_s}{S} \times \log\left(\dfrac{100}{100 - C \times 0.95} \right) \times V}{120[s]}$

    ㉡ B급 화재 = $\dfrac{2.303 \times \dfrac{V_s}{S} \times \log\left(\dfrac{100}{100 - C \times 0.95} \right) \times V}{60[s]}$

4) 분사헤드

① 분사헤드의 설치 높이는 방호구역의 바닥으로부터 최소 0.2[m] 이상 최대 3.7[m] 이하로 해야 하며 천장높이가 3.7[m]를 초과할 경우에는 추가로 다른 열의 분사헤드를 설치할 것. 다만, 분사헤드의 성능인정 범위 내에서 설치하는 경우에는 그렇지 않다.

② 분사헤드의 개수는 방호구역에 방출시간이 충족되도록 설치할 것

③ 분사헤드에는 부식방지조치를 해야 하며 오리피스의 크기, 제조일자, 제조업체가 표시되도록 할 것

4. 설치제외

① 사람이 상주하는 곳으로서 최대허용 설계농도를 초과하는 장소

②「위험물안전관리법 시행령」제3류 위험물 및 제5류 위험물을 저장 · 보관 · 사용하는 장소. 다만, 소화성능이 인정되는 위험물은 제외한다.

13 분말소화설비의 화재안전기술기준(NFTC 108)

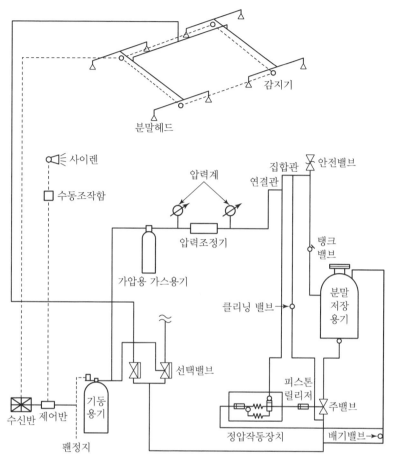

▲ 분말소화설비의 계통도

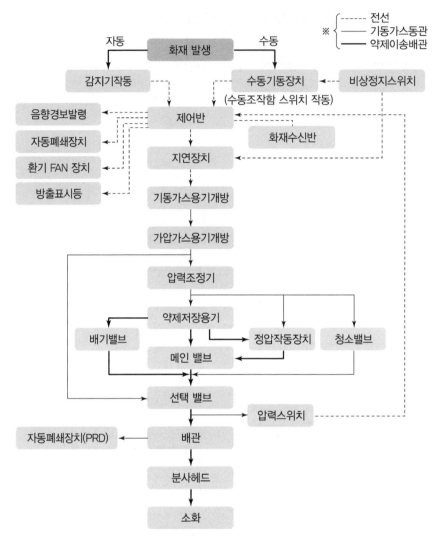

▲ 분말소화설비의 작동순서

1. 용어의 정의

① "제1종 분말"이란 탄산수소나트륨을 주성분으로 한 분말소화약제를 말한다.

② "제2종 분말"이란 탄산수소칼륨을 주성분으로 한 분말소화약제를 말한다.

③ "제3종 분말"이란 인산염을 주성분으로 한 분말소화약제를 말한다.

④ "제4종 분말"이란 탄산수소칼륨과 요소가 화합된 분말소화약제를 말한다.

분말소화약제의 종류 및 열분해반응식

약제의 종류	주성분	열분해반응식	소화작용 및 적응성	비고
제1종 소화분말	중탄산나트륨 (NaHCO₃ ; 중조)	• 270[℃]에서의 분해반응 $2NaHCO_3 \rightarrow CO_2 + H_2O + Na_2CO_3$ • 850[℃]에서의 분해반응 $2NaHCO_3 \rightarrow 2CO_2 + H_2O + Na_2O$	• 질식작용 • 냉각작용 • 유류화재, 전기화재 • 비누화현상, 주방화재	백색
제2종 소화분말	중탄산칼륨 (KHCO₃)	• 190[℃]에서의 분해반응 $2KHCO_3 \rightarrow CO_2 + H_2O + K_2CO_3$ • 590[℃]에서의 분해반응 $2KHCO_3 \rightarrow 2CO_2 + H_2O + K_2O$	• 질식작용 • 냉각작용 • 제1종 소화분말보다 소화 효과 우수	자색
제3종 소화분말	제1인산암모늄 (NH₄H₂PO₄)	• 190[℃]에서의 분해반응 $NH_4H_2PO_4 \rightarrow H_3PO_4$(오르토인산) $+ NH_3$ • 215[℃]에서의 분해반응 $2H_3PO_4 \rightarrow H_4P_2O_7$(피로인산) $+ H_2O$ • 300[℃]에서의 분해반응 $H_4P_2O_7 \rightarrow 2HPO_3$(메타인산) $+ H_2O$ • 250[℃]에서의 분해반응 $2HPO_3 \rightarrow P_2O_5$(오산화인) $+ H_2O$	• 냉각작용, 부촉매작용, 질식작용, 방진작용 • 유류화재, 전기화재, 가스 화재, 주차장	담홍색
제4종 소화분말	요소와 중탄산칼륨의 혼합물	• 분해반응 $2KHCO_3 + (NH_2)_2CO$ $\rightarrow K_2CO_3 + 2NH_3 + 2CO_2$	유류화재, 전기화재	회(백)색 *국내 미생산

2. 설치기준

1) 저장용기 설치기준

① 저장용기의 내용적은 다음 표에 따를 것

소화약제의 종별	소화약제 1[kg]당 저장용기의 내용적[L]
제1종 분말(탄산수소나트륨을 주성분으로 한 분말)	0.8
제2종 분말(탄산수소칼륨을 주성분으로 한 분말)	1
제3종 분말(인산염을 주성분으로 한 분말)	1
제4종 분말(탄산수소칼륨과 요소가 화합된 분말)	1.25

② 저장용기에는 가압식은 최고사용압력의 1.8배 이하, 축압식은 용기의 내압시험압력의 0.8배
이하의 압력에서 작동하는 안전밸브를 설치할 것

가압식	최고사용압력의 1.8배 이하 작동
축압식	용기의 내압시험압력의 0.8배 이하 작동

③ 저장용기에는 저장용기의 내부압력이 설정압력으로 되었을 때 주밸브를 개방하는 정압작동
장치를 설치할 것
④ 저장용기의 충전비는 0.8 이상으로 할 것
⑤ 저장용기 및 배관에는 잔류 소화약제를 처리할 수 있는 청소장치를 설치할 것
⑥ 축압식 저장용기에는 사용압력 범위를 표시한 지시압력계를 설치할 것

정압작동장치
① 설치목적 : 저장용기의 내부압력이 설정압력에 도달하면 작동하여 주밸브를 개방시키는 장치
② 종류

종류	개방방식	구조
압력 스위치식 (가스 압력식)	탱크 내 압력이 설정 압력에 도달하면 압력스위치의 작동으로 솔레노이드밸브가 작동하여 주밸브를 개방하는 방식	
기계식	탱크 내 압력이 설정 압력에 도달하면 가스 압력으로 밸브의 레버를 당겨 주밸브를 개방하는 방식	
시한 릴레이식 (전기식)	탱크 내 압력이 설정 압력에 도달하면 시한릴레이(타이머)가 작동하여 입력한 시간 이후 솔레노이드밸브가 작동되어 주밸브를 개방하는 방식	

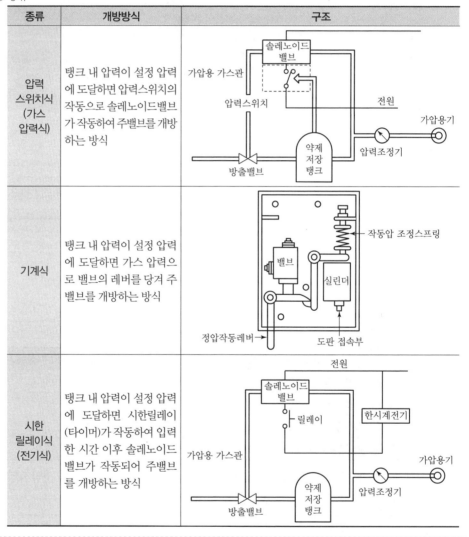

2) 가압용 가스용기

① 분말소화약제의 가스용기는 분말소화약제의 저장용기에 접속하여 설치해야 한다.

② 분말소화약제의 가압용가스 용기를 3병 이상 설치한 경우에는 2개 이상의 용기에 전자개방밸브를 부착해야 한다.

③ 분말소화약제의 가압용가스 용기에는 2.5[MPa] 이하의 압력에서 조정이 가능한 압력조정기를 설치해야 한다.

④ 가압용 가스 또는 축압용 가스는 질소가스 또는 이산화탄소로 할 것

가압용 가스	• 질소가스는 소화약제 1[kg]마다 40[L] 이상 • 이산화탄소는 소화약제 1[kg]에 대하여 20[g] 이상	+	배관 청소에 필요한 양 (이산화탄소만 해당)
축압용 가스	• 질소가스는 소화약제 1[kg]에 대하여 10[L] 이상 • 이산화탄소는 소화약제 1[kg]에 대하여 20[g] 이상	+	배관 청소에 필요한 양 (이산화탄소만 해당)

* 내용적은 35[℃]에서 1기압의 압력상태로 환산한 값
* 배관의 청소에 필요한 양의 가스는 별도의 용기에 저장할 것

3) 소화약제의 양

분말소화설비에 사용하는 소화약제는 제1종 분말·제2종 분말·제3종 분말 또는 제4종 분말로 해야 한다. 다만, 차고 또는 주차장에 설치하는 분말소화설비의 소화약제는 제3종 분말로 해야 한다.

① **전역방출방식** : 방호구역의 체적 1[m³]에 대하여 다음 표에 따른 양

$$W = (V \times \alpha) + (A \times \beta)$$

여기서, W : 분말소화약제량[kg], V : 방호구역의 체적[m³]
　　　 α : 방호구역체적 1[m³]당 약제량[kg/m³]
　　　 A : 자동폐쇄장치가 없는 개구부의 면적[m²]
　　　 β : 개구부의 면적 1[m²]당 약제량[kg/m²]

▼ 방호구역 1[m³]에 대한 약제량 개구부 1[m²]당 가산량

소화약제의 종별	방호구역 1[m³]에 대한 약제량[kg]	가산량[kg](개구부 1[m²]에 대한 약제량)
제1종 분말	0.60	4.5
제2종, 3종 분말	0.36	2.7
제4종 분말	0.24	1.8

② **국소방출방식** : 방호공간(방호대상물의 각 부분으로부터 0.6[m]의 거리에 따라 둘러싸인 공간을 말한다)의 체적 1[m³]에 대하여 다음의 식에 따라 산출한 양

$$W = V \times Q \times 1.1$$

여기서, W : 분말 소화약제량[kg], V : 방호공간의 체적[m³]
　　　 Q : 방호공간 1[m³]당의 약제량[kg/m³]

방출계수

$$Q = X - Y\frac{a}{A}\,[\text{kg/m}^3]$$

여기서, a : 방호대상물 주위에 설치된 벽면적의 합계[m²]

A : 방호공간의 벽면적의 합계[m²]

(벽이 없는 경우에는 벽이 있는 것으로 가정한 당해 부분의 면적)

※ X 및 Y의 수치

소화약제의 종별	X의 수치	Y의 수치
제1종 분말	5.2	3.9
제2종, 3종 분말	3.2	2.4
제4종 분말	2.0	1.5

③ 호스릴분말소화설비

소화약제의 종별	소화약제 보유량[kg]	1분간 방사량[kg]
제1종 분말	50	45
제2종, 3종 분말	30	27
제4종 분말	20	18

4) 분사헤드

① 전역방출방식

㉠ 방출된 소화약제가 방호구역의 전역에 균일하고 신속하게 확산할 수 있도록 할 것

㉡ 소화약제 저장량을 30초 이내에 방출할 수 있는 것으로 할 것

② 국소방출방식

㉠ 소화약제의 방출에 따라 가연물이 비산하지 않는 장소에 설치할 것

㉡ 기준저장량의 소화약제를 30초 이내에 방출할 수 있는 것으로 할 것

③ 호스릴방식의 분말소화설비

소화약제의 종별	1분당 방사하는 소화약제의 양[kg]
제1종 분말	45
제2종 분말 또는 제3종 분말	27
제4종 분말	18

14 고체에어로졸소화설비의 화재안전기술기준(NFTC 110)

1. 용어의 정의

① "고체에어로졸소화설비"란 설계밀도 이상의 고체에어로졸을 방호구역 전체에 균일하게 방출하는 설비로서 분산(Dispersed)방식이 아닌 압축(Condensed)방식을 말한다.

② "고체에어로졸화합물"이란 과산화물질, 가연성 물질 등의 혼합물로서 화재를 소화하는 비전도성의 미세입자인 에어로졸을 만드는 고체화합물을 말한다.

③ "고체에어로졸"이란 고체에어로졸화합물의 연소과정에 의해 생성된 직경 10[μm] 이하의 고체입자와 기체 상태의 물질로 구성된 혼합물을 말한다.

④ "고체에어로졸발생기"란 고체에어로졸화합물, 냉각장치, 작동장치, 방출구, 저장용기로 구성되어 에어로졸을 발생시키는 장치를 말한다.

⑤ "소화밀도"란 방호공간 내 규정된 시험조건의 화재를 소화하는 데 필요한 단위체적[m³]당 고체에어로졸화합물의 질량[g]을 말한다.

⑥ "안전계수"란 설계밀도를 결정하기 위한 안전율을 말하며 1.3으로 한다.

⑦ "설계밀도"란 소화설계를 위하여 필요한 것으로 소화밀도에 안전계수를 곱하여 얻어지는 값을 말한다.

⑧ "상주장소"란 일반적으로 사람들이 거주하는 장소 또는 공간을 말한다.

⑨ "비상주장소"란 짧은 기간 동안 간헐적으로 사람들이 출입할 수는 있으나 일반적으로 사람들이 거주하지 않는 장소 또는 공간을 말한다.

⑩ "방호체적"이란 벽 등의 건물 구조 요소들로 구획된 방호구역의 체적에서 기둥 등 고정적인 구조물의 체적을 제외한 체적을 말한다.

⑪ "열 안전이격거리"란 고체에어로졸 방출 시 발생하는 온도에 영향을 받을 수 있는 모든 구조·구성요소와 고체에어로졸발생기 사이에 안전확보를 위해 필요한 이격거리를 말한다.

2. 설치기준

1) 고체에어로졸소화설비

① 고체에어로졸은 전기 전도성이 없을 것

② 약제 방출 후 해당 화재의 재발화 방지를 위하여 최소 10분간 소화밀도를 유지할 것

③ 고체에어로졸소화설비에 사용되는 주요 구성품은 소방청장이 정하여 고시한 「고체에어로졸자동소화장치의 형식승인 및 제품검사의 기술기준」에 적합한 것일 것

④ 고체에어로졸소화설비는 비상주장소에 한하여 설치할 것. 다만, 고체에어로졸소화설비 약제의 성분이 인체에 무해함을 국내·외 국가 공인시험기관에서 인증받고, 과학적으로 입증된 최대허용설계밀도를 초과하지 않는 양으로 설계하는 경우 상주장소에 설치할 수 있다.

⑤ 고체에어로졸소화설비의 소화성능이 발휘될 수 있도록 방호구역 내부의 밀폐성을 확보할 것

⑥ 방호구역 출입구 인근에 고체에어로졸 방출 시 주의사항에 관한 내용의 표지를 설치할 것
⑦ 이 기준에서 규정하지 않은 사항은 형식승인 받은 제조업체의 설계 매뉴얼에 따를 것

2) 고체에어로졸발생기

① 밀폐성이 보장된 방호구역 내에 설치하거나, 밀폐성능을 인정할 수 있는 별도의 조치를 취할 것
② 천장이나 벽면 상부에 설치하되 고체에어로졸 화합물이 균일하게 방출되도록 설치할 것
③ 직사광선 및 빗물이 침투할 우려가 없는 곳에 설치할 것
④ 고체에어로졸발생기는 다음 각 기준의 최소 열 안전이격거리를 준수하여 설치할 것
   ㉠ 인체와의 최소 이격거리는 고체에어로졸 방출 시 75[℃]를 초과하는 온도가 인체에 영향을 미치지 않는 거리
   ㉡ 가연물과의 최소 이격거리는 고체에어로졸 방출 시 200[℃]를 초과하는 온도가 가연물에 영향을 미치지 않는 거리
⑤ 하나의 방호구역에는 동일 제품군 및 동일한 크기의 고체에어로졸발생기를 설치할 것
⑥ 방호구역의 높이는 형식승인 받은 고체에어로졸발생기의 최대 설치높이 이하로 할 것

3) 소화약제의 양(전역방출방식)

$$m = d \times V$$

여기서, m : 필수소화약제량[g]
d : 설계밀도[g/m³] = 소화밀도[g/m³] × 1.3(안전계수)
　소화밀도 : 형식승인 받은 제조사의 설계 매뉴얼에 제시된 소화밀도
V : 방호체적[m³]

4) 기동장치

① 고체에어로졸소화설비는 화재감지기 및 수동식 기동장치의 작동과 연동하여 기계적 또는 전기적 방식으로 작동해야 한다.
② 고체에어로졸소화설비의 기동 시에는 1분 이내에 고체에어로졸 설계밀도의 95 % 이상을 방호구역에 균일하게 방출해야 한다.
③ 고체에어로졸소화설비의 수동식 기동장치 설치기준
   ㉠ 제어반마다 설치할 것
   ㉡ 방호구역의 출입구마다 설치하되 출입구 인근에 사람이 쉽게 조작할 수 있는 위치에 설치할 것
   ㉢ 기동장치의 조작부는 바닥으로부터 0.8[m] 이상 1.5[m] 이하의 위치에 설치할 것
   ㉣ 기동장치의 조작부에 보호판 등의 보호장치를 부착할 것
   ㉤ 기동장치 인근의 보기 쉬운 곳에 "고체에어로졸소화설비 수동식 기동장치"라고 표시한 표지를 부착할 것

ⓗ 전기를 사용하는 기동장치에는 전원표시등을 설치할 것

ⓢ 방출용 스위치의 작동을 명시하는 표시등을 설치할 것

ⓞ 50[N] 이하의 힘으로 방출용 스위치를 기동할 수 있도록 할 것

5) 방출지연스위치

① 수동으로 작동하는 방식으로 설치하되 누르고 있는 동안만 지연되도록 할 것

② 방호구역의 출입구마다 설치하되 피난이 용이한 출입구 인근에 사람이 쉽게 조작할 수 있는 위치에 설치할 것

③ 방출지연스위치 작동 시에는 음향경보를 발할 것

④ 방출지연스위치 작동 중 수동식 기동장치가 작동되면 수동식 기동장치의 기능이 우선될 것

3. 설치제외

① 니트로셀룰로오스, 화약 등의 산화성 물질

② 리튬, 나트륨, 칼륨, 마그네슘, 티타늄, 지르코늄, 우라늄 및 플루토늄과 같은 자기반응성 금속

③ 금속 수소화물

④ 유기 과산화수소, 히드라진 등 자동 열분해를 하는 화학물질

⑤ 가연성 증기 또는 분진 등 폭발성 물질이 대기에 존재할 가능성이 있는 장소

15 피난기구의 화재안전기술기준(NFTC 301)

1. 용어의 정의

① "완강기"란 사용자의 몸무게에 따라 자동적으로 내려올 수 있는 기구 중 사용자가 교대하여 연속적으로 사용할 수 있는 것을 말한다.

> **Reference**
>
>
> 조속기의 연결부
> 속도조절기
> 로프
> 연결금속구
> 벨트
>
> **완강기의 최대사용하중 및 최대사용자 수**
> ① 최대사용하중은 1,500[N] 이상의 하중이어야 한다.

② 최대사용자수(1회에 강하할 수 있는 사용자의 최대 수)

$$최대사용자 수 = \frac{완강기의\ 최대사용하중[N]}{1,500[N]}$$

※ 1 미만의 수는 계산하지 않는다.

③ 최대사용자 수에 상당하는 수의 벨트가 있어야 한다.

---

② "간이완강기"란 사용자의 몸무게에 따라 자동적으로 내려올 수 있는 기구 중 사용자가 연속적으로 사용할 수 없는 것을 말한다.

③ "공기안전매트"란 화재 발생 시 사람이 건축물 내에서 외부로 긴급히 뛰어내릴 때 충격을 흡수하여 안전하게 지상에 도달할 수 있도록 포지에 공기 등을 주입하는 구조로 되어 있는 것을 말한다.

④ "구조대"란 포지 등을 사용하여 자루 형태로 만든 것으로서 화재 시 사용자가 그 내부에 들어가서 내려옴으로써 대피할 수 있는 것을 말한다.

> **Reference**
>
> **구조대의 종류**
> ① "경사강하식 구조대"란 소방대상물에 비스듬하게 고정시키거나 설치하여 사용자가 미끄럼식으로 내려올 수 있는 구조대를 말한다.
> ② "수직강하식 구조대"란 소방대상물 또는 기타 장비 등에 수직으로 설치하여 사용하는 구조대를 말한다.
>
>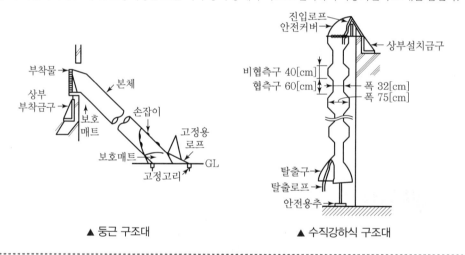
>
> ▲ 둥근 구조대　　　　　　　　▲ 수직강하식 구조대

---

⑤ "승강식 피난기"란 사용자의 몸무게에 의하여 자동으로 하강하고 내려서면 스스로 상승하여 연속적으로 사용할 수 있는 무동력 승강식 기기를 말한다.

⑥ "하향식 피난구용 내림식 사다리"란 하향식 피난구 해치에 격납하여 보관하고 사용 시에는 사다리 등이 소방대상물과 접촉되지 않는 내림식 사다리를 말한다.

⑦ "피난사다리"란 화재 시 긴급대피를 위해 사용하는 사다리를 말한다.

피난사다리의 종류

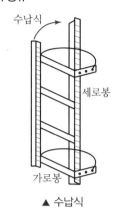

▲ 수납식

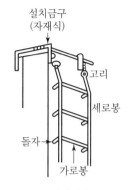

▲ 접어개기식

① "피난사다리"란 화재 시 긴급대피에 사용하는 사다리로서 고정식·올림식 및 내림식 사다리를 말한다.
② "고정식 사다리"란 항시 사용 가능한 상태로 소방대상물에 고정되어 사용되는 사다리를 말한다.
③ "수납식"이란 횡봉이 종봉 내에 수납되어 사용하는 때에 횡봉을 꺼내어 사용할 수 있는 구조를 말한다.
④ "접는식"이란 사다리 하부를 접을 수 있는 구조를 말한다.
⑤ "신축식"이란 사다리 하부를 신축할 수 있는 구조를 말한다.
⑥ "올림식 사다리"란 소방대상물 등에 기대어 세워서 사용하는 사다리를 말한다.
⑦ "내림식 사다리"란 평상시에는 접어둔 상태로 두었다가 사용하는 때에 소방대상물 등에 걸어 내려 사용하는 사다리(하향식 피난구용 내림식 사다리를 포함)를 말한다.
⑧ "하향식 피난구용 내림식 사다리"란 하향식 피난구 해치(피난사다리를 항상 사용 가능한 상태로 넣어 두는 장치를 말함)에 격납하여 보관되다가 사용하는 때에 사다리의 돌자 등이 소방대상물과 접촉되지 아니하는 내림식 사다리를 말한다.

피난사다리의 구조

① 안전하고 확실하며 쉽게 사용할 수 있는 구조이어야 한다.
② 피난사다리는 2개 이상의 종봉 및 횡봉으로 구성되어야 한다. 다만, 고정식 사다리인 경우에는 종봉의 수를 1개로 할 수 있다.
③ 피난사다리(종봉이 1개인 고정식 사다리는 제외한다)의 종봉의 간격은 최외각 종봉 사이의 안치수가 30[cm] 이상이어야 한다.
④ 피난사다리의 횡봉은 지름 14[mm] 이상 35[mm] 이하의 원형인 단면이거나 또는 이와 비슷한 손으로 잡을 수 있는 형태의 단면이 있는 것이어야 한다.
⑤ 피난사다리의 횡봉은 종봉에 동일한 간격으로 부착한 것이어야 하며, 그 간격은 25[cm] 이상 35[cm] 이하이어야 한다.
⑥ 피난사다리 횡봉의 디딤면은 미끄러지지 아니하는 구조이어야 한다.

승강식 피난기 및 하향식 피난구용 내림식 사다리의 설치기준

① 승강식 피난기 및 하향식 피난구용 내림식 사다리는 설치경로가 설치 층에서 피난층까지 연계될 수 있는 구조로 설치할 것. 다만, 건축물의 구조 및 설치 여건상 불가피한 경우에는 그렇지 않다.
② 대피실의 면적은 2[m²](2세대 이상일 경우에는 3[m²]) 이상으로 하고, 「건축법 시행령」 제46조제4항 각 호의 규정에 적합하여야 하며 하강구(개구부) 규격은 직경 60[cm] 이상일 것. 다만, 외기와 개방된 장소에는 그렇지 않다.
③ 하강구 내측에는 기구의 연결 금속구 등이 없어야 하며 전개된 피난기구는 하강구 수평투영면적 공간 내의 범위를 침범하지 않는 구조이어야 할 것. 다만, 직경 60[cm] 크기의 범위를 벗어난 경우이거나, 직하 층의 바닥 면으로부터 높이 50[cm] 이하의 범위는 제외한다.

④ 대피실의 출입문은 60분+ 방화문 또는 60분 방화문으로 설치하고, 피난방향에서 식별할 수 있는 위치에 "대피실" 표지판을 부착할 것. 다만, 외기와 개방된 장소에는 그렇지 않다.

⑤ 착지점과 하강구는 상호 수평거리 15[cm] 이상의 간격을 둘 것

⑥ 대피실 내에는 비상조명등을 설치할 것

⑦ 대피실에는 층의 위치표시와 피난기구 사용설명서 및 주의사항 표지판을 부착할 것

⑧ 대피실 출입문이 개방되거나, 피난기구 작동 시 해당층 및 직하층 거실에 설치된 표시등 및 경보장치가 작동되고, 감시 제어반에서는 피난기구의 작동을 확인할 수 있어야 할 것

⑨ 사용 시 기울거나 흔들리지 않도록 설치할 것

⑩ 승강식 피난기는 한국소방산업기술원 또는 성능시험기관으로 지정받은 기관에서 그 성능을 검증받은 것으로 설치할 것

- -

⑧ "다수인피난장비"란 화재 시 2인 이상의 피난자가 동시에 해당 층에서 지상 또는 피난층으로 하강하는 피난기구를 말한다.

⑨ "미끄럼대"란 사용자가 미끄럼식으로 신속하게 지상 또는 피난층으로 이동할 수 있는 피난기구를 말한다.

⑩ "피난교"란 인접 건축물 또는 피난층과 연결된 다리 형태의 피난기구를 말한다.

⑪ "피난용 트랩"이란 화재층과 직상층을 연결하는 계단형태의 피난기구를 말한다.

2. 설치기준

1) 설치장소별 피난기구의 적응성

▼ 소방대상물의 설치장소별 피난기구의 적응성

층별설치 장소별 구분	1층	2층	3층	4~10층
1. 노유자시설	• 미끄럼대 • 구조대 • 피난교 • 다수인피난장비 • 승강식 피난기	• 미끄럼대 • 구조대 • 피난교 • 다수인피난장비 • 승강식 피난기	• 미끄럼대 • 구조대 • 피난교 • 다수인피난장비 • 승강식 피난기	• 구조대 • 피난교 • 다수인피난장비 • 승강식 피난기
2. 의료시설, 근린생활시설 중 입원실이 있는 의원, 접골원, 조산소			• 미끄럼대 • 구조대 • 피난교 • 다수인피난장비 • 승강식 피난기 • 피난용 트랩	• 구조대 • 피난교 • 다수인피난장비 • 승강식 피난기 • 피난용 트랩

층별설치 장소별 구분	1층	2층	3층	4~10층
3. 그 밖의 것			• 미끄럼대 • 구조대 • 피난교 • 다수인피난장비 • 승강식 피난기 • 피난용 트랩 • 피난사다리 • 완강기	• 구조대 • 피난교 • 다수인피난장비 • 승강식 피난기 • 피난사다리 • 완강기
			• 간이완강기 • 공기안전매트	• 간이완강기 • 공기안전매트
4. 다중이용업소로서 영업장의 위치가 4층 이하인 다중이 용업소	• 미끄럼대 • 구조대 • 다수인피난장비 • 승강식 피난기 • 피난사다리 • 완강기	• 미끄럼대 • 구조대 • 다수인피난장비 • 승강식 피난기 • 피난사다리 • 완강기	• 미끄럼대 • 구조대 • 다수인피난장비 • 승강식 피난기 • 피난사다리 • 완강기	• 미끄럼대 • 구조대 • 다수인피난장비 • 승강식 피난기 • 피난사다리 • 완강기

※ 비고
1) 구조대의 적응성은 장애인 관련시설로서 주된 사용자 중 스스로 피난이 불가한 자가 있는 경우 추가로 설치하는 경우에 한한다.
2) 간이완강기의 적응성은 숙박시설의 3층 이상에 있는 객실에, 공기안전매트의 적응성은 공동주택(「공동주택관리법 시행령」 제2조의 규정에 해당하는 공동주택)에 추가로 설치하는 경우에 한한다.

2) 피난기구의 설치개수 등

① 층마다 설치하되, 숙박시설·노유자시설 및 의료시설로 사용되는 층에 있어서는 그 층의 바닥면적 500[m²]마다, 위락시설·문화집회 및 운동시설·판매시설로 사용되는 층 또는 복합용도의 층에 있어서는 그 층의 바닥면적 800[m²]마다, 계단실형 아파트에 있어서는 각 세대마다, 그 밖의 용도의 층에 있어서는 그 층의 바닥면적 1,000[m²]마다 1개 이상 설치할 것

특정소방대상물의 용도	설치개수
숙박시설·노유자시설 및 의료시설	바닥면적 500[m²]마다
위락시설·문화집회 및 운동시설·판매시설 또는 복합용도	바닥면적 800[m²]마다
계단실형 아파트	각 세대마다
그 밖의 용도	바닥면적 1,000[m²]마다

② 숙박시설(휴양콘도미니엄을 제외한다)의 경우에는 추가로 객실마다 완강기 또는 2 이상의 간이완강기를 설치할 것

Reference

공동주택의 화재안전기술기준(NFTC 608)
아파트 등의 경우 각 세대마다 설치할 것
"의무관리대상 공동주택"의 경우에는 하나의 관리주체가 관리하는 공동주택 구역마다 공기안전매트 1개
이상을 추가로 설치할 것. 다만, 옥상으로 피난이 가능하거나 수평 또는 수직 방향의 인접세대로 피난할 수
있는 구조인 경우에는 추가로 설치하지 않을 수 있다.

③ 그 외 4층 이상의 층에 설치된 노유자시설 중 장애인 관련 시설로서 주된 사용자 중 스스로
피난이 불가한 자가 있는 경우에는 층마다 구조대를 1개 이상 추가로 설치할 것

3) 피난기구의 설치기준

① 피난기구는 계단 · 피난구 기타 피난시설로부터 적당한 거리에 있는 안전한 구조로 된 피난
또는 소화 활동상 유효한 개구부(가로 0.5[m] 이상 세로 1[m] 이상인 것을 말한다. 이 경우 개
구부 하단이 바닥에서 1.2[m] 이상이면 발판 등을 설치하여야 하고, 밀폐된 창문은 쉽게 파괴
할 수 있는 파괴장치를 비치해야 한다)에 고정하여 설치하거나 필요한 때에 신속하고 유효
하게 설치할 수 있는 상태에 둘 것

② 피난기구를 설치하는 개구부는 서로 동일직선상이 아닌 위치에 있을 것. 다만, 피난교 · 피난
용 트랩 · 간이완강기 · 아파트에 설치되는 피난기구(다수인피난장비는 제외한다) 기타 피
난상 지장이 없는 것에 있어서는 그렇지 않다.

③ 피난기구는 특정소방대상물의 기둥 · 바닥 · 보 기타 구조상 견고한 부분에 볼트조임 · 매입 ·
용접 기타의 방법으로 견고하게 부착할 것

④ 4층 이상의 층에 피난사다리(하향식 피난구용 내림식 사다리는 제외한다)를 설치하는 경우
에는 금속성 고정사다리를 설치하고, 당해 고정사다리에는 쉽게 피난할 수 있는 구조의 노대
를 설치할 것

3. 설치제외

1) 해당 층의 설치면제 요건(다만, 숙박시설(휴양콘도미니엄을 제외한다)에 설치되는 완강기 및 간이완강기의 경우는 제외)

① 주요 구조부가 내화구조로 되어 있어야 할 것

② 실내의 면하는 부분의 마감이 불연재료 · 준불연재료 또는 난연재료로 되어 있고 방화구획
이 「건축법 시행령」에 적합하게 구획되어 있어야 할 것

③ 거실의 각 부분으로부터 직접 복도로 쉽게 통할 수 있어야 할 것

④ 복도에 2 이상의 피난계단 또는 특별피난계단이 「건축법 시행령」에 적합하게 설치되어 있
어야 할 것

⑤ 복도의 어느 부분에서도 2 이상의 방향으로 각각 다른 계단에 도달할 수 있어야 할 것

2) 옥상의 직하층 또는 최상층의 설치면제 요건(문화 및 집회시설, 운동시설 또는 판매시설을 제외)

① 주요구조부가 내화구조로 되어 있어야 할 것

② 옥상의 면적이 1,500[m²] 이상이어야 할 것

③ 옥상으로 쉽게 통할 수 있는 창 또는 출입구가 설치되어 있어야 할 것

④ 옥상이 소방사다리차가 쉽게 통행할 수 있는 도로(폭 6[m] 이상의 것을 말한다) 또는 공지(공원 또는 광장 등을 말한다)에 면하여 설치되어 있거나 옥상으로부터 피난층 또는 지상으로 통하는 2 이상의 피난계단 또는 특별피난계단이 「건축법 시행령」에 적합하게 설치되어 있어야 할 것

4. 설치감소

1) 해당 층의 피난기구 2분의 1 감소

① 주요 구조부가 내화구조로 되어 있을 것

② 직통계단인 피난계단 또는 특별피난계단이 2 이상 설치되어 있을 것

2) 주요 구조부가 내화구조이며 기준에 적합한 건널복도에서의 감소(피난기구 - 해당 건널 복도의 수의 2배의 수)

① 내화구조 또는 철골조로 되어 있을 것

② 건널 복도 양단의 출입구에 자동폐쇄장치를 한 60분 + 방화문 또는 60분 방화문(방화셔터를 제외한다)이 설치되어 있을 것

③ 피난 · 통행 또는 운반의 전용 용도일 것

16 인명구조기구의 화재안전기술기준(NFTC 302)

1. 용어의 정의

① "방열복"이란 고온의 복사열에 가까이 접근하여 소방활동을 수행할 수 있는 내열피복을 말한다.

② "공기호흡기"란 소화활동 시에 화재로 인하여 발생하는 각종 유독가스 중에서 일정시간 사용할 수 있도록 제조된 압축공기식 개인호흡장비(보조마스크를 포함한다)를 말한다.

③ "인공소생기"란 호흡 부전 상태인 사람에게 인공호흡을 시켜 환자를 보호하거나 구급하는 기구를 말한다.

④ "방화복"이란 화재진압 등의 소방활동을 수행할 수 있는 피복을 말한다.

⑤ "인명구조기구"란 화열, 화염, 유해성가스 등으로부터 인명을 보호하거나 구조하는 데 사용되는 기구를 말한다.

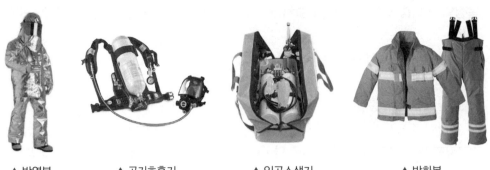

▲ 방열복　　　　▲ 공기호흡기　　　　▲ 인공소생기　　　　▲ 방화복

2. 설치기준

특정소방대상물의 용도 및 장소별로 설치해야 할 인명구조기구

특정소방대상물	인명구조기구의 종류	설치수량
지하층을 포함한 층수가 7층 이상인 관광호텔 및 5층 이상인 병원	• 방열복 또는 방화복(안전모, 보호장갑 및 안전화를 포함한다) • 공기호흡기 • 인공소생기	각 2개 이상 비치할 것. 다만 병원의 경우에는 인공소생기를 설치하지 않을 수 있다.
• 문화 및 집회시설 중 수용인원 100명 이상의 영화상영관 • 판매시설 중 대규모 점포 • 운수시설 중 지하철 역 • 지하가 중 지하상가	공기호흡기	층마다 2개 이상 비치할 것, 다만, 각 층마다 갖추어 두어야 할 공기호흡기 중 일부를 직원이 상주하는 인근 사무실에 갖추어 둘 수 있다.
물분무등소화설비 중 이산화탄소소화설비를 설치하는 특정소방대상물	공기호흡기	이산화탄소소화설비가 설치된 장소의 출입구 외부 인근에 1대 이상 비치할 것

17 상수도소화용수설비의 화재안전기술기준(NFTC 401)

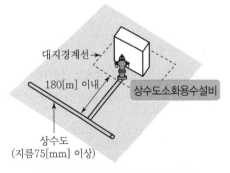

▲ 상수도소화용수설비 설치하는 경우

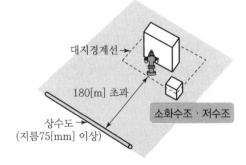

▲ 소화수조 또는 저수조를 설치하는 경우

1. 설치대상

상수도소화용수설비를 설치해야 하는 특정소방대상물은 다음의 어느 하나에 해당하는 것으로 한다. 다만, 상수도소화용수설비를 설치해야 하는 특정소방대상물의 대지 경계선으로부터 180[m] 이내에 지름 75[mm] 이상인 상수도용 배수관이 설치되지 않은 지역의 경우에는 화재안 전기준에 따른 소화수조 또는 저수조를 설치해야 한다.

① 연면적 500[m²] 이상인 것. 다만, 위험물 저장 및 처리 시설 중 가스시설, 지하가 중 터널 또는 지하구의 경우에는 제외한다.

② 가스시설로서 지상에 노출된 탱크의 저장용량의 합계가 100톤 이상인 것

③ 자원순환 관련 시설 중 폐기물재활용시설 및 폐기물처분시설

2. 용어의 정의

① "소화전"이란 소방관이 사용하는 설비로서, 수도배관에 접속 · 설치되어 소화수를 공급하는 설비를 말한다.

② "호칭지름"이란 일반적으로 표기하는 배관의 직경을 말한다.

③ "수평투영면"이란 건축물을 수평으로 투영하였을 경우의 면을 말한다.

④ "제수변(제어밸브)"이란 배관의 도중에 설치되어 배관 내 물의 흐름을 개폐할 수 있는 밸브를 말한다.

3. 상수도소화용수설비의 설치기준

① 호칭지름 75[mm] 이상의 수도배관에 호칭지름 100[mm] 이상의 소화전을 접속할 것

② 소화전은 소방자동차 등의 진입이 쉬운 도로변 또는 공지에 설치할 것

③ 소화전은 특정소방대상물의 수평투영면의 각 부분으로부터 140[m] 이하가 되도록 설치할 것

④ 지상식 소화전의 호스접결구는 지면으로부터 높이가 0.5[m] 이상 1[m] 이하가 되도록 설치할 것 〈신설 2024.7.1.〉

18 소화수조 및 저수조의 화재안전기술기준(NFTC 402)

1. 용어의 정의

① "소화수조 또는 저수조"란 수조를 설치하고 여기에 소화에 필요한 물을 항시 채워두는 것으로서, 소화수조는 소화용수의 전용 수조를 말하고, 저수조란 소화용수와 일반 생활용수의 겸용 수조를 말한다.

② "채수구"란 소방차의 소방호스와 접결되는 흡입구를 말한다.

③ "흡수관투입구"란 소방차의 흡수관이 투입될 수 있도록 소화수조 또는 저수조에 설치된 원형 또는 사각형의 투입구를 말한다.

2. 설치기준

※ 소화수조 및 저수조의 채수구 또는 흡수관투입구는 소방차가 2[m] 이내의 지점까지 접근할 수 있는 위치에 설치

1) 소화수조 또는 저수조의 저수량

연면적을 다음 표에 따른 기준면적으로 나누어 얻은 수(소수점 이하의 수는 1로 본다)에 20[m³]를 곱한 양 이상이 되도록 해야 한다.

특정소방대상물의 구분	면적[m²]
1. 1층 및 2층의 바닥면적 합계가 15,000[m²] 이상인 특정소방대상물	7,500
2. 그 밖의 특정소방대상물	12,500

2) 흡수관 투입구

지하에 설치하는 소화용수설비의 흡수관투입구는 그 한 변이 0.6[m] 이상이거나 직경이 0.6[m] 이상인 것으로 하고, 소요수량이 80[m³] 미만인 것은 1개 이상, 80[m³] 이상인 것은 2개 이상을 설치해야 하며, "흡수관투입구"라고 표시한 표지를 할 것

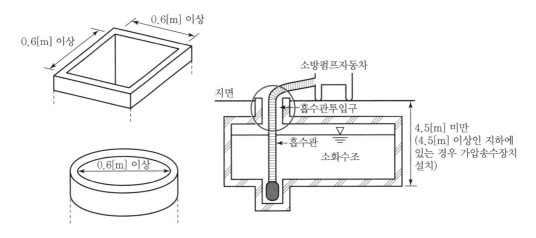

3) 채수구

① 다음 표에 따라 소방용 호스 또는 소방용 흡수관에 사용하는 구경 65[mm] 이상의 나사식 결합금속구를 설치할 것

소요수량	20[m³] 이상 40[m³] 미만	40[m³] 이상 100[m³] 미만	100[m³] 이상
채수구의 수	1개	2개	3개

② 채수구는 지면으로부터의 높이가 0.5[m] 이상 1[m] 이하의 위치에 설치하고 "채수구"라고 표시한 표지를 할 것

4) 가압송수장치

① 소화수조 또는 저수조가 지표면으로부터의 깊이(수조 내부바닥까지의 길이를 말한다)가 4.5[m] 이상인 지하에 있는 경우에는 다음 표에 따라 가압송수장치를 설치해야 한다.

소요수량	20[m³] 이상 40[m³] 미만	40[m³] 이상 100[m³] 미만	100[m³] 이상
가압송수장치의 분당 양수량	1,100[L] 이상	2,200[L] 이상	3,300[L] 이상

② 소화수조가 옥상 또는 옥탑의 부분에 설치된 경우에는 지상에 설치된 채수구에서의 압력이 0.15[MPa] 이상이 되도록 해야 한다.

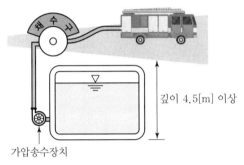

소화수조 또는 저수조의 깊이가 지표면으로부터
깊이 4.5[m] 이상인 경우

▲ 채수구

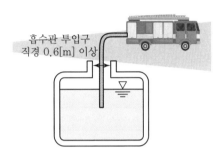

소화수조 또는 저수조의 깊이가 지표면으로부터
깊이 4.5[m] 미만인 경우

▲ 흡수관투입구

3. 설치제외

소화용수설비를 설치해야 할 특정소방대상물에 있어서 유수의 양이 0.8[m³/min] 이상인 유수를 사용할 수 있는 경우에는 소화수조를 설치하지 않을 수 있다.

Reference

소요수량	20[m³]	40[m³], 60[m³]	80[m³]	100[m³] 이상
흡수관투입구	1개 이상		2개 이상	
채수구의 수	1개	2개		3개
가압송수장치 분당 양수량	1,100[L/min] 이상	2,200[L/min] 이상		3,300[L/min] 이상

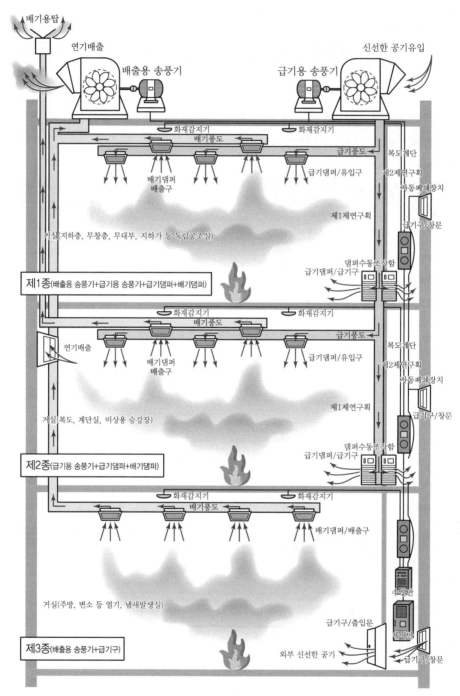

▲ 제연설비

연기제어

① 희석(가장 많이 사용)　　　　② 배기　　　　③ 차단

제연방식의 종류

① 자연제연방식 : 개구부(창문, 문 등)를 통하여 연기를 자연적으로 배출하는 방식
② 스모크타워제연방식 : 루프모니터 또는 회전식 벤틸레이터를 설치하여 제연하는 방식으로 고층건축물에 적
　　합한 방식
③ 기계제연방식
　　㉠ 제1종 기계제연방식 : 송풍기+ 배연기(배풍기)를 설치하여 급기와 배기를 하는 방식

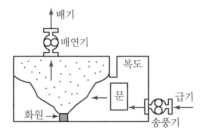

　　㉡ 제2종 기계제연방식 : 송풍기를 설치하여 급기를 하는 방식(배기는 자연제연방식)

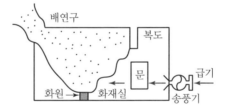

　　㉢ 제3종 기계제연방식 : 배연기를 설치하여 배기를 하는 방식(급기는 자연제연방식)

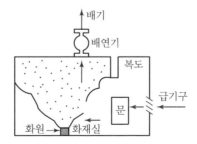

1. 용어의 정의

① "제연설비"란 화재가 발생한 거실의 연기를 배출함과 동시에 옥외의 신선한 공기를 공급하여 거주자들이 안전하게 피난하고, 소방대가 원활한 소화활동을 할 수 있도록 연기를 제어하는 설비를 말한다. 〈신설 2024.10.1.〉

② "제연구역"이란 제연경계(제연경계가 면한 천장 또는 반자를 포함한다)에 의해 구획된 건물 내의 공간을 말한다.

③ "제연경계"란 연기를 예상제연구역 내에 가두거나 이동을 억제하기 위한 보 또는 제연경계벽 등을 말한다.

④ "제연경계벽"이란 제연경계가 되는 가동형 또는 고정형의 벽을 말한다.

⑤ "제연경계의 폭"이란 제연경계가 면한 천장 또는 반자로부터 그 제연경계의 수직하단 끝부분까지의 거리를 말한다.

⑥ "수직거리"란 제연경계의 하단 끝으로부터 그 수직한 하부 바닥면까지의 거리를 말한다.

⑦ "예상제연구역"이란 화재 시 연기의 제어가 요구되는 제연구역을 말한다.

⑧ "공동예상제연구역"이란 2개 이상의 예상제연구역을 동시에 제연하는 구역을 말한다.

⑨ "통로배출방식"이란 거실 내 연기를 직접 옥외로 배출하지 않고 거실에 면한 통로의 연기를 옥외로 배출하는 방식을 말한다.

⑩ "보행중심선"이란 통로 폭의 한 가운데 지점을 연장한 선을 말한다.

⑪ "유입풍도"란 예상제연구역으로 공기를 유입하도록 하는 풍도를 말한다.

⑫ "배출풍도"란 예상 제연구역의 공기를 외부로 배출하도록 하는 풍도를 말한다.

⑬ "댐퍼"란 풍도 내부의 연기 또는 공기의 흐름을 조절하기 위해 설치하는 장치를 말한다. 〈신설 2024.10.1.〉

⑭ "풍량조절댐퍼"란 송풍기(또는 공기조화기) 토출측에 설치하여 유입풍도로 공급되는 공기의 유량을 조절하는 장치를 말한다. 〈신설 2024.10.1.〉

2. 설치기준

1) 제연구역 구획기준

① 하나의 제연구역의 면적은 1,000[m²] 이내로 할 것

② 거실과 통로(복도를 포함한다)는 각각 제연구획 할 것

③ 통로상의 제연구역은 보행중심선의 길이가 60[m]를 초과하지 않을 것

④ 하나의 제연구역은 직경 60[m] 원내에 들어갈 수 있을 것

⑤ 하나의 제연구역은 2 이상의 층에 미치지 않도록 할 것. 다만, 층의 구분이 불분명한 부분은 그 부분을 다른 부분과 별도로 제연구획 해야 한다.

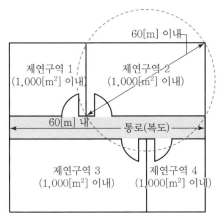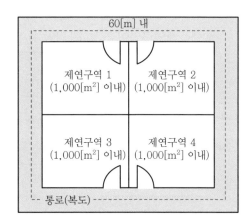

▲ 제연구역 구획기준

2) 제연구역의 구획

제연구역의 구획은 보·제연경계벽(이하 "제연경계"라 한다) 및 벽(화재 시 자동으로 구획되는 가동벽·방화셔터·방화문을 포함)으로 하되, 다음의 기준에 적합해야 한다.

① 재질은 내화재료, 불연재료 또는 제연경계벽으로 성능을 인정받은 것으로서 화재 시 쉽게 변형·파괴되지 아니하고 연기가 누설되지 않는 기밀성 있는 재료로 할 것

② 제연경계는 제연경계의 폭이 0.6[m] 이상이고, 수직거리는 2[m] 이내이어야 한다. 다만, 구조상 불가피한 경우는 2[m]를 초과할 수 있다.

③ 제연경계벽은 배연 시 기류에 따라 그 하단이 쉽게 흔들리지 않고, 가동식의 경우에는 급속히 하강하여 인명에 위해를 주지 않는 구조일 것

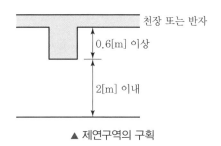

▲ 제연구역의 구획

3) 배출량 및 배출방식

① 거실의 바닥면적이 400[m²] 미만으로 구획(제연경계에 따른 구획을 제외한다. 다만, 거실과 통로와의 구획은 그렇지 않다)된 예상제연구역

$$Q = 바닥면적[m^2] \times 1[m^3/m^2 \cdot min] \times 60[min/hr] (최소\ 5,000[m^3/hr]\ 이상으로\ 할\ 것)$$

② 바닥면적 400[m²] 이상인 거실의 예상제연구역

ⓐ 예상제연구역이 직경 40[m]인 원의 범위 안에 있을 경우

직경	수직거리	배출량
40[m] 이하	2[m] 이하	40,000[m³/hr] 이상
	2[m] 초과 2.5[m] 이하	45,000[m³/hr] 이상
	2.5[m] 초과 3[m] 이하	50,000[m³/hr] 이상
	3[m] 초과	60,000[m³/hr] 이상

ⓑ 예상제연구역이 직경 40[m]인 원의 범위를 초과할 경우(예상제연구역이 통로인 경우 동일)

직경	수직거리	배출량
40[m] 초과 60[m] 이하	2[m] 이하	45,000[m³/hr] 이상
	2[m] 초과 2.5[m] 이하	50,000[m³/hr] 이상
	2.5[m] 초과 3[m] 이하	55,000[m³/hr] 이상
	3[m] 초과	65,000[m³/hr] 이상

③ 배출은 각 예상제연구역별로 기준에 따른 배출량 이상을 배출하되, 2 이상의 예상제연구역이 설치된 특정소방대상물에서 배출을 각 예상제연구역별로 구분하지 아니하고 공동예상제연구역을 동시에 배출하고자 할 때의 배출량은 다음의 기준에 따라야 한다. 다만, 거실과 통로는 공동예상제연구역으로 할 수 없다.

ⓐ 공동예상제연구역 안에 설치된 예상제연구역이 각각 벽으로 구획된 경우(제연구역의 구획 중 출입구만을 제연경계로 구획한 경우를 포함한다)에는 각 예상제연구역의 배출량을 합한 것 이상으로 할 것. 다만, 예상제연구역의 바닥면적이 400[m²] 미만인 경우 배출량은 바닥면적 1[m²]당 1[m³/min] 이상으로 하고 공동예상구역 전체배출량은 5,000[m³/hr] 이상으로 할 것

ⓑ 공동예상제연구역 안에 설치된 예상제연구역이 각각 제연경계로 구획된 경우(예상제연구역의 구획 중 일부가 제연경계로 구획된 경우를 포함하나, 출입구 부분만을 제연경계로 구획한 경우를 제외한다)에 배출량은 각 예상제연구역의 배출량 중 최대의 것으로 할 것. 이 경우 공동제연예상구역이 거실일 때에는 그 바닥면적이 1,000[m²] 이하이며, 직경 40[m] 원 안에 들어가야 하고, 공동제연예상구역이 통로일 때에는 보행중심선의 길이를 40[m] 이하로 해야 한다.

4) 배출구

① 바닥면적이 400[m²] 미만인 예상제연구역(통로인 예상제연구역을 제외한다)에 대한 배출구

ⓐ 예상제연구역이 벽으로 구획되어 있는 경우의 배출구는 천장 또는 반자와 바닥 사이의 중간 윗부분에 설치할 것

ⓛ 예상제연구역 중 어느 한 부분이 제연경계로 구획되어 있는 경우에는 천장·반자 또는
이에 가까운 벽의 부분에 설치할 것. 다만, 배출구를 벽에 설치하는 경우에는 배출구의 하
단이 해당 예상제연구역에서 제연경계의 폭이 가장 짧은 제연경계의 하단보다 높이 되도록
해야 한다.

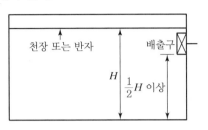

▲ 예상제연구역이 벽으로 구획된 경우
배출구 위치(400[m²] 미만)

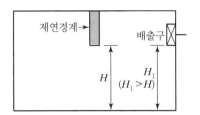

▲ 예상제연구역이 제연경계로 구획된 경우
배출구 위치(400[m²] 미만)

② 통로인 예상제연구역과 바닥면적이 400[m²] 이상인 통로 외의 예상제연구역에 대한 배출구
　㉠ 예상제연구역이 벽으로 구획되어 있는 경우의 배출구는 천장·반자 또는 이에 가까운 벽
　　의 부분에 설치할 것. 다만, 배출구를 벽에 설치한 경우에는 배출구의 하단과 바닥 간의
　　최단거리가 2[m] 이상이어야 한다.
　㉡ 예상제연구역 중 어느 한 부분이 제연경계로 구획되어 있을 경우에는 천장·반자 또는
　　이에 가까운 벽의 부분(제연경계를 포함한다)에 설치할 것. 다만, 배출구를 벽 또는 제연
　　경계에 설치하는 경우에는 배출구의 하단이 해당 예상제연구역에서 제연경계의 폭이 가장
　　짧은 제연경계의 하단보다 높이 되도록 설치해야 한다.

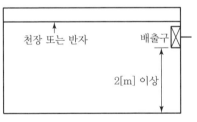

▲ 예상제연구역이 벽으로 구획된 경우
배출구 위치(400[m²] 이상)

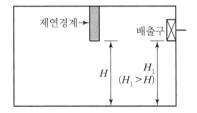

▲ 예상제연구역이 제연경계로 구획된 경우
배출구 위치(400[m²] 이상)

③ 예상제연구역의 각 부분으로부터 하나의 배출구까지의 수평거리는 10[m] 이내가 되도록 해야
한다.

5) 공기유입방식 및 유입구

① 공기유입방식의 종류
　㉠ 유입풍도를 경유한 강제유입방식
　㉡ 자연유입방식
　㉢ 인접한 제연구역 또는 통로에 유입되는 공기가 당해구역으로 유입되는 방식

② 예상제연구역에 설치되는 공기유입구

     ⊙ 바닥면적 400[m²] 미만의 거실인 예상제연구역(제연경계에 따른 구획을 제외한다. 다만, 거실과 통로와의 구획은 그렇지 않다)에 대해서는 공기유입구와 배출구간의 직선거리는 5[m] 이상 또는 구획된 실의 장변의 2분의 1 이상으로 할 것

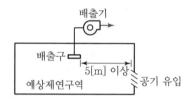

▲ 공기유입구와 배출구 간의 직선거리

     ⓒ 바닥면적이 400[m²] 이상의 거실인 예상제연구역(제연경계에 따른 구획을 제외한다. 다만, 거실과 통로와의 구획은 그렇지 않다)에 대해서는 바닥으로부터 1.5[m] 이하의 높이에 설치하고 그 주변은 공기의 유입에 장애가 없도록 할 것

③ 예상제연구역에 공기가 유입되는 순간의 풍속은 5[m/s] 이하가 되도록 하고, 유입구의 구조는 유입공기를 상향으로 분출하지 않도록 설치해야 한다. 다만, 유입구가 바닥에 설치되는 경우에는 상향으로 분출이 가능하며 이때의 풍속은 1[m/s] 이하가 되도록 해야 한다.

④ 예상제연구역에 대한 공기유입구의 크기는 해당 예상제연구역 배출량 1[m³/min]에 대하여 35[cm²] 이상으로 해야 한다.

⑤ 예상제연구역에 대한 공기유입량은 배출량의 배출에 지장이 없는 양으로 해야 한다.

6) 배출풍도의 설치기준

① 배출풍도는 아연도금강판 또는 이와 동등 이상의 내식성·내열성이 있는 것으로 하며, 내열성의 단열재로 유효한 단열처리를 할 것

② 강판의 두께는 배출풍도의 크기에 따라 다음 기준 이상으로 할 것

풍도단면의 긴 변 또는 직경의 크기	450[mm] 이하	450[mm] 초과 750[mm] 이하	750[mm] 초과 1,500[mm] 이하	1,500[mm] 초과 2,250[mm] 이하	2,250[mm] 초과
강판두께[mm]	0.5	0.6	0.8	1.0	1.2

③ 배출기의 흡입 측 풍도 안의 풍속은 15[m/s] 이하로 하고 배출 측 풍속은 20[m/s] 이하로 할 것

7) 유입풍도의 설치기준

① 유입풍도 안의 풍속은 20[m/s] 이하로 하여야 하고 유입풍도의 강판두께는 배출풍도의 강판두께 기준에 따른다.

② 옥외에 면하는 배출구 및 공기유입구는 비 또는 눈 등이 들어가지 아니하도록 하고, 배출된 연기가 공기유입구로 순환유입되지 아니하도록 할 것

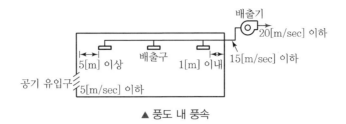

▲ 풍도 내 풍속

8) 댐퍼 〈신설 2024.10.1.〉

① 제연설비의 풍도에 댐퍼를 설치하는 경우 댐퍼를 확인, 정비할 수 있는 점검구를 풍도에 설치할 것. 이 경우 댐퍼가 반자 내부에 설치되는 때에는 댐퍼 직근의 반자에도 점검구(지름 60[cm] 이상의 원이 내접할 수 있는 크기)를 설치하고 제연설비용 점검구임을 표시해야 한다.

② 제연설비 댐퍼의 설정된 개방 및 폐쇄 상태를 제어반에서 상시 확인할 수 있도록 할 것

③ 제연설비가 공기조화설비와 겸용으로 설치되는 경우 풍량조절댐퍼는 각 설비별 기능에 따른 작동 시 각각의 풍량을 충족하는 개구율로 자동 조절될 수 있는 기능이 있어야 할 것

3. 설치제외

제연설비를 설치해야 할 특정소방대상물 중 화장실·목욕실·주차장·발코니를 설치한 숙박시설(가족호텔 및 휴양콘도미니엄에 한한다)의 객실과 사람이 상주하지 않는 기계실·전기실·공조실·50[m²] 미만의 창고 등으로 사용되는 부분에 대하여는 배출구·공기유입구의 설치 및 배출량 산정에서 이를 제외할 수 있다.

20 특별피난계단의 계단실 및 부속실 제연설비의 화재안전기술기준(NFTC 501A)

1. 용어의 정의

① "제연구역"이란 제연하고자 하는 계단실, 부속실을 말한다. 〈신설 2024. 7. 1.〉

② "방연풍속"이란 옥내로부터 제연구역 내로 연기의 유입을 유효하게 방지할 수 있는 풍속을 말한다.

③ "급기량"이란 제연구역에 공급해야 할 공기의 양을 말한다.

④ "누설량"이란 틈새를 통하여 제연구역으로부터 흘러나가는 공기량을 말한다.

⑤ "보충량"이란 방연풍속을 유지하기 위하여 제연구역에 보충해야 할 공기량을 말한다.

⑥ "플랩댐퍼"란 제연구역의 압력이 설정압력범위를 초과하는 경우 제연구역의 압력을 배출하여 설정압력 범위를 유지하게 하는 과압방지장치를 말한다.

⑦ "유입공기"란 제연구역으로부터 옥내로 유입하는 공기로서 차압에 따라 누설하는 것과 출입문의 개방에 따라 유입하는 것 등을 말한다.

⑧ "자동차압급기댐퍼"란 제연구역과 옥내 사이의 차압을 압력센서 등으로 감지하여 제연구역에 공급되는 풍량의 조절로 제연구역의 차압 유지를 자동으로 제어할 수 있는 댐퍼를 말한다.

⑨ "누설틈새면적"이란 가압 또는 감압된 공간과 인접한 사이에 공기의 흐름이 가능한 틈새의 면적을 말한다.

⑩ "수직풍도"란 건축물의 층간에 수직으로 설치된 풍도를 말한다.

⑪ "외기취입구"란 옥외로부터 옥내로 외기를 취입하는 개구부를 말한다.

⑫ "차압측정공"이란 제연구역과 비 제연구역과의 압력 차를 측정하기 위해 제연구역과 비제연구역 사이의 출입문 등에 설치된 공기가 흐를 수 있는 관통형 통로를 말한다.

2. 설치기준

1) 제연구역의 선정

① 계단실 및 그 부속실을 동시에 제연하는 것

② 부속실만을 단독으로 제연하는 것(피난층에 부속실이 설치되어 있는 경우에 한한다. 다만, 직통계단식 공동주택 또는 지하층에만 부속실이 설치된 경우에는 그러하지 아니하다.)

③ 계단실 단독제연하는 것

2) 차압등

① 제연구역과 옥내와의 사이에 유지하여야 하는 최소 차압은 40[Pa](옥내에 스프링클러설비가 설치된 경우에는 12.5[Pa]) 이상으로 할 것

② 제연설비가 가동되었을 경우 출입문의 개방에 필요한 힘은 110[N] 이하일 것

③ 출입문이 일시적으로 개방되는 경우 개방되지 아니하는 제연구역과 옥내와의 차압은 ①의 기준에 따른 차압의 70[%] 미만이 되지 않을 것

④ 계단실과 부속실을 동시에 제연하는 경우 부속실의 기압은 계단실과 같게 하거나 계단실의 기압보다 낮게 할 경우에는 부속실과 계단실의 압력 차이는 5[Pa] 이하가 되도록 할 것

3) 급기량 산정

> 급기량＝누설량＋보충량

※ 누설량은 제연구역의 누설량을 합한 양으로 한다. 이 경우 출입문이 2개소 이상인 경우에는 각 출입문의 누설틈새면적을 합한 것으로 한다.

Reference

누설량 계산

누설량 $Q = 0.827 \times A \times P^{\frac{1}{N}}$

여기서, Q : 급기 풍량[m³/s]

A : 틈새면적[m²]

P : 문을 경계로 한 실내의 기압차[N/m²=Pa]

N : 누설 면적 상수(일반출입문=2, 창문=1.6)

① 병렬상태인 경우의 틈새면적[m²] $A_T = A_1 + A_2 + A_3 + A_4$

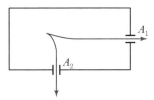

② 직렬상태인 경우의 틈새면적[m²]

$$A_T[m^2] = \frac{1}{\sqrt{\left(\dfrac{1}{A_1^{\,2}} + \dfrac{1}{A_2^{\,2}} + \dfrac{1}{A_3^{\,2}} + \dfrac{1}{A_4^{\,2}} + \cdots\right)}} = \left(\frac{1}{A_1^{\,2}} + \frac{1}{A_2^{\,2}} + \frac{1}{A_3^{\,2}} + \frac{1}{A_4^{\,2}} \cdots\right)^{-\frac{1}{2}}$$

※ 보충량은 부속실(또는 승강장)의 수가 20개 이하는 1개 층 이상, 20개를 초과하는 경우에는 2개 층 이상의 보충량으로 한다.

▼ 제연구역의 선정방식에 따른 방연풍속

제연구역		방연풍속
계단실 및 그 부속실을 동시에 제연하는 것 또는 계단실만 단독으로 제연하는 것		0.5[m/s] 이상
부속실만 단독으로 제연하는 것	부속실 또는 승강장이 면하는 옥내가 거실인 경우	0.7[m/s] 이상
	부속실이 면하는 옥내가 복도로서 그 구조가 방화구조 (내화시간이 30분 이상인 구조를 포함한다)인 것	0.5[m/s] 이상

4) 누설틈새의 면적등

① 출입문의 틈새면적 산출식

$$A = \frac{L}{\ell} \times A_d$$

여기서, A : 출입문의 틈새면적[m²]

L : 출입문 틈새의 길이[m]. 다만, L의 수치가 ℓ의 수치 이하인 경우에는 ℓ의 수치로 할 것

ℓ : 외여닫이문이 설치되어 있는 경우에는 5.6, 쌍여닫이문이 설치되어 있는 경우에는 9.2, 승강기의 출입문이 설치되어 있는 경우에는 8.0으로 할 것

A_d : 외여닫이문으로 제연구역의 실내 쪽으로 열리도록 설치하는 경우에는 0.01, 제연구역의 실외 쪽으로 열리도록 설치하는 경우에는 0.02, 쌍여닫이문의 경우에는 0.03, 승강기의 출입문에 대하여는 0.06으로 할 것

② 창문의 틈새면적 산출

창문의 종류		틈새면적 1[m]당의 면적[m²/m]
여닫이식	창틀에 방수패킹이 없는 경우	2.55×10^{-4}
	창틀에 방수패킹이 있는 경우	3.61×10^{-5}
미닫이식		1.00×10^{-4}

③ 제연구역으로부터 누설하는 공기가 승강기의 승강로를 경유하여 승강로의 외부로 유출하는 유출면적은 승강로 상부의 승강로와 계단실 사이의 개구부의 면적을 합한 것을 기준으로 할 것

④ 제연구역을 구성하는 벽체(반자속의 벽체를 포함한다)가 벽돌 또는 시멘트블록 등의 조적구조이거나 석고판 등의 조립구조인 경우에는 불연재료를 사용하여 틈새를 조정할 것 〈개정 2024. 7. 1.〉

5) 유입공기의 배출

① 유입공기는 화재층의 제연구역과 면하는 옥내로부터 옥외로 배출되도록 할 것

② 유입공기의 배출방식

　㉠ 수직풍도에 따른 배출 : 옥상으로 직통하는 전용의 배출용 수직풍도를 설치하여 배출하는 것

　　• 자연배출식 : 굴뚝효과에 따라 배출하는 것

　　• 기계배출식 : 수직풍도의 상부에 전용의 배출용 송풍기를 설치하여 강제로 배출하는 것

수직풍도의 내부단면적

① 자연배출식의 경우(다만, 수직풍도의 길이가 100[m]를 초과하는 경우에는 산출수치의 1.2배 이상의 수치를 기준으로 해야 한다.)

$$A_P = \frac{Q_N}{2}$$

여기서, A_P : 수직풍도의 내부단면적[m²]

　　　　Q_N : 수직풍도가 담당하는 1개 층의 제연구역의 출입문(옥내와 면하는 출입문) 1개의 면적[m²]과 방연풍속[m/s]를 곱한 값[m³/s]

② 송풍기를 이용한 기계배출식의 경우 풍속 15[m/s] 이하로 할 것

　㉡ 배출구에 따른 배출 : 건물의 옥내와 면하는 외벽마다 옥외와 통하는 배출구를 설치하여 배출하는 것

배출구에 따른 개폐기의 개구면적

$$A_O = \frac{Q_N}{2.5}$$

여기서, A_O : 개폐기의 개구면적[m²]

　　　　Q_N : 수직풍도가 담당하는 1개 층의 제연구역의 출입문(옥내와 면하는 출입문) 1개의 면적[m²]
　　　　　　 과 방연풍속[m/s]를 곱한 값[m³/s]

　ⓒ 제연설비에 따른 배출 : 거실제연설비가 설치되어 있고 당해 옥내로부터 옥외로 배출하
　　여야 하는 유입공기의 양을 거실제연설비의 배출량에 합하여 배출하는 경우 유입공기의
　　배출은 당해 거실제연설비에 따른 배출로 갈음할 수 있다.

21 연결송수관설비의 화재안전기술기준(NFTC 502)

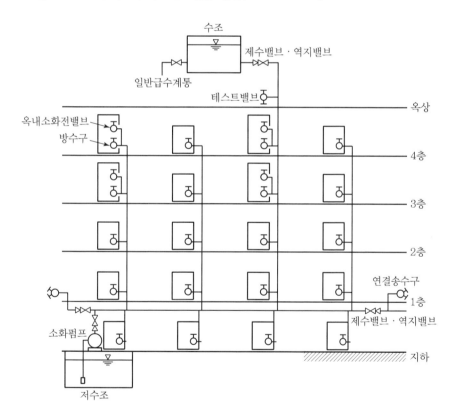

1. 정의

"연결송수관설비"란 건축물의 옥외에 설치된 송수구에 소방차로부터 가압수를 송수하고 소방관이 건축물 내에 설치된 방수기구함에 비치된 호스를 방수구에 연결하여 화재를 진압하는 소화활동설비를 말한다.

2. 설치기준

1) 송수구

① 소방차가 쉽게 접근할 수 있고 잘 보이는 장소에 설치할 것

② 지면으로부터 높이가 0.5[m] 이상 1[m] 이하의 위치에 설치할 것

③ 송수구는 화재층으로부터 지면으로 떨어지는 유리창 등이 송수 및 그 밖의 소화작업에 지장을 주지 않는 장소에 설치할 것

④ 송수구로부터 연결송수관설비의 주배관에 이르는 연결배관에 개폐밸브를 설치한 때에는 그 개폐상태를 쉽게 확인 및 조작할 수 있는 옥외 또는 기계실 등의 장소에 설치할 것. 이 경우 개폐밸브에는 그 밸브의 개폐상태를 감시제어반에서 확인할 수 있도록 급수개폐밸브 작동표시 스위치(탬퍼스위치)를 다음의 기준에 따라 설치해야 한다.

    ㉠ 급수개폐밸브가 잠길 경우 탬퍼스위치의 동작으로 인하여 감시제어반 또는 수신기에 표시되어야 하며 경보음을 발할 것

    ㉡ 탬퍼스위치는 감시제어반 또는 수신기에서 동작의 유무확인과 동작시험, 도통시험을 할 수 있을 것

    ㉢ 탬퍼스위치에 사용되는 전기배선은 내화전선 또는 내열전선으로 설치할 것

⑤ 구경 65[mm]의 쌍구형으로 할 것

⑥ 송수구에는 그 가까운 곳의 보기 쉬운 곳에 송수압력범위를 표시한 표지를 할 것

⑦ 송수구는 연결송수관의 수직배관마다 1개 이상을 설치할 것. 다만, 하나의 건축물에 설치된 각 수직배관이 중간에 개폐밸브가 설치되지 아니한 배관으로 상호 연결되어 있는 경우에는 건축물마다 1개씩 설치할 수 있다.

⑧ 송수구의 부근에는 자동배수밸브 및 체크밸브를 다음의 기준에 따라 설치할 것. 이 경우 자동배수밸브는 배관 안의 물이 잘빠질 수 있는 위치에 설치하되, 배수로 인하여 다른 물건이나 장소에 피해를 주지 않아야 한다.

ⓙ 습식의 경우에는 송수구 · 자동배수밸브 · 체크밸브의 순으로 설치할 것

ⓛ 건식의 경우에는 송수구 · 자동배수밸브 · 체크밸브 · 자동배수밸브의 순으로 설치할 것

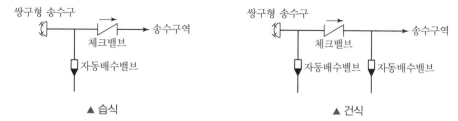

▲ 습식   ▲ 건식

⑨ 송수구에는 가까운 곳의 보기 쉬운 곳에 "연결송수관설비송수구"라고 표시한 표지를 설치할 것

⑩ 송수구에는 이물질을 막기 위한 마개를 씌울 것

2) 배관

① 주배관의 구경은 100[mm] 이상의 것으로 할 것. 다만, 주 배관의 구경이 100[mm] 이상인 옥내소화전설비의 배관과는 겸용할 수 있다. 〈개정 2024.7.1.〉

② 지면으로부터의 높이가 31[m] 이상인 특정소방대상물 또는 지상 11층 이상인 특정소방대상물에 있어서는 습식 설비로 할 것

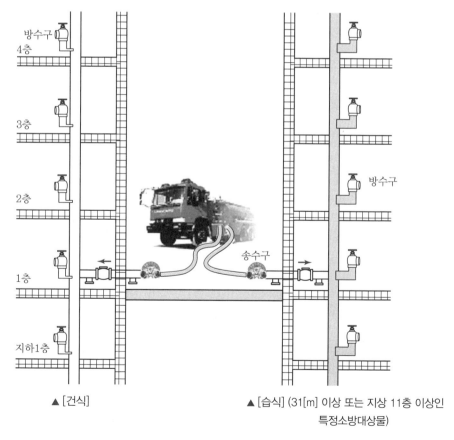

▲ [건식]   ▲ [습식] (31[m] 이상 또는 지상 11층 이상인
                                              특정소방대상물)

3) 방수구

① 연결송수관설비의 방수구는 그 특정소방대상물의 층마다 설치할 것. 다만, 다음의 어느 하나에 해당하는 층에는 설치하지 않을 수 있다.

　㉠ 아파트의 1층 및 2층

　㉡ 소방차의 접근이 가능하고 소방대원이 소방차로부터 각 부분에 쉽게 도달할 수 있는 피난층

　㉢ 송수구가 부설된 옥내소화전을 설치한 특정소방대상물(집회장·관람장·백화점·도매시장·소매시장·판매시설·공장·창고시설 또는 지하가를 제외한다)로서 다음의 어느 하나에 해당하는 층

　　• 지하층을 제외한 층수가 4층 이하이고 연면적이 6,000[m²] 미만인 특정소방대상물의 지상층

　　• 지하층의 층수가 2 이하인 특정소방대상물의 지하층

② 아파트 또는 바닥면적이 1,000[m²] 미만인 층에 있어서는 계단(계단이 둘 이상 있는 경우에는 그중 1개의 계단을 말한다)으로부터 5[m] 이내에 설치할 것. 이 경우 부속실이 있는 계단은 부속실의 옥내 출입구로부터 5[m] 이내에 설치할 수 있다.

③ 바닥면적 1,000[m²] 이상인 층(아파트를 제외한다)에 있어서는 각 계단(계단의 부속실을 포함하며 계단이 셋 이상 있는 층의 경우에는 그중 두 개의 계단을 말한다)으로부터 5[m] 이내에 설치할 것. 이 경우 부속실이 있는 계단은 부속실의 옥내 출입구로부터 5[m] 이내에 설치할 수 있다.

④ 방수구로부터 그 층의 각 부분까지의 거리가 다음의 기준을 초과하는 경우에는 그 기준 이하가 되도록 방수구를 추가하여 설치할 것

　㉠ 지하가(터널은 제외한다) 또는 지하층의 바닥면적의 합계가 3,000[m²] 이상인 것은 수평거리 25[m]

　㉡ 그 외의 것은 수평거리 50[m]

⑤ 11층 이상의 부분에 설치하는 방수구는 쌍구형으로 할 것. 다만, 다음의 어느 하나에 해당하는 층에는 단구형으로 설치할 수 있다.

　㉠ 아파트의 용도로 사용되는 층

　㉡ 스프링클러설비가 유효하게 설치되어 있고 방수구가 2개소 이상 설치된 층

⑥ 방수구의 호스접결구는 바닥으로부터 높이 0.5[m] 이상 1[m] 이하의 위치에 설치할 것

⑦ 방수구는 연결송수관설비의 전용방수구 또는 옥내소화전방수구로서 구경 65[mm]의 것으로 설치할 것

⑧ 방수구의 위치표시는 표시등 또는 축광식 표지로 하되 다음의 기준에 따라 설치할 것

　㉠ 표시등을 설치하는 경우에는 함의 상부에 설치하되, 소방청장이 고시한 「표시등의 성능인증 및 제품검사의 기술기준」에 적합한 것으로 설치할 것

ⓛ 축광식 표지를 설치하는 경우에는 소방청장이 고시한 「축광표지의 성능인증 및 제품검사의 기술기준」에 적합한 것으로 설치할 것

ⓒ 방수구는 개폐기능을 가진 것으로 설치해야 하며, 평상시 닫힌 상태를 유지할 것

4) 방수기구함

① 방수기구함은 피난층과 가장 가까운 층을 기준으로 3개층마다 설치하되, 그 층의 방수구마다 보행거리 5[m] 이내에 설치할 것

② 방수기구함에는 길이 15[m]의 호스와 방사형 관창을 다음의 기준에 따라 비치할 것

ⓐ 호스는 방수구에 연결하였을 때 그 방수구가 담당하는 구역의 각 부분에 유효하게 물이 뿌려질 수 있는 개수 이상을 비치할 것. 이 경우 쌍구형 방수구는 단구형 방수구의 2배 이상의 개수를 설치해야 한다.

ⓑ 방사형 관창은 단구형 방수구의 경우에는 1개, 쌍구형 방수구의 경우에는 2개 이상 비치할 것

③ 방수기구함에는 "방수기구함"이라고 표시한 축광식 표지를 할 것. 이 경우 축광식 표지는 소방청장이 고시한 「축광표지의 성능인증 및 제품검사의 기술기준」에 적합한 것으로 설치해야 한다.

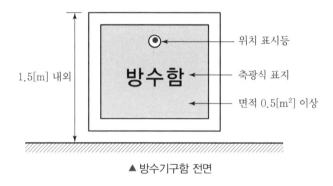

▲ 방수기구함 전면

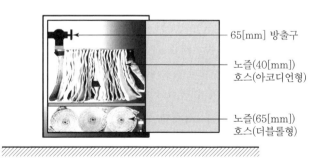

▲ 방수기구함 내부

5) 가압송수장치

① 펌프의 토출량은 2,400[L/min](계단식 아파트의 경우에는 1,200[L/min]) 이상이 되는 것으로 할 것. 다만, 해당 층에 설치된 방수구가 3개를 초과(방수구가 5개 이상인 경우에는 5개)하는 것에 있어서는 1개마다 800[L/min](계단식 아파트의 경우에는 400[L/min])를 가산한 양이 되는 것으로 할 것

층당 방수구 수	1~3개	4개	5개 이상
일반 대상물	2,400[L/min] 이상	3,200[L/min] 이상	4,000[L/min] 이상
계단식 APT	1,200[L/min] 이상	1,600[L/min] 이상	2,000[L/min] 이상

② 펌프의 양정은 최상층에 설치된 노즐선단의 압력이 0.35[MPa] 이상의 압력이 되도록 할 것

22 연결살수설비의 화재안전기술기준(NFTC 503)

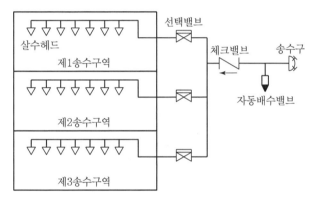

▲ 연결살수설비 계통도(선택밸브방식)

1. 용어의 정의

① "연소할 우려가 있는 개구부"란 각 방화구획을 관통하는 컨베이어 · 에스컬레이터 또는 이와 유사한 시설의 주위로서 방화구획을 할 수 없는 부분을 말한다.
② "선택밸브"란 둘 이상의 방호구역 또는 방호대상물이 있어, 소화수 또는 소화약제를 해당하는 방호구역 또는 방호대상물에 선택적으로 방출되도록 제어하는 밸브를 말한다.
③ "자동개방밸브"란 전기적 또는 기계적 신호에 의해 자동으로 개방되는 밸브를 말한다.
④ "자동배수밸브"란 배관의 도중에 설치되어 배관 내 잔류수를 자동으로 배수시켜 주는 밸브를 말한다.

2. 설치기준

1) 송수구

① 소방차가 쉽게 접근할 수 있고 노출된 장소에 설치할 것

② 가연성 가스의 저장·취급시설에 설치하는 연결살수설비의 송수구는 그 방호대상물로부터 20[m] 이상의 거리를 두거나 방호대상물에 면하는 부분이 높이 1.5[m] 이상 폭 2.5[m] 이상의 철근콘크리트 벽으로 가려진 장소에 설치해야 한다.

③ 송수구는 구경 65[mm]의 쌍구형으로 설치할 것. 다만, 하나의 송수구역에 부착하는 살수헤드의 수가 10개 이하인 것은 단구형인 것으로 할 수 있다.

④ 개방형 헤드를 사용하는 송수구의 호스접결구는 각 송수구역마다 설치할 것. 다만, 송수구역을 선택할 수 있는 선택밸브가 설치되어 있고 각 송수구역의 주요구조부가 내화구조로 되어 있는 경우에는 그렇지 않다.

⑤ 소방관의 호스연결 등 소화작업에 용이하도록 지면으로부터 높이가 0.5[m] 이상 1[m] 이하의 위치에 설치할 것

⑥ 송수구로부터 주배관에 이르는 연결배관에는 개폐밸브를 설치하지 않을 것. 다만, 스프링클러설비·물분무소화설비·포소화설비 또는 연결송수관설비의 배관과 겸용하는 경우에는 그렇지 않다.

⑦ 송수구의 부근에는 "연결살수설비 송수구"라고 표시한 표지와 송수구역 일람표를 설치할 것. 다만, 선택밸브를 설치한 경우에는 그렇지 않다.

⑧ 송수구에는 이물질을 막기 위한 마개를 씌울 것

2) 선택밸브

① 화재 시 연소의 우려가 없는 장소로서 조작 및 점검이 쉬운 위치에 설치할 것

② 자동개방밸브에 따른 선택밸브를 사용하는 경우에는 송수구역에 방수하지 않고 자동밸브의 작동시험이 가능하도록 할 것

③ 선택밸브의 부근에는 송수구역 일람표를 설치할 것

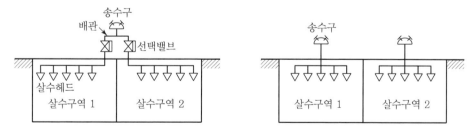

▲ 연결살수설비의 계통도

3) 송수구 관련 기타 기준

① 폐쇄형 헤드를 사용하는 설비의 경우에는 송수구 · 자동배수밸브 · 체크밸브의 순서로 설치할 것

② 개방형 헤드를 사용하는 설비의 경우에는 송수구 · 자동배수밸브의 순서로 설치할 것

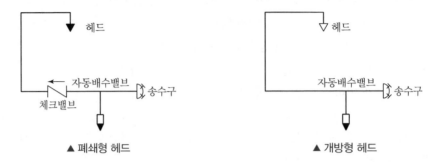

▲ 폐쇄형 헤드   ▲ 개방형 헤드

③ 자동배수밸브는 배관 안의 물이 잘 빠질 수 있는 위치에 설치하되, 배수로 인하여 다른 물건 또는 장소에 피해를 주지 않을 것

④ 개방형 헤드를 사용하는 연결살수설비에 있어서 하나의 송수구역에 설치하는 살수헤드의 수는 10개 이하가 되도록 해야 한다.

3. 배관 및 헤드

1) 배관의 구경

① 연결살수설비 전용헤드를 사용하는 경우에는 다음 표에 따른 구경 이상으로 할 것

하나의 배관에 부착하는 살수헤드의 개수	1개	2개	3개	4개 또는 5개	6개 이상 10개 이하
배관의 구경[mm]	32	40	50	65	80

② 스프링클러헤드를 사용하는 경우에는 「스프링클러설비의 화재안전기술기준(NFTC 103)」에 따를 것

③ 폐쇄형 헤드를 사용하는 연결살수설비의 배관

주배관은 다음의 어느 하나에 해당하는 배관 또는 수조에 접속해야 한다. 이 경우 접속부분에는 체크밸브를 설치하되 점검하기 쉽게 해야 한다.

㉠ 옥내소화전설비의 주배관(옥내소화전설비가 설치된 경우에 한정한다)

㉡ 수도배관(연결살수설비가 설치된 건축물 안에 설치된 수도배관 중 구경이 가장 큰 배관을 말한다)

㉢ 옥상에 설치된 수조(다른 설비의 수조를 포함한다)

④ 개방형 헤드를 사용하는 연결살수설비의 수평주행배관은 헤드를 향하여 상향으로 100분의 1 이상의 기울기로 설치하고 주배관 중 낮은 부분에는 자동배수밸브를 설치해야 한다.

2) 헤드

① 천장 또는 반자의 실내에 면하는 부분에 설치할 것
② 천장 또는 반자의 각 부분으로부터 하나의 살수헤드까지의 수평거리가 연결살수설비 전용
헤드의 경우에는 3.7[m] 이하, 스프링클러헤드의 경우는 2.3[m] 이하로 할 것. 다만, 살수헤드
의 부착면과 바닥과의 높이가 2.1[m] 이하인 부분은 살수헤드의 살수분포에 따른 거리로 할
수 있다.

㉓ 지하구의 화재안전기술기준(NFTC 605)

1. 용어의 정의

① "지하구"란 영 별표2 제28호에서 규정한 지하구를 말한다.
② "제어반"이란 설비, 장치 등의 조작과 확인을 위해 제어용 계기류, 스위치 등을 금속제 외함
에 수납한 것을 말한다.
③ "분전반"이란 분기개폐기 · 분기과전류차단기와 그밖에 배선용기기 및 배선을 금속제 외함
에 수납한 것을 말한다.
④ "방화벽"이란 화재 시 발생한 열, 연기 등의 확산을 방지하기 위하여 설치하는 벽을 말한다.
⑤ "분기구"란 전기, 통신, 상하수도, 난방 등의 공급시설의 일부를 분기하기 위하여 지하구의
단면 또는 형태를 변화시키는 부분을 말한다.
⑥ "환기구"란 지하구의 온도, 습도의 조절 및 유해가스를 배출하기 위해 설치되는 것으로 자연
환기구와 강제환기구로 구분된다.
⑦ "작업구"란 지하구의 유지관리를 위하여 자재, 기계기구의 반 · 출입 및 작업자의 출입을 위
하여 만들어진 출입구를 말한다.
⑧ "케이블접속부"란 케이블이 지하구 내에 포설되면서 발생하는 직선 접속 부분을 전용의 접속재
로 접속한 부분을 말한다.
⑨ "특고압 케이블"이란 사용전압이 7,000[V]를 초과하는 전로에 사용하는 케이블을 말한다.

2. 소화기구 및 자동소화장치

1) 소화기구

① 소화기의 능력단위는 A급 화재는 개당 3단위 이상, B급 화재는 개당 5단위 이상 및 C급 화재
에 적응성이 있는 것으로 할 것
② 소화기 한대의 총중량은 사용 및 운반의 편리성을 고려하여 7[kg] 이하로 할 것
③ 소화기는 사람이 출입할 수 있는 출입구(환기구, 작업구를 포함한다) 부근에 5개 이상 설치
할 것
④ 소화기는 바닥면으로부터 1.5[m] 이하의 높이에 설치할 것

⑤ 소화기의 상부에 "소화기"라고 표시한 조명식 또는 반사식의 표지판을 부착하여 사용자가 쉽게 알 수 있도록 할 것

2) 자동소화장치

① 지하구 내 발전실·변전실·송전실·변압기실·배전반실·통신기기실·전산기기실·기타 이와 유사한 시설이 있는 장소 중 바닥면적이 300[m²] 미만인 곳에는 유효설치 방호체적 이내의 가스·분말·고체에어로졸·캐비닛형 자동소화장치를 설치해야 한다. 다만, 해당 장소에 물분무등소화설비를 설치한 경우에는 설치하지 않을 수 있다.

② 제어반 또는 분전반마다 가스·분말·고체에어로졸 자동소화장치 또는 유효설치 방호체적 이내의 소공간용 소화용구를 설치해야 한다.

③ 케이블접속부(절연유를 포함한 접속부에 한한다)마다 다음의 어느 하나에 해당하는 자동소화장치를 설치하되 소화성능이 확보될 수 있도록 방호공간을 구획하는 등 유효한 조치를 해야 한다.
  ㉠ 가스·분말·고체에어로졸 자동소화장치
  ㉡ 중앙소방기술심의위원회의 심의를 거쳐 소방청장이 인정하는 자동소화장치

3. 연소방지설비

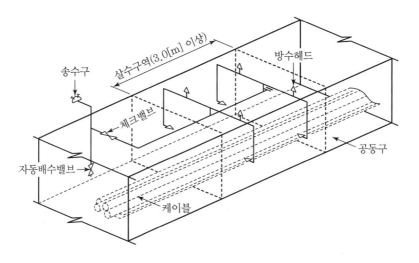

1) 배관의 구경

① 연소방지설비전용헤드를 사용하는 경우에는 다음 표에 따른 구경 이상으로 할 것

하나의 배관에 부착하는 살수헤드의 개수	1개	2개	3개	4개 또는 5개	6개 이상
배관의 구경[mm]	32	40	50	65	80

② 개방형 스프링클러헤드를 사용하는 경우에는 「스프링클러설비의 화재안전기술기준(NFTC 103)」에 따를 것

2) 연소방지설비의 헤드

① 천장 또는 벽면에 설치할 것
② 헤드 간의 수평거리는 연소방지설비 전용헤드의 경우에는 2[m] 이하, 개방형 스프링클러헤드의 경우에는 1.5[m] 이하로 할 것
③ 소방대원의 출입이 가능한 환기구·작업구마다 지하구의 양쪽방향으로 살수헤드를 설정하되, 한쪽 방향의 살수구역의 길이는 3[m] 이상으로 할 것. 다만, 환기구 사이의 간격이 700[m]를 초과할 경우에는 700[m] 이내마다 살수구역을 설정하되, 지하구의 구조를 고려하여 방화벽을 설치한 경우에는 그렇지 않다.
④ 연소방지설비 전용헤드를 설치할 경우에는 「소화설비용헤드의 성능인증 및 제품검사 기술기준」에 적합한 살수헤드를 설치할 것

4. 연소방지재

지하구 내에 설치하는 케이블·전선 등에는 연소방지재를 설치해야 한다. 다만, 케이블·전선 등을 난연성능 이상을 충족하는 것으로 설치한 경우에는 연소방지재를 설치하지 않을 수 있다.
① 분기구
② 지하구의 인입부 또는 인출부
③ 절연유 순환펌프 등이 설치된 부분
④ 기타 화재발생 위험이 우려되는 부분

㉔ 도로터널의 화재안전기술기준(NFTC 603)

1. 용어의 정의

① "도로터널"이라 함은 도로법 제8조에서 규정한 도로의 일부로서 자동차의 통행을 위해 지붕이 있는 지하 구조물을 말한다.
② "설계화재강도"라 함은 터널 화재 시 소화설비 및 제연설비 등의 용량산정을 위해 적용하는 차종별 최대열방출률(MW)을 말한다.
③ "종류환기방식"라 함은 터널 안의 배기가스와 연기 등을 배출하는 환기설비로서 기류를 종방향(출입구 방향)으로 흐르게 하여 환기하는 방식을 말한다.
④ "횡류환기방식"라 함은 터널 안의 배기가스와 연기 등을 배출하는 환기설비로서 기류를 횡방향(바닥에서 천장)으로 흐르게 하여 환기하는 방식을 말한다.
⑤ "반횡류환기방식"라 함은 터널 안의 배기가스와 연기 등을 배출하는 환기설비로서 터널에 수직배기구를 설치해서 횡방향과 종방향으로 기류를 흐르게 하여 환기하는 방식을 말한다.
⑥ "양방향터널"이라 함은 하나의 터널 안에서 차량의 흐름이 서로 마주보게 되는 터널을 말한다.

⑦ "일방향터널"이라 함은 하나의 터널 안에서 차량의 흐름이 하나의 방향으로만 진행되는 터널을 말한다.

⑧ "연기발생률"이라 함은 일정한 설계화재강도의 차량에서 단위시간당 발생하는 연기량을 말한다.

⑨ "피난연결통로"라 함은 본선터널과 병설된 상대터널이나 본선터널과 평행한 피난통로를 연결하기 위한 연결통로를 말한다.

⑩ "배기구"라 함은 터널 안의 오염공기를 배출하거나 화재발생 시 연기를 배출하기 위한 개구부를 말한다.

2. 설치기준

1) 소화기

① 수동식 소화기의 능력단위는 A급 화재에 3단위 이상, B급 화재에 5단위 이상 및 C급 화재에 적응성이 있는 것으로 할 것

② 수동식 소화기의 총중량은 사용 및 운반의 편리성을 고려하여 7[kg] 이하로 할 것

③ 수동식 소화기는 주행차로의 우측 측벽에 50[m] 이내의 간격으로 2개 이상을 설치하며, 편도 2차선 이상의 양방향 터널과 4차로 이상의 일방향 터널의 경우에는 양쪽 측벽에 각각 50[m] 이내의 간격으로 엇갈리게 2개 이상을 설치할 것

④ 바닥면(차로 또는 보행로를 말한다)으로부터 1.5[m] 이하의 높이에 설치할 것

⑤ 소화기구함의 상부에 "소화기"라고 조명식 또는 반사식의 표지판을 부착하여 사용자가 쉽게 인지할 수 있도록 할 것

2) 옥내소화전설비

① 소화전함과 방수구는 주행차로 우측 측벽을 따라 50[m] 이내의 간격으로 설치하며, 편도 2차선 이상의 양방향 터널이나 4차로 이상의 일방향 터널의 경우에는 양쪽 측벽에 각각 50[m] 이내의 간격으로 엇갈리게 설치할 것

② 수원은 그 저수량이 옥내소화전의 설치개수 2개(4차로 이상 터널의 경우 3개)를 동시에 40분 이상 사용할 수 있는 충분한 양 이상을 확보할 것

③ 가압송수장치는 옥내소화전 2개(4차로 이상 터널인 경우 3개)를 동시에 사용할 경우 각 옥내소화전 노즐선단에서의 방수압력은 0.35[MPa] 이상이고 방수량은 190[L/min] 이상이 되는 성능의 것으로 할 것. 다만, 하나의 옥내소화전을 사용하는 노즐선단에서의 방수압력이 0.7[MPa]을 초과할 경우에는 호스접결구의 인입 측에 감압장치를 설치하여야 한다.

④ 압력수조나 고가수조가 아닌 전동기 및 내연기관에 의한 펌프를 이용하는 가압송수장치는 주펌프와 동등 이상인 별도의 예비펌프를 설치할 것

⑤ 방수구는 40[mm] 구경의 단구형을 옥내소화전이 설치된 벽면의 바닥면으로부터 1.5[m] 이하의 높이에 설치할 것

⑥ 소화전함에는 옥내소화전 방수구 1개, 15[m] 이상의 소방호스 3본 이상 및 방수노즐을 비치할 것

⑦ 옥내소화전설비의 비상전원은 40분 이상 작동할 수 있을 것

3) 물분무소화설비

① 물분무 헤드는 도로면에 1[m²]당 6[L/min] 이상의 수량을 균일하게 방수할 수 있도록 할 것

② 물분무설비의 하나의 방수구역은 25[m] 이상으로 하며, 3개 방수구역을 동시에 40분 이상 방수할 수 있는 수량을 확보할 것

③ 물분무설비의 비상전원은 40분 이상 기능을 유지할 수 있도록 할 것

4) 제연설비

① 제연설비는 다음 사양을 만족하도록 설계하여야 한다.

㉠ 설계화재강도 20[MW]를 기준으로 하고, 이때 연기발생률은 80[m³/s]로 하며, 배출량은 발생된 연기와 혼합된 공기를 충분히 배출할 수 있는 용량 이상을 확보할 것

㉡ ㉠의 규정에도 불구하고 화재강도가 설계화재강도보다 높을 것으로 예상될 경우 위험도 분석을 통하여 설계화재강도를 설정하도록 할 것

② 제연설비는 다음의 기준에 따라 설치하여야 한다.

㉠ 종류환기방식의 경우 제트팬의 소손을 고려하여 예비용 제트팬을 설치하도록 할 것

㉡ 횡류환기방식(또는 반횡류환기방식) 및 대배기구 방식의 배연용 팬은 덕트의 길이에 따라서 노출온도가 달라질 수 있으므로 수치해석 등을 통해서 내열온도 등을 검토한 후에 적용하도록 할 것

㉢ 대배기구의 개폐용 전동모터는 정전 등 전원이 차단되는 경우에도 조작상태를 유지할 수 있도록 할 것

㉣ 화재에 노출이 우려되는 제연설비와 전원공급선 및 제트팬 사이의 전원공급장치 등은 250[℃]의 온도에서 60분 이상 운전상태를 유지할 수 있도록 할 것

③ 제연설비의 기동은 다음에 의하여 자동 또는 수동으로 기동될 수 있도록 하여야 한다.

㉠ 화재감지기가 동작되는 경우

㉡ 발신기의 스위치 조작 또는 자동소화설비의 기동장치를 동작시키는 경우

㉢ 화재수신기 또는 감시제어반의 수동조작스위치를 동작시키는 경우

④ 비상전원은 60분 이상 작동할 수 있도록 하여야 한다.

5) 연결송수관설비

① 방수압력은 0.35[MPa] 이상, 방수량은 400[L/min] 이상을 유지할 수 있도록 할 것

② 방수구는 50[m] 이내의 간격으로 옥내소화전함에 병설하거나 독립적으로 터널출입구 부근과 피난연결통로에 설치할 것

③ 방수기구함은 50[m] 이내의 간격으로 옥내소화전함 안에 설치하거나 독립적으로 설치하고, 하나의 방수기구함에는 65[mm] 방수노즐 1개와 15[m] 이상의 호스 3본을 설치하도록 할 것

25 공동주택의 화재안전기술기준(NFTC 608)

1. 용어의 정의

① "공동주택"이란 아파트 등, 연립주택, 다세대주택, 기숙사를 말한다.

② "아파트 등"이란 주택으로 쓰는 층수가 5층 이상인 주택을 말한다.

③ "기숙사"란 학교 또는 공장 등의 학생 또는 종업원 등을 위하여 쓰는 것으로서 1개동의 공동 취사시설 이용 세대 수가 전체의 50[%] 이상인 것을 말한다.

④ "갓복도식 공동주택"이란 각 층의 계단실 및 승강기에서 각 세대로 통하는 복도의 한쪽 면이 외기에 개방된 구조의 공동주택을 말한다.

2. 설치기준

1) 소화기구 및 자동소화장치

① 소화기

  ㉠ 바닥면적 100[m²]마다 1단위 이상의 능력단위를 기준으로 설치할 것

  ㉡ 아파트 등의 경우 각 세대 및 공용부(승강장, 복도 등)마다 설치할 것

  ㉢ 아파트 등의 세대 내에 설치된 보일러실이 방화구획되거나, 스프링클러설비·간이스프링 클러설비·물분무등소화설비 중 하나가 설치된 경우에는 「소화기구 및 자동소화장치의 화재안전기술기준(NFTC 101)」 부속용도별로 추가해야 할 소화기구 및 자동소화장치를 적용하지 않을 수 있다.

  ㉣ 아파트 등의 경우 「소화기구 및 자동소화장치의 화재안전기술기준(NFTC 101)」 소화기의 감소 규정을 적용하지 않을 것

② 주거용 주방자동소화장치는 아파트 등의 주방에 열원(가스 또는 전기)의 종류에 적합한 것으로 설치하고, 열원을 차단할 수 있는 차단장치를 설치해야 한다.

2) 옥내소화전

① 호스릴(Hose Reel) 방식으로 설치할 것

② 복층형 구조인 경우에는 출입구가 없는 층에 방수구를 설치하지 아니할 수 있다.

③ 감시제어반 전용실은 피난층 또는 지하 1층에 설치할 것. 다만, 상시 사람이 근무하는 장소 또는 관계인이 쉽게 접근할 수 있고 관리가 용이한 장소에 감시제어반 전용실을 설치할 경우에는 지상 2층 또는 지하 2층에 설치할 수 있다.

3) 스프링클러설비

① 폐쇄형 스프링클러헤드를 사용하는 아파트 등은 기준개수 10개(스프링클러헤드의 설치개수가 가장 많은 세대에 설치된 스프링클러헤드의 개수가 기준개수보다 작은 경우에는 그 설치개수를 말한다)에 1.6[m³]를 곱한 양 이상의 수원이 확보되도록 할 것. 다만, 아파트 등의 각 동이 주차장으로 서로 연결된 구조인 경우 해당 주차장 부분의 기준개수는 30개로 할 것

② 아파트 등의 경우 화장실 반자 내부에는 「소방용 합성수지배관의 성능인증 및 제품검사의 기술기준」에 적합한 소방용 합성수지배관으로 배관을 설치할 수 있다. 다만, 소방용 합성수지배관 내부에 항상 소화수가 채워진 상태를 유지할 것

③ 하나의 방호구역은 2개 층에 미치지 아니하도록 할 것. 다만, 복층형 구조의 공동주택에는 3개 층 이내로 할 수 있다.

④ 아파트 등의 세대 내 스프링클러헤드를 설치하는 천장ㆍ반자ㆍ천장과 반자 사이ㆍ덕트ㆍ선반 등의 각 부분으로부터 하나의 스프링클러헤드까지의 수평거리는 2.6[m] 이하로 할 것

⑤ 외벽에 설치된 창문에서 0.6[m] 이내에 스프링클러헤드를 배치하고, 배치된 헤드의 수평거리 이내에 창문이 모두 포함되도록 할 것. 다만, 다음의 기준에 어느 하나에 해당하는 경우에는 그렇지 않다.
  ㉠ 창문에 드렌처설비가 설치된 경우
  ㉡ 창문과 창문 사이의 수직부분이 내화구조로 90[cm] 이상 이격되어 있거나, 「발코니 등의 구조변경절차 및 설치기준」 제4조제1항부터 제5항까지에서 정하는 구조와 성능의 방화판 또는 방화유리창을 설치한 경우
  ㉢ 발코니가 설치된 부분

⑥ 거실에는 조기반응형 스프링클러헤드를 설치할 것

⑦ 감시제어반 전용실은 피난층 또는 지하 1층에 설치할 것. 다만, 상시 사람이 근무하는 장소 또는 관계인이 쉽게 접근할 수 있고 관리가 용이한 장소에 감시제어반 전용실을 설치할 경우에는 지상 2층 또는 지하 2층에 설치할 수 있다.

⑧ 「건축법 시행령」에 따라 설치된 대피공간에는 헤드를 설치하지 않을 수 있다.

⑨ 「스프링클러설비의 화재안전기술기준(NFTC 103)」 기준에도 불구하고 세대 내 실외기실 등 소규모 공간에서 해당 공간 여건상 헤드와 장애물 사이에 60[cm] 반경을 확보하지 못하거나 장애물 폭의 3배를 확보하지 못하는 경우에는 살수방해가 최소화되는 위치에 설치할 수 있다.

4) 피난기구

① 아파트 등의 경우 각 세대마다 설치할 것

② 피난장애가 발생하지 않도록 하기 위하여 피난기구를 설치하는 개구부는 동일 직선상이 아닌 위치에 있을 것. 다만, 수직 피난방향으로 동일 직선상인 세대별 개구부에 피난기구를 엇갈리게 설치하여 피난장애가 발생하지 않는 경우에는 그렇지 않다.

③ 「공동주택관리법」에 따른 "의무관리대상 공동주택"의 경우에는 하나의 관리주체가 관리하는 공동주택 구역마다 공기안전매트 1개 이상을 추가로 설치할 것. 다만, 옥상으로 피난이 가능하거나 수평 또는 수직 방향의 인접세대로 피난할 수 있는 구조인 경우에는 추가로 설치하지 않을 수 있다.

④ 갓복도식 공동주택 또는 「건축법 시행령」에 해당하는 구조 또는 시설을 설치하여 수평 또는 수직 방향의 인접세대로 피난할 수 있는 아파트는 피난기구를 설치하지 않을 수 있다.

⑤ 승강식 피난기 및 하향식 피난구용 내림식 사다리가 「건축물의 피난·방화구조 등의 기준에 관한 규칙」 제14조에 따라 방화구획된 장소(세대 내부)에 설치될 경우에는 해당 방화구획된 장소를 대피실로 간주하고, 대피실의 면적규정과 외기에 접하는 구조로 대피실을 설치하는 규정을 적용하지 않을 수 있다.

5) 연결송수관설비

① 방수구 설치기준

  ㉠ 층마다 설치할 것. 다만, 아파트 등의 1층과 2층(또는 피난층과 그 직상층)에는 설치하지 않을 수 있다.

  ㉡ 아파트 등의 경우 계단의 출입구(계단의 부속실을 포함하며 계단이 2 이상 있는 경우에는 그중 1개의 계단을 말한다)로부터 5[m] 이내에 방수구를 설치하되, 그 방수구로부터 해당 층의 각 부분까지의 수평거리가 50[m]를 초과하는 경우에는 방수구를 추가로 설치할 것

  ㉢ 쌍구형으로 할 것. 다만, 아파트 등의 용도로 사용되는 층에는 단구형으로 설치할 수 있다.

  ㉣ 송수구는 동별로 설치하되, 소방차량의 접근 및 통행이 용이하고 잘 보이는 장소에 설치할 것

② 펌프의 토출량은 2,400[L/min] 이상(계단식 아파트의 경우에는 1,200[L/min] 이상)으로 하고, 방수구 개수가 3개를 초과(방수구가 5개 이상인 경우에는 5개)하는 경우에는 1개마다 800 [L/min](계단식 아파트의 경우에는 400[L/min] 이상)를 가산해야 한다.

방수구 개수	토출량
3개 이하	2,400[L/min] 이상(계단식 아파트의 경우 1,200[L/min] 이상)
3개 초과	1개마다 800[L/min](계단식 아파트의 경우 400[L/min] 이상) 추가

26 창고시설의 화재안전기술기준(NFTC 609)

1. 용어의 정의

① "창고시설"이란 창고(물품저장시설로서 냉장·냉동 창고를 포함한다), 하역장, 물류터미널, 집배송시설을 말한다.

② "랙식 창고"란 한국산업표준규격(KS)의 랙(Rack) 용어(KS T 2023)에서 정하고 있는 물품 보관용 랙을 설치하는 창고시설을 말한다.

③ "적층식 랙"이란 한국산업표준규격(KS)의 랙 용어(KS T 2023)에서 정하고 있는 선반을 다층식으로 겹쳐 쌓는 랙을 말한다.

④ "라지드롭형(Large-Drop Type) 스프링클러헤드"란 동일 조건의 수압력에서 큰 물방울을 방출하여 화염의 전파속도가 빠르고 발열량이 큰 저장창고 등에서 발생하는 대형화재를 진압할 수 있는 헤드를 말한다.

⑤ "송기공간"이란 랙을 일렬로 나란하게 맞대어 설치하는 경우 랙 사이에 형성되는 공간(사람이나 장비가 이동하는 통로는 제외한다)을 말한다.

2. 설치기준

1) 소화기구 및 자동소화장치

창고시설 내 배전반 및 분전반마다 가스자동소화장치·분말자동소화장치·고체에어로졸자동소화장치 또는 소공간용 소화용구를 설치해야 한다.

2) 옥내소화전설비

① 수원의 저수량은 옥내소화전의 설치개수가 가장 많은 층의 설치개수(2개 이상 설치된 경우에는 2개)에 $5.2[m^3]$(호스릴옥내소화전설비를 포함한다)를 곱한 양 이상이 되도록 해야 한다.

② 사람이 상시 근무하는 물류창고 등 동결의 우려가 없는 경우에는 「옥내소화전설비의 화재안전기술기준(NFTC 102)」 2.2.1.9의 단서를 적용하지 않는다.

> **Reference**
>
> **「옥내소화전설비의 화재안전기술기준(NFTC 102)」 2.2.1.9**
> 기동장치로는 기동용 수압개폐장치 또는 이와 동등 이상의 성능이 있는 것을 설치할 것. 다만, 학교·공장·창고시설(옥상수조를 설치한 대상은 제외한다)로서 동결의 우려가 있는 장소에 있어서는 기동스위치에 보호판을 부착하여 옥내소화전함 내에 설치할 수 있다.

③ 비상전원은 자가발전설비, 축전지설비(내연기관에 따른 펌프를 사용하는 경우에는 내연기관의 기동 및 제어용 축전지를 말한다) 또는 전기저장장치(외부 전기에너지를 저장해 두었다가 필요한 때 전기를 공급하는 장치)로서 옥내소화전설비를 유효하게 40분 이상 작동할 수 있어야 한다.

3) 스프링클러설비

(1) 스프링클러설비의 설치방식

① 창고시설에 설치하는 스프링클러설비는 라지드롭형 스프링클러헤드를 습식으로 설치할 것. 다만, 다음의 어느 하나에 해당하는 경우에는 건식 스프링클러설비로 설치할 수 있다.

    ㉠ 냉동창고 또는 영하의 온도로 저장하는 냉장창고

    ㉡ 창고시설 내에 상시 근무자가 없어 난방을 하지 않는 창고시설

② 랙식 창고의 경우에는 추가로 라지드롭형 스프링클러헤드를 랙 높이 3[m] 이하마다 설치할 것. 이 경우 수평거리 15[cm] 이상의 송기공간이 있는 랙식 창고에는 랙 높이 3[m] 이하마다 설치하는 스프링클러헤드를 송기공간에 설치할 수 있다.

③ 창고시설에 적층식 랙을 설치하는 경우 적층식 랙의 각 단 바닥면적을 방호구역 면적으로 포함할 것

④ 천장 높이가 13.7[m] 이하인 랙식 창고에는 「화재조기진압용 스프링클러설비의 화재안전기술기준(NFTC 103B)」에 따른 화재조기진압용 스프링클러설비를 설치할 수 있다.

⑤ 높이가 4[m] 이상인 창고(랙식 창고를 포함한다)에 설치하는 폐쇄형 스프링클러 헤드는 그 설치장소의 평상시 최고 주위온도에 관계없이 표시온도 121[℃] 이상의 것으로 할 수 있다.

(2) 수원의 저수량

① 라지드롭형 스프링클러헤드의 설치개수가 가장 많은 방호구역의 설치개수(30개 이상 설치된 경우에는 30개)에 3.2[m³](랙식 창고의 경우에는 9.6[m³])를 곱한 양 이상이 되도록 할 것

② 화재조기진압용 스프링클러설비를 설치하는 경우 「화재조기진압용 스프링클러설비의 화재안전기술기준(NFTC 103B)」에 따를 것

(3) 가압송수장치의 송수량

① 가압송수장치의 송수량은 0.1[MPa]의 방수압력 기준으로 160[L/min] 이상의 방수성능을 가진 기준개수의 모든 헤드로부터의 방수량을 충족시킬 수 있는 양 이상인 것으로 할 것. 이 경우 속도수두는 계산에 포함하지 않을 수 있다.

② 화재조기진압용 스프링클러설비를 설치하는 경우 「화재조기진압용 스프링클러설비의 화재안전기술기준(NFTC 103B)」에 따를 것

(4) 교차배관에서 분기되는 지점을 기점으로 한쪽 가지배관에 설치되는 헤드의 개수(반자 아래와 반자속의 헤드를 하나의 가지배관 상에 병설하는 경우에는 반자 아래에 설치하는 헤드의 개수)는 4개 이하로 해야 한다. 다만, 화재조기진압용 스프링클러설비를 설치하는 경우에는 그렇지 않다.

(5) 스프링클러헤드

① 라지드롭형 스프링클러헤드를 설치하는 천장·반자·천장과 반자 사이·덕트·선반 등의 각 부분으로부터 하나의 스프링클러헤드까지의 수평거리는 「화재의 예방 및 안전관리

에 관한 법률 시행령」별표2의 특수가연물을 저장 또는 취급하는 창고는 1.7[m] 이하, 그
외의 창고는 2.1[m](내화구조로 된 경우에는 2.3[m]를 말한다) 이하로 할 것

② 화재조기진압용 스프링클러헤드는 「화재조기진압용 스프링클러설비의 화재안전기술기준
(NFTC 103B)」에 따라 설치할 것

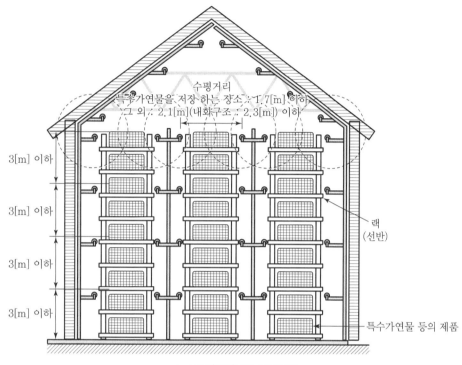

수평거리
특수가연물을 저장 하는 장소 : 1.7[m] 이하
그 외 : 2.1[m](내화구조 : 2.3[m]) 이하

3[m] 이하

3[m] 이하

3[m] 이하

3[m] 이하

랙
(선반)

특수가연물 등의 제품

▲ 스프링클러헤드 실시기준

(6) 물품의 운반 등에 필요한 고정식 대형기기 설비의 설치를 위해 「건축법 시행령」에 따라 방화
구획이 적용되지 아니하거나 완화 적용되어 연소할 우려가 있는 개구부에는 「스프링클러설비
의 화재안전기술기준(NFTC 103)」에 따른 방법으로 드렌처설비를 설치해야 한다.

(7) 비상전원은 자가발전설비, 축전지설비(내연기관에 따른 펌프를 사용하는 경우에는 내연기관
의 기동 및 제어용 축전지를 말한다) 또는 전기저장장치(외부 전기에너지를 저장해 두었다가
필요한 때 전기를 공급하는 장치를 말한다)로서 스프링클러설비를 유효하게 20분(랙식 창고
의 경우 60분을 말한다) 이상 작동할 수 있어야 한다.

4) 소화수조 및 저수조

소화수조 또는 저수조의 저수량은 특정소방대상물의 연면적을 5,000[m²]로 나누어 얻은 수(소수점
이하의 수는 1로 본다)에 20[m³]를 곱한 양 이상이 되도록 해야 한다.

분류	명칭		도시기호	분류	명칭	도시기호
배관	일반배관		────────	헤드류	스프링클러헤드폐쇄형 상향식(평면도)	●─
	옥내·외소화전		── H ──		스프링클러헤드폐쇄형 하향식(평면도)	●─
	스프링클러		── SP ──		스프링클러헤드개방형 상향식(평면도)	─○─
	물분무		── WS ──		스프링클러헤드개방형 하향식(평면도)	─○─
	포소화		── F ──		스프링클러헤드폐쇄형 상향식(계통도)	↥
	배수관		── D ──		스프링클러헤드폐쇄형 하향식(입면도)	↧
	전선관	입상	⟋		스프링클러헤드폐쇄형 상·하향식(입면도)	↥↧
		입하	⟋		스프링클러헤드 상향형(입면도)	⬆
		통과	⟋		스프링클러헤드 하향형(입면도)	⬇
관이음쇠	후렌지		─┤├─		분말·탄산가스· 할로겐헤드	⟠ ⟁
	유니온		─┤│├─		연결살수헤드	─┤⬡├─
	플러그		←──┤		물분무헤드(평면도)	─⊗─
	90°엘보		└┐		물분무헤드(입면도)	▽
	45°엘보		✕┐		드렌처헤드(평면도)	─⊘─
	티		─┼┼─		드렌처헤드(입면도)	▽
	크로스		─┼┼─		포헤드(평면도)	⟠
	맹후렌지		──┤┤		포헤드(입면도)	◖
	캡		──┐		감지헤드(평면도)	◉

분류	명칭	도시기호	분류	명칭	도시기호
헤드류	감지헤드(입면도)		밸브류	솔레노이드밸브	
	청정소화약제방출헤드 (평면도)			모터밸브	
	청정소화약제방출헤드 (입면도)			릴리프밸브 (이산화탄소용)	
밸브류	체크밸브			릴리프밸브 (일반)	
	가스체크밸브			동체크밸브	
	게이트밸브(상시개방)			앵글밸브	
	게이트밸브(상시폐쇄)			풋밸브	
	선택밸브			볼밸브	
	조작밸브(일반)			배수밸브	
	조작밸브(전자식)			자동배수밸브	
	조작밸브(가스식)			여과망	
	경보밸브(습식)			자동밸브	
	경보밸브(건식)			감압밸브	
	프리액션밸브			공기조절밸브	
	경보델류지밸브	D	계기류	압력계	
	프리액션밸브 수동조작함	SVP		연성계	
	플렉시블조인트			유량계	

분류	명칭	도시기호	분류	명칭	도시기호
소화전	옥내소화전함		펌프류	일반펌프	
	옥내소화전 방수용기구병설			펌프모터(수평)	
	옥외소화전			펌프모토(수직)	
	포말소화전		저장용기류	분말약제저장용기	
	송수구			저장용기	
	방수구		경보설비기기류	차동식 스포트형 감지기	
스트레이너	Y형			보상식 스포트형 감지기	
	U형			정온식 스포트형 감지기	
저장탱크류	고가수조(물올림장치)			연기감지기	
	압력챔버			감지선	
	포말원액탱크	(수직) (수평)		공기관	
레듀셔	편심레듀셔			열전대	
	원심레듀셔			열반도체	
혼합장치류	프레셔프로포셔너			차동식 분포형 감지기의 검출기	
	라인프로포셔너			발신기세트 단독형	
	프레셔사이드 프로포셔너			발신기세트 옥내소화전내장형	
	기타			경계구역번호	

분류	명칭	도시기호	분류	명칭	도시기호
경보설비기기류	비상용 누름버튼	F	경보설비기기류	화재경보벨	B
	비상전화기	ET		시각경보기(스트로브)	
	비상벨	B		수신기	
	사이렌			부수신기	
	모터사이렌	M		종단저항	
	전자사이렌	S		중계기	
	조작장치	EP		표시등	
	증폭기	AMP		피난구유도등	
	기동누름버튼	E		통로유도등	→
	이온화식 감지기 (스포트형)	S I		표시판	
	광전식 연기감지기 (아날로그)	S A		보조전원	TR
	광전식 연기감지기 (스포트형)	S P	제연설비	수동식 제어	
	감지기간선, HIV1.2[mm] × 4(22C)	— F —///—		천장용 배풍기	
	감지기간선, HIV1.2[mm] × 8(22C)	— F —///— ///—		벽부착용 배풍기	
	유도등간선 HIV2.0[mm] × 3(22C)	— EX —	배풍기	일반배풍기	
	경보부저	BZ		관로배풍기	
	제어반		댐퍼	화재댐퍼	
	표시반			연기댐퍼	
	회로시험기			화재/연기 댐퍼	

분류	명칭	도시기호	분류	명칭	도시기호
제연설비	접지		기타	안테나	
	접지저항 측정용 단자			스피커	
스위치류	압력스위치	PS		연기 방연벽	
	탬퍼스위치	TS		화재방화벽	
방연·방화문	연기감지기(전용)	S		화재 및 연기방벽	
	열감지기(전용)			비상콘센트	
	자동폐쇄장치	ER		비상분전반	
	연동제어기			가스계 소화설비의 수동조작함	RM
	배연창기동모터	M		전동기구동	M
	배연창수동조작함			엔진구동	E
피뢰침	피뢰부(평면도)			배관행거	
	피뢰부(입면도)			기압계	
	피뢰도선 및 지붕 위 도체			배기구	
소화기류	ABC소화기	소		바닥은폐선	
	자동확산소화기	자		노출배선	
	자동식소화기	소		소화가스패키지	PAC
	이산화탄소소화기	C			
	할로겐화합물소화기				

기출문제편

01 포소화설비에서 송액관에 설치하는 배액밸브의 설치목적과 설치위치에 대해 설명하시오. [4점]

• 설치목적
• 설치위치

(해답 ●)
• 설치목적 : 포의 방출 종료 후 배관 안의 액을 배출하기 위하여 설치한다.
• 설치위치 : 배관의 가장 낮은 부분에 배액밸브를 설치해야 한다.

(해설 ●)
「포소화설비의 화재안전기술기준(NFTC 105)」
송액관은 포의 방출 종료 후 배관 안의 액을 배출하기 위하여 적당한 기울기를 유지하도록 하고
그 낮은 부분에 배액밸브를 설치해야 한다.

02 제연설비의 설치장소는 정해진 기준에 따라 제연구역을 구획하여야 한다. 기준 3가지를 쓰시오.
[3점]

①
②
③

(해답 ●)
① 하나의 제연구역의 면적은 1,000[m²] 이내로 할 것
② 거실과 통로(복도를 포함한다)는 각각 제연구획 할 것
③ 통로상의 제연구역은 보행중심선의 길이가 60[m]를 초과하지 않을 것
④ 하나의 제연구역은 직경 60[m] 원 내에 들어갈 수 있을 것
⑤ 하나의 제연구역은 2 이상의 층에 미치지 않도록 할 것. 다만, 층의 구분이 불분명한 부분
은 그 부분을 다른 부분과 별도로 제연구획 해야 한다.

03 방호대상물 규격이 가로 4[m], 세로 3[m], 높이 2[m]인 특수가연물 제1종이 있다. 화재 시 비산할 우려가 있어 밀폐된 용기에 저장하였다. 이산화탄소소화설비 국소방출방식으로 설계할 때, 고압식의 경우 약제 저장량은 몇 kg인지 구하시오. (단, 소방대상물 주위에 고정벽은 설치되어 있지 않다.) [4점]

⊕ 해답 · 계산과정

$$V = (4+1.2)[m] \times (3+1.2)[m] \times (2+0.6)[m] = 56.78[m^3]$$

$$a = 0[m^2]$$

$$A = \{(4+1.2) \times (2+0.6) + (3+1.2) \times (2+0.6)\} \times 2 = 48.88[m^2]$$

$$\therefore \ W = 56.78[m^3] \times \left(8 - 6 \times \frac{0[m^2]}{48.88[m^2]}\right) \times 1.4 = 635.94[kg]$$

· 🖹 635.94[kg/s]

⊕ 해설 국소방출방식 이산화탄소소화설비 공식

$$W = V \times Q \times h$$

여기서, W : 약제량[kg]

V : 방호공간체적[m³]

(방호대상물의 각 부분으로부터 0.6[m]의 거리에 따라 둘러싸인 공간)

Q : 방출계수 = $8 - 6\frac{a}{A}$[kg/m³]

a : 방호대상물 주위에 설치된 벽 면적의 합계[m²]

A : 방호공간의 벽면적의 합계[m²]

(벽이 없는 경우에는 벽이 있는 것으로 가정한 당해 부분의 면적)

h : 할증계수(고압식 : 1.4, 저압식 : 1.1)

04 다음의 그림은 어느 옥내소화전설비의 계통을 나타내는 아이소메트릭 다이어그램(Isometric Diagram)이다. 이 설비에서 펌프의 정격토출량이 200[L/min]일 때 주어진 조건을 이용하여 물음에 답하시오. [18점]

[조건]

· 옥내소화전(Ⅰ)에서 호스 관창 선단의 방수압과 방수량은 각각 0.17[MPa], 130[L/min]이다.
· 호스길이 100[m]당 130[L/min]의 유량에서 마찰손실수두는 15[m]이다.
· 각 밸브와 배관부속의 등가길이는 다음과 같다.

관부속품	등가길이[m]	관부속품	등가길이[m]
앵글밸브(40[mm])	10	엘보(50[mm])	1
게이트밸브(50[mm])	1	분류티(50[mm])	4
체크밸브(50[mm])	5		

- 배관의 마찰손실압은 다음의 공식을 따른다고 가정한다.

$$\Delta P = 6 \times 10^4 \times \frac{Q^2}{120^2 \times D^5}$$

여기서, ΔP : 1[m]당 배관의 마찰손실압력[MPa/m]

Q : 유량[L/min]

D : 내경[mm](ϕ50[mm] 배관의 경우 내경은 53[mm], ϕ40[mm]의 배관의 경우 내경
은 42[mm]로 한다.)

- 펌프의 양정은 토출량의 대소에 관계없이 일정하다고 가정한다.
- 정답을 산출할 때 펌프 흡입 측의 마찰손실수두, 정압, 동압 등은 일체 계산에 포함시키지 않는다.
- 본 조건에 자료가 제시되지 아니한 것은 계산에 포함되지 아니한다.

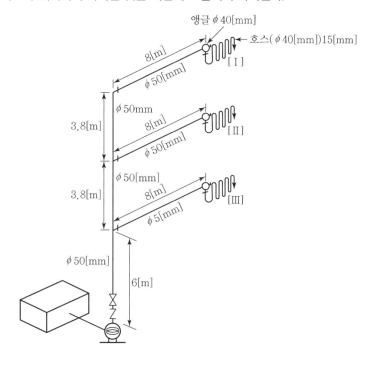

1) 소방호스의 마찰손실수두[m]를 구하시오.

2) 최고위 앵글밸브에서의 마찰손실압력[kPa]을 구하시오.

3) 최고위 앵글밸브의 인입구로부터 펌프 토출구까지 배관의 총등가길이[m]를 구하시오.

4) 최고위 앵글밸브의 인입구로부터 펌프 토출구까지의 마찰손실압력[kPa]을 구하시오.

5) 펌프 전동기의 소요동력[kW]을 구하시오.(단, 펌프의 효율은 0.6, 전달계수는 1.1이다.)

6) 옥내소화전[Ⅲ]을 조작하여 방수하였을 때의 방수량을 q[L/min]라고 할 때,

   ① 이 소화전호스를 통하여 일어나는 마찰손실압력[MPa]을 구하시오.(단, q는 기호 그대로 사용하고, 마찰손실의 크기는 유량의 제곱에 정비례한다.)

   ② 해당 앵글밸브 인입구로부터 펌프 토출구까지의 마찰손실압력[MPa]을 구하시오.(단, q는 기호 그대로 사용한다.)

   ③ 해당 앵글밸브의 마찰손실압력[MPa]은 얼마인지 쓰시오. (단, q는 기호 그대로 사용한다.)

   ④ 호스 관창선단의 방수량[L/min]과 방수압[MPa]을 구하시오.

(해답 ⊕) 1) 소방호스의 마찰손실수두[m]

   • 계산과정

   $$\frac{15[\mathrm{m}]}{100[\mathrm{m}]} \times 15[\mathrm{m}] = 2.25[\mathrm{m}]$$

   • 답 2.25[m]

2) 최고위 앵글밸브에서의 마찰손실압력[kPa]

   • 계산과정

   $$\Delta P = 6 \times 10^4 \times \frac{(130[\mathrm{L/min}])^2}{120^2 \times (42[\mathrm{mm}])^5} \times 10[\mathrm{m}] = 0.005388[\mathrm{MPa}] = 5.39[\mathrm{kPa}]$$

   • 답 5.39[kPa]

3) 총등가길이[m]

   • 계산과정

   ① 직관 : 6[m] + 3.8[m] + 3.8[m] + 8[m] = 21.6[m]

   ② 관부속품 : 5[m] + 1[m] + 1[m] = 7[m]

   ∴ 21.6[m] + 7[m] = 28.6[m]

   • 답 28.6[m]

4) 마찰손실압력[kPa]

   • 계산과정

   $$\Delta P = 6 \times 10^4 \times \frac{(130[\mathrm{L/min}])^2}{120^2 \times (53[\mathrm{mm}])^5} \times 28.6[\mathrm{m}] = 0.004816[\mathrm{MPa}] = 4.82[\mathrm{kPa}]$$

   • 답 4.82[kPa]

5) 펌프 전동기의 소요동력[kW]

   • 계산과정

   ① 실양정 $h_1 = 6[\mathrm{m}] + 3.8[\mathrm{m}] + 3.8[\mathrm{m}] = 13.6[\mathrm{m}]$

   ② 배관마찰손실수두 $h_2 = 5.39[\mathrm{kPa}] + 4.82[\mathrm{kPa}] = 10.21[\mathrm{kPa}]$

   $$= \frac{10.21[\mathrm{kPa}]}{101.325[\mathrm{kPa}]} \times 10.332[\mathrm{m}] = 1.04[\mathrm{m}]$$

③ 호스마찰손실수두 $h_3 = 2.25[\text{m}]$

$\therefore H = 13.6[\text{m}] + 1.04[\text{m}] + 2.25[\text{m}] + 17[\text{m}] = 33.89[\text{m}]$

$$P = \frac{9.8[\text{kN/m}^3] \times \dfrac{0.2}{60}[\text{m}^3/\text{s}] \times 33.89[\text{m}]}{0.6} \times 1.1 = 2.03[\text{kW}]$$

- 🔳 $2.03[\text{kW}]$

6) 옥내소화전[Ⅲ]을 조작하였을 때

① 소화전호스 마찰손실압력[MPa]

- 계산과정

$\Delta P \propto Q_2$

$2.25[\text{m}] : 130[\text{L/min}]^2 = \Delta P : q$

$\therefore \Delta P = \dfrac{2.25 \times q^2}{130^2}[\text{m}] = 1.33 \times 10^{-4} \times q^2 [\text{m}]$

$\dfrac{1.33 \times 10^{-4} \times q^2 [\text{m}]}{10.332[\text{m}]} \times 0.101325[\text{MPa}] = 1.30 \times 10^{-6} \times q^2 [\text{MPa}]$

- 🔳 $1.30 \times 10^{-6} \times q^2 [\text{MPa}]$

② 해당 앵글밸브 인입구로부터 펌프 토출구까지의 마찰손실압력[MPa]

- 계산과정

직관 : $6[\text{m}] + 8[\text{m}] = 14[\text{m}]$

관부속품 : $5[\text{m}] + 1[\text{m}] + 4[\text{m}] = 10[\text{m}]$

$\therefore 14[\text{m}] + 10[\text{m}] = 24[\text{m}]$

$\Delta P = 6 \times 10^4 \times \dfrac{(q[\text{L/min}])^2}{120^2 \times (53[\text{mm}])^5} \times 24[\text{m}] = 2.39 \times 10^{-7} \times q^2 [\text{MPa}]$

- 🔳 $2.39 \times 10^{-7} \times q^2 [\text{MPa}]$

③ 해당 앵글밸브의 마찰손실압력[MPa]

- 계산과정

$\Delta P = 6 \times 10^4 \times \dfrac{(q[\text{L/min}])^2}{120^2 \times (42[\text{mm}])^5} \times 10[\text{m}] = 3.19 \times 10^{-7} \times q^2 [\text{MPa}]$

- 🔳 $3.19 \times 10^{-7} \times q^2 [\text{MPa}]$

④ ㉠ 방수량[L/min]

- 계산과정

$130[\text{L/min}] = K\sqrt{10 \times 0.17[\text{MPa}]}$

$\therefore K = 99.71$

$P = 33.89[\text{m}] - (1.3 \times 10^{-6} \times q^2 + 2.39 \times 10^{-7} \times q^2 + 3.19 \times 10^{-7} \times q^2)[\text{MPa}]$

$= \dfrac{33.89[\text{m}]}{10.332[\text{m}]} \times 0.101325[\text{MPa}] - (1.858 \times 10^{-6} \times q^2)[\text{MPa}]$

$= 0.332 - (1.858 \times 10^{-6} \times q^2)[\text{MPa}]$

$$\to q = 99.71\sqrt{10\times(0.332 - 1.858\times 10^{-6}\times q^2)}\,[\text{MPa}]$$

$$\therefore\ q = 166.92[\text{L/min}]$$

- 🔒 166.92[L/min]

ⓛ 방수압

- 계산과정

$$P = 0.332 - (1.858\times 10^{-6}\times q^2)[\text{MPa}] = 0.28[\text{MPa}]$$

※ 소화설비는 0.1[MPa] = 10[m]로 간단하게 환산하여 계산해도 된다.

- 🔒 0.28[MPa]

(해설 ➕) 옥내소화전설비의 계산 공식

전양정 H = 실양정[m] + 마찰손실[m] + 방사압[m]

여기서, 옥내소화전의 노즐 방사압 : 0.17[MPa] = 17[m]

전동기의 동력[kW] $P = \dfrac{\gamma QH}{\eta}\times K$

여기서, γ : 비중량($\gamma_w = 9.8[\text{kN/m}^3]$)

Q : 유량[m³/s]

H : 전양정[m]

η : 효율

K : 전달계수

방수량 $Q = K\sqrt{10P}$

여기서, Q : 헤드 방수량[L/min]

P : 방사압력[MPa]

K : 방출계수

05 지하 2층이고 지상 3층인 특정소방대상물의 각 층의 바닥면적은 1,500[m²]일 때 소화기를 몇 개 비치하여야 하는가? (단, 주요 구조부가 내화구조가 아니고 소화기의 능력단위는 3단위이다.)

[8점]

[조건]
• 지하 2층 : 보일러실 100[m²]이다.
• 지하 1층, 지하 2층 : 주차장이다.
• 지상 1층에서 지상 3층 : 업무시설이다.

(해답➕) • 계산과정

① 지하 2층(주차장 – 자동차 관련 시설)

$$\frac{1,500[\text{m}^2]}{100[\text{m}^2/\text{단위}]} = 15[\text{단위}], \text{ 소화기 개수} = \frac{15[\text{단위}]}{3[\text{단위}/\text{개}]} = 5[\text{개}]$$

※ 추가 지하 2층(보일러실)

$$\frac{100[\text{m}^2]}{25[\text{m}^2/\text{단위}]} = 4[\text{단위}], \text{ 소화기 개수} = \frac{4[\text{단위}]}{3[\text{단위}/\text{개}]} = 1.33 = 2[\text{개}]$$

② 지하 1층(주차장 – 자동차 관련 시설)

$$\frac{1,500[\text{m}^2]}{100[\text{m}^2/\text{단위}]} = 15[\text{단위}], \text{ 소화기 개수} = \frac{15[\text{단위}]}{3[\text{단위}/\text{개}]} = 5[\text{개}]$$

③ 지상 1층에서 지상 3층(업무시설)

$$\frac{1,500[\text{m}^2]}{100[\text{m}^2/\text{단위}]} = 15[\text{단위}], \text{ 소화기 개수} = \frac{15[\text{단위}]}{3[\text{단위}/\text{개}]} \times 3[\text{개층}] = 15[\text{개}]$$

∴ 총 소화기 개수 = 5[개] + 2[개] + 5[개] + 15[개] = 27[개]

• (답) 27[개]

(해설➕) 특정소방대상물별 소화기구의 능력단위기준

특정소방대상물	소화기구의 능력단위
위락시설	바닥면적 30[m²]마다 1단위
공연장, 집회장, 관람장, 문화재, 장례식장 및 의료시설	바닥면적 50[m²]마다 1단위
근린생활시설, 판매시설, 운수시설, 숙박시설, 노유자시설, 전시장, 공동주택, 업무시설, 방송통신시설, 공장, 창고시설, 항공기 및 자동차 관련 시설 및 관광휴게시설	바닥면적 100[m²]마다 1단위
그 밖의 것	바닥면적 200[m²]마다 1단위

주요 구조부가 내화구조이고, 벽 및 반자의 실내에 면하는 부분이 불연재료 · 준불연재료 또는 난연재료로 된 특정대상물에 있어서는 위 표의 기준면적의 2배를 해당 특정소방대상물의 기준으로 한다.

부속용도별로 추가하여야 할 소화기구 및 자동소화장치(NFSC 101[별표 4])

용도별	소화기구의 능력단위

1. 다음 각 목의 시설. 다만, 스프링클러설비·간이스프링클러설비·물분무 등 소화설비 또는 상업용 주방자동소화장치가 설치된 경우에는 자동확산소화기를 설치하지 않을 수 있다.
  1) 보일러실(아파트의 경우 방화구획된 것을 제외한다)·건조실·세탁소
  2) 음식점(지하가의 음식점을 포함한다)·다중이용업소·호텔·기숙사·노유자시설·의료시설·업무시설·공장·장례식장·교육연구시설·교정 및 군사시설의 주방. 다만, 의료시설·업무시설 및 공장의 주방은 공동취사를 위한 것에 한한다.
  3) 관리자의 출입이 곤란한 변전실·송전실·변압기실 및 배전반실(불연재료로 된 상자 안에 장치된 것을 제외한다)
	1. 해당 용도의 바닥면적 25[m²]마다 능력단위 1단위 이상의 소화기로 할 것. 주방의 경우, 1개 이상은 주방화재용 소화기(K급)로 설치해야 한다.
	2. 자동확산소화기는 바닥면적 10[m²] 이하는 1개, 10[m²] 초과는 2개 이상을 설치하되, 보일러, 조리기구, 변전설비 등 방호대상에 유효하게 분사될 수 있는 수량으로 설치할 것

2. 발전실·변전실·송전실·변압기실·배전반실·통신기기실·전산기기실(관리자의 출입이 곤란한 변전실·송전실·변압기실 및 배전반실은 제외)	해당 용도의 바닥면적 50[m²]마다 적응성이 있는 소화기 1개 이상 또는 유효설치방호체적 이내의 가스·분말·고체에어로졸 자동소화장치, 캐비닛형 자동소화장치

06 가로 10[m], 세로 8[m], 높이가 4[m]인 발전기실에 할로겐화합물 소화약제인 FK-5-1-12를 설치하려고 한다. 조건을 참고하여 다음 물음에 답하시오. [6점]

[조건]
- 방사 시 온도는 21[℃]이다.
- 선형상수는 $K_1 = 0.0664$, $K_2 = 0.0002741$이다.
- 발전실에 경유를 사용하고 설계농도는 12[%]이다.
- 저장용기는 68[L] 용기에 45[kg]을 저장한다.

1) 발전기실에 필요한 소화약제량[kg]을 구하시오.
2) 발전기실에 필요한 저장용기의 병수를 구하시오.

(해답⊕) 1) 발전기실에 필요한 소화약제량[kg]
- 계산과정

$$S = K_1 + K_2 \times t = 0.0664 + 0.0002741 \times 21 = 0.0721561 [\text{m}^3/\text{kg}]$$

$$V = 10[\text{m}] \times 8[\text{m}] \times 4[\text{m}] = 320[\text{m}^3]$$

$$\therefore W = \frac{320[\text{m}^3]}{0.0721561[\text{m}^3/\text{kg}]} \times \left(\frac{12}{100-12}\right) = 604.75[\text{kg}]$$

- 답 604.75[kg]

2) 발전기실에 필요한 저장용기의 병수

• 계산과정

$$N = \frac{604.75\,[\text{kg}]}{45\,[\text{kg}/\,\text{병}]} = 13.44 = 14\,[\text{병}]$$

• 답 14[병]

해설 ⊕ 할로겐화합물 및 불활성기체 소화설비 계산 공식

> 할로겐화합물 소화약제 $W = \dfrac{V}{S} \times \left(\dfrac{C}{100-C} \right)$

여기서, W : 소화약제의 무게[kg]

V : 방호구역의 체적[m³]

S : 소화약제별 선형상수$(K_1 + K_2 \times t)$[m³/kg]

C : 체적에 따른 소화약제의 설계농도[%]

[설계농도는 소화농도(%)에 안전계수(A급 화재 1.2, B급 화재 1.3, C급 화재 1.35)를 곱한 값으로 할 것]

t : 방호구역의 최소 예상온도[℃]

---

07 다음 그림과 같이 바닥면이 자갈로 되어 있는 절연유 봉입 변압기에 물분무소화설비를 설치하고자 한다. 화재안전기준을 참고하여 각 물음에 답하시오. [8점]

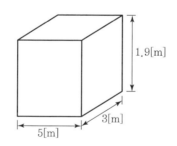

1) 소화펌프의 최소 토출량[L/min]을 구하시오.
2) 필요한 최소의 수원의 양[m³]을 구하시오.
3) 다음은 고압의 전기기기가 있는 장소의 물분무헤드와 전기기기의 이격기준이다. 다음 표를 완성하시오.

전압[kV]	거리[cm]	전압[kV]	거리[cm]
66 이하	(①) 이상	154 초과 181 이하	180 이상
66 초과 77 이하	80 이상	181 초과 220 이하	(③) 이상
77 초과 110 이하	(②) 이상	220 초과 275 이하	260 이상
110 초과 154 이하	150 이상	—	—

해답 ➕ 1) 소화펌프의 최소 토출량[L/min]
- 계산과정

$$A = (5 \times 3)[\text{m}^2] + (5 \times 1.9)[\text{m}^2] \times 2 + (3 \times 1.9)[\text{m}^2] \times 2 = 45.4[\text{m}^2]$$

$$\therefore \ Q = 45.4[\text{m}^2] \times 10[\text{L/min} \cdot \text{m}^2] = 454[\text{L/min}]$$

- 🔲 454[L/min]

2) 필요한 최소의 수원의 양[m³]
- 계산과정

$$454[\text{L/min}] \times 20[\text{min}] = 9,080[\text{L}] = 9.08[\text{m}^3]$$

- 🔲 9.08[m³]

3) 물분무헤드와 전기기기의 이격기준

① 70   ② 110   ③ 210

해설 ➕ 특정소방대상물별 수원량 산정방법

소방대상물	수원량 산정방법
특수가연물 저장 취급	$A[\text{m}^2] \times 10[\text{L/min} \cdot \text{m}^2] \times 20[\text{min}]$ A : 바닥면적(최소 면적 50[m²] 적용)
컨베이어벨트	$A[\text{m}^2] \times 10[\text{L/min} \cdot \text{m}^2] \times 20[\text{min}]$ A : 벨트 부분 바닥면적
절연유봉입 변압기	$A[\text{m}^2] \times 10[\text{L/min} \cdot \text{m}^2] \times 20[\text{min}]$ A : 바닥부분 제외 변압기 표면적
케이블 트레이, 케이블 덕트	$A[\text{m}^2] \times 12[\text{L/min} \cdot \text{m}^2] \times 20[\text{min}]$ A : 투영된 바닥면적
차고 · 주차장	$A[\text{m}^2] \times 20[\text{L/min} \cdot \text{m}^2] \times 20[\text{min}]$ A : 바닥면적(최소 면적 50[m²] 적용)

물분무헤드와 전기기기의 이격기준

전압[kV]	거리[cm]
66 이하	70 이상
66 초과 77 이하	80 이상
77 초과 110 이하	110 이상
110 초과 154 이하	150 이상
154 초과 181 이하	180 이상
181 초과 220 이하	210 이상
220 초과 275 이하	260 이상

08 연소방지설비에 대하여 다음 물음에 답하시오. [6점]

1) 지하구의 길이가 1000[m]일 때 살수구역의 수는?
2) 바닥면적이 가로 40[m], 세로 20[m]인 건축물에 설치할 경우 연소방지설비전용 방수헤드의 수를 구하시오.
3) 연소방지설비 전용헤드를 사용할 경우 헤드가 8개 설치되어 있을 때 배관의 구경은 몇 mm로 하여야 하는가?

(해답 ⊕) 1) 살수구역의 수[구역]
- 계산과정

$$\frac{1,000[\mathrm{m}]}{700[\mathrm{m/구역}]} - 1 = 0.43 = 1[\mathrm{구역}]$$

환기구 및 작업구의 위치가 불명확하므로 최소 1구역(양방향)으로 한다.
- 📋 1[구역]

2) 연소방지설비전용 방수헤드[개]
- 계산과정

① 가로열 : $\dfrac{40[\mathrm{m}]}{2[\mathrm{m/개}]} = 20[\mathrm{개}]$

② 세로열 : $\dfrac{20[\mathrm{m}]}{2[\mathrm{m/개}]} = 10[\mathrm{개}]$

∴ 20[개] × 10[개] = 200[개]

(연소방지설비에서의 헤드의 수평거리는 헤드의 직선거리를 의미한다.)
- 📋 200[개]

3) 배관의 구경[mm]
- 계산과정

8개 → 80[mm]
- 📋 80[mm]

(해설 ⊕) 「지하구의 화재안전기술기준(NFTC 605)」

1) 배관
① 연소방지설비 전용헤드 사용 시 다음 표에 의한 구경으로 한다.

살수 헤드 수	1개	2개	3개	4개 또는 5개	6개 이상
배관구경[mm]	32	40	50	65	80

② 스프링클러 헤드 사용 시 스프링클러 헤드설치의 기준에 의한다.

2) 교차배관은 가지배관과 수평으로 설치하거나 또는 가지배관 밑에 설치하고, 최소 구경은 40[mm] 이상이 되도록 할 것

3) 헤드
① 천장 또는 벽면에 설치할 것
② 헤드 간의 수평거리는 연소방지설비 전용헤드의 경우에는 2[m] 이하, 개방형 스프링클러 헤드의 경우에는 1.5[m] 이하로 할 것
③ 소방대원의 출입이 가능한 환기구·작업구마다 지하구의 양쪽방향으로 살수헤드를 설정하되, 한쪽 방향의 살수구역의 길이는 3[m] 이상으로 할 것. 다만, 환기구 사이의 간격이 700[m]를 초과할 경우에는 700[m] 이내마다 살수구역을 설정하되, 지하구의 구조를 고려하여 방화벽을 설치한 경우에는 그렇지 않다.
④ 연소방지설비 전용헤드를 설치할 경우에는 「소화설비용 헤드의 성능인증 및 제품검사 기술기준」에 적합한 살수헤드를 설치할 것

09 수계소화설비의 펌프의 성능곡선을 그리고 화재안전기준에 의하여 펌프의 성능시험배관 설치기준 2가지를 쓰시오. [8점]

1) 펌프의 성능특성곡선
2) 펌프의 성능시험배관 설치기준

해답➕ 1) 펌프의 성능특성곡선

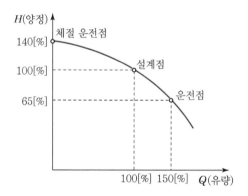

2) 펌프의 성능시험배관 설치기준
① 성능시험배관은 펌프의 토출 측에 설치된 개폐밸브 이전에서 분기하여 직선으로 설치하고, 유량측정장치를 기준으로 전단 직관부에는 개폐밸브를 후단 직관부에는 유량조절밸브를 설치할 것. 이 경우 개폐밸브와 유량측정장치 사이의 직관부 거리 및 유량측정장치와 유량조절밸브 사이의 직관부 거리는 해당 유량측정장치 제조사의 설치사양에 따르고, 성능시험배관의 호칭지름은 유량측정장치의 호칭지름에 따른다.
② 유량측정장치는 펌프의 정격토출량의 175[%] 이상까지 측정할 수 있는 성능이 있을 것

「옥내소화전설비의 화재안전기술기준(NFTC 102)」

① "체절운전"이란 펌프의 성능시험을 목적으로 펌프 토출 측의 개폐밸브를 닫은 상태에서 펌프를 운전하는 것을 말한다.

② 펌프의 성능은 체절운전 시 정격토출압력의 140[%]를 초과하지 않고, 정격토출량의 150[%]로 운전 시 정격토출압력의 65[%] 이상이 되어야 하며, 펌프의 성능을 시험할 수 있는 성능시험배관을 설치할 것. 다만, 충압펌프의 경우에는 그렇지 않다.

10 그림은 어느 판매장의 무창층에 대한 제연설비 중 연기 배출풍도와 배출 FAN을 나타내고 있는 평면도이다. 주어진 조건을 이용하여 풍도에 설치되어야 할 제어댐퍼를 가장 적합한 지점에 표기한 다음 물음에 답하시오. (단, 댐퍼의 표기는 ⊘의 모양으로 할 것)　　　　[10점]

[조건]
• 건물의 주요 구조부는 모두 내화구조이다.
• 각 실은 불연성 구조물로 구획되어 있다.
• 복도의 내부면은 모두 불연재이고, 복도 내에 가연물을 두는 일은 없다.
• 각 실에 대한 연기배출방식에서 공동배출구역방식은 없다.
• 이 판매장에는 음식점은 없다.

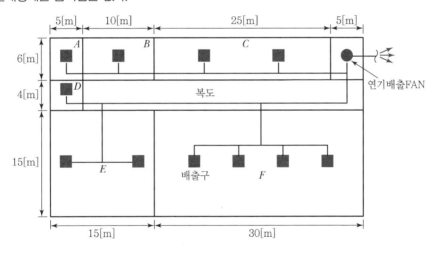

1) 제어댐퍼를 설치하시오.
2) 각실(A, B, C, D, E, F)의 최소 소요배출량은 얼마인가?
3) 배출 FAN의 소요 최소 배출용량은 얼마인가?
4) C실에 화재가 발생했을 경우 제어댐퍼의 작동상황(개폐 여부)이 어떻게 되어야 하는지 설명하시오.

해답 ➊ 1) 제어댐퍼

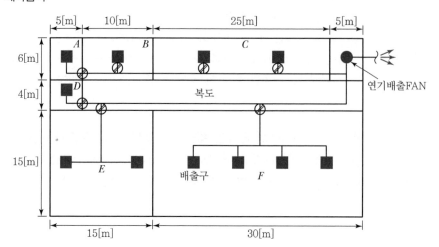

2) 각실(A, B, C, D, E, F)의 최소 소요배출량

① A실

• 계산과정

$(5 \times 6)[m^2] \times 1[m^3/m^2 \cdot min] = 30[m^3/min] = 1,800[m^3/hr]$

→ 최저배출량 $5,000[m^3/hr]$ 적용

• 🔑 $5,000[m^3/hr]$

② B실

• 계산과정

$(10 \times 6)[m^2] \times 1[m^3/m^2 \cdot min] = 60[m^3/min] = 3,600[m^3/hr]$

→ 최저배출량 $5,000[m^3/hr]$ 적용

• 🔑 $5,000[m^3/hr]$

③ C실

• 계산과정

$(25 \times 6)[m^2] \times 1[m^3/m^2 \cdot min] = 150[m^3/min] = 9,000[m^3/hr]$

• 🔑 $9,000[m^3/hr]$

④ D실

• 계산과정

$(5 \times 4)[m^2] \times 1[m^3/m^2 \cdot min] = 20[m^3/min] = 1,200[m^3/hr]$

→ 최저배출량 $5,000[m^3/hr]$ 적용

• 🔑 $5,000[m^3/hr]$

⑤ E실

• 계산과정

$(15 \times 15)[m^2] \times 1[m^3/m^2 \cdot min] = 225[m^3/min] = 13,500[m^3/hr]$

• 🔑 $13,500[m^3/hr]$

⑥ F실

- 계산과정

$15 \times 30 = 450[\text{m}^2]$, 대각선의 길이 $\sqrt{15^2 + 30^2} = 33.54[\text{m}]$

→ 예상제연구역이 직경 40[m]인 원의 범위 안에 있을 경우 배출량 40,000[m³/hr] 이상

- 🔢 40,000[m³/hr]

3) 배출 FAN의 소요 최소 배출용량

최대인 배출량 적용 → 40,000[m³/hr]

- 🔢 40,000[m³/hr]

4) C실에 화재가 발생했을 경우 제어댐퍼의 작동상황(개폐 여부)

화재실의 배기 제어댐퍼만 개방되고, 그 외의 제어댐퍼는 폐쇄된다.

(해설 ➕) [공식]

① 예상제연구역의 거실 바닥면적이 400[m²] 미만인 경우 : 배출량은 바닥면적 1[m²]당 1[m³/min] 이상으로 하되, 예상제연구역 전체에 대한 최저배출량은 5,000[m³/hr] 이상으로 할 것

$$Q = A[\text{m}^2] \times 1[\text{m}^3/\text{min} \cdot \text{m}^2] \times 60[\text{min/hr}]$$

여기서, Q : 배출량[m³/hr], A : 바닥면적[m²]

② 예상 제연 구역의 거실 바닥면적이 400[m²] 이상인 경우

예상제연구역이 직경 40[m]인 원의 범위 안에 있을 경우 : 배출량 40,000[m³/hr] 이상

예상제연구역이 직경 40[m]인 원의 범위를 초과할 경우 : 배출량 45,000[m³/hr] 이상

③ 예상제연구역이 통로인 경우 : 배출량 45,000[m³/hr] 이상으로 해야 한다.

---

11 가로 10[m], 세로 15[m], 높이 4[m]인 전기실에 화재안전기준과 다음 조건에 따라 전역방출방식의 이산화탄소 소화설비를 설치하려고 한다. 조건을 참조하여 각 물음에 답하시오.　　　[5점]

[조건]

- 대기압은 760[mmHg]이고, CO_2 방출 후 방호구역 내 압력은 770[mmHg]이며 기준 온도는 20[℃]이다.
- CO_2의 분자량은 44이고 기체상수 $R = 0.082[\text{atm} \cdot \text{m}^3/(\text{kmol} \cdot \text{K})]$이다.
- 개구부는 자동폐쇄장치가 설치되어 있다.

1) 이산화탄소 소화약제를 방사 후 방호구역 내 산소농도가 14[%]이었다. 방호구역 내 이산화탄소 농도[%]를 구하시오.

2) 방사된 이산화탄소의 양[kg]은 얼마인가?

해답 ⊕ 1) 이산화탄소 농도[%]
- 계산과정

$$\frac{21-14}{21} \times 100 = 33.33[\%]$$

- 🗒 33.33[%]

2) 이산화탄소의 양[kg]
- 계산과정

$$\frac{21-14}{14} \times (10 \times 15 \times 4)[\mathrm{m}^3] = 300[\mathrm{m}^3]$$

$$\left(\frac{770[\mathrm{mmHg}]}{760[\mathrm{mmHg}]} \times 1[\mathrm{atm}]\right) \times 300[\mathrm{m}^3]$$

$$= \frac{\mathrm{W}}{44[\mathrm{kg/kmol}]} \times 0.082[\mathrm{atm} \cdot \mathrm{m}^3/\mathrm{kmol} \cdot \mathrm{K}] \times (273+20)[\mathrm{K}]$$

$$\therefore \ W = 556.63[\mathrm{kg}]$$

- 🗒 556.63[kg]

해설 ⊕ 전역방출방식 이산화탄소소화설비 계산 공식

$$이산화탄소의 \ 부피농도[\%] = \frac{21 - O_2}{21} \times 100$$

여기서, O_2 : 소화약제 방출 후 산소의 농도[%]

$$이상기체상태방정식 \ PV = nRT = \frac{W}{M}RT$$

여기서, P : 압력[atm] [Pa]

        V : 유속[m/s]

        n : 몰수[mol]

        W : 질량[kg]

        M : 분자량[kg/kmol]

        R : 이상기체상수($=0.082[\mathrm{atm} \cdot \mathrm{L/mol} \cdot \mathrm{K}] = 8.314[\mathrm{N} \cdot \mathrm{m/mol} \cdot \mathrm{K}]$)

        T : 절대온도[K]

12 지상 10층인 백화점 건물에 화재안전기준에 따라 아래 조건과 같이 스프링클러설비를 설계하려고 한다. 다음 각 물음에 답하시오. [10점]

[조건]
- 펌프는 지하층에 설치되어 있고 펌프중심에서 옥상수조까지 수직거리는 50[m]이다.
- 배관 및 관부속 마찰손실수두는 자연낙차의 20[%]로 한다.
- 펌프의 흡입 측 배관에 설치된 연성계는 300[mmHg]를 지시하고 있다.
- 모든 규격치는 최소량을 적용한다.
- 펌프는 체적효율 95[%], 기계효율 90[%], 수력효율 80[%]이다.
- 펌프의 전달계수 $K = 1.1$이다.

1) 전양정[m]을 산출하시오.
2) 펌프의 최소 유량[L/min]을 산출하시오.
3) 펌프의 효율[%]을 산출하시오.
4) 펌프의 축동력[kW]을 산출하시오.

(해답 ⊕) 1) 전양정[m]
- 계산과정

실양정 $H_1 = \left(\dfrac{300[\mathrm{mmHg}]}{760[\mathrm{mmHg}]} \times 10.332[\mathrm{m}] \right) + 50[\mathrm{m}] = 54.08[\mathrm{m}]$

마찰손실 $H_2 = $ 자연낙차압 $\times 0.2 = 50[\mathrm{m}] \times 0.2 = 10[\mathrm{m}]$

$\therefore\ H = 54.08[\mathrm{m}] + 10[\mathrm{m}] + 10[\mathrm{m}] = 74.08[\mathrm{m}]$

- 🔑 74.08[m]

2) 펌프의 최소 유량[L/min]
- 계산과정

$30[개] \times 80[\mathrm{L/min}] = 2{,}400[\mathrm{L/min}]$

- 🔑 2,400[L/min]

3) 펌프의 효율[%]
- 계산과정

전효율 = 체적효율(η_v) × 기계효율(η_m) × 수력효율(η_n)

$= 0.95 \times 0.9 \times 0.8 = 0.684 = 68.4[\%]$

- 🔑 68.4[%]

4) 펌프의 축동력[kW]
- 계산과정

$$P = \dfrac{9.8[\mathrm{kN/m^3}] \times \dfrac{2.4}{60}[\mathrm{m^3/s}] \times 74.08[\mathrm{m}]}{0.684} = 42.46[\mathrm{kW}]$$

- 🔑 42.46[kW]

스프링클러설비 계산 공식

$$전양정 \ H = 실양정[m] + 마찰손실[m] + 방사압(수두)[m]$$

여기서, 스프링클러설비의 헤드 방사압 : 0.1[MPa] = 10[m]

$$스프링클러설비 수원의 양 \ Q = 80[L/min] \times 헤드의 기준개수 \times T[min]$$

여기서, $T[min]$: 방사시간(20분)

(30층 이상 50층 미만인 경우 40분, 50층 이상인 경우 60분)

※ 헤드의 기준개수(폐쇄형 헤드)

설치장소			기준개수
지하층을 제외한 층수가 10층 이하인 소방대상물	공장	특수가연물 저장·취급하는 것	30개
		그 밖의 것	20개
	근린생활시설, 판매시설·운수시설 또는 복합건축물	판매시설 또는 복합건축물 (판매시설이 설치되는 복합건축물)	30개
		그 밖의 것	20개
	그 밖의 것	헤드의 부착높이 8[m] 이상의 것	20개
		헤드의 부착높이 8[m] 미만의 것	10개
지하층을 제외한 층수가 11층 이상인 특정소방대상물·지하가 또는 지하역사			30개

$$펌프의 축동력[kW] \ P = \frac{\gamma Q H}{\eta}$$

여기서, γ : 비중량($\gamma_w = 9.8[kN/m^3]$)

Q : 유량[m³/s]

H : 전양정[m]

η : 효율

13 경유를 저장하는 탱크의 내부직경이 50[m]인 플로팅루프탱크(Floating Roof Tank)에 포말소화설비의 특형 방출구를 설치하여 방호하려고 할 때 다음의 물음에 답하시오. [10점]

[조건]

• 소화약제는 3[%]용의 단백포를 사용하며 수용액의 분당방출량은 8[L/(m² · min)]이고 방사시간은 20분을 기준으로 한다.

• 탱크 내면과 굽도리판의 간격은 1.4[m]로 한다.

• 탱크의 효율은 60[%], 전동기의 전달계수는 1.1로 한다.

1) 상기 탱크의 특형 고정포방출구에 의하여 소화하는 데 필요한 수용액의 양[m³], 수원의 양[m³], 포소화약제 원액의 양[m³]은 각각 얼마 이상이어야 하는가?

2) 수원을 공급하는 가압송수장치(펌프)의 분당토출량[m³/min]은 얼마 이상이어야 하는가?

3) 펌프의 전양정이 80[m]라고 할 때 전동기의 출력[kW]은 얼마 이상이어야 하는가?

4) 이 설비의 고정포방출구의 종류는 무엇인가?

(해답 ●) 1) 수용액의 양[m³], 수원의 양[m³], 포소화약제 원액의 양[m³]

① 수용액의 양[m³]
- 계산과정

$$\frac{(50^2-47.2^2)\pi}{4}[\text{m}^2] \times 8[\text{L/m}^2 \cdot \text{min}] \times 20[\text{min}] = 34,200.63[\text{L}] = 34.2[\text{m}^3]$$

- 답 34.2[m³]

② 수원의 양[m³]
- 계산과정

$$\frac{(50^2-47.2^2)\pi}{4}[\text{m}^2] \times 8[\text{L/m}^2 \cdot \text{min}] \times 20[\text{min}] \times 0.97 = 33,174.62[\text{L}] = 33.17[\text{m}^3]$$

- 답 33.17[m³]

③ 포소화약제 원액의 양[m³]
- 계산과정

$$\frac{(50^2-47.2^2)\pi}{4}[\text{m}^2] \times 8[\text{L/m}^2 \cdot \text{min}] \times 20[\text{min}] \times 0.03 = 1,026.02[\text{L}] = 1.03[\text{m}^3]$$

- 답 1.03[m³]

2) 분당토출량[m³/min]
- 계산과정

$$\frac{(50^2-47.2^2)\pi}{4}[\text{m}^2] \times 8[\text{L/m}^2 \cdot \text{min}] = 1,710.03[\text{L/min}] = 1.71[\text{m}^3/\text{min}]$$

- 답 1.71[m³/min]

3) 전동기의 출력[kW]
- 계산과정

$$P = \frac{9.8[\text{kN/m}^3] \times \dfrac{1.71}{60}[\text{m}^3/\text{s}] \times 80[\text{m}]}{0.6} \times 1.1 = 40.96[\text{kW}]$$

- 답 40.96[kW]

4) 특형 포방출구

(해설 ●) 포소화설비 약제 및 펌프 동력 계산 공식

$$\boxed{\text{펌프의 전동기 동력[kW] } P = \frac{\gamma QH}{\eta} \times K}$$

여기서, γ : 비중량($\gamma_w = 9.8[\text{kN/m}^3]$)

Q : 유량[m³/s]

H : 전양정[m]

η : 효율

K : 전달계수

특형 방출구

• 플로팅루프탱크(Floating Roof Tank)에 설치
• 탱크의 측면과 굽도리판(Foam Dam)에 의하여 형성된 환상부분에 포를 방출하여 소화작용을 하도록 설치된 설비

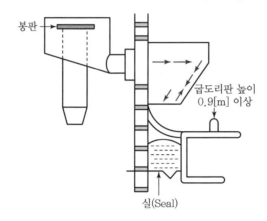

2019년 제2회(2019. 6. 29)

01 할론 소화설비에 대하여 다음 물음에 답하시오. [6점]

1) 헤드 1개당 분구면적이 1[cm²], 헤드방출량 2[kg/(cm² · s)], 헤드개수 5개일 때 약제소요량[kg]을 계산하시오.
2) 소화배관에 사용되는 강관의 인장강도는 200[N/mm²], 안전율은 4, 최고사용압력은 4[MPa]이다. 이 배관의 스케줄 수(Schedule No)를 계산하시오.

(해답) 1) 약제소요량[kg]
  • 계산과정
  기준저장량의 소화약제를 10초 이내에 방출할 수 있는 것으로 할 것
  $2[kg/(cm^2 \cdot s)] \times 1[cm^2] \times 5[개] \times 10[s] = 100[kg]$
  • 🖫 100[kg]

2) 스케줄 수(Schedule No)
  • 계산과정
  $200[N/mm^2] = \dfrac{200 \times 10^{-6}}{10^{-6}}[MN/m^2] = 200[MPa]$

  허용응력 $= \dfrac{200[MPa]}{4} = 50[MPa]$

  스케줄 $= \dfrac{4[MPa]}{50[MPa]} \times 1,000 = 80$
  • 🖫 80

(해설) 할론소화설비 배관 계산 공식

$$허용응력 = \dfrac{인장강도}{안전율}$$

$$스케줄 수 = \dfrac{사용압력}{허용응력} \times 1,000$$

02 포소화설비에서 포소화약제 혼합방식을 5가지 쓰시오. [3점]

① ②
③ ④
⑤

해답 ⊕
① 펌프 프로포셔너방식　　　　② 라인 프로포셔너방식
③ 프레셔 프로포셔너방식　　　④ 프레셔 사이드 프로포셔너방식
⑤ 압축공기포믹싱챔버방식

해설 ⊕　포소화설비의 포소화약제 혼합방식
1) 라인 프로포셔너 방식(Line Proportioner Type)
　① 정의 : 펌프와 발포기의 중간에 설치된 벤투리관의 벤투리작용에 따라 포소화약제를 흡입·혼합하는 방식
　② 설치비가 저렴하다.
　③ 설치가 용이하다.
　④ 혼합비가 부정확하다.

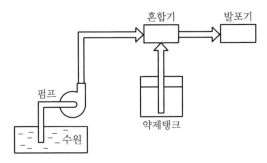

2) 펌프 프로포셔너 방식(Pump Proportioner Type)
　① 정의 : 펌프의 토출관과 흡입관 사이의 배관 도중에 설치한 흡입기에 펌프에서 토출된 물의 일부를 보내고, 농도 조정밸브에서 조정된 포소화약제의 필요량을 포소화약제 탱크에서 펌프 흡입 측으로 보내어 이를 혼합하는 방식
　② 소방펌프차에 주로 사용하는 방식이다.
　③ 압력손실이 작다.
　④ 보수가 용이하다.

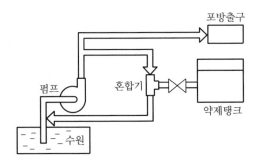

3) 프레셔 프로포셔너(Pressure Proportioner Type)
   ① 정의 : 펌프와 발포기의 중간에 설치된 벤투리관의 벤투리작용과 펌프 가압수의 포소화
     약제 저장탱크에 대한 압력에 따라 포소화약제를 흡입·혼합하는 방식
   ② 위험물 제조소에서 가장 많이 사용하는 방식이다.

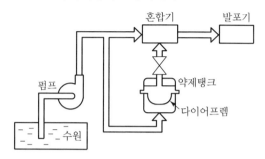

4) 프레셔 사이드 프로포셔너(Pressure Side Proportioner Type)
   ① 정의 : 펌프의 토출관에 압입기를 설치하여 포소화약제 압입용 펌프로 포소화약제를
     압입시켜 혼합하는 방식
   ② 대형설비에 주로 사용한다.
   ③ 혼합비율이 가장 일정하다.

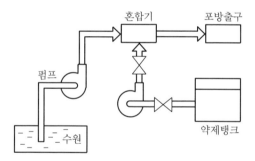

5) 압축공기포 믹싱챔버방식(CAFS : Compressed Air Foam System)
   ① 정의 : 압축공기 또는 압축질소를 일정비율로 포수용액에 강제 주입 혼합하는 방식
   ② 포약제를 물과 공기 또는 질소와 혼합시켜 물의 표면장력을 감소시킴으로써 연소물질
     에 침투되는 침투력을 증가시켜 빠르게 소화
   ③ 차고, 주차장, 항공기격납고, 발전기실, 엔진펌프실, 변압기, 케이블실 등 적용

03 병원 화재 시 사용할 수 있는 피난기구를 층별로 쓰시오. [6점]

1) 3층

2) 4층~10층

(해답 ⊕) 1) 미끄럼대, 구조대, 피난교, 피난용 트랩, 다수인피난장비, 승강식 피난기

2) 구조대, 피난교, 피난용 트랩, 다수인피난장비, 승강식 피난기

(해설 ⊕) 「피난기구의 화재안전기술기준(NFTC 301)」 소방대상물의 설치장소별 피난기구의 적응성

층별 장소별	1, 2층	3층	4층 이상 10층 이하
1. 노유자 시설	미끄럼대 구조대 피난교 다수인피난장비 승강식 피난기	미끄럼대 구조대 피난교 다수인피난장비 승강식 피난기	– 구조대 피난교 다수인피난장비 승강식 피난기
2. 의료시설 · 근린생활시설 중 입원실이 있는 의원 · 접골원 · 조산원	–	미끄럼대 구조대 피난교 피난용 트랩 다수인피난장비 승강식 피난기	구조대 피난교 피난용 트랩 다수인피난장비 승강식 피난기
3. 4층 이하인 다중이용업소	미끄럼대 구조대 피난사다리 완강기 다수인피난장비 승강식 피난기	미끄럼대 구조대 피난사다리 완강기 다수인피난장비 승강식 피난기	미끄럼대 구조대 피난사다리 완강기 다수인피난장비 승강식 피난기
4. 그 밖의 것	–	미끄럼대 구조대 피난사다리 완강기 다수인피난장비 승강식 피난기 피난교 피난용 트랩 간이완강기 공기안전매트	– 구조대 피난사다리 완강기 다수인피난장비 승강식 피난기 피난교 – 간이완강기 공기안전매트

[비고]

1) 구조대의 적응성은 장애인 관련 시설로서 주된 사용자 중 스스로 피난이 불가한 자가 있는 경우 추가로 설치하는 경우에 한한다.

2) 간이완강기의 적응성은 숙박시설의 3층 이상에 있는 객실에, 공기안전매트의 적응성은 공동주택에 추가로 설치하는 경우에 한한다.

04 폐쇄형 헤드를 사용한 스프링클러설비에서 나타난 스프링클러헤드 중 A 점에 설치된 헤드 1개만이 개방되었을 때 A 점에서의 헤드 방사압력은 몇 [MPa]인가?　　　　[10점]

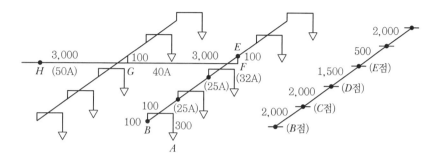

[조건]

- 급수관 중 H 점에서의 가압수 압력은 0.15[MPa]로 계산한다.
- 티 및 엘보는 직경이 다른 티 및 엘보는 사용하지 않는다.
- 스프링클러헤드는 15A 헤드가 설치된 것으로 한다.
- 직관마찰손실(100[m]당)

(단위 : m)

유량	25A	32A	40A	50A
80[L/min]	39.82	11.38	5.40	1.68

- 관이음쇠 마찰손실에 해당하는 직관길이

(단위 : m)

구분	25A	32A	40A	50A
엘보(90°)	0.9	1.20	1.50	2.10
리듀서	(25 × 15A)0.54	(32 × 25A)0.72	(40 × 32A)0.90	(50 × 40A)1.20
티(직류)	0.27	0.36	0.45	0.60
티(분류)	1.50	1.80	2.10	3.00

- 방사압력 산정에 필요한 계산과정을 상세히 명시하고, 방사압력을 소수점 넷째 자리까지 구하시오.

해답⊕
- 계산과정

　① 마찰손실수두[m]

　　㉠ $A \sim D$ 구간 : 25A

　　　유량 : 80[L/min]

　　　직관 : $2 + 2 + 0.1 + 0.1 + 0.3 = 4.5$[m]

　　　엘보(90°) : 3[개] $\times$ 0.9[m] $=$ 2.7[m]

　　　리듀서(25 × 15A) : 1[개] $\times$ 0.54[m] $=$ 0.54[m]

　　　티(직류) : 1[개] $\times$ 0.27[m] $=$ 0.27[m]

$$\therefore \frac{39.82[\text{m}]}{100[\text{m}]} \times (4.5 + 2.7 + 0.27 + 0.54)[\text{m}] = 3.1895[\text{m}]$$

ⓛ $D \sim E$ 구간 : 32A

유량 : 80[L/min]

직관 : 1.5[m]

티(직류) : 1[개] × 0.36[m] = 0.36[m]

리듀서(32 × 25A) : 1[개] × 0.72[m] = 0.72[m]

$$\therefore \frac{11.38[\text{m}]}{100[\text{m}]} \times (1.5 + 0.36 + 0.72)[\text{m}] = 0.2936[\text{m}]$$

ⓒ $E \sim G$ 구간 : 40A

유량 : 80[L/min]

직관 : 3 + 0.1 = 3.1[m]

엘보(90°) : 1[개] × 1.5[m] = 1.5[m]

티(분류) : 1[개] × 2.1[m] = 2.1[m]

리듀서(40 × 32A) : 1[개] × 0.9[m] = 0.9[m]

$$\therefore \frac{5.40[\text{m}]}{100[\text{m}]} \times (3.1 + 1.5 + 2.1 + 0.9)[\text{m}] = 0.4104[\text{m}]$$

ⓔ $G \sim H$ 구간 : 50A

유량 : 80[L/min]

직관 : 3[m]

티(직류) : 1[개] × 0.6[m] = 0.6[m]

리듀서(50 × 40A) : 1[개] × 1.2[m] = 1.2[m]

$$\therefore \frac{1.68[\text{m}]}{100[\text{m}]} \times (3 + 0.6 + 1.2)[\text{m}] = 0.0806[\text{m}]$$

촘 마찰손실수두 = 3.1895[m] + 0.2936[m] + 0.4104[m] + 0.0806[m]

= 3.9741[m]

② 위치수두[m]

$H_1 = 0.3 - 0.1 - 0.1 = 0.1[\text{m}]$

③ 방사압력[kPa]

손실수두 $\triangle H_L = 3.9741[\text{m}] - 0.1[\text{m}] = 3.8741[\text{m}]$

$P = \gamma h = 9,800[\text{N/m}^3] \times 3.8741[\text{m}] = 37,966.18[\text{Pa}]$

$\therefore 0.15[\text{MPa}] - 37,966.18[\text{Pa}] = 150,000[\text{Pa}] - 37,966.18[\text{Pa}] = 112,033.82[\text{Pa}]$

= 0.1120[MPa]

• 🔟 0.1120[MPa]

(해설 ➕) 스프링클러설비 헤드의 방수량 및 방사압력 계산 공식

> 전양정 H = 실양정[m] + 마찰손실[m] + 방사압(수두)[m]

여기서, 스프링클러설비의 헤드 방사압 : 0.1[MPa] = 10[m]

05 20층인 아파트에 화재안전기준에 따라 아래 조건과 같이 옥내소화전설비와 스프링클러설비를 겸용하여 설계하고자 한다. 다음 각 물음에 답하시오. [10점]

[조건]
• 펌프로부터 최상층의 스프링클러 헤드까지의 수직거리는 60[m]이다.
• 옥내소화전은 각 층당 3[개] 설치되어 있다.
• 배관의 마찰손실수두는 펌프의 실양정의 30[%]이다.
• 펌프의 흡입 측 배관에 설치된 연성계는 325[mmHg]을 나타내고 있다.
• 건축물의 층고는 3[m]이다.
• 펌프의 효율은 60[%]이고, 전달계수는 1.1이다.
• 소방호스의 마찰손실수두는 3[m]이다.
• 최고위 헤드의 방사압력은 0.10[MPa]이다.

1) 펌프의 전양정[m]을 산출하시오.
2) 이 소화설비의 토출량[L/min]을 산출하시오.
3) 이 소화설비의 수원의 양[m³]을 산출하시오.
4) 펌프의 축동력[kW]을 산출하시오.
5) 옥내소화전설비의 감시제어반과 동력제어반을 구분하여 설치하지 않아도 되는 경우를 쓰시오.

(해답➕) 1) 펌프의 전양정[m]
• 계산과정
① 옥내소화전설비의 전양정

실양정 $h_1 = 60[\text{m}] + \dfrac{325[\text{mmHg}]}{760[\text{mmHg}]} \times 10.332[\text{m}] = 64.42[\text{m}]$

마찰손실수두 $h_2 = 64.42[\text{m}] \times 0.3 = 19.33[\text{m}]$

호스의 마찰손실수두 $h_3 = 3[\text{m}]$

$64.42[\text{m}] + 19.33[\text{m}] + 3[\text{m}] + 17[\text{m}] = 103.75[\text{m}]$

② 스프링클러설비의 전양정

실양정 $h_1 = 60[\text{m}] + \dfrac{325[\text{mmHg}]}{760[\text{mmHg}]} \times 10.332[\text{m}] = 64.42[\text{m}]$

마찰손실수두 $h_2 = 64.42[\text{m}] \times 0.3 = 19.33[\text{m}]$

$64.42[\text{m}] + 19.33[\text{m}] + 10[\text{m}] = 93.75[\text{m}]$

∴ 펌프의 전양정은 두 설비의 최댓값이므로 $H = 103.75[\text{m}]$
• 🖉 103.75[m]

2) 소화설비의 토출량[L/min]
• 계산과정
① 옥내소화전설비의 토출량

$2[\text{개}] \times 130[\text{L/min}] = 260[\text{L/min}]$

② 스프링클러설비의 토출량

$$10[개] \times 80[L/min] = 800[L/min]$$

∴ 펌프의 토출량은 두 설비의 합이므로 $Q = 260 + 800 = 1,060[L/min]$

- 🖹 1,060[L/min]

3) 소화설비의 수원의 양[m³]
- 계산과정

① 옥내소화전설비의 토출량

$$2[개] \times 130[L/min] \times 20[min] = 5,200[L] = 5.2[m^3]$$

② 스프링클러설비의 토출량

$$10[개] \times 80[L/min] \times 20[min] = 16,000[L/min] = 16[m^3]$$

∴ 펌프의 토출량은 두 설비의 합이므로 $Q = 5.2 + 16 = 21.2[m^3]$

- 🖹 21.2[m³]

4) 펌프의 축동력[kW]
- 계산과정

$$\frac{9.8[kN/m^3] \times \frac{1.06}{60}[m^3/s] \times 103.75[m]}{0.6} = 29.94[kW]$$

- 🖹 29.94[kW]

5) 감시제어반과 동력제어반은 구분하여 설치하지 않아도 되는 경우
① 비상전원 설치대상에 해당되지 아니하는 특정소방대상물에 설치되는 옥내소화전설비
② 내연기관에 따른 가압송수장치를 사용하는 옥내소화전설비
③ 고가수조에 따른 가압송수장치를 사용하는 옥내소화전설비
④ 가압수조에 따른 가압송수장치를 사용하는 옥내소화전설비

(해설 ➕) 옥내소화전설비와 스프링클러설비 겸용 시 계산 공식

전양정 H = 실양정[m] + 마찰손실수두[m] + 방사압[m]

여기서, 옥내소화전의 노즐 방사압 : 17[m]

스프링클러의 헤드 방사압 : 10[m]

펌프의 축동력[kW] $P = \dfrac{\gamma QH}{\eta}$

여기서, γ : 비중량($\gamma_w = 9.8[kN/m^3]$)

Q : 유량[m³/s]

H : 전양정[m]

η : 효율

「공동주택의 화재안전성능기준(NFPC 608)」 제7조(스프링클러설비)

폐쇄형 스프링클러헤드를 사용하는 아파트 등은 기준개수 10개(스프링클러헤드의 설치개수가 가장 많은 세대에 설치된 스프링클러헤드의 개수가 기준개수보다 작은 경우에는 그 설치개수를 말한다)에 1.6[m³]를 곱한 양 이상의 수원이 확보되도록 할 것. 다만, 아파트등의 각 동이 주차장으로 서로 연결된 구조인 경우 해당 주차장 부분의 기준개수는 30개로 할 것

「옥내소화전설비의 화재안전기술기준(NFTC 102)」

소화설비에는 제어반을 설치하되, 감시제어반과 동력제어반으로 구분하여 설치해야 한다. 다만, 다음의 어느 하나에 해당하는 경우에는 감시제어반과 동력제어반으로 구분하여 설치하지 않을 수 있다.

① 다음 각 기준의 어느 하나에 해당하지 않는 특정소방대상물에 설치되는 옥내소화전설비
다음의 어느 하나에 해당하는 특정소방대상물의 옥내소화전설비에는 비상전원을 설치해야 한다. 다만, 2 이상의 변전소(「전기사업법」 제67조에 따른 변전소를 말한다)에서 전력을 동시에 공급받을 수 있거나 하나의 변전소로부터 전력의 공급이 중단되는 때에는 자동으로 다른 변전소로부터 전원을 공급받을 수 있도록 상용전원을 설치한 경우와 가압수조방식에는 비상전원을 설치하지 않을 수 있다.
   ㉠ 층수가 7층 이상으로서 연면적 2,000[m²] 이상인 것
   ㉡ ㉠에 해당하지 않는 특정소방대상물로서 지하층의 바닥면적 합계가 3,000[m²] 이상인 것
② 내연기관에 따른 가압송수장치를 사용하는 옥내소화전설비
③ 고가수조에 따른 가압송수장치를 사용하는 옥내소화전설비
④ 가압수조에 따른 가압송수장치를 사용하는 옥내소화전설비

06 지상 10층의 백화점 건물에 옥내소화전설비를 화재안전기준 및 조건에 따라 설치하였을 때 아래 그림을 참조하여 각 물음에 답하시오. [15점]

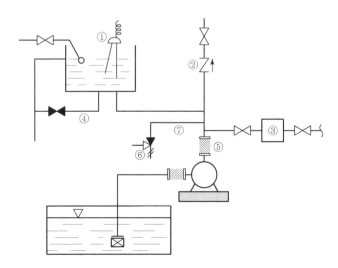

[조건]

• 옥내소화전은 1층부터 5층까지는 각 층에 7[개], 6층부터 10층까지는 각 층에 5[개]가 설치되었다고 한다.

• 펌프의 후드밸브에서 10층의 옥내소화전 방수구까지 수직거리는 40[m]이고 배관상 마찰손실(소방용 호스 제외)은 20[m]로 한다.

• 소방용 호스의 마찰손실은 100[m]당 26[m]로 하고 호스 길이는 15[m], 수량은 2[개]이다.

• 계산 과정상 $\pi = 3.14$로 한다.

1) 펌프의 최소 토출량[m³/min]은 얼마인가?
2) 수원의 최소 유효저수량[m³](옥상수조를 포함한다)은 얼마인가?
3) 펌프의 모터동력[kW]은 얼마 이상인가? (단, 펌프의 효율은 60[%]이고, 전달계수는 1.1로 한다.)
4) 소방용 호스 노즐의 방사압력을 측정한 결과 0.25[MPa]이었다. 10분간 방사 시 방사량[L]을 산출하시오.
5) 그림에서 각 번호의 명칭을 쓰시오.
6) 그림에서 ⑤번을 설치하는 이유를 설명하시오.
7) 그림에서 ⑦번 배관을 설치하는 이유를 설명하시오.

해답 ⊕ 1) 펌프의 최소 토출량[m³/min]

• 계산과정

$2[개] \times 130[\text{L/min}] = 260[\text{L/min}] = 0.26[\text{m}^3/\text{min}]$

• 답 $0.26[\text{m}^3/\text{min}]$

2) 최소 유효저수량[m³]

• 계산과정

지하수조 $= 2[개] \times 130[\text{L/min}] \times 20[\text{min}] = 5.2[\text{m}^3]$

옥상수조 $= 5.2[\text{m}^3] \times \dfrac{1}{3} = 1.733[\text{m}^3]$

$\therefore$ 유효저수량 $= 5.2 + 1.733 = 6.93[\text{m}^3]$

• 답 $6.93[\text{m}^3]$

3) 펌프의 모터동력[kW]

• 계산과정

전양정 $H = 40[\text{m}] + 20[\text{m}] + \left(\dfrac{26[\text{m}]}{100[\text{m}]} \times 15[\text{m}] \times 2[개] \right) + 17[\text{m}] = 84.8[\text{m}]$

($\because$ 옥내소화전의 노즐 방사압 : 0.17[MPa] = 17[m])

옥내소화전설비 펌프 토출량 $Q = 2[개] \times 130[\text{L/min}] = 260[\text{L/min}]$

$\therefore P = \dfrac{9.8[\text{kN/m}^3] \times \dfrac{0.26}{60}[\text{m}^3/\text{s}] \times 84.8[\text{m}]}{0.6} \times 1.1 = 6.60[\text{kW}]$

• 답 $6.60[\text{kW}]$

4) 방사량[L]
   - 계산과정

$$Q = 0.653 \times (13[\mathrm{mm}])^2 \times \sqrt{10 \times 0.25[\mathrm{MPa}]} = 174.49[\mathrm{L/min}]$$

$$\therefore \ 174.49[\mathrm{L/min}] \times 10[\mathrm{min}] = 1,744.9[\mathrm{L}]$$

   - 답 1,744.9[L]

5) ① 감수경보장치(플로트스위치)　　② 체크밸브
   ③ 유량계　　　　　　　　　　　④ 배수관
   ⑤ 플렉시블 조인트(신축배관)　　⑥ 릴리프밸브
   ⑦ 순환배관

6) 펌프의 기동이나 정지 시 충격 및 진동을 완화하기 위하여

7) 펌프의 체절운전 시 체절압력 미만에서 가압수를 방출하여 수온의 상승을 방지하기 위하여

해설 ⊕ [공식]

전양정 H = 실양정[m] + 마찰손실[m] + 방사압[m]

여기서, 옥내소화전의 노즐 방사압 : 0.17[MPa] = 17[m]

펌프의 모터동력[kW] $P = \dfrac{\gamma Q H}{\eta} \times K$

여기서, γ : 비중량($\gamma_w = 9.8[\mathrm{kN/m^3}]$)

　　　　Q : 유량[m³/s]

　　　　H : 전양정[m]

　　　　η : 효율

　　　　K : 전달계수

옥내소화전 호스(유량계수 적용) 토출량 $Q = 0.653 \times d^2 \times \sqrt{10P}$

여기서, Q : 헤드 방수량[L/min]

　　　　P : 방사압력[MPa]

　　　　d : 노즐의 구경[mm]

07 직경이 30[cm]인 소화배관에 0.2[m³/s]의 유량으로 흐르고 있다. 이 관의 직경은 15[cm], 길이는 300[m]인 ⑧배관과 직경이 20[cm], 길이가 600[m]인 ④배관이 그림과 같이 평행하게 연결되었다가 다시 30[cm]로 합쳐 있다. 각 분기관에서의 관마찰계수는 0.022라 할 때 ④배관 및 ⑧배관의 유량을 계산하시오. (단, Darcy-Weisbach식을 사용할 것) [6점]

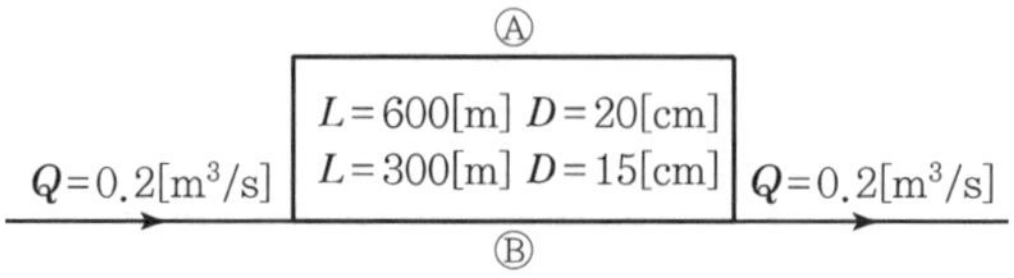

$$Q=0.2[\text{m}^3/\text{s}] \quad \boxed{\begin{array}{l} \text{④} \\ L=600[\text{m}] \; D=20[\text{cm}] \\ L=300[\text{m}] \; D=15[\text{cm}] \\ \text{⑧} \end{array}} \quad Q=0.2[\text{m}^3/\text{s}]$$

해답 ⊕

- 계산과정

  [조건]

  ① 유량 $Q_A + Q_B = 0.2[\text{m}^3/\text{s}]$

  ② 관의 관마찰계수 $\lambda = 0.022$

  ③ 관의 내경 $d_A = 0.2[\text{m}]$, $d_B = 0.15[\text{m}]$

  ④ 관의 길이 $L_A = 600[\text{m}]$, $L_B = 300[\text{m}]$

  $\triangle h_A = \triangle h_B$

  $\Delta h_A = 0.022 \times \dfrac{600[\text{m}]}{0.2[\text{m}]} \times \dfrac{V_A^2}{2g} = 3.367\,V_A^2$

  $\Delta h_B = 0.022 \times \dfrac{300[\text{m}]}{0.15[\text{m}]} \times \dfrac{V_B^2}{2g} = 2.245\,V_B^2$

  $\therefore 3.367\,V_A^2 = 2.245\,V_B^2 \rightarrow V_A = \sqrt{\dfrac{2.245}{3.367}\,V_B^2} = 0.817\,V_B$

  $Q_A + Q_B = 0.2[\text{m}^3/\text{s}]$

  $Q_A[\text{m}^3/\text{s}] = \dfrac{0.2^2\pi}{4}[\text{m}^2] \times V_A$

  $\rightarrow Q_A[\text{m}^3/\text{s}] = \dfrac{0.2^2\pi}{4}[\text{m}^2] \times 0.817\,V_B$

  $Q_B[\text{m}^3/\text{s}] = \dfrac{0.15^2\pi}{4}[\text{m}^2] \times V_B$

  $\dfrac{0.2^2\pi}{4}[\text{m}^2] \times 0.817\,V_B + \dfrac{0.15^2\pi}{4}[\text{m}^2] \times V_B = 0.2[\text{m}^3/\text{s}]$

  $\therefore V_B = 4.615[\text{m/s}]$

  $Q_A = \dfrac{0.2^2\pi}{4}[\text{m}^2] \times 0.817 \times 4.615[\text{m/s}] = 0.12[\text{m}^3/\text{s}]$

  $Q_B = \dfrac{0.15^2\pi}{4}[\text{m}^2] \times 4.615[\text{m/s}] = 0.08[\text{m}^3/\text{s}]$

- **답** $Q_A = 0.12[\text{m}^3/\text{s}]$, $Q_B = 0.08[\text{m}^3/\text{s}]$

해설 ⊕ [공식]

$$연속방정식 \ Q = AV$$

여기서, Q : 체적유량[m³/s]

A : 배관의 단면적[m²]

V : 유속[m/s]

$$Darcy-Weisbach의 \ 방정식 \ \Delta h_L = f \times \frac{L}{D} \times \frac{V^2}{2g}$$

여기서, $\triangle h_L$: 마찰손실수두[m]

f : 마찰손실계수($= \lambda$)

L : 배관 길이[m]

D : 관의 내경[m]

V : 유속[m/s]

g : 중력가속도($= 9.8$[m/s²])

08 소화설비의 배관상에 설치하는 계기류 중 압력계, 진공계, 연성계의 설치위치와 지시압력범위를 쓰시오. [4점]

1) 압력계
   ① 설치위치 :
   ② 측정범위 :

2) 진공계
   ① 설치위치 :
   ② 측정범위 :

3) 연성계
   ① 설치위치 :
   ② 측정범위 :

해답 ➕ 1) 압력계
   ① 설치위치 : 펌프 토출 측 배관
   ② 측정범위 : 대기압(0.1[MPa]) 이상

2) 진공계
   ① 설치위치 : 펌프 흡입 측 배관
   ② 측정범위 : 절대진공(0[MPa]) 이상 대기압(0.1[MPa]) 이하

3) 연성계
   ① 설치위치 : 펌프 흡입 측 배관
   ② 측정범위 : 절대진공(0[MPa]) 이상 중압(약 0.4[MPa]) 이하

해설 ➕ 수계소화설비 계통도

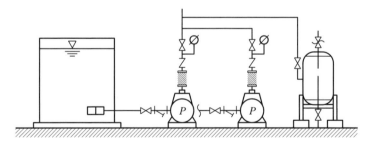

09 다음 그림과 같이 직육면체(바닥면적은 6[m]×6[m])의 물탱크에서 밸브를 완전히 개방하였을 때 최저 유효수면까지 물이 배수되는 소요시간[min]을 구하시오.(단, 토출관의 안지름은 80[mm]이고, 밸브 및 배수관의 마찰손실은 무시한다.) [5점]

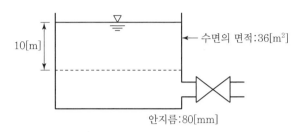

안지름:80[mm]

해답 ⊕ • 계산과정

$$\frac{2 \times 36[\mathrm{m^2}]}{\frac{(0.08)^2 \pi}{4}[\mathrm{m^2}] \times \sqrt{2 \times 9.8[\mathrm{m/s^2}]}} \times \left(\sqrt{10[\mathrm{m}]} - \sqrt{0[\mathrm{m}]} \right)$$

$$= 10,231.389[\mathrm{s}] = 170.52[\mathrm{min}]$$

• 🔑 170.52[min]

해설 ⊕ [공식]

$$\text{수조의 배수시간 } t = \frac{2A}{Ca\sqrt{2g}} \left(\sqrt{H_1} - \sqrt{H_2} \right)$$

여기서, t : 배수시간[s]

A : 수조의 단면적[m²]

C : 유량계수

a : 오리피스 단면적[m²]

g : 중력가속도(=9.8[m/s²])

H_1 : 최초 수위[m]

H_2 : t초 후의 수위[m]

10 제연 TAB(Testing Adjusting Balancing) 과정에서 제연설비에 대하여 다음 조건을 보고 제연설비 작동 중에 거실에서 부속실로 통하는 출입문 개방에 필요한 힘[N]을 구하시오. [6점]

[조건]
- 지하 2층, 지상 20층 공동주택
- 부속실과 거실 사이의 차압은 50[Pa]
- 제연설비 작동 전 거실에서 부속실로 통하는 출입문 개방에 필요한 힘은 60[N]
- 출입문 높이 2.1[m], 폭 1.1[m]
- 문의 손잡이에서 문의 모서리까지의 거리 0.1[m]
- K_d : 상수(1.0)

해답 ⊕ • 계산과정

$$F_P = 60[\text{N}] + \frac{1 \times 1.1[\text{m}] \times (2.1[\text{m}] \times 1.1[\text{m}]) \times 50[\text{Pa}]}{2 \times (1.1[\text{m}] - 0.1[\text{m}])}$$

$\therefore F_P = 123.53[\text{N}]$

• 🗐 123.53[N]

해설 ⊕ [공식]

문 개방에 필요한 힘 $F = F_{dc} + F_P$

여기서, F : 문을 개방하는 데 필요한 전체 힘[N]

F_{dc} : 도어체크의 저항력[N]

F_P : 차압에 의해 방화문에 미치는 힘[N]

$F_P = \dfrac{K_d \times W \times A \times \Delta P}{2(W-d)}$

여기서, F_P : 차압에 의한 방화문에 미치는 힘[N]

K_d : 상수 값(1.0)

W : 출입문의 폭[m]

A : 출입문의 면적[m²]

ΔP : 제연구역과 옥내와의 차압[Pa]

d : 문의 손잡이와 문의 끝까지(모서리까지)의 거리[m]

11 다음 조건을 기준으로 이산화탄소 소화설비에 대한 물음에 답하시오. [15점]

[조건]
- 특정소방대상물의 천장까지의 높이는 3[m]이고 방호구역의 크기와 용도는 다음과 같다.

통신기기실 가로 12[m] × 세로 10[m] 자동폐쇄장치 설치	전자제품창고 가로 20[m] × 세로 10[m] 개구부 2[m] × 2[m]
위험물 저장창고 가로 32[m] × 세로 10[m] 자동폐쇄장치 설치	

- 소화약제는 고압저장방식으로 하고 충전량은 45[kg]이다.
- 통신기기실과 전자제품창고는 전역방출방식으로 설치하고 위험물 저장창고에는 국소방출방식을 적용한다.
- 개구부 가산량은 10[kg/m²], 사용하는 CO_2는 순도 99.5[%], 헤드의 방사율은 1.3[kg/(mm² · min · 개)]이다.
- 위험물저장창고에는 가로, 세로가 각각 5[m], 높이가 2[m]인 개방된 용기에 제4류 위험물을 저장한다.
- 주어진 조건 외에 소방관련법규 및 화재안전기준에 준한다.

1) 각 방호구역에 대한 약제저장량은 몇 [kg] 이상인가?
    ① 통신기기실
    ② 전자제품창고
    ③ 위험물저장창고
2) 각 방호구역별 약제저장용기는 몇 [병]인가?
    ① 통신기기실
    ② 전자제품창고
    ③ 위험물저장창고
3) 통신기기실 헤드의 방사압력은 몇 [MPa]이어야 하는가?
4) 통신기기실에서 설계농도에 도달하는 시간은 몇 분 이내여야 하는가?
5) 전자제품창고의 헤드 수를 14개로 할 때 헤드의 분구 면적[mm²]을 구하시오.
6) 약제저장용기는 몇 [MPa] 이상의 내압시험압력에 합격한 것으로 하여야 하는가?
7) 전자제품창고에 저장된 약제가 모두 분사되었을 때 CO_2의 체적은 몇 [m³]가 되는가? (단, 온도는 25[℃]이다.)
8) 소화설비용으로 강관을 사용할 때의 배관기준을 설명하시오.
    강관을 사용하는 경우의 배관은 압력배관용 탄소강관(KS D 3562) 중 스케줄 (①) 이상의 것 또는 이와 동등 이상의 강도를 가진 것으로 (②) 등으로 방식처리된 것을 사용할 것. 다만, 배관의 호칭구경이 20[mm] 이하인 경우에는 스케줄 40 이상인 것을 사용할 수 있다.

(해답 ➕) 1) 약제저장량[kg]

① 통신기기실

• 계산과정

$$W = (12 \times 10 \times 3)[\text{m}^3] \times 1.3[\text{kg/m}^3] = 468[\text{kg}]$$

$$\therefore \text{순도 } 99.5[\%]\text{이므로 } \frac{468[\text{kg}]}{0.995} = 470.35[\text{kg}]$$

• 🔖 470.35[kg]

② 전자제품창고

• 계산과정

$$W = (20 \times 10 \times 3)[\text{m}^3] \times 2[\text{kg/m}^3] + (2 \times 2)[\text{m}^2] \times 10[\text{kg/m}^2] = 1,240[\text{kg}]$$

$$\therefore \text{순도 } 99.5[\%]\text{이므로 } \frac{1,240[\text{kg}]}{0.995} = 1,246.23[\text{kg}]$$

• 🔖 1,246.23[kg]

③ 위험물 저장창고(국소방출)

• 계산과정

$$W = (5 \times 5)[\text{m}^2] \times 13[\text{kg/m}^3] \times 1.4 = 455[\text{kg}]$$

$$(\because \text{고압식이므로 할증계수 } h = 1.4)$$

$$\therefore \text{순도 } 99.5\%\text{이므로 } \frac{455[\text{kg}]}{0.995} = 457.29[\text{kg}]$$

• 🔖 457.29[kg]

2) 방호구역별 약제저장용기[병]

① 통신기기실 약제병 수 $N = \frac{470.35[\text{kg}]}{45[\text{kg/병}]} = 10.45 = 11[\text{병}]$

• 🔖 11[병]

② 전자제품창고 약제병 수 $N = \frac{1,246.23[\text{kg}]}{45[\text{kg/병}]} = 27.69 = 28[\text{병}]$

• 🔖 28[병]

③ 위험물 저장창고(국소방출) 약제병 수 $N = \frac{457.29[\text{kg}]}{45[\text{kg/병}]} = 10.16 = 11[\text{병}]$

• 🔖 11[병]

3) 통신기기실 헤드의 방사압력[MPa]

분사헤드의 방출압력이 2.1[MPa](저압식은 1.05[MPa] 이상의 것으로 할 것)

• 🔖 2.1[MPa] 이상

4) 통신기기실에서 설계농도에 도달하는 시간[분]

전역방출방식에 있어서 가연성 액체 또는 가연성 가스 등 표면화재 방호대상물의 경우에는 1분, 전역방출방식에 있어서 종이, 목재, 석탄, 섬유류, 합성수지류 등 심부화재 방호대상물의 경우에는 7분. 이 경우 설계농도가 2분 이내에 30[%]에 도달해야 한다.

• 🔖 7분 이내

5) 전자제품창고의 헤드의 분구 면적[mm²]
  - 계산과정

$$\dfrac{28[\text{병}] \times 45[\text{kg/병}]}{14[\text{개}] \times 1.3[\text{kg/mm}^2 \cdot \text{min} \cdot \text{개}] \times 7[\text{min}]} = 9.89[\text{mm}^2]$$

  - 답 9.89[mm²]

6) 약제저장용기는 내압시험압력[MPa]
  - 계산과정
    저장용기는 고압식은 25[MPa] 이상, 저압식은 3.5[MPa] 이상의 내압시험압력에 합격한 것으로 할 것
  - 답 25[MPa]

7) 전자제품창고 CO₂[m³]
  - 계산과정

$$1[\text{atm}] \times V = \dfrac{28[\text{병}] \times 45[\text{kg/병}]}{44[\text{kg/kmol}]} \times 0.08205[\text{atm} \cdot \text{m}^3/\text{kmol} \cdot \text{K}] \times (273 + 25)[\text{K}]$$

    $\therefore V = 700.18[\text{m}^3]$

  - 답 700.18[m³]

8) ① 80, ② 아연도금

해설 ⊕ 전역방출방식 이산화탄소소화설비

$$W(\text{약제량}) = (V \times \alpha) + (A \times \beta)$$

  여기서, W : 약제량[kg]
    V : 방호구역체적[m³]
    α : 체적계수[kg/m³]
    A : 개구부면적[m²]
    β : 면적계수(표면화재 : 5[kg/m²], 심부화재 : 10[kg/m²])

심부화재(종이, 목재, 석탄, 섬유류, 합성수지류)

방호대상물	방호구역 1[m³]에 대한 소화약제의 양 [kg/m³]	설계농도 [%]	개구부 가산량[kg/m²] (자동폐쇄장치 미설치 시)
유압기기를 제외한 전기설비 케이블실	1.3	50	10
체적 55[m³] 미만의 전기설비	1.6	50	10
서고, 전자제품창고, 목재가공품 창고, 박물관	2.0	65	10
고무류, 면화류 창고, 모피창고, 석탄창고, 집진설비	2.7	75	10

국소방출방식 이산화탄소소화설비

① 윗면이 개방된 용기에 저장하는 경우와 화재 시 연소면이 한정되고 가연물이 비산할 우려가 없는 경우

$$W = A \times 13[\text{kg/m}^2] \times h$$

여기서, W : 약제량[kg], A : 방호대상물의 표면적[m²]

h : 고압식은 1.4, 저압식은 1.1

② 그 밖의 경우

$$W = V \times Q \times h$$

여기서, W : 약제량[kg]

V : 방호공간체적[m³]

(방호대상물의 각 부분으로부터 0.6[m]의 거리에 따라 둘러싸인 공간)

Q : 방출계수 = $8 - 6\dfrac{a}{A}$[kg/m³]

a : 방호대상물 주위에 설치된 벽 면적의 합계[m²]

A : 방호공간의 벽면적의 합계[m²]

(벽이 없는 경우에는 벽이 있는 것으로 가정한 당해 부분의 면적)

h : 할증계수(고압식 : 1.4, 저압식 : 1.1)

$$\text{이상기체상태방정식 } PV = nRT = \frac{W}{M}RT$$

여기서, P : 압력[atm] [Pa]

V : 유속[m/s]

n : 몰수[mol]

W : 질량[kg]

M : 분자량[kg/kmol]

R : 이상기체상수(= 0.082[atm · L/mol · K] = 8.314[N · m/mol · K])

T : 절대온도[K]

배관기준

① 배관은 전용으로 할 것

② 강관을 사용하는 경우의 배관은 압력 배관용 탄소 강관(KS D 3562) 중 스케줄 80(저압식은 스케줄 40) 이상의 것 또는 이와 동등 이상의 강도를 가진 것으로 아연도금 등으로 방식 처리된 것을 사용할 것

③ 동관을 사용하는 경우의 배관은 이음매 없는 구리 및 구리합금관(KS D 5301)으로서 고압식은 16.5[MPa] 이상, 저압식은 3.75[MPa] 이상의 압력에 견딜 수 있는 것을 사용할 것

④ 고압식의 1차 측(개폐밸브 또는 선택밸브 이전) 배관부속의 최소사용설계압력은 9.5[MPa]로 하고, 고압식의 2차 측과 저압식의 배관부속의 최소사용설계압력은 4.5[MPa]로 할 것

12 다음의 조건을 참조하여 제연설비에 대한 각 물음에 답하시오. [8점]

[조건]
- 거실 바닥면적은 390[m²]이고 경유 거실이다.
- 덕트의 길이는 80[m]이고, 덕트 저항은 0.2[mmAq/m]이다.
- 배출구 저항은 8[mmAq], 그릴 저항은 3[mmAq], 부속류 저항은 덕트 저항의 50[%]로 한다.
- 송풍기는 시로코 팬(Sirocco Fan)을 선정하고 효율은 50[%]로 하고 전동기 전달계수 K=1.10이다.

1) 예상제연구역에 필요한 배출량[m³/h]은 얼마인가?
2) 송풍기에 필요한 정압[mmAq]은 얼마인가?
3) 송풍기의 전동기 동력[kW]은 얼마인가?
4) 회전수가 1,750[rpm]일 때 이 송풍기의 정압을 1.2배로 높이려면 회전수를 얼마로 증가시켜야 하는지 계산하시오.

(해답) 1) 예상제연구역에 필요한 배출량[m³/h]
- 계산과정

  $Q = 390[\text{m}^2] \times 1[\text{m}^3/\text{m}^2 \cdot \text{min}] = 390[\text{m}^3/\text{min}] = 23,400[\text{m}^3/\text{h}]$

- 답 23,400[m³/h]

2) 송풍기에 필요한 정압[mmAq]
- 계산과정

  $H = (80[\text{m}] \times 0.2[\text{mm/m}]) + 8[\text{mm}] + 3[\text{mm}] + (80[\text{m}] \times 0.2[\text{mm/m}] \times 0.5)$

  $= 35[\text{mmAq}]$

- 답 35[mmAq]

3) 송풍기의 전동기 동력[kW]
- 계산과정

$$P = \frac{9.8[\text{kN/m}^3] \times \dfrac{390}{60}[\text{m}^3/\text{s}] \times 0.035[\text{m}]}{0.5} \times 1.1 = 4.9[\text{kW}]$$

- 답 4.9[kW]

4) 송풍기의 정압을 1.2배로 높이기 위한 회전수
- 계산과정

$$\frac{1.2H}{H} = \left(\frac{N_2}{1,750[\text{rpm}]}\right)^2$$

  $\therefore N_2 = 1,917.03[\text{rpm}]$

- 답 1,917.03[rpm]

1) 거실 제연설비 배출량

① 예상제연구역의 거실 바닥면적이 400[m²] 미만인 경우 : 배출량은 바닥면적 1[m²]당 1[m³/min] 이상으로 하되, 예상제연구역 전체에 대한 최저 배출량은 5,000[m³/hr] 이상 으로 할 것

$$Q = A[\text{m}^2] \times 1[\text{m}^3/\text{min} \cdot \text{m}^2] \times 60[\text{min/hr}]$$

여기서, Q : 배출량[m³/hr]

A : 바닥면적[m²]

② 예상제연구역의 거실 바닥면적이 400[m²] 이상인 경우

예상제연구역이 직경 40[m]인 원의 범위 안에 있을 경우 : 배출량 40,000[m³/hr] 이상

예상제연구역이 직경 40[m]인 원의 범위를 초과할 경우 : 배출량 45,000[m³/hr] 이상

③ 예상제연구역이 통로인 경우 : 배출량 45,000[m³/hr] 이상으로 해야 한다.

2) 전동기의 동력

$$\text{전동기의 동력[kW]} \quad P = \frac{\gamma Q H}{\eta} \times K$$

여기서, γ : 비중량($\gamma_w = 9.8[\text{kN/m}^3]$)

Q : 유량[m³/s]

H : 전양정[m]

η : 효율

K : 전달계수

3) 상사의 법칙

$$\text{유량} \quad \frac{Q_2}{Q_1} = \left(\frac{N_2}{N_1} \right) \times \left(\frac{D_2}{D_1} \right)^3$$

$$\text{양정} \quad \frac{H_2}{H_1} = \left(\frac{N_2}{N_1} \right)^2 \times \left(\frac{D_2}{D_1} \right)^2$$

$$\text{동력} \quad \frac{P_2}{P_1} = \left(\frac{N_2}{N_1} \right)^3 \times \left(\frac{D_2}{D_1} \right)^5$$

여기서, N : 회전수[rpm]

D : 펌프의 직경[m]

13 어떤 소방대상물에 옥외소화전 5개를 화재안전기준과 다음 조건에 따라 설치하려고 한다. 다음 각 물음에 답하시오. [6점]

[조건]
- 옥외소화전은 지상용 A형을 사용한다.
- 펌프에서 첫째 옥외소화전까지의 직관길이는 150[m], 관의 내경은 100[mm]이다.
- 모든 규격치는 최소량을 적용한다.

1) 수원의 최소 유효저수량은 몇 [m³]인가?
2) 펌프의 최소 유량[m³/min]은 얼마인가?
3) 소화전 설치개수에 따른 옥외소화전함의 설치기준을 쓰시오.

(해답 ➕) 1) 수원의 최소 유효저수량[m³]
- 계산과정

  $2[개] \times 350[L/min] \times 20[min] = 14,000[L] = 14[m^3]$
- 🔲 14[m³]

2) 펌프의 최소 유량[m³/min]
- 계산과정

  $2[개] \times 350[L/min] = 700[L/min] = 0.7[m^3/min]$
- 🔲 0.7[m³/min]

3) 설치개수

소화전 개수	설치기준
10[개] 이하	옥외소화전마다 5[m] 이내에 1[개] 이상 설치
11[개] 이상 30[개] 이하	11[개]를 각각 분산하여 설치
31[개] 이상	옥외소화전 3[개]마다 1[개] 이상 설치

(해설 ➕) 가압송수장치
① 방수압력 : 0.25[MPa]이상 0.7[MPa] 이하(0.7[MPa] 초과 시 감압)
② 방수량 : 350[L/min] 이상
③ 펌프 토출량 : 350[L/min] × 옥외소화전 설치개수(최대 2개)
④ 수원의 양 : 350[L/min] × 옥외소화전 설치개수(최대 2개) × 20[min]

「옥외소화전설비의 화재안전기술기준(NFTC 109)」 제7조(소화전함 등)
옥외소화전설비에는 옥외소화전마다 그로부터 5[m] 이내의 장소에 소화전함을 다음의 기준에 따라 설치해야 한다.
① 옥외소화전이 10[개] 이하 설치된 때에는 옥외소화전마다 5[m] 이내의 장소에 1[개] 이상의 소화전함을 설치해야 한다.

② 옥외소화전이 11[개] 이상 30[개] 이하 설치된 때에는 11[개] 이상의 소화전함을 각각 분산하여 설치해야 한다.

③ 옥외소화전이 31[개] 이상 설치된 때에는 옥외소화전 3[개]마다 1[개] 이상의 소화전함을 설치해야 한다.

01 스프링클러설비의 수원은 유효수량 외에 유효수량의 1/3을 옥상에 설치하여야 하는데 설치하지 않아도 되는 경우 4가지를 쓰시오. [4점]

①   ②

③   ④

해답 ➕   ① 지하층만 있는 건축물

② 고가수조를 가압송수장치로 설치한 경우

③ 수원이 건축물의 최상층에 설치된 헤드보다 높은 위치에 설치된 경우

④ 건축물의 높이가 지표면으로부터 10[m] 이하인 경우

⑤ 주펌프와 동등 이상의 성능이 있는 별도의 펌프로서 내연기관의 기동과 연동하여 작동되거나 비상전원을 연결하여 설치한 경우

⑥ 가압수조를 가압송수장치로 설치한 경우

해설 ➕   「옥내소화전설비의 화재안전기술기준(NFTC 102)」 옥상수조 설치제외 기준

① 지하층만 있는 건축물

② 고가수조를 가압송수장치로 설치한 경우

③ 수원이 건축물의 최상층에 설치된 방수구보다 높은 위치에 설치된 경우

④ 건축물의 높이가 지표면으로부터 10[m] 이하인 경우

⑤ 주펌프와 동등 이상의 성능이 있는 별도의 펌프로서 내연기관의 기동과 연동하여 작동되거나 비상전원을 연결하여 설치한 경우(다만, 학교·공장·창고시설로서 동결의 우려가 있는 장소에 있어서는 기동스위치에 보호판을 부착하여 기동장치를 설치한 경우)

⑥ 가압수조를 가압송수장치로 설치한 경우

02 사무소 건물의 지하층에 있는 방호구역에 화재안전기준과 다음 조건에 따라 전역방출방식(표면화재) 이산화탄소소화설비를 설치하려고 한다. 다음 각 물음에 답하시오. [12점]

[조건]
- 소화설비는 고압식으로 한다.
- 통신기기실의 크기 : 가로 7[m]×세로 10[m]×높이 5[m]
  통신기기실의 개구부 크기 : 1.8[m]×3[m]×2[개소](자동폐쇄장치 있음)
- 전기실의 크기 : 가로 10[m]×세로 10[m]×높이 5[m]
  전기실의 개구부 크기 : 1.8[m]×3[m]×2[개소](자동폐쇄장치 없음)
- 가스용기 1병당 충전량 : 45[kg]
- 소화약제의 양은 0.8[kg/m³], 개구부 가산량 5[kg/m²]을 기준으로 산출한다.

1) 각 방호구역의 가스 용기는 몇 [병]이 필요한가?
2) 밸브 개방 직후의 유량은 몇 [kg/s]인가?
3) 이 설비의 집합관에 필요한 용기의 병수는?
4) 통신기기실의 분사헤드의 방사압력은?
5) 약제저장용기의 개방밸브는 작동방식에 따라 3가지로 분류된다. 그 명칭을 쓰시오.

(해답 ➕) 1) 각 방호구역의 가스 용기[병]
 ① 통신기기실
 - 계산과정
   $$W = (7 \times 10 \times 5)[\mathrm{m}^3] \times 0.8 [\mathrm{kg/m}^3] = 280 [\mathrm{kg}]$$
   (∵ 개구부에 자동폐쇄장치 설치)
   약제병 수 $N = \dfrac{280[\mathrm{kg}]}{45[\mathrm{kg/병}]} = 6.22 = 7[병]$
 - 🈸 7[병]
 ② 전기실
 - 계산과정
   $$W = (10 \times 10 \times 5)[\mathrm{m}^3] \times 0.8[\mathrm{kg/m}^3] + (1.8 \times 3 \times 2[개소])[\mathrm{m}^2] \times 5[\mathrm{kg/m}^2]$$
   $$= 454[\mathrm{kg}]$$
   약제병 수 $N = \dfrac{454[\mathrm{kg}]}{45[\mathrm{kg/병}]} = 10.09 = 11[병]$
 - 🈸 11[병]

2) 밸브 개방 직후의 유량[kg/s]
 - 계산과정
   전역방출방식에 있어서 가연성 액체 또는 가연성 가스 등 표면화재 방호대상물의 경우에는 1분, 전역방출방식에 있어서 종이, 목재, 석탄, 섬유류, 합성수지류 등 심부화재 방호대상물의 경우에는 7분. 이 경우 설계농도가 2분 이내에 30[%]에 도달해야 한다.

$$\frac{45[\text{kg}]}{60[\text{s}]} = 0.75[\text{kg/s}]$$

- 답 0.75[kg/s]

3) 집합관에 필요한 용기의 수[병]

방호구역에서 필요한 최대 용기 = 11[병]

- 답 11[병]

4) 통신기기실의 분사헤드의 방사압력

분사헤드의 방출압력이 2.1[MPa](저압식은 1.05[MPa] 이상의 것으로 할 것)

- 답 2.1[MPa] 이상

5) 약제저장용기의 개방밸브 작동방식 3가지

이산화탄소 소화약제 저장용기의 개방밸브는 전기식·가스압력식 또는 기계식에 따라 자동으로 개방되고 수동으로도 개방되는 것으로서 안전장치가 부착된 것으로 해야 한다.

- 답 전기식, 가스압력식, 기계식

해설 ● 전역방출방식 이산화탄소소화설비 계산 공식

$$\text{약제량 } W = (V \times \alpha) + (A \times \beta)$$

여기서, W : 약제량[kg]

V : 방호구역체적[m³]

α : 체적계수[kg/m³]

A : 개구부면적[m²]

β : 면적계수(표면화재 : 5[kg/m²], 심부화재 : 10[kg/m²])

표면화재(가연성 가스, 가연성 액체)

방호구역 체적	방호구역의 체적 1[m³]에 대한 소화약제의 양[kg/m³]	최저 한도량 [kg]	개구부 가산량[kg/m²] (자동폐쇄장치 미설치 시)
45[m³] 미만	1	45	5
45[m³] 이상 150[m³] 미만	0.9		5
150[m³] 이상 1,450[m³] 미만	0.8	135	5
1,450[m³] 이상	0.75	1,125	5

03 가로 19[m], 세로 9[m]인 무대부에 정방형으로 스프링클러헤드를 설치하려고 할 때 헤드의 최소 개수를 산출하시오. [6점]

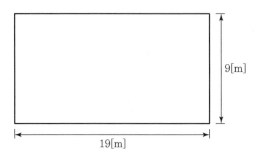

(해답 ⊕) • 계산과정

가로열 $N = \dfrac{19[\text{m}]}{2 \times 1.7[\text{m}] \times \cos(45°)} = 7.90 = 8[\text{개}]$

세로열 $N = \dfrac{9[\text{m}]}{2 \times 1.7[\text{m}] \times \cos(45°)} = 3.74 = 4[\text{개}]$

∴ 최소 개수 $= 8[\text{개}] \times 4[\text{개}] = 32[\text{개}]$

• 🔑 32[개]

(해설 ⊕) 스프링클러설비 계산

① 설치장소별 수평거리(R)

설치장소		수평거리(R)
• 무대부 • 특수가연물을 저장 또는 취급하는 장소		1.7[m] 이하
기타구조		2.1[m] 이하
내화구조		2.3[m] 이하
아파트 등		2.6[m] 이하
창고	특수가연물을 저장 또는 취급하는 장소	1.7[m] 이하
	기타구조	2.1[m] 이하
	내화구조	2.3[m] 이하

② 정방형의 경우

$$S = 2 \times r \times \cos 45°$$

여기서, S : 헤드 상호 간의 거리[m]

r : 유효반경[m]

04 그림은 서로 직렬된 2개의 실 I, II의 평면도로서 A_1, A_2는 출입문이며, 각 실은 출입문 이외의 틈새가 없다고 한다. 출입문이 닫힌 상태에서 실 I을 급기 가압하여 실 I과 외부 간에 50[Pa]의 기압차를 얻기 위하여 실 I에 급기시켜야 할 풍량은 몇 [m³/s]가 되겠는가? (단, 닫힌 문 A_1, A_2 에 의해 공기가 유통될 수 있는 틈새의 면적은 각각 0.02[m²]이며, 임의의 어느 실에 대한 급기량 Q[m³/s]와 얻고자 하는 기압차[Pa]의 관계식은 $Q = 0.827 \times A \times P^{\frac{1}{N}}$ 이다.) [5점]

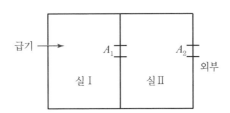

──────────

(해답 ⊕) • 계산과정

A_1와 A_2은 직렬상태

$$A_{1 \sim 2} = \left(\frac{1}{0.02^2} + \frac{1}{0.02^2} \right)^{-\frac{1}{2}} = 0.01414[\text{m}^2]$$

$$\therefore \ 0.827 \times 0.01414[\text{m}^2] \times \sqrt{50[\text{Pa}]} = 0.08[\text{m}^3/\text{s}]$$

• 🔖 0.08[m³/s]

(해설 ⊕) [공식]

┌───┐
│   누설량 $Q = 0.827 \times A \times P^{\frac{1}{N}}$ │
└───┘

여기서, Q : 급기 풍량[m³/s]

A : 틈새면적[m²]

P : 문을 경계로 한 실내의 기압차[N/m² = Pa]

N : 누설 면적 상수(일반출입문 = 2, 창문 = 1.6)

① 병렬상태인 경우의 틈새면적[m²] $A_T = A_1 + A_2 + A_3 + A_4$

② 직렬상태인 경우의 틈새면적[m²]

$$A_T[\text{m}^2] = \frac{1}{\sqrt{\left(\frac{1}{A_1^{\,2}} + \frac{1}{A_2^{\,2}} + \frac{1}{A_3^{\,2}} + \frac{1}{A_4^{\,2}} \cdots \right)}} = \left(\frac{1}{A_1^{\,2}} + \frac{1}{A_2^{\,2}} + \frac{1}{A_3^{\,2}} + \frac{1}{A_4^{\,2}} \cdots \right)^{-\frac{1}{2}}$$

05 할로겐화합물 및 불활성기체 소화설비에 대하여 다음 물음에 답하시오. [8점]

1) 할로겐화합물 소화약제의 정의
2) 불활성기체 소화약제의 정의
3) 할로겐화합물 소화약제와 불활성기체 소화약제의 교체시기
4) 할로겐화합물 소화약제와 불활성기체 소화약제를 설치할 수 없는 장소

(해답 ⊕) 1) 불소, 염소, 브롬 또는 요오드 중 하나 이상의 원소를 포함하고 있는 유기화합물을 기본성분으로 하는 소화약제

2) 헬륨, 네온, 아르곤 또는 질소가스 중 하나 이상의 원소를 기본성분으로 하는 소화약제

3) 교체시기
   ① 할로겐화합물 소화약제 : 약제량 손실이 5[%]를 초과하거나 압력손실이 10[%]를 초과할 경우
   ② 불활성기체 소화약제 : 압력손실이 5[%]를 초과할 경우

4) 설치제외장소
   ① 사람이 상주하는 곳으로서 최대허용설계농도를 초과하는 장소
   ② 제3류 위험물 및 제5류 위험물을 사용하는 장소

(해설 ⊕) 「할로겐화합물 및 불활성기체소화설비의 화재안전기술기준(NFTC 107A)」

1) 정의
   ① "할로겐화합물 및 불활성기체소화약제"란 할로겐화합물(할론 1301, 할론 2402, 할론 1211 제외) 및 불활성기체로서 전기적으로 비전도성이며 휘발성이 있거나 증발 후 잔여물을 남기지 않는 소화약제를 말한다.
   ② "할로겐화합물소화약제"란 불소, 염소, 브롬 또는 요오드 중 하나 이상의 원소를 포함하고 있는 유기화합물을 기본성분으로 하는 소화약제를 말한다.
   ③ "불활성기체소화약제"란 헬륨, 네온, 아르곤 또는 질소가스 중 하나 이상의 원소를 기본성분으로 하는 소화약제를 말한다.

2) 설치제외
   ① 사람이 상주하는 곳으로서 최대허용 설계농도를 초과하는 장소
   ② 「위험물안전관리법 시행령」 별표 1의 제3류 위험물 및 제5류 위험물을 저장 · 보관 · 사용하는 장소. 다만, 소화성능이 인정되는 위험물은 제외한다.

3) 저장용기 설치기준
   ① 저장용기의 충전밀도 및 충전압력은 표에 따를 것
   ② 저장용기는 약제명 · 저장용기의 자체중량과 총중량 · 충전일시 · 충전압력 및 약제의 체적을 표시할 것
   ③ 동일 집합관에 접속되는 저장용기는 동일한 내용적을 가진 것으로 충전량 및 충전압력이 같도록 할 것

④ 저장용기에 충전량 및 충전압력을 확인할 수 있는 장치를 하는 경우에는 해당 소화약제에 적합한 구조로 할 것

⑤ 저장용기의 약제량 손실이 5[%]를 초과하거나 압력손실이 10[%]를 초과할 경우에는 재충전하거나 저장용기를 교체할 것. 다만, 불활성기체 소화약제 저장용기의 경우에는 압력손실이 5[%]를 초과할 경우 재충전하거나 저장용기를 교체해야 한다.

[참고] 저장용기 적합장소
① 방호구역 외의 장소에 설치할 것. 다만, 방호구역 내에 설치할 경우에는 피난 및 조작이 용이하도록 피난구 부근에 설치해야 한다.

② 온도가 55[℃] 이하이고, 온도 변화가 작은 곳에 설치할 것

③ 직사광선 및 빗물이 침투할 우려가 없는 곳에 설치할 것

④ 저장용기를 방호구역 외에 설치한 경우에는 방화문으로 구획된 실에 설치할 것

⑤ 용기의 설치장소에는 해당 용기가 설치된 곳임을 표시하는 표지를 할 것

⑥ 용기 간의 간격은 점검에 지장이 없도록 3[cm] 이상의 간격을 유지할 것

⑦ 저장용기와 집합관을 연결하는 연결배관에는 체크밸브를 설치할 것. 다만, 저장용기가 하나의 방호구역만을 담당하는 경우에는 그렇지 않다.

06 다음은 이산화탄소소화설비의 분사헤드를 설치하지 않아도 되는 장소이다. (   )에 알맞은 내용을 쓰시오. [4점]

- 방재실 · 제어실 등 사람이 상시 근무하는 장소
- 니트로셀룰로오스 · 셀룰로이드 제품 등 (㉠)을 저장 · 취급하는 장소
- 나트륨 · 칼륨 · 칼슘 등 (㉡)을 저장 · 취급하는 장소
- 전시장 등의 관람을 위하여 다수인이 출입 · 통행하는 통로 및 전시실 등

─────────────────────────────────────

(해답 ⊕) ㉠ 자기연소성 물질
㉡ 활성 금속물질

(해설 ⊕) 「이산화탄소소화설비의 화재안전기술기준(NFTC 106)」 분사헤드 설치제외
① 방재실 · 제어실 등 사람이 상시 근무하는 장소
② 니트로셀룰로오스 · 셀룰로이드제품 등 자기연소성 물질을 저장 · 취급하는 장소
③ 나트륨 · 칼륨 · 칼슘 등 활성 금속물질을 저장 · 취급하는 장소
④ 전시장 등의 관람을 위하여 다수인이 출입 · 통행하는 통로 및 전시실 등

07 옥내소화전에 관한 설계 시 아래 조건을 읽고 답하시오. (단, 소수점 이하는 반올림하여 정수만 나타내시오.) [14점]

[조건]
- 건물규모 : 3층×각 층의 바닥면적 1,200[m²]
- 옥내소화전 수량 : 총 12[개](각 층당 4[개] 설치)
- 소화펌프에서 최상층 소화전호스 접결구까지 수직거리 : 15[m]
- 소방호스 : ϕ40[mm]×15[m](고무내장)
- 호스의 마찰손실 수두값(호스 100[m]당)

구분 유량 [L/min]	호스의 호칭구경[mm]					
	40		50		65	
	아마호스	고무내장호스	아마호스	고무내장호스	아마호스	고무내장호스
130	26[m]	12[m]	7[m]	3[m]	–	–
350	–	–	–	–	10[m]	4[m]

- 배관 및 관부속의 마찰손실수두 합계 : 30[m]
- 배관 내경

호칭구경	15A	20A	25A	32A	40A	50A	65A	80A	100A
내경[mm]	16.4	21.9	27.5	36.2	42.1	53.2	69	81	105.3

- 펌프의 동력전달계수

동력전달형식	전달계수
전동기	1.1
전동기 이외의 것	1.2

- 펌프의 구경에 따른 효율(단, 펌프의 구경은 펌프의 토출 측 주배관의 구경과 같다.)

펌프의 구경[mm]	40	50~65	80	100	125~150
펌프의 효율 E	0.45	0.55	0.60	0.65	0.70

1) 소방펌프의 정격유량과 정격양정을 계산하시오.(단, 흡입양정은 무시)
2) 소화펌프의 토출 측 최소 관경을 구하시오.
3) 소화펌프를 디젤엔진으로 구동 시 디젤엔진의 동력[kW]을 계산하시오.
4) 펌프의 성능시험에 관한 설명이다. 다음 ( ) 안에 적당한 수치를 쓰시오.
   펌프의 성능은 체절운전 시 정격토출압력의 (①)[%]를 초과하지 아니하고, 유량측정장치는 성능시험배관의 직관부에 설치하되, 펌프의 정격토출량의 (②) 이상 측정할 수 있는 성능이 있어야 한다.
5) 만일 펌프로부터 제일 먼 옥내소화전 노즐과 가장 가까운 곳의 옥내소화전 노즐의 방수압력 차이가 0.4[MPa]이며 펌프로부터 제일 먼 거리에 있는 옥내소화전 노즐의 방수압력이 0.17[MPa], 방수유량이 130[LPM]인 경우 가장 가까운 소화전의 방수유량[LPM]은 얼마인가?
6) 옥상에 저장하여야 할 소화용수량[m³]은 얼마인가?

1) 소방펌프의 정격유량과 정격양정
  - 계산과정

    정격유량 $Q = 2[개] \times 130[L/min] = 260[L/min]$

    정격양정 $H = 15[m] + 30[m] + \dfrac{12[m]}{100[m]} \times 15[m] + 17[m] = 63.8[m] \rightarrow 64[m]$

  - 🔁 260[L/min], 64[m]

2) 토출 측 최소 관경
  - 계산과정

    ※ 펌프의 토출 측 주배관의 구경은 유속이 4[m/s] 이하가 될 수 있는 크기 이상으로 해야 한다.

    $\dfrac{0.26}{60}[m^3/s] = \dfrac{d^2\pi}{4}[m^2] \times 4[m/s]$

    ∴ $d = 0.03714[m] = 37.13[mm]$이므로 40A

    최소 구경 적용 → 50A

  - 🔁 50A

3) 디젤엔진의 동력[kW]
  - 계산과정

    $P = \dfrac{9.8[kN/m^3] \times \dfrac{0.26}{60}[m^3/s] \times 64[m]}{0.45} \times 1.2 = 7.25[kW] \rightarrow 8[kW]$

  - 🔁 8[kW]

4) 펌프의 성능은 체절운전 시 정격토출압력의 140[%]를 초과하지 않고, 정격토출량의 150[%]로 운전 시 정격토출압력의 65[%] 이상이 되어야 하며, 펌프의 성능을 시험할 수 있는 성능시험배관을 설치할 것
  - 🔁 ① 140, ② 175

5) 방수유량[LPM]
  - 계산과정

    펌프로부터 가장 가까운 곳의 방사압력

    $P = 0.17[MPa] + 0.4[MPa] = 0.57[MPa]$

    $130[L/min] = K\sqrt{10 \times 0.17[MPa]}$

    ∴ $K = 99.71$

    $Q = 99.71 \times \sqrt{10 \times 0.57[MPa]} = 238.05[L/min] \rightarrow 238[LPM]$

  - 🔁 238[LPM]

6) 옥상에 저장하여야 할 소화용수량[m³]
  • 계산과정
    지하수조 유효수량 = 260[L/min] × 20[min] = 5,200[L]

    옥상수조 유효수량 = 5,200[L] × $\frac{1}{3}$ = 1,733.33[L] = 1.73[m³] → 2[m³]

  • 답 2[m³]

해설 ⊕ [공식]

$$전양정 \ H = 실양정[m] + 마찰손실[m] + 방사압[m]$$

여기서, 옥내소화전의 노즐 방사압 : 0.17[MPa] = 17[m]

$$전동기의 동력[kW] \ P = \frac{\gamma QH}{\eta} \times K$$

여기서, γ : 비중량($\gamma_w = 9.8[kN/m^3]$)

  Q : 유량[m³/s]

  H : 전양정[m]

  η : 효율

  K : 전달계수

$$방수량 \ Q = K\sqrt{10P}$$

여기서, Q : 헤드 방수량[L/min]

  P : 방사압력[MPa]

  K : 방출계수

08 1층 바닥면적이 7,500[m²]이고 전체 5층인 건물에 총 바닥면적의 합계가 30,000[m²]인 건축물에 소화용수설비가 설치되어 있다. 다음 물음에 답하시오. [6점]

1) 소화용수의 저수량[m³]은 얼마인가?
2) 흡수관투입구의 수는 몇 [개] 이상으로 하여야 하는가?
3) 채수구는 몇 [개]를 설치하여야 하는가?
4) 가압송수장치의 1분당 양수량은 몇 [L] 이상으로 하여야 하는가?

해답 ⊕ 1) 소화용수의 저수량[m³]
  • 계산과정

    $\frac{30,000}{7,500} = 2.4$ → 3 × 20[m³] = 60[m³]

  • 답 60[m³]

2) 1[개] 이상

3) 2[개]

4) 2,200[L/min] 이상

해설 ⊕ 「소화수조 및 저수조의 화재안전기술기준(NFTC 402)」 소화수조 저수량

소화수조 또는 저수조의 저수량은 소방대상물의 연면적을 다음 표에 따른 기준면적으로 나누어 얻은 수(소수점 이하의 수는 1로 본다)에 20[m³]를 곱한 양 이상이 되도록 해야 한다.

소방대상물의 구분	기준 면적
1층, 2층 바닥면적 합계가 15,000[m²] 이상인 소방대상물	7,500[m²]
그 외	12,500[m²]

▼ [정리] 1분당 양수량[L]

소요수량	20[m³]	40[m³], 60[m³]	80[m³]	100[m³] 이상
흡수관투입구	1[개] 이상		2[개] 이상	
채수구의 수	1[개]	2[개]		3[개]
가압송수장치 1분당 양수량	1,100[L/min] 이상	2,200[L/min] 이상		3,300[L/min] 이상

09 포소화약제 중 수성막포의 장점과 단점을 각각 2가지를 쓰시오. [5점]

1) 장점

　①

　②

2) 단점

　①

　②

해답 ⊕ 1) 장점

　① 유동성이 우수하여 초기 소화속도가 우수하다.

　② 내유성이 우수하여(유류에 오염되지 않아) 표면하주입방식을 할 수 있다.

　③ 수성막이 장기간 지속되어 재발화 방지에 효과가 있다.

　⑤ 내약품성이 우수하여 분말소화약제와 병용하여 7~8배 소화효과를 낼 수 있다.

　⑥ 장기보관이 가능하며, 영하온도에서도 사용할 수 있다.

2) 단점

　① 내열성이 좋지 않아 점착성이 약하다.

　② 윤화현상(Ring Fire)이 발생할 수 있다.

（해설 ⊕） 포소화설비 포소화약제

1) 단백포
   ① 주성분 : 동식물 단백질을 가수분해하여 염화철과 그 밖의 안정제 등을 첨가하여 제조한 약제이다.
   ② 장점 : 내화성(내열성), 점착성이 우수하고, 경제적이다.
   ③ 단점 : 부식성이 높고, 경년기간이 짧다. 유동성이 좋지 않아 소화속도가 느리고, 분말과 병용할 수 없으며, 유류를 오염시킨다.

2) 수성막포(불소계 계면활성제포, Light Water)
   ① 주성분 : 불소계 습윤제에 안정제 등을 첨가하여 제조한 약제이다.
   ② 장점 : 유동성이 우수하여 초기 소화속도가 우수하고, 내유성이 우수하여(유류에 오염되지 않아) 표면하주입방식을 할 수 있다. 수성막이 장기간 지속되어 재발화 방지에 효과가 있으며, 내약품성이 우수하여 분말소화약제와 병용하여 7~8배 소화효과를 낼 수 있다. 장기보관이 가능하며, 영하온도에서도 사용할 수 있다.
   ③ 단점 : 내열성이 좋지 않아 점착성이 약하며, 윤화현상(Ring Fire)이 발생할 수 있다.

3) 불화단백포
   ① 주성분 : 단백포에 불소계 계면활성제를 소량으로 첨가하여 제조한 약제이다.
   ② 장점 : 내유성이 우수하여 표면하주입방식으로 사용할 수 있고, 내열성이 우수하여 대형 유류저장탱크 시설에 적합하다. 장기보관이 가능하고, 유동성이 우수하여 소화속도가 빠르다. 무상으로 방사하는 경우에는 전기화재에도 적합하다.
   ③ 단점 : 구입 가격이 고가이고, (초)내한용으로 사용이 어렵다.

4) 활성계면활성제포
   ① 주성분 : 탄화수소계 계면활성제를 이용하여 제조한 약제이다.
   ② 장점 : 저발포 및 고발포로 모두 사용이 가능하다. 유동성이 좋아 소화속도가 빠르고, 보존기간이 반영구적이다.
   ③ 단점 : 내열성이 좋지 않아 윤화현상(Ring Fire)이 발생할 수 있고, 내유성이 좋지 않아 유류저장탱크의 시설에는 부적합하다.

5) (내)알코올형 포
   ① 주성분 : 단백질 가수분해생성물이나 합성계면활성제 등을 첨가하여 제조한 약제이다.
   ② 장점 : 수용성 액체(알코올, 에테르, 케톤 등) 화재에 적합하다. 유류에 오염되지 않고, 대형 유류저장탱크에 사용하며, 보존기간이 길다.
   ③ 단점 : 구입 가격이 고가이다.

구분	내열성	내유성	유동성
단백포	○	×	×
수성막포	×	○	○
불화단백포	○	○	○
합성계면활성제포	×	×	○

10 제연설비 제연구획 ①실, ②실의 소요 풍량합계[m³/min]와 축동력[kW]을 구하시오. (단, 이때 송풍기의 전압은 100[mmAq], 전압효율은 50[%]이다.) [7점]

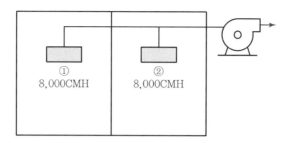

1) 최소 풍량[m³/min]
2) 축동력[kW]

해답 ➕ 1) 최소 풍량[m³/min]

• 계산과정

$$Q = \frac{8,000 + 8,000}{60}[\mathrm{m}^3/\mathrm{min}] = 266.67[\mathrm{m}^3/\mathrm{min}]$$

• 📋 266.67[m³/min]

2) 축동력[kW]

• 계산과정

$$P = \frac{9.8[\mathrm{kN/m}^3] \times \dfrac{266.67}{60}[\mathrm{m}^3/\mathrm{s}] \times 0.1[\mathrm{m}]}{0.5} = 8.71[\mathrm{kW}]$$

• 📋 8.71[kW]

해설 ➕ 「제연설비의 화재안전기술기준(NFTC 501)」

① 공동예상제연구역 안에 설치된 예상제연구역이 각각 벽으로 구획된 경우(제연구역의 구획 중 출입구만을 제연경계로 구획한 경우를 포함한다)에는 각 예상제연구역의 배출량을 합한 것 이상으로 할 것. 다만, 예상제연구역의 바닥면적이 400[m²] 미만인 경우 배출량은 바닥면적 1[m²]당 1[m³/min] 이상으로 하고 공동예상구역 전체배출량은 5,000[m³/hr] 이상으로 할 것

② 공동예상제연구역 안에 설치된 예상제연구역이 각각 제연경계로 구획된 경우(예상제연구역의 구획 중 일부가 제연경계로 구획된 경우를 포함하나, 출입구 부분만을 제연경계로 구획한 경우를 제외한다)에 배출량은 각 예상제연구역의 배출량 중 최대의 것으로 할 것. 이 경우 공동제연예상구역이 거실일 때에는 그 바닥면적이 1,000[m²] 이하이며, 직경 40[m] 원 안에 들어가야 하고, 공동제연예상구역이 통로일 때에는 보행중심선의 길이를 40[m] 이하로 해야 한다.

$$축동력[kW] \ P = \frac{\gamma QH}{\eta}$$

여기서, γ : 비중량($\gamma_w = 9.8[kN/m^3]$)

Q : 유량$[m^3/s]$

H : 전양정[m]

η : 효율

11 연결송수관설비에 가압송수장치가 높이 120[m]의 건물에 설치되어 있다. 다음 물음에 답하시오. [6점]

1) 가압송수장치 설치이유를 간단히 설명하시오.

2) 가압송수장치 펌프의 토출량은 몇 [m³/min] 이상이어야 하는지 쓰시오. (단, 계단식 아파트가 아니고, 해당 층에 설치된 방수구가 3[개] 이하이다.)

3) 최상층 노즐 선단의 방수압력은 몇 [MPa] 이상이어야 하는지 쓰시오.

(해답 ⊕) 1) 소방차에서 토출되는 양정(압력)만으로는 부족하기 때문에

2) 2.4[m³/min]

3) 0.35[MPa]

(해설 ⊕) 「연결송수관설비의 화재안전기술기준(NFTC 502)」가압송수장치

① 지표면에서 최상층 방수구의 높이가 70[m] 이상의 특정소방대상물에는 다음의 기준에 따라 연결송수관설비의 가압송수장치를 설치해야 한다.

② 펌프의 토출량은 2,400[L/min](계단식 아파트의 경우에는 1,200[L/min]) 이상이 되는 것으로 할 것. 다만, 해당 층에 설치된 방수구가 3[개]를 초과(방수구가 5[개] 이상인 경우에는 5[개])하는 것에 있어서는 1[개]마다 800[L/min](계단식 아파트의 경우에는 400[L/min])를 가산한 양이 되는 것으로 할 것

③ 펌프의 양정은 최상층에 설치된 노즐선단의 압력이 0.35[MPa] 이상의 압력이 되도록 할 것

12 어떤 소방대상물에 옥외소화전 5[개]를 화재안전기준과 다음 조건에 따라 설치하려고 한다. 다음 각 물음에 답하시오. [9점]

[조건]

• 옥외소화전은 지상용 A형을 사용한다.

• 펌프에서 첫째 옥외소화전까지의 직관길이는 150[m], 관의 내경은 100[mm]이다.

• 모든 규격치는 최소량을 적용한다.

1) 수원의 최소 유효저수량은 몇 [m³]인가? (단, 옥상수조는 제외한다.)

2) 펌프의 최소 유량[m³/min]은 얼마인가?

3) 직관부분에서의 마찰손실수두[m]는 얼마인가? (단, Darcy−Weisbach의 식을 사용하고 마찰손실 계수는 0.02이다.)

(해답 ⊕) 1) 수원의 최소 유효저수량[m³]

- 계산과정

  $2[개] \times 350[\text{L/min}] \times 20[\text{min}] = 14{,}000[\text{L}] = 14[\text{m}^3]$

- 🔑 $14[\text{m}^3]$

2) 펌프의 최소 유량[m³/min]

- 계산과정

  $2[개] \times 350[\text{L/min}] = 700[\text{L/min}] = 0.7[\text{m}^3/\text{min}]$

- 🔑 $0.7[\text{m}^3/\text{min}]$

3) 마찰손실수두[m]

- 계산과정

  $$\frac{0.7}{60}[\text{m}^3/\text{s}] = \frac{0.1^2\pi}{4}[\text{m}^2] \times V$$

  $$\therefore \ V = 1.485[\text{m/s}]$$

  $$\Delta h_L = 0.02 \times \frac{150[\text{m}]}{0.1[\text{m}]} \times \frac{(1.485[\text{m/s}])^2}{2 \times 9.8[\text{m/s}^2]} = 3.38[\text{m}]$$

- 🔑 $3.38[\text{m}]$

(해설 ⊕) [공식]

$$\text{Darcy}-\text{Weisbach의 방정식 } \Delta h_L = f \times \frac{L}{D} \times \frac{V^2}{2g}$$

여기서, $\triangle h_L$: 마찰손실수두[m]

  f : 마찰손실계수($=\lambda$)

  L : 배관 길이[m]

  D : 관의 내경[m]

  V : 유속[m/s]

  g : 중력가속도($=9.8[\text{m/s}^2]$)

가압송수장치

① 방수압력 : 0.25[MPa] 이상 0.7[MPa] 이하(0.7[MPa] 초과 시 감압)

② 방수량 : 350[L/min] 이상

③ 펌프 토출량 : 350[L/min] × 옥외소화전 설치개수(최대 2[개])

④ 수원의 양 : 350[L/min] × 옥외소화전 설치개수(최대 2[개]) × 20[min]

13 식용유 및 지방질유 화재에는 분말소화약제 중 중탄산나트륨 분말 약제가 효과가 있다고 한다. 이 비누화현상과 효과에 대하여 설명하시오. [5점]

(해답 ⊕) 1) 정의 : 알칼리에 의하여 가수분해되어 알코올과 산의 알칼리염이 되는 반응
2) 효과 : 질식효과, 억제효과

(해설 ⊕) 비누화현상
① 비누화현상이란 알칼리에 의하여 가수분해되어 알코올과 산의 알칼리염이 되는 반응을 말한다.
② 소화약제 방사 시 비누화된 거품으로 식용유 표면을 덮어 소화함으로써 재발화의 위험을 낮추는 작용을 한다.
③ 제1종 분말소화약제
$$2NaHCO_3 \rightarrow Na_2CO_3 + H_2O + CO_2 - Q[\text{kcal}] \ (270[℃])$$
$$2NaHCO_3 \rightarrow Na_2O + H_2O + 2CO_2 - Q[\text{kcal}] \ (850[℃])$$
• 탄산수소나트륨의 나트륨이온(Na^+)과 기름의 지방산이 결합하여 비누화 작용을 일으킨다.
• 비누화 작용으로 발생된 거품이 가연성 액체의 표면을 덮어 산소를 차단하는 질식효과와 함께 식용유 표면온도를 낮추어 냉각효과가 일어나 재발화를 방지한다.

14 가로 15[m], 세로 14[m], 높이 3.5[m]인 전산실에 불활성기체 소화약제 중 IG-541을 사용할 경우 아래 조건을 참조하여 다음 물음에 답하시오. [9점]

[조건]
• IG-541의 소화농도는 33[%]이다.
• IG-541의 저장용기는 80[L]용 15.8[m³/병]을 적용하며 비체적은 0.707[m³/kg]이다.
• 소화약제량 산정 시 선형상수를 이용하도록 하며 방사 시 기준온도는 30[℃]이다.

소화약제	K_1	K_2
IG-541	0.65799	0.00239

1) IG-541의 저장량은 최소 몇 [m³]인가?
2) IG-541의 저장용기 수는 최소 몇 [병]인가?
3) 배관 구경 산정 조건에 따라 IG-541의 약제량 방사 시 주배관의 방사유량은 몇 [m³/s] 이상인가?
4) 방사시간과 방사량을 쓰시오.

(해답 ⊕) 1) IG-541의 저장량[m³]
• 계산과정
$$S = K_1 + K_2 \times t = 0.65799 + 0.00239 \times 30 = 0.72969[\text{m}^3/\text{kg}]$$

$$V_S = 0.707[\text{m}^3/\text{kg}]$$

$$C = \text{소화농도} \times 1.35(\text{전기화재}) = 33 \times 1.35 = 44.55[\%]$$

$$X = 2.303 \times \log_{10}\left(\frac{100}{100-44.55}\right) \times \frac{0.707[\text{m}^3/\text{kg}]}{0.72969[\text{m}^3/\text{kg}]} \times (15 \times 14 \times 3.5)[\text{m}^3]$$

$$= 420.02[\text{m}^3]$$

- 🔲 $420.02[\text{m}^3]$

2) IG-541의 저장용기 수[병]
   - 계산과정

   $$N = \frac{420.02[\text{m}^3]}{15.8[\text{m}^3/\text{병}]} = 26.58 = 27[\text{병}]$$

   - 🔲 27[병]

3) 주배관의 방사유량[m³/s]
   - 계산과정

   배관의 구경은 해당 방호구역에 할로겐화합물소화약제는 10초 이내에, 불활성기체소화약제는 A·C급 화재 2분, B급 화재 1분 이내에 방호구역 각 부분에 최소 설계농도의 95[%] 이상에 해당하는 약제량이 방출되도록 해야 한다.

   $$C = \text{소화농도} \times 1.35(\text{전기화재}) \times 0.95 = 33 \times 1.35 \times 0.95 = 42.32[\%]$$

   $$X = 2.303 \times \log_{10}\left(\frac{100}{100-42.32}\right) \times \frac{0.707[\text{m}^3/\text{kg}]}{0.72969[\text{m}^3/\text{kg}]} \times (15 \times 14 \times 3.5)[\text{m}^3]$$

   $$= 391.94[\text{m}^3]$$

   $$\therefore \frac{391.94[\text{m}^3]}{120[\text{s}]} = 3.27[\text{m}^3/\text{s}]$$

   - 🔲 $3.27[\text{m}^3/\text{s}]$

4) ① 방사시간 : 2분 이내
   ② 방사량 : 최소 설계농도의 95[%] 이상

해설 ➕ [공식]

$$\boxed{\text{불활성기체 소화약제 } X = 2.303\left(\frac{V_S}{S}\right) \times \log_{10}\left(\frac{100}{100-C}\right)}$$

여기서, X : 공간체적당 더해진 소화약제의 부피[m³/m³]

S : 소화약제별 선형상수$(K_1 + K_2 \times t)$[m³/kg]

C : 체적에 따른 소화약제의 설계농도[%]

V_S : 20[℃]에서 소화약제의 비체적[m³/kg]

t : 방호구역의 최소 예상온도[℃]

01 포소화설비의 포소화약제 혼합방식의 종류를 4가지만 쓰시오. [4점]

①   ②
③   ④

(해답 ⊕) ① 펌프 프로포셔너방식   ② 라인 프로포셔너방식
            ③ 프레셔 프로포셔너방식   ④ 프레셔 사이드 프로포셔너방식
            ⑤ 압축공기포믹싱챔버방식

(해설 ⊕) 포소화설비의 포소화약제 혼합방식
   1) 라인 프로포셔너 방식(Line Proportioner Type)
      ① 정의 : 펌프와 발포기의 중간에 설치된 벤투리관의 벤투리작용에 따라 포소화약제를
         흡입·혼합하는 방식
      ② 설치비가 저렴하다.
      ③ 설치가 용이하다.
      ④ 혼합비가 부정확하다.

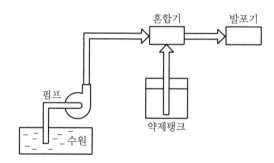

   2) 펌프 프로포셔너 방식(Pump Proportioner Type)
      ① 정의 : 펌프의 토출관과 흡입관 사이의 배관 도중에 설치한 흡입기에 펌프에서 토출된
         물의 일부를 보내고, 농도 조정밸브에서 조정된 포소화약제의 필요량을 포소화약제 탱크
         에서 펌프 흡입 측으로 보내어 이를 혼합하는 방식
      ② 소방펌프차에 주로 사용하는 방식이다.
      ③ 압력손실이 작다.
      ④ 보수가 용이하다.

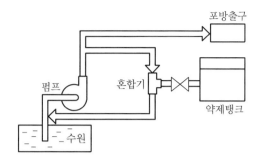

3) 프레셔 프로포셔너(Pressure Proportioner Type)
　① 정의 : 펌프와 발포기의 중간에 설치된 벤투리관의 벤투리작용과 펌프 가압수의 포소화
　　약제 저장탱크에 대한 압력에 따라 포소화약제를 흡입 · 혼합하는 방식
　② 위험물 제조소에서 가장 많이 사용하는 방식이다.

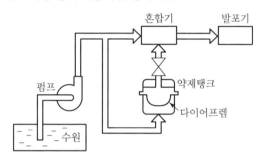

4) 프레셔 사이드 프로포셔너(Pressure Side Proportioner Type)
　① 정의 : 펌프의 토출관에 압입기를 설치하여 포소화약제 압입용 펌프로 포소화약제를
　　압입시켜 혼합하는 방식
　② 대형설비에 주로 사용한다.
　③ 혼합비율이 가장 일정하다.

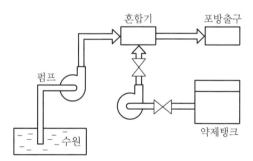

5) 압축공기포 믹싱챔버방식(CAFS : Compressed Air Foam System)
　① 정의 : 압축공기 또는 압축질소를 일정비율로 포수용액에 강제 주입 혼합하는 방식
　② 포약제를 물과 공기 또는 질소와 혼합시켜 물의 표면장력을 감소시킴으로써 연소물질
　　에 침투되는 침투력을 증가시켜 빠르게 소화

③ 차고, 주차장, 항공기격납고, 발전기실, 엔진펌프실, 변압기, 케이블실 등 적용

02 그림과 같은 직사각형 주철 관로망에서 A 지점에서 0.6[m³/s] 유량으로 물이 들어와서 B와 C 지점에서 각각 0.2[m³/s]와 0.4[m³/s]의 유량으로 물이 나갈 때 관 내에서 흐르는 물의 유량 Q_1, Q_2, Q_3는 각각 몇 [m³/s]인가?(단, 관로가 길기 때문에 관마찰손실 이외의 손실은 무시하고 d_1, d_2 관의 관마찰계수 $\lambda = 0.025$, d_3, d_4의 관에 대한 관마찰계수는 $\lambda = 0.028$이다. 그리고 각각의 관의 내경은 $d_1 = 0.4$[m], $d_2 = 0.4$[m], $d_3 = 0.322$[m], $d_4 = 0.322$[m]이며, 또한 본 문제는 Darcy−Weisbach의 방정식을 이용하여 유량을 구한다.)   [7점]

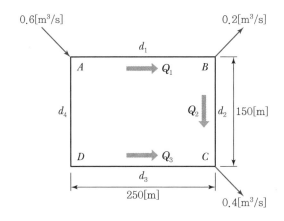

해답 ⊕ • 계산과정

[조건]

① 유량 $Q_A = 0.6$[m³/s], $Q_B = 0.2$[m³/s], $Q_C = 0.4$[m³/s]

② d_1, d_2 관의 관마찰계수 $\lambda = 0.025$, d_3, d_4의 관에 대한 관마찰계수 $\lambda = 0.028$

③ 관의 내경 $d_1 = 0.4$[m], $d_2 = 0.4$[m], $d_3 = 0.322$[m], $d_4 = 0.322$[m]

$$\Delta h_1 + \Delta h_2 = \Delta h_3$$

$$\left(0.025 \times \frac{250[\text{m}]}{0.4[\text{m}]} \times \frac{(V_1[\text{m/s}])^2}{2g[\text{m/s}^2]}\right) + \left(0.025 \times \frac{150[\text{m}]}{0.4[\text{m}]} \times \frac{(V_2[\text{m/s}])^2}{2g[\text{m/s}^2]}\right)$$

$$= \left(0.028 \times \frac{(150+250)[\text{m}]}{0.322[\text{m}]} \times \frac{(V_3[\text{m/s}])^2}{2g[\text{m/s}^2]}\right)$$

$$\therefore \left(0.025 \times \frac{(250\,V_1^2 + 150\,V_2^2)}{0.4}\right) = \left(0.028 \times \frac{(150+250) \times (V_3)^2}{0.322}\right)$$

이때,

$Q_1[\text{m}^3/\text{s}] + Q_3[\text{m}^3/\text{s}] = 0.6[\text{m}^3/\text{s}]$

$\dfrac{0.4^2\pi}{4}[\text{m}^2] \times V_1[\text{m}/\text{s}] + \dfrac{0.322^2\pi}{4}[\text{m}^2] \times V_3[\text{m}/\text{s}] = 0.6[\text{m}^3/\text{s}]$

$0.126\,V_1 + 0.081\,V_3 = 0.6$

$\therefore\ V_3 = \dfrac{0.6 - 0.126\,V_1}{0.081} = 7.407 - 1.556\,V_1$ ·····························1)

$Q_1[\text{m}^3/\text{s}] = 0.2[\text{m}^3/\text{s}] + Q_2[\text{m}^3/\text{s}]$

$\dfrac{0.4^2\pi}{4}[\text{m}^2] \times V_1[\text{m}/\text{s}] = 0.2[\text{m}^3/\text{s}] + \dfrac{0.4^2\pi}{4}[\text{m}^2] \times V_2[\text{m}/\text{s}]$

$0.126\,V_1 = 0.2 + 0.126\,V_2$

$\therefore\ V_2 = \dfrac{0.126\,V_1 - 0.2}{0.126} = V_1 - 1.587$ ·····························2)

따라서 처음 공식에 1)과 2)를 대입하면

$0.025 \times \dfrac{250\,V_1^2 + 150\,(V_1 - 1.587)^2}{0.4} = 0.028 \times \dfrac{(150 + 250) \times (7.407 - 1.556\,V_1)^2}{0.322}$

$\therefore\ V_1 = 3.253[\text{m}/\text{s}] \to Q_1 = 0.126\,V_1 = 0.41[\text{m}^3/\text{s}]$

$Q_3 = 0.6 - Q_1 = 0.19[\text{m}^3/\text{s}],\ Q_2 = Q_1 - 0.2 = 0.21[\text{m}^3/\text{s}]$

- 🔖 $Q_1 = 0.41[\text{m}^3/\text{s}]$

  $Q_2 = 0.21[\text{m}^3/\text{s}]$

  $Q_3 = 0.19[\text{m}^3/\text{s}]$

해설 ➕ [공식]

연속방정식 $Q = AV$

여기서, Q : 체적유량[m³/s]

A : 배관의 단면적[m²]

V : 유속[m/s]

Darcy−Weisbach의 방정식 $\Delta h_L = f \times \dfrac{L}{D} \times \dfrac{V^2}{2g}$

여기서, Δh_L : 마찰손실수두[m]

f : 마찰손실계수($=\lambda$)

L : 배관 길이[m]

D : 관의 내경[m]

V : 유속[m/s]

g : 중력가속도($=9.8[\text{m/s}^2]$)

03 다음은 「피난기구의 화재안전기술기준(NFTC 301)」 중 승강식 피난기 및 하향식 피난구용 내림식 사다리 설치기준이다. ( ) 안에 알맞은 답을 쓰시오. [5점]

1) 대피실의 면적은 (①)(2세대 이상일 경우에는 3[m²]) 이상으로 하고, 「건축법 시행령」 규정에 적합하여야 하며 하강구(개구부) 규격은 직경 (②) 이상일 것
2) 대피실의 출입문은 (③)으로 설치하고, 피난방향에서 식별할 수 있는 위치에 "대피실" 표지판을 부착할 것
3) 착지점과 하강구는 상호 수평거리 (④) 이상의 간격을 둘 것
4) 승강식 피난기는 (⑤) 또는 성능시험기관으로 지정받은 기관에서 그 성능을 검증받은 것으로 설치할 것

(해답 ⊕) ① 2[m²]
② 60[cm]
③ 60분 + 방화문 또는 60분 방화문
④ 15[cm]
⑤ 한국소방산업기술원

(해설 ⊕) 「피난기구의 화재안전기술기준(NFTC 301)」 승강식 피난기 및 하향식 피난구용 내림식 사다리 설치 기준
① 승강식 피난기 및 하향식 피난구용 내림식 사다리는 설치경로가 설치 층에서 피난층까지 연계될 수 있는 구조로 설치할 것. 다만, 건축물의 구조 및 설치 여건상 불가피한 경우에는 그렇지 않다.
② 대피실의 면적은 2[m²](2세대 이상일 경우에는 3[m²]) 이상으로 하고, 「건축법 시행령」에 적합하여야 하며 하강구(개구부) 규격은 직경 60[cm] 이상일 것. 다만, 외기와 개방된 장소에는 그렇지 않다.
③ 하강구 내측에는 기구의 연결 금속구 등이 없어야 하며 전개된 피난기구는 하강구 수평투영면적 공간 내의 범위를 침범하지 않는 구조이어야 할 것. 다만, 직경 60[cm] 크기의 범위를 벗어난 경우이거나, 직하층의 바닥 면으로부터 높이 50[cm] 이하의 범위는 제외한다.
④ 대피실의 출입문은 60분 + 방화문 또는 60분 방화문으로 설치하고, 피난방향에서 식별할 수 있는 위치에 "대피실" 표지판을 부착할 것. 다만, 외기와 개방된 장소에는 그렇지 않다.
⑤ 착지점과 하강구는 상호 수평거리 15[cm] 이상의 간격을 둘 것
⑥ 대피실 내에는 비상조명등을 설치할 것
⑦ 대피실에는 층의 위치표시와 피난기구 사용설명서 및 주의사항 표지판을 부착할 것
⑧ 대피실 출입문이 개방되거나, 피난기구 작동 시 해당층 및 직하층 거실에 설치된 표시등 및 경보장치가 작동되고, 감시 제어반에서는 피난기구의 작동을 확인할 수 있어야 할 것
⑨ 사용 시 기울거나 흔들리지 않도록 설치할 것
⑩ 승강식 피난기는 한국소방산업기술원 또는 성능시험기관으로 지정받은 기관에서 그 성능을 검증받은 것으로 설치할 것

04 다음은 「소화기구 및 자동소화장치의 화재안전기술기준(NFTC 101)」 중 주거용 주방자동소화 장치의 설치기준이다. (   ) 안에 알맞은 답을 쓰시오. [4점]

1) 소화약제 방출구는 (①)(주방에서 발생하는 열기류 등을 밖으로 배출하는 장치)의 청소부분과 분리되어 있어야 하며, 형식승인 받은 유효설치 높이 및 (②)에 따라 설치할 것

2) 감지부는 형식승인 받은 유효한 (③) 및 위치에 설치할 것

3) 차단장치(전기 또는 가스)는 상시 확인 및 점검이 가능하도록 설치할 것

4) 가스용 주방자동소화장치를 사용하는 경우 탐지부는 수신부와 분리하여 설치하되, 공기보다 가벼운 가스를 사용하는 경우에는 (④) 면으로부터 (⑤) 이하의 위치에 설치하고, 공기보다 무거운 가스를 사용하는 장소에는 (⑥) 면으로부터 (⑦) 이하의 위치에 설치할 것

─────────────────────────────

(해답 ⊕) ① 환기구   ② 방호면적   ③ 높이
④ 천장   ⑤ 30[cm]   ⑥ 바닥
⑦ 30[cm]

(해설 ⊕) 「소화기구 및 자동소화장치의 화재안전기술기준(NFTC 101)」
주거용 주방자동소화장치 설치기준
① 소화약제 방출구는 환기구(주방에서 발생하는 열기류 등을 밖으로 배출하는 장치를 말한다)의 청소부분과 분리되어 있어야 하며, 형식승인 받은 유효설치 높이 및 방호면적에 따라 설치할 것
② 감지부는 형식승인 받은 유효한 높이 및 위치에 설치할 것
③ 차단장치(전기 또는 가스)는 상시 확인 및 점검이 가능하도록 설치할 것
④ 가스용 주방자동소화장치를 사용하는 경우 탐지부는 수신부와 분리하여 설치하되, 공기보다 가벼운 가스를 사용하는 경우에는 천장 면으로부터 30[cm] 이하의 위치에 설치하고, 공기보다 무거운 가스를 사용하는 장소에는 바닥 면으로부터 30[cm] 이하의 위치에 설치할 것
⑤ 수신부는 주위의 열기류 또는 습기 등과 주위온도에 영향을 받지 않고 사용자가 상시 볼 수 있는 장소에 설치할 것

상업용 주방자동소화장치 설치기준
① 소화장치는 조리기구의 종류별로 성능인증을 받은 설계 매뉴얼에 적합하게 설치할 것
② 감지부는 성능인증을 받은 유효높이 및 위치에 설치할 것
③ 차단장치(전기 또는 가스)는 상시 확인 및 점검이 가능하도록 설치할 것
④ 후드에 설치되는 분사헤드는 후드의 가장 긴 변의 길이까지 방출될 수 있도록 소화약제의 방출 방향 및 거리를 고려하여 설치할 것
⑤ 덕트에 설치되는 분사헤드는 성능인증을 받은 길이 이내로 설치할 것

05 건식 스프링클러설비 등에 사용하는 드라이펜던트형 헤드(Dry Pendent Type Sprinkler Head)를 설치하는 목적에 대하여 쓰시오. [3점]

(해답 ✚) 물과 오리피스가 배관에 의해 분리되어 동파 방지를 위하여

(해설 ✚) 「소화기구 및 자동소화장치의 화재안전기술기준(NFTC 101)」 스프링클러헤드의 형식승인 및 제품검사의 기술기준

"건식 스프링클러헤드"란 물과 오리피스가 배관에 의해 분리되어 동파를 방지할 수 있는 스프링클러헤드를 말한다.

「스프링클러설비의 화재안전기술기준(NFTC 103)」
습식 스프링클러설비 및 부압식 스프링클러설비 외의 설비에는 상향식 스프링클러헤드를 설치할 것. 다만, 다음의 어느 하나에 해당하는 경우에는 그렇지 않다.
① 드라이펜던트 스프링클러헤드를 사용하는 경우
② 스프링클러헤드의 설치장소가 동파의 우려가 없는 곳인 경우
③ 개방형 스프링클러헤드를 사용하는 경우

06 어떤 지하상가에 제연설비를 화재안전기준과 아래 조건에 따라 설치하려고 한다. 다음 각 물음에 답하시오. [4점]

[조건]
• 전압은 80[mmAq]이다.
• 배출기의 풍량은 24,000[m³/h], 효율은 60[%], 여유율은 10[%]이다.

1) 배출기의 축동력[kW]을 계산하시오.
2) 준공 후 풍량시험을 한 결과 풍량은 18,000[m³/h], 회전수는 600[rpm]으로 측정되었다. 배출량 24,000[m³/h]를 만족시키기 위한 배출기 회전수[rpm]를 계산하시오.

(해답 ✚) 1) 배출기의 축동력[kW]
• 계산과정

$$P = \frac{9.8[\mathrm{kN/m^3}] \times \frac{24,000}{3,600}[\mathrm{m^3/s}] \times 0.08[\mathrm{m}]}{0.6} = 8.71[\mathrm{kW}]$$

• 답 8.71[kW]

2) 배출기 회전수[rpm]
• 계산과정

$$\frac{Q_2}{Q_1} = \left(\frac{N_2}{N_1} \right) \ (\because \text{펌프의 직경은 동일})$$

$$\frac{24,000\,[\mathrm{m^3/s}]}{18,000\,[\mathrm{m^3/s}]}=\left(\frac{N_2}{600\,[\mathrm{rpm}]}\right)$$

$$\therefore\ N_2=800[\mathrm{rpm}]$$

- 🔑 800[rpm]

해설 ➕ [공식]

$$\text{전동기의 축동력[kW] } P=\frac{\gamma QH}{\eta}$$

여기서, γ : 비중량($\gamma_w=9.8\,[\mathrm{kN/m^3}]$)

Q : 유량[m³/s]

H : 전양정[m]

η : 효율

상사의 법칙

유량 $\dfrac{Q_2}{Q_1}=\left(\dfrac{N_2}{N_1}\right)\times\left(\dfrac{D_2}{D_1}\right)^3$

양정 $\dfrac{H_2}{H_1}=\left(\dfrac{N_2}{N_1}\right)^2\times\left(\dfrac{D_2}{D_1}\right)^2$

동력 $\dfrac{P_2}{P_1}=\left(\dfrac{N_2}{N_1}\right)^3\times\left(\dfrac{D_2}{D_1}\right)^5$

여기서, N : 회전수[rpm]

D : 펌프의 직경[m]

07 전기실에 제3종 분말약제를 사용한 분말소화설비를 전역방출방식의 가압식으로 설치하고자 한다. 다음 조건을 참조하여 각 물음에 답하시오. [8점]

[조건]
- 전기실의 크기는 가로 20[m], 세로 20[m], 높이 3[m]이고, 개구부는 없다.
- 헤드 1개의 방사량은 2.7[kg/s]이다.
- 약제저장량은 10초 이내에 방사한다.

1) 소화설비에 필요한 약제저장량은 몇 [kg]인가?
2) 가압용 가스로 질소를 사용할 때 필요한 양[L]은 얼마 이상인가?
3) 가압용 가스로 이산화탄소를 사용할 때 필요한 양[g]은 얼마 이상인가? (단, 배관청소에 필요한 양은 제외한다.)
4) 소화설비에 필요한 분사헤드의 수는 몇 [개]인가?
5) 분사헤드의 수를 화재안전기준에 맞게 도면에 그리시오.

해답 ⊕ 1) 약제저장량[kg]
   - 계산과정

   $$W = (20[m] \times 20[m] \times 3[m]) \times 0.36[kg/m^3] = 432[kg]$$

   - 🔑 432[kg]

2) 가압용 가스로 질소가스의 양[L]
   - 계산과정

   $$Q = 432[kg] \times 40[L/kg] = 17,280[L]$$

   - 🔑 17,280[L]

3) 가압용 가스로 이산화탄소 양[g]
   - 계산과정

   $$Q = 432[kg] \times 20[g/kg] = 8,640[g]$$

   - 🔑 8,640[g]

4) 분사헤드의 수 배치[개]
   - 계산과정

   $$N = \frac{432[kg]}{2.7[kg/s \cdot 개] \times 10[s]} = 16[개]$$

   - 🔑 16[개]

5) 분사헤드의 수 배치

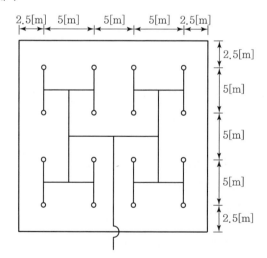

해설 ⊕ 전역방출방식 분말소화설비 계산 공식

$$약제량 \quad W = (V + \alpha) + (A + \beta)$$

여기서, W : 약제량[kg]

V : 방호구역체적[m³]

α : 체적계수[kg/m³]

A : 개구부면적[m²]

β : 면적계수[kg/m²]

체적계수(α) 및 면적계수(β)

소화약제의 종별	체적 1[m³]에 대한 소화약제량[kg]	면적 1[m²]에 대한 소화약제량[kg]
제1종 분말	0.60	4.5
제2종, 제3종 분말	0.36	2.7
제4종 분말	0.24	1.8

가압용 가스용기

① 분말소화약제의 가스용기는 분말소화약제의 저장용기에 접속하여 설치하여야 한다.

② 가압용 가스용기를 3[병] 이상 설치한 경우에는 2[개] 이상의 용기에 전자개방밸브를 부착할 것

③ 가압용 가스용기에는 2.5[MPa] 이하의 압력에서 조정이 가능한 압력조정기를 설치하여야 한다.

④ 가압용 가스 또는 축압용 가스는 질소가스 또는 이산화탄소로 할 것

가압용 가스	• 질소가스는 소화약제 1[kg]마다 40[L] 이상 • 이산화탄소는 소화약제 1[kg]에 대하여 20[g] 이상	+	배관 청소에 필요한 양 (이산화탄소만 해당)
축압용 가스	• 질소가스는 소화약제 1[kg]에 대하여 10[L] 이상 • 이산화탄소는 소화약제 1[kg]에 대하여 20[g] 이상	+	배관 청소에 필요한 양 (이산화탄소만 해당)

* 배관의 청소에 필요한 양의 가스는 별도의 용기에 저장할 것

08 다음 그림은 어느 스프링클러설비의 배관계통도이다. 이 도면과 주어진 조건에 따라 각 물음에 답하시오. [10점]

[조건]

• 배관 마찰손실압력은 하겐 – 윌리엄스 공식을 따르되 계산의 편의상 다음 식과 같다고 가정한다.

$$\Delta P = 6 \times 10^4 \times \frac{Q^2}{C^2 \times D^5}$$

여기서, ΔP : 1[m]당 배관의 마찰손실압력[MPa/m]

Q : 유량[L/min]

C : 조도

D : 내경[mm]

• 배관 호칭구경과 내경은 같다고 한다.

• 관부속 마찰손실은 무시한다.

- 헤드는 개방형이고 조도 C는 100으로 한다.
- 배관의 호칭구경은 15, 20, 25, 32, 40, 50, 65, 80, 100으로 한다.
- A헤드의 방수압은 0.1[MPa], 방수량은 80[L/min]으로 가정한다.

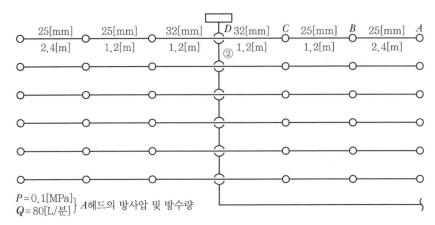

1) B헤드의 방수압[MPa]은?
2) B헤드의 방수량[L/min]은?
3) C헤드의 방수압[MPa]은?
4) C헤드의 방수량[L/min]은?
5) D지점의 압력[MPa]은?
6) ②지점의 유량[L/min]은?
7) ②지점의 배관 최소 호칭구경을 선택하시오.

해답 ⊕ 1) B헤드의 방수압[MPa]
- 계산과정

$$\Delta P_{AB} = 6 \times 10^4 \times \frac{(80[\mathrm{L/min}])^2}{100^2 \times (25[\mathrm{mm}])^5} \times 2.4[\mathrm{m}] = 0.009[\mathrm{MPa}]$$

$$P_B = 0.1[\mathrm{MPa}] + 0.009[\mathrm{MPa}] = 0.11[\mathrm{MPa}]$$

- 답 0.11[MPa]

2) B헤드의 방수량[L/min]
- 계산과정

$$80[\mathrm{L/min}] = K\sqrt{10 \times 0.1[\mathrm{MPa}]}$$

$$\therefore \ K = 80$$

$$Q_B = 80 \times \sqrt{10 \times 0.11[\mathrm{MPa}]} = 83.9[\mathrm{L/min}]$$

- 답 83.9[L/min]

3) C헤드의 방수압[MPa]

- 계산과정

$$\Delta P_{BC} = 6 \times 10^4 \times \frac{(80[\text{L/min}] + 83.9[\text{L/min}])^2}{100^2 \times (25[\text{mm}])^5} \times 1.2[\text{m}] = 0.02[\text{MPa}]$$

$$P_C = 0.11[\text{MPa}] + 0.02[\text{MPa}] = 0.13[\text{MPa}]$$

- 📋 0.13[MPa]

4) C헤드의 방수량[L/min]

- 계산과정

$$Q_C = 80 \times \sqrt{10 \times 0.13[\text{MPa}]} = 91.21[\text{L/min}]$$

- 📋 91.21[L/min]

5) D지점의 압력[MPa]

- 계산과정

$$\Delta P_{CD} = 6 \times 10^4 \times \frac{(80[\text{L/min}] + 83.9[\text{L/min}] + 91.21[\text{L/min}])^2}{100^2 \times (32[\text{mm}])^5} \times 1.2[\text{m}]$$

$$= 0.014[\text{MPa}]$$

$$P_D = 0.13[\text{MPa}] + 0.014[\text{MPa}] = 0.144[\text{MPa}]$$

- 📋 0.144[MPa]

6) ②지점의 유량[L/min]

- 계산과정

$$Q_2 = (80 + 83.9 + 91.21)[\text{L/min}] \times 2 = 510.22[\text{L/min}]$$

- 📋 510.22[L/min]

7) ②지점의 배관 최소 호칭구경

- 계산과정

  ※ 수리계산에 따르는 경우 가지배관의 유속은 6[m/s], 그 밖의 배관의 유속은 10[m/s]를 초과할 수 없다.

$$\frac{0.51022}{60}[\text{m}^3/\text{s}] = \frac{d^2\pi}{4} \times 10[\text{m/s}]$$

$$\therefore \ d = 0.032904[\text{mm}] = 32.90[\text{mm}] \rightarrow \text{호칭구경 } 40[\text{mm}]$$

- 📋 40[mm]

해설 ➕ [공식]

헤드 방수량 $Q = K\sqrt{10P}$

여기서, Q : 헤드 방수량[L/min]

P : 방사압력[MPa]

K : 방출계수

$$\text{연속방정식 } Q = AV$$

여기서, Q : 체적유량[m³/s]

A : 배관의 단면적[m²]

V : 유속[m/s]

09 위험물옥외저장탱크에 I형 포방출구로 포소화설비를 설치하였다. 다음 조건을 참조하여 각 물음에 답하시오. [6점]

[조건]

• 탱크의 내부 직경은 12[m]이다.

• 소화약제는 6[%]의 수성막포를 사용하며 분당 방출량은 2.27[L/(m² · min)], 방사시간은 30분을 기준으로 한다.

• 보조포소화전은 1[개] 설치되어 있으며, 방출률은 40[L/min], 방사시간은 20분이다.

• 포원액탱크에서 포방출구까지의 배관길이는 20[m], 배관내경은 150[mm]이다.

• 기타의 조건은 무시한다.

1) 포원액의 양[L]을 계산하시오.

2) 수원의 양[m³]을 계산하시오.

(해답 ⊕) 1) 포원액의 양[L]

• 계산과정

① 고정포 $Q_1 = \dfrac{(12[\text{m}])^2 \pi}{4} \times 2.27[\text{L/m}^2 \cdot \text{min}] \times 30[\text{min}] \times 0.06 = 462.12[\text{L}]$

② 보조포 $Q_2 = 1[\text{개}] \times 400[\text{L/min}] \times 20[\text{min}] \times 0.06 = 480[\text{L}]$

③ 송액관 $Q_3 = \dfrac{(0.15[\text{m}])^2 \pi}{4} \times 20[\text{m}] \times 0.06 \times 1{,}000[\text{L/m}^3] = 21.21[\text{L}]$

∴ $Q = 462.12 + 480 + 21.21 = 963.33[\text{L}]$

• 🔑 963.33[L]

2) 수원의 양[m³]

• 계산과정

① 고정포 $Q_1 = \dfrac{(12[\text{m}])^2 \pi}{4} \times 2.27[\text{L/m}^2 \cdot \text{min}] \times 30[\text{min}] \times 0.94 = 7{,}239.81[\text{L}]$

② 보조포 $Q_2 = 1[\text{개}] \times 400[\text{L/min}] \times 20[\text{min}] \times 0.94 = 7{,}520[\text{L}]$

③ 송액관 $Q_3 = \dfrac{(0.15[\text{m}])^2 \pi}{4} \times 20[\text{m}] \times 0.94 \times 1{,}000[\text{L/m}^3] = 332.22[\text{L}]$

∴ $Q = 7{,}239.81 + 7{,}520 + 332.22 = 15{,}092.03[\text{L}] = 15.09[\text{m}^3]$

• 🔑 15.09[m³]

해설 ➕ [공식]

① 고정포방출구

$$Q_1 = A \cdot Q \cdot T \cdot S$$

여기서, Q_1 : 포소화약제의 양[L]

A : 탱크의 액표면적[m²]

Q : 단위포소화수용액의 양(방출률)[L/min · m²]

T : 방출시간[min]

S : 포소화약제의 사용농도[%]

② 보조소화전

$$Q_2 = N \times 400[\text{L/min}] \times 20[\text{min}] \times S$$

여기서, Q_2 : 포소화약제의 양[L]

N : 호스접결구의 수(최대 3개)

S : 포소화약제의 사용농도[%]

③ 배관보정량(내경 75[mm] 이하의 송액관을 제외한다)

: 「포소화설비의 화재안전기술기준(NFTC 105)」

$$Q_3 = A \times L \times S \times 1,000[\text{L/m}^3]$$

여기서, Q_3 : 배관보정량[L]

A : 배관 단면적[m²]

S : 포소화약제의 사용농도[%]

L : 배관의 길이[m]

10 어느 특정소방대상물에 전역방출방식으로 할론 1301 소화설비를 설계하려 한다. 설계조건을 참조하여 다음 각 물음에 답하시오. [10점]

[설계조건]

• 약제저장용기는 50[kg/병]이다.

• 방호구역의 크기 및 개구부 면적은 다음과 같다.

방호구역명	크기		개구부면적[m²]	개구부 상태
	면적[m²]	높이[m]		
전산실	10×8	3	5	자동폐쇄 불가
통신기기실	12×20	3	5	자동폐쇄 불가
전기실	12×20	3	5	자동폐쇄 가능

1) 방호구역상 필요한 저장용기의 수량[병]을 각 실별로 산출하시오.

2) 분사헤드의 방사압력[MPa]은?

3) 전기실에 저장된 약제가 전량 방출되었을 경우 할론 1301의 농도[%]는 얼마가 되겠는가?
   (단, 할론 1301의 분자량은 149, 표준상태 0[℃], 1[atm] 기준이다.)

(해답) 1) 저장용기의 수[병]
   ① 전산실
     • 계산과정
       $$W = (10 \times 8 \times 3)[\text{m}^3] \times 0.32[\text{kg/m}^3] + 5[\text{m}^2] \times 2.4[\text{kg/m}^2]$$
       $$= 88.8[\text{kg}]$$
       병수 $N = \dfrac{88.8[\text{kg}]}{50[\text{kg/병}]} = 1.78 = 2[\text{병}]$
     • (답) 2[병]
   ② 통신기기실
     • 계산과정
       $$W = (12 \times 20 \times 3)[\text{m}^3] \times 0.32[\text{kg/m}^3] + 5[\text{m}^2] \times 2.4[\text{kg/m}^2]$$
       $$= 242.4[\text{kg}]$$
       병수 $N = \dfrac{242.4[\text{kg}]}{50[\text{kg/병}]} = 4.85 = 5[\text{병}]$
     • (답) 5[병]
   ③ 전기실
     • 계산과정
       $$W = (12 \times 20 \times 3)[\text{m}^3] \times 0.32[\text{kg/m}^3] \ (\because 출입구에 자동폐쇄장치 설치)$$
       $$= 230.4[\text{kg}]$$
       병수 $N = \dfrac{230.4[\text{kg}]}{50[\text{kg/병}]} = 4.61 = 5[\text{병}]$
     • (답) 5[병]

2) 분사헤드의 방사압력[MPa]
   • 계산과정
     ※ 분사헤드의 방출압력은 할론 2402를 방출하는 것은 0.1[MPa] 이상, 할론 1211을 방출
       하는 것은 0.2[MPa] 이상, 할론 1301을 방출하는 것은 0.9[MPa] 이상으로 할 것
   • (답) 0.9[MPa] 이상

3) 할론 1301 농도[%]
   • 계산과정
     $$1[\text{atm}] \times V = \frac{5[\text{병}] \times 50[\text{kg}]}{149[\text{kg/kmol}]} \times 0.082[\text{atm} \cdot \text{m}^3/\text{kmol} \cdot \text{K}] \times (273 + 0)[\text{K}]$$
     $$\therefore \ V = 37.56[\text{m}^3]$$

$$약제농도 = \frac{약제체적}{약제\,체적 + 방호구역체적}$$

$$= \frac{37.56\,[\text{m}^3]}{37.56\,[\text{m}^3] + 720\,[\text{m}^3]} = 0.04958 = 4.96\,[\%]$$

• 답 4.96[%]

해설 ⊕ [공식]

$$약제량\ W = (V \times \alpha) + (A \times \beta)$$

여기서, W : 약제량[kg]

V : 방호구역 체적[m³]

α : 소요약제량[kg/m³]

A : 개구부면적[m²]

β : 개구부 가산량(개구부에 자동폐쇄장치 미설치)

할론 1301 소화설비의 체적 1[m³]당 소요약제량 및 개구부 가산량

소방대상물	소요약제량	개구부가산량
• 차고, 주차장, 전기실, 전산실, 통신기기실 등 이와 유사한 전기설비 • 특수가연물(가연성 고체류, 가연성 액체류, 합성수지류 저장·취급)	0.32[kg/m³]	2.4[kg/m²]
특수가연물(면화류, 나무껍질 및 대팻밥, 넝마 및 종이 부스러기, 사류, 볏짚류, 목재가공품 및 나무부스러기 저장·취급)	0.52[kg/m³]	3.9[kg/m²]

$$이상기체상태방정식\ PV = nRT = \frac{W}{M}RT$$

여기서, P : 압력[atm] [Pa]

V : 유속[m/s]

n : 몰수[mol]

W : 질량[kg]

M : 분자량[kg/kmol]

R : 이상기체상수($= 0.082$[atm · L/mol · K] $= 8.314$[N · m/mol · K])

T : 절대온도[K]

11 다음은 옥외소화전에 대한 그림이다. 조건을 참조하여 각 물음에 답하시오. [5점]

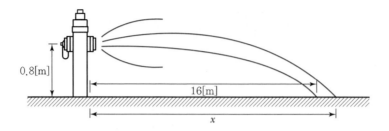

[조건]
- 옥외소화전 방수구의 안지름은 65[mm]이다.
- 지면으로부터 방수구까지 y의 높이는 800[mm]이다.
- 자유낙하운동을 고려하여 산출한다.

1) 방수구에서 지면도달거리가 16[m]일 경우 방수량[m³/s]을 구하시오.
2) 화재안전기준에 따른 규정 방수량을 만족하려면 물이 도달하는 거리 x의 최소 거리[m]를 구하시오.

(해답 ⊕) 1) 방수량[m³/s]
- 계산과정

거리＝속력 × 시간

$$16[\text{m}] = V \times \sqrt{\frac{2 \times 0.8[\text{m}]}{9.8[\text{m/s}^2]}} \quad \left(\because t = \sqrt{\frac{2y}{g}} \right)$$

$\therefore$ 유속 $V = 39.6[\text{m/s}]$

$$Q = \frac{(0.065[\text{m}])^2 \pi}{4} \times 39.6[\text{m/s}] = 0.13[\text{m}^3/\text{s}]$$

- 🔖 0.13[m³/s]

2) 물이 도달하는 거리 x의 최소 거리[m]
- 계산과정

$$\frac{0.35}{60}[\text{m}^3/\text{s}] = \frac{(0.065[\text{m}])^2 \pi}{4} \times V$$

$\therefore$ $V = 1.758[\text{m/s}]$

$$\text{최소 거리} = 1.758[\text{m/s}] \times \sqrt{\frac{2 \times 0.8[\text{m}]}{9.8[\text{m/s}^2]}} = 0.71[\text{m}]$$

- 🔖 0.71[m]

(해설 ⊕) [공식]

자유낙하 및 포물선 운동 $y = \dfrac{1}{2}gt^2$

여기서, y : 낙하거리[m]

g : 중력가속도($=9.8$[m/s^2])

t : 자유낙하속도[m/s]

$$\text{연속방정식} \quad Q = AV$$

여기서, Q : 체적유량[m^3/s]

A : 배관의 단면적[m^2]

V : 유속[m/s]

가압송수장치

① 방수압력 : 0.25[MPa] 이상 0.7[MPa] 이하(0.7[MPa] 초과 시 감압)

② 방수량 : 350[L/min] 이상

③ 펌프 토출량 : 350[L/min] × 옥외소화전 설치개수(최대 2[개])

④ 수원의 양 : 350[L/min] × 옥외소화전 설치개수(최대 2[개]) × 20[min]

12 운전 중인 급수펌프의 유량이 2.3[m^3/min], 동력이 12[kW]이며 흡입관에서의 게이지 압력이 −40[kPa], 송출관에서의 게이지 압력이 200[kPa]이다. 흡입관경과 송출관경이 같고 송출관의 압력측정장치는 흡입관의 압력측정장치의 설치위치보다 50[cm] 높게 설치가 되었다면 펌프의 효율[%]은 얼마인가? [6점]

해답 ⊕ • 계산과정

① 전양정 H[m] = 흡입수두 + 토출수두

$= 40$[kPa] + 50[cm] + 200[kPa]

$= \dfrac{40[\text{kPa}]}{101.325[\text{kPa}]} \times 10.332[\text{m}] + 0.5[\text{m}] + \dfrac{200[\text{kPa}]}{101.325[\text{kPa}]} \times 10.332[\text{m}]$

$= 24.973$[m]

② $12[\text{kW}] = \dfrac{9.8[\text{kN/m}^3] \times \dfrac{2.3}{60}[\text{m}^3/\text{s}] \times 24.973[\text{m}]}{\eta}$

∴ $\eta = 0.78179 = 78.18$[%]

• 🔑 78.18[%]

해설 ⊕ [공식]

$$\text{전동기 동력[kW]} \quad P = \frac{\gamma QH}{\eta} \times K$$

여기서, γ : 비중량($\gamma_w = 9.8[\text{kN/m}^3]$), Q : 유량[m^3/s]

H : 전양정[m], η : 효율, K : 전달계수

13 다음 조건을 참조하여 할로겐화합물 소화설비의 10초 동안 방사된 소화약제량을 구하시오.

[6점]

[조건]
• 10초 동안 약제가 방사될 시 설계농도의 95[%]에 해당하는 약제가 방출된다.
• 방호구역의 크기는 가로 4[m], 세로 5[m], 높이 4[m]이다.
• $K_1 = 0.2413$, $K_2 = 0.00088$, 실온은 20[℃]이다.
• A급 화재발생 가능장소로서 소화농도는 8.5[%]이다.

(해답 ⊕) • 계산과정

$S = K_1 + K_2 \times t = 0.2413 + 0.00088 \times 20 = 0.2589[\text{m}^3/\text{kg}]$

$C = $ 소화농도 $\times 1.2$(일반 화재)$ = 8.5[\%] \times 1.2 = 10.2[\%]$

10초 동안 방사된 소화약제량은 설계농도의 95[%]에 해당하는 농도이므로

$10.2[\%] \times 0.95 = 9.69[\%]$

$V = 4[\text{m}] \times 5[\text{m}] \times 4[\text{m}] = 80[\text{m}^3]$

$\therefore W = \dfrac{80[\text{m}^3]}{0.2589[\text{m}^3/\text{kg}]} \times \left(\dfrac{9.69}{100 - 9.69} \right) = 33.15[\text{kg}]$

• 🔑 33.15[kg]

(해설 ⊕) [공식]

$$\text{할로겐화합물 소화약제} \quad W = \frac{V}{S} \times \left(\frac{C}{100 - C} \right)$$

여기서, W : 소화약제의 무게[kg]

　　　　V : 방호구역의 체적[m³]

　　　　S : 소화약제별 선형상수$(K_1 + K_2 \times t)$[m³/kg]

　　　　C : 체적에 따른 소화약제의 설계농도[%]

　　　　　　[설계농도는 소화농도(%)에 안전계수(A급 화재 1.2, B급 화재 1.3, C급 화재 1.35)를 곱한 값으로 할 것]

　　　　t : 방호구역의 최소 예상온도[℃]

14 다음 그림은 어느 건축물의 평면도이다. 이 실들 중 A실에 급기가압을 하고 문 A_4, A_5, A_6는 외기와 접해있을 경우 조건을 참조하여 각 물음에 답하시오. [7점]

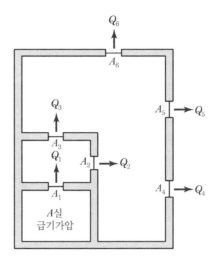

[조건]

· 모든 개구부 틈새면적은 0.02[m²]으로 동일하다.

· 각 실은 출입문 이외의 틈새는 없다.

· 임의의 어느 실에 대한 급기량 Q[m³/s]와 얻고자 하는 기압차[Pa]의 관계식은 다음과 같다.

$$Q = 0.827 \times A \times \sqrt{P_1 - P_2}$$

여기서, Q : 급기 풍량[m³/s]

A : 틈새면적[m²]

$P_1 - P_2$: 급기가압 실내외의 기압차[Pa]

1) A실을 기준으로 외기와의 유효개구부 틈새면적을 소수점 다섯째 자리까지 구하시오.

2) A실과 외부 간에 0.1[kPa]의 기압차를 얻기 위하여 A실에 급기시켜야 할 풍량[m³/s]은 얼마인가?

해답 ➕ 1) A실의 전체 누설틈새면적[m²]

· 계산과정

① A_4, A_5와 A_6은 병렬상태

$A_4 \sim A_6 = 0.02 + 0.02 + 0.02 = 0.06\,[\text{m}^2]$

② A_2와 A_3은 병렬상태

$A_2 \sim A_3 = 0.02 + 0.02 = 0.04\,[\text{m}^2]$

③ $A_4 \sim A_6$와 $A_2 \sim A_3$, A_1은 직렬상태

$A_1 \sim A_6 = \dfrac{1}{\sqrt{\dfrac{1}{0.06^2} + \dfrac{1}{0.04^2} + \dfrac{1}{0.02^2}}} = 0.01714\,[\text{m}^2]$

· 🔲 0.01714[m²]

2) A실에 급기시켜야 할 풍량[m³/s]
- 계산과정

$$0.827 \times 0.01714[\text{m}^2] \times \sqrt{100[\text{Pa}]} = 0.14[\text{m}^3/\text{s}]$$

- 🖹 0.14[m³/s]

해설 ➕ [공식]

$$\text{누설량 } Q = 0.827 \times A \times P^{\frac{1}{N}}$$

여기서, Q : 급기 풍량[m³/s]

A : 틈새면적[m²]

P : 문을 경계로 한 실내의 기압차[N/m² = Pa]

N : 누설 면적 상수(일반출입문 = 2, 창문 = 1.6)

① 병렬상태인 경우의 틈새면적[m²] $A_T = A_1 + A_2 + A_3 + A_4$

② 직렬상태인 경우의 틈새면적[m²]

$$A_T[\text{m}^2] = \frac{1}{\sqrt{\left(\dfrac{1}{A_1^2} + \dfrac{1}{A_2^2} + \dfrac{1}{A_3^2} + \dfrac{1}{A_4^2}\cdots\right)}} = \left(\dfrac{1}{A_1^2} + \dfrac{1}{A_2^2} + \dfrac{1}{A_3^2} + \dfrac{1}{A_4^2}\cdots\right)^{-\frac{1}{2}}$$

15 그림과 같은 옥내소화전설비를 아래의 조건에 따라 설치하려고 한다. 다음 물음에 답하시오.

[10점]

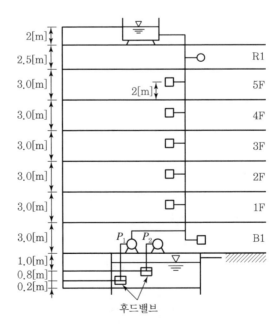

[조건]

- P_1 : 옥내소화전 펌프
- P_2 : 잡용수 양수펌프
- 펌프의 후드밸브로부터 5층 옥내소화전함의 호스접속구까지 마찰손실 및 저항손실수두는 실양정의 30[%]로 한다.
- 펌프의 효율은 65[%]이다.
- 옥내소화전의 개수는 각 층당 3[개]씩이다.
- 소화호스의 마찰손실수두는 6[m]이다.

1) 펌프의 최소 토출량은 몇 [L/min]인가?
2) 수원의 최소 유효저수량은 몇 [m³]인가?
3) 펌프의 양정은 몇 [m]인가?
4) 펌프의 최소 축동력은 몇 [kW]인가?

해답 ⊕ 1) 펌프의 최소 토출량[L/min]
- 계산과정

$Q = 2[개] \times 130[\text{L/min}] = 260[\text{L/min}]$

- 답 260[L/min]

2) 수원의 최소 유효저수량[m³]
- 계산과정

지하수조 유효수량 $= 260[\text{L/min}] \times 20[\text{min}] = 5{,}200[\text{L}]$

옥상수조 유효수량 $= 5{,}200[\text{L}] \times \dfrac{1}{3} = 1{,}733.33[\text{L}]$

$\therefore\ 5{,}200[\text{L}] + 1{,}733.33[\text{L}] = 6{,}933.33[\text{L}] = 6.93[\text{m}^3]$

- 답 6.93[m³]

3) 펌프의 양정[m]
- 계산과정

실양정 $H_1 = (0.8[\text{m}] + 1[\text{m}]) + (3[\text{m}] \times 5[개층]) + 2[\text{m}] = 18.8[\text{m}]$

마찰손실 $H_2 = 18.8[\text{m}] \times 0.3 = 5.64[\text{m}]$

$\therefore\ H = 18.8[\text{m}] + 5.64[\text{m}] + 6[\text{m}] + 17[\text{m}] = 47.44[\text{m}]$

- 답 47.44[m]

4) 펌프의 최소 축동력[kW]
- 계산과정

$$P = \frac{9.8[\text{kN/m}^3] \times \dfrac{0.26}{60}[\text{m}^3/\text{s}] \times 47.44[\text{m}]}{0.65} = 3.1[\text{kW}]$$

- 답 3.1[kW]

$$전양정\ H = 실양정[m] + 마찰손실[m] + 방사압[m]$$

여기서, 옥내소화전의 노즐 방사압 : 0.17[MPa] = 17[m]

$$펌프의\ 축동력[kW]\ P = \frac{\gamma QH}{\eta}$$

여기서, γ : 비중량($\gamma_w = 9.8[\text{kN/m}^3]$)

Q : 유량[m³/s]

H : 전양정[m]

η : 효율

16 그림은 CO_2 소화설비의 소화약제 저장용기 주위의 배관 계통도이다. 방호구역은 A, B 두 부분으로 나누어지고, 각 구역의 소요 약제량이 A구역은 2B/T, B구역은 5B/T이라 할 때 그림을 보고 다음 물음에 답하시오. [5점]

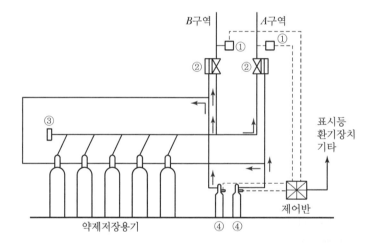

1) 각 방호구역에 소요 약제량을 방출할 수 있게 조작관에 설치할 체크밸브의 위치를 표시하시오. (단, 저장용기와 집합관 사이의 연결배관에는 체크밸브가 설치된 것으로 한다.)

2) ①, ②, ③, ④ 기구의 명칭은 무엇인가?

해답 ➕ 1) 체크밸브의 위치

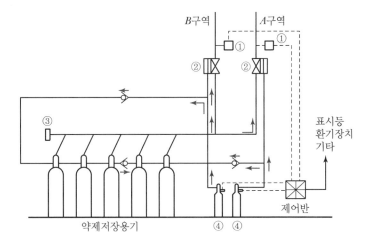

2) 기구의 명칭
  ① 압력스위치 　　　② 선택밸브 　　　③ 안전밸브
  ④ 기동용 가스용기

01 아래의 소방시설 도시기호에 대한 명칭을 쓰시오. [4점]

(1) (2) (3) (4)

 1) 분말, 탄산가스, 할로겐헤드
2) 선택밸브
3) Y형 스트레이너
4) 맹플랜지(맹후렌지)

02 다음 혼합물의 연소상한계와 연소하한계를 구하고, 이물질의 연소가능여부를 답하시오. [7점]

물질	조성농도[%]	인화점[℉]	LFL[%]	UFL[%]
수소	5	가스	4	75
메탄	10	−306	5	15
프로판	5	가스	2.1	9.5
아세톤	10	가스	2.5	13
공기	70			
합계	100			

1) 연소상한계 :
2) 연소하한계 :
3) 연소가능여부

해답 ➕ 1) 연소상한계
• 계산과정

$$\frac{30}{UFL} = \frac{5}{75} + \frac{10}{15} + \frac{5}{9.5} + \frac{10}{13}$$

$$\therefore\ UFL = 14.79[\%]$$

• 답 14.79[%]

2) 연소하한계
- 계산과정

$$\frac{30}{LFL} = \frac{5}{4} + \frac{10}{5} + \frac{5}{2.1} + \frac{10}{2.5}$$

∴ LFL = 3.11[%]

- 📖 3.11[%]

3) 연소가능여부

연소가스의 총합계(30[%])는 연소범위(3.11~14.79[%]) 내에 있지 않기 때문에 연소가 불가능하다.

해설 ➕ [공식]

<blockquote>
르샤틀리에의 법칙 $\dfrac{100}{L} = \dfrac{V_1}{L_1} + \dfrac{V_2}{L_2} + \dfrac{V_3}{L_3} + \cdots \dfrac{V_n}{L_n}$
</blockquote>

여기서, L : 혼합가스의 폭발 상·하한계[%]

V_1, V_2, V_3, $\cdots$ V_n : 혼합가스의 각 성분의 구성비율[%]

L_1, L_2, L_3, $\cdots$ L_n : 혼합가스의 각 성분의 폭발 상·하한계[%]

03 할로겐화합물 및 불활성기체 소화약제 중 HFC-23과 IG-541을 사용하여 소화설비를 설치하고자 한다. 다음 조건을 참조하여 각 물음에 답하시오. [6점]

[조건]
- HFC-23의 소화농도는 7.3[%]이다.
- IG-541의 소화농도는 31.25[%]이다.
- 발전기실의 연료는 경유를 사용한다.
- 방호구역의 체적은 1,400[m³]이다.
- 소화약제량 산출 시 선형상수를 이용하며 방사 시 기준온도는 20[℃]이다.

소화약제	K_1	K_2
HFC-23	0.3164	0.0012
IG-541	0.65799	0.00239

1) HFC-23의 저장량은 최소 몇 [kg]인가?
2) IG-541의 저장량은 최소 몇 [m³]인가?

해답 ➕ 1) HFC-23의 저장량[kg]
- 계산과정

$S = K_1 + K_2 \times t = 0.3164 + 0.0012 \times 20 = 0.3404 [\text{m}^3/\text{kg}]$

$$C = 소화농도 \times 1.35(전기화재) = 7.3 \times 1.35 = 9.86[\%]$$

$$\therefore \ W = \frac{1,400[\text{m}^3]}{0.3404[\text{m}^3/\text{kg}]} \times \left(\frac{9.86}{100 - 9.86} \right) = 449.88[\text{kg}]$$

- 🖹 449.88[kg]

2) IG-541의 저장량[m³]

- 계산과정

$$V_S = K_1 + K_2 \times 20[℃] = 0.65799 + 0.00239 \times 20 = 0.70579[\text{m}^3/\text{kg}]$$

$$S = K_1 + K_2 \times t = 0.65799 + 0.00239 \times 20 = 0.70579[\text{m}^3/\text{kg}]$$

$$C = 소화농도 \times 1.35(전기화재) = 31.25 \times 1.35 = 42.19[\%]$$

$$\therefore \ X = 2.303 \times \log_{10}\left(\frac{100}{100 - 42.19} \right) \times \frac{0.70579[\text{m}^3/\text{kg}]}{0.70579[\text{m}^3/\text{kg}]} \times 1,400[\text{m}^3]$$

$$= 767.35[\text{m}^3]$$

- 🖹 767.35[m³]

해설 ➕ [공식]

할로겐화합물 소화약제 $W = \dfrac{V}{S} \times \left(\dfrac{C}{100 - C} \right)$

여기서, W : 소화약제의 무게[kg]

V : 방호구역의 체적[m³]

S : 소화약제별 선형상수$(K_1 + K_2 \times t)$[m³/kg]

C : 체적에 따른 소화약제의 설계농도[%]

[설계농도는 소화농도(%)에 안전계수(A급 화재 1.2, B급 화재 1.3, C급 화재 1.35)를 곱한 값으로 할 것]

t : 방호구역의 최소 예상온도[℃]

불활성기체 소화약제 $X = 2.303\left(\dfrac{V_S}{S} \right) \times \log_{10}\left(\dfrac{100}{100 - C} \right)$

여기서, X : 공간체적당 더해진 소화약제의 부피[m³/m³]

S : 소화약제별 선형상수$(K_1 + K_2 \times t)$[m³/kg]

C : 체적에 따른 소화약제의 설계농도[%]

V_S : 20[℃]에서 소화약제의 비체적[m³/kg]

t : 방호구역의 최소 예상온도[℃]

04 연결송수관설비에 대한 다음 각 물음에 답하시오. [5점]

1) 가압송수장치를 설치하여야 하는 것은 지표면에서 최상층 방수구의 높이[m]가 얼마 이상이며 그 이유를 간단히 설명하시오.
2) 펌프의 흡입 측에 연성계 또는 진공계를 설치하지 아니할 수 있는 경우를 2가지만 쓰시오.
3) 해당 층에 설치된 방수구가 6[개]인 경우 펌프의 최소 토출량[L/min]을 구하시오.
4) 펌프의 양정은 최상층에 설치된 노즐선단의 압력[MPa]은 얼마 이상의 압력이 되도록 하여야 하는가?
5) 11층 이상의 부분에 설치하는 방수구를 단구형으로 설치할 수 있는 경우를 2가지만 쓰시오.

해답 ➕
1) ① 높이 : 70[m] 이상
   ② 이유 : 소방자동차에서 공급되는 수력만으로는 규정 노즐방사압력 이상을 유지하기 어렵기 때문에
2) ① 수원의 수위가 펌프의 위치보다 높은 경우
   ② 수직회전축 펌프의 경우
3) 펌프의 최소 토출량
   • 계산과정
   $Q = 2,400[\text{LPM}] + 800[\text{LPM}] \times 2 = 4,000[\text{LPM}]$
   • 🔳 4,000[LPM]
4) 0.35[MPa] 이상
5) ① 아파트의 용도로 사용되는 층
   ② 스프링클러설비가 유효하게 설치되어 있고 방수구가 2개소 이상 설치된 층

해설 ➕ 「연결송수관설비의 화재안전기술기준(NFTC 502)」
지표면에서 최상층 방수구의 높이가 70[m] 이상의 특정소방대상물에는 다음의 기준에 따라 연결송수관설비의 가압송수장치를 설치해야 한다.
① 쉽게 접근할 수 있고 점검하기에 충분한 공간이 있는 장소로서 화재 및 침수 등의 재해로 인한 피해를 받을 우려가 없는 곳에 설치할 것
② 동결방지조치를 하거나 동결의 우려가 없는 장소에 설치할 것
③ 펌프는 전용으로 할 것. 다만, 각각의 소화설비의 성능에 지장이 없을 때에는 다른 소화설비와 겸용할 수 있다.
④ 펌프의 토출 측에는 압력계를 체크밸브 이전에 펌프 토출 측 플랜지에서 가까운 곳에 설치하고, 흡입 측에는 연성계 또는 진공계를 설치할 것. 다만, 수원의 수위가 펌프의 위치보다 높거나 수직회전축 펌프의 경우에는 연성계 또는 진공계를 설치하지 않을 수 있다.
⑤ 가압송수장치에는 정격부하운전 시 펌프의 성능을 시험하기 위한 배관을 설치할 것. 다만, 충압펌프의 경우에는 그렇지 않다.
⑥ 가압송수장치에는 체절운전 시 수온의 상승을 방지하기 위한 순환배관을 설치할 것. 다만, 충압펌프의 경우에는 그렇지 않다.

⑦ 펌프의 토출량은 2,400[L/min](계단식 아파트의 경우에는 1,200[L/min]) 이상이 되는 것으로 할 것. 다만, 해당 층에 설치된 방수구가 3[개]를 초과(방수구가 5[개] 이상인 경우에는 5[개])하는 것에 있어서는 1[개]마다 800[L/min](계단식 아파트의 경우에는 400[L/min])를 가산한 양이 되는 것으로 할 것

⑧ 펌프의 양정은 최상층에 설치된 노즐선단의 압력이 0.35[MPa] 이상의 압력이 되도록 할 것

⑨ 가압송수장치는 방수구가 개방될 때 자동으로 기동되거나 수동스위치의 조작에 따라 기동되도록 할 것. 이 경우 수동스위치는 2[개] 이상을 설치하되, 그중 1[개]는 다음의 기준에 따라 송수구의 부근에 설치해야 한다.

(생략)

연결송수관설비의 방수구 설치기준

1) 연결송수관설비의 방수구는 그 특정소방대상물의 층마다 설치할 것. 다만, 다음의 어느 하나에 해당하는 층에는 설치하지 않을 수 있다.

    ① 아파트의 1층 및 2층

    ② 소방차의 접근이 가능하고 소방대원이 소방차로부터 각 부분에 쉽게 도달할 수 있는 피난층

    ③ 송수구가 부설된 옥내소화전을 설치한 특정소방대상물(집회장 · 관람장 · 백화점 · 도매시장 · 소매시장 · 판매시설 · 공장 · 창고시설 또는 지하가를 제외한다)로서 다음의 어느 하나에 해당하는 층

      • 지하층을 제외한 층수가 4층 이하이고 연면적이 6,000[m²] 미만인 특정소방대상물의 지상층

      • 지하층의 층수가 2 이하인 특정소방대상물의 지하층

(생략)

3) 11층 이상의 부분에 설치하는 방수구는 쌍구형으로 할 것. 다만, 다음의 어느 하나에 해당하는 층에는 단구형으로 설치할 수 있다.

    ① 아파트의 용도로 사용되는 층

    ② 스프링클러설비가 유효하게 설치되어 있고 방수구가 2개소 이상 설치된 층

4) 방수구의 호스접결구는 바닥으로부터 높이 0.5[m] 이상 1[m] 이하의 위치에 설치할 것

5) 방수구는 연결송수관설비의 전용방수구 또는 옥내소화전방수구로서 구경 65[mm]의 것으로 설치할 것

(생략)

05 그림은 어느 배관평면도에서 화살표 방향으로 물이 흐르고 있다. 주어진 조건을 참조하여 Q_1, Q_2의 유량을 각각 계산하시오. [6점]

[조건]

• 하겐 – 윌리엄스 공식은 다음과 같다.

$$\Delta P = \frac{6.053 \times 10^4 \times Q^{1.85}}{C^{1.85} \times D^{4.87}}$$

　　여기서, ΔP : 배관길이 1[m]당 마찰손실압력[MPa/m]

　　　　　　Q : 배관 내 유량[L/min]

　　　　　　C : 조도(Roughness)

　　　　　　D : 배관의 내경[mm]

• 호칭 25[mm] 배관의 안지름은 27[mm]이다.
• 호칭 25[mm] 엘보(90°)의 등가길이는 1[m]이다.
• 배관은 아연도강관이다.
• A 및 D점에 있는 티(Tee)의 마찰손실은 무시한다.

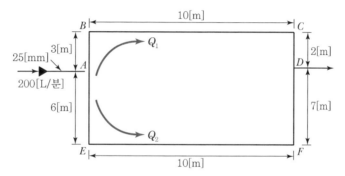

해답 ➕ • 계산과정

　　$Q_1 + Q_2 = 200[\text{L/min}]$

　　$\Delta P_{ABCD} = \Delta P_{AEFD}$ 이므로

　　$\Delta P_{ABCD} = \dfrac{6.053 \times 10^4 \times (Q_1[\text{L/min}])^{1.85}}{C^{1.85} \times (27[\text{mm}])^{4.87}} \times (3 + 10 + 2 + 1 \times 2[\text{개}])[\text{m}]$

　　$\Delta P_{AEFD} = \dfrac{6.053 \times 10^4 \times (Q_2[\text{L/min}])^{1.85}}{C^{1.85} \times (27[\text{mm}])^{4.87}} \times (6 + 10 + 7 + 1 \times 2[\text{개}])[\text{m}]$

　　$\dfrac{6.053 \times 10^4 \times (Q_1[\text{L/min}])^{1.85}}{C^{1.85} \times (27[\text{mm}])^{4.87}} \times (3 + 10 + 2 + 1 \times 2[\text{개}])[\text{m}]$

　　$= \dfrac{6.053 \times 10^4 \times (Q_2[\text{L/min}])^{1.85}}{C^{1.85} \times (27[\text{mm}])^{4.87}} \times (6 + 10 + 7 + 1 \times 2[\text{개}])[\text{m}]$

　　$17 Q_1^{1.85} = 25 Q_2^{1.85}$

$$\therefore \ Q_1 = \left(\frac{25}{17}\right)^{\frac{1}{1.85}} Q_2 = 1.23\,Q_2$$

$$Q_1 = 200[\text{L/min}] \times \frac{1.23}{1.23+1} = 110.31[\text{L/min}]$$

$$Q_2 = 200[\text{L/min}] \times \frac{1}{1.23+1} = 89.69[\text{L/min}]$$

- 🖺 $Q_1 = 110.31[\text{L/min}]$, $Q_2 = 89.69[\text{L/min}]$

06 포소화설비 중 배액밸브를 설치하는 목적과 설치위치에 대하여 쓰시오. [4점]

- 설치목적 :
- 설치위치 :

(해답 ⊕) • 설치목적 : 포의 방출 종료 후 배관 안의 액을 배출하기 위하여
- 설치위치 : 배관의 가장 낮은 부분에 배액밸브를 설치해야 한다.

(해설 ⊕) 「포소화설비의 화재안전기술기준(NFTC 105)」
송액관은 포의 방출 종료 후 배관 안의 액을 배출하기 위하여 적당한 기울기를 유지하도록 하고 그 낮은 부분에 배액밸브를 설치해야 한다.

07 할로겐화합물 및 불활성기체 소화약제의 구비조건을 4가지만 쓰시오. [4점]

①
②
③
④

(해답 ⊕) ① 소화성능이 우수할 것
② 독성이 낮아야 하며, 최대허용농도(NOAEL) 이하일 것
③ 환경영향성 오존층파괴지수(ODP), 지구온난화지수(GWP), 대기잔존지수(ALT)가 낮을 것
④ 소화 후 잔존물이 없을 것
⑤ 전기적으로 비전도성일 것(전기전도도가 낮을 것)
⑥ 가격이 저렴할 것
⑦ 저장 시 분해되지 않고 금속용기를 부식시키지 않을 것

08 다음 그림은 가로 20[m], 세로 10[m]인 직사각형 형태의 실의 평면도이다. 이 실의 내부에는 기둥이 없고 실내 상부는 반자로 고르게 마감되어 있다. 이 실내에 스프링클러헤드를 직사각형 형태로 설치하고자 할 때 다음 각 물음에 답하시오. (단, 내화구조이며 반자 속에는 헤드를 설치하지 아니하며 전등 또는 공조용 디퓨저 등의 모듈(Module)은 무시한다.)   [8점]

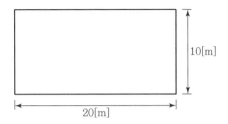

1) 헤드 간 대각선의 길이[m]는 최대 얼마인지 구하시오.
2) 다음 표는 가로열 설치 헤드의 수[개]와 세로열 설치 헤드의 수를 나타낸 것이다. 헤드 간 대각선의 길이를 이용하여 다음 빈칸을 채우시오.

가로열 설치 헤드의 수	5	6	7	8
세로열 설치 헤드의 수	①	②	③	④
총 설치 헤드의 수	⑤	⑥	⑦	⑧

3) "2)"의 표를 참고하여 실의 평면도에 설치 가능한 최소 헤드의 개수를 계산하시오.

(해답 ⊕) 1) 헤드 간 대각선의 길이[m]
- 계산과정
  최대 $2 \times 2.3[m] = 4.6[m]$
- 📖 4.6[m]

2) 가로열 설치 헤드의 수와 세로열 설치 헤드의 수
- 계산과정
  ① 가로열 $N = 5$개 → 헤드 간의 거리 $= \dfrac{20[m]}{5[개]} = 4[m]$

  세로열 헤드 간의 거리 $= \sqrt{4.6^2 - 4^2} = 2.272[m]$

  ∴ 세로열 $N = \dfrac{10[m]}{2.272[m/개]} = 4.40 = 5[개]$

  ② 가로열 $N = 6$개 → 헤드 간의 거리 $= \dfrac{20[m]}{6[개]} = 3.333[m]$

  세로열 헤드 간의 거리 $= \sqrt{4.6^2 - 3.333^2} = 3.17[m]$

  ∴ 세로열 $N = \dfrac{10[m]}{3.17[m/개]} = 3.15 = 4[개]$

③ 가로열 N=7개 → 헤드 간의 거리 $= \dfrac{20[\text{m}]}{7[\text{개}]} = 2.857[\text{m}]$

　세로열 헤드 간의 거리 $= \sqrt{4.6^2 - 2.857^2} = 3.605[\text{m}]$

　$\therefore$ 세로열 $N = \dfrac{10[\text{m}]}{3.605[\text{m}/\text{개}]} = 2.77 = 3[\text{개}]$

④ 가로열 N=8개 → 헤드 간의 거리 $= \dfrac{20[\text{m}]}{8[\text{개}]} = 2.5[\text{m}]$

　세로열 헤드 간의 거리 $= \sqrt{4.6^2 - 2.5^2} = 3.861[\text{m}]$

　$\therefore$ 세로열 $N = \dfrac{10[\text{m}]}{3.861[\text{m}/\text{개}]} = 2.59 = 3[\text{개}]$

- 답

가로열 설치 헤드의 수	5	6	7	8
세로열 설치 헤드의 수	5	4	3	3
총 설치 헤드의 수	25	24	21	24

3) 설치 가능한 최소 헤드의 개수[개]
- 계산과정
  가로열 N × 세로열 N = 7[개] × 3[개] = 21[개]
- 답 21[개]

해설 ⊕　[공식]

① 설치장소별 수평거리(R)

설치장소		수평거리(R)
• 무대부 • 특수가연물을 저장 또는 취급하는 장소		1.7[m] 이하
기타구조		2.1[m] 이하
내화구조		2.3[m] 이하
아파트 등		2.6[m] 이하
창고	특수가연물을 저장 또는 취급하는 장소	1.7[m] 이하
	기타구조	2.1[m] 이하
	내화구조	2.3[m] 이하

② 정방형의 경우

$$S = 2 \times r \times \cos 45°$$

여기서, S : 헤드 상호 간의 거리[m]

　　　　r : 유효반경[m]

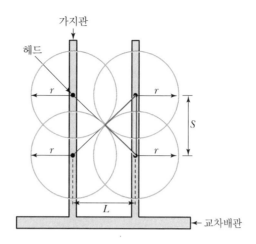

③ 장방형의 경우

$$S = 2 \times r \times \cos 30° (혹은 \cos 60°)$$

여기서, S : 헤드 상호 간의 거리[m]

r : 유효반경[m]

09 다음은 각종 제연방식 중 자연제연방식에 대한 내용이다. 주어진 조건을 참조하여 각 물음에 답하시오. [10점]

[조건]
- 연기층과 공기층의 높이차는 3[m]이다.
- 화재실의 온도는 707[℃]이고, 외부온도는 27[℃]이다.
- 공기의 평균분자량은 280이고, 연기의 평균분자량은 29라고 가정한다.
- 화재실 및 실외의 기압은 1기압이다.
- 중력가속도는 9.8[m/s²]으로 한다.

1) 연기의 유출속도[m/s]를 산출하시오.
2) 외부풍속[m/s]을 산출하시오.
3) 자연제연방식을 변경하여 화재실 상부에 배연기(배풍기)를 설치하여 연기를 배출하는 형식으로 한다면 그 방식은 무엇인가?
4) 일반적으로 가장 많이 이용하고 있는 제연방식을 3가지만 쓰시오.
5) 화재실의 바닥면적이 300[m²]이고 팬의 효율은 60[%], 전압 70[mmAq], 여유율 10[%]로 할 경우 설비의 풍량을 송풍할 수 있는 배출기의 최소 동력[kW]을 산출하시오.

해답 ⊕ 1) 연기의 유출속도[m/s]
  • 계산과정
    ① 연기의 밀도

$$1[\mathrm{atm}] = \frac{W}{V}[\mathrm{kg/m^3}] \times \frac{0.082[\mathrm{atm \cdot m^3/kmol \cdot K}] \times (273+707)[\mathrm{K}]}{29[\mathrm{kg/kmol}]}$$

$$\therefore \rho_{연기} = \frac{W}{V} = 0.36[\mathrm{kg/m^3}]$$

    ② 공기의 밀도

$$1[\mathrm{atm}] = \frac{W}{V}[\mathrm{kg/m^3}] \times \frac{0.082[\mathrm{atm \cdot m^3/kmol \cdot K}] \times (273+27)[\mathrm{K}]}{28[\mathrm{kg/kmol}]}$$

$$\therefore \rho_{공기} = \frac{W}{V} = 1.14[\mathrm{kg/m^3}]$$

$$V_{연기} = \sqrt{2 \times 9.8[\mathrm{m/s^2}] \times 3[\mathrm{m}] \times \left(\frac{1.14[\mathrm{kg/m^3}] - 0.36[\mathrm{kg/m^3}]}{0.36[\mathrm{kg/m^3}]} \right)}$$

$$= 11.29[\mathrm{m/s}]$$

  • 🔑 11.29[m/s]

2) 외부풍속[m/s]
  • 계산과정

$$V_O = V_s \times \sqrt{\frac{\rho_s}{\rho_a}} = 11.29[\mathrm{m/s}] \times \sqrt{\frac{0.36[\mathrm{kg/m^3}]}{1.14[\mathrm{kg/m^3}]}} = 6.34[\mathrm{m/s}]$$

  • 🔑 6.34[m/s]

3) 제3종 기계제연방식(흡입방연방식)

4) 일반적으로 가장 많이 이용하고 있는 제연방식 3가지
   화재 시 소방법상 주로 사용하는 방식은 기계제연방식이지만, 크게 밀폐제연방식, 자연
   제연방식, 스모크타워방식, 기계제연방식으로 구분할 수 있다.

5) 배출기의 최소 동력[kW]
  • 계산과정

$$Q = 300[\mathrm{m^2}] \times 1[\mathrm{m^3/m^2 \cdot min}] = 300[\mathrm{m^3/min}]$$

$$P = \frac{9.8[\mathrm{kN/m^3}] \times \frac{300}{60}[\mathrm{m^3/s}] \times 0.070[\mathrm{m}]}{0.6} \times 1.1 = 6.29[\mathrm{kW}]$$

  • 🔑 6.29[kW]

[공식]

$$\text{이상기체상태방정식 } PV = nRT = \frac{W}{M}RT$$

여기서, P : 압력[atm] [Pa]

V : 유속[m/s]

n : 몰수[mol]

W : 질량[kg]

M : 분자량[kg/kmol]

R : 이상기체상수($= 0.082$[atm · L/mol · K] $= 8.314$[N · m/mol · K])

T : 절대온도[K]

피토관 내 다른 유체가 들어가 있는 경우

$$V = \sqrt{2gH\left(\frac{\rho - \rho_w}{\rho_w}\right)} = \sqrt{2gH\left(\frac{\gamma - \gamma_w}{\gamma_w}\right)} = \sqrt{2gH\left(\frac{S - S_w}{S_w}\right)}$$

여기서, V : 유속[m/s]

g : 중력가속도($= 9.8$[m/s²])

H : 높이(수두)[m]

ρ : 밀도[kg/m³]($\rho_w = 1,000$[kg/m³])

γ : 비중량($\gamma_w = 9.8$[kN/m³])

S : 비중($S_w = 1$)

거실 제연설비 배출량

① 예상제연구역의 거실 바닥면적이 400[m²] 미만인 경우 : 배출량은 바닥면적 1[m²]당 1[m³/min] 이상으로 하되, 예상제연구역 전체에 대한 최저배출량은 5,000[m³/hr] 이상으로 할 것

$$Q = A[\text{m}^2] \times 1[\text{m}^3/\text{min} \cdot \text{m}^2] \times 60[\text{min/hr}]$$

여기서, Q : 배출량[m³/hr]

A : 바닥면적[m²]

② 예상제연구역의 거실 바닥면적이 400[m²] 이상인 경우

예상제연구역이 직경 40[m]인 원의 범위 안에 있을 경우 : 배출량 40,000[m³/hr] 이상

예상제연구역이 직경 40[m]인 원의 범위를 초과할 경우 : 배출량 45,000[m³/hr] 이상

③ 예상제연구역이 통로인 경우 : 배출량 45,000[m³/hr] 이상으로 해야 한다.

$$\text{전동기의 동력[kW] } P = \frac{\gamma QH}{\eta} \times K$$

여기서, γ : 비중량($\gamma_w = 9.8$[kN/m³]), Q : 유량[m³/s]

H : 전양정[m], η : 효율, K : 전달계수

배출방식

① 제1종 기계제연방식 : 송풍기 + 배연기

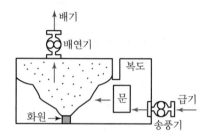

② 제2종 기계제연방식 : 송풍기

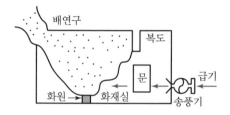

③ 제3종 기계제연방식 : 배연기

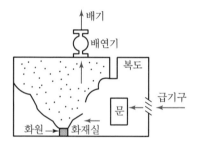

10 지상 5층의 특정소방대상물에 옥내소화전설비를 화재안전기준 및 다음 조건에 따라 설치하였을 때 각 물음에 답하시오. [10점]

[조건]
- 옥내소화전은 각 층마다 6[개]씩 설치되었다.
- 실양정은 20[m]이고 배관상 마찰손실(소방용 호스 제외)은 40[m]로 한다.
- 소방용 호스의 마찰손실은 100[m]당 26[m]로 하고 호스의 길이는 15[m], 수량은 2[개]다.
- 기타의 조건은 국가화재안전기준(NFSC)에 따른다.

1) 옥상수조에 저장하여야 할 최소 유효저수량[m³]은 얼마인가?
2) 펌프의 최소 토출량[L/min]은 얼마인가?
3) 전양정[m]은 얼마인가?
4) 펌프의 성능은 정격토출량의 150[%]로 운전할 경우 정격토출압력은 최소 몇 [MPa] 이상이어야 하는지 구하시오.
5) 펌프의 토출 측 주배관의 최소 구경을 다음 [보기]에서 선정하시오.

> [보기]
> 25[mm], 32[mm], 40[mm], 50[mm], 65[mm], 80[mm], 100[mm]

6) 옥내소화전의 방수량이 200[L/min]일 때 방수압력이 0.2[MPa]이었다. 방수압력을 0.4[MPa]로 방수하였을 경우 방수량[L/min]은 얼마가 되겠는가?
7) 6)에서 산정한 방수압과 방수량을 기준으로 노즐의 구경을 산출하시오.

(해답 ➕) 1) 옥상수조에 저장하여야 할 최소 유효저수량[m³]
- 계산과정

  지하수조 유효수량 $= 2.6[\text{m}^3/\text{min}] \times 20[\text{min}] = 5.2[\text{m}^3]$

  옥상수조 유효수량 $= 5.2[\text{m}^3] \times \dfrac{1}{3} = 1.73[\text{m}^3]$

- 🔳 1.73[m³]

2) 펌프의 최소 토출량[L/min]
- 계산과정

  $Q = 2[\text{개}] \times 130[\text{L/min}] = 260[\text{L/min}]$

- 🔳 260[L/min]

3) 전양정[m]
- 계산과정

  $H = 20[\text{m}] + 40[\text{m}] + \left(\dfrac{15[\text{m}]}{100[\text{m}]} \times 26[\text{m}] \times 2[\text{개}] \right) + 17[\text{m}] = 84.8[\text{m}]$

- 🔳 84.8[m]

4) 정격토출량의 150[%]로 운전할 경우 정격토출압력[MPa]
   - 계산과정
     펌프의 성능은 체절운전 시 정격토출압력의 140[%]를 초과하지 않고, 정격토출량의 150[%]로 운전 시 정격토출압력의 65[%] 이상이 되어야 하며, 펌프의 성능을 시험할 수 있는 성능시험배관을 설치할 것

     $$P = 84.8[m] \frac{84.8[m]}{10.332[m]} \times 0.101325[MPa] \times 0.65 = 0.54[MPa]$$

   - 🖪 0.54[MPa]

5) 토출 측 주배관의 최소 구경
   - 계산과정
     ※ 펌프의 토출 측 주배관의 구경은 유속이 4[m/s] 이하가 될 수 있는 크기 이상으로 해야 한다.

     $$\frac{0.26}{60}[m^3/s] = \frac{d[m]^2\pi}{4}[m^2] \times 4[m/s]$$

     $\therefore d = 0.037134[m] = 37.13[mm]$이므로 40A

     최소 구경 적용 → 50A

   - 🖪 50A

6) 방수압력을 0.4[MPa]로 방수하였을 경우 방수량[L/min]
   - 계산과정
     $$200[LPM] = K\sqrt{10 \times 0.2[MPa]}$$

     $\therefore K = 141.421$

     $$Q = 141.421\sqrt{10 \times 0.4[MPa]}$$

     $\therefore Q = 282.84[L/min]$

   - 🖪 282.84[L/min]

7) 6)에서 산정한 방수압과 방수량을 기준으로 한 노즐의 구경[mm]
   - 계산과정
     $$282.84[L/min] = 0.653 \times d^2 \times \sqrt{10 \times 0.4[MPa]}$$

     $\therefore d = 14.72[mm]$

   - 🖪 14.72[mm]

해설 ➕ [공식]

> 전양정 H = 실양정[m] + 마찰손실[m] + 방사압[m]

여기서, 옥내소화전의 노즐 방사압 : 0.17[MPa] = 17[m]

$$\text{방수량 } Q = K\sqrt{10P}$$

여기서, Q : 헤드 방수량[L/min]

P : 방사압력[MPa]

K : 방출계수

$$\text{옥내소화전 호스(유량계수 적용) 토출량 } Q = 0.653 \times d^2 \times \sqrt{10P}$$

여기서, Q : 헤드 방수량[L/min]

P : 방사압력[MPa]

d : 노즐의 구경[mm]

11 바닥면적이 350[m²]이고 다른 거실의 피난을 위한 경유거실에 제연설비를 설치하고자 한다. 배출기의 흡입 측 풍도의 풍속을 15[m/s] 이하가 되도록 하고자 할 때 흡입 측 덕트의 최소 폭 [mm]을 구하시오. (단, 덕트의 높이제한은 600[mm]이며 강판 두께, 덕트 플렌지 및 보온 두께는 고려하지 않는다.) [3점]

(해답➕) • 계산과정

① 소요 배출량

$350[\text{m}^2] \times 1[\text{m}^3/\text{m}^2 \cdot \text{min}] = 350[\text{m}^3/\text{min}]$

$= 21,000[\text{m}^3/\text{hr}]$

② 덕트의 단면적[m²]

$\dfrac{350}{60}[\text{m}^3/\text{s}] = (W \times 0.6)[\text{m}^2] \times 15[\text{m/s}]$

∴ $W = 0.648148[\text{m}] = 648.15[\text{mm}]$

→ 흡입 측 덕트의 최소 폭 = 648.15[mm]

※ 그 거실이 다른 거실의 피난을 위한 경유거실인 경우에는 그 거실에서 직접 배출해야 한다.

  • 📋 648.15[mm]

(해설➕) [공식]

① 예상제연구역의 거실 바닥면적이 400[m²] 미만인 경우 : 배출량은 바닥면적 1[m²]당 1[m³/min] 이상으로 하되, 예상제연구역 전체에 대한 최저 배출량은 5,000[m³/hr] 이상으로 할 것

$$Q = A[\text{m}^2] \times 1[\text{m}^3/\text{min} \cdot \text{m}^2] \times 60[\text{min/hr}]$$

여기서, Q : 배출량[m³/hr]

A : 바닥면적[m²]

② 예상제연구역의 거실 바닥면적이 400[m²] 이상인 경우

예상제연구역이 직경 40[m]인 원의 범위 안에 있을 경우 : 배출량 40,000[m³/hr] 이상

예상제연구역이 직경 40[m]인 원의 범위 안에 있을 경우 : 배출량 45,000[m³/hr] 이상

③ 예상제연구역이 통로인 경우 : 배출량 45,000[m³/hr] 이상으로 해야 한다.

$$연속방정식 \ Q = AV$$

여기서, Q : 체적유량[m³/s]

A : 배관의 단면적[m²]

V : 유속[m/s]

12 위험물을 저장하는 5[m](가로)×6[m](세로)×4[m](높이)의 방호대상물에 국소방출방식으로 제4종 분말약제를 사용하는 분말소화설비를 설치하려고 한다. 조건을 참조하여 필요한 소화약제의 최소 저장량[kg]을 계산하시오. [5점]

[조건]

• 국소방출방식의 계산식에서 방호공간에 대한 분말소화약제의 양을 산출하기 위한 X 및 Y의 값은 다음 표에 따른다.

소화약제의 종별	X의 수치	Y의 수치
제1종 분말	5.2	3.9
제2종 분말 또는 제3종 분말	3.2	2.4
제4종 분말	2.0	1.5

• 방호대상물의 주위에는 동일한 크기의 벽이 설치되어 있으며 바닥면적을 제외하고 5면을 기준으로 계산한다.

해답 ⊕ • 계산과정

① 방호공간의 체적[m³]

$V = 5[m] \times 6[m] \times (4 + 0.6)[m] = 138[m³]$

② 소화약제 최소 저장량[kg]

$a = (5[m] \times 4[m] + 6[m] \times 4[m]) \times 2[면] = 88[m²]$

$A = \{5[m] \times (4 + 0.6)[m] + 6[m] \times (4 + 0.6)[m]\} \times 2[면] = 101.2[m²]$

$\therefore \ W = 138[m³] \times \left(2 - 1.5 \times \dfrac{88[m²]}{101.2[m²]}\right) \times 1.1 = 105.6[kg]$

• 🔲 105.6[kg]

[공식]

약제량 $W = V \times Q \times 1.1$

여기서, W : 약제량[kg]

V : 방호구역체적[m³]

(방호대상물의 각 부분으로부터 0.6[m]의 거리에 따라 둘러싸인 공간)

Q : 방출계수 $= X - Y\dfrac{a}{A}$[kg/m³]

a : 방호대상물 주위에 설치된 벽 면적의 합계[m²]

A : 방호공간의 벽면적의 합계[m²]

(벽이 없는 경우에는 벽이 있는 것으로 가정한 당해 부분의 면적)

---

13 모형펌프의 시험운전을 기준으로 원형펌프를 설계하고자 한다. 아래의 조건을 참조하여 원형펌프의 유량[m³/s]과 축동력[MW]을 계산하시오. (단, 모형펌프와 원형펌프는 서로 상사한다.)

[5점]

[조건]
• 모형펌프 : ① 축동력 : 16.5[kW]

② 임펠러의 직경 : 42[cm]

③ 양정 : 5.64[m]

④ 회전수 : 374[rpm]

⑤ 효율 : 89.3[%]

• 원형펌프 : ① 임펠러의 직경 : 409[cm]

② 양정 : 55[m]

해답 ⊕ • 계산과정

① 원형펌프의 회전수[rpm]

$$\frac{55[\text{m}]}{5.64[\text{m}]} = \left(\frac{N_2}{374[\text{rpm}]}\right)^2 \times \left(\frac{409[\text{cm}]}{42[\text{cm}]}\right)^2$$

∴ $N_2 = 119.933$[rpm]

② 원형펌프의 유량[m³/s]

$$16.5[\text{kW}] = \frac{9.8[\text{kN/m}^3] \times Q_1 \times 5.64[\text{m}]}{0.893}$$

∴ $Q_1 = 0.267$[m³/s]

$$\frac{Q_2}{0.267[\text{m}^3/\text{s}]} = \left(\frac{119.933[\text{rpm}]}{374[\text{rpm}]}\right) \times \left(\frac{409[\text{cm}]}{42[\text{cm}]}\right)^3$$

∴ $Q_2 = 79.07$[m³/s]

③ 원형펌프의 축동력[MW]

$$\frac{P_2}{16.5\,[\text{kW}]}=\left(\frac{119.933\,[\text{rpm}]}{374\,[\text{rpm}]}\right)^3\times\left(\frac{409\,[\text{cm}]}{42\,[\text{cm}]}\right)^5$$

$$\therefore\ P_2=47,649.17[\text{kW}]=47.65[\text{MW}]$$

- 🔑 79.07[m³/s], 47.65[MW]

해설 ➕ [공식]

상사의 법칙

$$\text{유량}\ \ \frac{Q_2}{Q_1}=\left(\frac{N_2}{N_1}\right)\times\left(\frac{D_2}{D_1}\right)^3$$

$$\text{양정}\ \ \frac{H_2}{H_1}=\left(\frac{N_2}{N_1}\right)^2\times\left(\frac{D_2}{D_1}\right)^2$$

$$\text{동력}\ \ \frac{P_2}{P_1}=\left(\frac{N_2}{N_1}\right)^3\times\left(\frac{D_2}{D_1}\right)^5$$

여기서, N : 회전수[rpm]

　　　　D : 펌프의 직경[m]

$$\text{펌프의 축동력[kW]}\ P=\frac{\gamma QH}{\eta}$$

여기서, γ : 비중량($\gamma_w=9.8\,[\text{kN/m}^3]$)

　　　　Q : 유량[m³/s]

　　　　H : 전양정[m]

　　　　η : 효율

14 에탄을 저장하는 창고에 이산화탄소소화설비를 설치하려고 할 때 다음 조건을 참조하여 각 물음에 답하시오. [13점]

[조건]

- 전역방출방식(고압식)이며 표면화재 방호대상물로 간주한다.
- 저장창고의 방호구역체적은 125[m³]이다.
- 이산화탄소의 설계농도는 40[%]이며 보정계수는 1.20이다.
- 개구부는 2[m]×1[m]×1개소이며 자동폐쇄장치가 설치되어 있지 않다.
- 약제저장용기는 충전비가 1.90이며 내용적은 68[L]이다.
- 기타의 조건은 화재안전기준을 적용한다.

1) 필요한 이산화탄소 소화약제의 양[kg]을 계산하시오.

2) 방호구역 내에 이산화탄소가 설계농도로 유지될 때의 산소의 농도[%]는 얼마인가?

3) 필요한 소화약제의 저장용기는 몇 병인가?

4) 다음은 이산화탄소소화설비의 화재안전기준에 관한 내용이다. ( ) 안에 알맞은 답을 쓰시오.

① 고압식의 경우 분사헤드의 방사압력이 (①)[MPa] 이상의 것으로 할 것

② 전역방출방식에 있어서 가연성 액체 또는 가연성 가스 등 표면화재 방호대상물의 경우에는
이산화탄소의 소요량이 (②)분 이내에 방사되어야 한다.

③ 이산화탄소소화약제의 저장용기실의 온도는 (③)[℃] 이하가 되어야 한다.

④ 이산화탄소소화설비의 배관은 강관을 사용하는 경우 (④)(저압식은 스케줄 40) 이상의 것

5) 이산화탄소 소화설비에 화재감지기회로를 일반감지기로 설치하는 경우 어떠한 방식을 사용하여야
하는지 그 회로방식과 정의를 쓰시오.

(해답 ⊕) 1) 이산화탄소 소화약제의 양[kg]

• 계산과정

$W = 125[m^3] \times 0.9[kg/m^3] = 112.5[kg] \rightarrow$ 최저 한도량 45[kg] 이상

$\therefore \ W = 125[m^3] \times 0.9[kg/m^3] \times 1.2 + (2 \times 1)[m^2] \times 5[kg/m^2] = 145[kg]$

• 답 145[kg]

2) 설계농도로 유지될 때의 산소의 농도[%]

• 계산과정

$$40[\%] = \frac{21 - O_2}{21} \times 100$$

$\therefore O_2 = 12.6[\%]$

• 답 12.6[%]

3) 소화약제의 저장용기[병]

• 계산과정

1병당 약제저장량 $C = \dfrac{V}{G}$

$1.9[L/kg] = \dfrac{68[L]}{G}$

$\therefore \ G = 35.789[kg/병]$

$N = \dfrac{145[kg]}{35.789[kg/병]} = 4.05 = 5[병]$

• 답 5[병]

4) ① 2.1   ② 1   ③ 40

④ 압력배관용 탄소강관 중 스케줄 80

5) 교차회로방식

정의 : 하나의 방호구역 내에서 2 이상의 화재감지기 회로를 설치하고 인접한 2이상의 화재
감지기가 동시에 감지되는 때에 설비가 작동하는 방식이다.

해설 ⊕ 「이산화탄소소화설비의 화재안전기술기준(NFTC 106)」 소화약제의 저장용기 적합장소

① 방호구역 외의 장소에 설치할 것. 다만, 방호구역 내에 설치할 경우에는 피난 및 조작이 용이
하도록 피난구 부근에 설치해야 한다.

② 온도가 40[℃] 이하이고, 온도변화가 작은 곳에 설치할 것

③ 직사광선 및 빗물이 침투할 우려가 없는 곳에 설치할 것

④ 방화문으로 구획된 실에 설치할 것

⑤ 용기의 설치장소에는 해당 용기가 설치된 곳임을 표시하는 표지를 할 것

⑥ 용기 간의 간격은 점검에 지장이 없도록 3[cm] 이상의 간격을 유지할 것

⑦ 저장용기와 집합관을 연결하는 연결배관에는 체크밸브를 설치할 것. 다만, 저장용기가
하나의 방호구역만을 담당하는 경우에는 그렇지 않다.

배관 설치기준

① 배관은 전용으로 할 것

② 강관을 사용하는 경우의 배관은 압력배관용탄소강관(KS D 3562) 중 스케줄 80(저압식은
스케줄 40) 이상의 것 또는 이와 동등 이상의 강도를 가진 것으로 아연도금 등으로 방식 처리
된 것을 사용할 것. 다만, 배관의 호칭구경이 20[mm] 이하인 경우에는 스케줄 40 이상인 것
을 사용할 수 있다.

③ 동관을 사용하는 경우의 배관은 이음이 없는 동 및 동합금관(KS D 5301)으로서 고압식은
16.5[MPa] 이상, 저압식은 3.75[MPa] 이상의 압력에 견딜 수 있는 것을 사용할 것

④ 고압식의 1차 측(개폐밸브 또는 선택밸브 이전) 배관부속의 최소사용설계압력은 9.5[MPa]
로 하고, 고압식의 2차 측과 저압식의 배관부속의 최소사용설계압력은 4.5[MPa]로 할 것

배관의 구경

구분		방출시간
전역방출방식	가연성 액체 또는 가연성 가스 등 표면화재	1분
	종이, 목재, 석탄, 섬유류, 합성수지류 등 심부화재	7분(이 경우, 설계농도가 2분 이내에 30퍼센트에 도달하여야 한다)
국소방출방식		30초

전역방출방식의 이산화탄소소화설비의 분사헤드 설치기준

① 방출된 소화약제가 방호구역의 전역에 균일하고 신속하게 확산할 수 있도록 할 것

② 분사헤드의 방출압력이 2.1[MPa](저압식은 1.05[MPa]) 이상의 것으로 할 것

③ 특정소방대상물 또는 그 부분에 설치된 이산화탄소소화설비의 소화약제의 저장량은 정한
시간 이내에 방출할 수 있는 것으로 할 것

[공식]

$$W(약제량) = (V \times \alpha) + (A \times \beta)$$

여기서, W : 약제량[kg], V : 방호구역체적[m³], α : 체적계수[kg/m³]

A : 개구부면적[m²], β : 면적계수(표면화재 : 5[kg/m²], 심부화재 : 10[kg/m²])

표면화재(가연성 가스, 가연성 액체)

방호구역 체적	방호구역의 체적 1[m³]에 대한 소화약제의 양[kg/m³]	최저 한도량 [kg]	개구부 가산량[kg/m²] (자동폐쇄장치 미설치 시)
45[m³] 미만	1	45	5
45[m³] 이상 150[m³] 미만	0.9		5
150[m³] 이상 1,450[m³] 미만	0.8	135	5
1,450[m³] 이상	0.75	1,125	5

$$이산화탄소의\ 부피농도[\%] = \frac{21 - O_2}{21} \times 100$$

여기서, O_2 : 소화약제 방출 후 산소의 농도[%]

교차회로방식

① 정의 : 하나의 방호구역 내에서 2 이상의 화재감지기 회로를 설치한 방식으로 인접한 2 이상의 화재감지기가 동시에 감지되는 때에 설비가 작동하는 방식이다.

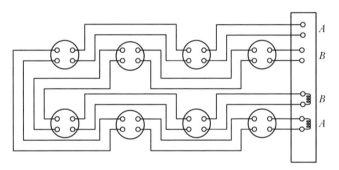

② 적용
　　㉠ 수계 : 준비작동식 스플링클러설비, 일제실수식 스프링클러설비
　　㉡ 가스계 : 이산화탄소소화설비, 할로겐화합물 소화설비, 할로겐화합물 및 불활성기체 소화설비, 분말소화설비
③ 사용 목적 : 설비의 오동작을 방지하기 위하여 설치한다.
④ 작동 순서 : 하나의 회로가 동작할 때 화재경보 및 표시등 점등이 이루어지고, 2개의 회로가 동시에 동작할 때 기동장치가 작동하여 소화설비가 작동된다.

15 특정소방대상물의 바닥면적이 20[m]×30[m]일 때 아래의 용도에 따른 소화기구의 능력단위를 계산하시오. [4점]

1) 전시장(주요 구조부가 내화구조이고 벽 및 반자의 실내에 면하는 부분이 불연재료이다.)
2) 위락시설(주요 구조부가 내화구조가 아닌 경우)
3) 집회장(주요 구조부가 내화구조가 아닌 경우)

(해답 ●) 1) 전시장(주요 구조부가 내화구조이고 벽 및 반자의 실내에 면하는 부분이 불연재료이다.)
- 계산과정

$$\frac{(20 \times 30)[\text{m}^2]}{200[\text{m}^2/\text{단위}]} = 3[\text{단위}]$$

- 🖪 3[단위]

2) 위락시설(주요 구조부가 내화구조가 아닌 경우)
- 계산과정

$$\frac{(20 \times 30)[\text{m}^2]}{30[\text{m}^2/\text{단위}]} = 20[\text{단위}]$$

- 🖪 20[단위]

3) 집회장(주요 구조부가 내화구조가 아닌 경우)
- 계산과정

$$\frac{(20 \times 30)[\text{m}^2]}{50[\text{m}^2/\text{단위}]} = 12[\text{단위}]$$

- 🖪 12[단위]

(해설 ●) 특정소방대상물별 소화기구의 능력단위기준

특정소방대상물	소화기구의 능력단위
위락시설	바닥면적 30[m²]마다 1단위
공연장, 집회장, 관람장, 문화재, 장례식장 및 의료시설	바닥면적 50[m²]마다 1단위
근린생활시설, 판매시설, 운수시설, 숙박시설, 노유자시설, 전시장, 공동주택, 업무시설, 방송통신시설, 공장, 창고시설, 항공기 및 자동차 관련 시설 및 관광휴게시설	바닥면적 100[m²]마다 1단위
그 밖의 것	바닥면적 200[m²]마다 1단위

주요 구조부가 내화구조이고, 벽 및 반자의 실내에 면하는 부분이 불연재료 · 준불연재료 또는 난연재료로 된 특정대상물에 있어서는 위 표의 기준면적의 2배를 해당 특정소방대상물의 기준으로 한다.

16 아래 그림 및 조건을 참조하여 노즐에서의 유속[m/s]을 계산하시오. [6점]

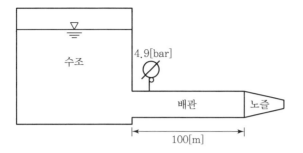

[조건]
• 배관의 내경은 60[mm]이다.
• 노즐의 내경은 20[mm]이다.
• 배관에서 마찰손실계수는 0.025이다.
• 노즐의 마찰손실은 무시한다.

해답 ➕ • 계산과정

[환산]

$1[atm] = 10.332[mAq] = 760[mmHg] = 1.0332[kgf/cm^2]$
$\qquad = 101,325[Pa] = 101.325[kPa] = 0.101325[MPa]$
$\qquad = 14.6[psi] = 1.01325[bar]$

① $P_1 = \dfrac{4.9[bar]}{1.01325[bar]} \times 101.325[kPa] = 490[kPa]$

② $Q_1 = Q_2$

$\dfrac{(0.06[m])^2\pi}{4} \times V_1 = \dfrac{(0.02[m])^2\pi}{4} \times V_2$

∴ $V_2 = 9V_1$

③ $\Delta h_L = 0.025 \times \dfrac{100[m]}{0.06[m]} \times \dfrac{V_1^2}{2 \times 9.8[m/s^2]} = 2.126 V_1^2$

$\dfrac{490[kPa]}{9.8[kN/m^3]} + \dfrac{V_1^2}{2 \times 9.8[m/s^2]} = \dfrac{(9V_1)^2}{2 \times 9.8[m/s^2]} + 2.126 V_1^2$

($\because P_2$(대기압) $= 0$, $Z_1 = Z_2$)

∴ $V_1 = 2.838[m/s] \rightarrow V_2 = 25.54[m/s]$

• 🔲 25.54[m/s]

$$\text{연속방정식 } Q = AV$$

여기서, Q : 체적유량[m³/s]

A : 배관의 단면적[m²]

V : 유속[m/s]

$$\text{Darcy} - \text{Weisbach의 방정식 } \Delta h_L = f \times \frac{L}{D} \times \frac{V^2}{2g}$$

여기서, Δh_L : 마찰손실수두[m]

f : 마찰손실계수($=\lambda$)

L : 배관 길이[m]

D : 관의 내경[m]

V : 유속[m/s]

g : 중력가속도($=9.8$[m/s²])

$$\text{수정 베르누이방정식 } \frac{P_1}{\gamma} + \frac{V_1^2}{2g} + Z_1 = \frac{P_2}{\gamma} + \frac{V_2^2}{2g} + Z_2 + \Delta h_L$$

여기서, P_1 : 1지점에서의 압력[kPa], P_2 : 2지점에서의 압력[kPa]

γ : 비중량($\gamma_w = 9.8\,[\text{kN}/\text{m}^3]$)

V_1 : 1지점에서의 유속[m/s], V_2 : 2지점에서의 유속[m/s]

Z_1 : 1지점에서의 위치[m], Z_2 : 2지점에서의 위치[m]

Δh_L : 배관 마찰손실[m]

2020년 제3회(2020. 10. 17)

01 아래 그림은 지하 1층, 지상 10층인 특정소방대상물에 습식 스프링클러설비를 설치한 펌프 주변 상세도이다. 조건을 참조하여 각 물음에 답하시오. [13점]

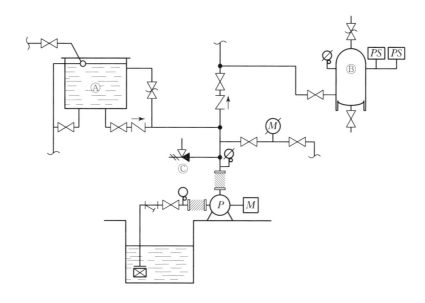

[조건]

• 특정소방대상물의 지하층은 주차장으로 지상층은 업무시설로 사용한다.

• 특정소방대상물은 내화구조이고 연면적 20,000[m²]이며 층당 헤드의 부착높이는 4[m]이다.

• 특정소방대상물은 동결의 우려가 없으며 스프링클러헤드는 총 200[개]가 설치되어 있다.

• 펌프의 효율은 65[%]이며 전달계수는 1.1이다.

• 실양정은 52[m]이고 배관의 마찰손실은 실양정의 30[%]로 가정한다.

• 스프링클러헤드의 방수압력은 0.1[MPa]로 한다.

1) 헤드의 설치간격[m]을 구하시오. (단, 헤드는 정방형으로 설치한다.)

2) 펌프의 전동기 용량[kW]을 구하시오.

3) 수원의 최소 유효저수량[m³]을 구하시오. (옥상수조 포함)

4) 기호 ⒜의 명칭과 최소 용량[L]을 쓰시오.

5) 기호 ⒝의 명칭과 그 기능을 쓰시오.

6) 기호 ⒞의 명칭과 작동압력범위를 쓰시오.

7) 기호 ⒜ 급수관의 최소 구경[mm]을 쓰시오.

해답 ⊕

1) 헤드의 설치간격[m]
   - 계산과정
     $$S = 2 \times 2.3[\text{m}] \times \cos 45° = 3.25[\text{m}]$$
   - 답 3.25[m]

2) 펌프의 전동기 용량[kW]
   - 계산과정
     $$Q = 10[\text{개}] \times 80[\text{L/min}] = 800[\text{L/min}]$$
     $$H = 52[\text{m}] + (52[\text{m}] \times 0.3) + 10[\text{m}] = 77.6[\text{m}]$$
     $$P = \frac{9.8[\text{kN/m}^3] \times \dfrac{0.8}{60}[\text{m}^3/\text{s}] \times 77.6[\text{m}]}{0.65} \times 1.1 = 17.16[\text{kW}]$$
   - 답 17.16[kW]

3) 수원의 최소 유효저수량[m³]
   - 계산과정
     지하수조 유효수량 $= 800[\text{L/min}] \times 20[\text{min}] = 16,000[\text{L}]$
     옥상수조 유효수량 $= \dfrac{16,000[\text{L}]}{3} = 5,333.33[\text{L}]$
     $\therefore 16,000[\text{L}] + 5,333.33[\text{L}] = 21,333.33[\text{L}] = 21.33[\text{m}^3]$
   - 답 21.33[m³]

4) 물올림장치, 최소 용량 : 100[L] 이상

5) 기동용 수압개폐장치, 기능 : 소화펌프의 자동기동 및 정지

6) 릴리프밸브, 작동압력범위 : 체절압력 미만

7) 15[mm]

해설 ⊕ [공식]

① 설치장소별 수평거리(R)

설치장소		수평거리(R)
• 무대부 • 특수가연물을 저장 또는 취급하는 장소		1.7[m] 이하
기타구조		2.1[m] 이하
내화구조		2.3[m] 이하
아파트 등		2.6[m] 이하
창고	특수가연물을 저장 또는 취급하는 장소	1.7[m] 이하
	기타구조	2.1[m] 이하
	내화구조	2.3[m] 이하

② 정방형의 경우

$$S = 2 \times r \times \cos 45°$$

여기서, S : 헤드 상호 간의 거리[m]

r : 유효반경[m]

※ 헤드의 기준개수(폐쇄형 헤드)

설치장소			기준개수[개]
지하층을 제외한 층수가 10층 이하인 소방대상물	공장	특수가연물 저장 · 취급하는 것	30
		그 밖의 것	20
	근린생활시설, 판매시설 · 운수시설 또는 복합건축물	판매시설 또는 복합건축물 (판매시설이 설치되는 복합건축물)	30
		그 밖의 것	20
	그 밖의 것	헤드의 부착높이 8[m] 이상의 것	20
		헤드의 부착높이 8[m] 미만의 것	10
지하층을 제외한 층수가 11층 이상인 특정소방대상물 · 지하가 또는 지하역사, 창고, 아파트 등의 각 동과 연결된 주차장			30
아파트 등			10

전양정 H = 실양정[m] + 마찰손실[m] + 방사압(수두)[m]

여기서, 스프링클러설비의 헤드 방사압 : 0.1[MPa] = 10[m]

펌프의 전동기 동력[kW] $P = \dfrac{\gamma QH}{\eta} \times K$

여기서, γ : 비중량($\gamma_w = 9.8\,[\text{kN}/\text{m}^3]$)

Q : 유량[m³/s]

H : 전양정[m]

η : 효율

K : 전달계수

「스프링클러설비의 화재안전기술기준(NFTC 103)」

1) 기동용 수압개폐장치 중 압력챔버를 사용할 경우 그 용적은 100[L] 이상의 것으로 할 것

2) 수원의 수위가 펌프보다 낮은 위치에 있는 가압송수장치에는 다음의 기준에 따른 물올림장치를 설치할 것

① 물올림장치에는 전용의 수조를 설치할 것

② 수조의 유효수량은 100[L] 이상으로 하되, 구경 15[mm] 이상의 급수배관에 따라 해당 수조에 물이 계속 보급되도록 할 것

02 전역방출방식의 할론소화설비의 분사헤드 설치기준을 3가지만 쓰시오. [3점]

①

②

③

해답 ● ① 방출된 소화약제가 방호구역의 전역에 균일하고 신속하게 확산할 수 있도록 할 것
② 할론 2402를 방출하는 분사헤드는 해당 소화약제가 무상으로 분무되는 것으로 할 것
③ 분사헤드의 방출압력은 할론 2402를 방출하는 것은 0.1[MPa] 이상, 할론 1211을 방출하는
  것은 0.2[MPa] 이상, 할론 1301을 방출하는 것은 0.9[MPa] 이상으로 할 것
④ 기준저장량의 소화약제를 10초 이내에 방출할 수 있는 것으로 할 것

해설 ● 「할론소화설비의 화재안전기술기준(NFTC 107)」 분사헤드

1) 전역방출방식의 할론소화설비의 분사헤드 설치기준
   ① 방출된 소화약제가 방호구역의 전역에 균일하고 신속하게 확산할 수 있도록 할 것
   ② 할론 2402를 방출하는 분사헤드는 해당 소화약제가 무상으로 분무되는 것으로 할 것
   ③ 분사헤드의 방출압력은 할론 2402를 방출하는 것은 0.1[MPa] 이상, 할론 1211을 방출하
     는 것은 0.2[MPa] 이상, 할론 1301을 방출하는 것은 0.9[MPa] 이상으로 할 것
   ④ 기준저장량의 소화약제를 10초 이내에 방출할 수 있는 것으로 할 것

2) 국소방출방식의 할론소화설비의 분사헤드 설치기준
   ① 소화약제의 방출에 따라 가연물이 비산하지 않는 장소에 설치할 것
   ② 할론 2402를 방출하는 분사헤드는 해당 소화약제가 무상으로 분무되는 것으로 할 것
   ③ 분사헤드의 방출압력은 할론 2402를 방출하는 것은 0.1[MPa] 이상, 할론 1211을 방출하
     는 것은 0.2[MPa] 이상, 할론 1301을 방출하는 것은 0.9[MPa] 이상으로 할 것
   ④ 기준저장량의 소화약제를 10초 이내에 방출할 수 있는 것으로 할 것

03 다음 그림과 같이 직육면체(수면면적 36[m²])의 물탱크에서 밸브를 완전히 개방하였을 때 최저 유효수면(10[m])까지 물이 배수되는 소요시간[min]을 구하시오. (단, 토출 측 관의 안지름은 80[mm]이고 탱크수면의 하강속도가 변화하는 것을 고려한다.) [6점]

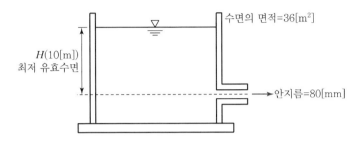

(해답 ⊕) • 계산과정

$$\frac{2 \times 36[\mathrm{m}^2]}{\dfrac{(0.08)^2 \pi}{4}[\mathrm{m}^2] \times \sqrt{2 \times 9.8[\mathrm{m/s}^2]}} \times \left(\sqrt{10[\mathrm{m}]} - \sqrt{0[\mathrm{m}]} \right)$$

$$= 10,231.389[\mathrm{s}] = 170.52[\mathrm{min}]$$

• 🗒 170.52[min]

(해설 ⊕) [공식]

$$\text{수조의 배수시간 } t = \frac{2A}{Ca\sqrt{2g}} \left(\sqrt{H_1} - \sqrt{H_2} \right)$$

여기서, t : 배수시간[s]

A : 수조의 단면적[m²]

C : 유량계수

a : 오리피스 단면적[m²]

g : 중력가속도(= 9.8[m/s²])

H_1 : 최초 수위[m]

H_2 : t초 후의 수위[m]

04 분말소화설비에 설치하는 정압작동장치의 기능과 압력스위치 방식에 대하여 작성하시오. [4점]

1) 정압작동장치의 기능
2) 압력스위치 방식

───────────────────────────────

(해답 ⊕) 1) 저장용기의 내부압력이 설정 압력이 되었을 때 주밸브를 개방시키는 장치
2) 가압용 가스가 저장용기 내에 가압되어 압력스위치가 동작되면 솔레노이드밸브가 동작되어 주밸브를 개방시키는 방식

(해설 ⊕) 정압작동장치
1) 설치목적 : 저장용기의 내부압력이 설정압력에 도달하면 작동하여 주밸브를 개방시키는 장치
2) 종류

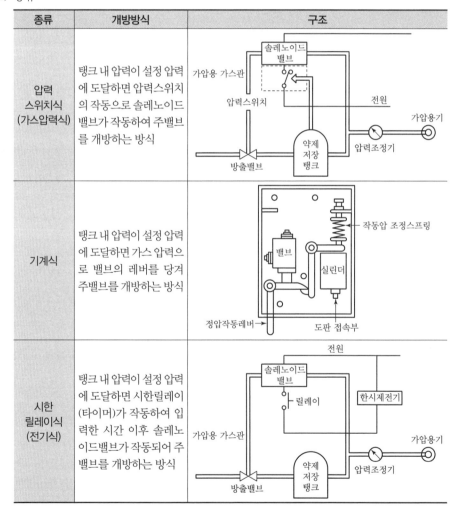

종류	개방방식	구조
압력 스위치식 (가스압력식)	탱크 내 압력이 설정 압력에 도달하면 압력스위치의 작동으로 솔레노이드 밸브가 작동하여 주밸브를 개방하는 방식	
기계식	탱크 내 압력이 설정 압력에 도달하면 가스 압력으로 밸브의 레버를 당겨 주밸브를 개방하는 방식	
시한 릴레이식 (전기식)	탱크 내 압력이 설정 압력에 도달하면 시한릴레이 (타이머)가 작동하여 입력한 시간 이후 솔레노이드밸브가 작동되어 주밸브를 개방하는 방식	

05 아래 그림은 어느 물계통의 소화펌프 계통도를 나타내고 있다. 그림과 조건을 참조하여 각 물음에
답하시오. [6점]

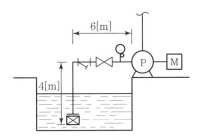

[조건]
• 펌프의 흡입 측 배관에 설치된 관부속품에 대한 등가길이는 15[m]이다.
• 대기압 수두는 10.3[m]이며 물의 포화수증기압 수두는 0.2[m]이다.
• 펌프의 유량은 144[m³/h]이고 흡입배관의 내경은 125[mm]이다.
• 펌프의 필요흡입양정은 4.5[m]이다.
• 배관의 마찰손실수두는 다음의 공식을 따르되 펌프 운전 시 배관에서의 속도수두는 무시한다.

$$\Delta H = 6 \times 10^6 \times \frac{Q^2}{120^2 \times d^5} \times L$$

여기서, ΔH : 배관의 마찰손실수두[m]
Q : 배관 내 유량[L/min]
d : 배관의 내경[mm]
L : 배관의 길이[m]

1) 펌프의 흡입 측 배관의 마찰손실수두[m]를 구하시오.
2) 펌프의 유효흡입양정[m]을 구하시오.
3) 펌프의 사용가능여부를 판정하시오.
4) 펌프가 흡입이 안 될 경우 흡입배관에 대한 개선대책을 2가지만 쓰시오.

(해답 ●) 1) 흡입 측 배관의 마찰손실수두[m]
• 계산과정
[환산]
$Q = 144[\text{m}^3/\text{h}] = 2,400[\text{L/min}]$

$\triangle H = 6 \times 10^6 \times \dfrac{2,400[\text{L/min}]^2}{120^2 \times 125[\text{mm}]^5} \times (4+6+15)[\text{m}] = 1.97[\text{m}]$

• 답 1.97[m]

2) 유효흡입양정[m]

• 계산과정

$NPSH_{av} = 10.3[\mathrm{m}] - 0.2[\mathrm{m}] - 4[\mathrm{m}] - 1.97[\mathrm{m}] = 4.13[\mathrm{m}]$

• 🖪 4.13[m]

3) 사용가능여부(공동현상 발생여부)

• 계산과정

$NPSH_{av} \geq NPSH_{re}$ 이어야 공동현상이 발생되지 않는다.

4.13[m] < 4.5[m]이므로 공동현상이 발생하여 펌프를 사용할 수 없다.

• 🖪 사용할 수 없다.

4) 개선대책

① 수조를 펌프보다 높게 설치한다.

② 펌프의 흡입 측 배관 길이를 최소화하여 흡입양정을 작게 한다.

③ 펌프의 흡입 측 배관의 유속을 줄인다.

④ 펌프의 흡입관경을 크게 한다.

⑤ 펌프 임펠러의 회전속도를 줄인다.

⑥ 펌프 임펠러의 유속을 줄인다.

해설 ➕ [공식]

$$유효흡입수두 \; NPSH_{av} = H_o - H_v \pm H_s - H_L$$

여기서, $NPSH_{av}$: 유효흡입양정[m], H_o : 대기압수두[m], H_v : 포화증기압수두[m],

H_s : 흡입 측 배관의 흡입수두[m] (다만, 압입식의 경우에는 +(플러스))

H_L : 흡입마찰수두[m]

06 경유를 저장하는 탱크의 내부직경이 40[m]인 플루팅루프(Floating Roof) 탱크에 다음 조건에 따라 포소화설비의 특형 방출구를 설치하여 방출하려고 할 때 조건을 참고하여 다음 각 물음에 답하시오. [11점]

[조건]

• 소화약제는 3[%]용의 단백포를 사용하며 수용액의 분당 방출량은 12[L/(m² · min)]이고 방사시간은 20분으로 한다.

• 탱크 내면과 굽도리판의 간격은 2.5[m]로 한다.

• 펌프의 효율은 60[%], 전동기의 전달계수는 1.2로 한다.

1) 포수용액의 양[m³]은 얼마 이상인지 구하시오.

2) 수원의 양[m³]은 얼마 이상인지 구하시오.

3) 포원액의 양[m³]은 얼마 이상인지 구하시오.

4) 가압송수장치의 최소 분당 토출량[L/min]을 구하시오.

5) 펌프의 전양정이 100[m]라고 할 때 전동기의 출력[kW]은 최소 얼마 이상인지 구하시오.
   (단, 포수용액의 비중은 물의 비중과 동일하다고 가정한다.)

6) 팽창비를 구하는 식을 쓰시오.

7) 고발포의 팽창비 범위를 쓰시오.

8) 저발포의 팽창비 범위를 쓰시오.

9) 포소화약제의 종류를 5가지만 쓰시오.

해답 ➕

1) 포수용액의 양[m³]
   - 계산과정

   $$\frac{(40^2 - 35^2)\pi}{4}[\mathrm{m}^2] \times 12[\mathrm{L/m}^2 \cdot \mathrm{min}] \times 20[\mathrm{min}] = 70,685.83[\mathrm{L}] = 70.69[\mathrm{m}^3]$$

   - 답 70.69[m³]

2) 수원의 양[m³]
   - 계산과정

   $$70.69[\mathrm{m}^3] \times 0.97 = 68.57[\mathrm{m}^3]$$

   - 답 68.57[m³]

3) 포원액의 양[m³]
   - 계산과정

   $$70.69[\mathrm{m}^3] \times 0.03 = 2.12[\mathrm{m}^3]$$

   - 답 2.12[m³]

4) 최소 분당 토출량[L/min]
   - 계산과정

   $$\frac{(40^2 - 35^2)\pi}{4}[\mathrm{m}^2] \times 12[\mathrm{L/m}^2 \cdot \mathrm{min}] = 3,534.29[\mathrm{L/min}]$$

   - 답 3,534.29[L/min]

5) 전동기의 출력[kW]
   - 계산과정

   $$P = \frac{9.8[\mathrm{kN/m}^3] \times \dfrac{3.59429}{60}[\mathrm{m}^3/\mathrm{s}] \times 100[\mathrm{m}]}{0.6} \times 1.2 = 117.41[\mathrm{kW}]$$

   - 답 117.41[kW]

6) "팽창비"란 최종 발생한 포 체적을 원래 포 수용액 체적으로 나눈 값을 말한다.

   $$팽창비 = \frac{발포\ 후\ 포의\ 부피[\mathrm{m}^3]}{발포\ 전\ 포수용액의\ 부피[\mathrm{m}^3]}$$

7) 팽창비가 80 이상 1,000 미만인 것

8) 팽창비가 20 이하인 것

9) ① 단백포   ② 합성계면활성제포   ③ 수성막포

    ④ 알코올포   ⑤ 불화단백포

해설 ⊕ [공식]

$$펌프의 \ 전동기동력[kW] \ P = \frac{\gamma Q H}{\eta} \times K$$

여기서, γ : 비중량($\gamma_w = 9.8[\mathrm{kN/m^3}]$)

       Q : 유량[m³/s]

       H : 전양정[m]

       η : 효율

       K : 전달계수

팽창비율에 따른 포 및 포방출구의 종류

팽창비	포방출구의 종류
20 이하인 것(저발포)	포헤드, 압축공기포헤드
80 이상 1,000 미만인 것(고발포)	고발포용 고정포방출구

07 가로 10[m], 세로 15[m], 높이 4[m]인 전기실에 화재안전기준과 다음 조건에 따라 전역방출방식의 이산화탄소소화설비를 설치하려고 한다. 조건을 참조하여 각 물음에 답하시오.   [7점]

[조건]

• 공기 중 산소의 부피농도는 21[%]이고 이산화탄소약제를 방사한 후 방호구역의 산소농도를 측정한 결과 부피 농도는 14[%]이었다.

• 대기압은 760[mmHg]이고 이산화탄소약제 방출 후 방호구역의 압력은 770[mmHg]이다.

• 방호구역의 기준 온도는 20[℃]이다.

• 개구부는 자동폐쇄장치가 설치되어 있다.

1) 이산화탄소약제를 방사한 후 이산화탄소의 부피농도[%]를 구하시오.

2) 방호구역에 방사된 이산화탄소의 양[kg]은 얼마인가?

3) 약제용기는 내용적이 68[L]이고 충전비가 1.7인 경우 필요한 용기 수는 몇 [병]인가?

4) 다음은 이산화탄소소화설비의 분사헤드 설치제외 장소이다. ( ) 안에 알맞은 답을 쓰시오.

  • 방재실, 제어실 등 사람이 (①)하는 장소

  • 니트로셀룰로오스, 셀룰로이드제품 등 (②)을 저장·취급하는 장소

  • 나트륨, 칼륨, 칼슘 등 (③)을 저장·취급하는 장소

  • 전시장 등의 관람을 위하여 다수인이 출입·통행하는 통로 및 전시실 등

1) 이산화탄소의 부피농도[%]

    • 계산과정

$$\frac{21-14}{21} \times 100 = 33.33[\%]$$

    • 🔑 33.33[%]

2) 이산화탄소의 양[kg]

    • 계산과정

$$\frac{21-14}{14} \times (10 \times 15 \times 4)[\text{m}^3] = 300[\text{m}^3]$$

$$\left(\frac{770[\text{mmHg}]}{760[\text{mmHg}]} \times 1[\text{atm}] \right) \times 300[\text{m}^3]$$

$$= \frac{W}{44[\text{kg/kmol}]} \times 0.082[\text{atm} \cdot \text{m}^3/\text{kmol} \cdot \text{K}] \times (273+20)[\text{K}]$$

$$\therefore \ W = 556.63[\text{kg}]$$

    • 🔑 556.63[kg]

3) 용기 수[병]

    • 계산과정

$$C = \frac{V}{G}$$

$$1.7[\text{L/kg}] = \frac{68[\text{L}]}{G}$$

$$\therefore \ G = 40[\text{kg/병}]$$

$$N = \frac{556.63[\text{kg}]}{40[\text{kg/병}]} = 13.89 = 14[\text{병}]$$

    • 🔑 14[병]

4) ① 상시 근무   ② 자기연소성 물질   ③ 활성 금속물질

[공식]

$$이산화탄소의 \ 부피농도[\%] = \frac{21-\text{O}_2}{21} \times 100$$

여기서, O_2 : 소화약제 방출 후 산소의 농도[%]

$$이산화탄소의 \ 양[\text{m}^3] = \frac{21-\text{O}_2}{\text{O}_2} \times V[\text{m}^3]$$

여기서, O_2 : 소화약제 방출 후 산소의 농도[%]

        V : 방호구역의 체적[m³]

$$이상기체상태방정식 \ PV=nRT=\frac{W}{M}RT$$

여기서, P : 압력[atm] [Pa]

V : 유속[m/s]

n : 몰수[mol]

W : 질량[kg]

M : 분자량[kg/kmol]

R : 이상기체상수($=0.082$[atm · L/mol · K] $=8.314$[N · m/mol · K])

T : 절대온도[K]

분사헤드 설치제외

① 방재실 · 제어실 등 사람이 상시 근무하는 장소

② 니트로셀룰로스 · 셀룰로이드제품 등 자기연소성 물질을 저장 · 취급하는 장소

③ 나트륨 · 칼륨 · 칼슘 등 활성 금속물질을 저장 · 취급하는 장소

④ 전시장 등의 관람을 위하여 다수인이 출입 · 통행하는 통로 및 전시실

08 다음은 지하구의 화재안전기준에 관한 설치기준이다. (   ) 안에 알맞은 답을 쓰시오. [6점]

1) 연소방지설비 전용헤드를 사용하는 경우 하나의 배관에 부착하는 살수헤드의 개수가 4[개] 또는 5[개]인 경우 배관의 구경은 (①)[mm] 이상의 것으로 할 것

2) 소방대원의 출입이 가능한 (②) · (③)마다 지하구의 양쪽 방향으로 살수헤드를 설정하되, 한쪽 방향의 살수구역의 길이는 (④)[m] 이상으로 할 것. 다만, 환구 사이의 간격이 (⑤)[m]를 초과할 경우에는 (⑥)[m] 이내마다 살수구역을 설정할 것

3) 방수헤드 간의 수평거리는 연소방지설비 전용헤드의 경우에는 (⑦)[m] 이하, 스프링클러헤드의 경우에는 (⑧)[m] 이하로 할 것

해답 ⊕　① 65　　　　　② 환기구　　　　　③ 작업구

④ 3　　　　　⑤ 700　　　　　⑥ 700

⑦ 2　　　　　⑧ 1.5

해설 ⊕　「지하구의 화재안전성능기준(NFPC 605)」

① 배관

• 연소방지설비 전용헤드 사용 시 다음 표에 의한 구경으로 한다.

살수 헤드 수	1[개]	2[개]	3[개]	4[개] 또는 5[개]	6[개] 이상
배관구경[mm]	32	40	50	65	80

• 스프링클러헤드 사용 시 스프링클러헤드 설치기준에 의한다.

② 교차배관은 가지배관과 수평으로 설치하거나 또는 가지배관 밑에 설치하고, 최소 구경은 40[mm] 이상이 되도록 할 것

연소방지설비의 헤드 설치기준
① 천장 또는 벽면에 설치할 것
② 헤드 간의 수평거리는 연소방지설비 전용헤드의 경우에는 2[m] 이하, 스프링클러헤드의 경우에는 1.5[m] 이하로 할 것
③ 소방대원의 출입이 가능한 환기구·작업구마다 지하구의 양쪽방향으로 살수헤드를 설정하되, 한쪽 방향의 살수구역의 길이는 3[m] 이상으로 할 것. 다만, 환기구 사이의 간격이 700[m]를 초과할 경우에는 700[m] 이내마다 살수구역을 설정하되, 지하구의 구조를 고려하여 방화벽을 설치한 경우에는 그렇지 않다.
④ 연소방지설비 전용헤드를 설치할 경우에는 「소화설비용 헤드의 성능인증 및 제품검사의 기술기준」에 적합한 '살수헤드'를 설치할 것

09 물분무소화설비를 설치하는 차고 또는 주차장에는 배수설비를 하여야 한다. 다음 각 물음에 답하시오. [6점]

1) 배수구의 설치기준을 쓰시오.
2) 기름분리장치의 설치기준을 쓰시오.
3) 기울기에 대한 기준을 쓰시오.

해답 ⊕　1) 차량이 주차하는 장소의 적당한 곳에 높이 10[cm] 이상의 경계턱으로 배수구를 설치할 것
　　2) 배수구에는 새어 나온 기름을 모아 소화할 수 있도록 길이 40[m] 이하마다 집수관·소화피트 등 기름분리장치를 설치할 것
　　3) 차량이 주차하는 바닥은 배수구를 향하여 100분의 2 이상의 기울기를 유지할 것, 배수설비는 가압송수장치의 최대송수능력의 수량을 유효하게 배수할 수 있는 크기 및 기울기로 할 것

해설 ⊕　「물분무소화설비의 화재안전기술기준(NFTC 104)」 물분무소화설비를 설치하는 차고 또는 주차장 배수설비 설치기준
① 차량이 주차하는 장소의 적당한 곳에 높이 10[cm] 이상의 경계턱으로 배수구를 설치할 것
② 배수구에는 새어 나온 기름을 모아 소화할 수 있도록 길이 40[m] 이하마다 집수관·소화피트 등 기름분리장치를 설치할 것
③ 차량이 주차하는 바닥은 배수구를 향하여 100분의 2 이상의 기울기를 유지할 것
④ 배수설비는 가압송수장치의 최대송수능력의 수량을 유효하게 배수할 수 있는 크기 및 기울기로 할 것

10 4층 이상 10층 이하의 의료시설에 설치하여야 할 피난기구를 3가지만 쓰시오. [3점]

① _____

② _____

③ _____

(해답 ⊕) 구조대, 피난교, 피난용 트랩, 다수인피난장비, 승강식 피난기

(해설 ⊕) 「피난기구의 화재안전기술기준(NFTC 301)」 소방대상물의 설치장소별 피난기구의 적응성

층별 장소별	1,2층	3층	4층 이상 10층 이하
1. 노유자 시설	미끄럼대 구조대 피난교 다수인피난장비 승강식 피난기	미끄럼대 구조대 피난교 다수인피난장비 승강식 피난기	− 구조대 피난교 다수인피난장비 승강식 피난기
2. 의료시설 · 근린생활시설 중 입원실이 있는 의원 · 접골원 · 조산원	−	미끄럼대 구조대 피난교 피난용 트랩 다수인피난장비 승강식 피난기	− 구조대 피난교 피난용 트랩 다수인피난장비 승강식 피난기
3. 4층 이하인 다중이용업소	미끄럼대 구조대 피난사다리 완강기 다수인피난장비 승강식 피난기	미끄럼대 구조대 피난사다리 완강기 다수인피난장비 승강식 피난기	미끄럼대 구조대 피난사다리 완강기 다수인피난장비 승강식 피난기
4. 그 밖의 것	−	미끄럼대 구조대 피난사다리 완강기 다수인피난장비 승강식 피난기 피난교 피난용 트랩 간이완강기 공기안전매트	− 구조대 피난사다리 완강기 다수인피난장비 승강식 피난기 피난교 − 간이완강기 공기안전매트

[비고]
1) 구조대의 적응성은 장애인 관련 시설로서 주된 사용자 중 스스로 피난이 불가한 자가 있는 경우 추가
   로 설치하는 경우에 한한다.
2) 간이완강기의 적응성은 숙박시설의 3층 이상에 있는 객실에, 공기안전매트의 적응성은 공동주택에 추가
   로 설치하는 경우에 한한다.

11 초고층 건물에 심하게 발생하는 연돌효과(Stack Effect)를 간략하게 설명하고, 제연설비에 미치는 영향은 무엇인지 쓰시오. [4점]

1) 연돌효과(Stack Effect)
2) 제연설비에 미치는 영향

───────────────────────────────────

(해답 ⊕) 1) 건물 내·외부 공기의 온도차에 따라 기류가 저층부에서 고층부로 이동하는 현상을 말한다.
2) 화재 시 연기 및 화염의 수직(엘리베이터, 샤프트 등) 이동으로 전 층 확산되고, 과도한 압력 차로 방화문의 개폐가 불가능하여 피난동선을 방해할 수 있다.

(해설 ⊕) 연돌효과(Stack Effect)
"연돌효과(Stack Effect)"란 건물 내의 계단실, 승강로 등의 수직공간에서 발생하는 현상으로 굴뚝효과라고도 한다.
① 정의 : 건물 내·외부 공기의 온도차에 따라 기류가 저층부에서 고층부로 이동하는 현상을 말한다.

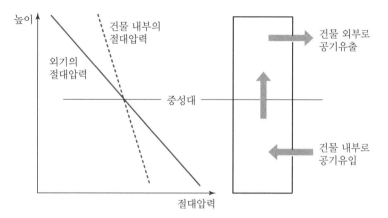

② 건물 내부온도가 외부온도보다 높은 겨울철에는 부력에 의한 압력차로 기류가 수직상승하는 "연돌효과"가 일어난다. 반대로 건물 내부온도가 외부온도보다 낮은 여름철에는 수직하강하는 "역연돌효과"가 일어난다.

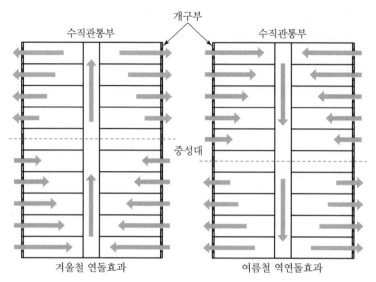

개구부

수직관통부   수직관통부

중성대

겨울철 연돌효과   여름철 역연돌효과

▲ 계절별 연돌효과

③ 영향요소
- 건물의 높이
- 외벽의 기밀성
- 건물 내외부 온도차
- 건물 층간 공기누설

④ 문제점
- 화재 시 연기 및 화염의 수직(엘리베이터, 샤프트 등) 이동으로 확산 가속화
- 방화문의 과도한 압력차로 개폐 불가능
- 수직으로 기류가 통하는 부분에서의 에너지 손실
- 엘리베이터의 과도한 압력차로 오작동 및 침기 · 누기에 따른 소음 발생 등

12 할로겐화합물 및 불활성기체 소화설비에 압력배관용 탄소강관(KS D 3562)을 사용할 때 다음 조건을 참조하여 **최대허용압력[MPa]을 계산하시오.** [4점]

[조건]
- 압력배관용 탄소강관(KS D 3562)의 인장강도는 420[MPa], 항복점은 250[MPa]이다.
- 배관이음효율은 0.85를 적용한다.
- 배관의 최대허용응력(SE)은 배관재질 인장강도의 $\frac{1}{4}$ 값과 항복점의 $\frac{2}{3}$ 값 중 작은 값(σ)을 기준으로 다음의 식을 적용한다.

$$SE = \sigma \times 배관이음효율 \times 1.2$$

- 적용되는 배관의 바깥지름은 114.3[mm]이고 두께는 6.0[mm]이다.
- 나사이음, 홈이음 등의 허용값[mm](헤드설치부분은 제외한다)은 무시한다.

(해답 ⊕) • 계산과정

① 인장강도의 1/4 : $420[\text{MPa}] \times \dfrac{1}{4} = 105[\text{MPa}]$

② 항복점의 2/3 : $250[\text{MPa}] \times \dfrac{2}{3} = 166.67[\text{MPa}]$

$SE = 105[\text{MPa}] \times 0.85 \times 1.2 = 107.1[\text{MPa}]$

$6[\text{mm}] = \dfrac{P[\text{MPa}] \times 114.3[\text{mm}]}{2 \times 107.1[\text{MPa}]} + 0[\text{mm}]$

$\therefore \ P = 11.24[\text{MPa}]$

• 🔲 11.24[MPa]

(해설 ⊕) [공식]

$$배관의 두께 \ t = \frac{PD}{2SE} + A$$

여기서, P : 최대허용압력[kPa]

D : 배관의 바깥지름[mm]

SE : 최대허용응력[kPa]

(인장강도 1/4 값과 항복점의 2/3 값 중 적은 값 × 배관이음효율 × 1.2)

※ 배관이음효율 : 이음매 없는 배관(1), 전기저항 용접배관(0.85), 가열 맞대기 용접배관(0.6)

A : 허용 값(헤드설치부분 제외)

(나사이음 : 나사높이, 절단홈이음 : 홈의 깊이, 용접이음 : 0)

13 다음은 펌프의 성능시험에 관한 내용이다. 각 물음에 답하시오.   [8점]

1) 체절운전에 대하여 기술하시오.

2) 정격운전에 대하여 기술하시오.

3) 최대운전(피크운전)에 대하여 기술하시오.

4) 펌프의 성능특성곡선을 그리고 체절운전점, 설계점, 운전점을 표시하시오.

5) 다음은 옥내소화전설비에 설치된 펌프의 성능시험표이다. 빈칸의 번호에 알맞은 답을 쓰시오.

구분	체절운전	정격운전	최대운전
유량 Q[L/min]	0	520	(②)
압력 P[MPa]	(①)	0.7	(③)

해답 ➕ 1) 체절운전이란, 펌프의 성능시험을 목적으로 펌프 토출 측의 개폐밸브를 닫은 상태에서 펌프를 운전하는 것을 말한다.

2) 정격운전이란, 펌프의 성능시험을 목적으로 펌프 토출 측의 개폐밸브를 닫은 상태에서 유량조절밸브를 개방하여 정격토출량의 100[%]로 운전 시 토출압력을 확인하는 운전하는 것을 말한다.

3) 최대운전(피크운전)이란, 펌프의 성능시험을 목적으로 펌프 토출 측의 개폐밸브를 닫은 상태에서 유량조절밸브를 개방하여 정격토출량의 150[%]로 운전 시 토출압력을 확인하는 운전하는 것을 말한다.

4) 펌프의 성능특성곡선

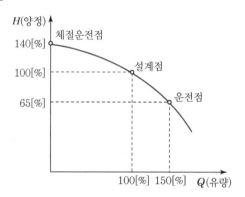

5) 펌프의 성능시험표

① $P = 0.7[\text{MPa}] \times 1.4 = 0.98[\text{MPa}]$

② $Q = 520[\text{LPM}] \times 1.5 = 780[\text{LPM}]$

③ $P = 0.7[\text{MPa}] \times 0.65 = 0.46[\text{MPa}]$

「옥내소화전설비의 화재안전기술기준(NFTC 102)」

① "체절운전"이란 펌프의 성능시험을 목적으로 펌프 토출 측의 개폐밸브를 닫은 상태에서 펌프를 운전하는 것을 말한다.

② 펌프의 성능은 체절운전 시 정격토출압력의 140[%]를 초과하지 않고, 정격토출량의 150[%] 로 운전 시 정격토출압력의 65[%] 이상이 되어야 하며, 펌프의 성능을 시험할 수 있는 성능 시험배관을 설치할 것. 다만, 충압펌프의 경우에는 그렇지 않다.

14 그림은 공장에 설치된 지하매설 소화용 배관도이다. "가"~"마"까지의 각각의 옥외소화전의 측정수압이 표와 같을 때 다음 각 물음에 답하시오. [9점]

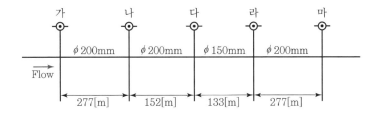

▼ 소화전 측정압력[MPa]

압력 ＼ 위치	가	나	다	라	마
정압	0.557	0.517	0.572	0.586	0.552
방사압력	0.49	0.379	0.296	0.172	0.069

※ 방사압력은 소화전의 노즐 캡을 열고 소화전 본체 직근에서 측정한 잔류전압(Residual Pressure)을 말한다.

1) 다음은 동수경사선(Hydraulic Gradient)을 작성하기 위한 과정이다. 주어진 자료를 활용하여 표의 빈곳을 채우시오. (단, 계산과정을 기록할 것)

항목 ＼ 소화전	구경 [mm]	실관장 [m]	측정압력[MPa] 정압	측정압력[MPa] 방사압력	펌프로부터 각 소화전까지 전마찰손실 [MPa]	소화전 간의 배관마찰 손실 [MPa]	Gauge Elevation [MPa]	경사선의 Elevation [MPa]
가	-	-	0.557	0.490	①	-	0.029	0.519
나	200	277	0.517	0.379	②	⑤	0.069	⑩
다	200	152	0.572	0.296	③	0.138	⑧	0.310
라	150	133	0.586	0.172	0.414	⑥	0	⑪
마	200	277	0.552	0.069	④	⑦	⑨	⑫

※ 단, 기준 Elevation으로부터의 정압은 0.586[MPa]로 본다.

2) 상기 1)항에서 완성된 표를 자료로 하여 답안지의 동수경사선과 Pipe Profile을 완성하시오.

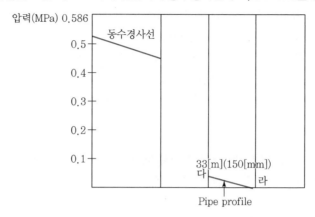

Pipe profile

1) 동수경사선 작성과정 빈칸 채우기

번호	계산식	답	번호	계산식	답
①	$0.557 - 0.49 = 0.067$	0.067	⑦	$0.483 - 0.414 = 0.069$	0.069
②	$0.517 - 0.379 = 0.138$	0.138	⑧	$0.586 - 0.572 = 0.014$	0.014
③	$0.572 - 0.296 = 0.276$	0.276	⑨	$0.586 - 0.552 = 0.034$	0.034
④	$0.552 - 0.069 = 0.483$	0.483	⑩	$0.379 + 0.069 = 0.448$	0.448
⑤	$0.138 - 0.067 = 0.071$	0.071	⑪	$0.172 + 0 = 0.172$	0.172
⑥	$0.414 - 0.276 = 0.138$	0.138	⑫	$0.069 + 0.034 = 0.103$	0.103

2) 동수경사선과 Pipe Profile

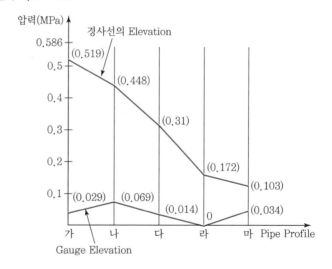

동수경사선(Hydraulic Gradient)

① 에너지 경사선이란, 관 내 흐름에 있어서 압력수두, 위치수두, 속도수두의 합을 연결한 선으로, 동수경사선보다 각 점에서의 속도수두만큼 올라가 있다. 수로를 따라 손실수두에 의하여 에너지가 점차 감소한다.

② 동수경사선이란, 관 내 흐름에 있어서 압력수두, 위치수두의 합을 수평기준면에서 연결한 선으로, 항상 에너지선보다 아래에 위치한다.

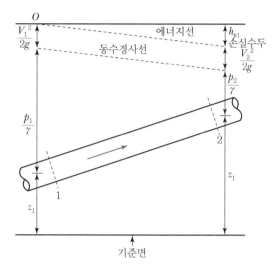

15 소화설비에서 배관 내경이 100[mm]인 수평배관에 물이 350[L/min]의 유량으로 흐르고 있다. 직관의 길이는 150[m], 레이놀즈수는 1,800일 때 배관의 출발점 압력이 0.75[MPa]이라면 배관 끝점의 압력[MPa]을 구하시오. [4점]

해답⊕ • 계산과정
[조건 및 환산]

① 유량 $Q = 350[\text{L/min}] = \dfrac{0.35}{60}[\text{m}^3/\text{s}]$

② 배관의 길이 $L = 150[\text{m}]$

③ 배관의 지름 $d = 100[\text{mm}] = 0.1[\text{m}]$

④ $Re = 1,800$ ($Re \leq 2,100$이므로 층류에 속한다.)

⑤ $P = 0.75[\text{MPa}]$

배관 마찰손실압력

$\dfrac{0.35}{60}[\text{m}^3/\text{s}] = \dfrac{(0.1[\text{m}])^2 \pi}{4} \times V[\text{m}/\text{s}]$

$\therefore V = 0.743[\text{m/s}]$

$H = \dfrac{64}{1,800} \times \dfrac{150[\text{m}]}{0.1[\text{m}]} \times \dfrac{(0.743[\text{m/s}])^2}{2 \times 9.8[\text{m/s}^2]} = 1.502[\text{m}]$

$\dfrac{1.502[\text{m}]}{10.332[\text{m}]} \times 0.101325[\text{MPa}] = 0.015[\text{MPa}]$

$\therefore 0.75[\text{MPa}] - 0.015[\text{MPa}] = 0.74[\text{MPa}]$

• 답 0.74[MPa]

[공식]

$$\text{연속방정식} \quad Q = AV$$

여기서, Q : 체적유량[m³/s]
　　　　A : 배관의 단면적[m²]
　　　　V : 유속[m/s]

$$\text{레이놀즈수} \quad \text{Re} = \frac{\rho VD}{\mu}$$

여기서, ρ : 밀도[kg/m³][N · s²/m⁴]
　　　　D : 배관의 지름[m]
　　　　μ : 점성계수[N · s/m²]

$$\text{Darcy} - \text{Weisbach 공식} \quad h_L = f\frac{L}{d}\frac{V^2}{2g}$$

여기서, h_L : 손실수두[m]
　　　　f : 마찰손실계수
　　　　L : 배관의 길이[m]
　　　　d : 배관의 지름[m]
　　　　g : 중력가속도($=9.8$[m/s²])

16 다음 그림은 어느 실들의 평면도이다. 이 실들 중 A실을 급기 가압하고자 한다. 주어진 조건을 이용하여 각 물음에 답하시오.　　　　　　　　　　　　　　　　　　　　　　　　[6점]

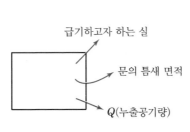

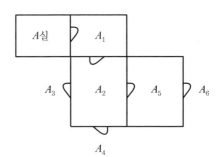

[조건]
* 실외부 대기의 기압은 절대압력으로 101,300[Pa]로서 일정하다.
* A실에 유지하고자 하는 기압은 절대압력으로 101,400[Pa]이다.
* 각 실의 문(Door)들의 틈새면적은 0.01[m²]이다.
* 어느 실을 급기 가압할 때 그 실의 문의 틈새를 통하여 누출되는 공기의 양은 다음의 식을 따른다.

$$Q = 0.827 \times A \times \sqrt{P_1 - P_2}$$

여기서, Q : 급기 풍량[m³/s]

A : 틈새면적[m²]

$P_1 - P_2$: 급기가압 실내외의 기압[Pa]

1) 각 실의 문의 틈새면적 합계[m²]를 소수점 다섯째 자리까지 구하시오.

2) A실에 유입시켜야 할 풍량은 몇 [m³/s]가 되는지 소수점 넷째 자리까지 구하시오.

해답 ⊕ 1) A실의 전체 누설틈새면적[m²]

• 계산과정

① A_5와 A_6은 직렬상태

$$A_{5-6} = \left(\frac{1}{0.01^2} + \frac{1}{0.01^2}\right)^{-\frac{1}{2}} = 0.00707[\mathrm{m}^2]$$

② A_3, A_4와 $A_5 \sim A_6$은 병렬상태

$$A_{3-6} = 0.01 + 0.01 + 0.00707 = 0.02707[\mathrm{m}^2]$$

③ A_1, A_2와 $A_3 \sim A_6$은 직렬상태

$$A_{1-6} = \left(\frac{1}{0.01^2} + \frac{1}{0.01^2} + \frac{1}{0.02707^2}\right)^{-\frac{1}{2}} = 0.00684[\mathrm{m}^2]$$

• 📋 0.00684[m²]

2) A실에 급기시켜야 할 풍량[m³/s]

• 계산과정

$$0.827 \times 0.00684[\mathrm{m}^2] \times \sqrt{(101400 - 101300)[\mathrm{Pa}]} = 0.0566[\mathrm{m}^3/\mathrm{s}]$$

• 📋 0.0566[m³/s]

해설 ⊕ [공식]

$$\text{누설량 } Q = 0.827 \times A \times P^{\frac{1}{N}}$$

여기서, Q : 급기 풍량[m³/s]

A : 틈새면적[m²]

P : 문을 경계로 한 실내의 기압차[N/m² = Pa]

N : 누설 면적 상수(일반출입문 = 2, 창문 = 1.6)

① 병렬상태인 경우의 틈새면적[m²] $A_T = A_1 + A_2 + A_3 + A_4$

② 직렬상태인 경우의 틈새면적[m²]

$$A_T[\mathrm{m}^2] = \frac{1}{\sqrt{\left(\frac{1}{A_1^2} + \frac{1}{A_2^2} + \frac{1}{A_3^2} + \frac{1}{A_4^2} \cdots\right)}} = \left(\frac{1}{A_1^2} + \frac{1}{A_2^2} + \frac{1}{A_3^2} + \frac{1}{A_4^2} \cdots\right)^{-\frac{1}{2}}$$

2020년 제4회 (2020. 11. 15)

01 경유를 저장하는 탱크의 내부직경이 50[m]인 플루팅루프(Floating Roof) 탱크에 다음 조건에 따라 포소화설비의 특형 방출구를 설치하여 방출하려고 할 때 조건을 참조하여 다음 각 물음에 답하시오. [8점]

[조건]
• 소화약제는 3[%]용의 단백포를 사용하며 수용액의 분당 방출량은 8[L/(m² · min)]이고 방사시간은 30분으로 한다.
• 탱크 옆판의 내측으로부터 굽도리판의 간격은 1[m]로 한다.
• 펌프의 효율은 65[%]로 한다.

1) 탱크의 액표면적[m²]을 계산하시오.
2) 상기 탱크의 특형 방출구에 의하여 소화하는 데 필요한 수용액의 양[L], 수원의 양[L], 포원액의 양[L]은 각각 얼마 이상이어야 하는가?
3) 전동기의 축동력[kW]은 얼마 이상이어야 하는가?
   (단, 포수용액의 비중은 물의 비중과 동일하며, 전양정은 80[m]라고 가정한다.)

(해답 ⊕) 1) 탱크의 액표면적[m²]
   • 계산과정
   $$\frac{(50^2-48^2)\pi}{4}=153.94[\text{m}^2]$$
   • 답 153.94[m²]

2) 수용액의 양[L], 수원의 양[L], 포원액의 양[L]
   ① 필요한 포수용액량[L]
   • 계산과정
   $$153.94[\text{m}^2]\times 8[\text{L/m}^2\cdot\text{min}]\times 30[\text{min}]=36{,}945.6[\text{L}]$$
   • 답 36,945.6[L]
   ② 수원의 양[L]
   • 계산과정
   $$36{,}945.6[\text{L}]\times 0.97=35{,}837.23[\text{L}]$$
   • 답 35,837.23[L]
   ③ 포 원액량[L]
   • 계산과정
   $$36{,}945.6[\text{L}]\times 0.03=1{,}108.37[\text{L}]$$
   • 답 1,108.37[L]

3) 전동기의 축동력[kW]

- 계산과정

유량 $Q = 153.94[\text{m}^2] \times 8[\text{L/m}^2 \cdot \text{min}] = 1,231.52[\text{L/min}] = \dfrac{1.23152}{60}[\text{m}^3/\text{s}]$

$\therefore P = \dfrac{9.8[\text{kN/m}^3] \times \dfrac{1.23152}{60}[\text{m}^3/\text{s}] \times 80[\text{m}]}{0.65} = 24.76[\text{kW}]$

- 🔑 24.76[kW]

(해설 ➕) [공식]

> 전동기의 축동력[kW] $P = \dfrac{\gamma Q H}{\eta}$

여기서, γ : 비중량($\gamma_w = 9.8[\text{kN/m}^3]$)

Q : 유량[m³/s]

H : 전양정[m]

η : 효율

02 아래의 도면과 같은 방호대상물에 전역방출방식으로 할론 1301 소화설비를 설계하려 한다. 각 실에 설치된 분사 노즐당 설계방출량[kg/s]을 계산하시오. [8점]

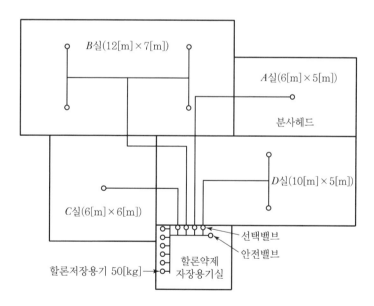

[설계조건]

- 각 실의 바닥으로부터 천장까지 높이(층고)는 5[m]이다.
- 할론저장용기는 고압식으로 병당 약제저장량은 50[kg]이다.
- 분사헤드의 수는 도면에 설치된 수량을 기준으로 한다.

- 각 실의 방호구역체적[m³]당 필요한 약제소요량[kg]은 다음 표와 같다.

A실	B실	C실	D실
0.33[kg/m³]	0.52[kg/m³]	0.33[kg/m³]	0.52[kg/m³]

- 방호구역은 4개 구역이며 각 구역별 개구부는 무시한다.
- 약제저장용기의 개방방식은 가스압력식이다.
- 각 실의 분사노즐당 설계 방출량은 약제저장용기의 저장량을 기준으로 한다.

(해답 ⊕) • 계산과정

① A실 설계방출량

$$(6 \times 5 \times 5)[\text{m}^3] \times 0.33[\text{kg/m}^3] = 49.5[\text{kg}]$$

$$\therefore \text{용기 수 } N = \frac{49.5[\text{kg}]}{50[\text{kg/병}]} = 0.99 = 1[\text{병}]$$

분사노즐 1[개]당 설계방출량 : $\dfrac{1[\text{병}] \times 50[\text{kg/병}]}{1[\text{개}] \times 10[\text{s}]} = 5[\text{kg/s}]$

② B실 설계방출량

$$(12 \times 7 \times 5)[\text{m}^3] \times 0.52[\text{kg/m}^3] = 218.4[\text{kg}]$$

$$\therefore \text{용기 수 } N = \frac{218.4[\text{kg}]}{50[\text{kg/병}]} = 4.37 = 5[\text{병}]$$

분사노즐 1[개]당 설계방출량 : $\dfrac{5[\text{병}] \times 50[\text{kg/병}]}{4[\text{개}] \times 10[\text{s}]} = 6.25[\text{kg/s}]$

③ C실 설계방출량

$$(6 \times 6 \times 5)[\text{m}^3] \times 0.33[\text{kg/m}^3] = 59.4[\text{kg}]$$

$$\therefore \text{용기 수 } N = \frac{59.4[\text{kg}]}{50[\text{kg/병}]} = 1.19 = 2[\text{병}]$$

분사노즐 1[개]당 설계방출량 : $\dfrac{2[\text{병}] \times 50[\text{kg/병}]}{1[\text{개}] \times 10[\text{s}]} = 10[\text{kg/s}]$

④ D실 설계방출량

$$(10 \times 5 \times 5)[\text{m}^3] \times 0.52[\text{kg/m}^3] = 130[\text{kg}]$$

$$\therefore \text{용기 수 } N = \frac{130[\text{kg}]}{50[\text{kg/병}]} = 2.6 = 3[\text{병}]$$

분사노즐 1[개]당 설계방출량 : $\dfrac{3[\text{병}] \times 50[\text{kg/병}]}{2[\text{개}] \times 10[\text{s}]} = 7.5[\text{kg/s}]$

- 답 ① A실 : 5[kg/s]   ② B실 : 6.25[kg/s]
  ③ C실 : 10[kg/s]   ④ D실 : 7.5[kg/s]

(해설 ⊕) 전역방출방식의 할론소화설비의 분사헤드 설치기준

① 방출된 소화약제가 방호구역의 전역에 균일하고 신속하게 확산할 수 있도록 할 것

② 할론 2402를 방출하는 분사헤드는 해당 소화약제가 무상으로 분무되는 것으로 할 것

③ 분사헤드의 방출압력은 할론 2402를 방출하는 것은 0.1[MPa] 이상, 할론 1211을 방출하는 것은 0.2[MPa] 이상, 할론 1301을 방출하는 것은 0.9[MPa] 이상으로 할 것

④ 기준저장량의 소화약제를 10초 이내에 방출할 수 있는 것으로 할 것

03 다음은 물분무소화설비의 배수설비 설치기준이다. ( )에 알맞은 답을 쓰시오. [3점]

1) 차량이 주차하는 장소의 적당한 곳에 (①) 이상의 경계턱으로 배수구를 설치할 것

2) 배수구에는 새어나온 기름을 모아 소화할 수 있도록 길이 (②) 이하마다 집수관, 소화피트 등 기름분리장치를 설치할 것

3) 차량이 주차하는 바닥은 배수구를 향하여 (③) 이상의 기울기를 유지할 것

4) 배수설비는 가압송수장치의 최대송수능력의 수량을 유효하게 배수할 수 있는 크기 및 기울기로 할 것

(해답 ⊕) ① 10[cm]   ② 40[m]   ③ 100분의 2

(해설 ⊕) 「물분무소화설비의 화재안전기술기준(NFTC 104)」

물분무소화설비를 설치하는 차고 또는 주차장에는 다음의 기준에 따라 배수설비를 해야 한다.

① 차량이 주차하는 장소의 적당한 곳에 높이 10[cm] 이상의 경계턱으로 배수구를 설치할 것

② 배수구에는 새어 나온 기름을 모아 소화할 수 있도록 길이 40[m] 이하마다 집수관·소화피트 등 기름분리장치를 설치할 것

③ 차량이 주차하는 바닥은 배수구를 향하여 100분의 2 이상의 기울기를 유지할 것

④ 배수설비는 가압송수장치의 최대송수능력의 수량을 유효하게 배수할 수 있는 크기 및 기울기로 할 것

04 준공 후 소화펌프의 시험결과 유량 240[m³/h], 양정 80[m], 회전수 1,565[rpm]으로 측정되었다. 규정방수압력을 유지하기 위하여 펌프의 토출양정이 20[m] 부족하다. 소화펌프의 토출양정을 20[m] 올리기 위해 필요한 임펠러의 회전수[rpm]를 구하시오. [3점]

(해답 ⊕) • 계산과정

$$\frac{H_2}{H_1} = \left(\frac{N_2}{N_1}\right)^2 \ (\because 펌프는 \ 유지)$$

$$\frac{100[\text{m}]}{80[\text{m}]} = \left(\frac{N_2[\text{rpm}]}{1,565[\text{rpm}]}\right)^2$$

$$\therefore \ N_2 = 1,749.72[\text{rpm}]$$

• 🖹 1,749.72[rpm]

해설 ⊕ 상사의 법칙

$$유량 \quad \frac{Q_2}{Q_1} = \left(\frac{N_2}{N_1}\right) \times \left(\frac{D_2}{D_1}\right)^3$$

$$양정 \quad \frac{H_2}{H_1} = \left(\frac{N_2}{N_1}\right)^2 \times \left(\frac{D_2}{D_1}\right)^2$$

$$동력 \quad \frac{P_2}{P_1} = \left(\frac{N_2}{N_1}\right)^3 \times \left(\frac{D_2}{D_1}\right)^5$$

여기서, N : 회전수[rpm]

D : 펌프의 직경[m]

05 그림과 같은 옥내소화전설비를 다음 조건과 화재안전기준 등에 따라 설치하려고 한다. 각 물음에 답하시오. (단, 후드밸브는 지하수조 바닥으로부터 0.2[m]이다.)　　　　　[10점]

[조건]

- P_1 : 옥내소화전 펌프
- P_2 : 잡용수 양수펌프
- 펌프의 후드밸브로부터 9층 옥내소화전함의 호스접속구까지 마찰손실 및 저항손실수두는 실양정의 25[%]로 한다.
- 펌프의 효율은 70[%]이다.
- 옥내소화전의 개수는 각 층당 2[개]씩이다.
- 소화호스의 마찰손실수두는 7.8[m]이다.

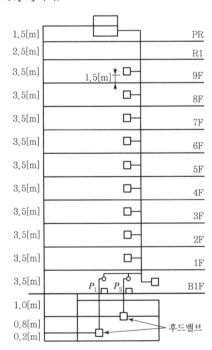

1) 펌프의 최소 토출량[L/min]을 구하시오.

2) 수원의 최소 유효저수량[m³]을 구하시오.

3) 펌프의 최소 토출압력[kPa]을 구하시오.

4) 펌프의 최소 축동력[kW]을 구하시오.

해답 ⊕

1) 펌프의 최소 토출량[L/min]
- 계산과정

    $Q = 2[개] \times 130[L/min] = 260[L/min]$

- 답 260[L/min]

2) 수원의 최소 유효저수량[m³]
- 계산과정

    지하수조 유효수량 $= 260[L/min] \times 20[min] = 5,200[L]$

    옥상수조 유효수량 $= 5,200[L] \times \dfrac{1}{3} = 1,733.33[L]$

    $\therefore\ 5,200[L] + 1,733.33[L] = 6,933.33[L] = 6.93[m^3]$

- 답 6.93[m³]

3) 펌프의 최소 토출압력[kPa]
- 계산과정

    실양정 $H_1 = (0.8[m] + 1[m]) + (3.5[m] \times 9[개층]) + 1.5[m] = 34.8[m]$

    마찰손실 $H_2 = 34.8[m] \times 0.25 = 8.7[m]$

    $\therefore\ H = 34.8[m] + 8.7[m] + 7.8[m] + 17[m] = 68.3[m]$

    $P = \gamma H = 9.8[kN/m^3] \times 68.3[m] = 669.34[kN/m^2] = 669.34[kPa]$

- 답 669.34[kPa]

4) 펌프의 최소 축동력[kW]
- 계산과정

$$P = \dfrac{9.8[kN/m^3] \times \dfrac{0.26}{60}[m^3/s] \times 68.3[m]}{0.7} = 4.14[kW]$$

- 답 4.14[kW]

해설 ⊕ [공식]

전양정 $H =$ 실양정[m] + 마찰손실[m] + 방사압[m]

여기서, 옥내소화전의 노즐 방사압 : 0.17[MPa] = 17[m]

$$\text{펌프의 축동력[kW]} \quad P = \frac{\gamma QH}{\eta}$$

여기서, γ : 비중량($\gamma_w = 9.8\,[\mathrm{kN/m^3}]$)

Q : 유량[m³/s]

H : 전양정[m]

η : 효율

06 지하 2층, 지상 12층의 사무소 건물에 있어서 11층 이상에 화재안전기준과 아래 조건에 따라 스프링클러설비를 설치하려고 한다. 다음 각 물음에 답하시오. [12점]

[조건]
- 각 층에 설치하는 폐쇄형 스프링클러헤드의 수량은 각각 80[개]다.
- 입상관의 내경은 150[mm]이고 배관길이는 40[m]이다.
- 펌프의 후드밸브로부터 최상층 스프링클러헤드까지의 실고는 50[m]이다.
- 입상관의 마찰손실수두를 제외한 펌프의 후드밸브로부터 최상층, 가장 먼 스프링클러헤드까지의 마찰 및 저항손실수두는 15[m]이다.
- 모든 규격치는 최소량을 적용한다.
- 펌프의 효율은 65[%]이다.

1) 펌프의 최소 토출량[L/min]을 구하시오.
2) 수원의 최소 유효저수량[m³]을 구하시오. (단, 옥상수조 제외)
3) 입상관에서의 마찰손실수두[m]를 구하시오.
   (단, 입상관은 직관으로 간주하고, Darcy Weisbach의 식을 사용하며, 마찰손실계수는 0.02로 한다.)
4) 펌프의 최소 양정[m]을 구하시오.
5) 펌프의 축동력[kW]을 구하시오.
6) 불연재료로 된 천정에 헤드를 아래 그림과 같이 정방형으로 배치하려고 한다. A 및 B의 최대길이를 계산하시오. (단, 건물은 내화구조이다.)

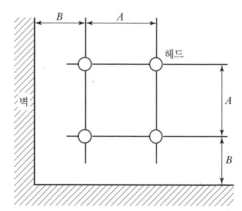

1) 펌프의 최소 토출량[L/min]

  • 계산과정

    $30[\text{개}] \times 80[\text{L/min}] = 2{,}400[\text{L/min}]$

  • 🔁 2,400[L/min]

2) 최소 유효저수량[m³]

  • 계산과정

    $2{,}400[\text{L/min}] \times 20[\text{min}] = 48{,}000[\text{L}] = 48[\text{m}^3]$

  • 🔁 48[m³]

3) 마찰손실수두[m]

  • 계산과정

    $$\frac{2.4}{60}[\text{m}^3/\text{s}] = \frac{(0.15[\text{m}])^2 \pi}{4} \times V$$

    $\therefore\ V = 2.26[\text{m/s}]$

    $$\Delta h_L = 0.02 \times \frac{40[\text{m}]}{0.15[\text{m}]} \times \frac{(2.26[\text{m/s}])^2}{2 \times 9.8[\text{m/s}^2]} = 1.39[\text{m}]$$

  • 🔁 1.39[m]

4) 펌프의 최소 양정[m]

  • 계산과정

    $H = 50[\text{m}] + 15[\text{m}] + 1.39[\text{m}] + 10[\text{m}] = 76.39[\text{m}]$

  • 🔁 76.39[m]

5) 펌프의 축동력[kW]

  • 계산과정

    $$P = \frac{9.8[\text{kN/m}^3] \times \dfrac{2.4}{60}[\text{m}^3/\text{s}] \times 76.39[\text{m}]}{0.65} = 46.07[\text{kW}]$$

  • 🔁 46.07[kW]

6) A 및 B의 최대길이

  • 계산과정

    $A = 2 \times 2.3[\text{m}] \times \cos 45^\circ = 3.25[\text{m}]$

    $B = \dfrac{3.25[\text{m}]}{2} = 1.63[\text{m}]$

  • 🔁 $A = 3.25[\text{m}]$, $B = 1.63[\text{m}]$

해설 ⊕ [공식]

$$스프링클러설비 수원의 양 \ Q = 80[L/min] \times 헤드의 \ 기준개수 \times T[min]$$

여기서, $T[min]$: 방사시간(20분)

(30층 이상 50층 미만인 경우 40분, 50층 이상인 경우 60분)

※ 헤드의 기준개수(폐쇄형 헤드)

설치장소			기준개수[개]
지하층을 제외한 층수가 10층 이하인 소방대상물	공장	특수가연물 저장 · 취급하는 것	30
		그 밖의 것	20
	근린생활시설, 판매시설 · 운수시설 또는 복합건축물	판매시설 또는 복합건축물 (판매시설이 설치되는 복합건축물)	30
		그 밖의 것	20
	그 밖의 것	헤드의 부착높이 8[m] 이상의 것	20
		헤드의 부착높이 8[m] 미만의 것	10
지하층을 제외한 층수가 11층 이상인 특정소방대상물 · 지하가 또는 지하역사, 창고, 아파트 등의 각 동과 연결된 주차장			30
아파트 등			10

$$Darcy - Weisbach의 \ 방정식 \ \Delta h_L = f \times \frac{L}{D} \times \frac{V^2}{2g}$$

여기서, Δh_L : 마찰손실수두[m]

f : 마찰손실계수($= \lambda$)

L : 배관 길이[m]

D : 관의 내경[m]

V : 유속[m/s]

g : 중력가속도($= 9.8[m/s^2]$)

$$전양정 \ H = 실양정[m] + 마찰손실[m] + 방사압(수두)[m]$$

여기서, 스프링클러설비의 헤드 방사압 : 0.1[MPa] = 10[m]

$$펌프의 \ 축동력[kW] \ P = \frac{\gamma QH}{\eta}$$

여기서, γ : 비중량($\gamma_w = 9.8[kN/m^3]$)

Q : 유량[m³/s]

H : 전양정[m]

η : 효율

스프링클러헤드

① 설치장소별 수평거리(R)

설치장소		수평거리(R)
• 무대부 • 특수가연물을 저장 또는 취급하는 장소		1.7[m] 이하
기타구조		2.1[m] 이하
내화구조		2.3[m] 이하
아파트 등		2.6[m] 이하
창고	특수가연물을 저장 또는 취급하는 장소	1.7[m] 이하
	기타구조	2.1[m] 이하
	내화구조	2.3[m] 이하

② 정방형의 경우

$$S = 2 \times r \times \cos 45°$$

여기서, S : 헤드 상호 간의 거리[m]

r : 유효반경[m]

07 다음 표는 이산화탄소소화설비의 전역방출방식에 있어서 가연성 액체 또는 가연성 가스 등 표면화재 방호대상물의 경우에 방호구역에 대한 소화약제의 양이다. 빈칸의 (   ) 안에 알맞은 답을 쓰시오. [4점]

방호구역 체적	방호구역의 체적 1m³에 대한 소화약제의 양[kg/m³]	소화약제 저장량의 최저한도의 양 [kg]
45[m³] 미만	(①)	(③)
45[m³] 이상 150[m³] 미만	0.90	
150[m³] 이상 1,450[m³] 미만	(②)	135
1,450[m³] 이상	0.75	(④)

(해답⊕) ① 1   ② 0.8

③ 45   ④ 1,125

(해설⊕) 전역방출방식 이산화탄소소화설비 계산 공식

$$약제량 \ W = (V \times \alpha) + (A \times \beta)$$

여기서, W : 약제량[kg]

V : 방호구역체적[m³]

α : 체적계수[kg/m³]

A : 개구부면적[m²]

β : 면적계수(표면화재 : 5[kg/m²], 심부화재 : 10[kg/m²])

표면화재(가연성 가스, 가연성 액체)

방호구역 체적	방호구역의 체적 1[m³]에 대한 소화약제의 양[kg/m³]	최저 한도량 [kg]	개구부 가산량[kg/m²] (자동폐쇄장치 미설치 시)
45[m³] 미만	1		5
45[m³] 이상 150[m³] 미만	0.9	45	5
150[m³] 이상 1,450[m³] 미만	0.8	135	5
1,450[m³] 이상	0.75	1,125	5

08 가로 9[m], 세로 10[m], 높이 9[m]인 전기실에 불활성기체 소화약제인 IG-541을 사용할 경우 아래 조건을 참조하여 필요한 IG-541의 최소 저장량[m³]을 계산하시오. [6점]

[조건]

- 방호구역의 예상온도는 50[℃]이며 20[℃]에서의 IG-541의 비체적은 0.697[m³/kg]이다.
- IG-541의 설계농도는 37[%]이다.
- IG-541의 저장용기는 80[L]용 12.5[m³/병]을 적용한다.
- 소화약제량 산정 시 선형상수를 이용하며 방사 시 기준온도는 50[℃]이다.

K_1	K_2
0.65799	0.00239

(해답 ⊕) • 계산과정

$S = K_1 + K_2 \times t = 0.65799 + 0.00239 \times 50 = 0.77749[\text{m}^3/\text{kg}]$

$V_S = 0.697[\text{m}^3/\text{kg}]$

$\therefore X = 2.303 \times \log_{10}\left(\dfrac{100}{100-37}\right) \times \dfrac{0.697[\text{m}^3/\text{kg}]}{0.77749[\text{m}^3/\text{kg}]} \times (9 \times 10 \times 9)[\text{m}^3]$

$= 335.56[\text{m}^3]$

• 🔲 335.56[m³]

(해설 ⊕) [공식]

$$\text{불활성기체 소화약제 } X = 2.303\left(\frac{V_S}{S}\right) \times \log_{10}\left(\frac{100}{100-C}\right)$$

여기서, X : 공간체적당 더해진 소화약제의 부피[m³/m³]

S : 소화약제별 선형상수($K_1 + K_2 \times t$)[m³/kg]

C : 체적에 따른 소화약제의 설계농도[%]

V_S : 20[℃]에서 소화약제의 비체적[m³/kg]

t : 방호구역의 최소 예상온도[℃]

09 파이프(배관)시스템 설계 시 Moody 차트에서 배관 길이에 대한 마찰손실 이외에 소위 부차적 손실을 고려하게 된다. 부차적 손실은 주로 어떠한 부분에 발생하는지 3가지만 기술하시오. [3점]

①

②

③

(해답 ●) ① 배관의 급격한 축소손실

② 배관의 급격한 확대손실

③ 엘보, 티 등 관부속품에 의한 손실

④ 파이프 입구와 출구에서의 손실

10 다음 그림과 같이 물이 흐르는 배관의 Ⓐ점은 직경 50[mm], 압력 12[kPa], Ⓑ점은 직경 50[mm], 압력 11.5[kPa], Ⓒ점은 직경 30[mm], 압력 10.5[kPa]이며 유량은 5[L/s]이다. 각 물음에 답하시오.

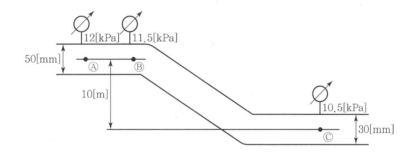

1) Ⓐ 지점에서의 유속[m/s]을 구하시오.

2) Ⓒ 지점에서의 유속[m/s]을 구하시오.

3) Ⓐ 지점과 Ⓑ 지점 간의 마찰손실[m]을 구하시오.

4) Ⓐ 지점과 Ⓒ 지점 간의 마찰손실[m]을 구하시오.

(해답 ●) 1) Ⓐ 지점에서의 유속[m/s]

• 계산과정

$$5[L/s] = 0.005[m^3/s] = \frac{(0.05[m])^2 \pi}{4} \times V_A$$

$$\therefore \ V_A = 2.55[m/s]$$

• 답 2.55[m/s]

2) ⓒ 지점에서의 유속[m/s]
- 계산과정

$$5[\text{L/s}] = 0.005[\text{m}^3/\text{s}] = \frac{(0.03[\text{m}])^2\pi}{4} \times V_C$$

$$\therefore \ V_C = 7.07[\text{m/s}]$$

- 답 7.07[m/s]

3) Ⓐ 지점과 Ⓑ 지점 간의 마찰손실[m]
- 계산과정

$$\frac{12[\text{kPa}]}{9.8[\text{kN/m}^3]} + \frac{(2.55[\text{m/s}])^2}{2 \times 9.8[\text{m/s}^2]} + 10[\text{m}]$$

$$= \frac{11.5[\text{kPa}]}{9.8[\text{kN/m}^3]} + \frac{(2.55[\text{m/s}])^2}{2 \times 9.8[\text{m/s}^2]} + 10[\text{m}] + \Delta h_{A-B}$$

$$\therefore \ \Delta h_{A-B} = 0.05[\text{m}]$$

- 답 0.05[m]

4) Ⓐ 지점과 ⓒ 지점 간의 마찰손실[m]
- 계산과정

$$\frac{12[\text{kPa}]}{9.8[\text{kN/m}^3]} + \frac{(2.55[\text{m/s}])^2}{2 \times 9.8[\text{m/s}^2]} + 10[\text{m}]$$

$$= \frac{10.5[\text{kPa}]}{9.8[\text{kN/m}^3]} + \frac{(7.07[\text{m/s}])^2}{2 \times 9.8[\text{m/s}^2]} + 0[\text{m}] + \Delta h_{A-C}$$

$$\therefore \ \Delta h_{A-C} = 7.93[\text{m}]$$

- 답 7.93[m]

해설 ⊕ [공식]

연속방정식 $Q = AV$

여기서, Q : 체적유량[m³/s]

A : 배관의 단면적[m²]

V : 유속[m/s]

수정 베르누이방정식 $\dfrac{P_1}{\gamma} + \dfrac{V_1^{\,2}}{2g} + Z_1 = \dfrac{P_2}{\gamma} + \dfrac{V_2^{\,2}}{2g} + Z_2 + \Delta h_L$

여기서, P_1 : 1지점에서의 압력[kPa], P_2 : 2지점에서의 압력[kPa]

γ : 비중량($\gamma_w = 9.8[\text{kN/m}^3]$)

V_1 : 1지점에서의 유속[m/s], V_2 : 2지점에서의 유속[m/s]

Z_1 : 1지점에서의 위치[m], Z_2 : 2지점에서의 위치[m]

Δh_L : 배관 마찰손실[m]

11 아래 도면은 어느 특정소방대상물에 옥외소화전 2개가 설치된 것이다. 조건과 도면을 참조하여 각 물음에 답하시오.

[8점]

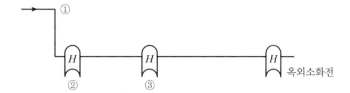

옥외소화전

[조건]

- ①∼② 구간의 배관길이는 100[m]이며 배관내경은 120[mm]이다.
- ②∼③ 구간의 배관길이는 200[m]이며 배관내경은 85[mm]이다.
- 배관부속 및 소방용 호스의 마찰손실은 무시한다.
- 소화전 방수구는 유입수평배관보다 1[m] 위에 있다.
- 배관 마찰손실압력은 하겐−윌리엄스 공식을 따르되 계산의 편의상 다음 식과 같다고 가정한다.

$$\Delta P = \frac{6.053 \times 10^4 \times Q^{1.85}}{C^{1.85} \times D^{4.87}}$$

여기서, ΔP : 1[m]당 배관의 마찰손실압력[MPa/m]

Q : 유량[L/min]

C : 조도(120)

D : 배관의 내경[mm]

1) ①∼② 구간의 배관 마찰손실수두[m]를 계산하시오.

2) ②∼③ 구간의 배관 마찰손실수두[m]를 계산하시오.

3) 펌프의 최소 토출압력[kPa]을 계산하시오.

4) 소화전의 방수량이 350[L/min]일 때 방수압을 측정해보니 0.25[MPa]이었다. 이때 방수량을 500[L/min]으로 변경하였을 경우 방수압[kPa]을 계산하시오.

해답 ➕ 1) ①∼② 구간의 배관 마찰손실수두[m]

- 계산과정

$Q = 2[개] \times 350[\text{L/min}] = 700[\text{L/min}]$

$\dfrac{6.053 \times 10^4 \times 700[\text{L/min}]^{1.85}}{120^{1.85} \times 120[\text{mm}]^{4.87}} \times 100[\text{m}] = 0.0118387[\text{MPa}] = 11.839[\text{kPa}]$

$\dfrac{11.839[\text{kPa}]}{101.325[\text{kPa}]} \times 10.332[\text{m}] = 1.21[\text{m}]$

- 🔲 1.21[m]

2) ②~③ 구간의 배관 마찰손실수두[m]
- 계산과정

$Q = 1[개] \times 350[\text{L/min}] = 350[\text{L/min}]$

$\dfrac{6.053 \times 10^4 \times 350[\text{L/min}]^{1.85}}{120^{1.85} \times 85[\text{mm}]^{4.87}} \times 200[\text{m}] = 0.0352185[\text{MPa}] = 35.219[\text{kPa}]$

$\dfrac{35.219[\text{kPa}]}{101.325[\text{kPa}]} \times 10.332[\text{m}] = 3.59[\text{m}]$

- 🔖 3.59[m]

3) 펌프의 최소 토출압력[kPa]
- 계산과정

$H = 1[\text{m}] + 1.21[\text{m}] + 3.59[\text{m}] + 25[\text{m}] = 30.8[\text{m}]$

$\dfrac{30.8[\text{m}]}{10.332[\text{m}]} \times 101.325[\text{kPa}] = 302.05[\text{kPa}]$

- 🔖 302.05[kPa]

4) 방수압[kPa]
- 계산과정

$350[\text{L/min}] = K\sqrt{10 \times 0.25[\text{MPa}]}$

$\therefore K = 221.359$

$500[\text{L/min}] = 221.359\sqrt{10 \times P[\text{MPa}]}$

$\therefore P = 0.510206[\text{MPa}] = 510.21[\text{kPa}]$

- 🔖 510.21[kPa]

해설 ⊕ [공식]

$$\text{전양정 } H = \text{실양정[MPa]} + \text{마찰손실[MPa]} + \text{방사압[MPa]}$$

여기서, 옥외소화전의 노즐 방사압 : 0.25[MPa]

$$\text{노즐 방수량 } Q = K\sqrt{10P}$$

여기서, Q : 방수량[L/min]

P : 방사압력[MPa]

K : 방출계수

12 특수가연물을 저장 또는 취급하는 공장에 스프링클러헤드를 설치하고자 한다. 조건을 참조하여 공장에 필요한 스프링클러헤드의 총 소요개수를 구하시오. [5점]

[조건]
- 헤드는 표준형 스프링클러헤드(폐쇄형)를 정방형으로 설치한다.
- 공장의 크기는 가로 15[m], 세로 26[m], 높이 7[m]이다.
- 화재조기진압용 스프링클러설비는 적용하지 않는다.

(해답 ➕) • 계산과정

① 헤드 간의 거리

$$S = 2 \times 1.7[\text{m}] \times \cos 45° = 2.404[\text{m}]$$

② 가로열 $N = \dfrac{15[\text{m}]}{2.404[\text{m/개}]} = 6.24 = 7[\text{개}]$

세로열 $N = \dfrac{26[\text{m}]}{2.404[\text{m/개}]} = 10.82 = 11[\text{개}]$

∴ 7[개] × 11[개] = 77[개]

• 🔑 77[개]

(해설 ➕) 스프링클러헤드

① 설치장소별 수평거리(R)

설치장소		수평거리(R)
• 무대부 • 특수가연물을 저장 또는 취급하는 장소		1.7[m] 이하
기타구조		2.1[m] 이하
내화구조		2.3[m] 이하
아파트 등		2.6[m] 이하
창고	특수가연물을 저장 또는 취급하는 장소	1.7[m] 이하
	기타구조	2.1[m] 이하
	내화구조	2.3[m] 이하

② 정방형의 경우

$$S = 2 \times r \times \cos 45°$$

여기서, S : 헤드 상호 간의 거리[m]

r : 유효반경[m]

13 주차장에 제3종 분말약제를 사용한 분말소화설비를 전역방출방식으로 설치하고자 한다. 다음 조건을 참조하여 각 물음에 답하시오. [6점]

[조건]
- 주차장의 바닥면적은 600[m²]이고 층고는 4[m]이다.
- 자동폐쇄장치가 없는 개구부의 크기는 10[m²]이다.

1) 소화설비에 필요한 약제저장량은 몇 [kg]인가?
2) 축압용 가스로 질소를 사용할 때 필요한 질소가스의 양[m³]은 얼마 이상인가?

(해답 ➕) 1) 약제저장량[kg]
- 계산과정

$$W = (600[\text{m}^2] \times 4[\text{m}] \times 0.36[\text{kg/m}^3]) + (10[\text{m}^2] \times 2.7[\text{kg/m}^2]) = 891[\text{kg}]$$

- 🔖 891[kg]

2) 질소가스의 양[m³]
- 계산과정

$$Q = 891[\text{kg}] \times 10[\text{L/kg}] = 8,910[\text{L}] = 8.91[\text{m}^3]$$

- 🔖 8.91[m³]

(해설 ➕) [공식]

$$\boxed{\text{약제량 } W[\text{kg}] = (V + \alpha) + (A + \beta)}$$

여기서, W : 약제량[kg]
V : 방호구역체적[m³]
α : 체적계수[kg/m³]
A : 개구부면적[m²]
β : 면적계수[kg/m²]

체적계수(α) 및 면적계수(β)

소화약제의 종별	체적 1[m³]에 대한 소화약제량[kg]	면적 1[m²]에 대한 소화약제량[kg]
제1종 분말	0.60	4.5
제2종, 제3종 분말	0.36	2.7
제4종 분말	0.24	1.8

가압용 가스용기
① 분말소화약제의 가스용기는 분말소화약제의 저장용기에 접속하여 설치하여야 한다.
② 가압용 가스용기를 3병 이상 설치한 경우에는 2개 이상의 용기에 전자개방밸브를 부착할 것

③ 가압용 가스용기에는 2.5[MPa] 이하의 압력에서 조정이 가능한 압력조정기를 설치하여야 한다.

④ 가압용 가스 또는 축압용 가스는 질소가스 또는 이산화탄소로 할 것

가압용 가스	• 질소가스는 소화약제 1[kg]마다 40[L] 이상 • 이산화탄소는 소화약제 1[kg]에 대하여 20[g] 이상	+	배관 청소에 필요한 양 (이산화탄소만 해당)
축압용 가스	• 질소가스는 소화약제 1[kg]에 대하여 10[L] 이상 • 이산화탄소는 소화약제 1[kg]에 대하여 20[g] 이상	+	배관 청소에 필요한 양 (이산화탄소만 해당)

* 배관의 청소에 필요한 양의 가스는 별도의 용기에 저장할 것

14 다음 도면은 어느 특정소방대상물에 거실제연설비를 설치한 것이다. 도면 및 조건을 참조하여 각 물음에 답하시오.   [6점]

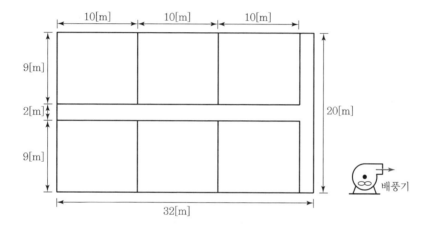

[조건]
• 각 실은 공동예상제연구역으로 칸막이(벽)로 구획되어 있다.
• 각 거실은 배기를 복도통로는 급기를 실시한다.
• 바닥으로부터 천장까지의 높이는 2.3[m]이다.
• 각 실은 경유거실이 없는 경우이다.

1) 배출팬의 최소 소요배출량[m³/hr]을 구하시오.
2) 배출기의 흡입 측 주덕트의 최소 면적[m²]을 구하시오.
3) 배출기의 배출 측 주덕트의 최소 면적[m²]을 구하시오.

(해답 ⊕) 1) 최소 소요배출량[m³/h]
　　　• 계산과정
　　　바닥면적 9[m] × 10[m] = 90[m²]
　　　$Q = 90[m^2] \times 1[m^3/m^2 \cdot min] = 90[m^3/min] = 5,400[m^3/hr]$
　　　∴ $5,400[m^3/hr] \times 6구역 = 32,400[m^3/hr]$
　　　• 답 32,400[m³/hr]

2) 흡입 측 주덕트의 최소 면적[m²]
   • 계산과정

   배출기의 흡입 측 풍도 안의 풍속은 15[m/s] 이하로 하고, 배출 측 풍속은 20[m/s] 이하로 할 것

   $$\frac{32,400}{3,600}[\mathrm{m^3/s}] = A_{흡입측} \times 15[\mathrm{m/s}]$$

   $$\therefore A_{흡입측} = 0.6[\mathrm{m^2}]$$

   • 🖩 0.6[m²]

3) 배출 측 주덕트의 최소 면적[m²]
   • 계산과정

   $$\frac{32,400}{3,600}[\mathrm{m^3/s}] = A_{배출측} \times 20[\mathrm{m/s}]$$

   $$\therefore A_{배출측} = 0.45[\mathrm{m^2}]$$

   • 🖩 0.45[m²]

해설 ➕ 거실제연설비 배출량 및 덕트 면적 계산 공식

① 예상제연구역의 거실 바닥면적이 400[m²] 미만인 경우 : 배출량은 바닥면적 1[m²]당 1[m³/min] 이상으로 하되, 예상제연구역 전체에 대한 최저 배출량은 5,000[m³/hr] 이상으로 할 것

$$Q = A[\mathrm{m^2}] \times 1[\mathrm{m^3/min \cdot m^2}] \times 60[\mathrm{min/hr}]$$

   여기서, Q : 배출량[m³/hr]
   A : 바닥면적[m²]

② 예상제연구역의 거실 바닥면적이 400[m²] 이상인 경우
   예상제연구역이 직경 40[m]인 원의 범위 안에 있을 경우 : 배출량 40,000[m³/hr] 이상
   예상제연구역이 직경 40[m]인 원의 범위를 초과할 경우 : 배출량 45,000[m³/hr] 이상
③ 예상제연구역이 통로인 경우 : 배출량 45,000[m³/hr] 이상으로 해야 한다.

---

15 특별피난계단의 계단실 및 부속실 제연설비에 대한 다음 각 물음에 답하시오.   [6점]

1) 화재실의 바닥면적이 350[m²], 팬의 효율 65[%], 전압이 75[mmAq]일 때 제연팬을 구동하기 위한 전동기의 최소 소요동력[kW]을 구하시오. (단, 전동기의 여유율은 10[%]로 한다.)
2) 제연구역의 선정기준을 4가지만 쓰시오.
3) 방연풍속은 제연구역의 선정방식에 따라 다음 표의 기준에 따라야 한다. 빈칸의 (   ) 안에 알맞은 답을 쓰시오.

제연구역		방연풍속
계단실 및 그 부속실을 동시에 제연하는 것 또는 계단실만 단독으로 제연하는 것		(①)[m/s] 이상
부속실만 단독으로 제연하는 것	부속실 또는 승강장이 면하는 옥내가 거실인 경우	(②)[m/s] 이상
	부속실이 면하는 옥내가 복도로서 그 구조가 방화구조(내화시간 30분 이상인 구조를 포함한다)인 것	(③)[m/s] 이상

(해답 ⊕) 1) 전동기의 최소 소요동력[kW]

• 계산과정

$$Q = 350[\text{m}^2] \times 1[\text{m}^3/\text{m}^2 \cdot \text{min}] = 350[\text{m}^3/\text{min}] = 21,000[\text{m}^3/\text{hr}]$$

$$P = \frac{9.8[\text{kN/m}^3] \times \dfrac{350}{60}[\text{m}^3/\text{s}] \times 0.075[\text{m}]}{0.65} \times 1.1 = 7.26[\text{kW}]$$

• 🔒 7.26[kW]

2) 제연구역의 선정기준

① 계단실 및 그 부속실을 동시에 제연하는 것

② 부속실만을 단독으로 제연하는 것

③ 계단실만 단독제연하는 것

3) ① 0.5   ② 0.7   ③ 0.5

(해설 ⊕) 「특별피난계단의 계단실 및 부속실 제연설비의 화재안전성능기준(NFPC 501A)」

① 예상제연구역의 거실 바닥면적이 400[m²] 미만인 경우 : 배출량은 바닥면적 1[m²]당 1[m³/min] 이상으로 하되, 예상제연구역 전체에 대한 최저 배출량은 5,000[m³/hr] 이상으로 할 것

$$Q = A[\text{m}^2] \times 1[\text{m}^3/\text{min} \cdot \text{m}^2] \times 60[\text{min/hr}]$$

여기서, Q : 배출량[m³/hr]

A : 바닥면적[m²]

② 예상제연구역의 거실 바닥면적이 400[m²] 이상인 경우

예상제연구역이 직경 40[m]인 원의 범위 안에 있을 경우 : 배출량 40,000[m³/hr] 이상

예상제연구역이 직경 40[m]인 원의 범위 안에 있을 경우 : 배출량 45,000[m³/hr] 이상

③ 예상제연구역이 통로인 경우 : 배출량 45,000[m³/hr] 이상으로 해야 한다.

$$\text{전동기의 동력[kW] } P = \frac{\gamma Q H}{\eta} \times K$$

여기서, γ : 비중량($\gamma_w = 9.8[\text{kN/m}^3]$)

Q : 유량[m³/s], H : 전양정[m]

η : 효율, K : 전달계수

방연풍속은 제연구역의 선정방식

제연구역		방연풍속
계단실 및 그 부속실을 동시에 제연하는 것 또는 계단실만 단독으로 제연하는 것		0.5[m/s] 이상
부속실만 단독으로 제연하는 것	부속실 또는 승강장이 면하는 옥내가 거실인 경우	0.7[m/s] 이상
	부속실이 면하는 옥내가 복도로서 그 구조가 방화구조(내화시간 30분 이상인 구조를 포함한다)인 것	0.5[m/s] 이상

16 특별피난계단의 계단실 및 부속실 제연설비에 대한 제연구역과 옥내와의 차압[Pa]을 다음 조건을 참조하여 계산하시오. [5점]

[조건]
- 출입문 개방에 필요한 전체 힘은 화재안전기준으로 한다.
- 출입문의 폭(W)은 0.9[m], 높이(H)는 2.1[m]이다.
- 자동폐쇄장치 및 경첩에 의해 폐쇄되는 힘은 30[N]이다.
- 문의 손잡이와 문의 끝까지(모서리까지)의 거리는 0.1[m]이다.
- K_d(상수) 1.0으로 한다.
- 차압에 의한 방화문에 미치는 힘은 다음과 같이 계산한다.

$$F_P = \frac{K_d \times W \times A \times \Delta P}{2(W-d)}$$

여기서, F_P : 차압에 의한 방화문에 미치는 힘[N]

K_d : 상수 값(1.0)

W : 출입문의 폭[m]

A : 출입문의 면적[m²]

ΔP : 제연구역과 옥내와의 차압[Pa]

d : 문의 손잡이와 문의 끝까지(모서리까지)의 거리[m]

해답 ⊕ • 계산과정

$$110[\mathrm{N}] = 30[\mathrm{N}] + \frac{1 \times 0.9[\mathrm{m}] \times (0.9[\mathrm{m}] \times 2.1[\mathrm{m}]) \times \Delta P}{2 \times (0.9[\mathrm{m}] - 0.1[\mathrm{m}])}$$

$\therefore \Delta P = 75.25[\mathrm{Pa}]$

• 답 75.25[Pa]

해설 ➕ 「특별피난계단의 계단실 및 부속실 제연설비의 화재안전기술기준(NFTC 501A)」 차압 등

① 제연구역과 옥내와의 사이에 유지해야 하는 최소 차압은 40[Pa](옥내에 스프링클러설비가 설치된 경우에는 12.5[Pa]) 이상으로 해야 한다.

② 제연설비가 가동되었을 경우 출입문의 개방에 필요한 힘은 110[N] 이하로 해야 한다.

③ ②의 기준에 따라 출입문이 일시적으로 개방되는 경우 개방되지 않은 제연구역과 옥내와의 차압은 ①의 기준에도 불구하고 기준에 따른 차압의 70[%] 이상이어야 한다.

④ 계단실과 부속실을 동시에 제연하는 경우 부속실의 기압은 계단실과 같게 하거나 계단실의 기압보다 낮게 할 경우에는 부속실과 계단실의 압력 차이는 5[Pa] 이하가 되도록 해야 한다.

[공식]

$$문\ 개방에\ 필요한\ 힘\ F = F_{dc} + F_P$$

여기서, F : 문을 개방하는 데 필요한 전체 힘[N]

F_{dc} : 도어체크의 저항력[N]

F_P : 차압에 의해 방화문에 미치는 힘[N]

01 연결송수관설비가 겸용된 옥내소화전설비가 설치된 어느 건물이 있다. 옥내소화전이 2층에 3개, 3층에 4개, 4층에 5개일 때 조건을 참고하여 다음 각 물음에 답하시오. [8점]

[조건]
- 실양정은 20[m], 배관의 마찰손실수두는 실양정의 20[%], 관부속품의 마찰손실수두는 배관마찰손실수두의 50[%]로 본다.
- 소방호스의 마찰손실수두값은 호스 100[m]당 26[m]이며, 호스길이는 15[m]이다.

1) 펌프의 전양정[m]을 구하시오.
2) 펌프의 성능시험을 위한 유량측정장치의 최대 측정유량[L/min]을 구하시오.
3) 토출 측 주배관에서 배관의 최소 구경을 구하시오. (단, 유속은 최대 유속을 적용한다.)

(해답 ⊕) 1) 펌프의 전양정[m]
- 계산과정
  옥내소화전설비의 전양정

  $$H = 20[m] + (20[m] \times 0.2) + (4[m] \times 0.5) + (15[m] \times \frac{26[m]}{100[m]}) + 17[m] = 46.9[m]$$

- 답 46.9[m]

2) 유량측정장치의 최대 측정유량[L/min]
- 계산과정
  옥내소화전설비의 펌프 정격토출량
  $Q = 2[개] \times 130[L/min] = 260[L/min]$
  $\therefore 260[L/min] \times 1.75 = 455[L/min]$

- 답 455[L/min]

3) 토출 측 주배관에서 배관의 최소 구경
- 계산과정

  $$\frac{0.26}{60}[m^3/s] = \left(\frac{D^2\pi}{4}\right)[m^2] \times 4[m/s]$$

  $\therefore D = 0.037[m] = 37[mm]$

  → 연결송수관설비의 배관과 겸용하므로 주배관은 100[mm] 이상이다.

- 답 100[mm]

해설 ● [공식]

$$전양정\ H = 실양정[m] + 마찰손실[m] + 방사압(수두)[m]$$

여기서, 옥내소화전의 노즐 방사압 : 0.17[MPa] = 17[m]

연결송수관설비의 노즐 방사압 : 0.35[MPa] = 35[m]

(다만, 지표면에서 최상층 방수구의 높이가 70[m] 이상의 특정소방대상물에 연결송수관설비의 가압송수장치를 설치해야 한다.)

「옥내소화전설비의 화재안전기술기준(NFTC 102)」 펌프의 성능시험배관의 설치기준

① 성능시험배관은 펌프의 토출 측에 설치된 개폐밸브 이전에서 분기하여 직선으로 설치하고, 유량측정장치를 기준으로 전단 직관부에는 개폐밸브를 후단 직관부에는 유량조절밸브를 설치할 것. 이 경우 개폐밸브와 유량측정장치 사이의 직관부 거리 및 유량측정장치와 유량조절밸브 사이의 직관부 거리는 해당 유량측정장치 제조사의 설치사양에 따르고, 성능시험배관의 호칭지름은 유량측정장치의 호칭지름에 따른다.

② 유량측정장치는 펌프의 정격토출량의 175[%] 이상까지 측정할 수 있는 성능이 있을 것

배관 구경

※ 펌프의 토출 측 주배관의 구경은 유속이 4[m/s] 이하가 될 수 있는 크기 이상으로 해야 한다.

구분	호스릴옥내소화전	옥내소화전	연결송수관설비 겸용 방식
가지배관	25[mm] 이상	40[mm] 이상	65[mm] 이상
주배관	32[mm] 이상	50[mm] 이상	100[mm] 이상

02 지름이 10[cm]인 소방호스에 노즐구경이 3[cm]인 노즐팁이 부착되어 있고, 1.5[m³/min]의 물을 대기 중으로 방수할 경우 다음 물음에 답하시오. (단, 유동에는 마찰이 없는 것으로 가정한다.)

[8점]

1) 소방호스의 평균유속[m/s]을 구하시오.
2) 소방호스에 연결된 방수노즐의 평균유속[m/s]을 구하시오.
3) 노즐을 소방호스에 부착시키기 위한 플랜지볼트에 작용하고 있는 힘[N]을 구하시오.

해답 ● 1) 소방호스의 평균유속[m/s]

• 계산과정

$$\frac{0.1^2\pi}{4}[m^2] \times V_a[m/s] = \frac{1.5}{60}[m^3/s]$$

$$V_a = 3.18[m/s]$$

• 🔢 3.18[m/s]

2) 방수노즐의 평균유속[m/s]
- 계산과정

$$\frac{0.03^2 \pi}{4}[\mathrm{m}^2] \times V_b[\mathrm{m/s}] = \frac{1.5}{60}[\mathrm{m}^3/\mathrm{s}]$$

$$V_b = 35.37[\mathrm{m/s}]$$

- 🔁 35.37[m/s]

3) 플랜지볼트에 작용하고 있는 힘[N]
- 계산과정

$$F = \frac{9,800[\mathrm{N/m}^3] \times \left(\frac{1.5}{60}[\mathrm{m}^3/\mathrm{s}]\right)^2 \times \left(\frac{0.1^2 \pi}{4}\right)[\mathrm{m}^2]}{2 \times 9.8[\mathrm{m/s}^2]} \times \left(\frac{\left(\frac{0.1^2 \pi}{4}\right)[\mathrm{m}^2] - \left(\frac{0.03^2 \pi}{4}\right)[\mathrm{m}^2]}{\left(\frac{0.1^2 \pi}{4}\right)[\mathrm{m}^2] \times \left(\frac{0.03^2 \pi}{4}\right)[\mathrm{m}^2]}\right)^2$$

$$= 4,067.78[\mathrm{N}]$$

- 🔁 4,067.78[N]

해설 ➕ [공식]

$$\boxed{\text{연속방정식 } Q = AV}$$

여기서, Q : 체적유량[m³/s]

$\quad\quad A$: 배관의 단면적[m²]

$\quad\quad V$: 유속[m/s]

$$\boxed{\text{플랜지 볼트에 작용하는 힘 } F[\mathrm{N}] = \frac{\gamma Q^2 A_1}{2g}\left(\frac{A_1 - A_2}{A_1 A_2}\right)^2}$$

여기서, γ : 비중량($\gamma_w = 9.8[\mathrm{kN/m}^3]$)

$\quad\quad A_1$: 소방호스의 단면적[m²]

$\quad\quad A_2$: 노즐의 단면적[m²]

$\quad\quad g$: 중력가속도($= 9.8[\mathrm{m/s}^2]$)

03 할론 1301 소화설비를 설계 시 조건을 참고하여 다음 각 물음에 답하시오. [4점]

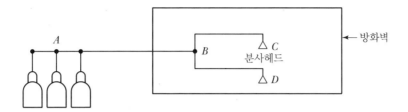

[조건]
- 약제소요량은 130[kg]이다. (출입구에 자동폐쇄장치 설치)
- 초기 압력강하는 1.5[MPa]이다.
- 고저에 따른 압력손실은 0.06[MPa]이다.
- $A-B$ 간의 마찰저항에 따른 압력손실은 0.06[MPa]이다.
- $B-C$, $B-D$ 간의 각 압력손실은 0.03[MPa]이다.
- 저장용기 내 소화약제 저장압력은 4.2[MPa]이다.
- 작동 30초 이내에 약제 전량이 방출된다.

1) 설비가 작동하였을 때 $A-B$ 간의 배관 내를 흐르는 소화약제의 유량[kg/s]을 구하시오.
2) $B-C$ 간의 소화약제의 유량[kg/s]을 구하시오. (단, $B-D$ 간의 소화약제의 유량도 같다.)
3) C점 노즐에서 방출되는 소화약제의 방사압력[MPa]을 구하시오. (단, D점에서의 방사압력도 같다.)
4) C점에서 설치된 분사헤드에서의 방출률이 2.5[kg/(cm² · s)]이면 분사헤드의 등가 분구면적 [cm²]을 구하시오.

(해답⊕) 1) $A-B$ 간의 배관 내를 흐르는 소화약제의 유량[kg/s]
- 계산과정

$$\frac{130[\text{kg}]}{30[\text{s}]} = 4.33[\text{kg/s}]$$

- 답 4.33[kg/s]

2) $B-C$ 간의 소화약제의 유량[kg/s]
- 계산과정

$$\frac{4.33[\text{kg/s}]}{2} = 2.17[\text{kg/s}]$$

- 답 2.17[kg/s]

3) C점 노즐에서 방출되는 소화약제의 방사압력[MPa]
- 계산과정

$$4.2 - (1.5 + 0.06 + 0.06 + 0.03) = 2.55[\text{MPa}]$$

- 답 2.55[MPa]

4) 분사헤드의 등가 분구면적[cm²]
- 계산과정

$$\frac{2.17[\mathrm{kg/s}]}{2.5[\mathrm{kg/cm^2 \cdot s}]} = 0.87[\mathrm{cm^2}]$$

- 🖹 0.87[cm²]

04 어떤 지하상가에 제연설비를 화재안전기준과 다음 조건에 따라 설치하려고 한다. 다음 각 물음에 답하시오. [10점]

[조건]
- 주덕트의 높이제한은 1,000[mm]이다. (강판두께, 덕트플랜지 및 보온두께는 고려하지 않는다.)
- 배출기는 원심다익형이다.
- 각종 효율은 무시한다.
- 예상제연구역의 설계배출량은 43,200[m³/h]이다.

1) 배출기의 배출 측 주덕트의 최소 폭[m]을 계산하시오.
2) 배출기의 흡입 측 주덕트의 최소 폭[m]을 계산하시오.
3) 준공 후 풍량시험을 한 결과 풍량은 36,000[m³/h], 회전수는 650[rpm], 축동력은 7.5[kW]로 측정되었다. 배출량 43,200[m³/h]를 만족시키기 위한 배출기 회전수[rpm]를 계산하시오.
4) 풍량이 36,000[m³/h]일 때 전압이 50[mmH₂O]이다. 풍량을 43,200[m³/h]으로 변경할 때 전압은 몇 mmH₂O인가?
5) 회전수를 높여서 배출량을 만족시킬 경우의 예상축동력[kW]을 계산하시오.

해답➕ 1) 배출 측 주덕트의 최소 폭[m]
- 계산과정

배출기의 흡입 측 풍도안의 풍속은 15[m/s] 이하로 하고, 배출 측 풍속은 20[m/s] 이하로 할 것

$$\frac{43,200}{3,600}[\mathrm{m^3/s}] = (L_1[\mathrm{m}] \times 1[\mathrm{m}]) \times 20[\mathrm{m/s}]$$

∴ 덕트의 폭 $L_1 = 0.6[\mathrm{m}]$

- 🖹 0.6[m]

2) 흡입 측 주덕트의 최소 폭[m]
- 계산과정

$$\frac{43,200}{3,600}[\mathrm{m^3/s}] = (L_2[\mathrm{m}] \times 1[\mathrm{m}]) \times 15[\mathrm{m/s}]$$

∴ 덕트의 폭 $L_2 = 0.8[\mathrm{m}]$

- 🖹 0.8[m]

3) 배출기 회전수[rpm]

- 계산과정

$$\frac{Q_2}{Q_1} = \left(\frac{N_2}{N_1} \right) \ (\because \text{펌프는 유지})$$

$$\frac{43,200[\text{m}^3/\text{h}]}{36,000[\text{m}^3/\text{h}]} = \left(\frac{N_2[\text{rpm}]}{650[\text{rpm}]} \right)$$

$$\therefore \ N_2 = 780[\text{rpm}]$$

- 🔑 780[rpm]

4) 전압[mmH₂O]

- 계산과정

$$\frac{H_2}{H_1} = \left(\frac{N_2}{N_1} \right)^2 = \left(\frac{Q_2}{Q_1} \right)^2 \ (\because \text{펌프는 유지})$$

$$\frac{H_2[\text{mmH}_2\text{O}]}{50[\text{mmH}_2\text{O}]} = \left(\frac{43,200[\text{m}^3/\text{h}]}{36,000[\text{m}^3/\text{h}]} \right)^2$$

$$\therefore \ H_2 = 72[\text{mmAq}]$$

- 🔑 72[mmH₂O]

5) 예상축동력[kW]

- 계산과정

$$\frac{P_2}{P_1} = \left(\frac{N_2}{N_1} \right)^3 \ (\because \text{펌프는 유지})$$

$$\frac{P_2[\text{kW}]}{7.5[\text{kW}]} = \left(\frac{780[\text{rpm}]}{650[\text{rpm}]} \right)^3$$

$$\therefore \ P_2 = 12.96[\text{kW}]$$

- 🔑 12.96[kW]

해설 ➕ 제연설비 덕트 및 상사의 법칙 계산공식

연속방정식 $Q = AV$

여기서, Q : 체적유량[m³/s]

A : 배관의 단면적[m²]

V : 유속[m/s]

상사의 법칙

$$유량 \quad \frac{Q_2}{Q_1} = \left(\frac{N_2}{N_1}\right) \times \left(\frac{D_2}{D_1}\right)^3$$

$$양정 \quad \frac{H_2}{H_1} = \left(\frac{N_2}{N_1}\right)^2 \times \left(\frac{D_2}{D_1}\right)^2$$

$$동력 \quad \frac{P_2}{P_1} = \left(\frac{N_2}{N_1}\right)^3 \times \left(\frac{D_2}{D_1}\right)^5$$

여기서, N : 회전수[rpm]

D : 펌프의 직경[m]

05 소화설비의 급수배관에 사용하는 개폐표시형 밸브 중 버터플라이밸브 외의 밸브를 꼭 사용하여야 하는 배관의 이름과 그 이유를 한 가지만 쓰시오. [4점]

① 배관 이름 :

② 이유 :

해답⊕ ① 배관 이름 : 흡입 측 배관

② 이유 : $NPSH_{av}$(유효흡입양정)이 감소되어 공동현상이 발생할 수 있어서

해설⊕ 버터플라이 밸브

밸브 내 원판형 디스크가 축을 줌심으로 회전하면서 관로를 개폐하는 구조다. 구조가 간단하고 유지보수가 용이하지만 오픈(개방) 시 디스크의 존재로 유체의 저항이 발생한다.

▲ 닫힘 　　▲ 열림

06 할로겐화합물 및 불활성기체 소화설비의 수동식 기동장치의 설치기준이다. (   ) 안을 채우시오.

[7점]

1) (①)마다 설치
2) 해당 방호구역의 출입구 부근 등 조작을 하는 자가 쉽게 (②)할 수 있는 장소에 설치할 것
3) 기동장치의 조작부는 바닥으로부터 (③)의 위치에 설치하고, 보호판 등에 따른 (④)를 설치할 것
4) 전기를 사용하는 기동장치에는 (⑤)을 설치할 것
5) 기동장치의 방출용 스위치는 (⑥)와 연동하여 조작될 수 있는 것으로 할 것
6) (⑦) 이하의 힘을 가하여 기동할 수 있는 구조로 설치

해답 ➕ ① 방호구역　　　　　　② 피난
③ 0.8[m] 이상 1.5[m] 이하　④ 보호장치
⑤ 전원표시등　　　　　　⑥ 음향경보장치
⑦ 50[N]

해설 ➕ 「할로겐화합물 및 불활성기체소화설비의 화재안전기술기준(NFTC 107A)」 기동장치
1) 수동식 기동장치 설치기준
　　이 경우 수동식 기동장치의 부근에는 소화약제의 방출을 지연시킬 수 있는 방출지연스위치(자동복귀형 스위치로서 수동식 기동장치의 타이머를 순간 정지시키는 기능의 스위치를 말한다)를 설치해야 한다.
　　① 방호구역마다 설치할 것
　　② 해당 방호구역의 출입구 부근 등 조작을 하는 자가 쉽게 피난할 수 있는 장소에 설치할 것
　　③ 기동장치의 조작부는 바닥으로부터 0.8[m] 이상 1.5[m] 이하의 위치에 설치하고, 보호판 등에 따른 보호장치를 설치할 것
　　④ 기동장치 인근의 보기 쉬운 곳에 "할로겐화합물 및 불활성기체소화설비 수동식 기동장치"라는 표지를 할 것
　　⑤ 전기를 사용하는 기동장치에는 전원표시등을 설치할 것
　　⑥ 기동장치의 방출용 스위치는 음향경보장치와 연동하여 조작될 수 있는 것으로 할 것
　　⑦ 50[N] 이하의 힘을 가하여 기동할 수 있는 구조로 할 것
　　⑧ 기동장치에는 보호장치를 설치해야 하며, 보호장치를 개방하는 경우 기동장치에 설치된 부저 또는 벨 등에 의하여 경고음을 발할 것
　　⑨ 기동장치를 옥외에 설치하는 경우 빗물 또는 외부 충격의 영향을 받지 아니하도록 설치할 것
2) 자동식 기동장치 설치기준
　　자동화재탐지설비의 감지기의 작동과 연동하는 것으로서 다음의 기준에 따라 설치해야 한다.
　　① 자동식 기동장치에는 수동으로도 기동할 수 있는 구조로 할 것

② 전기식 기동장치로서 7[병] 이상의 저장용기를 동시에 개방하는 설비는 2[병] 이상의 저장용기에 전자 개방밸브를 부착할 것

③ 가스압력식 기동장치는 다음의 기준에 따를 것

- 기동용 가스용기 및 해당 용기에 사용하는 밸브는 25[MPa] 이상의 압력에 견딜 수 있는 것으로 할 것
- 기동용 가스용기에는 내압시험압력의 0.8배부터 내압시험압력 이하에서 작동하는 안전장치를 설치할 것
- 기동용 가스용기의 체적은 5[L] 이상으로 하고, 해당 용기에 저장하는 질소 등의 비활성기체는 6.0[MPa] 이상(21[℃] 기준)의 압력으로 충전할 것. 다만, 기동용 가스용기의 체적을 1[L] 이상으로 하고, 해당 용기에 저장하는 이산화탄소의 양은 0.6[kg] 이상으로 하며, 충전비는 1.5 이상 1.9 이하의 기동용 가스용기로 할 수 있다.
- 질소 등의 비활성기체 기동용 가스용기에는 충전 여부를 확인할 수 있는 압력게이지를 설치할 것

④ 기계식 기동장치는 저장용기를 쉽게 개방할 수 있는 구조로 할 것

07 연결송수관설비의 화재안전기준에 대한 다음 각 물음에 답하시오. [6점]

1) 11층 이상 건축물의 송수구를 단구형으로도 설치할 수 있는 경우 2가지를 쓰시오.
2) 배관을 습식 설비로 하여야 하는 특정소방대상물을 쓰시오.

(해답 ⊕) 1) ① 아파트의 용도로 사용되는 층
② 스프링클러설비가 유효하게 설치되어 있고 방수구가 2개소 이상 설치된 층
2) 지면으로부터의 높이가 31[m] 이상인 특정소방대상물 또는 지상 11층 이상인 특정소방대상물

(해설 ⊕) 「연결송수관설비의 화재안전기술기준(NFTC 502)」
※ 지면으로부터의 높이가 31[m] 이상인 특정소방대상물 또는 지상 11층 이상인 특정소방대상물에 있어서는 습식 설비로 할 것

방수구 설치기준
1) 연결송수관설비의 방수구는 그 특정소방대상물의 층마다 설치할 것. 다만, 다음의 어느 하나에 해당하는 층에는 설치하지 않을 수 있다.
① 아파트의 1층 및 2층
② 소방차의 접근이 가능하고 소방대원이 소방차로부터 각 부분에 쉽게 도달할 수 있는 피난층
③ 송수구가 부설된 옥내소화전을 설치한 특정소방대상물(집회장 · 관람장 · 백화점 · 도매시장 · 소매시장 · 판매시설 · 공장 · 창고시설 또는 지하가를 제외한다)로서 다음의 어느 하나에 해당하는 층

- 지하층을 제외한 층수가 4층 이하이고 연면적이 6,000[m²] 미만인 특정소방대상물의 지상층
- 지하층의 층수가 2 이하인 특정소방대상물의 지하층

2) 특정소방대상물의 층마다 설치하는 방수구는 다음의 기준에 따를 것 (생략)

3) 11층 이상의 부분에 설치하는 방수구는 쌍구형으로 할 것. 다만, 다음의 어느 하나에 해당하는 층에는 단구형으로 설치할 수 있다.
   ① 아파트의 용도로 사용되는 층
   ② 스프링클러설비가 유효하게 설치되어 있고 방수구가 2개소 이상 설치된 층

4) 방수구의 호스접결구는 바닥으로부터 높이 0.5[m] 이상 1[m] 이하의 위치에 설치할 것

5) 방수구는 연결송수관설비의 전용방수구 또는 옥내소화전방수구로서 구경 65[mm]의 것으로 설치할 것

(생략)

08 헤드 H−1의 방수압력이 0.1[MPa]이고 방수량이 80[L/min]인 폐쇄형 스프링클러설비의 수리계산에 대하여 조건을 참고하여 다음 각 물음에 답하시오. (단, 계산과정을 쓰고 최종 답은 반올림하여 소수점 둘째 자리까지 구할 것) [8점]

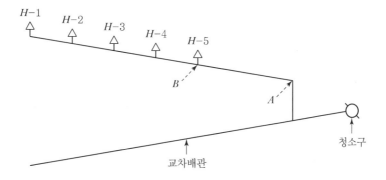

[조건]
- 헤드 H−1에서 H−5까지의 각 헤드마다의 방수압력 차이는 0.01[MPa]이다.
  (단, 계산 시 헤드와 가지배관 사이의 배관에서의 마찰손실은 무시한다.)
- A∼B 구간의 마찰손실압은 0.04[MPa]이다.
- H−1 헤드에서의 방수량은 80[L/min]이다.

1) A지점에서의 필요 최소 압력은 몇 [MPa]인가?
2) 각 헤드에서의 방수량은 몇 [L/min]인가?
3) A∼B 구간에서의 유량은 몇 [L/min]인가?
4) A∼B 구간에서의 최소 내경은 몇 [m]인가?

해답 ⊕ 1) A지점에서의 필요 최소 압력[MPa]
- 계산과정

  $P = 0.1[\text{MPa}] + (0.01 \times 4)[\text{MPa}] + 0.04[\text{MPa}] = 0.18[\text{MPa}]$
- 📝 0.18[MPa]

2) 각 헤드에서의 방수량[L/min]

  $80[\text{L/min}] = K\sqrt{10 \times 0.1\,[\text{MPa}]}$

  $\therefore\ K = 80$

  ① 헤드 $H-1$ 유량 $Q_{H-1} = 80\sqrt{10 \times 0.1\,[\text{MPa}]} = 80[\text{L/min}]$

  ② 헤드 $H-2$ 유량 $Q_{H-2} = 80\sqrt{10 \times (0.1 + 0.01)\,[\text{MPa}]} = 83.9[\text{L/min}]$

  ③ 헤드 $H-3$ 유량 $Q_{H-3} = 80\sqrt{10 \times (0.1 + 0.01 + 0.01)\,[\text{MPa}]} = 87.64[\text{L/min}]$

  ④ 헤드 $H-4$ 유량 $Q_{H-4} = 80\sqrt{10 \times (0.1 + 0.01 + 0.01 + 0.01)\,[\text{MPa}]} = 91.21[\text{L/min}]$

  ⑤ 헤드 $H-5$ 유량 $Q_{H-5} = 80\sqrt{10 \times (0.1 + 0.01 + 0.01 + 0.01 + 0.01)\,[\text{MPa}]}$
  $= 94.66[\text{L/min}]$

3) $A \sim B$ 구간에서의 유량[L/min]
- 계산과정

  $Q = 80[\text{L/min}] + 83.9[\text{L/min}] + 87.64[\text{L/min}] + 91.21[\text{L/min}] + 94.66[\text{L/min}]$
  $= 437.41[\text{L/min}]$
- 📝 437.41[L/min]

4) $A \sim B$ 구간에서의 최소 내경[m]
- 계산과정

  수리계산에 따르는 경우 가지배관의 유속은 6[m/s], 그 밖의 배관의 유속은 10[m/s]를 초과할 수 없다.

  $\dfrac{0.43741}{60}\,[\text{m}^3/\text{s}] = \dfrac{D^2\pi}{4} \times 6\,[\text{m/s}]$

  $\therefore\ D = 0.04[\text{m}]$
- 📝 0.04[m]

해설 ⊕ [공식]

헤드 방수량 $Q = K\sqrt{10P}$

여기서, Q : 헤드 방수량[L/min]

　　　　 P : 방사압력[MPa]

　　　　 K : 방출계수

09 지상 12층, 각 층의 바닥면적 4,000[m²]인 사무실 건물에 완강기를 설치하고자 한다. 건물에는 직통계단인 2 이상의 특별피난계단이 적합하게 설치되어 있고, 주요 구조부는 내화구조로 되어 있다. 완강기의 최소 개수를 구하시오. [3점]

해답 ➕
- 계산과정

$$N = \frac{4,000[\mathrm{m}^2]}{1,000[\mathrm{m}^2/\text{개}]} = 4[\text{개}]$$

다만, 내화구조이고 특별피난계단이 2 이상 설치되어 있으므로 피난기구의 2분의 1을 감소시킬 수 있다.

$$\therefore \frac{4[\text{개}]}{2} = 2[\text{개}]$$

2[개] × 8[개층] = 16[개]

- 📋 16[개]

해설 ➕ 「피난기구의 화재안전기술기준(NFTC 301)」 피난기구의 설치개수

① 층마다 설치하되, 다음 시설 용도의 경우 기준면적마다 1개 이상 설치할 것

숙박시설 · 노유자시설 및 의료시설	해당 층의 바닥면적 500[m²]
위락시설 · 문화집회 및 운동시설 · 판매시설	해당 층의 바닥면적 800[m²]
계단실형 아파트	각 세대
그 밖의 용도	해당 층의 바닥면적 1,000[m²]

② 기준에 따라 설치한 피난기구 외에 숙박시설(휴양콘도미니엄을 제외한다)의 경우에는 추가로 객실마다 완강기 또는 2 이상의 간이완강기를 설치할 것

③ 기준에 따라 설치한 피난기구 외에 4층 이상의 층에 설치된 노유자시설 중 장애인 관련 시설로서 주된 사용자 중 스스로 피난이 불가한 자가 있는 경우에는 층마다 구조대를 1개 이상 추가로 설치할 것

피난기구 설치의 감소

피난기구를 설치하여야 할 특정소방대상물 중 다음의 기준에 적합한 층에는 피난기구의 2분의 1을 감소할 수 있다.

① 주요 구조부가 내화구조로 되어 있을 것

② 직통계단인 피난계단 또는 특별피난계단이 2 이상 설치되어 있을 것

10 조건을 참조하여 제연설비에 대한 다음 각 물음에 답하시오. [4점]

[조건]
- 배연 덕트의 길이는 181[m]이고 덕트의 저항은 1[m]당 0.2[mmAq]이다.
- 배출구 저항은 8[mmAq], 배기그릴 저항은 4[mmAq], 관부속품의 저항은 덕트 저항의 55[%]이다.
- 효율은 50[%]이고, 여유율은 10[%]로 한다.
- 예상제연구역의 바닥면적은 900[m²]이고, 직경은 55[m], 수직거리는 2.3[m]이다.
- 예상제연구역의 배출량 기준

수직거리	배출량[m³/h]
2[m] 이하	45,000
2[m] 초과 2.5[m] 이하	50,000
2.5[m] 초과 3[m] 이하	55,000
3[m] 초과	65,000

1) 배연기의 소요전압[mmAq]을 구하시오.
2) 배출기의 이론소요동력[kW]을 구하시오.

(해답 ⊕) 1) 배연기의 소요전압[mmAq]
- 계산과정

$$P = (181 \times 0.2) + 8 + 4 + (181 \times 0.2 \times 0.55) = 68.11 [\mathrm{mmAq}]$$

- 🔖 68.11[mmAq]

2) 배출기의 이론소요동력[kW]
- 계산과정

$$P = \frac{9.8 [\mathrm{kN/m^3}] \times \dfrac{50,000}{3,600} [\mathrm{m^3/s}] \times 68.11 \times 10^{-3} [\mathrm{m}]}{0.5} \times 1.1 = 20.40 [\mathrm{kW}]$$

(∵ 수직거리가 2.3[m]이므로 2[m] 초과 2.5[m] 이하 배출량 적용)

- 🔖 20.40[kW]

(해설 ⊕) [공식]

$$\text{배출기의 소요동력[kW]} \quad P = \frac{\gamma Q H}{\eta} \times K$$

여기서, γ : 비중량($\gamma_w = 9.8 [\mathrm{kN/m^3}]$)

$\quad\quad\quad Q$: 유량[m³/s]

$\quad\quad\quad H$: 전양정[m]

$\quad\quad\quad \eta$: 효율

$\quad\quad\quad K$: 전달계수

11 간이스프링클러설비의 화재안전기준에서 소방대상물의 보와 가장 가까운 간이헤드는 다음 그림과 같이 설치한다. 그림에서 (   ) 안에 수직거리를 쓰시오. (단, 천장면에서 보의 하단까지의 길이가 55[cm]를 초과하고 보의 하단 측면 끝부분으로부터 간이헤드까지의 거리가 간이헤드 상호 간 거리의 1/2 이하가 되는 경우에는 간이헤드와 그 부착면과의 거리를 55[cm] 이하로 할 수 있다.)

[8점]

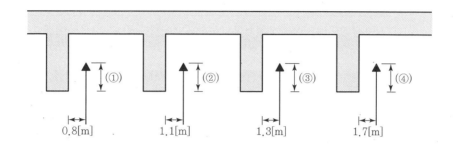

(해답 ⊕) ① 0.1[m] 미만　　　　② 0.15[m] 미만
③ 0.15[m] 미만　　　　④ 0.3[m] 미만

(해설 ⊕) 「간이스프링클러설비의 화재안전기술기준(NFTC 103A)」 간이헤드 설치기준
① 폐쇄형 간이헤드를 사용할 것
② 간이헤드의 작동온도는 실내의 최대 주위 천장온도가 0[℃] 이상 38[℃] 이하인 경우 공칭 작동온도가 57[℃]에서 77[℃]의 것을 사용하고, 39[℃] 이상 66[℃] 이하인 경우에는 공칭 작동온도가 79[℃]에서 109[℃]의 것을 사용할 것
③ 간이헤드를 설치하는 천장·반자·천장과 반자 사이·덕트·선반 등의 각 부분으로부터 간이헤드까지의 수평거리는 2.3[m](「스프링클러헤드의 형식승인 및 제품검사의 기술기준」에 따른 유효살수반경의 것으로 한다) 이하가 되도록 해야 한다. 다만, 성능이 별도로 인정된 간이헤드를 수리계산에 따라 설치하는 경우에는 그렇지 않다.
④ 상향식 간이헤드 또는 하향식 간이헤드의 경우에는 간이헤드의 디플렉터에서 천장 또는 반자까지의 거리는 25[mm]에서 102[mm] 이내가 되도록 설치해야 하며, 측벽형 간이헤드의 경우에는 102[mm]에서 152[mm] 사이에 설치할 것. 다만, 플러시 스프링클러헤드의 경우에는 천장 또는 반자까지의 거리를 102[mm] 이하가 되도록 설치할 수 있다.
⑤ 간이헤드는 천장 또는 반자의 경사·보·조명장치 등에 따라 살수장애의 영향을 받지 않도록 설치할 것
⑥ ④의 규정에도 불구하고 특정소방대상물의 보와 가장 가까운 간이헤드는 다음 표의 기준에 따라 설치할 것. 다만, 천장면에서 보의 하단까지의 길이가 55[cm]를 초과하고 보의 하단 측면 끝부분으로부터 간이헤드까지의 거리가 간이헤드 상호 간 거리의 2분의 1 이하가 되는 경우에는 간이헤드와 그 부착면과의 거리를 55[cm] 이하로 할 수 있다.

▼ 보의 수평거리에 따른 간이스프링클러헤드의 수직거리

간이헤드의 반사판 중심과 보의 수평거리	간이헤드의 반사판 높이와 보의 하단 높이의 수직거리
0.75[m] 미만	보의 하단보다 낮을 것
0.75[m] 이상 1[m] 미만	0.1[m] 미만일 것
1[m] 이상 1.5[m] 미만	0.15[m] 미만일 것
1.5[m] 이상	0.3[m] 미만일 것

⑦ 상향식 간이헤드 아래에 설치되는 하향식 간이헤드에는 상향식 간이헤드의 방출수를 차단할 수 있는 유효한 차폐판을 설치할 것

⑧ 간이스프링클러설비를 설치해야 할 특정소방대상물에 있어서는 간이헤드 설치 제외에 관한 사항은 「스프링클러설비의 화재안전기술기준(NFTC 103)」을 준용한다.

⑨ ⑦에 따른 주차장에는 표준반응형 스프링클러헤드를 설치해야 하며 설치기준은 「스프링클러설비의 화재안전기술기준(NFTC 103)」을 준용한다.

12 그림과 같은 루프 배관에 직결된 살수노즐로부터 300[L/min]의 물이 방사되고 있다. 화살표의 방향으로 흐르는 유량 q_1, q_2[L/min]를 각각 구하시오. [4점]

[조건]

• 배관부속의 등가길이는 모두 무시한다.

• 계산 시의 마찰손실 공식은 하겐 – 윌리엄스식을 사용하되 계산 편의상 다음과 같다고 가정한다.

$$\Delta P = \frac{6 \times 10^4 \times Q^2}{100^2 \times D^5}$$

여기서, ΔP : 1[m]당 배관의 마찰손실압력[MPa/m]

  Q : 유량[L/min]

  D : 관의 안지름[mm]

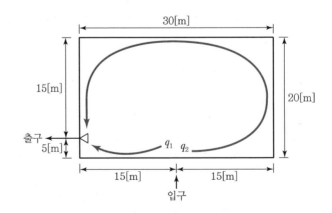

해답 ⊕ · 계산과정

$$q_1 + q_2 = 300[\text{L/min}]$$

$\Delta P = \Delta P_1 = \Delta P_2$이므로

$$\Delta P_1 = \frac{6 \times 10^4 \times (q_1[\text{L/min}])^2}{100^2 \times (d[\text{mm}])^5} \times (15+5)[\text{m}]$$

$$\Delta P_2 = \frac{6 \times 10^4 \times (q_2[\text{L/min}])^2}{100^2 \times (d[\text{mm}])^5} \times (15+20+30+15)[\text{m}]$$

$$\frac{6 \times 10^4 \times (q_1[\text{L/min}])^2}{100^2 \times (d[\text{mm}])^5} \times (15+5)[\text{m}]$$

$$= \frac{6 \times 10^4 \times (q_2[\text{L/min}])^2}{100^2 \times (d[\text{mm}])^5} \times (15+20+30+15)[\text{m}]$$

$$20q_1^2 = 80q_2^2$$

$$\therefore q_1 = 2q_2$$

$$q_1 = 300[\text{L/min}] \times \frac{2}{3} = 200[\text{L/min}]$$

$$q_2 = 300[\text{L/min}] \times \frac{1}{3} = 100[\text{L/min}]$$

· 🔑 $q_1 = 200[\text{L/min}]$, $q_2 = 100[\text{L/min}]$

13 어떤 실에 이산화탄소 소화설비를 설치하고자 한다. 조건을 참고하여 다음 각 물음에 답하시오.

[7점]

[조건]
· 방호구역은 가로 10[m], 세로 5[m], 높이 3[m]이고 개구부는 2군데 있으며 개구부는 각각 가로 3[m], 세로 1[m]이며 자동폐쇄장치가 설치되어 있지 않다.
· 개구부 가산량은 5[kg/m²]이다.
· 표면화재를 기준으로 하며, 설계농도는 34[%]이고, 보정계수는 1.10이다.
· 분사헤드의 방사율은 1.05[kg/(mm² · min)]이다.
· 저장용기는 45[kg]이며, 내용적은 68[L]이다.
· 분사헤드의 분구면적은 0.52[cm²]이다.

1) 실에 필요한 소화약제의 양[kg]을 산출하시오.
2) 저장용기 수를 구하시오.
3) 저장용기의 충전비를 구하시오.
4) 저장용기의 내압시험압력은 몇 [MPa]인가?

해답 ➕ 1) 소화약제의 양[kg]
- 계산과정

$$W = (10 \times 5 \times 3)[\mathrm{m}^3] \times 0.8[\mathrm{kg/m}^3] = 120[\mathrm{kg}]$$

→ 최저 한도량 적용 : 135[kg]

$$\therefore W = 135[\mathrm{kg}] \times 1.1 + (3 \times 1)[\mathrm{m}^2] \times 5[\mathrm{kg/m}^2] \times 2[\text{개}] = 178.5[\mathrm{kg}]$$

- 🔎 178.5[kg]

2) 저장용기 수
- 계산과정

$$N = \frac{178.5[\mathrm{kg}]}{45[\mathrm{kg/병}]} = 3.97 = 4[\text{병}]$$

- 🔎 4[병]

3) 저장용기의 충전비
- 계산과정

$$C = \frac{V}{G} = \frac{68[\mathrm{L}]}{45[\mathrm{kg}]} = 1.51$$

- 🔎 1.51

4) 내압시험압력
- 계산과정

저장용기는 고압식은 25[MPa] 이상, 저압식은 3.5[MPa] 이상의 내압시험압력에 합격한 것으로 할 것

(∵ 충전비가 1.5 이상 1.9 이하에 속하므로 고압식 저장용기)

- 🔎 25[MPa] 이상

해설 ➕ [공식]

$$\text{약제량 } W = (V \times \alpha) + (A \times \beta)$$

여기서, W : 약제량[kg]

V : 방호구역체적[m³]

α : 체적계수[kg/m³]

A : 개구부면적[m²]

β : 면적계수(표면화재 : 5[kg/m²], 심부화재 : 10[kg/m²])

표면화재(가연성 가스, 가연성 액체)

방호구역 체적	방호구역의 체적 1[m³]에 대한 소화약제의 양[kg/m³]	최저 한도량 [kg]	개구부 가산량[kg/m²] (자동폐쇄장치 미설치 시)
45[m³] 미만	1		5
45[m³] 이상 150[m³] 미만	0.9	45	5
150[m³] 이상 1,450[m³] 미만	0.8	135	5
1,450[m³] 이상	0.75	1,125	5

14 습식 스프링클러설비 배관 내 사용압력이 1.2[MPa] 이상일 경우에 사용해야 하는 배관 2가지를 쓰시오. [4점]

(해답 ⊕) 압력배관용 탄소강관, 배관용 아크용접 탄소강강관

(해설 ⊕) 「스프링클러설비의 화재안전기술기준(NFTC 103)」

  1) 배관 내 사용압력이 1.2[MPa] 미만일 경우에는 다음의 어느 하나에 해당하는 것
      ① 배관용 탄소 강관(KS D 3507)
      ② 이음매 없는 구리 및 구리합금관(KS D 5301). 다만, 습식의 배관에 한한다.
      ③ 배관용 스테인리스 강관(KS D 3576) 또는 일반배관용 스테인리스 강관(KS D 3595)
      ④ 덕타일 주철관(KS D 4311)

  2) 배관 내 사용압력이 1.2[MPa] 이상일 경우에는 다음의 어느 하나에 해당하는 것
      ① 압력 배관용 탄소 강관(KS D 3562)
      ② 배관용 아크용접 탄소강 강관(KS D 3583)

15 이산화탄소 소화설비에서 다음의 기준에 따른 시간에 방사될 수 있는 것으로 하여야 한다. (   ) 안을 채우시오. [6점]

• 전역방출방식에 있어서 가연성 액체 또는 가연성 가스 등 표면화재 방호대상물의 경우에는 (①)
• 전역방출방식에 있어서 종이, 목재, 석탄, 섬유류, 합성수지류 등 심부화재 방호대상물의 경우에는 (②), 이 경우 설계농도가 2분 이내에 30[%]에 도달하여야 한다.
• 국소방출방식의 경우에는 (③)

(해답 ⊕) ① 1분   ② 7분   ③ 30초

해설 ➕   「이산화탄소소화설비의 화재안전기술기준(NFTC 106)」

배관의 구경은 이산화탄소 소화약제의 소요량이 다음의 기준에 따른 시간 내에 방출될 수 있는 것으로 해야 한다.

① 전역방출방식에 있어서 가연성 액체 또는 가연성 가스 등 표면화재 방호대상물의 경우에는 1분

② 전역방출방식에 있어서 종이, 목재, 석탄, 섬유류, 합성수지류 등 심부화재 방호대상물의 경우에는 7분. 이 경우 설계농도가 2분 이내에 30[%]에 도달해야 한다.

③ 국소방출방식의 경우에는 30초

16 전기실에 제1종 분말소화약제를 사용한 분말소화설비를 전역방출방식의 가압식으로 설치하려고 한다. 다음 조건을 참조하여 각 물음에 답하시오. [9점]

[조건]

- 소방대상물의 크기는 가로 11[m], 세로 9[m], 높이 4.5[m]인 내화구조로 되어 있다.
- 소방대상물의 중앙에 가로 1[m], 세로 1[m]의 기둥이 있고, 기둥을 중심으로 가로, 세로 보가 교차되어 있으며, 보는 천장으로부터 0.6[m], 너비 0.4[m]의 크기이고, 보와 기둥은 내열성 재료이다.
- 전기실에는 0.7[m]×1.0[m], 1.2[m]×0.8[m]인 개구부 각각 1개씩 설치되어 있으며, 1.2[m]×0.8[m]인 개구부에는 자동폐쇄장치가 설치되어 있다.
- 방호공간에 내화구조 또는 내열성 밀폐재료가 설치된 경우에는 방호공간에서 제외할 수 있다.
- 방사헤드의 방출률은 7.82[kg/($mm^2 \cdot min \cdot$ 개)]이다.
- 약제저장용기 1[개]의 내용적은 50[L]이다.
- 방사헤드 1[개]의 오리피스(방출구) 면적은 0.45[cm^2]이다.
- 소화약제 산정기준 및 기타 필요한 사항은 국가화재안전기준에 준한다.

1) 저장에 필요한 제1종 분말소화약제의 최소 양[kg]

2) 저장에 필요한 약제저장용기의 수[병]

3) 설치에 필요한 방사헤드의 최소 개수[개]

   (단, 소화약제의 양은 2)에서 구한 저장용기 수의 소화약제량으로 한다.)

4) 설치에 필요한 전체 방사헤드의 오리피스 면적[mm^2]

5) 방사헤드 1개의 방사량[kg/min]

6) 2)에서 산출한 저장용기 수의 소화약제가 방출되어 모두 열분해 시 발생한 CO_2의 양은 몇 [kg]이며, 이때 CO_2의 부피는 몇 [m^3]인가?(단, 방호구역 내의 압력은 120[kPa], 기체상수는 8.314[kJ/(kmol $\cdot$ K)], 주위온도는 500[℃]이고, 제1종 분말소화약제 주성분에 대한 각 원소의 원자량은 다음과 같으며, 이상기체 상태방정식을 따른다고 한다.)

원소기호	Na	H	C	O
원자량	23	1	12	16

해답 ⊕

1) 제1종 분말소화약제의 최소 양[kg]
   - 계산과정
     ① 체적 $= 11[m] \times 9[m] \times 4.5[m] = 445.5[m^3]$
     ② 기둥 $= 1[m] \times 1[m] \times 4.5[m] = 4.5[m^3]$
     ③ 가로 보 $= 5[m] \times 0.6[m] \times 0.4[m] \times 2[개] = 2.4[m^3]$
     ④ 세로 보 $= 4[m] \times 0.6[m] \times 0.4[m] \times 2[개] = 1.92[m^3]$
     ∴ 방호구역의 체적 $= 445.5[m^3] - 4.5[m^3] - 2.4[m^3] - 1.92[m^3] = 436.68[m^3]$
     $W = (436.68[m^3] \times 0.6[kg/m^3]) + (0.7[m] \times 1[m] \times 4.5[kg/m^2]) = 265.16[kg]$
   - 🈠 265.16[kg]

2) 약제저장용기의 수[병]
   - 계산과정
     $$충전량 = \frac{50[L]}{0.8[L/kg]} = 62.5[kg]$$
     $$N = \frac{265.16[kg]}{62.5[kg/병]} = 4.24 = 5[병]$$
   - 🈠 5[병]

3) 방사헤드의 최소 개수[개]
   - 계산과정
     소화약제 저장량을 30초 이내에 방출할 수 있는 것으로 할 것
     $$\frac{62.5[kg] \times 5[병]}{7.82[kg/mm^2 \cdot min \cdot 개] \times 45[mm^2] \times 0.5[min]} = 1.78 = 2[개]$$
   - 🈠 2[개]

4) 전체 방사헤드의 오리피스 면적[mm²]
   - 계산과정
     $2[개] \times 45[mm^2] = 90[mm^2]$
   - 🈠 90[mm²]

5) 방사헤드 1개의 방사량[kg/min]
   - 계산과정
     $$\frac{62.5[kg] \times 5[병]}{2[개] \times 0.5[min]} = 312.5[kg/min]$$
   - 🈠 312.5[kg/min]

6) CO_2의 양[kg], CO_2의 부피[m³]

　• 계산과정

　　① CO_2의 양[kg]

　　　　1종 분말 열분해 $2NaHCO_3 \rightarrow Na_2CO_3 + CO_2 + H_2O$

$$\frac{312.5[\text{kg}]}{2 \times 84[\text{kg/kmol}]} \times 44[\text{kg/kmol}] = 81.85[\text{kg}]$$

　　　• 🔲 81.85[kg]

　　② CO_2의 부피[m³]

$$120[\text{kN/m}^2] \times V[\text{m}^3] = \frac{81.85[\text{kg}]}{44[\text{kg/kmol}]} \times 8.314[\text{kN} \cdot \text{m/kmol} \cdot \text{K}] \times (273+500)[\text{K}]$$

$$\therefore \ V = 99.63[\text{m}^3]$$

　　　• 🔲 99.63[m³]

해설 ➕ [공식]

약제량 $W = (V + \alpha) + (A + \beta)$

여기서, W : 약제량[kg]

　　　V : 방호구역체적[m³]

　　　α : 체적계수[kg/m³]

　　　A : 개구부면적[m²]

　　　β : 면적계수[kg/m²]

체적계수(α) 및 면적계수(β)

소화약제의 종별	체적 1[m³]에 대한 소화약제량[kg]	면적 1[m²]에 대한 소화약제량[kg]
제1종 분말	0.60	4.5
제2종, 제3종 분말	0.36	2.7
제4종 분말	0.24	1.8

이상기체상태방정식 $PV = nRT = \dfrac{W}{M}RT$

여기서, P : 압력[atm] [Pa]

　　　V : 유속[m/s]

　　　n : 몰수[mol]

　　　W : 질량[kg]

　　　M : 분자량[kg/kmol]

　　　R : 이상기체상수($=0.082$[atm · L/mol · K]$=8.314$[N · m/mol · K])

　　　T : 절대온도[K]

01 체크밸브의 종류 중 스윙형과 리프트형의 특징을 2가지씩 기술하시오. [4점]

1) 스윙형 체크밸브

2) 리프트형 체크밸브

해답 ⊕   1) 스윙형 체크밸브

① 유체에 대한 마찰저항이 리프트형보다 작다.

② 수평배관과 수직배관에 사용한다.

2) 리프트형 체크밸브

① 유체에 대한 마찰저항이 크다.

② 수평배관에 주로 사용한다.

해설 ⊕   체크밸브(Check Valve)

유체를 한쪽 방향으로만 흐르게 하는 역류방지용 밸브로서 역지밸브라고도 한다. 밸브 구조 및 작동 형식에 따라 스윙형, 리프트형이 있다.

1) 스윙형(Swing Type)

① 밸브가 경첩식으로 부착되어 힌지에 의하여 디스크가 스윙운동을 하는 구조로 유체의 흐름을 제한한다.

② 주로 수평배관에 사용하지만, 수직배관에도 사용 가능하여 물·증기·기름 및 공기배관 등에 사용한다.

③ 마찰손실은 리프트형에 비해 적지만, 수력에 의존하여 폐쇄속도가 느리고 누설(리크) 우려가 크다.

④ 고가수조의 체크밸브에 사용되며, 송수구에 사용 시 누설 우려 때문에 사용하지 않는다.

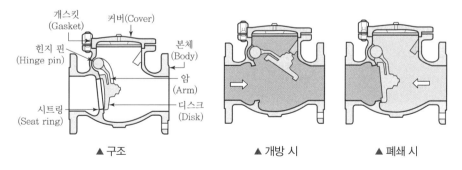

▲ 구조   ▲ 개방 시   ▲ 폐쇄 시

2) 리프트형(Lift Type)

① 유체의 압력에 의하여 밸브가 밀어 올려져 개방되는 구조로 유체의 흐름을 제한한다.

② 체크밸브의 구조상 배관의 수평부에만 사용된다.

③ 리프트에 의하여 유체의 저항이 커서 마찰손실이 크다.

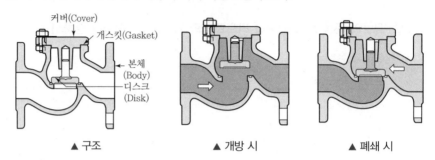

▲ 구조   ▲ 개방 시   ▲ 폐쇄 시

3) 스모렌스키형(Smolensky Type)

① 리프트형 체크밸브에 기능을 추가하여 수직방향으로 설치하는 밸브이다.

② 중간의 바이패스밸브가 있어 수동으로 물을 역류시킬 수 있다.

③ 스프링에 의하여 폐쇄가 빨라 수격작용을 방지할 수 있어 해머리스(Hammerless) 체크 밸브라고도 부른다.

④ 펌프 토출 측 체크밸브로 가장 많이 사용된다.

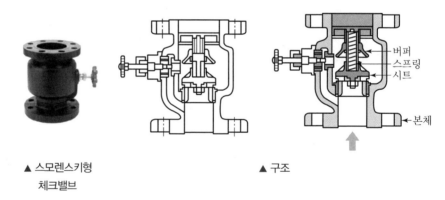

▲ 스모렌스키형   ▲ 구조
　 체크밸브

02 지하 2층, 지상 11층인 사무소 건축물에 아래와 같은 조건에서 스프링클러설비를 설계하고자 할 때 다음 각 물음에 답하시오.   [6점]

[조건]
- 건축물은 내화구조이며 기준층(1~11층)의 평면도는 다음과 같다.
- 펌프의 후드밸브로부터 최상단 헤드까지의 실양정은 48[m]이고, 배관 및 관부속품에 대한 마찰손실 수두는 12[m]이다.
- 모든 규격치는 최소량을 적용한다.
- 펌프의 효율은 65[%]이며, 전달계수는 10[%]로 한다.
- 연결송수관설비를 겸용한다.

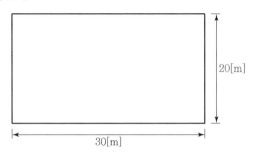

1) 지상층에 설치된 스프링클러헤드의 개수는 몇 개인지 구하시오. (단, 헤드는 정방형으로 배치한다.)
   - 계산과정 :
   - 답 :

2) 펌프의 전양정[m]을 구하시오.
   - 계산과정 :
   - 답 :

3) 펌프의 전동기 용량[kW]을 구하시오.
   - 계산과정 :
   - 답 :

(해답) 1) 스프링클러헤드의 개수[개]
   - 계산과정

   $$S = 2 \times 2.3[m] \times \cos 45° = 3.25[m]$$

   가로 : $\dfrac{30[m]}{3.25[m]} = 9.23 = 10[개]$

   세로 : $\dfrac{20[m]}{3.25[m]} = 6.15 = 7[개]$

   ∴ 총 헤드 수 $= 10[개] \times 7[개] \times 11개층 = 770[개]$
   - 답 770[개]

2) 펌프의 전양정[m]

- 계산과정

$H = 48[\text{m}] + 12[\text{m}] + 10[\text{m}] = 70[\text{m}]$

- 🖪 70[m]

3) 전동기 용량[kW]

- 계산과정

$Q = 80[\text{LPM}] \times 30[\text{개}] = 2,400[\text{LPM}]$

(∵ 11층 이상이기 때문에 기준개수는 30개로 적용)

$$P = \dfrac{9.8[\text{kN/m}^3] \times \dfrac{2.4}{60}[\text{m}^3/\text{s}] \times 70[\text{m}]}{0.65} \times 1.1 = 46.44[\text{kW}]$$

- 🖪 46.44[kW]

(해설 ⊕) 스프링클러헤드 배치 및 전동기의 용량

1) 스프링클러헤드

① 설치장소별 수평거리(R)

설치장소		수평거리(R)
• 무대부 • 특수가연물을 저장 또는 취급하는 장소		1.7[m] 이하
기타구조		2.1[m] 이하
내화구조		2.3[m] 이하
아파트 등		2.6[m] 이하
창고	특수가연물을 저장 또는 취급하는 장소	1.7[m] 이하
	기타구조	2.1[m] 이하
	내화구조	2.3[m] 이하

② 정방형의 경우

$$S = 2 \times r \times \cos 45°$$

여기서, S : 헤드 상호 간의 거리[m]

r : 유효반경[m]

2) 전양정

$$H = 실양정[\text{m}] + 마찰손실[\text{m}] + 방사압(수두)[\text{m}]$$

여기서, 스프링클러설비의 헤드 방사압 : 0.1[MPa] = 10[m]

3) 전동기의 동력[kW]

$$P = \dfrac{\gamma Q H}{\eta} \times K$$

여기서, γ : 비중량($\gamma_w = 9.8[\mathrm{kN/m^3}]$)

Q : 유량[m³/s], H : 전양정[m]

η : 효율, K : 전달계수

03 소방배관에는 배관용 탄소강관, 이음매 없는 구리 및 구리합금관, 배관용 스테인리스강관을 사용하는데 옥내소화전설비에서 소방용 합성수지배관으로 설치할 수 있는 경우 3가지를 쓰시오.

[5점]

(해답 ⊕) ① 배관을 지하에 매설하는 경우

② 다른 부분과 내화구조로 구획된 덕트 또는 피트의 내부에 설치하는 경우

③ 천장(상층이 있는 경우에는 상층바닥의 하단을 포함)과 반자를 불연재료 또는 준불연재료로 설치하고 소화배관 내부에 항상 소화수가 채워진 상태로 설치하는 경우

(해설 ⊕) 「옥내소화전설비의 화재안전기술기준(NFTC 102)」

배관과 배관이음쇠는 다음의 어느 하나에 해당하는 것 또는 동등 이상의 강도 · 내식성 및 내열성 등을 국내 · 외 공인기관으로부터 인정받은 것을 사용해야 하고, 배관용 스테인리스강관(KS D 3576)의 이음을 용접으로 할 경우에는 텅스텐 불활성 가스 아크 용접(Tungsten Inertgas Arc Welding)방식에 따른다.

1) 사용압력에 따른 배관

사용압력	배관의 종류
1.2[MPa] 미만	• 배관용 탄소강관(KS D 3507) • 이음매 없는 구리 및 구리합금관(KS D 5301)(습식에 한함) • 배관용 스테인리스강관 또는 일반 · 배관용 스테인리스강관 • 덕타일 주철관(KS D 4311)
1.2[MPa] 이상	• 압력배관용 탄소강관(KS D 3562) • 배관용 아크용접 탄소강강관(KS D 3583)

2) 사용압력에 따른 배관 기준에도 불구하고 다음의 어느 하나에 해당하는 장소에는 소방청장이 정하여 고시한 「소방용합성수지배관의 성능인증 및 제품검사의 기술기준」에 적합한 소방용 합성수지배관으로 설치할 수 있다.

① 배관을 지하에 매설하는 경우

② 다른 부분과 내화구조로 구획된 덕트 또는 피트의 내부에 설치하는 경우

③ 천장(상층이 있는 경우에는 상층바닥의 하단을 포함한다)과 반자를 불연재료 또는 준불연재료로 설치하고 소화배관 내부에 항상 소화수가 채워진 상태로 설치하는 경우

04 실의 크기가 가로 20[m]×세로 15[m]×높이 5[m]인 공간에서 커다란 화염의 화재가 발생하여 t초 시간이 지난 후의 청결층 높이 y[m]의 값이 1.8[m]가 되었다. 다음의 식을 이용하여 각 물음에 답하시오. [4점]

[조건]

$$Q = \frac{A(H-y)}{t}$$

여기서, Q : 연기의 발생량[m³/min]
　　　A : 바닥면적[m²], H : 층고[m]

• 위 식에서 시간 t(초)는 다음의 Hinkley식을 만족한다.

$$t = \frac{20A}{P_f \times \sqrt{g}} \times \left(\frac{1}{\sqrt{y}} - \frac{1}{\sqrt{H}} \right)$$

단, g는 중력가속도(9.81[m/s²])이고, P_f는 화재경계의 길이로서 큰 화염의 경우 12[m], 중간화염의 경우 6[m], 작은 화염의 경우 4[m]를 적용한다.
• 연기생성률(M)은 다음과 같다.

$$M[\text{kg/s}] = 0.188 \times P_f \times y^{\frac{3}{2}}$$

1) 상부의 배연구로부터 몇 [m³/min]의 연기를 배출해야 이 청결층의 높이가 유지되는지 계산하시오.
　• 계산과정 :

　• 답 :

2) 연기의 생성률[kg/s]을 구하시오.
　• 계산과정 :

　• 답 :

(해답⊕)　1) 연기의 발생량[m³/min]
　　• 계산과정

$$t = \frac{20 \times (20 \times 15)[\text{m}^2]}{12[\text{m}] \times \sqrt{9.81[\text{m/s}^2]}} \times \left(\frac{1}{\sqrt{1.8[\text{m}]}} - \frac{1}{\sqrt{5[\text{m}]}} \right) = 47.59[\text{s}]$$

$$Q = \frac{(20 \times 15)[\text{m}^2] \times (5[\text{m}] - 1.8[\text{m}])}{\frac{47.59}{60}[\text{min}]} = 1{,}210.34[\text{m}^3/\text{min}]$$

　　• 답 1,210.34[m³/min]

　2) 연기의 생성률[kg/s]
　　• 계산과정
$$M = 0.188 \times 12[\text{m}] \times (1.8[\text{m}])^{\frac{3}{2}} = 5.45[\text{kg/s}]$$
　　• 답 5.45[kg/s]

05 원심펌프가 회전수 3,600[rpm]으로 회전할 때의 전양정은 128[m]이고, 1.228[m³/min]의 유량을 가진다. 비속도의 범위가 200~260[rpm · m^0.75/min^0.5]인 펌프를 설정할 때 몇 단 펌프가 되는지 구하시오. [5점]

• 계산과정 :

• 답 :

(해답) • 계산과정

① n_S가 최소 비속도(200)인 경우

$$200[\text{rpm} \cdot \text{m}^{0.75}/\text{min}^{0.5}] = \frac{3{,}600[\text{rpm}] \times \sqrt{1.228[\text{m}^3/\text{min}]}}{\left(\dfrac{128[\text{m}]}{n}\right)^{\frac{3}{4}}}$$

∴ $n = 2.37$[단]

② n_S가 최대비속도(260)인 경우

$$260[\text{rpm} \cdot \text{m}^{0.75}/\text{min}^{0.5}] = \frac{3{,}600[\text{rpm}] \times \sqrt{1.228[\text{m}^3/\text{min}]}}{\left(\dfrac{128[\text{m}]}{n}\right)^{\frac{3}{4}}}$$

∴ $n = 3.36$[단]

따라서 2.37~3.36[단]에 속하는 3단 펌프를 선정한다.

• 🗒 3단 펌프

(해설) 비속도 및 압축비

1) 비속도

$$n_s = \frac{N\sqrt{Q}}{\left(\dfrac{H}{\text{단수}}\right)^{3/4}}[\text{m}^3/\text{min} \cdot \text{m} \cdot \text{rpm}]$$

여기서, N : 회전수[rpm]

Q : 유량[m³/min]

H : 전양정[m]

2) 압축비

$$\gamma = \sqrt[\epsilon]{\frac{P_2}{P_1}} = \left(\frac{P_2}{P_1}\right)^{\frac{1}{\epsilon}}$$

여기서, ϵ : 단수

P_1 : 흡입압력[MPa]

P_2 : 토출압력[MPa]

06 경유를 저장하는 위험물 옥외저장탱크의 높이가 7[m], 직경 10[m]인 콘루프탱크(Cone Roof Tank)에 Ⅱ형 포방출구 및 옥외 보조포소화전 2개가 설치되어 있다. 조건을 참조하여 다음 각 물음에 답하시오. [8점]

[조건]
- 배관 및 관부속품의 낙차수두와 마찰손실수두의 합은 55[m]이다.
- 폼챔버의 방출압력은 0.3[MPa]이며, 보조포소화전의 압력수두는 무시한다.
- 펌프의 효율은 65[%](전동기와 펌프 직결)이고, 전달계수 $K = 1.1$이다.
- 포소화약제는 3[%] 수성막포를 사용하며, 포수용액의 비중이 물의 비중과 같다고 가정한다.
- 배관의 송액량은 무시한다.
- 고정포 방출구의 방출량 및 방사시간

포방출구의 종류 위험물의 구분	Ⅰ형		Ⅱ형		Ⅲ형	
	방출률 [L/min · m²]	방사시간 [분]	방출률 [L/min · m²]	방사시간 [분]	방출률 [L/min · m²]	방사시간 [분]
제4류 위험물(수용성의 것 제외) 중 인화점이 21[℃] 미만인 것	4	30	4	55	12	30
제4류 위험물(수용성의 것 제외) 중 인화점이 21[℃] 이상 70[℃] 미만인 것	4	20	4	30	12	20
제4류 위험물(수용성의 것 제외) 중 인화점이 70[℃] 이상인 것	4	15	4	25	12	15
제4류 위험물 중 수용성의 것	8	20	8	30	—	—

1) 포소화약제량[L]을 구하시오.
  - 계산과정 :
  - 답 :

2) 펌프의 동력[kW]을 구하시오.
  - 계산과정 :
  - 답 :

....

(해답 ⊕) 1) 포소화약제량[L]
  - 계산과정
    경유는 제2석유류로서 인화점이 21[℃] 이상 70[℃] 미만인 것에 해당

    고정포 $Q_1 = \dfrac{(10[m])^2 \pi}{4} \times 4[L/min \cdot m^2] \times 30[min] \times 0.03 = 282.74[L]$

    보조포 $Q_2 = 2[개] \times 400[L/min \cdot m^2] \times 20[min] \times 0.03 = 480[L]$

    ∴ $Q = Q_1 + Q_2 = 282.74[L] + 480[L] = 762.74[L]$
  - 답 762.74[L]

2) 펌프의 동력[kW]
- 계산과정

$$Q = \frac{(10[\text{m}])^2\pi}{4} \times 4[\text{L/min} \cdot \text{m}^2] + 2[\text{개}] \times 400[\text{L/min}] = 1,114.16[\text{L/min}]$$

$$H = 55[\text{m}] + \left(\frac{0.3[\text{MPa}]}{0.101325[\text{MPa}]} \times 10.332[\text{m}] \right) = 85.591[\text{m}]$$

$$\therefore P = \frac{9.8[\text{kN/m}^3] \times \dfrac{1.11416}{60}[\text{m}^3/\text{s}] \times 85.591[\text{m}]}{0.65} \times 1.1 = 26.36[\text{kW}]$$

- 📋 26.36[kW]

해설 ⊕ 고정포방출구 방식 소화약제량 계산 공식

$$\boxed{\text{전동기의 동력[kW] } P = \frac{\gamma QH}{\eta} \times K}$$

여기서, γ : 비중량($\gamma_w = 9.8[\text{kN/m}^3]$)

Q : 유량[m³/s]

H : 전양정[m]

η : 효율

K : 전달계수

07 소화배관에 0.2[m³/s]의 유량이 흐르고 있다가 A, B의 분기관으로 나뉘어 흐르다 다시 합쳐진다. 다음 각 물음에 답하시오. [6점]

[조건]
- A, B 분기관의 관마찰계수는 0.02이다.
- A 분기관의 길이는 1,000[m]이고, 직경은 200[mm]이다.
- B 분기관의 길이는 300[m]이고, 직경은 150[mm]이다.

1) 배관 A와 배관 B의 유속[m/s]을 구하시오.
   - 계산과정 :
   - 답 :

2) 배관 A와 배관 B의 유량[m³/s]을 구하시오.
   - 계산과정 :
   - 답 :

(해답 ⊕) 1) 배관 A와 배관 B의 유속[m/s]
   - 계산과정
     ① $\Delta H_A = \Delta H_B$

     $$0.02 \times \frac{1,000[\text{m}]}{0.2[\text{m}]} \times \frac{(V_A)^2}{2g} = 0.02 \times \frac{300[\text{m}]}{0.15[\text{m}]} \times \frac{(V_B)^2}{2g}$$

     $$5(V_A)^2 = 2(V_B)^2$$

     $$\therefore V_A = \sqrt{\frac{2}{5}}\, V_B = 0.632\, V_B$$

     ② $Q = Q_1 + Q_2 = 2[\text{m}^3/\text{s}]$

     $$0.2[\text{m}^3/\text{s}] = \frac{(0.2[\text{m}])^2 \pi}{4} \times V_A + \frac{(0.15[\text{m}])^2 \pi}{4} \times V_B$$

     $$= \frac{(0.2[\text{m}])^2 \pi}{4} \times 0.632\, V_B + \frac{(0.15[\text{m}])^2 \pi}{4} \times V_B$$

     $$\therefore V_B = 5.33[\text{m/s}],\ V_A = 0.632 \times V_B = 3.37[\text{m/s}]$$

   - 답 $V_A = 3.37[\text{m/s}]$, $V_B = 5.33[\text{m/s}]$

2) 배관 A와 배관 B의 유량[m³/s]
   - 계산과정

     $$Q_A = \frac{(0.2[\text{m}])^2 \pi}{4} \times V_A = \frac{(0.2[\text{m}])^2 \pi}{4} \times 3.37[\text{m/s}] = 0.11[\text{m}^3/\text{s}]$$

     $$Q_B = \frac{(0.15[\text{m}])^2 \pi}{4} \times V_B = \frac{(0.15[\text{m}])^2 \pi}{4} \times 5.33[\text{m/s}] = 0.09[\text{m}^3/\text{s}]$$

   - 답 $Q_A = 0.11[\text{m}^3/\text{s}]$, $Q_B = 0.09[\text{m}^3/\text{s}]$

마찰수두 계산 공식

    1) 연속방정식

$$Q = AV$$

        여기서, Q : 체적유량[m³/s]

             A : 배관의 단면적[m²]

             V : 유속[m/s]

    2) Darcy−Weisbach의 방정식

$$\Delta h_L = f \times \frac{L}{D} \times \frac{V^2}{2g}$$

        여기서, Δh_L : 마찰손실수두[m]

             f : 마찰손실계수($=\lambda$)

             L : 배관 길이[m]

             D : 관의 내경[m]

             V : 유속[m/s]

             g : 중력가속도($=9.8$[m/s²])

08 다음 조건의 각 특정소방대상물에 피난기구를 설치하고자 한다. 다음 물음에 답하시오.   [6점]

[조건]

• 각 특정소방대상물의 용도 및 구조는 다음과 같다.

    ㉠ 바닥면적은 1,200[m²]이며, 주요 구조부가 내화구조이고 거실의 각 부분으로 직접 복도로 이어진 4층의 학교(강의실 용도)

    ㉡ 바닥면적은 800[m²]이며, 옥상층으로서 5층의 객실 수가 6개인 숙박시설

    ㉢ 바닥면적은 1,000[m²]이며, 주요 구조부가 내화구조이고 피난계단이 2개소 설치된 8층의 병원

• 피난기구는 완강기를 설치하며, 간이완강기는 설치하지 않는 것으로 가정한다.

• 기타 조건 이외의 감소되거나 면제되는 조건은 없다.

1) ㉠, ㉡, ㉢의 특정소방대상물에 설치하여야 할 피난기구의 개수를 각각 구하시오.

2) ㉡의 경우 적응성 있는 피난기구를 3가지 쓰시오. (단, 완강기와 간이완강기는 제외할 것)

해답 ⊕ 1) • 계산과정

        ㉠ 학교(강의실 용도)

$$N = \frac{1,200[\text{m}^2]}{1,000[\text{m}^2/\text{개}]} = 1.2 = 2[\text{개}]$$

        다만, 주요 구조부가 내화구조로서 거실의 각 부분으로 직접 복도로 피난할 수 있는 부분에는 피난기구 설치 제외할 수 있다.

ⓛ 숙박시설

$$N = \frac{800[\text{m}^2]}{500[\text{m}^2/\text{개}]} = 1.6 = 2[\text{개}]$$

숙박시설의 경우 객실마다 완강기 설치해야하므로 6개를 추가한다.

ⓒ 병원

$$N = \frac{1,000[\text{m}^2]}{500[\text{m}^2/\text{개}]} = 2[\text{개}]$$

다만, 내화구조이고 피난계단이 2 이상 설치되어 있으므로 피난기구의 2분의 1을 감소시킬 수 있다.

$$\therefore \frac{2[\text{개}]}{2} = 1[\text{개}]$$

- 답 ㉠ : 0[개], ㉡ 2[개], ㉢ 1[개]

2) 피난사다리, 구조대, 피난교, 다수인 피난장비, 승강식 피난기

해설 ⊕ 「피난기구의 화재안전기술기준(NFTC 301)」 피난기구의 설치장소별 피난기구의 적응성

장소별 ＼ 층별	1,2층	3층	4층 이상 10층 이하
1. 노유자 시설	미끄럼대 구조대 피난교 다수인피난장비 승강식 피난기	미끄럼대 구조대 피난교 다수인피난장비 승강식 피난기	– 구조대 피난교 다수인피난장비 승강식 피난기
2. 의료시설 · 근린생활시설 중 입원실이 있는 의원 · 접골원 · 조산원	–	미끄럼대 구조대 피난교 피난용 트랩 다수인피난장비 승강식 피난기	– 구조대 피난교 피난용 트랩 다수인피난장비 승강식 피난기
3. 4층 이하인 다중이용업소	미끄럼대 구조대 피난사다리 완강기 다수인피난장비 승강식 피난기	미끄럼대 구조대 피난사다리 완강기 다수인피난장비 승강식 피난기	미끄럼대 구조대 피난사다리 완강기 다수인피난장비 승강식 피난기

장소별 \ 층별	1,2층	3층	4층 이상 10층 이하
4. 그 밖의 것	–	미끄럼대 구조대 피난사다리 완강기 다수인피난장비 승강식 피난기 피난교 피난용 트랩 간이완강기 공기안전매트	– 구조대 피난사다리 완강기 다수인피난장비 승강식 피난기 피난교 – 간이완강기 공기안전매트

[비고]
1) 구조대의 적응성은 장애인 관련 시설로서 주된 사용자 중 스스로 피난이 불가한 자가 있는 경우 추가로 설치하는 경우에 한한다.
2) 간이완강기의 적응성은 숙박시설의 3층 이상에 있는 객실에, 공기안전매트의 적응성은 공동주택에 추가로 설치하는 경우에 한한다.

피난기구의 설치개수

① 층마다 설치하되, 다음 시설 용도의 경우 기준면적마다 1개 이상 설치할 것

숙박시설 · 노유자시설 및 의료시설	해당 층의 바닥면적 500[m²]
위락시설 · 문화집회 및 운동시설 · 판매시설	해당 층의 바닥면적 800[m²]
계단실형 아파트	각 세대
그 밖의 용도	해당 층의 바닥면적 1,000[m²]

② 기준에 따라 설치한 피난기구 외에 숙박시설(휴양콘도미니엄을 제외한다)의 경우에는 추가로 객실마다 완강기 또는 2 이상의 간이완강기를 설치할 것

③ 기준에 따라 설치한 피난기구 외에 4층 이상의 층에 설치된 노유자시설 중 장애인 관련 시설로서 주된 사용자 중 스스로 피난이 불가한 자가 있는 경우에는 층마다 구조대를 1개 이상 추가로 설치할 것

피난기구의 설치제외

피난구조설비의 설치면제 요건의 규정에 따라 다음의 어느 하나에 해당하는 특정소방대상물 또는 그 부분에는 피난기구를 설치하지 않을 수 있다. 다만, 숙박시설(휴양콘도미니엄을 제외한다)에 설치되는 완강기 및 간이완강기의 경우에는 그렇지 않다.

① 주요 구조부가 내화구조로 되어 있어야 할 것

② 실내의 면하는 부분의 마감이 불연재료 · 준불연재료 또는 난연재료로 되어 있고 방화구획이 「건축법 시행령」 제46조의 규정에 적합하게 구획되어 있어야 할 것

③ 거실의 각 부분으로부터 직접 복도로 쉽게 통할 수 있어야 할 것

④ 복도에 2 이상의 피난계단 또는 특별피난계단이 「건축법 시행령」 제35조에 적합하게 설치되어 있어야 할 것

⑤ 복도의 어느 부분에서도 2 이상의 방향으로 각각 다른 계단에 도달할 수 있어야 할 것

피난기구 설치의 감소

피난기구를 설치하여야 할 특정소방대상물 중 다음의 기준에 적합한 층에는 피난기구의 2분의
1을 감소할 수 있다.

① 주요 구조부가 내화구조로 되어 있을 것

② 직통계단인 피난계단 또는 특별피난계단이 2 이상 설치되어 있을 것

09 할론소화설비에서 그림의 방출방식에 대한 종류(명칭)를 쓰고, 해당 방식에 대하여 설명하시오.

[4점]

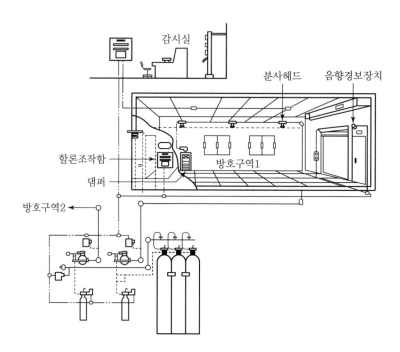

1) 종류(명칭) :

2) 설명 :

(해답 ⊕) 1) 명칭 : 전역방출방식

2) 설명 : 소화약제 공급장치에 배관 및 분사헤드 등을 설치하여 밀폐 방호구역 전체에 소화
약제를 방출하는 설비

10 다음은 옥내소화전설비의 가압송수방식 중 하나인 압력수조에 따른 설계도이다. 다음 각 물음에 답하시오. (단, 배관, 관부속품 및 호스의 마찰손실수두는 6.5[m]이다.) [6점]

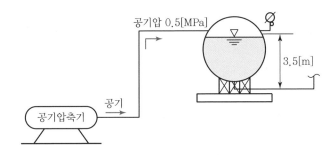

1) 탱크의 바닥압력[MPa]을 구하시오.
   - 계산과정 :
   - 답 :

2) 화재안전기준에 의한 규정방수압력에 적합하도록 설계할 수 있는 건축물의 높이[m]를 구하시오.
   - 계산과정 :
   - 답 :

3) 자동식 공기압축기의 설치목적에 대하여 설명하시오.

───

(해답 ⊕) 1) 탱크의 바닥압력[MPa]
   - 계산과정

   $$P = 0.5[\text{MPa}] + \left(\frac{3.5[\text{m}]}{10.332[\text{m}]} \times 0.101325[\text{MPa}] \right) = 0.53[\text{MPa}]$$

   - 🖺 0.53[MPa]

   2) 건축물의 높이[m]
   - 계산과정

   $$H[\text{m}] + 6.5[\text{m}] + 17[\text{m}] = \frac{0.53[\text{MPa}]}{0.101325[\text{MPa}]} \times 10.332[\text{m}]$$

   $$\therefore\ H = 30.54[\text{m}]$$

   - 🖺 30.54[m]

   3) 압력수조 내의 누설되는 공기를 채워 일정압력 이상으로 가압하기 위하여

(해설 ⊕) 압력수조의 압력

   ┌───┐
   │ $P = p_1 + p_2 + p_3 + 0.17$(호스릴옥내소화전설비를 포함한다)   │
   └───┘

   여기서, P : 필요한 압력[MPa]
   　　　　p_1 : 호스의 마찰손실수두압[MPa]

p_2 : 배관의 마찰손실수두압[MPa]

p_3 : 낙차의 환산수두압[MPa]

※ 압력수조에는 수위계ㆍ급수관ㆍ배수관ㆍ급기관ㆍ맨홀ㆍ압력계ㆍ안전장치 및 압력저하 방지를 위한 자동식 공기압축기를 설치할 것

11 흡입 측 배관의 마찰손실수두가 2[m]일 때 공동현상이 일어나지 않을 수원의 수면으로부터 소화펌프까지의 설치 높이는 몇 [m] 미만으로 해야 하는지 구하시오. (단, 펌프의 필요흡입수두($NPSH_{re}$)는 7.5[m], 흡입관의 속도수두는 무시하고 대기압은 표준대기압, 물의 온도는 20[℃]이고, 이때의 포화수증기압은 2,340[Pa], 비중량은 9,800[N/m³]이다.) [5점]

• 계산과정 :

• 답 :

───────────────────────────────────────

(해답 ⊕) • 계산과정

① 유효흡입양정[m]

$NPSH_{av} = 10.332[\text{m}] - 2,340[\text{Pa}] - H[\text{m}] - 2[\text{m}]$

$= 10.332[\text{m}] - \dfrac{2,340[\text{Pa}]}{101,325[\text{Pa}]} \times 10.332[\text{m}] - H[\text{m}] - 2[\text{m}] = (8.093 - H)[\text{m}]$

② 공동현상이 일어나지 않으려면 $NPSH_{av} \geq NPSH_{re}$ 이어야 한다.

∴ $(8.093 - H)[\text{m}] \geq 7.5[\text{m}]$

$0.593[\text{m}] \geq H[\text{m}]$

• 🔲 0.59[m] 미만

(해설 ⊕) [공식]

┌───┐
│ 유효흡입수두 $NPSH_{av} = H_o - H_v \pm H_s - H_L$ │
└───┘

여기서, $NPSH_{av}$: 유효흡입양정[m]

H_o : 대기압수두[m]

H_v : 포화증기압수두[m]

H_s : 흡입 측 배관의 흡입수두[m] (다만, 압입식의 경우에는 +(플러스))

H_L : 흡입마찰수두[m]

12 다음의 덕트설계도 및 조건, 별표를 참고하여 제연설비의 설계과정을 작성하시오. [12점]

[조건]

- $A \sim H$는 각 거실의 명칭(제연구획)이다.
- ①~④ 지점은 메인덕트와 분기덕트의 분기지점이다.
- $A_Q \sim H_Q$는 각 거실의 설계배연풍량[m³/min]이다.
- 배출풍도 계통 중 한 부분의 통과 풍량은 같은 분기덕트에 속하는 말단에 있는 배연구의 해당 풍량 가운데 최대 풍량의 2배가 통과할 수 있게 한다.
- 각 풍속은 분기덕트 10[m/s], 메인덕트 15[m/s]로 한다.
- 각 제연구역의 용적의 크기는 $A > B > C > D > E > F > G > H$이다.
- 덕트의 관경은 [별표1]의 그래프를 참고하여 아래의 보기에서 선정한다.

[보기]
32[cm], 42[cm], 50[cm], 62[cm], 70[cm], 80[cm], 92[cm], 108[cm], 115[cm], 130[cm]

- 각 거실의 설계배출풍량은 다음 표와 같다.

구분	A_Q	B_Q	C_Q	D_Q	E_Q	F_Q	G_Q	H_Q
배출풍량 [m³/min]	400	300	250	200	180	150	100	80

[별표1] 덕트의 마찰손실선도

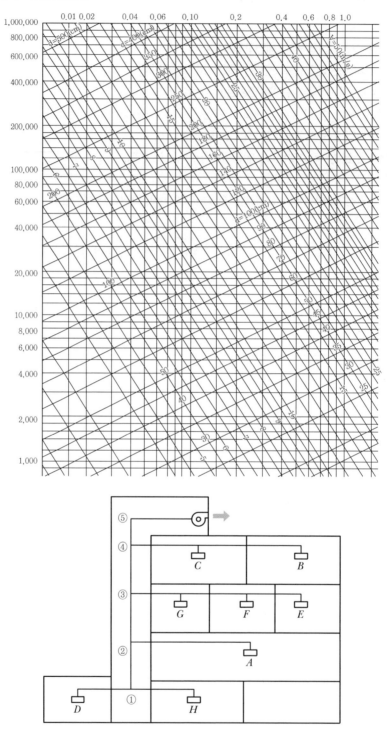

1) 다음 ㉠~㉤을 구하시오.

배출풍도의 부분	통과풍량[m³/min]	덕트의 직경[cm]
$D \sim ①$	$D_Q(200)$	70
$H \sim ①$	$H_Q(80)$	42
$① \sim ②$	$2D_Q(400)$	㉤
$A \sim ②$	$A_Q(400)$	108
$② \sim ③$	$2A_Q(800)$	108
$E \sim F$	$E_Q(180)$	㉥
$F \sim G$	$2E_Q(360)$	92
$G \sim ③$	㉠	㉦
$③ \sim ④$	㉡	108
$B \sim C$	$B_Q(300)$	80
$C \sim ④$	㉢	115
$④ \sim ⑤$	㉣	㉧

2) 이 덕트의 소요전압이 19.98[mmAq]이고, 배출기는 터보형 원심송풍기를 사용하려고 한다. 이 배출기의 이론소요동력[kW]을 구하시오. (단, 송풍기의 효율은 50[%]이며, 여유율은 고려하지 않는다.)
   • 계산과정 :
   • 답 :

(해답 ⊕)   1) 표 ㉠~㉧ 채우기

배출풍도의 부분	통과풍량[m³/min]	덕트의 직경[cm]
$D \sim ①$	$D_Q(200)$	70
$H \sim ①$	$H_Q(80)$	42
$① \sim ②$	$2D_Q(400)$	㉤ 풍량 : 24,000[m³/h] 풍속 : 15[m/s] ∴ 덕트의 직경 80[cm] 선정
$A \sim ②$	$A_Q(400)$	108
$② \sim ③$	$2A_Q(800)$	108
$E \sim F$	$E_Q(180)$	㉥ 풍량 : 10,800[m³/h] 풍속 : 10[m/s] ∴ 덕트의 직경 62[cm] 선정
$F \sim G$	$2E_Q(360)$	92
$G \sim ③$	㉠ $2E_Q(360)$	㉦ 풍량 : 21,600[m³/h] 풍속 : 10[m/s] ∴ 덕트의 직경 92[cm] 선정
$③ \sim ④$	㉡ $2A_Q(800)$	108

배출풍도의 부분	통과풍량[m³/min]	덕트의 직경[cm]
$B \sim C$	B_Q(300)	80
$C \sim$ ④	㉢ $2B_Q$(600)	115
④ $\sim$ ⑤	㉣ $2A_Q$(800)	◎ 풍량 : 48,000[m³/h] 풍속 : 15[m/s] ∴ 덕트의 직경 108[cm] 선정

2) 배출기의 이론소요동력[kW]

• 계산과정

$$P = \frac{9.8[\text{kN/m}^3] \times \frac{800}{60}[\text{m}^3/\text{s}] \times 0.01998[\text{m}]}{0.5} = 5.22[\text{kW}]$$

• 🗒 5.22[kW]

해설 ➕ 전동기의 동력[kW]

$$P = \frac{\gamma QH}{\eta} \times K$$

여기서, γ : 비중량($\gamma_w = 9.8[\text{kN/m}^3]$)

   Q : 유량[m³/s]

   H : 전양정[m]

   η : 효율

   K : 전달계수

13 그림은 연결살수설비의 계통도이다. 주어진 조건을 참조하여 이 설비가 작동되었을 경우 표의 유량, 구간손실, 손실계 등을 답란의 요구순서대로 수리계산하여 산출하시오. (단, 0.1[MPa] = 10[m]로 계산한다.) [12점]

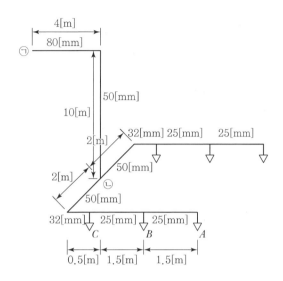

[조건]

• 설치된 개방형 헤드 A의 유량은 100[L/min], 방수압은 0.25[MPa]이다.

• 배관 부속 및 밸브류의 마찰손실은 무시한다.

• 수리 계산 시 속도수두는 무시한다.

• 필요한 압력은 노즐에서의 방사압과 배관 끝에서의 압력을 별도로 구한다.

구간	유량 [L/min]	길이 [m]	1[m]당 마찰손실 [MPa]	구간손실 [MPa]	낙차 [m]	손실계 [MPa]
헤드 A	100	—	—	—	—	0.25
$A \sim B$	100	1.5	0.02	0.03	0	①
헤드 B	②	—	—	—	—	—
$B \sim C$	③	1.5	0.04	④	0	⑤
헤드 C	⑥	—	—	—	—	—
$C \sim \mathbin{\text{Ⓛ}}$	⑦	2.5	0.06	⑧	0	⑨
$\mathbin{\text{Ⓛ}} \sim \mathbin{\text{㉠}}$	⑩	14	0.01	⑪	−10	⑫

해답 ⊕ ① 0.28 ② 105.84 ③ 205.84

④ 0.06 ⑤ 0.34 ⑥ 116.63

⑦ 322.47 ⑧ 0.15 ⑨ 0.49

⑩ 644.94 ⑪ 0.14 ⑫ 0.53

해설 ⊕ 스프링클러설비 헤드의 방수량 및 방사압력 계산

$$Q = K\sqrt{10P}$$

$$100[\text{LPM}] = K\sqrt{10 \times 0.25[\text{MPa}]}$$

$$K = 63.25$$

① $\Delta P_B = \Delta P_A + \Delta P_{A-B}$
$$= 0.25[\text{MPa}] + 0.03[\text{MPa}]$$
$$= 0.28[\text{MPa}]$$

② $Q_B = 63.25 \times \sqrt{10 \times 0.28[\text{MPa}]}$
$$= 105.84[\text{LPM}]$$

③ $Q_{B-C} = Q_A + Q_B$
$$= 100[\text{LPM}] + 105.84[\text{LPM}]$$
$$= 205.84[\text{LPM}]$$

④ $1.5[\text{m}] \times 0.04[\text{MPa/m}] = 0.06[\text{MPa}]$

⑤ $\Delta P_C = \Delta P_B + \Delta P_{B-C}$
$$= 0.28[\text{MPa}] + 0.06[\text{MPa}]$$
$$= 0.34[\text{MPa}]$$

⑥ $Q_C = 63.25 \times \sqrt{10 \times 0.34[\text{MPa}]}$
$$= 116.63[\text{LPM}]$$

⑦ $Q_{C-ⓛ} = Q_A + Q_B + Q_C$
$$= 100[\text{LPM}] + 105.84[\text{LPM}] + 116.63[\text{LPM}]$$
$$= 322.47[\text{LPM}]$$

⑧ $2.5[\text{m}] \times 0.06[\text{MPa/m}] = 0.15[\text{MPa}]$

⑨ $\Delta P_ⓛ = \Delta P_C + \Delta P_{ⓒ-ⓛ}$
$$= 0.34[\text{MPa}] + 0.15[\text{MPa}]$$
$$= 0.49[\text{MPa}]$$

⑩ $Q_{ⓛ-ⓙ} = (Q_A + Q_B + Q_C) \times 2$
$$= 322.47[\text{LPM}] \times 2$$
$$= 644.94[\text{LPM}]$$

⑪ $14[\text{m}] \times 0.01[\text{MPa/m}] = 0.14[\text{MPa}]$

⑫ $\Delta P_ⓙ = \Delta P_ⓛ + \Delta P_{ⓛ-ⓙ} - 10[\text{m}]$
$$= 0.49[\text{MPa}] + 0.14[\text{MPa}] - 0.1[\text{MPa}]$$
$$= 0.53[\text{MPa}]$$

14 가로 12[m], 세로 18[m], 높이 3[m]인 전기실에 이산화탄소소화설비가 작동하여 화재가 진압되었다. 개구부에 자동폐쇄장치가 설치되어 있을 경우 조건을 이용하여 다음 물음에 답하시오.

[10점]

[조건]
- 공기 중 산소의 부피농도는 21[%]이며, 이산화탄소 방출 후 산소의 농도는 15[%]이다.
- 대기압은 760[mmHg]이고, 이산화탄소소화약제의 방출 후 실내기압은 800[mmHg]이다.
- 저장용기의 충전비는 1.6이고, 내용적은 80[L]이다.
- 실내온도는 18[℃]이며, 기체상수 R은 0.082[atm · L/(K · mol)]로 계산한다.

1) CO_2의 농도[%]를 구하시오.
- 계산과정 :
- 답 :

2) CO_2의 방출량[m³]을 구하시오.
- 계산과정 :
- 답 :

3) 방출된 CO_2의 양[kg]을 구하시오.
- 계산과정 :
- 답 :

4) 저장용기의 병수[병]를 구하시오.
- 계산과정 :
- 답 :

5) 심부화재일 경우 선택밸브 직후의 유량[kg/min]을 구하시오.
- 계산과정 :
- 답 :

(해답 ⊕) 1) CO_2의 농도[%]
- 계산과정

$$CO_2 = \frac{21-15}{21} \times 100 = 28.57[\%]$$

- 답 28.57[%]

2) CO_2의 방출량[m³]
- 계산과정

$$CO_2 = \frac{21-15}{15} \times (12 \times 18 \times 3)[m^3] = 259.2[m^3]$$

- 답 259.2[m³]

3) 방출된 CO_2의 양[kg]
- 계산과정

$$\left(\frac{800[\mathrm{mmHg}]}{760[\mathrm{mmHg}]}\times1[\mathrm{atm}]\right)\times259.2[\mathrm{m}^3]$$

$$=\frac{W[\mathrm{kg}]}{44[\mathrm{kg/kmol}]}\times0.082[\mathrm{atm}\cdot\mathrm{m}^3/\mathrm{kmol}\cdot\mathrm{K}]\times(18+273)[\mathrm{K}]$$

$$\therefore\ W=503.10[\mathrm{kg}]$$

- 圕 503.10[kg]

4) 저장용기의 병수[병]
- 계산과정

$$\frac{80[\mathrm{L}]}{G}=1.6[\mathrm{L/kg}]$$

1병당 충전량 $G=50[\mathrm{kg}]$

$$\therefore\ \frac{503.1[\mathrm{kg}]}{50[\mathrm{kg/병}]}=10.06=11[병]$$

- 圕 11[병]

5) 선택밸브 직후의 유량[kg/min]
- 계산과정

전역방출방식에 있어서 종이, 목재, 석탄, 섬유류, 합성수지류 등 심부화재 방호대상물의 경우에는 7분. 이 경우 설계농도가 2분 이내에 30[%]에 도달해야 한다.

$$\frac{50[\mathrm{kg/병}]\times11[병]}{7[\mathrm{min}]}=78.57[\mathrm{kg/min}]$$

- 圕 78.57[kg/min]

해설➕ 이산화탄소소화설비 계산 공식

$$이산화탄소의\ 농도[\%]=\frac{21-O_2}{21}\times100$$

여기서, O_2 : 소화약제 방출 후 산소의 농도[%]

$$이산화탄소의\ 방출량[\mathrm{m}^3]=\frac{21-O_2}{O_2}\times V$$

여기서, O_2 : 소화약제 방출 후 산소의 농도[%]
V : 방호구역의 체적[m³]

$$이상기체상태방정식\ PV=nRT=\frac{W}{M}RT$$

여기서, P : 압력[atm] [Pa]

V : 유속[m/s]

n : 몰수[mol]

W : 질량[kg]

M : 분자량[kg/kmol]

R : 이상기체상수($=0.082$[atm · L/mol · K]$=8.314$[N · m/mol · K])

T : 절대온도[K]

※ "충전비"란 소화약제 저장용기의 내부 용적과 소화약제의 중량과의 비(용적/중량)를 말한다.

$$충전비 = \frac{저장용기의\ 용적}{소화약제의\ 중량}$$

$$\rightarrow C = \frac{G}{V}$$

15 스프링클러설비의 반응시간지수(Response Time Index)에 대하여 식을 포함해서 설명하시오.

[4점]

1) 설명 :

2) 식 :

(해답➕) 1) 설명 : 기류의 온도 · 속도 및 작동시간에 대하여 스프링클러헤드의 반응을 예상한 지수로서 수치가 낮을수록 빠르게 작동한다.

2) $RTI = \tau \sqrt{u}$

여기서, τ : 감열체의 시간상수[초]

u : 기류속도[m/s]

(해설➕) 스프링클러헤드의 형식승인 및 제품검사의 기술기준

1) 개념

"반응시간지수(RTI : Response Time Index)"란 기류의 온도 · 속도 및 작동시간에 대하여 스프링클러헤드의 반응을 예상한 지수로서 아래 식에 의하여 계산하고 $(m · s)^{0.5}$을 단위로 한다.

$$RTI = \tau \sqrt{u}$$

여기서, τ : 감열체의 시간상수[초]

u : 기류속도[m/s]

2) 구분

① "표준반응, 특수반응, 조기반응"이란 스프링클러헤드의 감도를 반응시간지수에 따라 구분한 것을 말한다.

② 헤드는 표시온도 구분에 따라 반응시간지수를 표준반응, 특수반응, 조기반응으로 구분하고, 별도 8의 시험장치에서 시험한 경우 다음 각 호에 적합하여야 한다.
  • 표준반응의 반응시간지수는 80 초과~350 이하이어야 한다.
  • 특수반응의 반응시간지수는 51 초과~80 이하이어야 한다.
  • 조기반응의 반응시간지수는 50 이하이어야 한다.

16 분말소화설비의 전역방출방식에 있어서 방호구역의 체적이 400[m³]일 때 설치되는 최소 분사 헤드의 수는 몇 개인지 구하시오. (단, 분말은 제3종이며, 분사헤드 1개당 방사량은 10[kg/min]이다.) [3점]

• 계산과정 :

• 답 :

(해답 ⊕) • 계산과정

① 약제량

$$Q = 400[\text{m}^3] \times 0.36[\text{kg/m}^3] = 144[\text{kg}]$$

② 헤드 개수

소화약제 저장량을 30초 이내에 방출할 수 있는 것으로 할 것

$$N = \frac{144[\text{kg}]}{10[\text{kg/min}] \times 0.5[\text{min}]} = 28.8 = 29[\text{개}]$$

• 🔑 29[개]

(해설 ⊕) 전역방출방식 분말소화설비 계산

$$\text{약제량 } W[\text{kg}] = (V + \alpha) + (A + \beta)$$

여기서, W : 약제량[kg]

V : 방호구역체적[m³]

α : 체적계수[kg/m³]

A : 개구부면적[m²]

β : 면적계수[kg/m²]

체적계수(α) 및 면적계수(β)

소화약제의 종별	체적 1[m³]에 대한 소화약제량[kg]	면적 1[m²]에 대한 소화약제량[kg]
제1종 분말	0.60	4.5
제2종, 제3종 분말	0.36	2.7
제4종 분말	0.24	1.8

01 스프링클러설비 배관의 안지름을 수리계산에 의하여 선정하고자 한다. 그림에서 $B \sim C$구간의 유량을 165[L/min], $E \sim F$구간의 유량을 330[L/min]이라고 가정할 때 다음을 구하시오.(단, 화재안전기준에서 정하는 유속기준을 만족하도록 하여야 한다.) [4점]

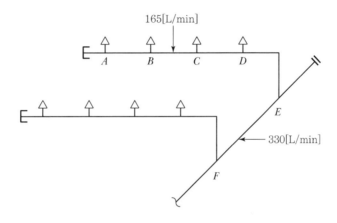

1) $B \sim C$구간의 배관 안지름[mm]의 최솟값을 구하시오.
- 계산과정 :
- 답 :

2) $E \sim F$구간의 배관 안지름[mm]의 최솟값을 구하시오.
- 계산과정 :
- 답 :

(해답 ⊕) 1) $B \sim C$구간의 배관 안지름[mm]의 최솟값
- 계산과정

$$\frac{0.165}{60}[\mathrm{m^3/s}] = \frac{d_1^2 \pi}{4}[\mathrm{m^2}] \times 6[\mathrm{m/s}]$$

$\therefore d_1 = 0.024157[\mathrm{m}] = 24.16[\mathrm{mm}] \rightarrow$ 호칭경 25A 선정

- 🔖 25A

2) $E \sim F$구간의 배관 안지름[mm]의 최솟값
- 계산과정

$$\frac{0.33}{60}[\mathrm{m^3/s}] = \frac{d_2^2 \pi}{4}[\mathrm{m^2}] \times 10[\mathrm{m/s}]$$

$\therefore d_2 = 0.026462[\mathrm{m}] = 26.46[\mathrm{mm}] \rightarrow$ 호칭경 40A 선정

※ 교차배관은 가지배관과 수평으로 설치하거나 또는 가지배관 밑에 설치하고, 최소 구경이 40[mm] 이상이 되도록 할 것. 다만, 패들형유수검지장치를 사용하는 경우에는 교차배관의 구경과 동일하게 설치할 수 있다.

• 🗒 40A

(해설 ⊕) [공식]

$$연속방정식 \ Q = AV$$

여기서, Q : 체적유량[m³/s]
A : 배관의 단면적[m²]
V : 유속[m/s]

「스프링클러설비의 화재안전기술기준(NFTC 103)」
수리계산에 따르는 경우 가지배관의 유속은 6[m/s], 그 밖의 배관의 유속은 10[m/s]를 초과할 수 없다.

02 평상시에는 공조설비의 급기로 사용하고 화재 시에만 제연에 이용하는 배출기가 답안지의 도면과 같이 설치되어 있다. 화재 시 유효하게 제연할 수 있도록 도면의 필요한 곳에 전환댐퍼를 표시하고 평상시와 화재 시를 구분하여 각 전환댐퍼의 상태를 기술하시오. (단, 전환댐퍼는 4개로 설치하고, 댐퍼 심벌은 $\oslash D_1$, $\oslash D_2$ … 등으로 표시한다.) [5점]

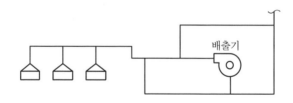

(해답 ⊕) 1) 제연댐퍼 설치도

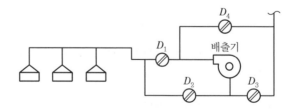

2) ① 평상시 : 댐퍼 D_1, D_3 개방, 댐퍼 D_2, D_4 폐쇄
　 ② 화재 시 : 댐퍼 D_2, D_4 개방, 댐퍼 D_1, D_3 폐쇄

해설 ⊕ 제연댐퍼 작동 원리(인접구역 상호제연방식)

　　　　화재실에서 배기를 실시하고, 인접실에서 급기하는 방식

03 다음은 「지하구의 화재안전기술기준」 중 일부이다. 다음 물음에 답하시오.　　　　　[4점]

1) 다음은 지하구의 정의이다. (　　) 안에 들어갈 내용으로 적합한 것을 쓰시오.

> 전력 · 통신용의 전선이나 가스 · 냉난방용의 배관 또는 이와 비슷한 것을 집합수용하기 위하
> 여 설치한 지하 인공구조물로서 사람이 점검 또는 보수를 하기 위하여 출입이 가능한 것 중
> 다음의 어느 하나에 해당하는 것
> ㉠ 전력 또는 통신사업용 지하 인공구조물로서 전력구(케이블 접속부가 없는 경우는 제외한다)
> 　 또는 통신구 방식으로 설치된 것
> ㉡ ㉠ 외의 지하 인공구조물로서 폭이 (　①　)[m] 이상이고 높이가 (　②　)[m] 이상이며 길이가
> 　 (　③　)[m] 이상인 것

2) 연소방지설비의 교차배관의 최소 구경[mm] 기준을 쓰시오.

해답 ⊕　1) ① 1.8　　　　　　② 2.0　　　　　　③ 50

　　　　2) 40[mm]

해설 ⊕　「지하구의 화재안전기술기준(NFTC 605)」

　　　　[참고] 소방시설 설치 및 관리에 관한 법률 시행령 [별표 2] 특정소방대상물

　　　　1) 지하가

　　　　　지하의 인공구조물 안에 설치되어 있는 상점, 사무실, 그 밖에 이와 비슷한 시설이 연속하

　　　　　여 지하도에 면하여 설치된 것과 그 지하도를 합한 것

　　　　　① 지하상가

　　　　　② 터널 : 차량(궤도차량용은 제외한다) 등의 통행을 목적으로 지하, 수저 또는 산을 뚫어

　　　　　　서 만든 것

　　　　2) 지하구

　　　　　① 전력 · 통신용의 전선이나 가스 · 냉난방용의 배관 또는 이와 비슷한 것을 집합수용하

　　　　　　기 위하여 설치한 지하 인공구조물로서 사람이 점검 또는 보수를 하기 위하여 출입이

　　　　　　가능한 것 중 다음의 어느 하나에 해당하는 것

　　　　　　㉠ 전력 또는 통신사업용 지하 인공구조물로서 전력구(케이블 접속부가 없는 경우는

　　　　　　　제외한다) 또는 통신구 방식으로 설치된 것

　　　　　　㉡ ㉠ 외의 지하 인공구조물로서 폭이 1.8[m] 이상이고 높이가 2[m] 이상이며 길이가

　　　　　　　50[m] 이상인 것

　　　　　②「국토의 계획 및 이용에 관한 법률」제2조제9호에 따른 공동구

「지하구의 화재안전성능기준(NFPC 605)」

1) 배관

① 연소방지설비 전용헤드 사용 시 다음 표에 의한 구경으로 한다.

살수 헤드 수	1개	2개	3개	4개 또는 5개	6개 이상
배관구경[mm]	32	40	50	65	80

② 스프링클러 헤드 사용 시 스프링클러 헤드설치의 기준에 의한다.

2) 교차배관은 가지배관과 수평으로 설치하거나 또는 가지배관 밑에 설치하고, 최소 구경은 40[mm] 이상이 되도록 할 것

04 다음 그림은 내화구조로 된 15층 업무시설의 1층 평면도이다. 이 건물의 1층에 정방형으로 습식 폐쇄형 스프링클러헤드를 설치하려고 한다. 다음 물음에 답하시오. [5점]

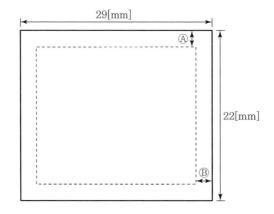

1) 스프링클러헤드의 최소 소요개수[개]를 구하시오.
- 계산과정 :
- 답 :

2) 주어진 도면에 헤드를 배치하시오. (단, 헤드 배치 시에는 배치의 위치를 치수로서 표시하여야 하며, 헤드 간 거리는 최대로 배치하고, Ⓐ, Ⓑ 간 거리는 최소치로 한쪽으로 치우치지 않게 그리시오.)

해답 ⊕ 1) 스프링클러헤드의 최소 소요개수[개]
- 계산과정

$S = 2 \times 2.3[\text{m}] \times \cos45° = 3.25[\text{m}]$

가로 : $\dfrac{29[\text{m}]}{3.25[\text{m}]} = 8.92 = 9[\text{개}]$

세로 : $\dfrac{22[\text{m}]}{3.25[\text{m}]} = 6.77 = 7[\text{개}]$

∴ 총 헤드 수 = 9[개] × 7[개] = 63[개]
- 🔲 63[개]

2) 헤드 배치도

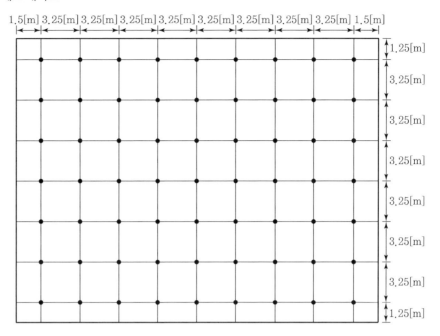

1.5[m] 3.25[m] 3.25[m] 3.25[m] 3.25[m] 3.25[m] 3.25[m] 3.25[m] 3.25[m] 1.5[m]

1.25[m]
3.25[m]
3.25[m]
3.25[m]
3.25[m]
3.25[m]
1.25[m]

해설 ⊕   스프링클러헤드 배치

① 설치장소별 수평거리(R)

설치장소		수평거리(R)
• 무대부 • 특수가연물을 저장 또는 취급하는 장소		1.7[m] 이하
기타구조		2.1[m] 이하
내화구조		2.3[m] 이하
아파트 등		2.6[m] 이하
창고	특수가연물을 저장 또는 취급하는 장소	1.7[m] 이하
	기타구조	2.1[m] 이하
	내화구조	2.3[m] 이하

② 정방형의 경우

$$S = 2 \times r \times \cos 45°$$

여기서, S : 헤드 상호 간의 거리[m]

r : 유효반경[m]

05 아래의 표는 분말소화설비에 관한 것이다. 빈칸에 적당한 답을 쓰시오.   [8점]

종별	주성분	기타		
1종		안전밸브 작동압력	가압식	
2종			축압식	
3종		충전비		
4종		가압용 가스용기를 3병 이상 설치한 경우 전자개방밸브수		

(해답 ⊕)

종별	주성분	기타		
1종	탄산수소나트륨	안전밸브 작동압력	가압식	최고사용압력의 1.8배 이하
2종	탄산수소칼륨		축압식	내압시험압력의 0.8배 이하
3종	인산암모늄	충전비		0.8 이상
4종	탄산수소칼륨+요소	가압용 가스용기를 3병 이상 설치한 경우 전자개방밸브수		2개 이상

(해설 ⊕) 「분말소화설비의 화재안전기술기준(NFTC 108)」 분말소화약제의 저장용기 설치기준

① 저장용기의 내용적

소화약제의 종별	소화약제 1[kg]당 저장용기 내용적[L]
제1종 분말(탄산수소나트륨을 주성분으로 한 분말)	0.8
제2종 분말(탄산수소칼륨을 주성분으로 한 분말)	1
제3종 분말(인산염을 주성분으로 한 분말)	1
제4종 분말(탄산수소칼륨과 요소가 화합된 분말)	1.25

② 저장용기의 안전밸브 설치에는 가압식은 최고사용압력의 1.8배 이하, 축압식은 용기의 내
압시험압력의 0.8배 이하의 압력에서 작동하는 안전밸브를 설치할 것

가압식	최고사용압력의 1.8배 이하 작동
축압식	용기의 내압시험압력의 0.8배 이하 작동

③ 저장용기에는 저장용기의 내부압력이 설정압력으로 되었을 때 주밸브를 개방하는 정압
작동장치를 설치할 것

④ 저장용기의 충전비는 0.8 이상으로 할 것

⑤ 저장용기 및 배관에는 잔류 소화약제를 처리할 수 있는 청소장치를 설치할 것

⑥ 축압식의 분말소화설비는 사용압력의 범위를 표시한 지시압력계를 설치할 것

06 다음 조건을 기준으로 전역방출방식 이산화탄소소화설비의 심부화재에 대한 물음에 답하시오. [11점]

[조건]

- 특정소방대상물의 천장까지의 높이는 3[m]이고, 방호구역의 크기와 용도는 다음과 같다.

전기실 (8[m]×3[m]) 개구부 1[m]×2[m] (자동폐쇄장치 미설치)	모피창고 (10[m]×3[m]) 개구부 1[m]×2[m] (자동폐쇄장치 미설치)
케이블실 (4[m]×3[m]) 자동폐쇄장치 설치	서고 (10[m]×7[m]) 자동폐쇄장치 설치

저장용기실

- 소화약제는 고압저장방식으로 하고, 약제방출방식은 전역방출방식이다.
- 저장용기의 내용적은 68[L]이고, 충전비는 1.511이다.
- 유압기기가 설치된 실은 없으며, 케이블실과 전기실은 약제가 동시에 방출된다고 가정한다.
- 헤드의 방사율은 1.3[kg/(mm^2 · min · 개)]이며, 헤드당 분구면적은 10[mm^2]이다.
- 주어진 조건 외에는 소방관련법규 및 화재안전기준을 따른다.

1) 저장용기 1병당 저장량[kg]을 구하시오.
   - 계산과정 :
   - 답 :

2) 집합관의 용기수[병]를 구하시오.
   - 계산과정 :
   - 답 :

3) 모피창고에 설치되는 헤드의 개수[개]를 구하시오.
   - 계산과정 :
   - 답 :

4) 선택밸브의 개수[개]를 구하시오.
   - 계산과정 :
   - 답 :

5) 서고의 선택밸브 직후의 유량[kg/min]을 구하시오.
   - 계산과정 :
   - 답 :

해답 ⊕

1) 1병당 저장량[kg]
   - 계산과정

     $$\frac{68[\text{L}]}{1.511[\text{L/kg}]} = 45[\text{kg}]$$

   - 🔒 45[kg]

2) 집합관의 용기수[병]
   - 계산과정

     ① 전기실

       $$W_1 = (8 \times 3 \times 3)[\text{m}^3] \times 1.3[\text{kg/m}^3] + (1 \times 2)[\text{m}^2] \times 10[\text{kg/m}^2] = 113.6[\text{kg}]$$

       $$N_1 = \frac{113.6[\text{kg}]}{45[\text{kg/병}]} = 2.52 = 3[\text{병}]$$

     ② 모피창고

       $$W_2 = (10 \times 3 \times 3)[\text{m}^3] \times 2.7[\text{kg/m}^3] + (1 \times 2)[\text{m}^2] \times 10[\text{kg/m}^2] = 263[\text{kg}]$$

       $$N_2 = \frac{263[\text{kg}]}{45[\text{kg/병}]} = 5.84 = 6[\text{병}]$$

     ③ 케이블실

       $$W_3 = (4 \times 3 \times 3)[\text{m}^3] \times 1.3[\text{kg/m}^3] = 46.8[\text{kg}]$$

       $$N_3 = \frac{46.8[\text{kg}]}{45[\text{kg/병}]} = 1.04 = 2[\text{병}]$$

     ④ 서고

       $$W_4 = (10 \times 7 \times 3)[\text{m}^3] \times 2.0[\text{kg/m}^3] = 420[\text{kg}]$$

       $$N_4 = \frac{420[\text{kg}]}{45[\text{kg/병}]} = 9.33 = 10[\text{병}]$$

     ∴ 각 방호구역에 필요한 저장용기는 겸용으로 설치하기 때문에 최대병수(10병)로 산정한다.
   - 🔒 10[병]

3) 모피창고에 설치되는 헤드의 개수[개]
   - 계산과정

     $$N = \frac{6[\text{병}] \times 45[\text{kg/병}]}{1.3[\text{kg/mm}^2 \cdot \text{min} \cdot \text{개}] \times 7[\text{min}] \times 10[\text{mm}^2]} = 2.97 = 3[\text{개}]$$

   - 🔒 3[개]

4) 선택밸브의 개수[개]
   - 계산과정

     선택밸브의 개수＝방호구역 수

     다만, 케이블실과 전기실은 약제가 동시에 방출되므로 3개
   - 🔒 3[개]

5) 서고의 선택밸브 직후의 유량[kg/min]
- 계산과정

전역방출방식에 있어서 종이, 목재, 석탄, 섬유류, 합성수지류 등 심부화재 방호대상물
의 경우에는 7분. 이 경우 설계농도가 2분 이내에 30[%]에 도달해야 한다.

$$\frac{10[병] \times 45[kg/병]}{7[min]} = 64.29[kg/min]$$

- 🔖 64.29[kg/min]

해설 ⊕ 전역방출방식 이산화탄소소화설비 계산 공식

$$W(약제량) = (V \times \alpha) + (A \times \beta)$$

여기서, W : 약제량[kg]

V : 방호구역체적[m³]

α : 체적계수[kg/m³]

A : 개구부면적[m²]

β : 면적계수(표면화재 : 5[kg/m²], 심부화재 : 10[kg/m²])

심부화재(종이, 목재, 석탄, 섬유류, 합성수지류)

방호대상물	방호구역 1[m³]에 대한 소화약제의 양[kg/m³]	설계농도 [%]	개구부 가산량[kg/m²] (자동폐쇄장치 미설치 시)
유압기기를 제외한 전기설비 케이블실	1.3	50	10
체적 55[m³] 미만의 전기설비	1.6	50	10
서고, 전자제품창고, 목재가공품 창고, 박물관	2.0	65	10
고무류, 면화류 창고, 모피창고, 석탄창고, 집진설비	2.7	75	10

이산화탄소 소화약제의 저장용기 설치기준
① 저장용기의 충전비는 고압식은 1.5 이상 1.9 이하, 저압식은 1.1 이상 1.4 이하로 할 것
② 저압식 저장용기에는 내압시험압력의 0.64배부터 0.8배의 압력에서 작동하는 안전밸브
와 내압시험압력의 0.8배부터 내압시험압력에서 작동하는 봉판을 설치할 것
③ 저압식 저장용기에는 액면계 및 압력계와 2.3[MPa] 이상 1.9[MPa] 이하의 압력에서 작동하
는 압력경보장치를 설치할 것
④ 저압식 저장용기에는 용기 내부의 온도가 섭씨 영하 18[℃] 이하에서 2.1[MPa]의 압력을
유지할 수 있는 자동냉동장치를 설치할 것
⑤ 저장용기는 고압식은 25[MPa] 이상, 저압식은 3.5[MPa] 이상의 내압시험압력에 합격한 것
으로 할 것

※ "충전비"란 소화약제 저장용기의 내부 용적과 소화약제의 중량과의 비(용적/중량)를 말한다.

$$충전비 = \frac{저장용기의 용적}{소화약제의 중량}$$

07 다음은 스프링클러설비의 구성요소 중 시험장치에 관한 내용이다. 다음 각 물음에 답하시오.

[6점]

1) 습식 및 부압식 스프링클러설비의 경우 시험장치의 설치위치를 쓰시오.
2) 건식 스프링클러설비의 경우 시험장치의 설치위치를 쓰시오.
3) 시험장치 배관 끝부분에 설치하는 구성요소 2가지를 쓰시오.

....

(해답 ⊕) 1) 유수검지장치 2차 측 배관에 연결하여 설치
   2) 유수검지장치에서 가장 먼 거리에 위치한 가지배관의 끝으로부터 연결하여 설치
   3) ① 개폐밸브
      ② 반사판 및 프레임을 제거한 오리피스만으로 설치된 개방형 헤드 또는 스프링클러헤드
         와 동등한 방수성능을 가진 오리피스

(해설 ⊕) 스프링클러설비의 시험장치
   습식 유수검지장치 또는 건식 유수검지장치를 사용하는 스프링클러설비와 부압식 스프링클러
   설비에는 동장치를 시험할 수 있는 시험장치를 다음 각 호의 기준에 따라 설치하여야 한다.
   ① 유수검지장치에서 가장 먼 가지배관의 끝으로부터 연결하여 설치할 것
   ② 시험장치 배관의 구경은 유수검지장치에서 가장 먼 가지배관의 구경과 동일한 구경으로
      하고, 그 끝에 개폐밸브 및 개방형 헤드를 설치할 것. 이 경우 개방형 헤드는 반사판 및 프
      레임을 제거한 오리피스만으로 설치할 수 있다.
   ③ 시험배관의 끝에는 물받이 통 및 배수관을 설치하여 시험 중 방사된 물이 바닥에 흘러내리
      지 아니하도록 할 것. 다만, 목욕실·화장실 또는 그 밖의 곳으로서 배수처리가 쉬운 장소
      에 시험배관을 설치한 경우에는 그러하지 아니하다.

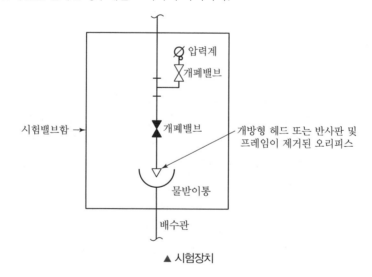

▲ 시험장치

08 펌프가 수원보다 3[m] 높은 위치에서 0.3[m³/min]의 물을 이송하고 있다. 대기압은 표준대기압이고, 중력가속도는 9.8[m/s²]이고, 흡입 측 배관의 마찰손실은 3.5[kPa]이며, 포화수증기압은 2.33[kPa](물의 온도 20[℃])이다. 다음 물음에 답하시오. [5점]

1) 유효흡입양정[m]을 구하시오.

2) 필요흡입양정이 5[m]일 때, 공동현상이 발생하는지 여부를 판별하시오.

(해답 ⊕)   1) 유효흡입양정[m]

- 계산과정

$$NPSH_{av} = 10.332[\text{m}] - 2.33[\text{kPa}] - 3.5[\text{kPa}] - 3[\text{m}]$$

$$= 10.332[\text{m}] - \frac{2.33[\text{kPa}]}{101.325[\text{kPa}]} \times 10.332[\text{m}] - \frac{3.5[\text{kPa}]}{101.325[\text{kPa}]} \times 10.332[\text{m}] - 3[\text{m}]$$

$$= 6.74[\text{m}]$$

- 📄 6.74[m]

2) 공동현상 발생여부

- 계산과정

$NPSH_{av} \geq NPSH_{re}$ 이어야 공동현상이 발생되지 않는다.

6.74[m] ≥ 5[m]이므로 공동현상은 발생하지 않는다.

- 📄 공동현상은 발생하지 않는다.

(해설 ⊕)   [공식]

> 유효흡입수두 $NPSH_{av} = H_o - H_v \pm H_s - H_L$

여기서, $NPSH_{av}$: 유효흡입양정[m]

H_o : 대기압수두[m]

H_v : 포화증기압수두[m]

H_s : 흡입 측 배관의 흡입수두[m] (다만, 압입식의 경우에는 +(플러스))

H_L : 흡입마찰수두[m]

09 안지름이 각각 300[mm]와 450[mm]의 원관이 직접 연결되어 있다. 안지름이 작은 관에서 큰 관 방향으로 매초 230[L]의 물이 흐르고 있을 때 돌연확대부분에서의 손실[m]을 구하시오. (단, 중력가속도는 9.8[m/s²]이다.) [6점]

• 계산과정 :

• 답 :

(해답 ⊕) • 계산과정

[조건 및 환산]

① 유량

230[L/s] = 0.23[m³/s]

② $d_1 = 300[mm] = 0.3[m]$

$d_2 = 450[mm] = 0.45[m]$

③ 중력가속도 = 9.8[m/s²]

㉠ 유속

$0.23[m^3/s] = \dfrac{0.3^2\pi}{4}[m^2] \times V_1[m/s]$

$\therefore V_1 = 3.25[m/s]$

$0.23[m^3/s] = \dfrac{0.45^2\pi}{4}[m^2] \times V_2[m/s]$

$\therefore V_2 = 1.45[m/s]$

㉡ 돌연확대부분에서의 손실[m]

$\Delta h = \dfrac{(3.25[m/s] - 1.45[m/s])^2}{2 \times 9.8[m/s^2]} = 0.17[m]$

• **답** 0.17[m]

(해설 ⊕) 돌연확대부분에서의 손실

1) 연속방정식

$$Q = AV$$

여기서, Q : 체적유량[m³/s]

A : 배관의 단면적[m²]

V : 유속[m/s]

2) Darcy – Weisbach의 방정식

$$\Delta h_L = f \times \dfrac{L}{D} \times \dfrac{V^2}{2g} = K \times \dfrac{V^2}{2g}$$

여기서, Δh_L : 마찰손실수두[m]

f : 마찰손실계수($=\lambda$)

L : 배관 길이[m]

D : 관의 내경[m]

V : 유속[m/s]

g : 중력가속도($=9.8$[m/s²])

K : 손실계수

이때, 돌연확대 부분의 손실 $\Delta h = \dfrac{(V_1 - V_2)^2}{2g}$

10 소화배관에 1,500[L/min]의 유량이 흐르고 있다가 Q_1, Q_2, Q_3의 분기배관으로 나누어 흐르다가 다시 합쳐져 있다. 다음 조건을 참고하여 각 배관에 흐르는 유량 Q_1, Q_2, Q_3[L/min]을 구하시오. (단, 최종 답안은 정수로 나타내시오.) [8점]

[조건]

• 각 분기관에서의 마찰손실은 10[m]로 모두 동일하며, 배관의 마찰손실은 다음의 하겐－윌리엄스의 식으로 산정한다.

$$\Delta P = \frac{6.053 \times 10^4 \times Q^{1.85}}{C^{1.85} \times D^{4.87}}$$

여기서, ΔP : 1[m]당 배관의 마찰손실압력[MPa/m]

Q : 유량[L/min]

C : 조도

D : 배관의 내경[mm]

② 배관의 조도는 모두 동일하며, 비중량은 9.8[kN/m³]이다.

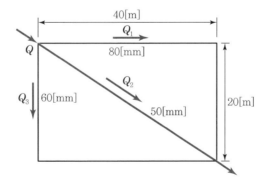

• 계산과정

[환산 및 조건]

① $Q = 1,500[\text{L/min}]$

② $L_1 = 40[\text{m}] + 20[\text{m}] = 60[\text{m}]$

$L_2 = \sqrt{(40[\text{m}])^2 + (20[\text{m}])^2} = 44.72[\text{m}]$

$L_3 = 40[\text{m}] + 20[\text{m}] = 60[\text{m}]$

③ 마찰손실 $\Delta P = 9.8[\text{kN/m}^3] \times 10[\text{m}] = 98[\text{kN/m}^2] = 0.098[\text{MPa}]$

$Q_1 + Q_2 + Q_3 = 1,500[\text{L/min}]$

$\Delta P = \Delta P_1 = \Delta P_2 = \Delta P_3$ 이므로

$\Delta P_1 = 6.053 \times 10^4 \times \dfrac{Q_1^{1.85}}{C^{1.85} \times (80[\text{mm}])^{4.87}} \times 60[\text{m}] = 0.098[\text{MPa}]$

$\therefore Q_1 = 8.29\,C$

$\Delta P_2 = 6.053 \times 10^4 \times \dfrac{Q_2^{1.85}}{C^{1.85} \times (50[\text{mm}])^{4.87}} \times 44.72[\text{m}] = 0.098[\text{MPa}]$

$\therefore Q_2 = 2.82\,C$

$\Delta P_3 = 6.053 \times 10^4 \times \dfrac{Q_3^{1.85}}{C^{1.85} \times (60[\text{mm}])^{4.87}} \times 60[\text{m}] = 0.098[\text{MPa}]$

$\therefore Q_3 = 3.89\,C$

$8.29\,C + 2.82\,C + 3.89\,C = 15\,C = 1,500[\text{L/min}]$

$\therefore C = 100$

• 🖪 $Q_1 = 8.29\,C = 829[\text{L/min}]$

$Q_2 = 2.82\,C = 282[\text{L/min}]$

$Q_3 = 3.89\,C = 389[\text{L/min}]$

11 특별피난계단의 계단실 및 부속실 제연설비에 대하여 주어진 조건을 참고하여 다음 각 물음에 답하시오. [4점]

[조건]

• 거실과 부속실의 출입문 개방에 필요한 힘 $F_1 = 60[\text{N}]$이다.

• 화재 시 거실과 부속실의 출입문 개방에 필요한 힘 $F_2 = 110[\text{N}]$이다.

• 출입문 폭(W)은 1[m]이고, 높이(H)는 2.4[m]이다.

• 손잡이는 출입문 끝에 있다고 가정한다.

• 스프링클러설비는 설치되어 있지 않다.

1) 제연구역 선정기준 3가지만 쓰시오.

2) 제시된 조건을 이용하여 부속실과 거실 사이의 차압[Pa]을 구하고, 국가화재안전기준에 따른 최소 차압기준과 비교하여 적합여부를 설명하시오.

　　• 계산과정 :

　　• 답 :

(해답 ●)　1) 제연구역 선정기준

　　　① 계단실 및 그 부속실을 동시에 제연하는 것

　　　② 부속실만을 단독으로 제연하는 것

　　　③ 계단실을 단독으로 제연하는 것

　　2) 차압

　　　• 계산과정

$$(110-60)[N] = \Delta P \cdot (1 \times 2.4)[m^2] \cdot \frac{1[m]}{2(1[m]-0[m])}$$

$$\Delta P = 41.6[Pa]$$

　　　• 🔲 41.6[Pa], 최소 차압기준 40[Pa] 이상이므로 적합하다.

(해설 ●)　특별피난계단의 계단실 및 부속실제연설비 계산 공식

$$\boxed{\text{문 개방에 필요한 힘 } F = F_{dc} + F_P}$$

　　여기서, F : 문을 개방하는 데 필요한 전체 힘[N]

　　　　　F_{dc} : 도어체크의 저항력[N]

　　　　　F_P : 차압에 의해 방화문에 미치는 힘[N]

$$\boxed{F_P = \Delta P \cdot A \cdot \frac{W}{2(W-d)}}$$

　　여기서, ΔP : 비제연구역과의 차압[Pa]

　　　　　W : 문의 폭[m]

　　　　　d : 손잡이에서 문의 끝까지의 거리[m]

특별피난계단의 계단실 및 부속실 제연설비의 화재안전기술기준(NFTC 501A)

1) 제연구역의 선정

　① 계단실 및 그 부속실을 동시에 제연하는 것

　② 부속실만을 단독으로 제연하는 것(피난층에 부속실이 설치되어 있는 경우에 한한다. 다만, 직통계단식 공동주택 또는 지하층에만 부속실이 설치된 경우에는 그러하지 아니하다.)

　③ 계단실 단독제연하는 것

2) 차압등

① 제연구역과 옥내와의 사이에 유지하여야 하는 최소 차압은 40[Pa](옥내에 스프링클러 설비가 설치된 경우에는 12.5[Pa]) 이상으로 할 것

② 제연설비가 가동되었을 경우 출입문의 개방에 필요한 힘은 110[N] 이하일 것

③ 출입문이 일시적으로 개방되는 경우 개방되지 아니하는 제연구역과 옥내와의 차압은 ①의 기준에 따른 차압의 70[%] 미만이 되지 않을 것

④ 계단실과 부속실을 동시에 제연하는 경우 부속실의 기압은 계단실과 같게 하거나 계단실의 기압보다 낮게 할 경우에는 부속실과 계단실의 압력 차이는 5[Pa] 이하가 되도록 할 것

12 지하 1층의 판매시설로서 해당 용도로 사용하는 바닥면적은 3,000[m²]이다. 판매시설에 능력단위가 A급 3단위인 분말소화기를 설치할 경우 소화기의 최소 개수를 구하시오. [3점]

• 계산과정 :

• 답 :

(해답 ⊕) • 계산과정

바닥면적이 3,000[m²]인 판매시설

$$\frac{3,000[\text{m}^2]}{100[\text{m}^2/\text{단위}]} = 30[\text{단위}]$$

$$\therefore \frac{30[\text{단위}]}{3[\text{단위}/\text{개}]} = 10[\text{개}]$$

• 📋 10[개]

(해설 ⊕) 특정소방대상물별 소화기구의 능력단위기준

특정소방대상물	소화기구의 능력단위
위락시설	바닥면적 30[m²]마다 1단위
공연장, 집회장, 관람장, 문화재, 장례식장 및 의료시설	바닥면적 50[m²]마다 1단위
근린생활시설, 판매시설, 운수시설, 숙박시설, 노유자시설, 전시장, 공동주택, 업무시설, 방송통신시설, 공장, 창고시설, 항공기 및 자동차 관련 시설 및 관광휴게시설	바닥면적 100[m²]마다 1단위
그 밖의 것	바닥면적 200[m²]마다 1단위
주요 구조부가 내화구조이고, 벽 및 반자의 실내에 면하는 부분이 불연재료·준불연재료 또는 난연재료로 된 특정대상물에 있어서는 위 표의 기준면적의 2배를 해당 특정소방대상물의 기준으로 한다.	

13 다음과 같이 옥내소화전을 설치하고자 한다. 다음 물음에 답하시오. [9점]

[조건]
- 지표면으로부터 최상층 방수구까지의 거리는 28[m]이고, 소방펌프는 지표면으로부터 3.5[m] 아래에 설치되어 있으며, 흡입고는 1.5[m]이다.
- 직관의 마찰손실은 6[m], 호스의 마찰손실은 6.5[m], 관부속품의 마찰손실은 8[m]이다.
- 소화전의 설치개수는 1층 2개소, 2~4층까지 각 4개소씩, 5~6층에 각 3개소, 옥상층에는 시험용 소화전을 설치하였다.
- 수원의 양은 옥상수조의 양을 포함하여 산정한다.
- 수원의 양 및 가압펌프의 토출량은 15[%] 가산한 양으로 한다. (단, 중복 가산하지 않는다.)

1) 전용수원의 용량[m³]을 구하시오.
2) 옥내소화전 가압송수장치의 펌프토출량[L/min]을 구하시오.
3) 펌프의 양정[m]을 구하시오.
4) 가압송수장치의 전동기 용량[kW]을 구하시오. (단, 효율은 65[%], 전달계수는 1.10이다.)

(해답 ⊕) 1) 전용수원의 용량[m³]
- 계산과정

$2[개] \times 130[\text{L/min}] \times 20[\min] \times 1.15 = 5,980[\text{L}] = 5.98[\text{m}^3]$

옥상수조의 용량 $5.98[\text{m}^3] \times \dfrac{1}{3} = 1.993[\text{m}^3]$

$\therefore 5.98[\text{m}^3] + 1.993[\text{m}^3] = 7.97[\text{m}^3]$

- 🗐 7.97[m³]

2) 옥내소화전 가압송수장치의 펌프토출량[L/min]
- 계산과정

$2[개] \times 130[\text{L/min}] \times 1.15 = 299[\text{L/min}]$

- 🗐 299[L/min]

3) 펌프의 양정[m]
- 계산과정

$H = (1.5 + 3.5 + 28)[\text{m}] + (6 + 6.5 + 8)[\text{m}] + 17[\text{m}] = 70.5[\text{m}]$

- 🗐 70.5[m]

4) 가압송수장치의 전동기 용량[kW]
- 계산과정

$$P = \dfrac{9.8[\text{kN/m}^3] \times \dfrac{0.299}{60}[\text{m}^3/\text{s}] \times 70.5[\text{m}]}{0.65} \times 1.1 = 5.83[\text{kW}]$$

- 🗐 5.83[kW]

옥내소화전설비와 스프링클러설비 겸용 시 계산 공식

$$전양정\ H = 실양정[m] + 마찰손실[m] + 방사압(수두)[m]$$

여기서, 옥내소화전의 노즐 방사압 : 0.17[MPa] = 17[m]

스프링클러설비의 헤드 방사압 : 0.1[MPa] = 10[m]

$$전동기의\ 동력[kW]\ P = \frac{\gamma Q H}{\eta} \times K$$

여기서, γ : 비중량($\gamma_w = 9.8[kN/m^3]$)

Q : 유량[m³/s]

H : 전양정[m]

η : 효율

K : 전달계수

14 그림에서 A실을 급기 가압하여 옥외와의 압력차가 50[Pa]이 유지되도록 하려고 한다. 다음 물음에 답하시오. [6점]

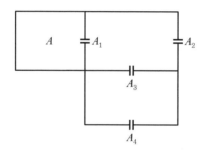

[조건]

• 급기량(Q)은 $Q = 0.827 \times A \times \sqrt{P_1 - P_2}$로 구한다.

여기서, Q : 급기 풍량[m³/s]

A : 틈새면적[m²]

$P_1 - P_2$: 급기가압 실내외의 기압[Pa]

• 그림에서 A_1, A_2, A_3, A_4는 닫힌 출입문으로 공기누설 틈새면적은 모두 0.01[m²]로 한다.

1) 실의 전체 누설틈새면적[m²]을 구하시오. (단, 소수점 아래 다섯째 자리까지 나타내시오.)

• 계산과정 :

• 답 :

2) 유입해야 할 풍량[m³/min]을 구하시오.

해답 ⊕ 1) 실의 전체 누설틈새면적[m²]

  • 계산과정

    ① A_3와 A_4은 직렬상태

$$A_{3 \sim 4} = \left(\frac{1}{0.01^2} + \frac{1}{0.01^2}\right)^{-\frac{1}{2}} = 0.00707[\text{m}^2]$$

    ② A_2와 $A_3 \sim A_4$은 병렬상태

$$A_{2 \sim 4} = 0.01 + 0.00707 = 0.01707[\text{m}^2]$$

    ③ A_1과 $A_2 \sim A_4$은 직렬상태

$$A_{1 \sim 4} = \left(\frac{1}{0.01^2} + \frac{1}{0.02707^2}\right)^{-\frac{1}{2}} = 0.00862[\text{m}^2]$$

  • 🔋 0.00862[m²]

  2) 유입해야 할 풍량[m³/min]

  • 계산과정

$$0.827 \times 0.00862[\text{m}^2] \times \sqrt{50[\text{Pa}]} = 0.0504[\text{m}^3/\text{s}] = 3.02[\text{m}^3/\text{min}]$$

  • 🔋 3.02[m³/min]

해설 ⊕ 제연설비 누설틈새면적 및 풍량 계산 공식

$$\text{누설량 } Q = 0.827 \times A \times P^{\frac{1}{N}}$$

  여기서, Q : 급기 풍량[m³/s]

    A : 틈새면적[m²]

    P : 문을 경계로 한 실내의 기압차[N/m² = Pa]

    N : 누설 면적 상수(일반출입문 = 2, 창문 = 1.6)

  ① 병렬상태인 경우의 틈새면적[m²] $A_T = A_1 + A_2 + A_3 + A_4$

  ② 직렬상태인 경우의 틈새면적[m²]

$$A_T[\text{m}^2] = \frac{1}{\sqrt{\left(\frac{1}{A_1^2} + \frac{1}{A_2^2} + \frac{1}{A_3^2} + \frac{1}{A_4^2} \cdots\right)}} = \left(\frac{1}{A_1^2} + \frac{1}{A_2^2} + \frac{1}{A_3^2} + \frac{1}{A_4^2} \cdots\right)^{-\frac{1}{2}}$$

15 아래의 [표]를 참조하여 화재안전기준에 따라 할로겐화합물 및 불활성기체 소화설비를 설치하려고 할 때 다음을 구하시오.　　　　　　　　　　　　　　　　　　　　　　　　　　　　　　[8점]

▼ 압력배관용 탄소강관 SPPS 380[KS D 3562(Sch 40)]의 규격

호칭지름	25A	32A	40A	50A	65A	100A
바깥지름[mm]	34.0	42.7	48.6	60.5	76.3	114.3
관 두께[mm]	3.4	3.6	3.7	3.9	5.2	6.0

1) 호칭지름이 32A인 압력배관용 탄소강관(Sch 40)에 분사헤드가 접속되어 있다. 이때 분사헤드 오리피스의 최대구경[mm]을 구하시오.

2) 호칭구경이 65A인 압력배관용 탄소강관(Sch 40)을 사용하여 용접이음으로 배관을 접합할 경우 배관에 적용할 수 있는 최대허용압력[MPa]을 구하시오. (단, 인장강도는 380[MPa], 항복점은 220[MPa]이며, 이 배관에 전기저항 용접배관을 함에 따라 배관이음효율은 0.85이다.)

(해답⊕)　1) 분사헤드 오리피스의 최대구경[mm]
- 계산과정

　　배관구경면적 $A = \dfrac{(42.7-2\times3.6)^2\pi}{4} = 989.8[\mathrm{mm}^2]$

　　오리피스의 면적은 배관구경면적의 70[%]를 초과하지 않아야 하므로

　　$989.8[\mathrm{mm}^2]\times0.7 = \dfrac{d^2\pi}{4}$

　　$\therefore\ d = 29.7[\mathrm{mm}]$
- 🔑 29.7[mm]

2) 최대허용압력[MPa]
- 계산과정

　　인장강도의 1/4 : $380[\mathrm{MPa}]\times\dfrac{1}{4} = 95[\mathrm{MPa}]$

　　항복점의 2/3 : $220[\mathrm{MPa}]\times\dfrac{2}{3} = 146.67[\mathrm{MPa}]$

　　$SE = 95[\mathrm{MPa}]\times0.85\times1.2 = 96.9[\mathrm{MPa}]$

　　$5.2[\mathrm{mm}] = \dfrac{P[\mathrm{MPa}]\times76.3[\mathrm{mm}]}{2\times96.9[\mathrm{MPa}]} + 0[\mathrm{mm}]$

　　$\therefore\ P = 13.21[\mathrm{MPa}]$
- 🔑 13.21[MPa]

$$배관의\ 두께\ t = \frac{PD}{2SE} + A$$

여기서, P : 최대허용압력[kPa]

D : 배관의 바깥지름[mm]

SE : 최대허용응력[kPa]

　(인장강도 1/4 값과 항복점의 2/3 값 중 적은 값×배관이음효율×1.2)

　※ 배관이음효율 : 이음매 없는 배관(1), 전기저항 용접배관(0.85), 가열

　맞대기 용접배관(0.6)

A : 허용 값(헤드설치부분 제외)

　(나사이음 : 나사높이, 절단홈이음 : 홈의 깊이, 용접이음 : 0)

16 다음 조건에 따라 각 물음에 답하시오. [5점]

[조건]
- 항공기격납고로서 전역방출방식의 고발포용 고정포방출구가 설치되어 있다.
- 격납고의 크기는 20[m]×10[m]×2[m](높이)이다.
- 개구부 등에는 자동폐쇄장치가 설치되어 있다.
- 방호대상물의 높이는 1.8[m]이다.
- 합성계면활성제포 3[%]를 사용한다.
- 포의 팽창비는 500이며, 1[m³]에 대한 분당 포수용액 방출량은 0.29[L]이다.

1) 고정포방출구의 개수[개]를 산정하시오.
- 계산과정 :
- 답 :

2) 포수용액의 양[m³]을 구하시오.
- 계산과정 :
- 답 :

3) 합성계면활성제 소화약제량[L]을 구하시오.
- 계산과정 :
- 답 :

해답 ➕ 1) 고정포방출구의 개수[개]
- 계산과정

$$N = \frac{20[\text{m}] \times 10[\text{m}]}{500[\text{m}^2/\text{개}]} = 0.4[\text{개}] = 1[\text{개}]$$

- 답 1[개]

2) 포수용액의 양[m³]

- 계산과정

$$Q_{수 \cdot 용 \cdot 액} = (20 \times 10 \times 2.3)[\text{m}^3] \times 0.29[\text{L/m}^3 \cdot \text{min}] \times 10[\text{min}] = 1,334[\text{L}] = 1.33[\text{m}^3]$$

- 🖭 1.33[m³]

3) 합성계면활성제 소화약제량[L]

- 계산과정

$$Q_{약제} = (20 \times 10 \times 2.3)[\text{m}^3] \times 0.29[\text{L/m}^3 \cdot \text{min}] \times 10[\text{min}] \times 0.03 = 40.02[\text{L}]$$

- 🖭 40.02[L]

(해설 ➕) 전역방출방식 고발포용 고정포방출구의 설치기준

① 개구부에 자동폐쇄장치(방화문 또는 불연재료로 된 문으로 포수용액이 방출되기 직전에 개구부가 자동적으로 폐쇄될 수 있는 장치를 말한다)를 설치할 것

② 고정포방출구는 바닥면적 500[m²]마다 1개 이상 설치할 것

③ 고정포방출구는 방호대상물의 최고부분보다 높은 위치에 설치할 것. 다만, 밀어올리는 능력을 가진 것에 있어서는 방호대상물과 같은 높이로 할 수 있다.

전역방출방식 고발포용 고정포방출구 포소화설비 계산 공식

$$Q = V \times \alpha \times 10[\text{min}]$$

여기서, Q : 수원의 양[L]

V : 관포체적[m³](방호대상물의 높이보다 0.5[m] 높은 위치까지의 체적)

α : 관포체적 1[m³]당의 방출량[L/m³ · min]

▼ 고정포방출구의 관포체적 1[m³]당 분당 방출량

특정소방대상물	포의 팽창비	1[m³]에 대한 포수용액방출량[L]
항공기 격납고	팽창비 80 이상 250 미만	2.00
	팽창비 250 이상 500 미만	0.50
	팽창비 500 이상 1,000 미만	0.29
차고 또는 주차장	팽창비 80 이상 250 미만	1.11
	팽창비 250 이상 500 미만	0.28
	팽창비 500 이상 1,000 미만	0.16
특수가연물을 저장, 취급하는 특정소방대상물	팽창비 80 이상 250 미만	1.25
	팽창비 250 이상 500 미만	0.31
	팽창비 500 이상 1,000 미만	0.18

01 그림은 어느 특정소방대상물을 방호하기 위한 옥외소화전설비의 평면도이다. 다음 각 물음에 답하시오. [6점]

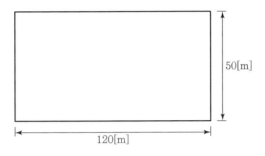

1) 특정소방대상물의 각 부분으로부터 하나의 호스접결구까지의 수평거리는 몇 [m] 이하인지 쓰시오.

2) 해당 특정소방대상물에 설치하여야 할 옥외소화전의 수량[개]을 산출하시오.
   • 계산과정 :
   • 답 :

3) 옥외소화전설비의 토출량[L/min]을 구하시오.
   • 계산과정 :
   • 답 :

4) 옥외소화전설비의 수원의 양[m³]을 구하시오.
   • 계산과정 :
   • 답 :

해답 ➕ 1) 호스접결구까지의 수평거리[m]

호스접결구는 지면으로부터의 높이가 0.5[m] 이상 1[m] 이하의 위치에 설치하고 특정소방대상물의 각 부분으로부터 하나의 호스접결구까지의 수평거리가 40[m] 이하가 되도록 설치해야 한다.

   • 답 40[m]

2) 옥외소화전의 수량[개]
   • 계산과정

$$N = \frac{(120[\text{m}] \times 2) + (50[\text{m}] \times 2)}{80[\text{m}]} = 4.25 = 5[\text{개}]$$

   • 답 5[개]

3) 토출량[L/min]
   - 계산과정

   $Q = 350[\text{L/min}] \times 2개 = 700[\text{L/min}]$

   - 🔖 700[L/min]

4) 수원의 양[m³]
   - 계산과정

   $350[\text{L/min}] \times 2개 \times 20[\text{min}] = 14,000[\text{L}] = 14[\text{m}^3]$

   - 🔖 14[m³]

(해설 ➕) 가압송수장치
① 방수압력 : 0.25[MPa]이상 0.7[MPa] 이하(0.7[MPa] 초과 시 감압)
② 방수량 : 350[L/min] 이상
③ 펌프 토출량 : 350[L/min] × 옥외소화전 설치개수(최대 2개)
④ 수원의 양 : 350[L/min] × 옥외소화전 설치개수(최대 2개) × 20[min]

02 그림의 스프링클러설비 가지배관에서의 구성부품과 규격 및 수량을 산출하여 다음 답란을 완성하시오. [6점]

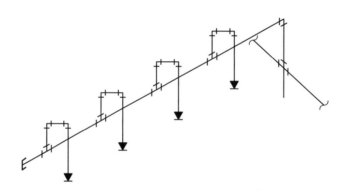

[조건]
- 티는 모두 동일 구경을 사용하고 배관이 축소되는 부분은 반드시 리듀서를 사용한다.
- 교차배관은 제외한다.
- 구경에 따른 헤드개수는 다음과 같다.

25[mm]	32[mm]	40[mm]	50[mm]
2개	3개	5개	10개

구성부품	규격 및 수량
헤드	15[mm] 4개
캡	
티	
90° 엘보	
리듀서	

해답 ⊕

구성부품	규격 및 수량
헤드	15[mm] 4개
캡	캡 25[mm] 1개
티	$40 \times 40 \times 40$[mm] 1개 $32 \times 32 \times 32$[mm] 1개 $25 \times 25 \times 25$[mm] 2개
90° 엘보	40[mm] 1개 25[mm] 8개
리듀서	40×32[mm] 1개 32×25[mm] 2개 25×15[mm] 4개 40×25[mm] 1개

해설 ⊕ [참고] 스프링클러설비 계통도

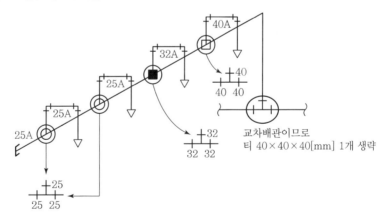

▲ 티 25×25×25[mm], 32×32×32[mm], 40×40×40[mm] 표시

03 다음은 물올림장치의 설치기준에 대한 사항이다. (   ) 안을 채우시오.   [4점]

1) 물올림장치는 전용의 (①)를 설치할 것
2) (②)의 유효수량은 (③) 이상으로 하되, 구경 (④) 이상의 (⑤)에 따라 해당 탱크에 물이
   계속 보급되도록 할 것

해답 ⊕   ① 수조   ② 수조   ③ 100[L]
         ④ 15[mm]   ⑤ 급수배관

해설 ⊕   물올림장치의 설치기준
         ① 물올림장치에는 전용의 수조를 설치할 것
         ② 수조의 유효수량은 100[L] 이상으로 하되, 구경 15[mm] 이상의 급수배관에 따라 해당 수조
            에 물이 계속 보급되도록 할 것

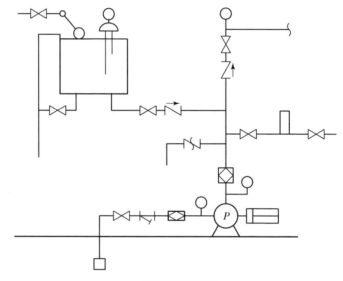

▲ 물올림장치의 구조

04 다음 그림은 어느 실들의 평면도이다. 이 실들 중 A실을 급기 가압하고자 할 때 주어진 조건을 이용하여 다음을 구하시오. [7점]

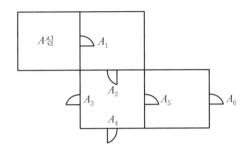

[조건]
• 실외부 대기의 기압은 절대압력으로 101,300[Pa]로서 일정하다.
• A실에 유지하고자 하는 기압은 절대압력으로 101,500[Pa]이다.
• 각 실의 문들의 틈새면적은 0.01[m²]이다.
• 누설량은 다음의 식을 활용하여 산정한다.

$$Q = 0.827 \times A \times \sqrt{P_1 - P_2}$$

여기서, Q : 급기 풍량[m³/s]

A : 틈새면적[m²]

$P_1 - P_2$: 급기가압 실내외의 기압[Pa]

1) A실의 전체 누설틈새면적[m²]을 구하시오. (단, 소수점 아래 여섯째 자리에서 반올림하여 소수점 다섯째 자리까지 나타내시오.)
2) A실에 유입하여야 할 풍량[L/s]을 구하시오.

(해답⊕) 1) A실의 전체 누설틈새면적[m²]
  • 계산과정
    ① A_5와 A_6은 직렬상태

    $$A_{5-6} = \left(\frac{1}{0.01^2} + \frac{1}{0.01^2} \right)^{-\frac{1}{2}} = 0.00707[\text{m}^2]$$

    ② A_3, A_4와 $A_5 \sim A_6$은 병렬상태

    $$A_{3-6} = 0.01 + 0.01 + 0.00707 = 0.02707[\text{m}^2]$$

    ③ A_1, A_2와 $A_3 \sim A_6$은 직렬상태

    $$A_{1-6} = \left(\frac{1}{0.01^2} + \frac{1}{0.01^2} + \frac{1}{0.02707^2} \right)^{-\frac{1}{2}} = 0.00684[\text{m}^2]$$

  • 탭 0.00684[m²]

2) A실에 급기시켜야 할 풍량[L/s]

• 계산과정

$0.827 \times 0.00684\,[\mathrm{m}^2] \times \sqrt{(101,500 - 101,300)\,[\mathrm{Pa}]} = 0.08\,[\mathrm{m}^3/\mathrm{s}] = 80\,[\mathrm{L/s}]$

• 달 80[L/s]

해설➕ 제연설비 누설틈새면적 및 풍량 계산 공식

$$\text{누설량 } Q = 0.827 \times A \times P^{\frac{1}{N}}$$

여기서, Q : 급기 풍량[m³/s]

A : 틈새면적[m²]

P : 문을 경계로 한 실내의 기압차[N/m² = Pa]

N : 누설 면적 상수(일반출입문=2, 창문=1.6)

① 병렬상태인 경우의 틈새면적[m²] $A_T = A_1 + A_2 + A_3 + A_4$

② 직렬상태인 경우의 틈새면적[m²]

$$A_T[\mathrm{m}^2] = \cfrac{1}{\sqrt{\left(\dfrac{1}{A_1{}^2} + \dfrac{1}{A_2{}^2} + \dfrac{1}{A_3{}^2} + \dfrac{1}{A_4{}^2} \cdots\right)}} = \left(\dfrac{1}{A_1{}^2} + \dfrac{1}{A_2{}^2} + \dfrac{1}{A_3{}^2} + \dfrac{1}{A_4{}^2} \cdots\right)^{-\frac{1}{2}}$$

05 그림은 어느 배관의 평면도에서 화살표 방향으로 물이 흐르고 있다. 주어진 조건을 참조하여 Q_1, Q_2[L/min]의 값을 각각 구하시오. [7점]

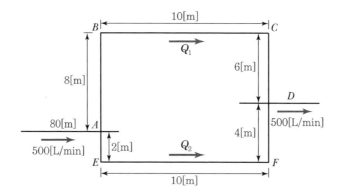

[조건]

• 호칭 50[mm] 배관의 안지름은 54[mm]이다.

• 호칭 50[mm] 엘보의 등가길이는 1.4[m]이며, A 및 D점에 있는 티의 마찰손실은 무시한다.

• 루프배관 $BCDFEAB$의 호칭구경은 50[mm]이다.

• 배관의 마찰손실압력은 다음의 하겐–윌리엄스의 공식을 사용하여 구한다.

$$\Delta P = \frac{6 \times 10^4 \times Q^2}{100^2 \times d^5}$$

여기서, ΔP : 배관의 1[m]당 마찰손실압력[MPa/m]

Q : 유량[L/min]

d : 배관의 내경[mm]

해답 ⊕ • 계산과정

관로망에서 배관마찰손실을 서로 동일하므로

$\Delta P_{ABCD} = \Delta P_{AEFD}$

$\dfrac{6 \times 10^4 \times Q_1^2}{100^2 \times (54[\mathrm{mm}])^5} \times (8+10+6+1.4 \times 2)[\mathrm{m}] = \dfrac{6 \times 10^4 \times Q_2^2}{100^2 \times (54[\mathrm{mm}])^5} \times (2+10+4+1.4 \times 2)[\mathrm{m}]$

$26.8 Q_1^2 = 18.8 Q_2^2$

$Q_1 + Q_2 = 500[\mathrm{L/min}] \rightarrow Q_2 = 500[\mathrm{L/min}] - Q_1$

$26.8 Q_1^2 = 18.8(500 - Q_1)^2$

$\therefore \ Q_1 = 227.90[\mathrm{L/min}]$

$Q_2 = 500 - 227.90 = 272.10[\mathrm{L/min}]$

• 🖹 $Q_1 = 227.90[\mathrm{L/min}]$, $Q_2 = 272.10[\mathrm{L/min}]$

06 15[m]×20[m]×5[m]의 경유를 연료로 사용하는 발전기실에 2가지의 할로겐화합물 및 불활성기체 소화설비를 설치하고자 한다. 다음 조건과 화재안전기준을 참고하여 다음 물음에 답하시오.

[8점]

[조건]

• 방사 시 발전기실의 최소 예상온도는 20[℃]이다.

• HCFC BLEND A 용기의 내용적은 60[L]용 50[kg]이고, IG-541 용기는 80[L]용 12.4[m³]를 적용한다.

• 할로겐화합물 및 불활성기체 소화약제의 소화농도는 다음과 같으며, 최대허용설계농도는 무시한다.

소화약제	상품명	소화농도[%]	
		A, C급 화재	B급 화재
HCFC BLEND A	NAFS-Ⅲ	7.2	10
IG-541	Inergen	31.25	31.25

• 각 할로겐화합물 및 불활성기체 소화약제에 대한 선형상수를 구하기 위한 요소는 다음과 같다.

소화약제	K_1	K_2
HCFC BLEND A	0.2413	0.00088
IG-541	0.65799	0.00239

1) 발전기실에 필요한 HCFC BLEND A의 최소 약제량[kg]을 구하시오.
- 계산과정 :
- 답 :

2) 발전기실에 필요한 HCFC BLEND A의 최소 약제용기의 개수[병]를 구하시오.
- 계산과정 :
- 답 :

3) 발전기실에 필요한 IG-541의 최소 약제량[m³]을 구하시오.
- 계산과정 :
- 답 :

4) 발전기실에 필요한 IG-541의 최소 약제용기의 개수[병]을 구하시오.
- 계산과정 :
- 답 :

해답 ⊕ 1) HCFC BLEND A의 최소 약제량[kg]
- 계산과정

$S = K_1 + K_2 \times t = 0.2413 + 0.00088 \times 20 = 0.2589[\text{m}^3/\text{kg}]$

$C = 소화농도 \times 1.35(전기화재) = 10 \times 1.35 = 13.5[\%]$

$V = 15[\text{m}] \times 20[\text{m}] \times 5[\text{m}] = 1,500[\text{m}^3]$

$\therefore W = \dfrac{1,500[\text{m}^3]}{0.2589[\text{m}^3/\text{kg}]} \times \left(\dfrac{13.5}{100-13.5} \right) = 904.23[\text{kg}]$

- 답 904.23[kg]

2) HCFC BLEND A의 최소 약제용기의 개수[병]
- 계산과정

저장용기 수 $N = \dfrac{904.23[\text{kg}]}{50[\text{kg}/병]} = 18.08 = 19[병]$

- 답 19[병]

3) IG-541의 최소 약제량[m³]
- 계산과정

$V_S = K_1 + K_2 \times 20[℃] = 0.65799 + 0.00239 \times 20 = 0.70579[\text{m}^3/\text{kg}]$

$S = K_1 + K_2 \times t = 0.65799 + 0.00239 \times 20 = 0.70579[\text{m}^3/\text{kg}]$

$C = 소화농도 \times 1.35(전기화재) = 31.25 \times 1.35 = 42.19[\%]$

$\therefore X = 2.303 \times \log_{10}\left(\dfrac{100}{100-42.19} \right) \times \dfrac{0.70579[\text{m}^3/\text{kg}]}{0.70579[\text{m}^3/\text{kg}]} \times 1,500[\text{m}^3]$

$= 822.16[\text{m}^3]$

- 답 822.16[m³]

4) IG-541의 최소 약제용기의 개수[병]

• 계산과정

$$N = \frac{822.16[\text{m}^3]}{12.4[\text{m}^3/\text{병}]} = 66.30 = 67[\text{병}]$$

• 🖹 67[병]

(해설 ➕) 할로겐화합물 및 불활성기체 소화설비 계산 공식

할로겐화합물 소화약제 $W = \dfrac{V}{S} \times \left(\dfrac{C}{100-C} \right)$

여기서, W : 소화약제의 무게[kg]

V : 방호구역의 체적[m³]

S : 소화약제별 선형상수($K_1 + K_2 \times t$)[m³/kg]

C : 체적에 따른 소화약제의 설계농도[%]

[설계농도는 소화농도[%]에 안전계수(A급 화재 1.2, B급 화재 1.3, C급 화재

1.35)를 곱한 값으로 할 것]

t : 방호구역의 최소 예상온도[℃]

불활성기체 소화약제 $X = 2.303 \left(\dfrac{V_S}{S} \right) \times \log_{10} \left(\dfrac{100}{100-C} \right)$

여기서, X : 공간체적당 더해진 소화약제의 부피[m³/m³]

S : 소화약제별 선형상수($K_1 + K_2 \times t$)[m³/kg]

C : 체적에 따른 소화약제의 설계농도[%]

V_S : 20[℃]에서 소화약제의 비체적[m³/kg]

t : 방호구역의 최소 예상온도[℃]

07 제연설비에서 많이 사용하는 솔레노이드댐퍼, 모터댐퍼 및 퓨즈댐퍼의 작동원리를 비교하여 설명
하시오. [6점]

1) 솔레노이드댐퍼
2) 모터댐퍼
3) 퓨즈댐퍼

(해답 ➕) 1) 솔레노이드가 누르게 핀을 이동시켜 작동

2) 모터가 누르게 핀을 이동시켜 작동

3) 덕트 내부가 일정 온도 이상이 되면 퓨즈블링크가 용융되어 폐쇄용 스프링에 의해 자동적
으로 폐쇄되는 댐퍼

해설 ➕ 제연설비 댐퍼의 작동원리

1) 솔레노이드댐퍼(Solenoid Damper)

건축물 화재발생 시 화재감지기의 신호를 받아 솔레노이드밸브(전자밸브)가 누르게 핀을 이동시킴으로써 로크(잠김) 상태를 해제하여 스프링의 힘 또는 중력에 의하여 자동개방 시키는 댐퍼로 제연경계, 도어폐쇄 등에 이용한다.

2) 모터댐퍼(Motor Damper)

전동댐퍼로서 화재 시 열, 연기감지기의 신호를 받아 모터가 누르게 핀을 이동시킴으로써 로크(잠김) 상태를 해제하여 스프링의 힘 또는 전동기 작동에 의하여 자동으로 개폐조작을 하는 댐퍼로 방연댐퍼, 풍량조절댐퍼, 방화셔터 등에 이용한다.

3) 퓨즈댐퍼(Fuse Damper)

방화구획 관통부(방화벽)의 덕트 내부에 설치하는 댐퍼로서 퓨즈블링크가 열에 의하여 용융되어 떨어지면서 로크(잠김) 상태를 해지하여 스프링의 힘 또는 중력에 의하여 자동으로 개폐 조작을 하는 댐퍼로 공조설비 등의 방화댐퍼에 이용한다.

08 다음 조건과 그림을 보고 물음에 답하시오. [5점]

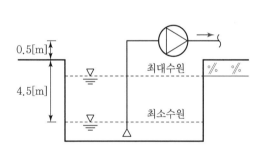 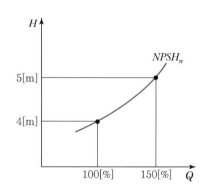

[조건]

- 대기압은 0.1[MPa]이다.
- 물의 온도는 20[℃]이고, 포화수증기압은 2.45[kPa]이다.
- 물의 비중량은 9.8[kN/m³]을 적용하여야 한다.
- 배관 내 마찰손실수두는 0.3[m]이다.

1) 유효흡입수두($NPSH_{av}$)[m]를 구하시오.

- 계산과정 :
- 답 :

2) 필요흡입수두($NPSH_{re}$) 그래프를 보고 펌프의 사용가능 여부와 그 이유를 설명하시오.

(해답 ⊕) 1) 유효흡입수두($NPSH_{av}$)[m]

- 계산과정

  [환산]

  $$H_o = \frac{0.1\,[\text{MPa}]}{0.101325\,[\text{MPa}]} \times 10.332\,[\text{m}] = 10.197\,[\text{m}]$$

  $$P = \gamma H$$

  $$H_v = \frac{2.45\,[\text{kN/m}^2]}{9.8\,[\text{kN/m}^3]} = 0.25[\text{m}]$$

  $$NPSH_{av} = 10.197[\text{m}] - 0.25[\text{m}] - 0.3[\text{m}] - (4.5 + 0.5)[\text{m}] = 4.65[\text{m}]$$

- 🔖 4.65[m]

2) 펌프의 사용가능 여부

  $NPSH_{av} \geq NPSH_{re}$ 이어야 공동현상이 발생되지 않는다.

  ① 100[%] 운전 시 : $NPSH_{av}(4.65[\text{m}]) > NPSH_{re}(4[\text{m}])$이므로 공동현상이 발생하지 않아 사용 가능

  ② 150[%] 운전 시 : $NPSH_{av}(4.65[\text{m}]) < NPSH_{re}(5[\text{m}])$이므로 공동현상이 발생하여 사용 불가능

  공동현상이 발생하므로 해당 펌프를 사용할 수 없다.

(해설 ⊕) [공식]

유효흡입수두 $NPSH_{av} = H_o - H_v \pm H_s - H_L$

여기서, $NPSH_{av}$: 유효흡입양정[m]

H_o : 대기압수두[m]

H_v : 포화증기압수두[m]

H_s : 흡입 측 배관의 흡입수두[m] (다만, 압입식의 경우에는 +(플러스))

H_L : 흡입마찰수두[m]

09 할론소화설비에서 사용하는 Soaking Time을 간단히 설명하시오. [4점]

해답 ➕ 재발화 방지를 위해서 설계농도를 일정시간 유지해야 한다. 이때의 설계농도 유지시간을 소킹
타임(Soaking Time)이라 한다.

해설 ➕ Soaking Time

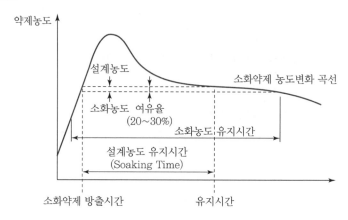

① 소화약제 방출시간(Discharge Time)이란, 소화약제 방출시점부터 방호구역의 각 부분에
설계농도가 95[%] 이상이 될 때까지의 시간을 말한다. 국내 화재안전기술기준에 따르면
이산화탄소 소화약제 및 불활성기체 소화약제는 방출시간이 60초 이내이고, 할론 소화약제
및 할로겐화합물 소화약제는 10초 이내이다.
② 설계농도 유지시간(Soaking Time)이란, 가스계 소화약제 방출 후 일정시간 농도를 유지해
야 재발화를 막을 수 있는데 이 유지해야 하는 시간을 말한다. 즉, 가스계 소화약제로 재발
화가 일어나지 않도록 냉각소화 효과를 얻기 위해서는 일정 시간 동안 설계농도를 유지하
는 방법을 사용한다. 일반적으로 표면화재의 경우 수 초이지만, 심부화재는 10분 정도로
길다.

10 제연설비에 대하여 다음 도면을 보고 다음 각 물음에 답하시오.(단, 각 실은 독립제연방식이다.)

[8점]

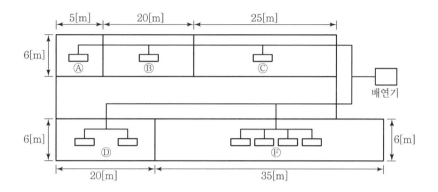

1) 제연댐퍼를 설치하시오. (단, 댐퍼의 표기는 ⊘의 모양으로 할 것)

2) 각 실(A, B, C, D, E, F)의 최소 소요배출량은 얼마인가?
   ① A실(계산과정 및 답)
   ② B실(계산과정 및 답)
   ③ C실(계산과정 및 답)
   ④ D실(계산과정 및 답)
   ⑤ E실(계산과정 및 답)

3) 배연기의 소요 최소 배출량[m³/h]은 얼마인가?

(해답 ⊕) 1) 제연댐퍼 설치도

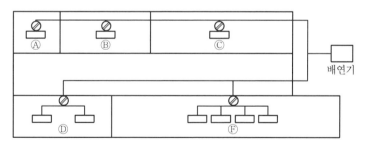

2) 각 실(A, B, C, D, E, F)의 최소 소요배출량

구분	계산과정	배출량
① A실	바닥면적 5[m] × 6[m] ＝ 30[m²] 30[m²] × 1[m³/m² · min] ＝ 30[m³/min] ＝ 1,800[m³/h] 공동예상제연구역이 아니므로 최저기준 적용	5,000[m³/h]
② B실	바닥면적 20[m] × 6[m] ＝ 120[m²] 120[m²] × 1[m³/m² · min] ＝ 120[m³/min] ＝ 7,200[m³/h]	7,200[m³/h]
③ C실	바닥면적 25[m] × 6[m] ＝ 150[m²] 150[m²] × 1[m³/m² · min] ＝ 150[m³/min] ＝ 9,000[m³/h]	9,000[m³/h]
④ D실	바닥면적 20[m] × 6[m] ＝ 120[m²] 120[m²] × 1[m³/m² · min] ＝ 120[m³/min] ＝ 7,200[m³/h]	7,200[m³/h]
⑤ E실	바닥면적 35[m] × 6[m] ＝ 210[m²] 210[m²] × 1[m³/m² · min] ＝ 210[m³/min] ＝ 12,600[m³/h]	12,600[m³/h]

3) 12,600[m³/h]

(해설 ➊) 거실제연설비 배출량 계산

① 예상제연구역의 거실 바닥면적이 400[m²] 미만인 경우 : 배출량은 바닥면적 1[m²]당 1[m³/min]
이상으로 하되, 예상제연구역 전체에 대한 최저배출량은 5,000[m³/h] 이상으로 할 것

$$Q = A[\text{m}^2] \times 1[\text{m}^3/\text{min} \cdot \text{m}^2] \times 60[\text{min/hr}]$$

여기서, Q : 배출량[m³/h]

A : 바닥면적[m²]

② 예상 제연 구역의 거실 바닥면적이 400[m²] 이상인 경우
  • 예상제연구역이 직경 40[m]인 원의 범위 안에 있을 경우 : 배출량 40,000[m³/h] 이상
  • 예상제연구역이 직경 40[m]인 원의 범위를 초과할 경우 : 배출량 45,000[m³/h] 이상
③ 예상제연구역이 통로인 경우 : 배출량 45,000[m³/h] 이상으로 해야 한다.

소요 최소 배출량[m³/h]

공동예상제연구역 안에 설치된 예상제연구역이 각각 제연경계로 구획된 경우(예상제연구역의 구획 중 일부가 제연경계로 구획된 경우를 포함하나 출입구부분만을 제연경계로 구획한 경우를 제외한다)에 배출량은 각 예상제연구역의 배출량 중 최대의 것으로 할 것

11 소화펌프가 임펠러 직경 150[mm], 회전수 1,770[rpm], 유량 4,000[L/min], 양정 50[m]로 가압 송수하고 있다. 이 펌프와 상사법칙을 만족하는 펌프가 임펠러 직경 200[mm], 회전수 1,170[rpm]으로 운전할 때 유량[L/min]과 양정[m]을 각각 구하시오.　　　[4점]

1) 유량[L/min]
 • 계산과정 :

 • 답 :

2) 양정[m]
 • 계산과정 :

 • 답 :

──────────────────────────────

(해답 ➕)　1) 유량[L/min]
 • 계산과정

$$\frac{Q_2}{Q_1} = \left(\frac{N_2}{N_1}\right) \times \left(\frac{D_2}{D_1}\right)^3$$

$$\frac{Q_2}{4,000[\mathrm{L/min}]} = \left(\frac{1,170[\mathrm{rpm}]}{1,770[\mathrm{rpm}]}\right) \times \left(\frac{200[\mathrm{mm}]}{150[\mathrm{mm}]}\right)^3$$

$$\therefore \ Q_2 = 6,267.42[\mathrm{L/min}]$$

 • 🔖 6,267.42[L/min]

2) 양정[m]
 • 계산과정

$$\frac{H_2}{H_1} = \left(\frac{N_2}{N_1}\right)^2 \times \left(\frac{D_2}{D_1}\right)^2$$

$$\frac{H_2[\mathrm{m}]}{50[\mathrm{m}]} = \left(\frac{1,170[\mathrm{rpm}]}{1,770[\mathrm{rpm}]}\right)^2 \times \left(\frac{200[\mathrm{mm}]}{150[\mathrm{mm}]}\right)^2$$

$$\therefore \ H_2 = 38.84[\mathrm{m}]$$

 • 🔖 38.84[m]

(해설 ➕)　상사의 법칙

유량　$\dfrac{Q_2}{Q_1} = \left(\dfrac{N_2}{N_1}\right) \times \left(\dfrac{D_2}{D_1}\right)^3$
양정　$\dfrac{H_2}{H_1} = \left(\dfrac{N_2}{N_1}\right)^2 \times \left(\dfrac{D_2}{D_1}\right)^2$
동력　$\dfrac{P_2}{P_1} = \left(\dfrac{N_2}{N_1}\right)^3 \times \left(\dfrac{D_2}{D_1}\right)^5$

　여기서, N : 회전수[rpm]
　　　　　D : 펌프의 직경[m]

12 다음은 인명구조기구의 설치대상이다. (   ) 안에 알맞은 내용을 쓰시오. [6점]

특정소방대상물	인명구조기구의 종류	설치수량
• 지하층을 포함한 층수가 7층 이상인 (①) • 지하층을 포함한 층수가 5층 이상인 병원	• 방열복 또는 방화복(안전헬멧, 보호장갑 및 안전화 포함) • (②) • (③)	각 (④) 이상 비치 단, 병원의 경우 (③)를 설치하지 아니할 수 있음
• 수용인원이 (⑤) 이상인 영화상영관 • 운수시설 중 지하역사 • 지하가 중 지하상가	• (②)	층마다 (⑥) 이상 비치 단, 각 층마다 갖추어 두어야 함. (②) 중 일부를 직원이 상주하는 인근 사무실에 갖추어 둘 수 있음

해답 ✚ ① 관광호텔   ② 공기호흡기   ③ 인공소생기
      ④ 2개   ⑤ 100명   ⑥ 2개

해설 ✚ 「인명구조기구의 화재안전기술기준(NFTC 302)」

▼ 특정소방대상물의 용도 및 장소별로 설치해야 할 인명구조기구

특정소방대상물	인명구조기구의 종류	설치수량
1. 지하층을 포함한 층수가 7층 이상인 관광호텔 및 5층 이상인 병원	방열복 또는 방화복(안전모, 보호장갑 및 안전화를 포함한다), 공기호흡기, 인공소생기	각 2개 이상 비치할 것. 다만, 병원의 경우에는 인공소생기를 설치하지 않을 수 있다.
2. 문화 및 집회시설 중 수용인원 100명 이상의 영화상영관 3. 판매시설 중 대규모 점포 4. 운수시설 중 지하철 역 5. 지하가 중 지하상가	공기호흡기	층마다 2개 이상 비치할 것. 다만, 각 층마다 갖추어 두어야 할 공기호흡기 중 일부를 직원이 상주하는 인근 사무실에 갖추어 둘 수 있다.
6. 물분무 등 소화설비 중 이산화탄소소화설비를 설치해야 하는 특정소방대상물	공기호흡기	이산화탄소소화설비가 설치된 장소의 출입구 외부 인근에 1대 이상 비치할 것

13 18층의 복도식 아파트 1동에 아래와 같은 조건으로 습식 스프링클러설비를 설치하고자 한다. 다음의 물음에 답하시오. [6점]

[조건]
• 모터의 실양정은 65[m]이며, 배관 및 관부속품의 총 마찰손실수두는 25[m]이다.
• 헤드의 방사압력은 0.1[MPa]이다.
• 모터의 효율은 60[%]이다.

1) 펌프의 정격토출량[L/min]을 구하시오.
   • 계산과정 :
   • 답 :

2) 수조의 저수량[m³]을 구하시오.
   • 계산과정 :
   • 답 :

3) 모터의 최소 동력[kW]을 구하시오.
   • 계산과정 :
   • 답 :

(해답 ➕) 1) 펌프의 정격토출량[L/min]
   • 계산과정
      $10[개] \times 80[\text{L/min}] = 800[\text{L/min}]$
   • 🔖 800[L/min]

2) 수조의 저수량[m³]
   • 계산과정
      $800[\text{L/min}] \times 20[\text{min}] = 16,000[\text{L}] = 16[\text{m}^3]$
   • 🔖 16[m³]

3) 모터의 최소 동력[kW]
   • 계산과정
      $H = 65[\text{m}] + 25[\text{m}] + 10[\text{m}] = 100[\text{m}]$

      $\therefore P = \dfrac{9.8[\text{kN/m}^3] \times \dfrac{0.8}{60}[\text{m}^3/\text{s}] \times 100[\text{m}]}{0.6} = 21.78[\text{kW}]$
   • 🔖 21.78[kW]

(해설 ➕) 스프링클러설비 계산 공식

> 스프링클러설비 수원의 양 $Q = 80[\text{L/min}] \times$ 헤드의 기준개수 $\times\ T[\text{min}]$

여기서, $T[\text{min}]$: 방사시간(20분)

(30층 이상 50층 미만인 경우 40분, 50층 이상인 경우 60분)

※ 헤드의 기준개수(폐쇄형 헤드)

설치장소			기준개수[개]
지하층을 제외한 층수가 10층 이하인 소방대상물	공장	특수가연물 저장·취급하는 것	30
		그 밖의 것	20
	근린생활시설, 판매시설·운수시설 또는 복합건축물	판매시설 또는 복합건축물 (판매시설이 설치되는 복합건축물)	30
		그 밖의 것	20
	그 밖의 것	헤드의 부착높이 8[m] 이상의 것	20
		헤드의 부착높이 8[m] 미만의 것	10
지하층을 제외한 층수가 11층 이상인 특정소방대상물·지하가 또는 지하역사, 창고, 아파트 등의 각 동과 연결된 주차장			30
아파트 등			10

> 전양정 $H =$ 실양정[m] + 마찰손실[m] + 방사압(수두)[m]

여기서, 스프링클러설비의 헤드 방사압 : 0.1[MPa] = 10[m]

> 펌프의 전동기 동력[kW] $P = \dfrac{\gamma Q H}{\eta} \times K$

여기서, γ : 비중량($\gamma_w = 9.8[\text{kN/m}^3]$)

$\qquad Q$: 유량[m³/s]

$\qquad H$: 전양정[m]

$\qquad \eta$: 효율

$\qquad K$: 전달계수

14 체적이 150[m³]인 밀폐된 전기실에 이산화탄소소화설비를 전역방출방식으로 적용하고자 한다. 저장용기의 내용적은 68[L]이고 충전비는 1.8[L/kg]으로 할 경우 다음 각 물음에 답하시오.

[5점]

1) 이산화탄소 소화약제의 양[kg]을 구하시오.
2) 저장용기의 개수[병]를 구하시오.
3) 해당 이산화탄소 소화설비는 고압식인지, 저압식인지 쓰시오.
4) 저장용기의 내압시험압력의 합격기준[MPa]을 쓰시오.

(해답 ⊕) 1) 이산화탄소 소화약제의 양[kg]
- 계산과정
  $$W = 150[\text{m}^3] \times 1.3[\text{kg/m}^3] = 195[\text{kg}]$$
- 🔑 195[kg]

2) 저장용기의 개수[개]
- 계산과정
  $$1.8[\text{L/kg}] = \frac{68[\text{L}]}{M[\text{kg}]}$$

  1병당 충전량 $M = 37.78[\text{kg}]$

  $$N = \frac{195[\text{kg}]}{37.78[\text{kg/병}]} = 5.2 = 6[\text{병}]$$
- 🔑 6[병]

3) 고압식과 저압식
- 계산과정
  충전비가 1.5 이상이므로 고압식이다.
- 🔑 고압식

4) 내압시험압력의 합격기준[MPa]
- 계산과정
  고압식의 내압시험압력 : 25[MPa] 이상
- 🔑 25[MPa] 이상

(해설 ⊕) 전역방출방식 이산화탄소소화설비 계산 공식

$$W(약제량) = (V \times \alpha) + (A \times \beta)$$

여기서, W : 약제량[kg]

V : 방호구역체적[m³]

α : 체적계수[kg/m³]

A : 개구부면적[m²]

β : 면적계수(표면화재 : 5[kg/m²], 심부화재 : 10[kg/m²])

심부화재(종이, 목재, 석탄, 섬유류, 합성수지류)

방호대상물	방호구역 1[m³]에 대한 소화약제의 양[kg/m³]	설계농도 [%]	개구부 가산량[kg/m²] (자동폐쇄장치 미설치 시)
유압기기를 제외한 전기설비 케이블실	1.3	50	10
체적 55[m³] 미만의 전기설비	1.6	50	10
서고, 전자제품창고, 목재가공품 창고, 박물관	2.0	65	10
고무류, 면화류 창고, 모피창고, 석탄창고, 집진설비	2.7	75	0

이산화탄소 소화약제의 저장용기 설치기준

① 저장용기의 충전비는 고압식은 1.5 이상 1.9 이하, 저압식은 1.1 이상 1.4 이하로 할 것

② 저압식 저장용기에는 내압시험압력의 0.64배부터 0.8배의 압력에서 작동하는 안전밸브와 내압시험압력의 0.8배부터 내압시험압력에서 작동하는 봉판을 설치할 것

③ 저압식 저장용기에는 액면계 및 압력계와 2.3[MPa] 이상 1.9[MPa] 이하의 압력에서 작동하는 압력경보장치를 설치할 것

④ 저압식 저장용기에는 용기 내부의 온도가 섭씨 영하 18[℃] 이하에서 2.1[MPa]의 압력을 유지할 수 있는 자동냉동장치를 설치할 것

⑤ 저장용기는 고압식은 25[MPa] 이상, 저압식은 3.5[MPa] 이상의 내압시험압력에 합격한 것으로 할 것

※ "충전비"란 소화약제 저장용기의 내부 용적과 소화약제의 중량과의 비(용적/중량)를 말한다.

$$충전비 = \frac{저장용기의 용적}{소화약제의 중량}$$

15 다음은 수원 및 펌프가 중앙집결방식으로 설치된 A, B, C구역에 대한 설명이다. 다음 조건을 보고 물음에 답하시오. [8점]

[조건]

• 펌프 · 배관과 소화수 또는 소화약제를 최종 방출하는 방출구가 고정된 고정식 소화설비가 2개 설치되어 있다.

• 각 구역의 소화설비가 설치된 부분이 방화벽과 구획되어 있으며, 각 소화설비에 지장이 없다.

• 옥상수조는 제외한다.

A구역	해당 구역에는 옥내소화전선비가 2개 설치되어 있고, 스프링클러설비는 헤드가 10개 설치되어 있다.
B구역	옥내소화전선비가 3개 설치되어 있고, 차고에 물분무소화설비가 설치되어 있으며 토출량은 20[L/min · m²]으로 하고, 최소 바닥면적은 50[m²]을 적용하도록 한다.

C구역	옥외에 완전 개방된 주차장에 설치하는 포소화전설비는 포소화전 방수구가 8개 설치되어 있다. 또한, 포원액의 농도는 무시하고 산출한다. 단, 포소화전설비를 설치한 1개 층의 바닥면적은 200[m²]을 초과한다.

1) 모터의 최소 정격토출량[m³/min]을 구하시오.

　• 계산과정 :

　• 답 :

2) 최소 수원의 양[m³]을 구하시오.

　• 계산과정 :

　• 답 :

(해답 ⊕)　1) 최소 정격토출량[m³/min]

　　• 계산과정

　　　① A구역

　　　　옥내소화전설비 펌프 토출량 : $2[개] \times 130[\text{L/min}] = 260[\text{L/min}]$

　　　　스프링클러설비 펌프 토출량 : $10[개] \times 80[\text{L/min}] = 800[\text{L/min}]$

　　　　∴ 펌프 토출량은 두 설비의 합이므로 $Q = 260 + 800 = 1,060[\text{L/min}]$

　　　② B구역

　　　　옥외소화전설비 펌프 토출량 : $2[개] \times 350[\text{L/min}] = 700[\text{L/min}]$

　　　　물분무소화설비 펌프 토출량 : $50[\text{m}^2] \times 20[\text{L/min} \cdot \text{m}^2] = 1,000[\text{L/min}]$

　　　　∴ 펌프 토출량은 두 설비의 합이므로 $Q = 700 + 1,000 = 1,700[\text{L/min}]$

　　　③ C구역

　　　　포소화전설비 펌프 토출량 : $5[개] \times 300[\text{L/min}] = 1,500[\text{L/min}]$

　　　∴ 필요한 저수량 중 최대의 것, $1,700[\text{L/min}] = 1.7[\text{m}^3/\text{min}]$

　　• 답 $1.7[\text{m}^3/\text{min}]$

　2) 최소 수원의 양[m³]

　　• 계산과정

　　　$1.7[\text{m}^3/\text{min}] \times 20[\text{min}] = 34[\text{m}^3]$

　　• 답 $34[\text{m}^3]$

(해설 ⊕)　「옥내소화전설비의 화재안전기술기준(NFTC 102)」

수원 및 가압송수장치의 펌프 등의 겸용 기준

옥내소화전설비의 수원을 스프링클러설비 · 간이스프링클러설비 · 화재조기진압용 스프링클러설비 · 물분무소화설비 · 포소화설비 및 옥외소화전설비의 수원과 겸용하여 설치하는 경우의 저수량은 각 소화설비에 필요한 저수량을 합한 양 이상이 되도록 해야 한다. 다만, 이들 소화설비 중 고정식 소화설비(펌프 · 배관과 소화수 또는 소화약제를 최종 방출하는 방출구가 고정된 설비를 말한다)가 2 이상 설치되어 있고, 그 소화설비가 설치된 부분이 방화벽과 방화문으로 구획되어 있는 경우에는 각 고정식 소화설비에 필요한 저수량 중 최대의 것 이상으로 할 수 있다.

16 제1석유류(비수용성) 45,000[L]를 저장하는 위험물 옥외탱크저장소가 있다. 해당 콘루프탱크(Cone Roof Tank)는 직경 12[m], 높이가 40[m]이며, II형 고정포방출구가 설치되어 있다. 조건을 참고하여 다음 각 물음에 답하시오. [10점]

[조건]
- 배관 및 관부속품의 총 마찰손실수두는 30[m]이다.
- 포방출구의 압력은 350[kPa]이다.
- 고정포방출구의 방출량은 4.2[L/(min · m²)]이고, 방사시간은 30분이다.
- 보조포소화전은 1개(호스접결구의 수 : 1개) 설치되어 있다.
- 포소화약제의 농도는 6[%]이다.
- 송액관의 직경은 100[mm]이고, 배관의 길이는 30[m]이다.
- 펌프의 효율은 60[%]이고, 전달계수 $K = 1.1$이다.
- 포수용액의 비중이 물의 비중과 같다고 가정한다.

1) 포소화약제의 원액량[L]을 구하시오.
2) 수원의 양[m³]을 구하시오.
3) 펌프의 전양정[m]을 구하시오. (단, 낙차는 탱크의 높이로 한다.)
4) 펌프의 정격토출량[m³/min]을 구하시오.
5) 펌프의 최소 모터동력[kW]을 구하시오.

해답 ⊕   1) 포소화약제의 원액량[L]
- 계산과정

① 고정포 $Q_1 = \dfrac{12^2\pi}{4}[\text{m}^2] \times 4.2[\text{L/m}^2 \cdot \text{min}] \times 30[\text{min}] \times 0.06 = 855.02[\text{L}]$

② 보조포 $Q_2 = 1[\text{개}] \times 400[\text{L/min}] \times 20[\text{min}] \times 0.06 = 480[\text{L}]$

③ 송액관 $Q_3 = \dfrac{0.1^2\pi}{4}[\text{m}^2] \times 30[\text{m}] \times 1,000[\text{L/m}^3] \times 0.06 = 14.14[\text{L}]$

∴ $Q_1 + Q_2 + Q_3 = 855.02[\text{L}] + 480[\text{L}] + 14.14[\text{L}] = 1,349.16[\text{L}]$
- 답 1,349.16[L]

2) 수원의 양[m³]
   • 계산과정

① 고정포 $Q_1 = \dfrac{12^2 \pi}{4}[\mathrm{m}^2] \times 4.2[\mathrm{L/m}^2 \cdot \mathrm{min}] \times 30[\mathrm{min}] \times 0.94$

   $= 13,395.25[\mathrm{L}] = 13.4[\mathrm{m}^3]$

② 보조포 $Q_2 = 1[개] \times 400[\mathrm{L/min}] \times 20[\mathrm{min}] \times 0.94$

   $= 7,520[\mathrm{L}] = 7.52[\mathrm{m}^3]$

③ 송액관 $Q_3 = \dfrac{0.1^2 \pi}{4}[\mathrm{m}^2] \times 30[\mathrm{m}] \times 0.94 = 0.22[\mathrm{m}^3]$

   $\therefore Q_1 + Q_2 + Q_3 = 13.4[\mathrm{m}^3] + 7.52[\mathrm{m}^3] + 0.22[\mathrm{m}^3] = 21.14[\mathrm{m}^3]$

   • 🈸 21.14[m³]

3) 펌프의 전양정[m]
   • 계산과정

$H = \left(\dfrac{350[\mathrm{kPa}]}{101.325[\mathrm{kPa}]} \times 10.332[\mathrm{m}] \right) + 30[\mathrm{m}] + 40[\mathrm{m}] = 105.69[\mathrm{m}]$

   • 🈸 105.69[m]

4) 펌프의 정격토출량[m³/min]
   • 계산과정

① 고정포 $Q_1 = \dfrac{12^2 \pi}{4}[\mathrm{m}^2] \times 4.2[\mathrm{L/m}^2 \cdot \mathrm{min}] = 475.01[\mathrm{L/min}]$

② 보조포 $Q_2 = 1[개] \times 400[\mathrm{L/min}] = 400[\mathrm{L/min}]$

   $\therefore Q_1 + Q_2 = 475.01[\mathrm{L/min}] + 400[\mathrm{L/min}] = 875.01[\mathrm{L/min}]$

   $= 0.88[\mathrm{m}^3/\mathrm{min}]$

   • 🈸 0.88[m³/min]

5) 펌프의 최소 모터동력[kW]
   • 계산과정

$\dfrac{9.8[\mathrm{kN/m}^3] \times \dfrac{0.88}{60}[\mathrm{m}^3/\mathrm{s}] \times 105.69[\mathrm{m}]}{0.6} \times 1.1 = 27.85[\mathrm{kW}]$

   • 🈸 27.85[kW]

해설 ⊕ 고정포방출구 방식 소화약제량 계산 공식

① 고정포방출구

$$Q_1 = A \cdot Q \cdot T \cdot S$$

   여기서, Q_1 : 포소화약제의 양[L]

   A : 탱크의 액표면적[m²]

Q : 단위포소화수용액의 양(방출률)[L/min · m²]

T : 방출시간[min]

S : 포소화약제의 사용농도[%]

② 보조소화전

$$Q_2 = N \times 400[\text{L/min}] \times 20[\text{min}] \times S$$

여기서, Q_2 : 포소화약제의 양[L]

N : 호스접결구의 수(최대 3개)

S : 포소화약제의 사용농도[%]

③ 배관보정량(내경 75[mm] 이하의 송액관을 제외한다)
: 「포소화설비의 화재안전기술기준(NFTC 105)」

$$Q_3 = A \times L \times S \times 1,000[\text{L/m}^3]$$

여기서, Q_3 : 배관보정량[L]

A : 배관 단면적[m²]

S : 포소화약제의 사용농도[%]

L : 배관의 길이[m]

④ 펌프의 모터동력[kW]

$$P = \frac{\gamma Q H}{\eta} \times K$$

여기서, γ : 비중량($\gamma_w = 9.8[\text{kN/m}^3]$)

Q : 유량[m³/s]

H : 전양정[m]

η : 효율

K : 전달계수

01 피난기구에 대한 다음 각 물음에 답하시오. [6점]

1) 3층 및 4층 이상 10층 이하의 의료시설에 설치해야 할 피난기구를 쓰시오.

　① 3층 :

　② 4층 이상 10층 이하 :

2) 피난기구 설치 시 개구부에 관련되는 사항으로 안에 알맞은 답을 쓰시오.

> 피난기구는 계단 피난구 기타 피난시설로부터 적당한 거리에 있는 안전한 구조로 된 피난 또는
> 소화 활동상 유효한 개구부[가로 (①)[m] 이상 세로 (②)[m] 이상인 것을 말한다. 이 경우
> 개구부 하단이 바닥에서 (③)[m] 이상이면 발판 등을 설치해야 하고, 밀폐된 창문은 쉽게
> 파괴할 수 있는 파괴장치를 비치해야 한다] 고정하여 설치하거나 필요한 때에 신속하고 유효
> 하게 설치할 수 있는 상태에 둘 것

(해답 ⊕) 1) ① 미끄럼대, 구조대, 피난교, 피난용 트랩, 다수인피난장비, 승강식 피난기

　　　② 구조대, 피난교, 피난용 트랩, 다수인피난장비, 승강식 피난기

2) ① 0.5　　　　② 1　　　　③ 1.2

(해설 ⊕) 「피난기구의 화재안전기술기준(NFTC 301)」

▼ 소방대상물의 설치장소별 피난기구의 적응성

장소별 ＼ 층별	1, 2층	3층	4층 이상 10층 이하
1. 노유자 시설	미끄럼대 구조대 피난교 다수인피난장비 승강식 피난기	미끄럼대 구조대 피난교 다수인피난장비 승강식 피난기	— 구조대 피난교 다수인피난장비 승강식 피난기
2. 의료시설 · 근린생활시설 중 입원실이 있는 의원 · 접골원 · 조산원	—	미끄럼대 구조대 피난교 피난용 트랩 다수인피난장비 승강식 피난기	— 구조대 피난교 피난용 트랩 다수인피난장비 승강식 피난기

장소별 \ 층별	1, 2층	3층	4층 이상 10층 이하
3. 4층 이하인 다중이용업소	미끄럼대 구조대 피난사다리 완강기 다수인피난장비 승강식 피난기	미끄럼대 구조대 피난사다리 완강기 다수인피난장비 승강식 피난기	미끄럼대 구조대 피난사다리 완강기 다수인피난장비 승강식 피난기
4. 그 밖의 것	–	미끄럼대 구조대 피난사다리 완강기 다수인피난장비 승강식 피난기 피난교 피난용 트랩 간이완강기 공기안전매트	– 구조대 피난사다리 완강기 다수인피난장비 승강식 피난기 피난교 – 간이완강기 공기안전매트

[비고]
1) 구조대의 적응성은 장애인 관련 시설로서 주된 사용자 중 스스로 피난이 불가한 자가 있는 경우 추가로 설치하는 경우에 한한다.
2) 간이완강기의 적응성은 숙박시설의 3층 이상에 있는 객실에, 공기안전매트의 적응성은 공동주택에 추가로 설치하는 경우에 한한다.

※ 피난기구는 계단·피난구 기타 피난시설로부터 적당한 거리에 있는 안전한 구조로 된 피난 또는 소화 활동상 유효한 개구부(가로 0.5[m] 이상 세로 1[m] 이상인 것을 말한다. 이 경우 개구부 하단이 바닥에서 1.2[m] 이상이면 발판 등을 설치하여야 하고, 밀폐된 창문은 쉽게 파괴할 수 있는 파괴장치를 비치해야 한다)에 고정하여 설치하거나 필요한 때에 신속하고 유효하게 설치할 수 있는 상태에 둘 것

02 다음과 같은 특정소방대상물에 소화수조 및 저수조를 설치하고자 한다. 다음 각 물음에 답하시오. [5점]

구분	지하 2층	지하 1층	지상 1층	지상 2층	지상 3층
바닥면적[m²]	2,500	2,500	13,500	13,500	6,500

1) 소화용수의 저수량은 몇 [m³]인가?
　• 계산과정 :
　• 답 :

2) 흡수관투입구 및 채수구는 몇 [개] 이상으로 설치해야 하는가?
3) 가압송수장치의 1분당 양수량은 몇 [L] 이상으로 해야 하는가?

(해답 ➕) 1) 소화용수의 저수량[m³]
　　• 계산과정
　　연면적 : $2,500[m^2] + 2,500[m^2] + 13,500[m^2] + 13,500[m^2] + 6,500[m^2] = 38,500[m^2]$
　　1층 + 2층 = 13,500 + 13,500 = 27,000[m²]이므로 기준면적은 7,500[m²]
　　$\dfrac{38,500}{7,500} = 5.13 \rightarrow 6 \times 20[m^3] = 120[m^3]$
　　• 🖪 120[m³]

　2) ① 흡수관투입구 : 2[개] 이상
　　② 채수구 : 3[개]

　3) 3,300[L/min] 이상

(해설 ➕) 「소화수조 및 저수조의 화재안전기술기준(NFTC 402)」 소화수조 저수량
소화수조 또는 저수조의 저수량은 소방대상물의 연면적을 다음 표에 따른 기준면적으로 나누어 얻은 수(소수점 이하의 수는 1로 본다)에 20[m³]를 곱한 양 이상이 되도록 해야 한다.

소방대상물의 구분	기준 면적
1층 2층 바닥면적 합계가 15,000[m²] 이상인 소방대상물	7,500[m²]
그 외	12,500[m²]

▼ [정리] 가압송수장치의 1분당 양수량[L]

소요수량	20[m³]	40[m³], 60[m³]	80[m³]	100[m³] 이상
흡수관투입구	1개 이상		2개 이상	
채수구의 수	1개	2개		3개
가압송수장치 1분당 양수량	1,100[L/min] 이상	2,200[L/min] 이상		3,300[L/min] 이상

03 그림은 어느 판매장의 무창층에 대한 제연설비 중 연기배출풍도와 배출FAN을 나타내고 있는 평면도이다. 주어진 조건을 이용하여 풍도에 설치되어야 할 제어댐퍼를 가장 적합한 지점에 표기한 다음 물음에 답하시오. [7점]

[조건]
- 건물의 주요 구조부는 모두 내화구조이다.
- 각 실은 불연성 구조물로 구획되어 있다.
- 복도의 내부면은 모두 불연재이고 복도 내에 가연물을 두는 일은 없다.
- 각 실에 대한 연기배출방식에서 공동배출구역방식은 없다.
- 이 판매장에는 음식점은 없다.

1) 제어댐퍼의 설치를 그림에 표시하시오. (단, 댐퍼의 표기는 "⊘" 모양으로 하고 번호(예, A_1, B_1, C_1, ……)를 부여, 문제 본문 그림에 직접 표시할 것)

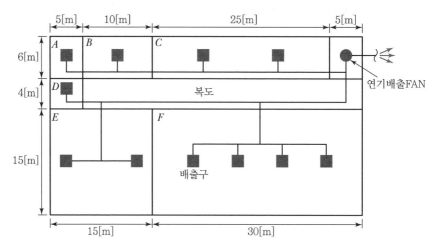

2) 각 실(A, B, C, D, E, F)의 최소 소요배출량은 얼마인가?
   ① A실   ② B실   ③ C실   ④ D실   ⑤ E실   ⑥ F실

3) 배출 FAN의 최소 소요배출용량은 얼마인가?

4) C실에 화재가 발생했을 경우 제어댐퍼의 작동상황(개폐 여부)이 어떻게 되어야 하는지 1)에서 부여한 댐퍼의 번호를 이용하여 쓰시오.
   ① 폐쇄댐퍼 :
   ② 개방댐퍼 :

해답 ⊕　1) 제연댐퍼 설치도

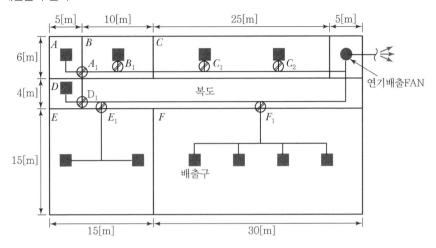

2) 각 실별 최소 배출량[m³/min]

실	계산식	배출량
A실	바닥면적 5[m] × 6[m] = 30[m²] 30[m²] × 1[m³/m²·min] = 30[m³/min] = 1,800[m³/hr] 공동예상제연구역이 아니므로 최저기준 적용	5,000[m³/hr]
B실	바닥면적 10[m] × 6[m] = 60[m²] 60[m²] × 1[m³/m²·min] = 60[m³/min] = 3,600[m³/hr] 공동예상제연구역이 아니므로 최저기준 적용	5,000[m³/hr]
C실	바닥면적 25[m] × 6[m] = 150[m²] 150[m²] × 1[m³/m²·min] = 150[m³/min] = 9,000[m³/hr]	9,000[m³/hr]
D실	바닥면적 5m] × 4[m] = 20[m²] 20[m²] × 1[m³/m²·min] = 20[m³/min] = 1,200[m³/hr] 공동예상제연구역이 아니므로 최저기준 적용	5,000[m³/hr]
E실	바닥면적 15[m] × 15[m] = 225[m²] 225[m²] × 1[m³/m²·min] = 225[m³/min] = 13,500[m³/hr]	13,500[m³/hr]
F실	바닥면적 15[m] × 30[m] = 450[m²] 대각선의 길이(직경) $\sqrt{30^2 + 15^2}$ = 33.54[m] 직경 40[m] 원 안에 있고, 수직거리에 대한 조건이 없으므로 40,000[m³/hr] 이상	40,000[m³/hr]

답 ① A실 : 5,000[m³/hr]　② B실 : 5,000[m³/hr]　③ C실 : 9,000[m³/hr]

　　④ D실 : 5,000[m³/hr]　⑤ E실 : 13,500[m³/hr]　⑥ F실 : 40,000[m³/hr]

3) 배출 FAN의 최소 소요배출용량

공동예상제연구역 안에 설치된 예상제연구역이 각각 제연경계로 구획된 경우(예상제연구역의 구획 중 일부가 제연경계로 구획된 경우를 포함하나 출입구부분만을 제연경계로 구획한 경우를 제외한다)에 배출량은 각 예상제연구역의 배출량 중 최대의 것으로 할 것

답 40,000[m³/hr]

4) C실에 화재가 발생했을 경우 제어댐퍼의 작동상황(개폐 여부)

   인접구역 상호제연방식 : 화재실에서 배기를 실시하고, 인접실에서 급기하는 방식

   🖪 ① 폐쇄댐퍼 : A_1, B_1, D_1, E_1, F_1

   　② 개방댐퍼 : C_1, C_2

해설 ➕ [공식]

① 예상제연구역의 거실 바닥면적이 400[m²] 미만인 경우 : 배출량은 바닥면적 1[m²]당 1[m³/min] 이상으로 하되, 예상제연구역 전체에 대한 최저배출량은 5,000[m³/hr] 이상으로 할 것

$$Q = A[\text{m}^2] \times 1[\text{m}^3/\text{min} \cdot \text{m}^2] \times 60[\text{min/hr}]$$

여기서, Q : 배출량[m³/hr]

　　　A : 바닥면적[m²]

② 예상 제연 구역의 거실 바닥면적이 400[m²] 이상인 경우

　예상제연구역이 직경 40[m]인 원의 범위 안에 있을 경우 : 배출량 40,000[m³/hr] 이상

　예상제연구역이 직경 40[m]인 원의 범위를 초과할 경우 : 배출량 45,000[m³/hr] 이상

③ 예상제연구역이 통로인 경우 : 배출량 45,000[m³/hr] 이상으로 해야 한다.

04 다음 소방시설의 도시기호에 대한 명칭을 쓰시오. [6점]

번호	①	②	③	④	⑤	⑥
도시기호	——WS——	←——┤	⬤	→◁	◉	H

해답 ➕ ① 물분무배관　　　　② 플러그　　　　③ 포헤드(입면도)

　　　④ 가스체크밸브　　　⑤ 경보밸브(습식)　⑥ 옥외소화전

05 아래와 같은 조건으로 전역방출방식의 고압식 이산화탄소소화설비를 설치하였을 경우 각 물음에 답하시오. [8점]

[조건]
- 방호구역의 크기는 가로 10[m], 세로 20[m], 높이 5[m]이다.
- 개구부의 조건

개구부의 크기	자동폐쇄장치 설치여부
가로 2.4[m] × 세로 1.8[m]	미설치
가로 1.2[m] × 세로 0.8[m]	설치

- 개구부의 상태에 따라 개구부 면적 1[m²]당 가산하는 소화약제의 양은 5[kg]으로 한다.
- 설치된 분사헤드의 방사율은 1개당 1.05[kg/mm² · min]으로 하며 CO_2 방출시간은 1분을 기준으로 한다.
- CO_2 저장용기는 내용적으로 68[L], 충전량으로 45[kg] 용의 것을 사용하는 것으로 한다.
- 분사헤드의 분구면적은 1개당 51[mm²]이다.
- 소화약제의 산정기준 및 기타 필요한 사항은 국가화재안전기술기준에 따른다.

1) 필요한 소화약제의 양은 몇 [kg]인지 산출하시오.
 - 계산과정 :
 - 답 :

2) 용기저장소에 저장해야 할 소화약제의 용기 수는 얼마인가?
 - 계산과정 :
 - 답 :

3) 선택밸브 직후의 유량은 몇 [kg/s]인가?
 - 계산과정 :
 - 답 :

4) 설치해야 할 헤드 수는 모두 몇 [개]인지 구하시오. (단, 실제방출 병수로 계산한다.)
 - 계산과정 :
 - 답 :

(해답 ⊕) 1) 필요한 소화약제의 양[kg]
 - 계산과정

$$W = (10 \times 20 \times 5)[\text{m}^3] \times 0.8[\text{kg/m}^3] + (2.4 \times 1.8)[\text{m}^2] \times 5[\text{kg/m}^2]$$
$$= 821.6[\text{kg}]$$

 - 답 821.6[kg]

2) 소화약제의 용기수
- 계산과정

$$N = \frac{821.6[\text{kg}]}{45[\text{kg/병}]} = 18.26 = 19[\text{병}]$$

- 🈂 19[병]

3) 선택밸브 직후의 유량[kg/s]
- 계산과정

전역방출방식에 있어서 가연성 액체 또는 가연성 가스 등 표면화재 방호대상물의 경우에는 1분이므로,

$$Q = \frac{19[\text{병}] \times 45[\text{kg/병}]}{60[\text{s}]} = 14.25[\text{kg/s}]$$

- 🈂 14.25[kg/s]

4) 설치해야 할 헤드 수[개]
- 계산과정

$$\frac{19[\text{병}] \times 45[\text{kg/병}]}{1.05[\text{kg/mm}^2 \cdot \text{min}] \times 51[\text{mm}^2] \times 1[\text{min}]} = 15.97 = 16[\text{개}]$$

- 🈂 16[개]

해설 ➕ 전역방출방식 이산화탄소소화설비 계산 공식

$$약제량 \ W = (V \times \alpha) + (A \times \beta)$$

여기서, W : 약제량[kg]

V : 방호구역체적[m³]

α : 체적계수[kg/m³]

A : 개구부면적[m²]

β : 면적계수(표면화재 : 5[kg/m²], 심부화재 : 10[kg/m²])

표면화재(가연성 가스, 가연성 액체)

방호구역 체적	방호구역의 체적 1[m³]에 대한 소화약제의 양[kg/m³]	최저 한도량 [kg]	개구부 가산량[kg/m²] (자동폐쇄장치 미설치 시)
45[m³] 미만	1	45	5
45[m³] 이상 150[m³] 미만	0.9		5
150[m³] 이상 1,450[m³] 미만	0.8	135	5
1,450[m³] 이상	0.75	1,125	5

06 다음 제연설비의 조건을 참조하여 각 물음에 답하시오.   [7점]

[조건]
- 국가화재안전기준에 따른 제연설비를 설치한다.
- 주덕트의 높이 제한은 600[mm]이다. (단, 강판두께, 덕트플랜지 및 보온두께는 고려하지 않는다.)
- 예상제연구역의 설계풍량은 45,000[m³/h]이다.
- 배출기는 원심식 다익형이다.
- 기타 조건은 무시한다.

1) 배출기의 흡입 측 주덕트의 최소 폭[m]을 구하시오.
- 계산과정 :
- 답 :

2) 배출기의 배출 측 주덕트의 최소 폭[m]을 구하시오.
- 계산과정 :
- 답 :

3) 준공 후 풍량시험을 한 결과 풍량은 36,000[m³/h], 회전수 600[rpm], 축동력 7.5[kW]로 측정되었다. 배출량 45,000[m³/h]를 만족시키기 위한 배출기의 회전수[rpm]를 계산하시오.
- 계산과정 :
- 답 :

4) 회전수를 높여서 배출량을 만족시킬 경우의 예상축동력[kW]을 계산하시오.
- 계산과정 :
- 답 :

(해답 ⊕) 1) 배출기의 흡입 측 주덕트의 최소 폭[m]
- 계산과정
  배출기의 흡입 측 풍도 안의 풍속은 15[m/s] 이하로 하고 배출 측 풍속은 20[m/s] 이하로 할 것

  $12.5[\text{m}^3/\text{s}] = (0.6 \times L_1)[\text{m}^2] \times 15[\text{m/s}]$

  $\therefore L_1 = 1.39[\text{m}]$
- 🔲 1.39[m]

2) 배출기의 배출 측 주덕트의 최소 폭[m]
- 계산과정

  $12.5[\text{m}^3/\text{s}] = (0.6 \times L_2)[\text{m}^2] \times 20[\text{m/s}]$

  $\therefore L_2 = 1.04[\text{m}]$
- 🔲 1.04[m]

3) 배출기의 회전수[rpm]

- 계산과정

$$\frac{Q_2}{Q_1} = \left(\frac{N_2}{N_1}\right) (\because 배출기의 크기는 무시)$$

$$\frac{45,000[\mathrm{m^3/h}]}{36,000[\mathrm{m^3/h}]} = \left(\frac{N_2[\mathrm{rpm}]}{600[\mathrm{rpm}]}\right)$$

$$\therefore \ N_2 = 750[\mathrm{rpm}]$$

- 🔳 750[rpm]

4) 축동력[kW]

- 계산과정

$$\frac{P_2}{P_1} = \left(\frac{N_2}{N_1}\right)^3 (\because 배출기의 크기는 무시)$$

$$\frac{P_2[\mathrm{kW}]}{7.5[\mathrm{kW}]} = \left(\frac{750[\mathrm{rpm}]}{600[\mathrm{rpm}]}\right)^3$$

$$\therefore \ P_2 = 14.65[\mathrm{kW}]$$

- 🔳 14.65[kW]

(해설 ➕) 제연설비 덕트 및 상사의 법칙 계산 공식

연속방정식 $Q = AV$

여기서, Q : 체적유량[m³/s]

  A : 배관의 단면적[m²]

  V : 유속[m/s]

상사의 법칙

유량 $\dfrac{Q_2}{Q_1} = \left(\dfrac{N_2}{N_1}\right) \times \left(\dfrac{D_2}{D_1}\right)^3$
양정 $\dfrac{H_2}{H_1} = \left(\dfrac{N_2}{N_1}\right)^2 \times \left(\dfrac{D_2}{D_1}\right)^2$
동력 $\dfrac{P_2}{P_1} = \left(\dfrac{N_2}{N_1}\right)^3 \times \left(\dfrac{D_2}{D_1}\right)^5$

여기서, N : 회전수[rpm]

  D : 펌프의 직경[m]

07 습식 스프링클러설비를 아래의 조건을 이용하여 그림과 같이 8층의 백화점 건물에 시공할 경우 다음 물음에 답하시오. [8점]

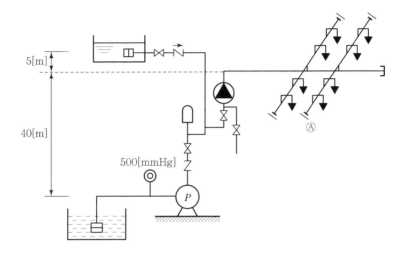

[조건]
- 배관 및 부속류의 총마찰손실은 펌프 자연 낙차압의 40[%]이다.
- 펌프의 진공계 눈금은 500[mmHg]이다.
- 펌프의 체적효율(η_v) = 0.95, 기계효율(η_m) = 0.85, 수력효율(η_n) = 0.75이다.
- 전동기의 전달계수(K)는 1.2이다.

1) 주펌프의 양정[m]을 구하시오.
2) 주펌프의 토출량[L/min]을 구하시오. (단, 스프링클러헤드는 최대 기준개수 이상 설치되는 기준이다.)
3) 주펌프의 전효율[%]을 구하시오.
4) 주펌프의 모터동력[kW]을 구하시오.
5) 폐쇄형 스프링클러헤드의 선정은 설치장소의 최고주위온도와 선정된 헤드의 표시온도를 고려해야한다. 다음 표의 설치장소의 최고주위온도에 대한 표시온도를 쓰시오.

설치장소의 최고주위온도	표시온도
39[℃] 미만	79[℃] 미만
39[℃] 이상 64[℃] 미만	①
64[℃] 이상 106[℃] 미만	②
106[℃] 이상	162[℃] 이상

해답 ⊕ 1) 주펌프의 양정[m]
- 계산과정

  실양정 $H_1 = \left(\dfrac{500\,[\mathrm{mmHg}]}{760\,[\mathrm{mmHg}]} \times 10.332\,[\mathrm{m}] \right) + 40\,[\mathrm{m}] = 46.8\,[\mathrm{m}]$

  마찰손실 $H_2 =$ 자연낙차압 $\times 0.4 = (40+5)[\mathrm{m}] \times 0.4 = 18[\mathrm{m}]$

  $\therefore\ H = 46.8[\mathrm{m}] + 18[\mathrm{m}] + 10[\mathrm{m}] = 74.8[\mathrm{m}]$
- 🔋 74.8[m]

2) 주펌프의 토출량[L/min]
- 계산과정

  $30[\text{개}] \times 80[\mathrm{L/min}] = 2,400[\mathrm{L/min}]$
- 🔋 2,400[L/min]

3) 주펌프의 전효율[%]
- 계산과정

  전효율 $=$ 체적효율$(\eta_v) \times$ 기계효율$(\eta_m) \times$ 수력효율(η_n)

  $\qquad = 0.95 \times 0.85 \times 0.75 = 0.60562 = 60.56[\%]$
- 🔋 60.56[%]

4) 주펌프의 모터동력[kW]
- 계산과정

  $$P = \dfrac{9.8\,[\mathrm{kN/m^3}] \times \dfrac{2.4}{60}\,[\mathrm{m^3/s}] \times 74.8\,[\mathrm{m}]}{0.6056} \times 1.2 = 58.10\,[\mathrm{kW}]$$
- 🔋 58.10[kW]

5) ① 79[℃] 이상 121[℃] 미만
   ② 121[℃] 이상 162[℃] 미만

해설 ⊕ 스프링클러설비 계산 공식

전양정 $H =$ 실양정[m] $+$ 마찰손실[m] $+$ 방사압(수두)[m]

여기서, 스프링클러설비의 헤드 방사압 : 0.1[MPa] = 10[m]

스프링클러설비 수원의 양 $Q = 80[\mathrm{L/min}] \times$ 헤드의 기준개수 $\times\ T[\mathrm{min}]$

여기서, $T[\mathrm{min}]$: 방사시간(20분)

　　　　　(30층 이상 50층 미만인 경우 40분, 50층 이상인 경우 60분)

※ 헤드의 기준개수(폐쇄형 헤드)

설치장소			기준개수
지하층을 제외한 층수가 10층 이하인 소방대상물	공장	특수가연물 저장·취급하는 것	30개
		그 밖의 것	20개
	근린생활시설, 판매시설·운수시설 또는 복합건축물	판매시설 또는 복합건축물 (판매시설이 설치되는 복합건축물)	30개
		그 밖의 것	20개
	그 밖의 것	헤드의 부착높이 8[m] 이상의 것	20개
		헤드의 부착높이 8[m] 미만의 것	10개
지하층을 제외한 층수가 11층 이상인 특정소방대상물·지하가 또는 지하역사, 창고, 아파트 등의 각 동과 연결된 주차장			30
아파트 등			10

펌프의 모터동력[kW] $P = \dfrac{\gamma QH}{\eta} \times K$

여기서, γ : 비중량($\gamma_w = 9.8\,[\mathrm{kN/m^3}]$)

Q : 유량[m³/s]

H : 전양정[m]

η : 효율

K : 전달계수

폐쇄형 스프링클러헤드의 최고주위온도에 따른 표시온도

설치장소의 최고주위온도	표시온도
39[℃] 미만	79[℃] 미만
39[℃] 이상 64[℃] 미만	79[℃] 이상 121[℃] 미만
64[℃] 이상 106[℃] 미만	121[℃]이상 162[℃] 미만
106[℃] 이상	162[℃] 이상

08 그림과 같이 바닥면이 자갈로 되어 있는 절연유 봉입변압기에 물분무소화설비를 설치하고자 한다. 물분무소화설비의 화재안전기술기준(NFTC 104)을 참고하여 다음 각 물음에 답하시오. [5점]

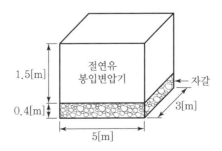

1) 소화펌프의 최소 토출량[L/min]을 구하시오.
   - 계산과정 :

   - 답 :

2) 필요한 최소 수원의 양[m³]을 구하시오.
   - 계산과정 :

   - 답 :

(해답 ⊕) 1) 소화펌프의 최소 토출량[L/min]
   - 계산과정

     $A = (5 \times 3)[\text{m}^2] + (5 \times 1.5)[\text{m}^2] \times 2 + (3 \times 1.5)[\text{m}^2] \times 2 = 39[\text{m}^2]$

     $\therefore\ Q = 39[\text{m}^2] \times 10[\text{L/min} \cdot \text{m}^2] = 390[\text{L/min}]$

   - 🔳 390[L/min]

2) 필요한 최소 수원의 양[m³]
   - 계산과정

     $390[\text{L/min}] \times 20[\text{min}] = 7,800[\text{L}] = 7.8[\text{m}^3]$

   - 🔳 7.8[m³]

(해설 ⊕) 특정소방대상물별 수원량 산정

소방대상물	수원량 산정방법
특수가연물 저장 취급	$A[\text{m}^2] \times 10[\text{L/min} \cdot \text{m}^2] \times 20[\text{min}]$ A : 바닥면적(최소 면적 50[m²] 적용)
컨베이어벨트	$A[\text{m}^2] \times 10[\text{L/min} \cdot \text{m}^2] \times 20[\text{min}]$ A : 벨트 부분 바닥면적
절연유봉입 변압기	$A[\text{m}^2] \times 10[\text{L/min} \cdot \text{m}^2] \times 20[\text{min}]$ A : 바닥부분 제외 변압기 표면적
케이블 트레이, 케이블 덕트	$A[\text{m}^2] \times 12[\text{L/min} \cdot \text{m}^2] \times 20[\text{min}]$ A : 투영된 바닥면적
차고 · 주차장	$A[\text{m}^2] \times 20[\text{L/min} \cdot \text{m}^2] \times 20[\text{min}]$ A : 바닥면적(최소 면적 50[m²] 적용)

09 다음 그림과 같은 벤투리관에 유량이 5.6[m³/min]으로 물이 흐르고 있다. 내경이 36[cm]인 본관에 내경이 13[cm]인 벤투리미터가 설치되어 있다. 압력차($P_1 - P_2$)[kPa]를 구하시오. (단, 벤투리관 송출계수(유량계수)는 0.86이라고 가정한다.)

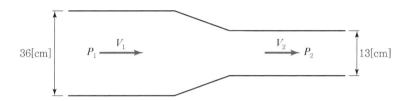

해답 ⊕ • 계산과정

[조건]

① 유량 $Q = 5.6$[m³/min]

② $d_1 = 36$[cm], $d_2 = 13$[cm]

③ 유량계수 $C = 0.86$

㉠ d_1 배관 측 유속

$$\frac{5.6}{60}[\text{m}^3/\text{s}] = 0.86 \times \frac{0.36^2 \pi}{4}[\text{m}^2] \times V_1$$

$$\therefore V_1 = 1.066[\text{m/s}]$$

$$1.066 = \sqrt{2gH_1}$$

$$\therefore H_1 = 0.058[\text{m}]$$

$$P_1 = \gamma H_1 = 9.8[\text{kN/m}^3] \times 0.058[\text{m}] = 0.568[\text{kPa}]$$

㉡ d_2 배관 측 유속

$$\frac{5.6}{60}[\text{m}^3/\text{s}] = 0.86 \times \frac{0.13^2 \pi}{4}[\text{m}^2] \times V_2$$

$$\therefore V_2 = 8.176[\text{m/s}]$$

$$8.176 = \sqrt{2gH_2}$$

$$\therefore H_2 = 3.411[\text{m}]$$

$$P_2 = \gamma H_2 = 9.8[\text{kN/m}^3] \times 3.411[\text{m}] = 33.428[\text{kPa}]$$

$\therefore$ 압력차($P_1 - P_2$) = 33.428[kPa] $-$ 0.568[kPa] = 32.86[kPa]

• 답 32.86[kPa]

[공식]

$$연속방정식 \ Q = AV$$

여기서, Q : 체적유량[m³/s]

A : 배관의 단면적[m²]

V : 유속[m/s]

$$토리첼리의 정리 \ V = \sqrt{2gH}$$

여기서, V : 유속[m/s]

g : 중력가속도(=9.8[m/s²])

H : 높이(수두)[m]

10 할로겐화합물 및 불활성기체 소화설비에 압력배관용 탄소강관(KS D 3562)을 사용할 때 다음 조건을 참조하여 관의 두께[mm]를 계산하시오. [4점]

[조건]

• 압력배관용탄소강관(KS D 3562)의 인장강도는 400[MPa], 항복점은 인장강도의 80[%]이다.

• 최대허용압력은 15[MPa]이다.

• 배관이음효율은 가열맞대기 용접배관을 적용한다.

• 배관의 최대허용응력(SE)은 배관재질 인장강도의 1/4값과 항복점의 2/3값 중 작은 값(σ)을 기준으로 다음의 식을 적용한다.

$SE = \sigma \times$ 배관이음효율 $\times 1.2$

• 적용되는 배관의 바깥지름은 65[mm]이다.

• 나사이음 홈이음 등의 허용 값[mm](헤드설치부분은 제외)은 무시한다.

(해답 ⊕) • 계산과정

인장강도의 1/4 : $400[\text{MPa}] \times \dfrac{1}{4} = 100[\text{MPa}]$

항복점의 2/3 : $(400[\text{MPa}] \times 0.8) \times \dfrac{2}{3} = 213.33[\text{MPa}]$

$SE = 100[\text{MPa}] \times 0.6 \times 1.2 = 72[\text{MPa}]$

$\therefore \ t = \dfrac{15[\text{MPa}] \times 65[\text{mm}]}{2 \times 72[\text{MPa}]} + 0[\text{mm}] = 6.77[\text{mm}]$

• 🔁 6.77[mm]

할로겐화합물 및 불활성기체소화설비의 배관 계산 공식

$$배관의\ 두께\ t = \frac{PD}{2SE} + A$$

여기서, P : 최대허용압력[kPa]

D : 배관의 바깥지름[mm]

SE : 최대허용응력[kPa]

(인장강도 1/4 값과 항복점의 2/3 값 중 적은 값 × 배관이음효율 × 1.2)

※ 배관이음효율 : 이음매 없는 배관(1), 전기저항 용접배관(0.85), 가열

맞대기 용접배관(0.6)

A : 허용 값(헤드설치부분 제외)

(나사이음 : 나사높이, 절단홈이음 : 홈의 깊이, 용접이음 : 0)

11 다음은 포소화설비의 수동식 기동장치의 설치기준이다. (   ) 안에 알맞은 답을 쓰시오. [6점]

1) 직접조작 또는 원격조작에 따라 (①) · 수동식 개방밸브 및 소화약제 혼합장치를 기동할 수 있는 것으로 할 것

2) 2 이상의 (②)을 가진 포소화설비에는 방사구역을 선택할 수 있는 구조로 할 것

3) 기동장치의 조작부는 화재 시 쉽게 접근할 수 있는 곳에 설치하되, 바닥으로부터 (③)[m] 이상 (④)[m] 이하의 위치에 설치하고 유효한 보호장치를 설치할 것

4) 기동장치의 조작부 및 호스접결구에는 가까운 곳의 보기 쉬운 곳에 각각 "기동장치의 조작부" 및 "(⑤)"라고 표시한 표지를 설치할 것

5) 차고 또는 주차장에 설치하는 포소화설비의 수동식 기동장치는 방사구역마다 1개 이상 설치할 것

6) 항공기격납고에 설치하는 포소화설비의 수동식 기동장치는 각 방사구역마다 2개 이상 설치하되, 그중 1개는 각 방사구역으로부터 가장 가까운 곳 또는 조작에 편리한 장소에 설치하고, 1개는 화재감지기의 (⑥)를 설치한 감시실 등에 설치할 것

해답 ➕ ① 가압송수장치   ② 방사구역   ③ 0.8

④ 1.5   ⑤ 접결구   ⑥ 수신기

해설 ➕ 포소화설비의 수동식 기동장치 설치기준

① 직접조작 또는 원격조작에 따라 가압송수장치 · 수동식 개방밸브 및 소화약제 혼합장치를 기동할 수 있는 것으로 할 것

② 2 이상의 방사구역을 가진 포소화설비에는 방사구역을 선택할 수 있는 구조로 할 것

③ 기동장치의 조작부는 화재 시 쉽게 접근할 수 있는 곳에 설치하되, 바닥으로부터 0.8[m] 이상 1.5[m] 이하의 위치에 설치하고, 유효한 보호장치를 설치할 것

④ 기동장치의 조작부 및 호스 접결구에는 가까운 곳의 보기 쉬운 곳에 각각 "기동장치의 조작부" 및 "접결구"라고 표시한 표지를 설치할 것

⑤ 차고 또는 주차장에 설치하는 포소화설비의 수동식 기동장치는 방사구역마다 1개 이상 설치할 것

⑥ 항공기격납고에 설치하는 포소화설비의 수동식 기동장치는 각 방사구역마다 2개 이상을 설치하되, 그중 1개는 각 방사구역으로부터 가장 가까운 곳 또는 조작에 편리한 장소에 설치하고, 1개는 화재감지기의 수신기를 설치한 감시실 등에 설치할 것

12 다음과 같이 휘발유탱크 1기와 경유탱크 1기를 1개의 방유제에 설치하는 옥외탱크저장소에 대하여 각 물음에 답하시오. (단, 그림에서 길이의 단위는 [mm]이다.)

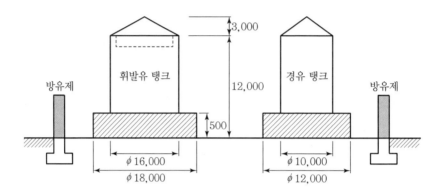

[조건]
- 탱크용량 및 형태
  - 휘발유탱크 : 2,000[m³](지정수량의 20,000배) 부상지붕구조의 플루팅루프탱크(탱크 내 측면과 굽도리판(Foam Dam) 사이의 거리는 0.6[m]이다.)
  - 경유탱크 : 콘루프탱크
- 고정포방출구
  - 경유탱크 : Ⅱ형, 휘발유탱크 : 설계자가 선정하도록 한다.
- 포소화약제의 종류 : 수성막포 3[%]
- 보조포소화전 : 쌍구형×2개 설치
- 포소화약제의 저장탱크의 종류 : 700[L], 750[L], 800[L], 900[L], 1,000[L], 1,200[L] (단, 포소화약제의 저장탱크의 용량은 포소화약제의 저장량을 말한다.)
- 참고 법규
  - 옥외탱크저장소의 보유공지

저장 또는 취급하는 위험물의 최대수량	공지의 너비
지정수량의 500배 이하	3[m] 이상
지정수량의 500배 초과 1,000배 이하	5[m] 이상
지정수량의 1,000배 초과 2,000배 이하	9[m] 이상
지정수량의 2,000배 초과 3,000배 이하	12[m] 이상
지정수량의 3,000배 초과 4,000배 이하	15[m] 이상

저장 또는 취급하는 위험물의 최대수량	공지의 너비
지정수량의 4,000배 초과	해당 탱크의 수평단면의 최대지름(가로형인 경우에는 긴 변)과 높이 중 큰 것과 같은 거리 이상. 다만, 30[m] 초과의 경우에는 30[m] 이상으로 할 수 있고, 15[m] 미만의 경우에는 15[m] 이상으로 하여야 한다.

- 고정포방출구의 방출량 및 방사시간

위험물의 구분 / 포방출구의 종류	I형		II형		특형		III형		IV형	
	포수용 액량 (L/m^2)	방출률 $(L/m^2 \cdot min)$	포수용 액량 (L/m^2)	방출률 $(L/m^2 \cdot min)$	포수용 액량 (L/m^2)	방출률 $(L/m^2 \cdot min)$	포수용 액량 (L/m^2)	방출률 $(L/m^2 \cdot min)$	포수용 액량 (L/m^2)	방출률 $(L/m^2 \cdot min)$
제4류 위험물 중 인화점이 21[℃] 미만인 것	120	4	220	4	240	8	220	4	220	4
제4류 위험물 중 인화점이 21[℃] 이상 70[℃] 미만인 것	80	4	120	4	160	8	120	4	120	4
제4류 위험물 중 인화점이 70[℃] 이상인 것	60	4	100	4	120	8	100	4	100	4

1) 다음 A, B, C D의 법적으로 최소 가능한 거리를 정하시오. (단, 탱크 측판두께의 보온두께는 무시한다.)

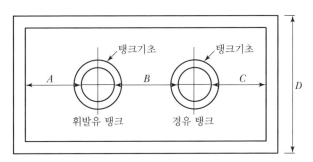

① A(휘발유탱크 측판과 방유제 내측거리[m])
② B(휘발유탱크 측판과 경유탱크 측판 사이 거리[m]) (단, 휘발유탱크만 보유공지 단축을 위한 기준에 적합한 물분무소화설비가 설치됨)
③ C(경유탱크 측판과 방유제 내측거리[m])
④ D(방유제의 세로폭[m])

2) 다음에서 요구하는 각 장비의 용량을 구하시오.
① 포저장탱크의 용량[L] (단, 75A 이상의 배관의 길이는 50[m]이고, 배관 크기는 100A이다.)
② 소화설비의 수원 (저수량[m³]) (단, 소수점 이하는 절삭하여 정수로 표시한다.)
③ 가압송수장치(펌프)의 유량[LPM]

3) 포소화약제의 혼합방식은 펌프와 발포기 중간에 설치된 벤투리관의 벤투리 작용과 펌프 가압수의 포소화약제 저장탱크에 대한 압력에 의하여 포소화약제를 흡입·혼합하는 방식이다. 포소화약제의 혼합방식 명칭을 쓰시오.

해답 ⊕   1) 최소 가능한 거리
- 계산과정
  ① A(휘발유탱크 측판과 방유제 내측거리[m])

  $$A = 12[m] \times \frac{1}{2} = 6[m]$$

  ② B(휘발유탱크 측판과 경유탱크 측판 사이 거리[m]) (단, 휘발유탱크만 보유공지 단축을 위한 기준에 적합한 물분무소화설비가 설치됨)

  휘발유 탱크 보유 공지는 지정수량이 20,000배이므로 지름을 적용하되, 조건에 의하여

  해당 보유공지의 2분의 1 이상의 너비 $16[m] \times \frac{1}{2} = 8[m]$ 이상으로 한다.

  경유 탱크 보유 공지는 $\frac{10^2 \pi}{4}[m^2] \times (12-0.5)[m] = 903.21[m^3] = 903,210[L]$

  $\frac{903,210[L]}{1,000[L]} = 903[배]$ ($\because$ 경유의 지정수량은 1,000[L])이므로 5[m] 이상으로 한다.

  $\therefore B = 8[m]$

  ③ C(경유탱크 측판과 방유제 내측거리[m])

  $$C = 12[m] \times \frac{1}{3} = 4[m]$$

  ④ D(방유제의 세로폭[m])

  최대 내측거리와 최대 탱크지름을 기준으로 세로폭을 구한다.

  $$D = 6[m] + 16[m] + 6[m] = 28[m]$$

- 답 ① 6[m]   ② 8[m]
       ③ 4[m]   ④ 28[m]

2) 장비의 용량
- 계산과정
  ① 포저장탱크의 용량[L] (단, 75A 이상의 배관의 길이는 50[m]이고, 배관 크기는 100A이다.)
    ㉠ 휘발유탱크
      － 고정포방출구

      $$Q_1 = \frac{(16^2 - 14.8^2)\pi}{4}[m^2] \times 8[L/m^2 \cdot min] \times 30[min] \times 0.03 = 209[L]$$

      － 보조포소화전

      $$Q_2 = 3[개] \times 400[L/min] \times 20[min] \times 0.03 = 720[L]$$

      － 배관보정량

$$Q_3 = \frac{0.1^2 \pi}{4} [\text{m}^2] \times 50 [\text{m}] \times 0.03 \times 1,000 [\text{L/m}^3] = 11.78 [\text{L}]$$

휘발유탱크의 약제저장량 = 209[L] + 720[L] + 11.78[L] = 940.78[L]

ⓒ 경유탱크

－고정포방출구

$$Q_1 = \frac{10^2 \pi}{4} [\text{m}^2] \times 4 [\text{L/m}^2 \cdot \text{min}] \times 30 [\text{min}] \times 0.03 = 282.74 [\text{L}]$$

－보조포소화전

$$Q_2 = 3 [\text{개}] \times 400 [\text{L/min}] \times 20 [\text{min}] \times 0.03 = 720 [\text{L}]$$

－배관보정량

$$Q_3 = \frac{0.1^2 \pi}{4} [\text{m}^2] \times 50 [\text{m}] \times 0.03 \times 1,000 [\text{L/m}^3] = 11.78 [\text{L}]$$

경유탱크의 약제저장량 = 282.74[L] + 720[L] + 11.78[L] = 1,014.52[L]

∴ 약제저장량이 큰 탱크(경유탱크)의 값, 1,014.52[L]으로 한다.

② 소화설비의 수원 (저수량[m³]) (단, 소수점 이하는 절삭하여 정수로 표시한다.)

경유탱크

－고정포방출구

$$Q_1 = \frac{10^2 \pi}{4} [\text{m}^2] \times 4 [\text{L/m}^2 \cdot \text{min}] \times 30 [\text{min}] \times 0.97 = 9,142.03 [\text{L}]$$

－보조포소화전

$$Q_2 = 3 [\text{개}] \times 400 [\text{L/min}] \times 20 [\text{min}] \times 0.97 = 23,280 [\text{L}]$$

－배관보정량

$$Q_3 = \frac{0.1^2 \pi}{4} [\text{m}^2] \times 50 [\text{m}] \times 0.97 \times 1,000 [\text{L/m}^3] = 380.92 [\text{L}]$$

경유탱크의 수원량 = 9,142.03[L] + 23,280[L] + 380.92[L]

$$= 32,802.95[\text{L}] = 32.80[\text{m}^3] = 32[\text{m}^3]$$

③ 가압송수장치(펌프)의 유량[LPM]

경유탱크

－고정포방출구

$$Q_1 = \frac{10^2 \pi}{4} [\text{m}^2] \times 4 [\text{L/m}^2 \cdot \text{min}] = 314.16 [\text{L/min}]$$

－보조포소화전

$$Q_2 = 3 [\text{개}] \times 400 [\text{L/min}] = 1,200 [\text{L/min}]$$

경유탱크의 펌프토출량 = 314.16[L/min] + 1,200[L/min]

$$= 1,514.16[\text{L/min}]$$

• 🔲 ① 1,200[L]　　　　② 32[m³]　　　　③ 1,514.16[LPM]

3) 프레셔 프로포셔너

해설 ⊕ 「위험물안전관리법 시행규칙」 별표6 옥외탱크저장소의 위치ㆍ구조 및 설비의 기준

방유제는 옥외저장탱크의 지름에 따라 그 탱크의 옆판으로부터 다음에 정하는 거리를 유지할 것. 다만, 인화점이 200[℃] 이상인 위험물을 저장 또는 취급하는 것에 있어서는 그러하지 아니하다.

① 지름이 15[m] 미만인 경우에는 탱크 높이의 3분의 1 이상

② 지름이 15[m] 이상인 경우에는 탱크 높이의 2분의 1 이상

보유공지

옥외저장탱크(위험물을 이송하기 위한 배관 그 밖에 이에 준하는 공작물을 제외한다)의 주위에는 그 저장 또는 취급하는 위험물의 최대수량에 따라 옥외저장탱크의 측면으로부터 다음 표에 의한 너비의 공지를 보유하여야 한다.

저장 또는 취급하는 위험물의 최대수량	공지의 너비
지정수량의 500배 이하	3[m] 이상
지정수량의 500배 초과 1,000배 이하	5[m] 이상
지정수량의 1,000배 초과 2,000배 이하	9[m] 이상
지정수량의 2,000배 초과 3,000배 이하	12[m] 이상
지정수량의 3,000배 초과 4,000배 이하	15[m] 이상
지정수량의 4,000배 초과	해당 탱크의 수평단면의 최대지름(가로형인 경우에는 긴 변)과 높이 중 큰 것과 같은 거리 이상. 다만, 30[m] 초과의 경우에는 30[m] 이상으로 할 수 있고, 15[m] 미만의 경우에는 15[m] 이상으로 하여야 한다.

※ 공지단축 옥외저장탱크에 다음 각목의 기준에 적합한 물분무설비로 방호조치를 하는 경우에는 그 보유공지를 제1호의 규정에 의한 보유공지의 2분의 1 이상의 너비(최소 3[m] 이상)로 할 수 있다. (각목의 기준 생략)

[공식]

① 고정포방출구

$$Q_1 = A \cdot Q \cdot T \cdot S$$

여기서, Q_1 : 포소화약제의 양[L]

A : 탱크의 액표면적[m²]

Q : 단위포소화수용액의 양(방출률)[L/min·m²]

T : 방출시간[min]

S : 포소화약제의 사용농도[%]

② 보조소화전

$$Q_2 = N \times 400[\text{L/min}] \times 20[\text{min}] \times S$$

여기서, Q_2 : 포소화약제의 양[L]

N : 호스접결구의 수(최대 3개)

S : 포소화약제의 사용농도[%]

③ 배관보정량(내경 75[mm] 이하의 송액관을 제외한다.)
　　: 「포소화설비의 화재안전기술기준(NFTC 105)」

$$Q_3 = A \times L \times S \times 1,000 [\text{L/m}^3]$$

　　여기서, Q_3 : 배관보정량[L]
　　　　　　A : 배관 단면적[m²]
　　　　　　S : 포소화약제의 사용농도[%]
　　　　　　L : 배관의 길이[m]

프레셔 프로포셔너(Pressure Proportioner Type)
펌프와 발포기의 중간에 설치된 벤투리관의 벤투리작용과 펌프 가압수의 포소화약제 저장
탱크에 대한 압력에 따라 포소화약제를 흡입·혼합하는 방식

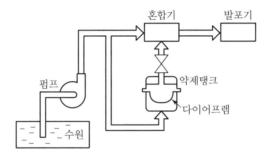

13 다음 그림은 어느 건축물의 평면도이다. 이 실들 중 A실에 급기가압을 하고 문 A_4, A_5, A_6는 외기와 접해 있을 경우 조건을 참조하여 각 물음에 답하시오. [5점]

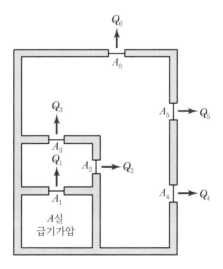

[조건]

• 모든 개구부 틈새면적은 0.01[m²]으로 동일하다.

• 각 실은 출입문 이외의 틈새는 없다.

• 임의의 어느 실에 대한 급기량 Q[m³/s]와 얻고자하는 기압채[Pa]의 관계식은

$$Q = 0.827 A \sqrt{P}$$

여기서, Q : 누출되는 공기의 양[m³/s]

A : 문의 전체 누설틈새면적[m²]

P : 문을 경계로 한 실내·외 기압채[Pa]

1) A실을 기준으로 외기와의 유효개구부 틈새면적을 소수점 아래 다섯째 자리까지 구하시오.

• 계산과정 :

• 답 :

2) A실과 외부 간에 270[Pa]의 기압차를 얻기 위하여 A실에 급기시켜야 할 풍량[m³/s]은 얼마가 되겠는가?

• 계산과정 :

• 답 :

⎯⎯⎯

(해답 ⊕) 1) A실의 전체 누설틈새면적 A[m²]

• 계산과정

① A_4, A_5와 A_6은 병렬상태

$A_4 \sim A_6 = 0.01 + 0.01 + 0.01 = 0.03[\mathrm{m}^2]$

② A_2와 A_3은 병렬상태

$A_2 \sim A_3 = 0.01 + 0.01 = 0.02[\mathrm{m}^2]$

③ $A_4 \sim A_6$와 $A_2 \sim A_3$은 직렬상태

$A_1 \sim A_6 = \dfrac{1}{\sqrt{\dfrac{1}{0.03^2} + \dfrac{1}{0.02^2} + \dfrac{1}{0.01^2}}} = 0.008571 = 0.00857[\mathrm{m}^2]$

• 🖩 0.00857[m²]

2) A실에 급기시켜야 할 풍량[m³/s]

• 계산과정

$0.827 \times 0.00857[\mathrm{m}^2] \times \sqrt{270[\mathrm{Pa}]} = 0.12[\mathrm{m}^3/\mathrm{s}]$

• 🖩 0.12[m³/s]

(해설 ⊕) 제연설비 누설틈새면적 및 풍량 계산 공식

$$누설량\ Q = 0.827 \times A \times P^{\frac{1}{N}}$$

여기서, Q : 급기 풍량[m³/s]

A : 틈새면적[m²]

P : 문을 경계로 한 실내의 기압차[N/m²＝Pa]

N : 누설 면적 상수(일반출입문＝2, 창문＝1.6)

① 병렬상태인 경우의 틈새면적[m²] $A_T = A_1 + A_2 + A_3 + A_4$

② 직렬상태인 경우의 틈새면적[m²]

$$A_T[\text{m}^2] = \cfrac{1}{\sqrt{\left(\cfrac{1}{A_1^2} + \cfrac{1}{A_2^2} + \cfrac{1}{A_3^2} + \cfrac{1}{A_4^2}\cdots\right)}} = \left(\cfrac{1}{A_1^2} + \cfrac{1}{A_2^2} + \cfrac{1}{A_3^2} + \cfrac{1}{A_4^2}\cdots\right)^{-\frac{1}{2}}$$

14 그림과 같은 배관을 통하여 유량이 80[L/min]로 흐르고 있다. B, C배관의 마찰손실수두는 서로 동일하고 B배관의 유량은 30[L/min]일 때, 아래 조건을 참조하여 C배관의 구경[mm]을 계산 하시오. [5점]

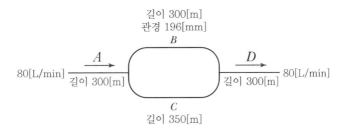

[조건]

하겐 – 윌리엄스 공식은 다음과 같다.

$$\Delta P = \frac{6.053 \times 10^4 \times Q^{1.85}}{C^{1.85} \times D^{4.87}}$$

여기서, ΔP : 배관 1[m]당 마찰손실압력[MPa/m]

Q : 배관 내 유수량[L/min]

C : 조도[무차원]

D : 배관 내경[mm]

해답 ➕ • 계산과정

관로망에서 배관마찰손실을 서로 동일하므로

$Q_B = 30[\text{L/min}]$

$Q_C = (80 - 30)[\text{L/min}] = 50[\text{L/min}]$

$\triangle P_B = \triangle P_C$

$$\frac{6.053 \times 10^4 \times (30[\text{L/min}])^{1.85}}{C^{1.85} \times (196[\text{mm}])^{4.87}} \times 300[\text{m}]$$

$$= \frac{6.053 \times 10^4 \times (50[\text{L/min}])^{1.85}}{C^{1.85} \times (D[\text{mm}])^{4.87}} \times 350[\text{m}]$$

$$\frac{(30[\text{L/min}])^{1.85}}{(196[\text{mm}])^{4.87}} \times 300[\text{m}] = \frac{(50[\text{L/min}])^{1.85}}{(D[\text{mm}])^{4.87}} \times 350[\text{m}]$$

$$\therefore \ D = 245.63[\text{mm}]$$

- 🖺 245.63[mm]

---

15 그림과 같은 옥내소화전설비를 아래의 조건에 따라 설치하려고 한다. 이때 다음 물음에 답하시오. [7점]

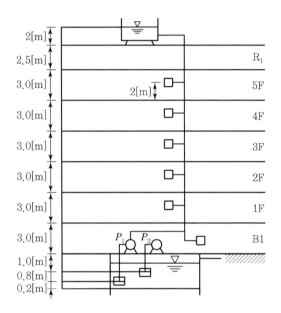

[조건]
- P_1 : 옥내소화전펌프
- P_2 : 잡용수 양수펌프
- 펌프의 후드밸브로부터 5층 옥내소화전함 호스 접결구까지의 마찰손실 및 저항손실수두는 실양정의 30[%]로 한다.
- 펌프의 효율은 65[%]이다.
- 옥내소화전의 개수는 각층 3개씩이다.
- 소방호스의 마찰손실수두는 6[m]이다.

1) 펌프의 양정은 몇 [m]인가?
  - 계산과정 :
  - 답 :

2) 펌프의 최소 유량은 몇 [L/min]인가?

• 계산과정 :

• 답 :

3) 펌프의 토출 측 주배관의 호칭구경을 구하시오. (단, 배관의 구경은 다음 표를 참고한다.)

호칭구경	40A	50A	65A	80A	100A
내경[mm]	42	53	69	81	105

• 계산과정 :

• 답 :

해답 ➕ 1) 펌프의 양정[m]

• 계산과정

실양정 $H_1 = (0.8[\text{m}] + 1[\text{m}]) + (3[\text{m}] \times 5[\text{개층}]) + 2[\text{m}] = 18.8[\text{m}]$

마찰손실 $H_2 = 18.8[\text{m}] \times 0.3 = 5.64[\text{m}]$

∴ $H = 18.8[\text{m}] + 5.64[\text{m}] + 17[\text{m}] = 47.44[\text{m}]$

• 🔲 47.44[m]

2) 펌프의 최소 유량[L/min]

• 계산과정

$Q = 2[\text{개}] \times 130[\text{L/min}] = 260[\text{L/min}]$

• 🔲 260[L/min]

3) 펌프의 토출 측 주배관의 호칭구경

• 계산과정

$$\frac{0.26}{60}[\text{m}^3/\text{s}] = \left(\frac{d^2\pi}{4}\right)[\text{m}^2] \times 4[\text{m/s}]$$

∴ $d = 0.037[\text{m}] = 37[\text{mm}]$이므로 40A

최소 구경 적용 → 50A

• 🔲 50A

해설 ➕ 배관의 구경 기준

① 펌프의 토출 측 주배관의 구경은 유속이 4[m/s] 이하가 될 수 있는 크기 이상으로 해야 하고, 옥내소화전방수구와 연결되는 가지배관의 구경은 40[mm](호스릴옥내소화전설비의 경우에는 25[mm]) 이상으로 해야 하며, 주배관 중 수직배관의 구경은 50[mm](호스릴옥내소화전설비의 경우에는 32[mm]) 이상으로 해야 한다.

② 연결송수관설비의 배관과 겸용할 경우의 주배관은 구경 100[mm] 이상, 방수구로 연결되는 배관의 구경은 65[mm] 이상의 것으로 해야 한다.

[공식]

전양정 H = 실양정[m] + 마찰손실[m] + 방사압[m]

여기서, 옥내소화전의 노즐 방사압 : 0.17[MPa] = 17[m]

연속방정식 $Q = AV$

여기서, Q : 체적유량[m³/s]
A : 배관의 단면적[m²]
V : 유속[m/s]

16 가로 15[m], 세로 12[m], 높이 5[m]인 전산실에 할론소화설비를 설치할 경우 다음 각 물음에 답하시오. (단, 저장용기의 내용적은 68[L]이다.)　　　　　　　[6점]

1) 전산실에 가장 적합한 할론 소화약제명을 적으시오.

2) 전산실에 필요한 최소 약제소요량은 몇 [kg]인가?
　• 계산과정 :

　• 답 :

3) 1[병]당 최대로 저장할 수 있는 약제량은 몇 [kg]인가?
　• 계산과정 :

　• 답 :

4) 필요한 최소 저장용기 수를 구하시오.
　• 계산과정 :

　• 답 :

(해답 ⊕)　1) 할론 1301

　　2) 전산실 최소 약제소요량[kg]
　　　• 계산과정
　　　　$W = (15 \times 12 \times 5)[\text{m}^3] \times 0.32[\text{kg/m}^3] = 288[\text{kg}]$
　　　• 🔒 288[kg]

　　3) 1병당 최대 약제량[kg]
　　　• 계산과정
　　　　저장용기의 충전비는 할론 2402를 저장하는 것 중 가압식 저장용기는 0.51 이상 0.67 미만, 축압식 저장용기는 0.67 이상 2.75 이하, 할론 1211은 0.7 이상 1.4 이하, 할론 1301은 0.9 이상 1.6 이하로 할 것

$$충전비 = \frac{저장용기의\ 용적}{소화약제의\ 중량}$$

1병당 최소 충전비 $0.9 = \dfrac{68[\text{L}]}{G_1[\text{kg}]}$, 최소 충전량 $G_1 = 42.5[\text{kg}]$

1병당 최대 충전비 $1.6 = \dfrac{68[\text{L}]}{G_2[\text{kg}]}$, 최대 충전량 $G_2 = 75.56[\text{kg}]$

- 답 75.56[kg]

4) 최소 저장용기 수
- 계산과정

$$\frac{288[\text{kg}]}{75.56[\text{kg}/병]} = 3.81 = 4[병]$$

- 답 4[병]

해설 ⊕ [공식]

약제량 $W = (V \times \alpha) + (A \times \beta)$

여기서, W : 약제량[kg]

　　　　V : 방호구역 체적[m³]

　　　　α : 소요약제량[kg/m³]

　　　　A : 개구부면적[m²]

　　　　β : 개구부 가산량(개구부에 자동폐쇄장치 미설치)[kg/m²]

할론 1301 소화설비의 체적 1[m³]당 소요약제량 및 개구부 가산량

소방대상물	소요약제량	개구부가산량
• 차고, 주차장, 전기실, 전산실, 통신기기실 등 이와 유사한 전기설비 • 특수가연물(가연성 고체류, 가연성 액체류, 합성수지류 저장·취급)	0.32[kg/m³]	2.4[kg/m²]
특수가연물(면화류, 나무껍질 및 대팻밥, 넝마 및 종이부스러기, 사류, 볏짚류, 목재가공품 및 나무부스러기 저장·취급)	0.52[kg/m³]	3.9[kg/m²]

01 소화약제를 자동으로 방사하는 고정된 소화장치로서 형식승인이나 성능인증을 받은 유효설치 범위 이내에 설치하여 소화하는 자동소화장치의 종류를 5가지만 쓰시오. [5점]

①   ②

③   ④

⑤

해답 ⊕   ① 주거용 주방자동소화장치

           ② 상업용 주방자동소화장치

           ③ 캐비닛형 자동소화장치

           ④ 가스자동소화장치

           ⑤ 분말자동소화장치

           ⑥ 고체에어로졸 자동소화장치

해설 ⊕   「소화기구 및 자동소화장치의 화재안전기술기준(NFTC 101)」

"자동소화장치"란 소화약제를 자동으로 방사하는 고정된 소화장치로서 법 제37조 또는 제40조에 따라 형식승인이나 성능인증을 받은 유효설치 범위(설계방호체적, 최대설치높이, 방호면적 등을 말한다) 이내에 설치하여 소화하는 다음 각 소화장치를 말한다.

① "주거용 주방자동소화장치"란 주거용 주방에 설치된 열발생 조리기구의 사용으로 인한 화재 발생 시 열원(전기 또는 가스)을 자동으로 차단하며 소화약제를 방출하는 소화장치를 말한다.

② "상업용 주방자동소화장치"란 상업용 주방에 설치된 열발생 조리기구의 사용으로 인한 화재 발생 시 열원(전기 또는 가스)을 자동으로 차단하며 소화약제를 방출하는 소화장치를 말한다.

③ "캐비닛형 자동소화장치"란 열, 연기 또는 불꽃 등을 감지하여 소화약제를 방사하여 소화하는 캐비닛 형태의 소화장치를 말한다.

④ "가스자동소화장치"란 열, 연기 또는 불꽃 등을 감지하여 가스계 소화약제를 방사하여 소화하는 소화장치를 말한다.

⑤ "분말자동소화장치"란 열, 연기 또는 불꽃 등을 감지하여 분말의 소화약제를 방사하여 소화하는 소화장치를 말한다.

⑥ "고체에어로졸자동소화장치"란 열, 연기 또는 불꽃 등을 감지하여 에어로졸의 소화약제를 방사하여 소화하는 소화장치를 말한다.

02 정격토출량 및 정격토출양정이 각각 800[LPM] 및 80[m]인 표준수직원심펌프의 성능특성곡선을 그리고 체절점(양정, 토출량), 설계점(양정, 토출량), 운전점(양정, 토출량)을 명시하시오.

[4점]

해답 ⊕

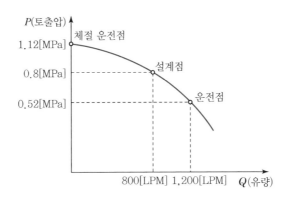

해설 ⊕ 소방펌프의 성능기준

체절 운전 시 정격토출압력의 140[%]를 초과하지 아니 하고, 정격토출량의 150[%]로 운전 시 정격토출압력의 65[%] 이상이 될 것

① 체절운전 : 토출량이 0인 상태로 운전 시 압력은 정격압력의 140[%]를 넘지 않을 것
② 정격(설계)운전 : 정격토출량으로 운전 시 압력은 정격압력 이상일 것
③ 최대운전 : 정격토출량의 150[%]의 유량으로 운전 시 정격압력의 65[%] 이상일 것

03 다음은 미분무소화설비의 화재안전기술기준에서 사용하는 용어의 정의이다. (   ) 안에 알맞은 답을 쓰시오.

[4점]

"미분무"란 물만을 사용하여 소화하는 방식으로 최소 설계압력에서 헤드로부터 방출되는 물입자 중의 99[%] 누적체적분포가 (①)[μm] 이하로 분무되고, (②)화재에 적응성을 갖는 것을 말한다.

해답 ⊕ ① 400   ② B급, C급

해설 ⊕ 「미분무소화설비의 화재안전기술기준(NFTC 104A)」

① "미분무소화설비"란 가압된 물이 헤드 통과 후 미세한 입자로 분무됨으로써 소화성능을 가지는 설비로서, 소화력을 증가시키기 위해 강화액 등을 첨가할 수 있다.
② "미분무"란 물만을 사용하여 소화하는 방식으로 최소 설계압력에서 헤드로부터 방출되는 물입자 중 99[%]의 누적체적분포가 400[μm] 이하로 분무되고 A, B, C급 화재에 적응성을 갖는 것을 말한다.
③ "미분무헤드"란 하나 이상의 오리피스를 가지고 미분무소화설비에 사용되는 헤드를 말한다.

④ "저압 미분무소화설비"란 최고사용압력이 1.2[MPa] 이하인 미분무소화설비를 말한다.

⑤ "중압 미분무소화설비"란 사용압력이 1.2[MPa]을 초과하고 3.5[MPa] 이하인 미분무소화설비를 말한다.

⑥ "고압 미분무소화설비"란 최저사용압력이 3.5[MPa]을 초과하는 미분무소화설비를 말한다.

04 아래 조건과 같은 배관의 A 지점에서 B 지점으로 50[N/s]의 소화수가 흐를 때 A, B 각 지점에서 평균속도가 몇 [m/s]인지 계산하시오. (단, 조건에 없는 내용은 고려하지 않으며 계산과정을 쓰고 답은 소수점 넷째 자리에서 반올림하여 셋째 자리까지 구하시오.)　　　　　　[5점]

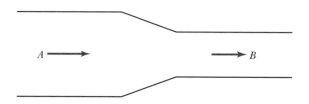

[조건]
- 배관의 재질 : 배관용 탄소강관(KS D 3507)
- A 지점 : 호칭지름 100A, 바깥지름 : 114.3[mm], 두께 : 4.5[mm]
- B 지점 : 호칭지름 80A, 바깥지름 : 89.1[mm], 두께 : 4.05[mm]

(해답⊕) ① A 지점 배관 구경 $d_A = 114.3 - 4.5 \times 2 = 105.3[\text{mm}] = 0.1053[\text{m}]$

$$50[\text{N/s}] = 9{,}800[\text{N/m}^3] \times \frac{0.1053^2 \pi}{4}[\text{m}^2] \times V_A$$

$\therefore V_A = 0.586[\text{m/s}]$

（답） $V_A = 0.586[\text{m/s}]$

② B 지점 배관 구경 $d_B = 89.1 - 4.05 \times 2 = 81[\text{mm}] = 0.081[\text{m}]$

$$50[\text{N/s}] = 9{,}800[\text{N/m}^3] \times \frac{0.081^2 \pi}{4}[\text{m}^2] \times V_B$$

$\therefore V_B = 0.99[\text{m/s}]$

（답） $V_B = 0.99[\text{m/s}]$

(해설⊕) [공식]

연속방정식 $\overline{G} = \gamma A V$

여기서, $\overline{G}$: 중량유량[N/s]

γ : 비중량(물의 비중량=9,800[N/m³])

A : 배관의 단면적[m²]

V : 유속[m/s]

05 특별피난계단의 계단실 및 부속실 제연설비의 제연구역에 과압의 우려가 있는 경우 과압 방지를 위하여 해당 제연구역에 플랩댐퍼를 설치하고자 한다. 다음 각 물음에 답하시오. [7점]

1) 옥내에 스프링클러설비가 설치되어 있고 급기가압에 따른 50[Pa]의 차압이 걸려 있는 실의 문의 크기가 1[m]×2.5[m]일 때 문 개방에 필요한 힘[N]을 구하시오. (단 자동폐쇄장치나 경첩 등을 극복할 수 있는 힘은 50[N]이고 문의 손잡이는 문 가장자리에서 100[mm] 위치에 있다.)
   • 계산과정 :
   • 답 :

2) 플랩댐퍼의 설치 유무를 답하고 그 이유를 설명하시오. (단, 플랩댐퍼에 붙어 있는 경첩을 움직이는 힘은 50[N]이다.)

(해답 ⊕) 1) 문 개방에 필요한 힘[N]
   • 계산과정

   $$F = 50[\text{N}] + 50[\text{Pa}] \times (1 \times 2.5)[\text{m}^2] \times \frac{1[\text{m}]}{2(1-0.1)[\text{m}]} = 119.44[\text{N}]$$

   • 🔑 119.44[N]

2) 플랩댐퍼의 설치 유무 : 필요하다.
   「특별피난계단의 계단실 및 부속실 제연설비의 화재안전기술기준(NFTC 501A)」에 따르면, 제연설비가 가동되었을 경우 출입문의 개방에 필요한 힘은 110[N] 이하로 해야 한다. 따라서 플랩댐퍼가 필요하다.

(해설 ⊕) 특별피난계단의 계단실 및 부속실제연설비 계산 공식

> 문 개방에 필요한 힘 $F = F_{dc} + F_P$

   여기서, F : 문을 개방하는 데 필요한 전체 힘[N]
         F_{dc} : 도어체크의 저항력[N]
         F_P : 차압에 의해 방화문에 미치는 힘[N]

   $$F_P = \Delta P \cdot A \cdot \frac{W}{2(W-d)}$$

         여기서, ΔP : 비제연구역과의 차압[Pa]
               W : 문의 폭[m]
               d : 손잡이에서 문의 끝까지의 거리[m]

06 다음 그림은 위험물저장탱크에 국소방출방식의 이산화탄소소화설비를 설치한 것이다. 각 물음에 답하시오. (단, 고압식이며 방호대상물 주위에 설치된 벽은 없다고 가정한다.) [6점]

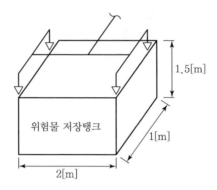

1) 방호공간의 체적[m³]은 얼마인가?
   • 계산과정 :

   • 답 :

2) 소화약제 최소 저장량[kg]은 얼마인가?
   • 계산과정 :

   • 답 :

3) 하나의 분사헤드에 대한 방출량[kg/s]은 얼마인가?
   • 계산과정 :

   • 답 :

(해답 ➕) 1) 방호공간의 체적[m³]
   • 계산과정
     $$V = (2+1.2)[m] \times (1+1.2)[m] \times (1.5+0.6)[m] = 14.78[m^3]$$
   • 🔑 $14.78[m^3]$

2) 소화약제 최소 저장량[kg]
   • 계산과정
     $a = 0[m^2]$
     $$A = \{(2+1.2) \times (1.5+0.6) + (1+1.2) \times (1.5+0.6)\} \times 2 = 22.68[m^2]$$
     $$\therefore \ W = 14.78[m^3] \times \left(8 - 6 \times \frac{0[m^2]}{22.68[m^2]}\right) \times 1.4 = 165.54[kg]$$
   • 🔑 $165.54[kg]$

3) 하나의 분사헤드에 대한 방출량[kg/s]
   • 계산과정
     국소방출방식의 경우에는 30초 이내에 방출될 수 있는 것으로 해야 한다.

$$\frac{165.54\,[\mathrm{kg}]}{4\,[\text{개}] \times 30\,[\mathrm{s}]} = 1.38\,[\mathrm{kg/s}]$$

- 🖩 1.38[kg/s]

해설 ➕ 국소방출방식 이산화탄소소화설비 계산 공식

약제량 $W = V \times Q \times h$

여기서, W : 약제량[kg]

V : 방호구역체적[m³]

(방호대상물의 각 부분으로부터 0.6m의 거리에 따라 둘러싸인 공간)

Q : 방출계수 $= 8 - 6\dfrac{a}{A}$[kg/m³]

a : 방호대상물 주위에 설치된 벽 면적의 합계[m²]

A : 방호공간의 벽면적의 합계[m²]

(벽이 없는 경우에는 벽이 있는 것으로 가정한 당해 부분의 면적)

h : 할증계수(고압식 : 1.4, 저압식 : 1.1)

07 가로 15[m], 세로 14[m], 높이 3.5[m]인 전산실에 할로겐화합물 및 불활성기체 소화약제 중 HFC-23과 IG-541을 사용할 경우 아래 조건을 참고하여 다음 물음에 답하시오.

[조건]
- HFC-23의 소화농도는 A, C급 화재는 38[%], B급 화재는 35[%]이다.
- HFC-23의 저장용기는 68[L]이며 충전밀도는 720.8[kg/m³]이다.
- IG-541의 소화농도는 33[%]이다.
- IG-541의 저장용기는 80[L]용 15.8[m³/병]을 적용하며, 충전압력은 19.996[MPa]이다.
- 소화약제량 산정 시 선형상수를 이용하도록 하며 방사 시 기준온도는 30[℃]이다.

소화약제	K_1	K_2
HFC-23	0.3164	0.0012
IG-541	0.65799	0.00239

1) HFC-23의 저장량은 최소 몇 [kg]인지 구하시오.

- 계산과정 :

- 답 :

2) HFC-23의 저장용기 수는 최소 몇 [병]인지 구하시오.

- 계산과정 :

- 답 :

3) 배관구경 산정조건에 따라 HFC-23의 약제량 방사 시 유량은 몇 [kg/s]인지 구하시오.
   • 계산과정 :

   • 답 :

4) IG-541의 저장량은 몇 [m³]인지 구하시오.
   • 계산과정 :

   • 답 :

5) IG-541의 저장용기 수는 최소 몇 [병]인지 구하시오.
   • 계산과정 :

   • 답 :

6) 배관구경 산정조건에 따라 IG-541의 약제량 방사 시 유량은 몇 [m³/s]인지 구하시오.
   • 계산과정 :

   • 답 :

(해답 ⊕) 1) HFC-23의 저장량[kg]
   • 계산과정

   $$S = K_1 + K_2 \times t = 0.3164 + 0.0012 \times 30 = 0.3524 [\text{m}^3/\text{kg}]$$

   $$C = 소화농도 \times 1.35(전기화재) = 38 \times 1.35 = 51.3 [\%]$$

   $$V = 15[\text{m}] \times 14[\text{m}] \times 3.5[\text{m}] = 735[\text{m}^3]$$

   $$\therefore W = \frac{735[\text{m}^3]}{0.3524[\text{m}^3/\text{kg}]} \times \left(\frac{51.3}{100 - 51.3} \right) = 2,197.05[\text{kg}]$$

   • 🔲 2,197.05[kg]

2) HFC-23의 저장용기 수
   • 계산과정

   약제의 중량 $= 68[\text{L}] \times 0.7208[\text{kg/L}] = 49.01[\text{kg}]$

   저장용기 수 $N = \dfrac{2,197.05[\text{kg}]}{49.01[\text{kg/병}]} = 44.83[병] = 45[병]$

   • 🔲 45[병]

3) HFC-23의 약제량 방사 시 유량[kg/s]
   • 계산과정

   $$W' = \frac{735[\text{m}^3]}{0.3524[\text{m}^3/\text{kg}]} \times \left(\frac{51.3 \times 0.95}{100 - 51.3 \times 0.95} \right) = 1,982.77[\text{kg}]$$

   $$\therefore \frac{1,982.77[\text{kg}]}{10[\text{s}]} = 198.28[\text{kg/s}]$$

   • 🔲 198.28[kg/s]

4) IG-541의 저장량[m³]
   - 계산과정

$$V_S = K_1 + K_2 \times 20[\text{℃}] = 0.65799 + 0.00239 \times 20 = 0.7058[\text{m}^3/\text{kg}]$$

$$S = K_1 + K_2 \times t = 0.65799 + 0.00239 \times 30 = 0.7297[\text{m}^3/\text{kg}]$$

$$C = \text{소화농도} \times 1.35(\text{전기화재}) = 33 \times 1.35 = 44.55[\%]$$

$$X = 2.303 \times \log_{10}\left(\frac{100}{100 - 44.55}\right) \times \frac{0.7058[\text{m}^3/\text{kg}]}{0.7297[\text{m}^3/\text{kg}]} \times 735[\text{m}^3]$$

$$= 419.30[\text{m}^3]$$

   - 답 419.30[m³]

5) IG-541의 저장용기 수
   - 계산과정

$$N = \frac{419.30[\text{m}^3]}{15.8[\text{m}^3/\text{병}]} = 26.54 = 27[\text{병}]$$

   - 답 27[병]

6) 배관구경 산정조건에 따라 IG-541의 약제량 방사 시 유량[m³/s]
   - 계산과정

$$X' = 2.303 \times \log_{10}\left(\frac{100}{100 - 44.55 \times 0.95}\right) \times \frac{0.7058[\text{m}^3/\text{kg}]}{0.7297[\text{m}^3/\text{kg}]} \times 735[\text{m}^3]$$

$$= 391.30[\text{m}^3]$$

$$\therefore \frac{391.30[\text{m}^3]}{120[\text{s}]} = 3.26[\text{m}^3/\text{s}]$$

   - 답 3.26[m³/s]

해설 ⊕ 할로겐화합물 및 불활성기체 소화설비 계산 공식

$$\boxed{\text{할로겐화합물 소화약제 } W = \frac{V}{S} \times \left(\frac{C}{100 - C}\right)}$$

여기서, W : 소화약제의 무게[kg]

V : 방호구역의 체적[m³]

S : 소화약제별 선형상수($K_1 + K_2 \times t$)[m³/kg]

C : 체적에 따른 소화약제의 설계농도[%]

[설계농도는 소화농도(%)에 안전계수(A급 화재 1.2, B급 화재 1.3, C급 화재 1.35)를 곱한 값으로 할 것]

t : 방호구역의 최소 예상온도[℃]

$$불활성기체 \ 소화약제 \ X = 2.303\left(\frac{V_S}{S}\right) \times \log_{10}\left(\frac{100}{100-C}\right)$$

여기서, X : 공간체적당 더해진 소화약제의 부피[m³/m³]

S : 소화약제별 선형상수$(K_1 + K_2 \times t)$[m³/kg]

C : 체적에 따른 소화약제의 설계농도[%]

V_S : 20[℃]에서 소화약제의 비체적[m³/kg]

t : 방호구역의 최소 예상온도[℃]

배관의 구경은 해당 방호구역에 할로겐화합물 소화약제는 10초 이내에, 불활성기체 소화약제는 A · C급 화재 2분, B급 화재 1분 이내에 방호구역 각 부분에 최소 설계농도의 95% 이상 해당하는 약제량이 방출되도록 하여야 한다.

08 폐쇄형 헤드를 사용한 스프링클러설비에서 나타난 스프링클러헤드 중 A점에 설치된 헤드 1개만이 개방되었을 때 다음 각 물음에 답하시오. [7점]

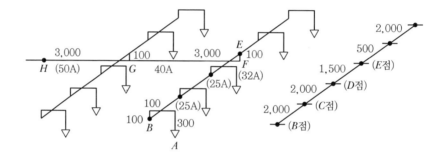

[조건]

• 급수관 중 H점에서의 가압수 압력은 0.15[MPa]로 계산한다.

• 티 및 엘보는 직경이 다른 티 및 엘보는 사용하지 않는다.

• 스프링클러헤드는 15A 헤드가 설치된 것으로 한다.

• 직관마찰손실(100[m]당)

(단위 : m)

유량	25A	32A	40A	50A
80[L/min]	39.82	11.38	5.40	1.68

(A점에서의 헤드 방수량은 80[L/min]로 계산한다.)

- 관이음쇠 마찰손실에 해당하는 직관길이

(단위 : m)

구분	25A	32A	40A	50A
엘보(90°)	0.9	1.20	1.50	2.10
리듀서	$(25 \times 15A)0.54$	$(32 \times 25A)0.72$	$(40 \times 32A)0.90$	$(50 \times 40A)1.20$
티(직류)	0.27	0.36	0.45	0.60
티(분류)	1.50	1.80	2.10	3.00

- 방사압력 산정에 필요한 계산과정을 상세히 명시하고, 방사압력을 소수점 넷째 자리까지 구하시오. (소수점 넷째 자리 미만은 삭제)
- 물의 비중량은 9,800[N/m³]으로 한다.

1) $H \sim A$까지의 배관마찰손실수두[m]를 구하시오. (단, 소수점 넷째 자리까지 나타내시오.)
2) (　　　)가 (　　　)보다 위치수두가 (　　　)[m] 높다. (　　　) 안에 알맞은 답을 적으시오.
3) A점에서 방사압력은 몇 [kPa]인가? (단, 소수점 넷째 자리까지 나타내시오.)

(해답 ➕) 1) 마찰손실수두[m]
- 계산과정
  ① $A \sim D$ 구간 : 25A

    유량 : 80[L/min]

    직관 : $2 + 2 + 0.1 + 0.1 + 0.3 = 4.5$[m]

    엘보(90°) : 3[개] × 0.9[m] = 2.7[m]

    리듀서(25 × 15A) : 1[개] × 0.54[m] = 0.54[m]

    티(직류) : 1[개] × 0.27[m] = 0.27[m]

    $\therefore \dfrac{39.82[\text{m}]}{100[\text{m}]} \times (4.5 + 2.7 + 0.27 + 0.54)[\text{m}] = 3.1895[\text{m}]$

  ② $D \sim E$ 구간 : 32A

    유량 : 80[L/min]

    직관 : 1.5[m]

    티(직류) : 1[개] × 0.36[m] = 0.36[m]

    리듀서(32 × 25A) : 1[개] × 0.72[m] = 0.72[m]

    $\therefore \dfrac{11.38[\text{m}]}{100[\text{m}]} \times (1.5 + 0.36 + 0.72)[\text{m}] = 0.2936[\text{m}]$

  ③ $E \sim G$ 구간 : 40A

    유량 : 80[L/min]

    직관 : $3 + 0.1 = 3.1$[m]

    엘보(90°) : 1[개] × 1.5[m] = 1.5[m]

    티(분류) : 1[개] × 2.1[m] = 2.1[m]

    리듀서(40 × 32A) : 1[개] × 0.9[m] = 0.9[m]

$$\therefore \frac{5.40[\text{m}]}{100[\text{m}]} \times (3.1 + 1.5 + 2.1 + 0.9)[\text{m}] = 0.4104[\text{m}]$$

④ $G \sim H$ 구간 : 50A

유량 : 80[L/min]

직관 : 3[m]

티(직류) : 1[개] × 0.6[m] = 0.6[m]

리듀서(50 × 40A) : 1[개] × 1.2[m] = 1.2[m]

$$\therefore \frac{1.68[\text{m}]}{100[\text{m}]} \times (3 + 0.6 + 1.2)[\text{m}] = 0.0806[\text{m}]$$

총 마찰손실수두 = 3.1895[m] + 0.2936[m] + 0.4104[m] + 0.0806[m]

= 3.9741[m]

2) 위치수두[m]

• 계산과정

$H_1 = 0.3 - 0.1 - 0.1 = 0.1[\text{m}]$

• 🔲 H, A, 0.1

3) 방사압력[kPa]

• 계산과정

손실수두 $\Delta H_L = 3.9741[\text{m}] - 0.1[\text{m}] = 3.8741[\text{m}]$

$P = \gamma H = 9,800[\text{N/m}^3] \times 3.8741[\text{m}] = 37,966.18[\text{Pa}]$

$\therefore \ 0.15[\text{MPa}] - 37,966.18[\text{Pa}] = 150,000[\text{Pa}] - 37,966.18[\text{Pa}]$

$= 112,033.82[\text{Pa}] = 112.0338[\text{kPa}]$

해설 ➕ [공식]

전양정 H = 실양정[m] + 마찰손실[m] + 방사압(수두)[m]

여기서, 스프링클러설비의 헤드 방사압 : 0.1[MPa] = 10[m]

09 그림은 위험물을 저장하는 플루팅루프탱크 포소화설비의 계통도이다. 그림과 조건을 참고하여 다음 각 물음에 답하시오. [9점]

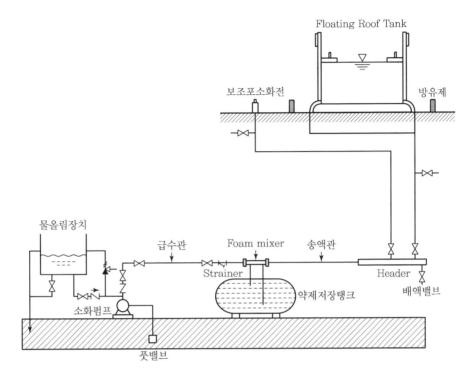

[조건]
- 탱크(Tank)의 안지름 : 50[m]
- 보조포소화전 : 7[개]
- 포소화약제 사용농도 : 6[%]
- 굽도리판과 탱크벽과의 이격거리 : 1.4[m]
- 송액관 안지름 : 100[mm], 송액관 길이 : 150[m]
- 고정포방출구의 방출률 : 8[L/(m² · min)], 방사시간 : 30분
- 보조포소화전의 방출률 : 400[L/min], 방사시간 : 20분
- 조건에 제시되지 않은 사항은 무시한다.

1) 소화펌프의 토출량[L/min]을 구하시오.
  - 계산과정 :
  - 답 :

2) 수원의 용량[L]을 구하시오.
  - 계산과정 :
  - 답 :

3) 포소화약제의 저장량[L]을 구하시오.
   • 계산과정 :
   • 답 :

4) 탱크에 설치되는 고정포방출구의 종류와 설치된 포소화약제 혼합방식의 명칭을 쓰시오.
   ① 고정포방출구의 종류 :
   ② 포소화약제 혼합방식 :

(해답 ⊕) 1) 소화펌프의 토출량[L/min]
   • 계산과정

   ① 고정포 $Q_1 = \dfrac{(50^2 - 47.2^2)\pi}{4}[\mathrm{m}^2] \times 8[\mathrm{L/m}^2 \cdot \mathrm{min}] = 1{,}710.03[\mathrm{L/min}]$

   ② 보조포 $Q_2 = 3[개] \times 400[\mathrm{L/min}] = 1{,}200[\mathrm{L/min}]$

   ∴ $Q_1 + Q_2 = 1{,}710.03[\mathrm{L/min}] + 1{,}200[\mathrm{L/min}] = 2{,}910.03[\mathrm{L/min}]$

   • 🔖 2,910.03[L/min]

2) 수원의 용량[L]
   • 계산과정
   ① 고정포

   $$Q_1 = \frac{(50^2 - 47.2^2)\pi}{4}[\mathrm{m}^2] \times 8[\mathrm{L/m}^2 \cdot \mathrm{min}] \times 30[\mathrm{min}] \times 0.94 = 48{,}222.89[\mathrm{L}]$$

   ② 보조포 $Q_2 = 3[개] \times 400[\mathrm{L/min}] \times 20[\mathrm{min}] \times 0.94 = 22{,}560[\mathrm{L}]$

   ③ 송액관 $Q_3 = \dfrac{0.1^2\pi}{4}[\mathrm{m}^2] \times 150[\mathrm{m}] \times 1{,}000[\mathrm{L/m}^3] \times 0.94 = 1{,}107.41[\mathrm{L}]$

   ∴ $Q_1 + Q_2 + Q_3 = 48{,}222.89[\mathrm{L}] + 22{,}560[\mathrm{L}] + 1{,}107.41[\mathrm{L}] = 71{,}890.3[\mathrm{L}]$

   • 🔖 71,890.3[L]

3) 포소화약제의 저장량[L]
   • 계산과정
   ① 고정포

   $$Q_1 = \frac{(50^2 - 47.2^2)\pi}{4}[\mathrm{m}^2] \times 8[\mathrm{L/m}^2 \cdot \mathrm{min}] \times 30[\mathrm{min}] \times 0.06 = 3{,}078.06[\mathrm{L}]$$

   ② 보조포 $Q_2 = 3[개] \times 400[\mathrm{L/min}] \times 20[\mathrm{min}] \times 0.06 = 1{,}440[\mathrm{L}]$

   ③ 송액관 $Q_3 = \dfrac{0.1^2\pi}{4}[\mathrm{m}^2] \times 150[\mathrm{m}] \times 1{,}000[\mathrm{L/m}^3] \times 0.06 = 70.69[\mathrm{L}]$

   ∴ $Q_1 + Q_2 + Q_3 = 3{,}078.06[\mathrm{L}] + 1{,}440[\mathrm{L}] + 70.69[\mathrm{L}] = 4{,}588.75[\mathrm{L}]$

   • 🔖 4,588.75[L]

4) ① 특형 방출구(Floating Roof Tank)
   ② 프레셔 프로포셔너(Pressure Proportioner Type)

해설 ➕ 고정포방출구 방식 소화약제량 계산 공식

① 고정포방출구

$$Q_1 = A \cdot Q \cdot T \cdot S$$

여기서, Q_1 : 포소화약제의 양[L]

A : 탱크의 액표면적[m²]

Q : 단위포소화수용액의 양(방출률)[L/min · m²]

T : 방출시간[min]

S : 포소화약제의 사용농도[%]

② 보조소화전

$$Q_2 = N \times 400[\mathrm{L/min}] \times 20[\mathrm{min}] \times S$$

여기서, Q_2 : 포소화약제의 양[L]

N : 호스접결구의 수(최대 3개)

S : 포소화약제의 사용농도[%]

③ 배관보정량(내경 75[mm] 이하의 송액관을 제외한다)

: 「포소화설비의 화재안전기술기준(NFTC 105)」

$$Q_3 = A \times L \times S \times 1,000[\mathrm{L/m^3}]$$

여기서, Q_3 : 배관보정량[L]

A : 배관 단면적[m²]

S : 포소화약제의 사용농도[%]

L : 배관의 길이[m]

탱크에 설치되는 고정포방출구의 종류와 포소화약제 혼합방식의 명칭

① 특형 방출구(Floating Roof Tank)

탱크의 측면과 굽도리판(Foam Dam)에 의하여 형성된 환상부분에 포를 방출하여 소화작용을 하도록 설치된 설비

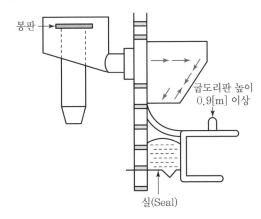

② 프레셔 프로포셔너(Pressure Proportioner Type)

펌프와 발포기의 중간에 설치된 벤투리관의 벤투리작용과 펌프 가압수의 포소화약제 저
장탱크에 대한 압력에 따라 포소화약제를 흡입 · 혼합하는 방식

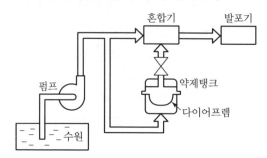

10 기동용 수압개폐장치인 압력챔버의 기능을 3가지만 적으시오.   [3점]

①

②

③

(해답 ⊕)   ① 가압송수장치(펌프)의 자동기동 또는 정지

② 급격한 압력변화를 방지

③ 수격현상방지

(해설 ⊕)   기동용 수압개폐장치

1) 설치목적

① 배관 내 압력 변동을 검지하여 자동적으로 펌프를 기동 및 정지

② 압력챔버 상부의 공기가 완충작용을 하여 급격한 압력변화를 방지

③ 배관 내의 수격현상 방지

2) 종류 : 압력챔버 또는 기동용 압력스위치 등

3) 압력챔버(용적 100[L] 이상)의 구성요소

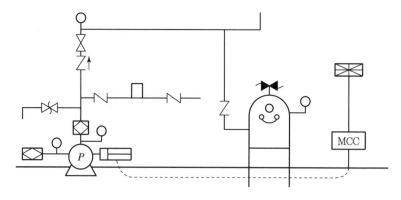

11 아래의 소방대상물에 수동식 분말소화기를 설치하고자 한다. 분말소화기 1개의 능력단위가 A급 화재기준 2 단위인 경우 소요 소화기의 최소 개수를 구하시오. (단, 건축물의 주요 구조부가 내화구조가 아니고, 벽 및 반자의 실내에 면하는 부분이 불연재료 · 준불연재료 또는 난연재료가 아닌 특정소방대상물이다.) [5점]

1) 바닥면적이 400[m²]인 문화재
   • 계산과정 :
   • 답 :

2) 바닥면적이 950[m²]인 전시장
   • 계산과정 :
   • 답 :

해답 ➕ 1) 바닥면적이 400[m²]인 문화재
   • 계산과정

$$\frac{400[\text{m}^2]}{50[\text{m}^2/\text{단위}]} = 8[\text{단위}]$$

$$\therefore \frac{8[\text{단위}]}{2[\text{단위}/\text{개}]} = 4[\text{개}]$$

   • 답 4[개]

2) 바닥면적이 950[m²]인 전시장
   • 계산과정

$$\frac{950[\text{m}^2]}{100[\text{m}^2/\text{단위}]} = 9.5[\text{단위}]$$

$$\therefore \frac{9.5[\text{단위}]}{2[\text{단위}/\text{개}]} = 4.75 = 5[\text{개}]$$

   • 답 5[개]

해설 ➕ 특정소방대상물별 소화기구의 능력단위기준

특정소방대상물	소화기구의 능력단위
위락시설	바닥면적 30[m²]마다 1단위
공연장, 집회장, 관람장, 문화재, 장례식장 및 의료시설	바닥면적 50[m²]마다 1단위
근린생활시설, 판매시설, 운수시설, 숙박시설, 노유자시설, 전시장 공동주택, 업무시설, 방송통신시설, 공장, 창고시설, 항공기 및 자동차 관련 시설 및 관광휴게시설	바닥면적 100[m²]마다 1단위
그 밖의 것	바닥면적 200[m²]마다 1단위
주요 구조부가 내화구조이고, 벽 및 반자의 실내에 면하는 부분이 불연재료 · 준불연재료 또는 난연재료로 된 특정대상물에 있어서는 위 표의 기준면적의 2배를 해당 특정소방대상물의 기준으로 한다.	

12 다음은 제연설비에 대한 설명이다. ( ) 안에 알맞은 답을 적으시오. [3점]

1) 하나의 제연구역의 면적은 (①)[m²] 이내로 하고 거실과 통로(복도를 포함)는 상호 제연구획 할 것

2) 예상제연구역의 각 부분으로부터 하나의 배출구까지의 수평거리는 (②)[m] 이내가 되도록 해야 한다.

3) 유입풍도 안의 풍속은 (③)[m/s] 이하로 해야 한다.

해답 ⊕ ① 1,000 ② 10 ③ 20

해설 ⊕ 「제연설비의 화재안전기술기준(NFTC 501)」

1) 제연구역의 구획

   ① 하나의 제연구역의 면적은 1,000[m²] 이내로 할 것

   ② 거실과 통로(복도를 포함한다. 이하 같다)는 각각 제연구획 할 것

   ③ 통로상의 제연구역은 보행중심선의 길이가 60[m]를 초과하지 않을 것

   ④ 하나의 제연구역은 직경 60[m] 원내에 들어갈 수 있을 것

   ⑤ 하나의 제연구역은 2 이상의 층에 미치지 않도록 할 것. 다만, 층의 구분이 불분명한 부분은 그 부분을 다른 부분과 별도로 제연구획 해야 한다.

2) 배출구의 설치 위치

   ① 바닥면적이 400[m²] 미만인 예상제연구역(통로인 예상제연구역을 제외한다)

      ㉠ 예상제연구역이 벽으로 구획되어 있는 경우의 배출구는 천장 또는 반자와 바닥 사이의 중간 윗부분에 설치할 것

      ㉡ 예상제연구역 중 어느 한부분이 제연경계로 구획되어 있는 경우에는 천장·반자 또는 이에 가까운 벽의 부분에 설치할 것. 다만, 배출구를 벽에 설치하는 경우에는 배출구의 하단이 해당 예상제연구역에서 제연경계의 폭이 가장 짧은 제연경계의 하단보다 높이 되도록 해야 한다.

   ② 통로인 예상제연구역과 바닥면적이 400[m²] 이상인 예상제연구역

      ㉠ 예상제연구역이 벽으로 구획되어 있는 경우의 배출구는 천장·반자 또는 이에 가까운 벽의 부분에 설치할 것. 다만, 배출구를 벽에 설치한 경우에는 배출구의 하단과 바닥 간의 최단거리가 2[m] 이상이어야 한다.

      ㉡ 예상제연구역 중 어느 한부분이 제연경계로 구획되어 있을 경우에는 천장·반자 또는 이에 가까운 벽의 부분(제연경계를 포함한다)에 설치할 것. 다만, 배출구를 벽 또는 제연경계에 설치하는 경우에는 배출구의 하단이 해당 예상제연구역에서 제연경계의 폭이 가장 짧은 제연경계의 하단보다 높이 되도록 설치해야 한다.

   ③ 예상제연구역의 각 부분으로부터 하나의 배출구까지의 수평거리는 10[m] 이내가 되도록 해야 한다.

3) 유입구

　① 예상제연구역에 공기가 유입되는 순간의 풍속은 5[m/s] 이하가 되도록 하고, 유입구의
　　구조는 유입공기를 상향으로 분출하지 않도록 설치해야 한다. 다만, 유입구가 바닥에
　　설치되는 경우에는 상향으로 분출이 가능하며 이때의 풍속은 1[m/s] 이하가 되도록 해
　　야 한다.

　② 예상제연구역에 대한 공기유입구의 크기는 해당 예상제연구역 배출량 1[m³/min]에 대
　　하여 35[cm²] 이상으로 해야 한다.

　③ 예상제연구역에 대한 공기유입량은 배출량의 배출에 지장이 없는 양으로 해야 한다.

---

13 그림과 같은 배관에 물이 흐를 경우 배관 ①, ②, ③에 흐르는 각각의 유량[L/min]을 구하시오.
(단, A, B 사이의 배관 ①, ②, ③의 마찰손실수두는 각각 10[m]로 동일하며 마찰손실 계산은
다음의 Hazen-Williams식을 사용한다. 그리고 계산결과는 소수점 이하를 반올림하여 반드시
정수로 나타내시오.) [7점]

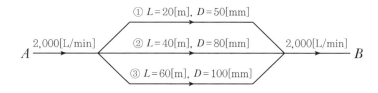

[조건]

하겐-윌리엄스(Hazen-Williams) 공식은 다음과 같다.

$$\Delta P = \frac{6.053 \times 10^4 \times Q^{1.85}}{C^{1.85} \times D^{4.87}} \times L$$

여기서, ΔP : 배관의 마찰손실압력[MPa]

　　　　Q : 유량[L/min]

　　　　C : 관의 조도계수(무차원)

　　　　D : 관의 내경[mm]

　　　　L : 배관의 길이[m]

(해답 ➕) • 계산과정

$$Q = \left(\frac{C^{1.85} \times D^{4.87} \times \Delta P}{6.053 \times 10^4 \times L} \right)^{\frac{1}{1.85}}$$

$$\Delta P = \gamma H = 9.8 [\text{kN/m}^3] \times 10 [\text{m}] = 98 [\text{kN/m}^2] = 0.098 [\text{MPa}]$$

$$Q_1 + Q_2 + Q_3 = 2,000 [\text{L/min}]$$

$$\left(\frac{C^{1.85} \times (50[\text{mm}])^{4.87} \times (0.098[\text{MPa}])}{6.053 \times 10^4 \times 20[\text{m}]} \right)^{\frac{1}{1.85}} + \left(\frac{C^{1.85} \times (80[\text{mm}])^{4.87} \times (0.098[\text{MPa}])}{6.053 \times 10^4 \times 40[\text{m}]} \right)^{\frac{1}{1.85}}$$

$$+\left(\frac{C^{1.85}\times(100[\mathrm{mm}])^{4.87}\times(0.098[\mathrm{MPa}])}{6.053\times10^4\times60[\mathrm{m}]}\right)^{\frac{1}{1.85}}=2{,}000[\mathrm{L/min}]$$

$$4.3554C+10.3192C+14.9132C=2{,}000$$

$$\therefore \ C=67.5954$$

$$Q_1=4.3554C=294.41=294[\mathrm{L/min}]$$

$$Q_2=10.3192C=697.53=698[\mathrm{L/min}]$$

$$Q_3=14.9132C=1{,}008.06=1{,}008[\mathrm{L/min}]$$

- 🔢 $Q_1=294[\mathrm{L/min}]$, $Q_2=698[\mathrm{L/min}]$, $Q_3=1{,}008[\mathrm{L/min}]$

14 다음 조건 및 그림을 참조하여 각 물음에 답하시오. [10점]

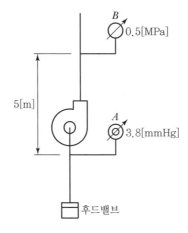

[조건]
- 옥내소화전은 각 층마다 2개씩 설치되어 있다.
- 흡입배관의 내경은 65[mm]. 토출배관의 내경은 100[mm]이다.
- 연성계의 지시압력은 3.8[mmHg]이고, 압력계의 지시압력은 0.5[MPa]이다.
- 물의 비중량은 9.8[kN/m³]로 한다.

1) A, B의 도시기호를 그리고, 지시압력범위를 쓰시오.

2) 흡입배관 및 토출 측 배관 내 유속은 몇 [m/s]인가?
- 계산과정 :
- 답 :

3) 전양정은 몇 [m]인가?
- 계산과정 :
- 답 :

4) 펌프의 수동력은 몇 [kW]인가?

　• 계산과정 :

　• 답 :

(해답 ⊕) 　1) A, B의 도시기호 및 지시압력범위

구분	A	B
도시기호	○	⊘
지시압력범위	대기압 이상 및 이하	대기압 이상

　2) 흡입배관 및 토출 측 배관 내 유속[m/s]

　　• 계산과정

　　　펌프의 토출량 $= 2[\text{개}] \times 130[\text{L/min}] = 260[\text{L/min}]$

　　　흡입 측 배관 $\dfrac{0.26}{60}[\text{m}^3/\text{s}] = \dfrac{0.065^2\pi}{4}[\text{m}^2] \times V_1$

　　　$\therefore\ V_1 = 1.31[\text{m/s}]$

　　　토출 측 배관 $\dfrac{0.26}{60}[\text{m}^3/\text{s}] = \dfrac{0.1^2\pi}{4}[\text{m}^2] \times V_2$

　　　$\therefore\ V_2 = 0.55[\text{m/s}]$

　　• 🔖 흡입 측 배관 유속 : 1.31[m/s], 토출 측 배관 유속 : 0.55[m/s]

　3) 전양정[m]

　　• 계산과정

$$H = \left(\dfrac{3.8[\text{mmHg}]}{760[\text{mmHg}]} \times 10.332[\text{m}] \right) + 5[\text{m}] + \left(\dfrac{0.5 \times 10^3[\text{kPa}]}{9.8[\text{kN/m}^3]} \right) + 17[\text{m}]$$

　　　$= 73.07[\text{m}]$

　　　($\because$ 물의 비중량이 주어졌기 때문에 $P = \gamma H$식을 이용하여 환산)

　　• 🔖 73.07[m]

　4) 펌프의 수동력[kW]

　　• 계산과정

$$P = 9.8[\text{kN/m}^3] \times \dfrac{0.26}{60}[\text{m}^3/\text{s}] \times 73.07[\text{m}] = 3.10[\text{kW}]$$

　　• 🔖 3.10[kW]

(해설 ⊕) 　배관의 구경 기준

　① 펌프의 토출 측 주배관의 구경은 유속이 4[m/s] 이하가 될 수 있는 크기 이상으로 해야 하고, 옥내소화전방수구와 연결되는 가지배관의 구경은 40[mm](호스릴옥내소화전설비의 경우에는 25[mm]) 이상으로 해야 하며, 주배관 중 수직배관의 구경은 50[mm](호스릴옥내소화전설비의 경우에는 32[mm]) 이상으로 해야 한다.

② 연결송수관설비의 배관과 겸용할 경우의 주배관은 구경 100[mm] 이상, 방수구로 연결되는 배관의 구경은 65[mm] 이상의 것으로 해야 한다.

[공식]

$$전양정\ H = 실양정[MPa] + 마찰손실[MPa] + 방사압[MPa]$$

여기서, 옥내소화전의 노즐 방사압 : 0.17[MPa]

$$펌프의\ 수동력[kW]\ P = \gamma QH$$

여기서, γ : 비중량($\gamma_w = 9.8[kN/m^3]$)

Q : 유량[m³/s]

H : 전양정[m]

15 다음의 조건과 같이 이산화탄소소화설비를 설치하고자 한다. 주어진 조건을 참조하여 각 물음에 답하시오. [10점]

[조건]
- 설비는 전역방출방식으로 하며 설치장소는 케이블실 박물관 일산화탄소저장실이다.
- 모든 실의 개구부에는 자동폐쇄장치가 설치되어 있다.
- 각 실별 방호구역의 체적은 다음과 같다.

실의 명칭	케이블실	박물관	일산화탄소저장실
방호구역체적[m³]	400	240	32

- 일산화탄소저장실은 표면화재이며 설계농도가 34[%] 이상으로서 보정계수는 1.9로 한다.
- 저장용기의 내용적은 68[L]이며, 충전비는 1.7로 동일 충전비를 가진다.

1) 각 실별 약제소요량[kg]을 구하시오.
   ① 케이블실
   ② 박물관
   ③ 일산화탄소저장실

2) 저장용기 병당 약제저장량은 몇 [kg]인가?
   - 계산과정 :
   - 답 :

3) 각 실별 소요병수[병]를 구하시오.
   ① 케이블실
   ② 박물관
   ③ 일산화탄소저장실

4) 방호구역 내의 산소농도가 14[%]인 경우 이산화탄소의 농도는 몇 [%]인가?
   - 계산과정 :
   - 답 :

5) 케이블실과 박물관에 이산화탄소약제를 방사하였을 경우 방사된 이산화탄소의 체적은 몇 [m³]인가?
   (단, 표준상태(0[℃], 1[atm])를 기준으로 한다.)
   - 계산과정 :
   - 답 :

(해답 ⊕) 1) 각 실별 약제소요량[kg]
   - 계산과정
     ① 케이블실
        $W = 400[\text{m}^3] \times 1.3[\text{kg/m}^3] = 520[\text{kg}]$
        (∵ 개구부에 자동폐쇄장치가 설치되어 개구부 가산량을 산입하지 않는다)
     ② 박물관
        $W = 240[\text{m}^3] \times 2.0[\text{kg/m}^3] = 480[\text{kg}]$
     ③ 일산화탄소저장실
        $W = 32[\text{m}^3] \times 1.0[\text{kg/m}^3] = 32[\text{kg}]$
        최저 한도량 45[kg] × 1.9 = 85.5[kg]
   - 🗓 ① 케이블실 : 520[kg]
        ② 박물관 : 480[kg]
        ③ 일산화탄소저장실 : 85.5[kg]

2) 저장용기 병당 약제저장량[kg]
   - 계산과정
     $$\dfrac{68[\text{L}]}{1.7[\text{L/kg}]} = 40[\text{kg}]$$
   - 🗓 40[kg]

3) 각 실별 소요병수[병]
   - 계산과정
     ① 케이블실
        $$\dfrac{520[\text{kg}]}{40[\text{kg/병}]} = 13[\text{병}]$$
     ② 박물관
        $$\dfrac{480[\text{kg}]}{40[\text{kg/병}]} = 12[\text{병}]$$

③ 일산화탄소저장실

$$\frac{85.5[\text{kg}]}{40[\text{kg/병}]} = 2.14 = 3[\text{병}]$$

- 目 ① 케이블실 : 13[병]

  ② 박물관 : 12[병]

  ③ 일산화탄소저장실 : 3[병]

4) 이산화탄소의 농도[%]

- 계산과정

$$C = \frac{21-14}{21} \times 100 = 3.33[\%]$$

- 目 3.33[%]

5) 방사된 이산화탄소의 체적[m³]

- 계산과정

$$1[\text{atm}] \times V[\text{m}^3] = \frac{13[\text{병}] \times 40[\text{kg/병}]}{44[\text{kg/kmol}]} \times 0.082[\text{atm} \cdot \text{m}^3/\text{kmol} \cdot \text{K}] \times (273+0)[\text{K}]$$

$$\therefore V = 244.21[\text{m}^3]$$

- 目 244.21[m³]

해설⊕ 전역방출방식 이산화탄소소화설비 계산 공식

$$W(약제량) = (V \times \alpha) + (A \times \beta)$$

여기서, W : 약제량[kg]

V : 방호구역체적[m³]

α : 체적계수[kg/m³]

A : 개구부면적[m²]

β : 면적계수(표면화재 : 5[kg/m²], 심부화재 : 10[kg/m²])

표면화재(가연성 가스, 가연성 액체)

방호구역 체적	방호구역의 체적 1[m³]에 대한 소화약제의 양[kg/m³]	최저 한도량 [kg]	개구부 가산량[kg/m²] (자동폐쇄장치 미설치 시)
45[m³] 미만	1	45	5
45[m³] 이상 150[m³] 미만	0.9		5
150[m³] 이상 1,450[m³] 미만	0.8	135	5
1,450[m³] 이상	0.75	1,125	5

심부화재(종이, 목재, 석탄, 섬유류, 합성수지류)

방호대상물	방호구역 1[m³]에 대한 소화약제의 양[kg/m³]	설계농도 [%]	개구부 가산량[kg/m²] (자동폐쇄장치 미설치 시)
유압기기를 제외한 전기설비 케이블실	1.3	50	10
체적 55[m³] 미만의 전기설비	1.6	50	10
서고, 전자제품창고, 목재가공품 창고, 박물관	2.0	65	10
고무류, 면화류 창고, 모피창고, 석탄창고, 집진설비	2.7	75	10

$$\text{이산화탄소의 농도[\%]} = \frac{21 - O_2}{21} \times 100$$

여기서, O_2 : 소화약제 방출 후 산소의 농도[%]

$$\text{이상기체상태방정식 } PV = nRT = \frac{W}{M}RT$$

여기서, P : 압력[atm] [Pa]

V : 유속[m/s]

n : 몰수[mol]

W : 질량[kg]

M : 분자량[kg/kmol]

R : 이상기체상수($= 0.082$[atm · L/mol · K] $= 8.314$[N · m/mol · K])

T : 절대온도[K]

16 다음 조건을 참조하여 각 물음에 답하시오. [6점]

[조건]
- 스프링클러설비이며 헤드의 기준개수는 20[개]를 적용한다.
- 준공 후 소화펌프의 시험결과 양정은 80[m], 회전수는 1,500[rpm]이었다.
- 펌프의 효율은 60[%], 전달계수는 1.1로 한다.
- 물의 비중량은 9.8[kN/m³]로 한다.

1) 현재의 펌프 토출량에 20[%]의 여유를 두는 경우 임펠러의 회전수는 몇 [rpm]으로 변경해야 하는가?
   - 계산과정 :
   - 답 :

2) 임펠러의 회전수를 변경하면 양정은 몇 [m]로 변경해야 하는가?
   - 계산과정 :
   - 답 :

3) 펌프의 동력이 50[kW]로 설치되었다면 펌프 토출량에 20[%]의 여유를 두는 경우 적합여부를 쓰시오.

(해답⊕) 1) 임펠러의 회전수[rpm]
   - 계산과정

   $$\frac{Q_2}{Q_1} = \left(\frac{N_2}{N_1}\right) \; (\because \text{펌프의 크기는 무시})$$

   $$\frac{1.2 \times Q_1}{Q_1} = \left(\frac{N_2[\text{rpm}]}{1,500[\text{rpm}]}\right)$$

   $$\therefore \; N_2 = 1,800[\text{rpm}]$$

   - 🖩 1,800[rpm]

   2) 양정[m]
   - 계산과정

   $$\frac{H_2}{H_1} = \left(\frac{N_2}{N_1}\right)^2 \; (\because \text{펌프의 크기는 무시})$$

   $$\frac{H_2[\text{m}]}{80[\text{m}]} = \left(\frac{1,800[\text{rpm}]}{1,500[\text{rpm}]}\right)^2$$

   $$\therefore \; H_2 = 115.2[\text{m}]$$

   - 🖩 115.2[m]

   3) 적합여부
   스프링클러설비
   펌프의 토출량 $Q = 20[\text{개}] \times 80[\text{L/min}] \times 1.2 = 1,920[\text{L/min}]$

   $$\therefore \; P = \frac{9.8[\text{kN/m}^3] \times \frac{1.92}{60}[\text{m}^3/\text{s}] \times 115.2[\text{m}]}{0.6} \times 1.1 = 66.23[\text{kW}]$$

   소요 모터동력이 66.23[kW]이지만, 설치된 모터동력이 50[kW]이므로 부적합

[공식]

상사의 법칙

유량 $\dfrac{Q_2}{Q_1} = \left(\dfrac{N_2}{N_1}\right) \times \left(\dfrac{D_2}{D_1}\right)^3$

양정 $\dfrac{H_2}{H_1} = \left(\dfrac{N_2}{N_1}\right)^2 \times \left(\dfrac{D_2}{D_1}\right)^2$

동력 $\dfrac{P_2}{P_1} = \left(\dfrac{N_2}{N_1}\right)^3 \times \left(\dfrac{D_2}{D_1}\right)^5$

여기서, N : 회전수[rpm]

$\quad\quad D$: 펌프의 직경[m]

펌프의 전동기 동력[kW] $P = \dfrac{\gamma Q H}{\eta} \times K$

여기서, γ : 비중량($\gamma_w = 9.8[\text{kN/m}^3]$)

$\quad\quad Q$: 유량[m³/s], H : 전양정[m]

$\quad\quad \eta$: 효율, K : 전달계수

01 다음 조건에 따라 제1종 분말소화설비를 전역방출방식으로 설치하려고 한다. 조건을 참고하여 각 물음에 답하시오. [8점]

[조건]
- 특정소방대상물의 크기는 가로 20[m], 세로 10[m], 높이 3[m]인 내화구조로 되어 있다.
- 헤드의 배치는 정방형으로 하고, 헤드와 벽과의 간격은 헤드 간격의 1/2 이하로 한다.
- 방사헤드 1개의 방사량은 1.5[kg/s]이고 방사시간 기준은 30초이다.
- 배관은 최단거리 토너먼트 배관방식을 적용한다.

1) 필요한 소화약제의 최소 소요량은 몇 [kg]인가?
   - 계산과정 :
   - 답 :

2) 가압용 가스(질소)의 최소 필요량(35[℃], 1기압 환산)은 몇 [L]인가?
   - 계산과정 :
   - 답 :

3) 필요한 분사헤드의 최소 개수는 몇 [개]인가?
   - 계산과정 :
   - 답 :

4) 헤드의 배치도 및 개략적인 배관도를 작성하시오. (단, 눈금 1개의 간격은 1[m]이고 헤드 간의 간격 및 벽과의 간격을 표시해야 하며 분말배관 연결지점은 상부 중간에서 분기한다.)

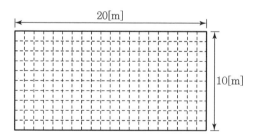

해답 ➕ 1) 필요한 소화약제의 최소 소요량[kg]
- 계산과정

  약제량 $(20 \times 10 \times 3)[\text{m}^3] \times 0.6[\text{kg/m}^3] = 360[\text{kg}]$

- 🔖 360[kg]

2) 가압용 가스(질소)의 최소 필요량[L]
- 계산과정

  $360[\text{kg}] \times 40[\text{L/kg}] = 14,400[\text{L}]$

- 🔖 14,400[L]

3) 분사헤드의 최소 개수
- 계산과정

  $$N = \frac{360[\text{kg}]}{1.5[\text{kg/s} \cdot 개] \times 30[\text{s}]} = 8[개]$$

- 🔖 8[개]

4) 헤드의 배치도

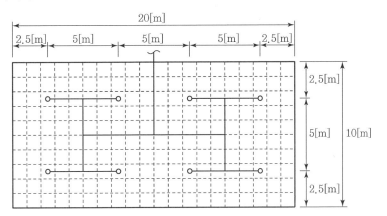

해설 ➕ 전역방출방식 분말소화설비 계산 공식

약제량 $W = (V + \alpha) + (A + \beta)$

여기서, W : 약제량[kg]

　　　　V : 방호구역체적[m³]

　　　　α : 체적계수[kg/m³]

　　　　A : 개구부면적[m²]

　　　　β : 면적계수[kg/m²]

체적계수(α) 및 면적계수(β)

소화약제의 종별	체적 1[m³]에 대한 소화약제량[kg]	면적 1[m²]에 대한 소화약제량[kg]
제1종 분말	0.60	4.5
제2종, 제3종 분말	0.36	2.7
제4종 분말	0.24	1.8

가압용 가스용기

① 분말소화약제의 가스용기는 분말소화약제의 저장용기에 접속하여 설치하여야 한다.

② 가압용 가스 용기를 3병 이상 설치한 경우에는 2개 이상의 용기에 전자개방밸브를 부착할 것

③ 가압용 가스 용기에는 2.5[MPa] 이하의 압력에서 조정이 가능한 압력조정기를 설치하여야 한다.

④ 가압용 가스 또는 축압용 가스는 질소가스 또는 이산화탄소로 할 것

가압용 가스	• 질소가스는 소화약제 1[kg]마다 40[L] 이상 • 이산화탄소는 소화약제 1[kg]에 대하여 20[g] 이상	+	배관 청소에 필요한 양 (이산화탄소만 해당)
축압용 가스	• 질소가스는 소화약제 1[kg]에 대하여 10[L] 이상 • 이산화탄소는 소화약제 1[kg]에 대하여 20[g] 이상	+	배관 청소에 필요한 양 (이산화탄소만 해당)

* 배관의 청소에 필요한 양의 가스는 별도의 용기에 저장할 것

02 다음은 제연설비의 공기유입방식 및 유입구에 관한 화재안전기술기준이다. ( ) 안에 알맞은 답을 적으시오. [5점]

• 예상제연구역에 대한 공기유입은 유입풍도를 경유한 (①) 또는 (②)으로 하거나, 인접한 제연구역 또는 통로에 유입되는 공기가 해당구역으로 유입되는 방식으로 할 수 있다.

• 예상제연구역에 설치되는 공기유입구는 다음의 기준에 적합해야 한다.

1) 바닥면적 400[m²] 미만의 거실인 예상제연구역에 대해서는 공기유입구와 배출구간의 직선거리는 (③)[m] 이상 또는 구획된 실의 장변의 2분의 1 이상으로 할 것. 다만, 공연장 · 집회장 · 위락시설의 용도로 사용되는 부분의 바닥면적이 (④)[m²]를 초과하는 경우의 공기유입구는 2)의 기준에 따른다.

2) 바닥면적이 400[m²] 이상의 거실인 예상제연구역에 대해서는 바닥으로부터 (⑤)[m] 이하의 높이에 설치하고 그 주변은 공기의 유입에 장애가 없도록 한다.

(해답➕) ① 강제유입　　　　　② 자연유입방식　　　　　③ 5
④ 200　　　　　⑤ 1.5

(해설➕) 예상제연구역에 설치되는 공기유입구의 적합기준

① 바닥면적 400[m²] 미만의 거실인 예상제연구역(제연경계에 따른 구획을 제외한다. 다만, 거실과 통로와의 구획은 그렇지 않다)에 대해서는 공기유입구와 배출구간의 직선거리는

5[m] 이상 또는 구획된 실의 장변의 2분의 1 이상으로 할 것. 다만, 공연장·집회장·위락
시설의 용도로 사용되는 부분의 바닥면적이 200[m²]를 초과하는 경우의 공기유입구는
②의 기준에 따른다.
② 바닥면적이 400[m²] 이상의 거실인 예상제연구역(제연경계에 따른 구획을 제외한다. 다만,
거실과 통로와의 구획은 그렇지 않다)에 대해서는 바닥으로부터 1.5[m] 이하의 높이에 설
치하고 그 주변은 공기의 유입에 장애가 없도록 할 것

03 아래 도면은 용도가 교육연구시설인 학교의 강의실에 대한 도면이다. 설치하는 소화기는 능력단위
가 A급 화재기준으로 3단위인 경우 각 물음에 답하시오. 단, 강의실 출입문은 중앙에 위치하고
있다고 가정한다. [6점]

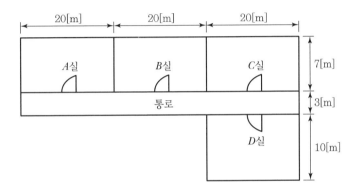

1) 바닥면적을 기준으로 필요한 소화기의 개수를 구하시오. (단, 통로는 제외하며 보행거리 기준은
고려하지 않는다.)
   • 계산과정 :
   • 답 :

2) 보행거리에 따른 통로에 설치해야 할 소화기의 개수를 구하시오. (단, 복도 끝부분에 소화기를 배
치한다.)
   • 계산과정 :
   • 답 :

3) 1)과 2)를 고려하였을 때 필요한 소화기의 최소 개수를 구하시오.
   • 계산과정 :
   • 답 :

(해답⊕) 1) 바닥면적 기준 소화기의 개수
   • 계산과정
      학교(교육연구시설) : $\dfrac{(20 \times 7)[\text{m}^2] \times 3 + (20 \times 10)[\text{m}^2]}{200[\text{m}^2/\text{단위}]} = 3.1[\text{단위}]$

$$\therefore \frac{3.1[단위]}{3[단위/개]} = 1.03 \fallingdotseq 2[개]$$

추가로, 바닥면적이 33[m²] 이상으로 구획된 각 거실(아파트의 경우 각 세대)에도 배치한다.

∴총 필요한 소화기의 개수는 2[개]＋4[개]＝6[개]

- 🖹 6[개]

2) 통로에 설치해야 할 소화기의 개수

- 계산과정

  복도의 양 끝에 설치 : 2개 (∵복도의 끝부분에 추가로 설치한다.)

  소형 소화기의 보행거리는 20[m]

  $$\frac{20[m] \times 3}{20[m/개]} - 1 = 2[개]$$

  ∴총 필요한 소화기의 개수는 2[개]＋2[개]＝4[개]

- 🖹 4[개]

3) 필요한 소화기의 최소 개수

- 계산과정

  6[개]＋4[개]＝10[개]

- 🖹 10[개]

해설⊕ 특정소방대상물별 소화기구의 능력단위기준

특정소방대상물	소화기구의 능력단위
위락시설	바닥면적 30[m²]마다 1단위
공연장, 집회장, 관람장, 문화재, 장례식장 및 의료시설	바닥면적 50[m²]마다 1단위
근린생활시설, 판매시설, 운수시설, 숙박시설, 노유자시설, 전시장, 공동주택, 업무시설, 방송통신시설, 공장, 창고시설, 항공기 및 자동차 관련 시설 및 관광휴게시설	바닥면적 100[m²]마다 1단위
그 밖의 것	바닥면적 200[m²]마다 1단위

주요 구조부가 내화구조이고, 벽 및 반자의 실내에 면하는 부분이 불연재료·준불연재료 또는 난연재료로 된 특정대상물에 있어서는 위 표의 기준면적의 2배를 해당 특정소방대상물의 기준으로 한다.

소화기의 설치기준

① 각 층마다 설치하되 특정소방대상물의 각 부분으로부터 1개의 소화기까지의 보행거리가 소형 소화기의 경우에는 20[m] 이내(대형소화기 : 30[m] 이내)가 되도록 배치할 것

② 특정소방대상물의 각 층이 2 이상의 거실로 구획된 경우에는 바닥 면적이 33[m²] 이상으로 구획된 각 거실(아파트의 경우에는 각 세대)에도 배치할 것

04 포소화약제 중 수성막포의 장점과 단점을 각각 2가지씩 쓰시오. [4점]

1) 장점
   ①
   ②

2) 단점
   ①
   ②

(해답 ➕) 1) 장점
   ① 안정성이 좋아 장기보관이 가능하다.
   ② 내약품성이 좋아(화학적으로 안정하여) 타 약제와 겸용할 수 있다.
   ③ 석유류 표면에 신속히 피막을 형성하여 유류 증발을 억제하여 석유류 화재에 적합하다.
   ④ 내유성이 우수하고 유동성이 높은 약제이다.

2) 단점
   ① 내열성이 약해 윤화현상이 발생할 수 있다.
   ② 다른 약제에 비해 가격이 비싸고 고발포로 사용할 수 없다.
   ③ 유동성과 내열성이 작아 휘발성이 큰 석유류의 화재에는 적합하지 않다.

05 아래의 도면과 같은 방호대상물에 고압식 이산화탄소소화설비를 설계하려고 한다. 설계조건을 참조하여 다음 각 물음에 답하시오. [7점]

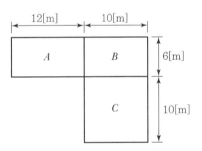

[조건]
• 건물의 층고(높이)는 4[m]이다.
• 약제 방출방식은 전역방출방식이다.
• 개구부는 자동폐쇄장치가 설치되어 있다.
• 약제저장용기는 1병당 45[kg] 충전되어 있다.

1) 각 실의 소요 용기 수는 몇 [병]인가?

　① A실

　② B실

　③ C실

2) 이산화탄소소화설비의 Isometric Diagram을 설계하시오.

　▼ 도시기호의 예시

저장용기	◎	기동용기	🬑	가스체크밸브	➤⊷
선택밸브	⊠	동관	− − − −	배관	——————

(해답 ⊕)　1) 각 실의 소요 용기 수[병]

　　• 계산과정

　　　① A실 : $W = (12 \times 6 \times 4)[\text{m}^3] \times 0.8[\text{kg/m}^3] = 230.4[\text{kg}]$

　　　　　　$N = \dfrac{230.4[\text{kg}]}{45[\text{kg/ 병}]} = 5.12 = 6[\text{병}]$

　　　② B실 : $W = (10 \times 6 \times 4)[\text{m}^3] \times 0.8[\text{kg/m}^3] = 192[\text{kg}]$

　　　　　　$N = \dfrac{192[\text{kg}]}{45[\text{kg/ 병}]} = 4.27 = 5[\text{병}]$

　　　③ C실 : $W = (10 \times 10 \times 4)[\text{m}^3] \times 0.8[\text{kg/m}^3] = 320[\text{kg}]$

　　　　　　$N = \dfrac{320[\text{kg}]}{45[\text{kg/ 병}]} = 7.11 = 8[\text{병}]$

　　• 답 ① A실 : 6[병]　　② B실 : 5[병]　　③ C실 : 8[병]

　2) Isometric Diagram

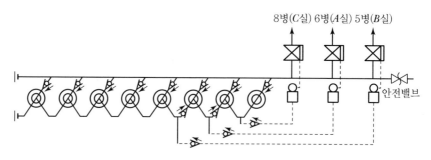

8병(C실) 6병(A실) 5병(B실)

안전밸브

(해설 ⊕)　전역방출방식 이산화탄소소화설비 계산 공식

$$\text{약제량 } W = (V \times \alpha) + (A \times \beta)$$

　　여기서, W : 약제량[kg]

　　　　　V : 방호구역체적[m³]

α : 체적계수[kg/m³]

A : 개구부면적[m²]

β : 면적계수(표면화재 : 5[kg/m²], 심부화재 : 10[kg/m²])

표면화재(가연성 가스, 가연성 액체)

방호구역 체적	방호구역의 체적 1[m³]에 대한 소화약제의 양[kg/m³]	최저 한도량 [kg]	개구부 가산량[kg/m²] (자동폐쇄장치 미설치 시)
45[m³] 미만	1	45	5
45[m³] 이상 150[m³] 미만	0.9		5
150[m³] 이상 1,450[m³] 미만	0.8	135	5
1,450[m³] 이상	0.75	1,125	5

06 다음은 10층 건물에 설치한 옥내소화전설비의 계통도이다. 각 물음에 답하시오. [8점]

[조건]

• 배관의 마찰손실수두는 40[m](소방호스, 관 부속품의 마찰손실수두 포함)이다.

• 펌프의 효율은 65[%]이다.

• 펌프의 여유율은 10[%] 적용한다.

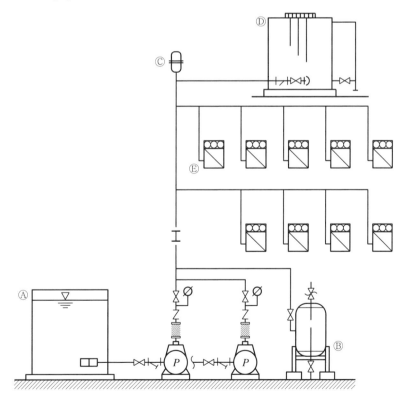

1) Ⓐ~Ⓔ의 명칭을 쓰시오.

2) Ⓓ에 보유해야 할 최소 유효저수량[m³]은?

 • 계산과정 :

 • 답 :

3) Ⓑ의 주된 기능은?

4) Ⓒ의 설치목적은 무엇인가?

5) Ⓔ항의 문의 면적[m²]은 얼마 이상이어야 하는가?

6) 펌프의 전동기 용량[kW]을 계산하시오.

 • 계산과정 :

 • 답 :

(해답 ➕) 1) Ⓐ~Ⓔ의 명칭

   Ⓐ : 소화수조

   Ⓑ : 기동용 수압개폐장치

   Ⓒ : 수격방지기

   Ⓓ : 옥상수조

   Ⓔ : 발신기세트 옥내소화전 내장형

  2) 유효저수량[m³]

   • 계산과정

   지하수조＝2[개]×130[L/min]×20[min]＝5.2[m³]

   옥상수조＝5.2[m³]×$\dfrac{1}{3}$＝1.733[m³]

   • 📖 1.733[m³]

  3) 펌프의 자동기동 및 정지, 충격 완화를 통한 배관 및 밸브 보호

  4) 배관 내의 수격작용 방지

  5) 0.5[m²] 이상

  6) 펌프의 전동기 용량[kW]

   • 계산과정

   전양정 H＝40[m]＋17[m]＝57[m]

   (∵ 옥내소화전의 노즐 방사압 : 0.17[MPa]＝17[m])

   옥내소화전설비 펌프 토출량 Q＝2[개]×130[L/min]＝260[L/min]

   ∴ $P = \dfrac{9.8[\text{kN/m}^3] \times \dfrac{0.26}{60}[\text{m}^3/\text{s}] \times 57[\text{m}]}{0.65} \times 1.1 = 4.10[\text{kW}]$

   • 📖 4.10[kW]

해설 ⊕ 펌프의 전동기 동력[kW]

$$P = \frac{\gamma QH}{\eta} \times K$$

여기서, γ : 비중량($\gamma_w = 9.8[\text{kN/m}^3]$)

$\quad\quad Q$: 유량[m³/s]

$\quad\quad H$: 전양정[m]

$\quad\quad \eta$: 효율

$\quad\quad K$: 전달계수

「소화전함의 성능인증 및 제품검사의 기술기준」 제3조(구조)

소화전함의 일반구조는 다음 각 호에 적합하여야 한다.

① 견고하여야 하며 쉽게 변형되지 않는 구조여야 한다.

② 보수 및 점검이 쉬워야 한다.

⑤ 소화전함의 내부폭은 180[mm] 이상이어야 한다. 다만, 소화전함이 원통형인 경우 단면 원은 가로 500[mm], 세로 180[mm]의 직사각형을 포함할 수 있는 크기여야 한다.

⑦ 여닫이 방식의 문은 120° 이상 열리는 구조여야 한다. 다만, 지하소화장치함의 문은 80° 이상 개방되고 고정할 수 있는 장치가 있어야 한다.

⑧ 문은 두 번 이하의 동작에 의하여 열리는 구조이어야 한다. 다만, 지하소화장치함은 제외한다.

⑨ 문의 잠금장치는 외부 충격에 의하여 쉽게 열리지 않는 구조여야 한다.

⑩ 문의 면적은 0.5[m²] 이상이어야 하며, 짧은 변의 길이(미닫이 방식의 경우 최대 개방길이)는 500[mm] 이상이어야 한다.

⑪ 미닫이 방식의 문을 사용하는 경우, 최대 개방 시 문에 의해 가려지는 내부 공간은 소방용품이 적재될 수 없도록 칸막이 등으로 구획하여야 한다.

⑫ 소화전함의 두께는 1.5[mm] 이상이어야 한다.

07 가로 20[m], 세로 10[m]인 특수가연물을 저장하는 창고에 포소화설비를 설치하고자 한다. 주어진 조건을 참고하여 다음 각 물음에 답하시오. [10점]

[조건]

• 포원액은 수성막포 3[%]를 사용하며, 헤드는 포워터 스프링클러헤드를 설치한다.

• 펌프의 전양정은 35[m]이다.

• 펌프의 효율은 65[%]이며, 전동기 전달계수는 1.1이다.

1) 헤드를 정방형으로 배치할 때 포워터 스프링클러헤드의 설치개수를 구하시오.

  • 계산과정 :

  • 답 :

2) 수원의 저수량[m³]을 구하시오.

· 계산과정 :

· 답 :

3) 포원액의 최소 소요량[L]을 구하시오.

· 계산과정 :

· 답 :

4) 펌프의 토출량[L/min]을 구하시오.

· 계산과정 :

· 답 :

5) 펌프의 최소 소요동력[kW]을 구하시오.

· 계산과정 :

· 답 :

(해답 ➕) 1) 포워터 스프링클러헤드의 설치개수(정방형)

· 계산과정

$S = 2 \times 2.1 \times \cos45° = 2.97[\text{m/개}]$

가로 : $\dfrac{20[\text{m}]}{2.97[\text{m/개}]} = 6.73 = 7[\text{개}]$

세로 : $\dfrac{10[\text{m}]}{2.97[\text{m/개}]} = 3.367 = 4[\text{개}]$

∴ $7 \times 4 = 28[\text{개}]$

· 🔲 28[개]

2) 수원의 저수량[m³]

· 계산과정

$28[\text{개}] \times 75[\text{L/min}] \times 10[\text{min}] \times 0.97 = 20,370[\text{L}] = 20.37[\text{m}^3]$

(∵ 포약제 농도 $S = 0.03$)

· 🔲 20.37[m³]

3) 포원액의 최소 소요량[L]

· 계산과정

$28[\text{개}] \times 75[\text{L/min}] \times 10[\text{min}] \times 0.03 = 630[\text{L}]$

· 🔲 630[L]

4) 펌프의 토출량[L/min]

· 계산과정

$28[\text{개}] \times 75[\text{L/min}] = 2,100[\text{L/min}]$

· 🔲 2,100[L/min]

5) 펌프의 최소 소요동력[kW]

- 계산과정

$$P=\frac{9.8[\mathrm{kN/m^3}]\times\frac{2.1}{60}[\mathrm{m^3/s}]\times 35[\mathrm{m}]}{0.65}\times 1.1=20.32[\mathrm{kW}]$$

- 답 20.32[kW]

해설 ⊕ 포소화설비(포헤드)

① 포워터스프링클러헤드는 특정소방대상물의 천장 또는 반자에 설치하되, 바닥면적 8[m²] 마다 1개 이상으로 하여 해당 방호대상물의 화재를 유효하게 소화할 수 있도록 할 것

② 포워터 스프링클러헤드의 표준방사량(10분간 방사할 수 있는 양 이상)

구분	표준방사량
포워터 스프링클러 헤드	75[L/min] 이상

(가장 많이 설치된 층의) 헤드 개수 × 75[L/min] × 10[min]

③ 포헤드는 특정소방대상물의 천장 또는 반자에 설치하되, 바닥면적 9[m²]마다 1개 이상으로 하여 해당 방호대상물의 화재를 유효하게 소화할 수 있도록 할 것

④ 포헤드는 특정소방대상물별로 그에 사용되는 포소화약제에 따라 1분당 방사량이 다음 표에 따른 양 이상이 되는 것으로 할 것(10분간 방사할 수 있는 양 이상)

소방대상물	포소화약제의 종류	바닥면적 1[m²]당 방사량
차고 · 주차장 및 항공기격납고	단백포 소화약제	6.5[L/m²] 이상
	합성계면활성제포 소화약제	8.0[L/m²] 이상
	수성막포 소화약제	3.7[L/m²] 이상
특수가연물 저장 취급하는 소방대상물	단백포 소화약제	6.5[L/m²] 이상
	합성계면활성제포 소화약제	
	수성막포 소화약제	

⑤ 포헤드 상호 간에는 다음 각 목의 기준에 따른 거리를 두도록 할 것
정방형으로 배치한 경우에는 다음의 식에 따라 산정한 수치 이하가 되도록 할 것

$$S=2r\times\cos 45^\circ$$

여기서, S : 포헤드 상호 간의 거리[m]
r : 유효반경(2.1[m])

펌프의 전동기 동력

$$\text{펌프의 전동기 동력[kW]}\ P=\frac{\gamma QH}{\eta}\times K$$

여기서, γ : 비중량($\gamma_w=9.8[\mathrm{kN/m^3}]$)
Q : 유량[m³/s], H : 전양정[m]
η : 효율, K : 전달계수

08 내경이 100[mm]인 소방용 호스에 내경이 30[mm]인 노즐이 부착되어 있다. 1.5[m³/min]의 방수량으로 대기 중에 방사할 경우 플랜지 볼트에 작용하는 힘은 몇 [kN]인가?(단, 마찰손실은 무시한다.)

[5점]

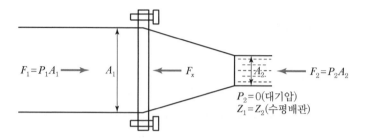

(해답 ⊕) • 계산과정

$$F = \frac{9.8[\text{kN/m}^3] \times \left(\frac{1.5}{60}[\text{m}^3/\text{s}]\right)^2 \times \left(\frac{0.1^2\pi}{4}\right)[\text{m}^2]}{2 \times 9.8[\text{m/s}^2]} \times \left(\frac{\left(\frac{0.1^2\pi}{4}\right)[\text{m}^2] - \left(\frac{0.03^2\pi}{4}\right)[\text{m}^2]}{\left(\frac{0.1^2\pi}{4}\right)[\text{m}^2] \times \left(\frac{0.03^2\pi}{4}\right)[\text{m}^2]}\right)^2$$

$$= 4.07[\text{kN}]$$

• 🖺 4.07[kN]

(해설 ⊕) 플랜지 볼트에 작용하는 힘 계산 공식

$$\text{플랜지 볼트에 작용하는 힘 } F[\text{N}] = \frac{\gamma Q^2 A_1}{2g}\left(\frac{A_1 - A_2}{A_1 A_2}\right)^2$$

여기서, γ : 비중량($\gamma_w = 9.8[\text{kN/m}^3]$)

A_1 : 소방호스의 단면적[m²]

A_2 : 노즐의 단면적[m²]

g : 중력가속도($= 9.8[\text{m/s}^2]$)

09 다음은 제연설비 중 배출구와 공기유입구의 설치 및 배출량 산정에서 이를 제외할 수 있는 경우이다. 다음 (　) 안에 알맞은 답을 적으시오. [4점]

제연설비를 설치해야 할 특정소방대상물 중 화장실 · 목욕실 · (　①　) · (　②　)를 설치한 숙박시설(가족호텔 및 (　③　)에 한한다)의 객실과 사람이 상주하지 않는 기계실 · 전기실 · 공조실 · (　④　)[m²] 미만의 창고 등으로 사용되는 부분에 대해서는 배출구와 공기유입구의 설치 및 배출량 산정에서 이를 제외할 수 있다.

해답 ➕ ① 주차장　　　　　　② 발코니
　　　　③ 휴양콘도미니엄　　④ 50

해설 ➕ 「제연설비의 화재안전성능기준(NFPC 501)」 제12조(설치제외)
제연설비를 설치해야 할 특정소방대상물 중 화장실 · 목욕실 · 주차장 · 발코니를 설치한 숙박시설(가족호텔 및 휴양콘도미니엄에 한한다)의 객실과 사람이 상주하지 않는 기계실 · 전기실 · 공조실 · 50[m²] 미만의 창고 등으로 사용되는 부분에 대하여는 배출구와 공기유입구의 설치 및 배출량 산정에서 이를 제외할 수 있다.

10 다음 그림은 어느 건축물의 평면도이다. 이 실들 중 A실에 급기가압을 하고 문 A_4, A_5, A_6은 외기와 접해있을 경우 A실을 기준으로 외기와의 유효 개구부 틈새면적을 구하시오. [4점]

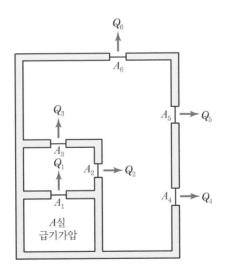

[조건]
- 개구부 틈새면적은 A_1, A_2, A_3가 각각 0.015[m²]이며 A_4, A_5, A_6가 각각 0.01[m²]이다.
- 각 실은 출입문 이외의 틈새는 없다.
- 틈새면적은 소수점 다섯째 자리까지 나타내시오.

해답 ⊕ • 계산과정

　　　A실의 전체 누설틈새면적[m²]

　　　① A_4, A_5와 A_6은 병렬상태

　　　　$A_4 \sim A_6 = 0.01 + 0.01 + 0.01 = 0.03 [\mathrm{m}^2]$

　　　② A_2와 A_3은 병렬상태

　　　　$A_2 \sim A_3 = 0.015 + 0.015 = 0.03 [\mathrm{m}^2]$

　　　③ $A_4 \sim A_6$와 $A_2 \sim A_3$은 직렬상태

　　　　$A_1 \sim A_6 = \dfrac{1}{\sqrt{\dfrac{1}{0.03^2} + \dfrac{1}{0.03^2} + \dfrac{1}{0.015^2}}} = 0.012247 = 0.01225 [\mathrm{m}^2]$

• 🔲 $0.01225[\mathrm{m}^2]$

해설 ⊕ 제연설비 누설틈새면적 및 풍량 계산 공식

$$\text{누설량 } Q = 0.827 \times A \times P^{\frac{1}{N}}$$

　　　여기서, Q : 급기 풍량[m³/s]

　　　　　　A : 틈새면적[m²]

　　　　　　P : 문을 경계로 한 실내의 기압차[N/m²=Pa]

　　　　　　N : 누설 면적 상수(일반출입문＝2, 창문＝1.6)

① 병렬상태인 경우의 틈새면적[m²] $A_T = A_1 + A_2 + A_3 + A_4$

② 직렬상태인 경우의 틈새면적[m²]

$$A_T[\mathrm{m}^2] = \frac{1}{\sqrt{\left(\dfrac{1}{A_1^2} + \dfrac{1}{A_2^2} + \dfrac{1}{A_3^2} + \dfrac{1}{A_4^2} \cdots\right)}} = \left(\frac{1}{A_1^2} + \frac{1}{A_2^2} + \frac{1}{A_3^2} + \frac{1}{A_4^2} \cdots\right)^{-\frac{1}{2}}$$

11 지하층으로서 가로 20[m], 세로 10[m]인 부분에 연결살수설비의 전용헤드를 정방형으로 설치하는 경우 다음 각 물음에 답하시오. [5점]

1) 헤드의 최소 소요개수를 구하시오.
   - 계산과정 :
   - 답 :

2) 배관의 최소 구경은 몇 [mm]인가?

(해답 ⊕) 1) 헤드의 최소 소요개수
   - 계산과정

   $$S = 2 \times 3.7 \times \cos 45° = 5.23 [\text{m/개}]$$

   가로 : $\dfrac{20[\text{m}]}{5.23[\text{m/개}]} = 3.82 = 4[\text{개}]$

   세로 : $\dfrac{10[\text{m}]}{5.23[\text{m/개}]} = 1.91 = 2[\text{개}]$

   $\therefore \ 4 \times 5 = 8[\text{개}]$

   - 답 8[개]

2) 80[mm]

(해설 ⊕) 연결살수설비 헤드 개수 및 배관 구경
1) 배관
   ① 연결살수설비 전용헤드 사용 시 다음 표에 의한 구경으로 한다.

살수 헤드 수	1개	2개	3개	4개 또는 5개	6개 이상 10개 이하
배관구경[mm]	32	40	50	65	80

   ② 스프링클러 헤드 사용 시 스프링클러 헤드설치의 기준에 의한다.

2) 헤드
   ① 헤드는 연결살수설비 전용헤드 또는 스프링클러 헤드로 설치하여야 한다.
   ② 건축물에 설치하는 연결살수설비의 헤드 수평거리(R)
      → 전용헤드 3.7[m] 이하, 스프링클러 헤드 2.3[m] 이하
   ③ 가연성 가스의 저장, 취급시설의 헤드 설치기준
      → 개방형 헤드 설치, 헤드 간의 거리(S)는 3.7[m] 이하

12 도면은 어느 전기실 발전기실 방재반실 및 배터리실을 방호하기 위한 할론 1301의 배관평면도이다. 도면과 조건을 참고하여 할론 소화약제의 각 실별 저장용기 수를 구하고 적합한지 판정하시오.

[9점]

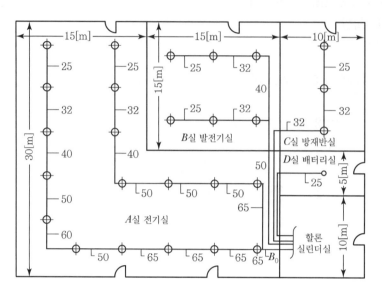

[조건]
- 약제용기는 고압식이다.
- 용기의 내용적은 68[L], 약제충전량은 50[kg]이다.
- 용기실 내의 수직배관을 포함한 각 실에 대한 배관내용적은 다음과 같다.

A실(전기실)	B실(발전기실)	C실(방재반실)	D실(배터리실)
198[L]	78[L]	28[L]	10[L]

- A실에 대한 할론집합관의 내용적은 88[L]이다.
- 할론용기밸브와 집합관 간의 연결관에 대한 내용적은 무시한다.
- 설비의 설계기준온도는 20[℃]이다.
- 액화할론 1301의 비중은 20[℃]에서 1.6이다.
- 각 실의 개구부는 없다고 가정한다.
- 약제소요량 산출 시 각 실의 내부기둥 및 내용물의 체적은 무시한다.
- 각 실의 층고(바닥으로부터 천장까지 높이)는 각각 다음과 같다.
  - A실 및 B실 : 5[m]
  - C실 및 D실 : 3[m]

......

(해답 ⊕) · 계산과정
① A실 약제량
$$(30 \times 30 - 15 \times 15)[\text{m}^2] \times 5[\text{m}] \times 0.32[\text{kg/m}^3] = 1,080[\text{kg}]$$

$$\therefore \text{용기 수 } N = \frac{1,080\,[\text{kg}]}{50\,[\text{kg/병}]} = 21.6 = 22\,[\text{병}]$$

$$\text{비체적 : } \frac{1}{1.6 \times 1,000}\,[\text{m}^3/\text{kg}] = \frac{1}{1.6}\,[\text{L/kg}]$$

$$\text{약제체적 : } 50[\text{kg/병}] \times 22[\text{병}] \times \frac{1}{1.6}\,[\text{L/kg}] = 687.5[\text{L}]$$

$$\frac{(198 + 88)\,[\text{L}]}{687.5\,[\text{L}]} = 0.416\,[\text{배}]$$

② B실 약제량

$$(15 \times 15 \times 5)\,[\text{m}^3] \times 0.32\,[\text{kg/m}^3] = 360\,[\text{kg}]$$

$$\therefore \text{용기 수 } N = \frac{360\,[\text{kg}]}{50\,[\text{kg/병}]} = 7.2 = 8\,[\text{병}]$$

$$\text{약제체적 : } 50[\text{kg/병}] \times 8[\text{병}] \times \frac{1}{1.6}\,[\text{L/kg}] = 250[\text{L}]$$

$$\frac{(78 + 88)\,[\text{L}]}{250\,[\text{L}]} = 0.664\,[\text{배}]$$

③ C실 약제량

$$(15 \times 10 \times 3)\,[\text{m}^3] \times 0.32\,[\text{kg/m}^3] = 144\,[\text{kg}]$$

$$\therefore \text{용기 수 } N = \frac{144\,[\text{kg}]}{50\,[\text{kg/병}]} = 2.88 = 3\,[\text{병}]$$

$$\text{약제체적 : } 50[\text{kg/병}] \times 3[\text{병}] \times \frac{1}{1.6}\,[\text{L/kg}] = 93.75[\text{L}]$$

$$\frac{(28 + 88)\,[\text{L}]}{93.75\,[\text{L}]} = 1.237\,[\text{배}]$$

④ D실 약제량

$$(10 \times 5 \times 3)\,[\text{m}^3] \times 0.32\,[\text{kg/m}^3] = 48\,[\text{kg}]$$

$$\therefore \text{용기 수 } N = \frac{48\,[\text{kg}]}{50\,[\text{kg/병}]} = 0.96 = 1\,[\text{병}]$$

$$\text{약제체적 : } 50[\text{kg/병}] \times 1[\text{병}] \times \frac{1}{1.6}\,[\text{L/kg}] = 31.25[\text{L}]$$

$$\frac{(10 + 88)\,[\text{L}]}{31.25\,[\text{L}]} = 3.136\,[\text{배}]$$

→ 1.5배 이상이므로 D실의 설비는 별도 독립방식 적용

- 답 ① A실 : 22[병]

  ② B실 : 8[병]

  ③ C실 : 3[병]

  ④ D실 : 1[병] → 별도 독립방식 적용하여야 하므로 부적합

(해설 ➕) [공식]

$$W = (V \times \alpha) + (A \times \beta)$$

여기서, W : 약제량[kg]

V : 방호구역 체적[m³]

α : 소요약제량[kg/m³]

A : 개구부면적[m²]

β : 개구부 가산량(개구부에 자동폐쇄장치 미설치)

할론 1301 소화설비의 체적 1[m³]당 소요약제량 및 개구부 가산량

소방대상물	소요약제량	개구부가산량
• 차고, 주차장, 전기실, 전산실, 통신기기실 등 이와 유사한 전기설비 • 특수가연물(가연성 고체류, 가연성 액체류, 합성수지류 저장 · 취급)	0.32[kg/m³]	2.4[kg/m²]
특수가연물(면화류, 나무껍질 및 대팻밥, 넝마 및 종이부스러기, 사류, 볏짚류, 목재가공품 및 나무부스러기 저장 · 취급)	0.52[kg/m³]	3.9[kg/m²]

※ 하나의 방호구역을 담당하는 소화약제 저장용기의 소화약제량의 체적합계보다 그 소화약제 방출 시 방출경로가 되는 배관(집합관을 포함한다)의 내용적의 비율이 1.5배 이상일 경우에는 해당 방호구역에 대한 설비는 별도 독립방식으로 해야 한다.

13 옥외소화전설비에서 펌프의 소요양정이 50[m]이고 말단방수노즐의 방수압력이 0.15[MPa]이었다. 관련법에 맞게 방수압력을 0.25[MPa]로 증가시키고자 할 때 조건을 참고하여 토출 측 유량[L/min]과 펌프의 양정을 구하시오. [4점]

[조건]

• 배관의 마찰손실은 하겐-윌리엄스 공식을 이용한다.

$$\Delta P = 6.053 \times 10^4 \times \frac{Q^{1.85}}{C^{1.85} \times D^{4.87}}$$

여기서, ΔP : 1[m]당 마찰손실압력[MPa/m]

Q : 유량[L/min]

C : 관의 조도계수(무차원)

D : 안지름[mm]

• 유량 $Q = K\sqrt{10P}$를 적용하며 이때 $K = 100$이다.

1) 토출 측 유량[L/min]

• 계산과정 :

• 답 :

2) 펌프의 양정[m]
- 계산과정 :
- 답 :

(해답 ⊕) 1) 토출 측 유량[L/min]

- 계산과정

$$Q = 100 \times \sqrt{10 \times 0.25 [\text{MPa}]} = 158.11 [\text{L/min}]$$

[∵ 특정소방대상물에 설치된 옥외소화전(2개 이상 설치된 경우에는 2개의 옥외소화전)을 동시에 사용할 경우 각 옥외소화전의 노즐선단에서의 방수압력이 0.25[MPa] 이상이고, 방수량이 350[L/min] 이상이 되는 성능의 것으로 할 것]

- 답 158.11[L/min]

2) 펌프의 양정[m]

- 계산과정

기존 유량 $100 \times \sqrt{10 \times 0.15 [\text{MPa}]} = 122.47 [\text{L/min}]$

마찰손실압력 $H_L = 50[\text{m}] - 0.15[\text{MPa}] = 0.5[\text{MPa}] - 0.15[\text{MPa}] = 0.35[\text{MPa}]$

하겐 – 윌리엄스 공식을 통해 마찰손실압력은 유량의 1.85승과 비례한다.

$$\therefore \Delta P = 0.35[\text{MPa}] \times \left(\frac{158.11[\text{L/min}]}{122.47[\text{L/min}]} \right)^{1.85} = 0.5614[\text{MPa}]$$

펌프의 토출압 $P = (0.5614 + 0.25) = 0.8114[\text{MPa}] = 81.14[\text{m}]$

- 답 81.14[m]

14 폐쇄형 헤드를 사용한 스프링클러설비의 말단배관 중 K 점에 필요한 압력수의 수압을 주어진 조건을 이용하여 산정하시오. [8점]

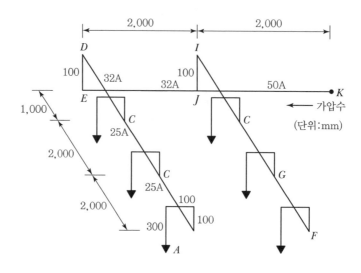

[조건]
• 직관 마찰손실수두(100[m]당)

(단위 : m)

개수	유량[L/min]	25A	32A	40A	50A
1	80	39.82	11.38	5.40	1.68
2	160	150.42	42.84	20.29	6.32
3	240	307.77	87.66	41.51	12.93
4	320	521.92	148.66	70.40	21.93
5	400	789.04	224.75	106.31	32.99
6	480		321.55	152.26	47.43

• 관이음쇠 및 마찰손실에 해당하는 직관길이

(단위 : m)

구분	25A	32A	40A	50A
엘보(90°)	0.9	1.20	1.50	2.10
리듀서	0.54	0.72	0.90	1.20
티(직류)	0.27	0.36	0.45	0.60
티(분류)	1.50	1.80	2.10	3.00

• 관이음쇠 및 마찰손실에 해당하는 직관길이 산출 시 호칭구경이 큰 쪽에 따른다.
• 직류방향과 분류방향이 같은 크기의 분류량(구경)일 때 티는 직류로 계산한다.
• 헤드나사는 PT 1/2(15A) 기준
• 헤드방사압은 0.1[MPa] 기준

1) 수압 산정에 필요한 계산과정을 상세히 작성하시오.

    ① $A \sim B$ 구간의 마찰손실수두[m]를 산출하시오.

    ② $B \sim C$ 구간의 마찰손실수두[m]를 산출하시오.

    ③ $C \sim J$ 구간의 마찰손실수두[m]를 산출하시오.

    ④ $J \sim K$ 구간의 마찰손실수두[m]를 산출하시오.

2) 낙차수두[m]를 구하시오.

    • 계산과정 :

    • 답 :

3) 배관상 총 마찰손실수두[m]를 구하시오.

    • 계산과정 :

    • 답 :

4) 전양정[m]과 K점에 필요한 방수압[MPa]을 구하시오.

    ① 전양정

    ② K점에 필요한 방수압

(해답 ⊕)   1) 마찰손실수두[m]

    • 계산과정

      ① $A \sim B$ 구간 : 25A

        유량 : 80[L/min]

        직관 : $2 + 0.1 + 0.1 + 0.3 = 2.5$[m]

        엘보(90°) : 3[개] $\times$ 0.9[m] $= 2.7$[m]

        리듀서(25 × 15A) : 1[개] $\times$ 0.54[m] $= 0.54$[m]

        $\therefore \dfrac{39.82[\mathrm{m}]}{100[\mathrm{m}]} \times (2.5 + 2.7 + 0.54)[\mathrm{m}] = 2.29[\mathrm{m}]$

      ② $B \sim C$ 구간 : 25A

        유량 : 160[L/min]

        직관 : 2[m]

        티(직류) : 1[개] $\times$ 0.27[m] $= 0.27$[m]

        $\therefore \dfrac{150.42[\mathrm{m}]}{100[\mathrm{m}]} \times (2 + 0.27)[\mathrm{m}] = 3.41[\mathrm{m}]$

      ③ $C \sim J$ 구간 : 32A

        유량 : 240[L/min]

        직관 : $2 + 0.1 + 1 = 3.1$[m]

        엘보(90°) : 2[개] $\times$ 1.2[m] $= 2.4$[m]

        티(분류)(32 × 32 × 25A) : 1[개] $\times$ 1.8[m] $= 1.8$[m]

리듀서(32 × 25A) : 1[개] × 0.72[m] = 0.72[m]

$$\therefore \frac{87.66[\text{m}]}{100[\text{m}]} \times (3.1 + 2.4 + 1.8 + 0.72)[\text{m}] = 7.03[\text{m}]$$

④ $J \sim K$ 구간 : 50A

유량 : 480[L/min]

직관 : 2[m]

티(분류)(50 × 50 × 32A) : 1[개] × 3.0[m] = 3[m]

리듀서(50 × 32A) : 1[개] × 1.2[m] = 1.2[m]

$$\therefore \frac{47.43[\text{m}]}{100[\text{m}]} \times (2 + 3 + 1.2)[\text{m}] = 2.94[\text{m}]$$

- 답 ① $A \sim B$ 구간 : 2.29[m], ② $B \sim C$ 구간 : 3.41[m]

　③ $C \sim J$ 구간 : 7.03[m], ④ $J \sim K$ 구간 : 2.94[m]

2) 낙차수두[m]
   - 계산과정

     $H_1 = 100 + 100 - 300 = -100[\text{mm}] = -0.1[\text{m}]$

   - 답 $-0.1[\text{m}]$

3) 총 마찰손실수두[m]
   - 계산과정

     $H_2 = 2.29[\text{m}] + 3.41[\text{m}] + 7.03[\text{m}] + 2.94[\text{m}] = 15.67[\text{m}]$

   - 답 15.67[m]

4) 전양정[m]과 K점에 필요한 방수압[MPa]
   - 계산과정

     ① 전양정

       $H = -0.1[\text{m}] + 15.67[\text{m}] + 10[\text{m}] = 25.57[\text{m}]$

     ② K점에 필요한 방수압

       $$\frac{25.57[\text{m}]}{10.332[\text{m}]} \times 0.101325[\text{MPa}] = 0.25[\text{MPa}]$$

   - 답 ① 25.57[m], ② 0.25[MPa]

해설 ➕ 스프링클러설비 헤드의 방수량 및 방사압력 계산 공식

> 전양정 H = 실양정[m] + 마찰손실[m] + 방사압(수두)[m]

여기서, 스프링클러설비의 헤드 방사압 : 0.1[MPa] = 10[m]

15 그림과 같은 직사각형 주철 관로망에서 A 지점에서 0.6[m³/s] 유량으로 물이 들어와서 와 B와 C지점에서 각각 0.2[m³/s]와 0.4[m³/s]의 유량으로 물이 나갈 때 관 내에서 흐르는 물의 유량 Q_1, Q_2, Q_3는 각각 몇 m³/s인가?(단, 관로가 길기 때문에 관마찰손실 이외의 손실은 무시하고 d_1, d_2 관의 관마찰계수 $\lambda=0.025$, d_3, d_4의 관에 대한 관마찰계수는 $\lambda=0.028$이다. 그리고 각각의 관의 내경은 $d_1=0.4$[m], $d_2=0.4$[m], $d_3=0.322$[m], $d_4=0.322$[m]이며, 또한 본 문제는 Darcy-Weisbach의 방정식을 이용하여 유량을 구한다.) [7점]

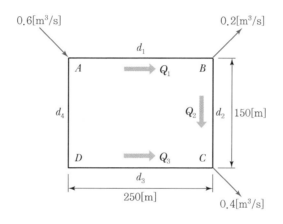

해답 ⊕ • 계산과정

[조건]

① 유량 $Q_A=0.6$[m³/s], $Q_B=0.2$[m³/s], $Q_C=0.4$[m³/s]

② d_1, d_2 관의 관마찰계수 $\lambda=0.025$, d_3, d_4의 관에 대한 관마찰계수 $\lambda=0.028$

③ 관의 내경 $d_1=0.4$[m], $d_2=0.4$[m], $d_3=0.322$[m], $d_4=0.322$[m]

$$\Delta h_1 + \Delta h_2 = \Delta h_3$$

$$\left(0.025 \times \frac{250[\text{m}]}{0.4[\text{m}]} \times \frac{(V_1[\text{m/s}])^2}{2g[\text{m/s}^2]}\right) + \left(0.025 \times \frac{150[\text{m}]}{0.4[\text{m}]} \times \frac{(V_2[\text{m/s}])^2}{2g[\text{m/s}^2]}\right)$$

$$= \left(0.028 \times \frac{(150+250)[\text{m}]}{0.322[\text{m}]} \times \frac{(V_3[\text{m/s}])^2}{2g[\text{m/s}^2]}\right)$$

$$\therefore \left(0.025 \times \frac{(250V_1^2 + 150V_2^2)}{0.4}\right) = \left(0.028 \times \frac{(150+250) \times (V_3)^2}{0.322}\right)$$

이때,

$$Q_1[\text{m}^3/\text{s}] + Q_3[\text{m}^3/\text{s}] = 0.6[\text{m}^3/\text{s}]$$

$$\frac{0.4^2\pi}{4}[\text{m}^2] \times V_1[\text{m/s}] + \frac{0.322^2\pi}{4}[\text{m}^2] \times V_3[\text{m/s}] = 0.6[\text{m}^3/\text{s}]$$

$$0.126V_1 + 0.081V_3 = 0.6$$

$$\therefore V_3 = \frac{0.6 - 0.126V_1}{0.081} = 7.407 - 1.556V_1 \cdots\cdots\cdots\cdots\cdots\cdots\cdots\cdots 1)$$

$$Q_1[\mathrm{m^3/s}] = 0.2[\mathrm{m^3/s}] + Q_2[\mathrm{m^3/s}]$$

$$\frac{0.4^2\pi}{4}[\mathrm{m^2}] \times V_1[\mathrm{m/s}] = 0.2[\mathrm{m^3/s}] + \frac{0.4^2\pi}{4}[\mathrm{m^2}] \times V_2[\mathrm{m/s}]$$

$$0.126 V_1 = 0.2 + 0.126 V_2$$

$$\therefore \ V_2 = \frac{0.126 V_1 - 0.2}{0.126} = V_1 - 1.587 \cdots\cdots\cdots\cdots\cdots\cdots\cdots \text{2)}$$

따라서 처음 공식에 1)과 2)를 대입하면

$$0.025 \times \frac{250 V_1^2 + 150(V_1 - 1.587)^2}{0.4} = 0.028 \times \frac{(150 + 250) \times (7.407 - 1.556 V_1)^2}{0.322}$$

$$\therefore \ V_1 = 3.253[\mathrm{m/s}] \rightarrow Q_1 = 0.126 V_1 = 0.41[\mathrm{m^3/s}]$$

$$Q_3 = 0.6 - Q_1 = 0.19[\mathrm{m^3/s}], \ Q_2 = Q_1 - 0.2 = 0.21[\mathrm{m^3/s}]$$

- 🗎 $Q_1 = 0.41[\mathrm{m^3/s}]$

  $Q_2 = 0.21[\mathrm{m^3/s}]$

  $Q_3 = 0.19[\mathrm{m^3/s}]$

해설 ⊕ [공식]

연속방정식 $Q = AV$

여기서, Q : 체적유량[m³/s]

　　　A : 배관의 단면적[m²]

　　　V : 유속[m/s]

Darcy – Weisbach의 방정식 $\Delta h_L = f \times \dfrac{L}{D} \times \dfrac{V^2}{2g}$

여기서, Δh_L : 마찰손실수두[m]

　　　f : 마찰손실계수($= \lambda$)

　　　L : 배관 길이[m]

　　　D : 관의 내경[m]

　　　V : 유속[m/s]

　　　g : 중력가속도($= 9.8[\mathrm{m/s^2}]$)

16 바닥면적이 100[m²]이고 높이 3.5[m]인 발전기실에 할로겐화합물 소화약제 중 HFC-125를 사용할 경우 아래 조건을 참조하여 다음 각 물음에 답하시오. [6점]

[조건]
- HFC-125의 설계농도는 8[%]이며, 방호구역의 최소 예상온도는 20[℃]로 한다.
- HFC-125의 용기는 내용적이 90[L]이며 충전량은 60[kg]으로 한다.
- HFC-125의 선형상수는 아래 표와 같다.

소화약제	K_1	K_2
HFC-125	0.1825	0.0007

- 사용하는 배관은 압력배관용 탄소강관(SPPS 250)으로 항복점은 250[MPa]인장강도는 410[MPa] 이다. 이 배관의 호칭지름은 DN400이며, 이음매 없는 배관이고 이 배관의 바깥지름과 스케줄에 따른 두께는 아래 표와 같다.

호칭지름	바깥지름 [mm]	배관두께[mm]					
		스케줄 10	스케줄 20	스케줄 30	스케줄 40	스케줄 60	스케줄 80
DN400	406.4	6.4	7.9	9.5	12.7	16.7	21.4

1) HFC-125의 저장용기의 수는 최소 몇 [병]인가?
- 계산과정 :
- 답 :

2) 배관의 최대허용압력이 6.1[MPa]일 때 이를 만족하는 배관의 최소 스케줄번호를 구하시오.
- 계산과정 :
- 답 :

(해답 ⊕) 1) 저장용기의 수
- 계산과정

$V = 100[\text{m}^2] \times 3.5[\text{m}] = 350[\text{m}^3]$

$S = K_1 + K_2 \times t = 0.1825 + 0.0007 \times 20 = 0.1965[\text{m}^3/\text{kg}]$

$\therefore W = \dfrac{350[\text{m}^3]}{0.1965[\text{m}^3/\text{kg}]} \times \left(\dfrac{8}{100-8}\right) = 154.88[\text{kg}]$

$N = \dfrac{154.88[\text{kg}]}{60[\text{kg}/\text{병}]} = 2.58 = 3[\text{병}]$

- 답 3[병]

2) 배관의 최소 스케줄번호
- 계산과정

인장강도의 1/4 : $410[\text{MPa}] \times \dfrac{1}{4} = 102.5[\text{MPa}]$

항복점의 2/3 : $250[\text{MPa}] \times \dfrac{2}{3} = 166.67[\text{MPa}]$

$\therefore SE = 102.5[\text{MPa}] \times 1.0 \times 1.2 = 123[\text{MPa}]$

$t = \dfrac{6.1[\text{MPa}] \times 406.4[\text{mm}]}{2 \times 123[\text{MPa}]} + 0[\text{mm}] = 10.88[\text{mm}]$

표에 의하여 배관의 두께는 9.5[mm] 초과 12.7[mm] 이하에 해당하므로 스케줄 40

• 🔖 스케줄 40

(해설 ➕) [공식]

$$\text{할로겐화합물 소화약제} \quad W = \frac{V}{S} \times \left(\frac{C}{100 - C} \right)$$

여기서, W : 소화약제의 무게[kg]

　　　　V : 방호구역의 체적[m³]

　　　　S : 소화약제별 선형상수$(K_1 + K_2 \times t)$[m³/kg]

　　　　C : 체적에 따른 소화약제의 설계농도[%]

　　　　　　[설계농도는 소화농도(%)에 안전계수(A급 화재 1.2, B급 화재 1.3, C급 화재

　　　　　　1.35)를 곱한 값으로 할 것]

　　　　t : 방호구역의 최소 예상온도[℃]

$$\text{배관의 두께} \quad t = \frac{PD}{2SE} + A$$

여기서, P : 최대허용압력[kPa]

　　　　D : 배관의 바깥지름[mm]

　　　　SE : 최대허용응력[kPa]

　　　　　　(인장강도 1/4 값과 항복점의 2/3 값 중 적은 값 × 배관이음효율 × 1.2)

　　　　　　※ 배관이음효율 : 이음매 없는 배관(1), 전기저항 용접배관(0.85), 가열

　　　　　　맞대기 용접배관(0.6)

　　　　A : 허용 값(헤드설치부분 제외)

　　　　　　(나사이음 : 나사높이, 절단홈이음 : 홈의 깊이, 용접이음 : 0)

01 송풍기와 관련된 내용으로 조건을 참고하여 다음 각 물음에 답하시오. [6점]

[조건]
- 펌프의 크기(직경) : 1[m]
- 정압(Static Pressure) : 50[mmAq]
- 전압(Total Pressure) : 80[mmAq]
- 회전수 : 1,750[rpm]
- 효율 : 75[%]
- 유량 : 750[m³/min]
- 소요동력 : 100[kW]

1) 회전수를 2,000[rpm]으로 변경 시 유량[m³/min]은 얼마인가? (단, 펌프의 크기는 1[m]로 유지한다.)
- 계산과정 :
- 답 :

2) 펌프의 크기를 1.2[m]로 변경 시 동력[kW]은 얼마인가? (단, 회전수는 1,750[rpm]으로 유지한다.)
- 계산과정 :
- 답 :

3) 펌프의 크기를 1.2[m]로 변경 시 정압[mmAq]은 얼마인가? (단, 회전수는 1,750[rpm]으로 유지한다.)
- 계산과정 :
- 답 :

(해답 ➕) 1) 유량[m³/min]
- 계산과정

$$\frac{Q_2}{Q_1} = \left(\frac{N_2}{N_1} \right) \ (\because 펌프의 크기는 유지)$$

$$\frac{Q_2[\text{m}^3/\text{min}]}{750[\text{m}^3/\text{min}]} = \left(\frac{2,000[\text{rpm}]}{1,750[\text{rpm}]} \right)$$

$$\therefore \ Q_2 = 857.14[\text{m}^3/\text{min}]$$

- 🗒 857.14[m³/min]

2) 동력[kW]
   • 계산과정

   $$\frac{P_2}{P_1} = \left(\frac{D_2}{D_1}\right)^5 \quad (\because 회전수는 \ 유지)$$

   $$\frac{P_2[\text{kW}]}{100[\text{kW}]} = \left(\frac{1.2[\text{m}]}{1[\text{m}]}\right)^5$$

   $$\therefore \ P_2 = 248.83[\text{kW}]$$

   • 🔖 248.83[kW]

3) 정압[mmAq]
   • 계산과정

   $$\frac{H_2}{H_1} = \left(\frac{D_2}{D_1}\right)^2 \quad (\because 회전수는 \ 유지)$$

   $$\frac{H_2[\text{mmAq}]}{50[\text{mmAq}]} = \left(\frac{1.2[\text{m}]}{1[\text{m}]}\right)^2$$

   $$\therefore \ H_2 = 72[\text{mmAq}]$$

   • 🔖 72[mmAq]

해설➕ 상사의 법칙

유량 $\dfrac{Q_2}{Q_1} = \left(\dfrac{N_2}{N_1}\right) \times \left(\dfrac{D_2}{D_1}\right)^3$
양정 $\dfrac{H_2}{H_1} = \left(\dfrac{N_2}{N_1}\right)^2 \times \left(\dfrac{D_2}{D_1}\right)^2$
동력 $\dfrac{P_2}{P_1} = \left(\dfrac{N_2}{N_1}\right)^3 \times \left(\dfrac{D_2}{D_1}\right)^5$

여기서, N : 회전수[rpm]

D : 펌프의 직경[m]

02 사무실 건물의 지하층에 있는 발전기실에 화재안전기준과 다음 조건에 따라 전역방출방식 이산화탄소 소화설비를 설치하려고 한다. 다음 각 물음에 답하시오. [6점]

[조건]
- 소화설비는 고압식으로 한다.
- 발전기실의 크기 : 가로 10[m], 세로 7[m], 높이 5[m]
  발전기실의 개구부의 크기 : 1.8[m]×3[m]×2개소(자동폐쇄장치 있음)
- 가스용기 1[본]당 충진량 : 45[kg]
- 표면화재를 기준으로 한다.
- 설계농도에 따른 보정계수는 고려하지 않는다.

1) 가스용기는 몇 [본]이 필요한가?
   - 계산과정 :
   - 답 :

2) 선택밸브 직후의 유량[kg/s]을 구하시오.
   - 계산과정 :
   - 답 :

3) 음향경보장치는 약제방사 개시 후 몇 분 동안 경보를 계속할 수 있어야 하는지 쓰시오.

4) 가스용기의 개방밸브는 작동방식에 따라 3가지로 분류된다. 그 명칭을 쓰시오.

(해답➕) 1) 가스용기
   - 계산과정

     $W(약제량) = (10 \times 7 \times 5)[\text{m}^3] \times 0.8[\text{kg/m}^3] = 280[\text{kg}]$

     (∵ 개구부에 자동폐쇄장치가 설치되어 있다.)

     병수 $N = \dfrac{280[\text{kg}]}{45[\text{kg/본}]} = 6.22 = 7[\text{본}]$

   - 🔑 7[본]

2) 선택밸브 직후의 유량[kg/s]
   - 계산과정

     전역방출방식에 있어서 가연성 액체 또는 가연성 가스 등
     표면화재 방호대상물의 경우에는 1분 동안 방출될 수 있도록 한다.

     $\dfrac{7본 \times 45[\text{kg/본}]}{60[\text{s}]} = 5.25[\text{kg/s}]$

   - 🔑 5.25[kg/s]

3) 1분 이상
4) ① 전기식 ② 가스압력식 ③ 기계식

해설 ⊕ 전역방출방식 이산화탄소소화설비 계산 공식

$$W(\text{약제량}) = (V \times \alpha) + (A \times \beta)$$

여기서, W : 약제량[kg]

V : 방호구역체적[m³]

α : 체적계수[kg/m³]

A : 개구부면적[m²]

β : 면적계수(표면화재 : 5[kg/m²], 심부화재 : 10[kg/m²])

표면화재(가연성 가스, 가연성 액체)

방호구역 체적	방호구역의 체적 1[m³]에 대한 소화약제의 양[kg/m³]	최저 한도량 [kg]	개구부 가산량[kg/m²] (자동폐쇄장치 미설치 시)
45[m³] 미만	1		5
45[m³] 이상 150[m³] 미만	0.9	45	5
150[m³] 이상 1,450[m³] 미만	0.8	135	5
1,450[m³] 이상	0.75	1,125	5

음향경보장치의 설치기준

① 수동식 기동장치를 설치한 것은 그 기동장치의 조작과정에서, 자동식 기동장치를 설치한 것은 화재감지기와 연동하여 자동으로 경보를 발하는 것으로 할 것

② 소화약제의 방출개시 후 1분 이상 경보를 계속할 수 있는 것으로 할 것

③ 방호구역 또는 방호대상물이 있는 구획 안에 있는 자에게 유효하게 경보할 수 있는 것으로 할 것

03 옥내소화전설비의 계통도이다. 다음 각 물음에 답하시오. [7점]

1) 도면에서 표시한 번호의 부품 또는 설비의 명칭을 쓰시오.

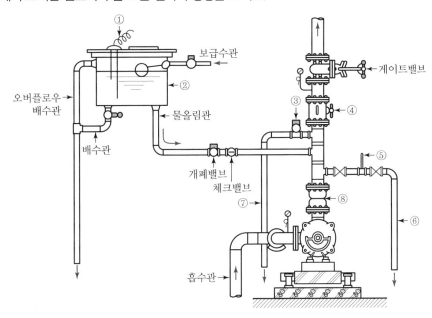

번호	부품명칭	번호	부품명칭
①		⑤	
②		⑥	
③		⑦	순환배관
④	체크밸브	⑧	

2) 펌프의 정격토출압력이 1[MPa]일 때 ③ 부품의 작동압력은 최대 몇 [MPa]로 해야 하는가?

3) ②에 연결된 보급수관(급수배관)의 최소 구경[mm]은?

4) ②의 용량[L]은 얼마 이상으로 해야 하는가?

···

(해답 ➕) 1) 부품명칭

번호	부품명칭	번호	부품명칭
①	저수위감시회로 (감수경보장치)	⑤	유량측정장치 (유량계)
②	물올림수조	⑥	성능시험배관
③	릴리프밸브	⑦	순환배관
④	체크밸브	⑧	플렉시블 조인트

2) 1.4[MPa]   3) 15[mm]   4) 100[L]

해설 ⊕ 「옥내소화전설비의 화재안전기술기준(NFTC 102)」

1) 펌프의 성능은 체절운전 시 정격토출압력의 140[%]를 초과하지 않고, 정격토출량의 150[%]로 운전 시 정격토출압력의 65[%] 이상이 되어야 하며, 펌프의 성능을 시험할 수 있는 성능시험배관을 설치할 것. 다만, 충압펌프의 경우에는 그렇지 않다.

2) 기동용수압개폐장치 중 압력챔버를 사용할 경우 그 용적은 100[L] 이상의 것으로 할 것

3) 수원의 수위가 펌프보다 낮은 위치에 있는 가압송수장치에는 다음의 기준에 따른 물올림장치를 설치할 것

   ① 물올림장치에는 전용의 수조를 설치할 것

   ② 수조의 유효수량은 100[L] 이상으로 하되, 구경 15[mm] 이상의 급수배관에 따라 해당 수조에 물이 계속 보급되도록 할 것

04 지상 15층 건물에 연결송수관설비를 설치하려고 한다. 다음 각 물음에 답하시오. [5점]

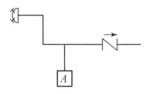

1) 해당 연결송수관설비는 습식, 건식 중 어떤 것에 해당하는가?

2) A부분의 명칭과 도시기호를 그리시오.
   ① 명칭 :
   ② 도시기호 :

3) A의 설치목적을 쓰시오.

해답 ⊕ 1) 습식

2) ① 명칭 : 자동배수밸브

   ② 도시기호 :

3) 소화 후 배관 내에 고인 물을 자동으로 배수시켜 배관의 동파 및 부식 방지를 위하여

해설 ⊕ 「연결송수관설비의 화재안전기술기준(NFTC 502)」

1) 지면으로부터의 높이가 31[m] 이상인 특정소방대상물 또는 지상 11층 이상인 특정소방대상물에 있어서는 습식 설비로 할 것

2) 송수구의 부근에는 자동배수밸브 및 체크밸브를 다음의 기준에 따라 설치할 것. 이 경우 자동배수밸브는 배관안의 물이 잘 빠질 수 있는 위치에 설치하되, 배수로 인하여 다른 물건이나 장소에 피해를 주지 않아야 한다.

① 습식의 경우에는 송수구 · 자동배수밸브 · 체크밸브의 순으로 설치할 것

② 건식의 경우에는 송수구 · 자동배수밸브 · 체크밸브 · 자동배수밸브의 순으로 설치할 것

05 **지상 5층인 건물에 연결송수관설비가 겸용된 옥내소화전설비가 설치되어 있다. 조건을 참고하여 다음 각 물음에 답하시오.** [10점]

[조건]

· 옥내소화전이 5층에 7[개], 그 외 층에는 4[개]씩 설치되어 있다.

· 펌프의 후드밸브로부터 최고위 옥내소화전 앵글밸브까지의 수직거리는 20[m]이다.

· 배관 마찰손실수두는 실양정의 20[%]이며, 관부속품의 마찰손실수두는 배관 마찰손실수두의 50[%]로 한다.

· 소방호스의 길이는 15[m]이며, 마찰손실수두값은 호스 100[m]당 26[m]이다.

· 호칭경에 따른 배관의 구경

호칭구경	15A	20A	25A	32A	40A	50A	65A	80A	100A
내경[mm]	16.4	21.9	27.5	36.2	42.1	53.2	69	81	105.3

· 펌프의 전달계수는 1.2이고, 효율은 0.60이다.

1) 펌프의 전양정[m]을 구하시오.

· 계산과정 :

· 답 :

2) 펌프의 성능곡선을 참고하여 펌프의 적합성 여부를 판정하시오.

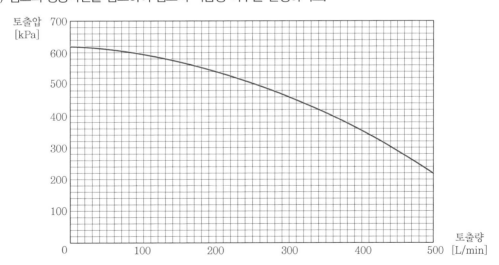

3) 펌프의 성능시험을 위한 유량측정장치의 최대측정유량[L/min]을 구하시오.

- 계산과정 :

- 답 :

4) 토출 측 주배관에서 배관의 호칭구경을 구하시오.

- 계산과정 :

- 답 :

5) 펌프의 전동기 동력[kW]은 얼마인가?

- 계산과정 :

- 답 :

(해답 ⊕) 1) 펌프의 전양정[m]

- 계산과정

$$H = 20[\text{m}] + (20[\text{m}] \times 0.2) + (20[\text{m}] \times 0.2 \times 0.5) + \left(15 \times \frac{26}{100}\right) + 17 = 46.9[\text{m}]$$

- 답 46.9[m]

2) 펌프의 적합성 여부

정격토출량 $Q = 2[개] \times 130[\text{LPM}] = 260[\text{LPM}]$

최대운전점 $260[\text{LPM}] \times 1.5 = 390[\text{LPM}]$

정격토출압 $P = 46.9[\text{m}]$

최대운전점 $469[\text{kPa}] \times 0.65 = 304.85[\text{kPa}]$

∴ 성능곡선상 정격유량의 150[%](390[LPM])일 때 정격토출압의 65[%](304.85[kPa]) 이상
이므로 적합하다.

3) 유량측정장치의 최대측정유량[L/min]

- 계산과정

유량측정장치는 펌프의 정격토출량의 175[%] 이상까지 측정할 수 있는 성능이 있을 것
∴ $260[\text{LPM}] \times 1.75 = 455[\text{LPM}]$

- 답 455[LPM]

4) 주배관의 호칭구경

- 계산과정

펌프의 토출 측 주배관의 구경은 유속이 4[m/s] 이하가 될 수 있는 크기 이상으로 해야 하
고, 옥내소화전방수구와 연결되는 가지배관의 구경은 40[mm](호스릴옥내소화전설비
의 경우에는 25[mm]) 이상으로 해야 하며, 주배관 중 수직배관의 구경은 50[mm](호스릴
옥내소화전설비의 경우에는 32[mm]) 이상으로 해야 한다.

$$\frac{0.26}{60}[\text{m}^3/\text{s}] = \left(\frac{d^2\pi}{4}\right)[\text{m}^2] \times 4[\text{m/s}]$$

$$\therefore \ d = 0.03714[\text{m}] = 37.14[\text{mm}]$$

연결송수관 겸용이므로 100[mm]

- 🖻 100[mm]

5) 펌프의 전동기 동력[kW]

- 계산과정

$$\therefore \ P = \frac{9.8[\text{kN/m}^3] \times \dfrac{0.26}{60}[\text{m}^3/\text{s}] \times 46.9[\text{m}]}{0.6} \times 1.2 = 3.98[\text{kW}]$$

- 🖻 3.98[kW]

해설 ⊕   옥내소화전설비와 연결송수관설비 겸용 시 계산 공식

> 전양정 H = 실양정[MPa] + 마찰손실[MPa] + 방사압[MPa]

여기서, 옥내소화전의 노즐 방사압 : 0.17[MPa]

연결송수관설비 노즐 방사압 : 0.25[MPa]

> 펌프의 전동기 동력[kW] $P = \dfrac{\gamma QH}{\eta} \times K$

여기서, γ : 비중량($\gamma_w = 9.8[\text{kN/m}^3]$)

Q : 유량[m³/s]

H : 전양정[m]

η : 효율

K : 전달계수

---

06 다음은 「피난기구의 화재안전기술기준(NFTC 301)」 중 승강식 피난기 및 하향식 피난구용 내림식 사다리의 설치기준이다. (   ) 안에 알맞은 답을 쓰시오.   [6점]

1) 대피실의 면적은 (①)(2세대 이상일 경우에는 3[m²]) 이상으로 하고, 「건축법 시행령」 규정에 적합하여야 하며 하강구(개구부) 규격은 직경 (②) 이상일 것

2) 대피실의 출입문은 (③) 또는 (④)으로 설치하고, 피난방향에서 식별할 수 있는 위치에 "대피실" 표지판을 부착할 것

3) 착지점과 하강구는 상호 수평거리 (⑤) 이상의 간격을 둘 것

4) 승강식 피난기는 (⑥) 또는 성능시험기관으로 지정받은 기관에서 그 성능을 검증받은 것으로 설치할 것

해답 ⊕   ① 2[m²]   ② 60[cm]   ③ 60분+ 방화문

               ④ 60분 방화문   ⑤ 15[cm]   ⑥ 한국소방산업기술원

(해설 ●) 「피난기구의 화재안전기술기준(NFTC 301)」

승강식 피난기 및 하향식 피난구용 내림식 사다리는 다음의 기준에 적합하게 설치할 것

① 승강식 피난기 및 하향식 피난구용 내림식 사다리는 설치경로가 설치 층에서 피난층까지 연계될 수 있는 구조로 설치할 것. 다만, 건축물의 구조 및 설치 여건상 불가피한 경우에는 그렇지 않다.

② 대피실의 면적은 2[m²](2세대 이상일 경우에는 3[m²]) 이상으로 하고, 「건축법 시행령」제46조제4항 각 호의 규정에 적합하여야 하며 하강구(개구부) 규격은 직경 60[cm] 이상일 것. 다만, 외기와 개방된 장소에는 그렇지 않다.

③ 하강구 내측에는 기구의 연결 금속구 등이 없어야 하며 전개된 피난기구는 하강구 수평투영 면적 공간 내의 범위를 침범하지 않는 구조이어야 할 것. 다만, 직경 60[cm] 크기의 범위를 벗어난 경우이거나, 직하층의 바닥 면으로부터 높이 50[cm] 이하의 범위는 제외한다.

④ 대피실의 출입문은 60분＋ 방화문 또는 60분 방화문으로 설치하고, 피난방향에서 식별할 수 있는 위치에 "대피실" 표지판을 부착할 것. 다만, 외기와 개방된 장소에는 그렇지 않다.

⑤ 착지점과 하강구는 상호 수평거리 15[cm] 이상의 간격을 둘 것

⑥ 대피실 내에는 비상조명등을 설치할 것

⑦ 대피실에는 층의 위치표시와 피난기구 사용설명서 및 주의사항 표지판을 부착할 것

⑧ 대피실 출입문이 개방되거나, 피난기구 작동 시 해당층 및 직하층 거실에 설치된 표시등 및 경보장치가 작동되고, 감시 제어반에서는 피난기구의 작동을 확인할 수 있어야 할 것

⑨ 사용 시 기울거나 흔들리지 않도록 설치할 것

⑩ 승강식 피난기는 한국소방산업기술원 또는 법 제46조제1항에 따라 성능시험기관으로 지정받은 기관에서 그 성능을 검증받은 것으로 설치할 것

07 관 내에서 발생하는 맥동현상(Surging)의 정의와 방지법 2가지를 쓰시오. [6점]

1) 맥동현상(surging)

2) 방지법
   ①
   ②

(해답 ➕) 1) 맥동현상(Surging)

유량이 주기적으로 변하여 펌프 입출구에 설치된 진공계·압력계가 흔들리고 진공과 소음이 일어나며 펌프의 토출유량이 변하는 현상

2) 방지법

① 펌프의 양정곡선이 우하향인 특성의 부분만 상시 사용한다.
   (이를 위해 펌프에 바이패스 라인을 설치하고, 우상향 부분의 토출량을 항시 바이패스 시킨다.)
② 유량조절밸브를 배관 중 수조의 전방에 설치한다.
③ 토출 배관은 공기가 고이지 않도록 약간 상향 구배의 배관을 한다.
④ 운전점을 고려하여 적합한 펌프를 선정한다.
⑤ 풍량 또는 토출량을 줄인다.
⑥ 방출 밸브 등을 써서 펌프 속의 양수량을 서징할 때의 양수량 이상으로 증가시키거나 무단 변속기 등을 써서 회전차의 회전수를 변화시킨다.
⑦ 배관 내의 불필요한 공기탱크 등을 제거하고 관로의 단면적, 유속, 저항 등을 바꾼다.

---

08 연소속도가 빠르고 화재하중이 큰 무대부에 설치하는 스프링클러 방식은 무엇인가? [3점]

(해답 ➕) 일제살수식 스프링클러설비

(해설 ➕) 「스프링클러설비의 화재안전기술기준(NFTC 103)」

"일제살수식 스프링클러설비"란 가압송수장치에서 일제개방밸브 1차 측까지 배관 내에 항상 물이 가압되어 있고 2차 측에서 개방형 스프링클러헤드까지 대기압으로 있다가 화재 시 자동 감지장치 또는 수동식 기동장치의 작동으로 일제개방밸브가 개방되면 스프링클러헤드까지 소화수가 송수되는 방식의 스프링클러설비를 말한다.
→ 무대부 또는 연소할 우려가 있는 개구부에 있어서는 개방형 스프링클러헤드를 설치해야 한다.

09 가로 20[m], 세로 8[m], 높이 3[m]인 발전기실에 불활성기체 소화약제 중 IG – 100을 사용할 경우 조건을 참고하여 다음 각 물음에 답하시오. [10점]

[조건]
- IG – 100의 소화농도는 35.85[%]이다.
- 소화약제량 산정 시 선형상수를 이용하도록 하며 방사 시 기준온도는 10[℃]이다.

소화약제	K_1	K_2
IG – 100	0.7997	0.00239

- 화재는 전기화재로 가정한다.
- IG – 100의 충전밀도는 1.5[kg/m³]이며, 충전량은 100[kg]이다.

1) IG – 100의 저장량은 몇 [m³]인지 구하시오.
  - 계산과정 :

  - 답 :

2) 저장용기의 1[병]당 충전량[m³]을 구하시오.
  - 계산과정 :

  - 답 :

3) IG – 100의 저장용기 수는 최소 몇 [병]인지 구하시오.
  - 계산과정 :

  - 답 :

4) 배관구경 산정조건에 따라 IG – 100의 약제량 방사 시 유량은 몇 [m³/s]인지 구하시오.
  - 계산과정 :

  - 답 :

(해답 ⊕) 1) IG – 100의 저장량[m³]
  - 계산과정

$$V_S = K_1 + K_2 \times 20[℃] = 0.7997 + 0.00293 \times 20 = 0.8583[\text{m}^3/\text{kg}]$$

$$S = K_1 + K_2 \times t = 0.7997 + 0.00293 \times 10 = 0.829[\text{m}^3/\text{kg}]$$

$$C = 소화농도 \times 1.35(전기화재) = 35.85 \times 1.35 = 48.40[\%]$$

$$\therefore X = 2.303 \times \log_{10}\left(\frac{100}{100 - 48.40}\right) \times \frac{0.8583[\text{m}^3/\text{kg}]}{0.829[\text{m}^3/\text{kg}]} \times (20 \times 8 \times 3)[\text{m}^3]$$

$$= 328.88[\text{m}^3]$$

  - 🔖 328.88[m³]

2) 1병당 충전량[m³]
- 계산과정

$$1.5[\mathrm{kg/m^3}] = \frac{100[\mathrm{kg}]}{\chi[\mathrm{m^3}]}$$

∴ 충전량 $\chi = 66.67[\mathrm{m^3}]$

- 🔒 66.67[m³]

3) 저장용기 수[병]
- 계산과정

$$N = \frac{328.88[\mathrm{m^3}]}{66.67[\mathrm{m^3/병}]} = 4.93 = 5[병]$$

- 🔒 5[병]

4) 방사 시 유량[m³/s]
- 계산과정

배관의 구경은 해당 방호구역에 할로겐화합물소화약제는 10초 이내에, 불활성기체소화약제는 A · C급 화재 2분, B급 화재 1분 이내에 방호구역 각 부분에 최소 설계농도의 95[%] 이상 해당하는 약제량이 방출되도록 하여야 한다.

$$X' = 2.303 \times \log_{10}\left(\frac{100}{100 - 48.40 \times 0.95}\right) \times \frac{0.8583[\mathrm{m^3/kg}]}{0.829[\mathrm{m^3/kg}]} \times (20 \times 8 \times 3)[\mathrm{m^3}]$$

$$= 306.09[\mathrm{m^3}]$$

$$\therefore \frac{306.09[\mathrm{m^3}]}{120[\mathrm{s}]} = 2.55[\mathrm{m^3/s}]$$

- 🔒 2.55[m³/s]

해설 ➕ 불활성기체 소화설비 계산 공식

$$\text{불활성기체 소화약제 } X = 2.303\left(\frac{V_S}{S}\right) \times \log_{10}\left(\frac{100}{100 - C}\right)$$

여기서, X : 공간체적당 더해진 소화약제의 부피[m³/m³]

S : 소화약제별 선형상수($K_1 + K_2 \times t$)[m³/kg]

C : 체적에 따른 소화약제의 설계농도[%]

V_S : 20[℃]에서 소화약제의 비체적[m³/kg]

t : 방호구역의 최소 예상온도[℃]

10 A실을 0.1[m³/s]로 급기 가압하였을 경우 다음 조건을 참고하여 외부와 A실의 차압[Pa]을 구하시오. [6점]

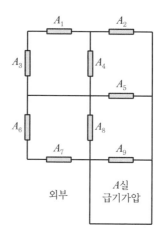

외부

A실
급기가압

[조건]

• 어느 실을 급기 가압할 때 그 실의 문의 틈새를 통하여 누출되는 공기의 양은 다음의 식을 따른다.

$$Q = 0.827A\sqrt{P}$$

여기서, Q : 누출되는 공기의 양[m³/s]

A : 문의 전체 누설틈새면적[m²]

P : 문을 경계로 한 실내·외 기압차[Pa]

• A_1, $A_2 = 0.005$[m²]이고, $A_3 \sim A_9 = 0.02$[m²]이다.

해답 ⊕ • 계산과정

① A_1와 A_3은 병렬상태

A_1, $A_3 = 0.005 + 0.02 = 0.025$[m²]

② A_1, A_3와 A_4은 직렬상태

$$A_1, A_3 \sim A_4 = \frac{1}{\sqrt{\frac{1}{0.025^2} + \frac{1}{0.02^2}}} = 0.01562\,[\text{m}^2]$$

③ A_1, $A_3 \sim A_4$와 A_2은 병렬상태

$A_1 \sim A_4 = 0.01562 + 0.005 = 0.02062$[m²]

④ $A_1 \sim A_4$와 A_5은 직렬상태

$$A_1 \sim A_5 = \frac{1}{\sqrt{\frac{1}{0.02062^2} + \frac{1}{0.02^2}}} = 0.01436\,[\text{m}^2]$$

⑤ A_6와 A_7은 병렬상태

$A_6 \sim A_7 = 0.02 + 0.02 = 0.04$[m²]

⑥ $A_6 \sim A_7$와 A_8은 직렬상태

$$A_6 \sim A_8 = \cfrac{1}{\sqrt{\cfrac{1}{0.04^2} + \cfrac{1}{0.02^2}}} = 0.01789\,[\mathrm{m}^2]$$

⑦ $A_1 \sim A_5$와 $A_6 \sim A_8$은 병렬상태

$$A_1 \sim A_8 = 0.01436 + 0.01789 = 0.03225\,[\mathrm{m}^2]$$

⑧ $A_1 \sim A_8$와 A_9은 직렬상태

$$A_1 \sim A_9 = \cfrac{1}{\sqrt{\cfrac{1}{0.03225^2} + \cfrac{1}{0.02^2}}} = 0.017\,[\mathrm{m}^2]$$

$$\therefore \ 0.1[\mathrm{m}^3/\mathrm{s}] = 0.827 \times 0.017 \times \sqrt{P}$$

$$P = 50.59[\mathrm{Pa}]$$

- 🖹 50.59[Pa]

해설 ➕ 제연설비 누설틈새면적 및 풍량 계산 공식

$$\text{누설량 } Q = 0.827 \times A \times P^{\frac{1}{N}}$$

여기서, Q : 급기 풍량[m³/s]

　　　　A : 틈새면적[m²]

　　　　P : 문을 경계로 한 실내의 기압차[N/m²＝Pa]

　　　　N : 누설 면적 상수(일반출입문＝2, 장문＝1.6)

① 병렬상태인 경우의 틈새면적[m²] $A_T = A_1 + A_2 + A_3 + A_4$

② 직렬상태인 경우의 틈새면적[m²]

$$A_T[\mathrm{m}^2] = \cfrac{1}{\sqrt{\left(\cfrac{1}{A_1^{\,2}} + \cfrac{1}{A_2^{\,2}} + \cfrac{1}{A_3^{\,2}} + \cfrac{1}{A_4^{\,2}} \cdots\right)}} = \left(\cfrac{1}{A_1^{\,2}} + \cfrac{1}{A_2^{\,2}} + \cfrac{1}{A_3^{\,2}} + \cfrac{1}{A_4^{\,2}} \cdots\right)^{-\frac{1}{2}}$$

11 다음 도면은 어느 폐쇄형 습식 스프링클러설비에 대한 계통도이다. 이 설비에서 A 헤드만 개방되었을 경우 다음 조건을 참조하여 각 물음에 답하시오. [12점]

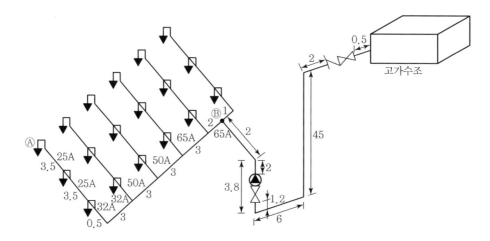

[조건]

• 설치된 헤드의 방출계수(K)는 모두 80이다.

• 가지배관으로부터 헤드까지의 마찰손실은 무시한다. (단, 구경 25A에서의 손실만 고려한다.)

• 배관 내의 유수에 따른 마찰손실압력은 Hazen–Williams 공식을 적용하되 계산 편의상 공식은 다음과 같다고 가정한다.

$$\Delta P = 6 \times 10^4 \times \frac{Q^2 \times L}{C^2 \times D^5}$$

여기서, ΔP : 배관의 마찰손실압[MPa]

Q : 배관 내 유량[L/min]

C : 조도(120)

D : 배관의 내경[mm]

L : 배관의 길이[m]

• 티와 엘보는 동경만 사용하고, 티와 엘보를 사용하는 구간의 구경이 다르면 큰 구경에 따르고 관경이 다른 곳은 리듀서로 연결한다.

• 고가수조에서 B 지점까지의 배관 및 관부속류의 규격은 100A를 적용한다.

• 배관의 내경은 호칭별로 다음과 같다고 가정한다.

호칭경	25A	32A	40A	50A	65A	80A	100A
내경[mm]	27	33	42	53	66	79	102

• 배관 부속 및 밸브류의 등가길이[m]는 다음 표와 같으며, 이 표에 없는 부속 또는 밸브류의 등가길이는 무시해도 좋다.

호칭경	25A	32A	40A	50A	65A	80A	100A
90° 엘보	0.6	0.9	1.8	2.1	2.4	2.7	3.0

호칭경	25A	32A	40A	50A	65A	80A	100A
분류티	1.7	2.2	2.5	3.2	4.1	4.9	6.0
경보밸브	–	–	–	–	–	–	8.7
체크밸브	–	–	–	–	–	–	8.7
게이트밸브	–	–	–	–	–	–	0.7

- 물의 비중량은 9.8[kN/m³]이다.
- 경보밸브, 체크밸브, 게이트밸브의 길이는 0.3[m]이다.

1) 호칭구경별 등가길이[m]를 구하시오.

호칭경	계산식	등가길이[m]
25A		
32A		
50A		
65A		
100A		

2) A점 헤드에서 고가수조까지의 낙차[m]를 구하시오.
- 계산과정 :
- 답 :

3) A헤드의 낙차압[MPa]을 구하시오.
- 계산과정 :
- 답 :

4) 배관 1[m]당 마찰손실압력[MPa]을 구하시오.
   (단, 마찰손실압력 계산 시 $\triangle.\triangle\triangle\triangle \times 10^n \times Q_2$ 형태로 작성한다.)

호칭경	계산식	마찰손실압력[MPa/m]
25A		
32A		
50A		
65A		
100A		

5) 고가수조에서 A헤드의 분당 방수량[L/min]을 구하시오.
- 계산과정 :
- 답 :

(해답 ⊕) 1) 호칭구경별 등가길이[m]

호칭경	계산식	등가길이[m]
25A	직관 : 3.5+3.5=7[m] 90° 엘보 : 0.3×3[개]=1.8[m] ∴ 7+1.8=8.8[m]	8.8
32A	직관 : 3+0.5=3.5[m] 90° 엘보 : 0.9[m] ∴ 3.5+0.9=4.4[m]	4.4
50A	직관 : 3+3=6[m]	6
65A	직관 : 2+3=5[m]	5
100A	직관 : 2+2+1.2+6+45+2+0.5=58.7[m] 90° 엘보 : 3+3+3+3=12[m] 분류티 : 6[m] 경보밸브 : 8.7[m] 체크밸브 : 8.7[m] 게이트밸브 : 0.7+0.7=1.4[m] ∴ 58.7+12+6+8.7+8.7+1.4=95.5[m]	95.5

2) A점 헤드에서 고가수조까지의 낙차[m]
- 계산과정

    $45-3.8=41.2$[m]

- 답 41.2[m]

3) A헤드의 낙차압[MPa]
- 계산과정

    $$\frac{41.2[\text{m}]}{10.332[\text{m}]}\times 0.101325[\text{MPa}]=0.40[\text{MPa}]$$

- 답 0.40[MPa]

4) 배관 1[m]당 마찰손실압력[MPa]

호칭경	계산식	마찰손실압력[MPa/m]
25A	$6\times 10^4\times\dfrac{Q^2}{120^2\times 27^5}=2.904\times 10^{-7}Q^2$	$2.904\times 10^{-7}Q^2$
32A	$6\times 10^4\times\dfrac{Q^2}{120^2\times 33^5}=1.065\times 10^{-7}Q^2$	$1.065\times 10^{-7}Q^2$
50A	$6\times 10^4\times\dfrac{Q^2}{120^2\times 53^5}=9.963\times 10^{-9}Q^2$	$9.963\times 10^{-9}Q^2$
65A	$6\times 10^4\times\dfrac{Q^2}{120^2\times 66^5}=3.327\times 10^{-9}Q^2$	$3.327\times 10^{-9}Q^2$
100A	$6\times 10^4\times\dfrac{Q^2}{120^2\times 102^5}=3.774\times 10^{-10}Q^2$	$3.774\times 10^{-10}Q^2$

5) 분당 방수량[L/min]
- 계산과정

$$Q = 80\sqrt{10P} \ (\because \ K=80)$$

$$\Delta P = (2.904 \times 10^{-7}Q_2)[\text{MPa/m}] \times 8.8[\text{m}] + (1.065 \times 10^{-7}Q_2)[\text{MPa/m}] \times 4.4[\text{m}]$$

$$+ (9.963 \times 10^{-9}Q_2)[\text{MPa/m}] \times 6[\text{m}] + (3.327 \times 10^{-9}Q_2)[\text{MPa/m}] \times 5[\text{m}]$$

$$+ (3.774 \times 10^{-10}Q_2)[\text{MPa/m}] \times 95.5[\text{m}] = 3.137 \times 10^{-6}Q_2[\text{MPa}]$$

$$\therefore \ Q = 80\sqrt{10 \times (0.4 - 3.137 \times 10^{-6}Q^2)}$$

$$= 146.01[\text{L/min}]$$

- 🗒 146.01[L/min]

해설 ➕ 스프링클러설비 헤드의 방수량 및 방사압력 계산 공식

$$\text{헤드 방수량 } Q = K\sqrt{10P}$$

여기서, Q : 헤드 방수량[L/min]

$\quad\quad\quad\ P$: 방사압력[MPa]

$\quad\quad\quad\ K$: 방출계수

---

12 전역방출방식의 할론 1301 소화설비를 전기실에 설계 시 조건을 참고하여 다음 각 물음에 답하시오.　　　[6점]

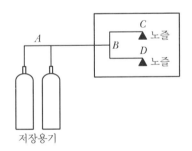

[조건]
- 방호구역의 체적은 420[m³]이다.(출입구에 자동폐쇄장치 설치)
- 소방대상물 및 소화약제의 종류에 따른 소화약제의 양

소방대상물	소화약제의 종류	방호구역의 체적 1[m³]당 소화약제의 양
차고 · 주차장 · 전기실 · 통신기기실 · 전산실	할론 1301	0.32[kg] 이상 0.64[kg] 이하

- 초기 압력강하는 1.5[MPa]이다.
- 고저에 따른 압력강하는 0.06[MPa]이다.
- $A-B$ 간의 마찰저항에 따른 압력손실은 0.06[MPa]이다.

- $B-C$, $B-D$ 간의 각 압력손실은 0.03[MPa]이다.
- 저장용기 내 소화약제 저장압력은 4.2[MPa]이다.
- 저장용기 1[병]당 충진량은 45[kg]이다.
- 작동 10[초] 이내에 약제 전량이 방출된다.

1) 소화약제 저장용기의 수[병]를 구하시오.
    - 계산과정 :
    - 답 :

2) 소화설비가 작동하였을 때 $A-B$ 간의 배관 내를 흐르는 소화약제의 유량[kg/s]을 구하시오. (단, 1)에서 구한 저장용기 수를 기준으로 계산한다.)
    - 계산과정 :
    - 답 :

3) C 점 노즐에서 방출되는 소화약제의 방사압력[MPa]을 구하시오. (단, D점에서의 방사압력도 같다.)
    - 계산과정 :
    - 답 :

4) C 점에서 설치된 분사헤드에서의 방출률이 3.75[kg/(cm$^2 \cdot$ s)]일 때 분사헤드의 등가 분구면적 [cm^2]을 구하시오.
    - 계산과정 :
    - 답 :

(해답 ⊕) 1) 저장용기의 수[병]
    - 계산과정
        $W = 420[\text{m}^3] \times 0.32[\text{kg/m}^3]$ ($\because$ 출입구에 자동폐쇄장치 설치)
        　　$= 134.4[\text{kg}]$

        병수 $N = \dfrac{134.4[\text{kg}]}{45[\text{kg/병}]} = 2.99 = 3[\text{병}]$
    - 답 3[병]

    2) 작동 시 소화약제의 유량[kg/s]
    - 계산과정
        $\dfrac{45[\text{kg/병}] \times 3[\text{병}]}{10[\text{s}]} = 13.5[\text{kg/s}]$
    - 답 13.5[kg/s]

    3) 방사압력[MPa]
    - 계산과정
        $P = 4.2 - 1.5 - 0.06 - 0.06 - 0.03 = 2.55[\text{MPa}]$
    - 답 2.55[MPa]

4) 분구면적[cm²]

- 계산과정

노즐 1개당 유량 $Q = \frac{13.5}{2} = 6.75[\text{kg/s}]$

$A = \frac{6.75[\text{kg/s}]}{3.75[\text{kg/cm}^2 \cdot \text{s}]} = 1.8[\text{cm}^2]$

- 답 1.8[cm²]

해설 ⊕ 전역방출방식 할론소화설비 계산 공식

$$약제량\ W = (V \times \alpha) + (A \times \beta)$$

여기서, W : 약제량[kg]

V : 방호구역 체적[m³]

α : 소요약제량[kg/m³]

A : 개구부면적[m²]

β : 개구부 가산량(개구부에 자동폐쇄장치 미설치)

할론 1301 소화설비의 체적 1[m³]당 소요약제량 및 개구부 가산량

소방대상물	소요약제량	개구부가산량
• 차고, 주차장, 전기실, 전산실, 통신기기실 등 이와 유사한 전기설비 • 특수가연물(가연성 고체류, 가연성 액체류, 합성수지류 저장 · 취급)	0.32[kg/m³]	2.4[kg/m²]
특수가연물(면화류, 나무껍질 및 대팻밥, 넝마 및 종이부스러기, 사류, 볏짚류, 목재가공품 및 나무부스러기 저장 · 취급)	0.52[kg/m³]	3.9[kg/m²]

13 **소방대상물 각 층에 A급 3단위 소화기를 국가화재안전기준에 맞도록 설치하고자 한다. 다음 조건을 참고하여 건물의 각 층별 최소 소화기 수를 구하시오.** [4점]

[조건]

- 각 층의 바닥면적은 층마다 2,000[m²]이다.
- 지하 1층은 전체가 주차장 용도로 이용되며, 지하 2층은 150[m²] 면적은 보일러실로 사용되고, 나머지는 주차장으로 사용된다.
- 지상 1층에서 3층까지는 업무시설이다.
- 전 층에 소화설비가 없는 것으로 가정한다.
- 건물구조는 전체적으로 내화구조가 아니다.
- 자동확산소화기는 계산에 고려하지 않는다.

1) 지하 2층
2) 지하 1층
3) 지상 1층

---

1) 지하 2층
- 계산과정

주차장(항공기 및 자동차 관련 시설) : $\dfrac{(2,000 - 150)[\text{m}^2]}{100[\text{m}^2/단위]} = 18.5[단위]$

$\therefore \dfrac{18.5[단위]}{3[단위/개]} = 6.17 = 7[개]$

보일러실 : $\dfrac{150[\text{m}^2]}{25[\text{m}^2/단위]} = 6[단위]$

$\therefore \dfrac{6[단위]}{3[단위/개]} = 2[개]$

- 답 9[개]

2) 지하 1층
- 계산과정

주차장(항공기 및 자동차 관련 시설) : $\dfrac{2,000[\text{m}^2]}{100[\text{m}^2/단위]} = 20[단위]$

$\therefore \dfrac{20[단위]}{3[단위/개]} = 6.67 = 7[개]$

- 답 7[개]

3) 지상 1층
- 계산과정

업무시설 : $\dfrac{2,000[\text{m}^2]}{100[\text{m}^2/단위]} = 20[단위]$

$\therefore \dfrac{20[단위]}{3[단위/개]} = 6.67 = 7[개]$

- 답 7[개]

해설 ⊕ 특정소방대상물별 소화기구의 능력단위기준

특정소방대상물	소화기구의 능력단위
위락시설	바닥면적 30[m²]마다 1단위
공연장, 집회장, 관람장, 문화재, 장례식장 및 의료시설	바닥면적 50[m²]마다 1단위
근린생활시설, 판매시설, 운수시설, 숙박시설, 노유자시설, 전시장, 공동주택, 업무시설, 방송통신시설, 공장, 창고시설, 항공기 및 자동차 관련 시설 및 관광휴게시설	바닥면적 100[m²]마다 1단위
그 밖의 것	바닥면적 200[m²]마다 1단위

특정소방대상물	소화기구의 능력단위

주요 구조부가 내화구조이고, 벽 및 반자의 실내에 면하는 부분이 불연재료·준불연재료 또는 난연재료로 된 특정대상물에 있어서는 위 표의 기준면적의 2배를 해당 특정소방대상물의 기준으로 한다.

부속용도별로 추가하여야 할 소화기구 및 자동소화장치(NFSC 101[별표 4])

용도별	소화기구의 능력단위
1. 다음 각 목의 시설. 다만, 스프링클러설비·간이스프링클러설비·물분무 등 소화설비 또는 상업용 주방자동소화장치가 설치된 경우에는 자동확산소화기를 설치하지 않을 수 있다. 　1) 보일러실(아파트의 경우 방화구획된 것을 제외한다)·건조실·세탁소 　2) 음식점(지하가의 음식점을 포함한다)·다중이용업소·호텔·기숙사·노유자시설·의료시설·업무시설·공장·장례식장·교육연구시설·교정 및 군사시설의 주방. 다만, 의료시설·업무시설 및 공장의 주방은 공동취사를 위한 것에 한한다. 　3) 관리자의 출입이 곤란한 변전실·송전실·변압기실 및 배전반실(불연재료로 된 상자 안에 장치된 것을 제외한다)	1. 해당 용도의 바닥면적 25[m²]마다 능력단위 1단위 이상의 소화기로 할 것. 주방의 경우, 1개 이상은 주방화재용 소화기(K급)로 설치해야 한다. 2. 자동확산소화기는 바닥면적 10[m²] 이하는 1개, 10[m²] 초과는 2개 이상을 설치하되, 보일러, 조리기구, 변전설비 등 방호대상에 유효하게 분사될 수 있는 수량으로 설치할 것.
2. 발전실·변전실·송전실·변압기실·배전반실·통신기기실·전산기기실(관리자의 출입이 곤란한 변전실·송전실·변압기실 및 배전반실은 제외)	해당 용도의 바닥면적 50[m²]마다 적응성이 있는 소화기 1개 이상 또는 유효설치방호체적 이내의 가스·분말·고체에어로졸 자동소화장치, 캐비닛형 자동소화장치

14 그림과 같은 벤투리미터(Venturi-meter)에서 관 속에 흐르는 물의 유량[L/s]을 구하시오. (단, 수은의 비중은 13.6, 속도계수(벤투리계수, C_v) 0.97, 수은주의 높이차이는 500[mm], 중력가속도는 9.8[m/s²]이다.) 　[5점]

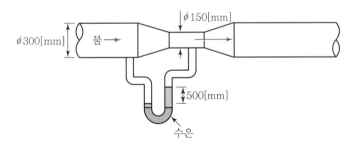

• 계산과정

$$V_2 = \cfrac{1}{\sqrt{1-\left(\dfrac{150^2}{300^2}\right)^2}} \sqrt{2\times9.8\times\left(\dfrac{13.6}{1}-1\right)\times0.5}\times0.97 = 11.132[\mathrm{m/s}]$$

$$\therefore \ Q = \frac{0.15^2\pi}{4}[\mathrm{m^2}]\times11.132[\mathrm{m/s}] = 0.196719[\mathrm{m^3/s}] = 196.72[\mathrm{L/s}]$$

• 🔲 196.72[L/s]

해설 ⊕ 벤투리관 계산 공식

$$V = \cfrac{1}{\sqrt{1-(\dfrac{A_2}{A_1})^2}} \sqrt{2\times g\times\left(\dfrac{s_0}{s}-1\right)\times R}\times C_v$$

여기서, V : 관 내의 유속[m/s]

  A : 관의 단면적[m²]

  g : 중력가속도($=9.8[\mathrm{m/s^2}]$)

  s_0 : 액주계 내의 유체 비중

  s : 물의 비중($=1$)

  R : 액주계 높이차[m]

  C_v : 속도계수

연속방정식 $Q = AV$

여기서, Q : 체적유량[m³/s]

  A : 배관의 단면적[m²]

  V : 유속[m/s]

---

15 가로 30[m], 세로 10[m], 높이 4[m]인 방호구역에 포헤드를 설치하려고 한다. 조건을 참고하여 포헤드의 설치개수와 배관의 구경을 구하시오. [4점]

[조건]

• 감지방식 : 스프링클러헤드

• 헤드의 개수에 따른 배관의 구경

헤드 수	1	2	5	8	15	27	40	55	90	150
구경[mm]	25	32	40	50	65	80	90	100	125	150

1) 포헤드 개수

2) 배관 구경

해답 ⊕   1) 포헤드 개수
  - 계산과정
    ① $N = \dfrac{(30 \times 10)[\text{m}^2]}{9[\text{m}^2/\text{개}]} = 33.33 = 34[\text{개}]$

    ② $S = 2 \times 2.1 \times \cos 45° = 2.97[\text{m}/\text{개}]$

      가로 : $\dfrac{30[\text{m}]}{2.97[\text{m}/\text{개}]} = 10.10 = 11[\text{개}]$

      세로 : $\dfrac{10[\text{m}]}{2.97[\text{m}/\text{개}]} = 3.367 = 4[\text{개}]$

      ∴ $11 \times 4 = 44[\text{개}]$

    두 방법으로 계산한 결과, Fail − Safe의 원칙에 따라 더 많은 개수를 채택하는 것이 타당하다.
  - 🔖 44[개]

  2) 배관 구경
  - 계산과정

    44[개]로, 주어진 표를 참고하여 100[mm]
  - 🔖 100[mm]

해설 ⊕   포헤드의 설치기준
  ① 포워터스프링클러헤드는 특정소방대상물의 천장 또는 반자에 설치하되, 바닥면적 8[m²]마다 1개 이상으로 하여 해당 방호대상물의 화재를 유효하게 소화할 수 있도록 할 것
  ② 포헤드는 특정소방대상물의 천장 또는 반자에 설치하되, 바닥면적 9[m²]마다 1개 이상으로 하여 해당 방호대상물의 화재를 유효하게 소화할 수 있도록 할 것
  ③ 포헤드 상호 간에는 다음의 기준에 따른 거리를 두도록 할 것
    정방형으로 배치한 경우에는 다음의 식에 따라 산정한 수치 이하가 되도록 할 것

$$S = 2 \times r \times \cos 45°$$

    여기서, S : 포헤드 상호 간의 거리[m]
        r : 유효반경(2.1[m])

16 분말소화설비에서 분말약제 저장용기와 연결 설치되는 정압작동장치에 대한 다음 각 물음에 답하시오. [4점]

1) 정압작동장치의 설치목적이 무엇인지 쓰시오.
2) 정압작동장치의 종류 중 압력스위치방식에 대해 설명하시오.

(해답 ⊕) 1) 저장용기의 내부압력이 설정 압력이 되었을 때 주밸브를 개방시키는 장치
2) 가압용 가스가 저장용기 내에 가압되어 압력스위치가 동작되면 솔레노이드밸브가 동작되어 주밸브를 개방시키는 방식

(해설 ⊕) 정압작동장치
1) 설치목적 : 저장용기의 내부압력이 설정압력에 도달하면 작동하여 주밸브를 개방시키는 장치

2) 종류

종류	개방방식	구조
압력 스위치식 (가스압력식)	탱크 내 압력이 설정 압력에 도달하면 압력스위치의 작동으로 솔레노이드밸브가 작동하여 주밸브를 개방하는 방식	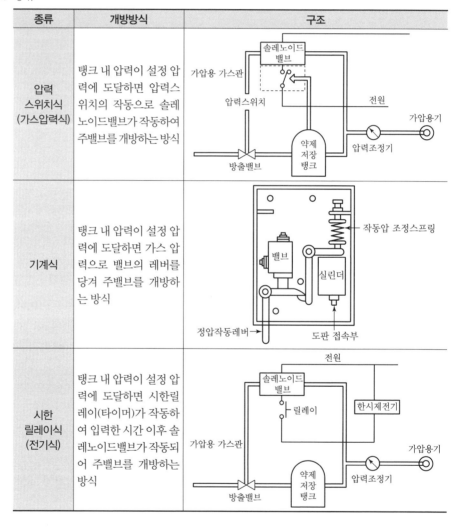
기계식	탱크 내 압력이 설정 압력에 도달하면 가스 압력으로 밸브의 레버를 당겨 주밸브를 개방하는 방식	
시한 릴레이식 (전기식)	탱크 내 압력이 설정 압력에 도달하면 시한릴레이(타이머)가 작동하여 입력한 시간 이후 솔레노이드밸브가 작동되어 주밸브를 개방하는 방식	

01 그림과 같은 소화펌프가 해발고도 1,000[m]에 설치되어 있다. 다음 조건을 참고하여 유효흡입
수두($NPSH_{av}$)를 구하고 이 펌프에서 공동현상(Cavitation)이 발생하는지에 대해 판단하시오.

[5점]

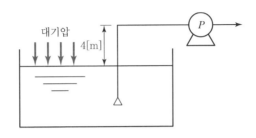

[조건]
- 대기압 = 1.033×10^5[Pa](해발 0[m]에서)
        = 0.901×10^5[Pa](해발 1,000[m]에서)
- 배관의 마찰손실수두는 0.5[m]이고, 수위의 변화는 없다.
- 펌프 제조사에서 제시한 필요흡입수두는 4.5[m]이다.
- 동일온도에서 포화수증기압은 2.334[kPa]이다.
- 중력가속도는 반드시 9.8[m/s²]으로 계산한다.

1) 펌프의 유효흡입수두 $NPSH_{av}$를 구하시오.

- 계산과정 :
- 답 :

2) 공동현상(Cavitation)의 발생 여부를 설명하시오.

(해답 ⊕) 1) 펌프의 유효흡입수두

- 계산과정
  [환산]

  $$H = \frac{P}{\gamma}$$

  $$H_o = \frac{0.901 \times 10^5 [\text{N/m}^2]}{9,800 [\text{N/m}^3]} = 9.194[\text{m}] \ (\because 해발고도 1,000[\text{m}]에 설치)$$

  $$H_v = \frac{2.334 [\text{kN/m}^2]}{9.8 [\text{kN/m}^3]} = 0.238[\text{m}]$$

$$NPSH_{av} = 9.194[\text{m}] - 0.238[\text{m}] - 4[\text{m}] - 0.5[\text{m}] = 4.46[\text{m}]$$

- 📄 4.46[m]

2) $NPSH_{av} \geq NPSH_{re}$ 이어야 공동현상이 발생되지 않는데, 필요흡입수두보다 유효흡입수두가 작기 때문에 공동현상 발생

해설 ⊕ [공식]

> 유효흡입수두 $NPSH_{av} = H_o - H_v \pm H_s - H_L$

여기서, $NPSH_{av}$: 유효흡입양정[m]

H_o : 대기압수두[m]

H_v : 포화증기압수두[m]

H_s : 흡입 측 배관의 흡입수두[m] (다만, 압입식의 경우에는 +(플러스))

H_L : 흡입마찰수두[m]

02 「물분무소화설비의 화재안전기술기준」에 따라 소방용 배관 이외의 소방용 합성수지배관의 성능인증 및 제품검사의 기술기준에 적합한 소방용 합성수지배관으로 설치할 수 있는 경우에 대한 내용으로 보기에서 골라 빈칸에 넣으시오.   [6점]

[보기]

지상, 지하, 내화구조, 방화구조, 단열구조, 소화수, 천장, 벽, 반자, 바닥, 불연재료, 난연재료

1) 배관을 (①)에 매설하는 경우

2) 다른 부분과 (②)로 구획된 덕트 또는 피트의 내부에 설치하는 경우

3) (③)과 (④)를 (⑤) 또는 준(⑤)로 설치하고, 소화배관 내부에 항상 (⑥)가 채워진 상태로 설치하는 경우

해답 ⊕ ① 지하   ② 내화구조   ③ 천장

④ 반자   ⑤ 불연재료   ⑥ 소화수

해설 ⊕ 소방용 합성수지배관 설치 가능 장소

① 배관을 지하에 매설하는 경우

② 다른 부분과 내화구조로 구획된 덕트 또는 피트의 내부에 설치하는 경우

③ 천장(상층이 있는 경우에는 상층바닥의 하단을 포함한다)과 반자를 불연재료 또는 준불연재료로 설치하고 소화배관 내부에 항상 소화수가 채워진 상태로 설치하는 경우

03 자동 스프링클러설비 중 일제살수식 스프링클러설비에 사용하는 일제개방밸브의 개방방식은 2가지로 구분한다. 2가지 방식의 종류 및 작동원리에 대하여 다음 표에 작성하시오. [6점]

방식	작동원리

해답 ⊕

방식	작동원리
가압개방식	화재감지기가 화재를 감지해서 전자개방밸브를 개방시키거나 수동개방밸브를 개방하면 가압수가 실린더실을 가압하여 일제개방밸브가 열리는 방식
감압개방식	화재감지기가 화재를 감지해서 전자개방밸브를 개방시키거나 수동개방밸브를 개방하면 가압수가 실린더실을 감압하여 일제개방밸브가 열리는 방식

해설 ⊕ 스프링클러설비 작동원리

"일제살수식 스프링클러설비"란 가압송수장치에서 일제개방밸브 1차 측까지 배관 내에 항상 물이 가압되어 있고 2차 측에서 개방형 스프링클러헤드까지 대기압으로 있다가 화재 시 자동 감지장치 또는 수동식 기동장치의 작동으로 일제개방밸브가 개방되면 스프링클러헤드까지 소화수가 송수되는 방식의 스프링클러설비를 말한다.

04 다음 그림은 어느 스프링클러설비의 계통도이다. 이 도면과 조건을 참고하여 스프링클러헤드 *A*만을 개방하였을 때 다음 각 물음에 답하시오. [12점]

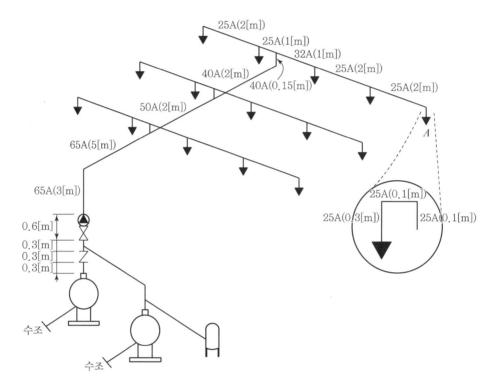

[조건]
- 펌프의 양정은 토출량에 관계없이 일정하다고 가정한다.
- 헤드의 방출계수(K)는 80이다.
- 티와 엘보는 동일 구경을 사용하고 티 혹은 엘보의 구경이 다를 경우에는 큰 구경 쪽을 따른다. 또한, 구경이 변경되는 곳에는 리듀서를 사용한다.
- 배관 마찰손실압력은 하겐 – 윌리엄스의 공식을 따르되 계산의 편의상 다음 식과 같다고 가정한다.

$$\Delta P = \frac{6 \times 10^4 \times Q^2}{120^2 \times D^5}$$

여기서, ΔP : 1[m]당 마찰손실압력[MPa/m]

Q : 유량[L/min]

D : 안지름[mm]

- 배관의 호칭구경별 안지름은 다음과 같다.

호칭구경	25A	32A	40A	50A	65A	80A	100A
내경[mm]	28	37	43	54	69	81	107

- 배관부속 및 밸브류의 등가길이[m]는 아래 표와 같으며 이 표에 없는 부속 또는 밸브류의 등가길이는 무시한다.

호칭구경	25A	32A	40A	50A	65A	80A	100A
90° 엘보	0.8	1.1	1.3	1.6	2.0	2.4	3.2
티[측류]	1.7	2.2	2.5	3.2	4.1	4.9	6.3
게이트밸브	0.2	0.2	0.3	0.3	0.4	0.5	0.7
체크밸브	2.3	3.0	3.5	4.4	5.6	6.7	8.7
경보밸브	–	–	–	–	–	–	8.7

- 펌프의 토출 측부터 경보밸브 상단까지는 호칭구경이 100A이다.
- 펌프의 토출압력은 0.5[MPa]이다.

1) 다음 표의 빈칸을 채우시오. (단, 배관의 마찰손실압력은 Q에 대한 함수로 나타내고, 답은 △.△△△×10^△와 같이 유효숫자가 4개인 형식으로 작성한다. 또한, 등가길이 및 배관의 마찰손실압력은 호칭구경 25A와 같이 구하도록 한다.)

호칭구경	등가길이[m]	배관의 마찰손실압력[MPa]
25A	직관 : 2+2+0.1+0.1+0.3=4.5 90° 엘보 : 3개×0.8=2.4 소계 : 6.9	계산과정 : (생략) 답 : $1.671 \times 10^{-6} \times Q^2$
32A		
40A		
50A		
65A		
100A		

2) 배관의 총 마찰손실압력[MPa]을 구하시오.
   - 계산과정 :
   - 답 :

3) 펌프의 토출 측에서 A헤드까지의 수직거리[m]를 구하시오.
   - 계산과정 :
   - 답 :

4) A헤드의 방수량[L/min]을 구하시오.
   - 계산과정 :
   - 답 :

5) A헤드의 방수압[MPa]을 구하시오.
   - 계산과정 :
   - 답 :

(해답 ➕) 1) 호칭구경에 따른 등가길이 및 배관의 마찰손실압력

호칭구경	등가길이[m]	배관의 마찰손실압력[MPa]
25A	직관 : 2+2+0.1+0.1+0.3=4.5 90° 엘보 : 3개×0.8=2.4 소계 : 6.9	계산과정 : (생략) 답 : $1.671 \times 10^{-6} \times Q^2$
32A	직관 : 1 소계 : 1	계산과정 : $\Delta P_{32A} = \dfrac{6 \times 10^4 \times Q^2}{120^2 \times 37^5} \times 1$ $= 6.009 \times 10^{-8} \times Q^2$ 답 : $6.009 \times 10^{-8} \times Q^2$
40A	직관 : 2+0.15=2.15 90° 엘보 : 1개×1.3=1.3 티(측류) : 1개×2.5=2.5 소계 : 5.95	계산과정 : $\Delta P_{40A} = \dfrac{6 \times 10^4 \times Q^2}{120^2 \times 43^5} \times 5.95$ $= 1.686 \times 10^{-7} \times Q^2$ 답 : $1.686 \times 10^{-7} \times Q^2$
50A	직관 : 2 소계 : 2	계산과정 : $\Delta P_{50A} = \dfrac{6 \times 10^4 \times Q^2}{120^2 \times 54^5} \times 5$ $= 1.815 \times 10^{-8} \times Q^2$ 답 : $1.815 \times 10^{-8} \times Q^2$
65A	직관 : 5+3=8 90° 엘보 : 1개×2=2 소계 : 10	계산과정 : $\Delta P_{65A} = \dfrac{6 \times 10^4 \times Q^2}{120^2 \times 69^5} \times 10$ $= 2.664 \times 10^{-8} \times Q^2$ 답 : $2.664 \times 10^{-8} \times Q^2$
100A	직관 : 0.3+0.3=0.6 게이트밸브 : 1개×0.7=0.7 체크밸브 : 1개×8.7=8.7 경보밸브 : 1개×8.7=8.7 소계 : 18.7	계산과정 : $\Delta P_{100A} = \dfrac{6 \times 10^4 \times Q^2}{120^2 \times 107^5} \times 18.7$ $= 5.555 \times 10^{-9} \times Q^2$ 답 : $5.555 \times 10^{-9} \times Q^2$

2) 배관의 총 마찰손실압력[MPa]
  • 계산과정

   $(1.671 \times 10^{-6} \times Q^2) + (6.009 \times 10^{-8} \times Q^2) + (1.686 \times 10^{-7} \times Q^2) + (1.815 \times 10^{-8} \times Q^2)$

   $+ (2.664 \times 10^{-8} \times Q^2) + (5.555 \times 10^{-9} \times Q^2) = 1.95 \times 10^{-6} \times Q^2 [\text{MPa}]$

  • 🔒 $1.95 \times 10^{-6} \times Q^2 [\text{MPa}]$

3) 펌프의 토출 측~ A 헤드 수직거리
  • 계산과정

   $0.3+0.3+0.3+0.6+3+0.15+0.1-0.3 = 4.45[\text{m}]$

  • 🔒 $4.45[\text{m}]$

4) A헤드의 방수량[L/min]
   - 계산과정

   P_A = 펌프의 토출압 − 배관 마찰손실 압력 − 수직거리

   $\qquad = 0.5[\text{MPa}] - 1.95 \times 10^{-6} \times Q^2[\text{MPa}] - \dfrac{4.45[\text{m}]}{10.332[\text{m}]} \times 0.101325[\text{MPa}]$

   $\therefore\ Q = 80\sqrt{10 \times P_A}$

   $\qquad = 80\sqrt{10 \times \left(0.5 - 1.95 \times 10^{-6} \times Q^2 - \dfrac{4.45}{10.332} \times 0.101325\right)}$

   $\qquad Q^2 = 80^2 \times 10 \times \left(0.5 - 1.95 \times 10^{-6} \times Q^2 - \dfrac{4.45}{10.332} \times 0.101325\right)$

   $\qquad\quad = 29206.99 - 0.1248\,Q_2$

   $1.1248\,Q^2 = 29206.99$

   $\therefore\ Q = 161.14[\text{L/min}]$

   - 🖩 161.14[L/min]

5) A헤드의 방수압[MPa]
   - 계산과정

   $161.14[\text{L/min}] = 80\sqrt{10 \times P_A}$

   $\therefore\ P_A = 0.41[\text{MPa}]$

   - 🖩 0.41[MPa]

해설 ➕ 스프링클러설비 헤드의 방수량 및 방사압력 계산 공식

$$\text{헤드 방수량 } Q = K\sqrt{10P}$$

여기서, Q : 헤드 방수량[L/min]

$\qquad\quad P$: 방사압력[MPa]

$\qquad\quad K$: 방출계수

05 바닥면적 500[m²], 높이 3.2[m]인 전기실(유압기기는 없음)에 이산화탄소소화설비를 설치할 때 저장용기(80[L]/45[kg])에 저장된 약제량을 표준대기압, 온도 20[℃]인 방호구역 내에 전부 방사한다고 할 때 다음을 구하시오.   [6점]

[조건]
• 방호구역 내에는 3[m²]인 출입문이 있으며, 이 문은 자동폐쇄장치가 설치되어 있지 않다.
• 심부화재이고, 전역방출방식을 적용하였다.
• 이산화탄소의 분자량은 44이고, 이상기체상수는 8.3143[kJ/(kmol · K)]이다.
• 선택밸브 내의 온도와 압력조건은 방호구역의 온도 및 압력과 동일하다고 가정한다.
• 이산화탄소 저장용기는 한 병당 45[kg]의 이산화탄소가 저장되어 있다.

1) 이산화탄소 최소 저장용기 수[병]를 구하시오.
   • 계산과정 :
   • 답 :

2) 최소 저장용기를 기준으로 이산화탄소를 모두 방사할 때 선택밸브 1차 측 배관에서의 최소 유량 [m³/min]을 구하시오.
   • 계산과정 :
   • 답 :

해답⊕ 1) 이산화탄소 최소 저장용기 수[병]
       • 계산과정
         $W = (500[\text{m}^2] \times 3.2[\text{m}] \times 1.3[\text{kg/m}^3]) + (3[\text{m}^2] \times 10[\text{kg/m}^2]) = 2{,}110[\text{kg}]$

         $N = \dfrac{2{,}110[\text{kg}]}{45[\text{kg/병}]} = 46.89 = 47[\text{병}]$
       • 🔑 47[병]

    2) 최소 유량[m³/min]
       • 계산과정
         $W = 45[\text{kg/병}] \times 47[\text{병}] = 2{,}115[\text{kg}]$

         $101.325[\text{kN/m}^2] \times V[\text{m}^3]$

         $= \dfrac{2{,}115[\text{kg}]}{44[\text{kg/kmol}]} \times 8.3143[\text{kN} \cdot \text{m/kmol} \cdot \text{K}] \times (20 + 273)[\text{K}]$

         $\therefore\ V[\text{m}^3] = 1{,}155.671[\text{m}^3]$

         $Q = \dfrac{1{,}155.671[\text{m}^3]}{7[\text{min}]} = 165.10[\text{m}^3/\text{min}]$
       • 🔑 165.10[m³/min]

$$약제량 \ W = (V \times \alpha) + (A \times \beta)$$

여기서, W : 약제량[kg]

V : 방호구역체적[m³]

α : 체적계수[kg/m³]

A : 개구부면적[m²]

β : 면적계수(표면화재 : 5[kg/m²], 심부화재 : 10[kg/m²])

심부화재(종이, 목재, 석탄, 섬유류, 합성수지류)

방호대상물	방호구역 1[m³]에 대한 소화약제의 양[kg/m³]	설계농도 [%]	개구부 가산량[kg/m²] (자동폐쇄장치 미설치 시)
유압기기를 제외한 전기설비 케이블실	1.3	50	10
체적 55[m³] 미만의 전기설비	1.6	50	10
서고, 전자제품창고, 목재가공품 창고, 박물관	2.0	65	10
고무류, 면화류 창고, 모피창고, 석탄창고, 집진설비	2.7	75	10

$$이상기체상태방정식 \ PV = nRT = \frac{W}{M}RT$$

여기서, P : 압력[atm] [Pa]

V : 유속[m/s]

n : 몰수[mol]

W : 질량[kg]

M : 분자량[kg/kmol]

R : 이상기체상수(= 0.082[atm · L/mol · K] = 8.314[N · m/mol · K])

T : 절대온도[K]

06 다음은 어느 실들의 평면도이다. 이 중 X실을 급기가압하고자 할 때 주어진 조건을 이용하여 다음을 구하시오.

[6점]

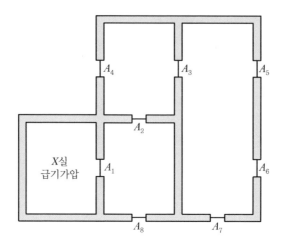

[조건]
- 실 외부대기의 기압은 101.38[kPa]로서 일정하다.
- X실에 유지하고자 하는 기압은 101.55[kPa]이다.
- 각 실 문의 틈새면적은 $A_1 = A_2 = A_3 = 0.01[\text{m}^2]$, $A_4 = A_5 = A_6 = A_7 = A_8 = 0.02[\text{m}^2]$이다.
- 어느 실을 급기가압할 때 그 실의 문 틈새를 통하여 누출되는 공기의 양은 다음의 식에 따른다.

$$Q = 0.827AP^{\frac{1}{2}}$$

여기서, Q : 누출되는 공기의 양[m³/s]
A : 문의 전체 누설틈새면적[m²]
P : 문을 경계로 한 기압차[Pa]

1) 전체 누설틈새면적[m²]을 구하시오.(단, 소수점 아래 여섯째 자리에서 반올림하여 소수점 아래 다섯째 자리까지 나타내시오.)
- 계산과정 :
- 답 :

2) X실에 유입해야 할 풍량[m³/s]을 구하시오.(단, 소수점 아래 넷째 자리에서 반올림하여 소수점 아래 셋째 자리까지 나타내시오.)
- 계산과정 :
- 답 :

⊕해답 1) A실의 전체 누설틈새면적[m²]
- 계산과정
  ① A_5, A_6와 A_7은 병렬상태

$$A_5 \sim A_7 = 0.02 + 0.02 + 0.02 = 0.06\,[\mathrm{m}^2]$$

② A_3와 $A_5 \sim A_7$은 직렬상태

$$A_3, A_5 \sim A_7 = \cfrac{1}{\sqrt{\cfrac{1}{0.01^2} + \cfrac{1}{0.06^2}}} = 0.00986\,[\mathrm{m}^2]$$

③ A_4, A_3와 $A_5 \sim A_7$은 병렬상태

$$A_3 \sim A_7 = 0.02 + 0.00986 = 0.02986\,[\mathrm{m}^2]$$

④ A_2, $A_3 \sim A_7$은 직렬상태

$$A_2 \sim A_7 = \cfrac{1}{\sqrt{\cfrac{1}{0.01^2} + \cfrac{1}{0.02986^2}}} = 0.00948\,[\mathrm{m}^2]$$

⑤ A_8, $A_2 \sim A_7$은 병렬상태

$$A_2 \sim A_8 = 0.02 + 0.00948 = 0.02984\,[\mathrm{m}^2]$$

⑥ A_1, $A_2 \sim A_8$은 직렬상태

$$A_1 \sim A_8 = \cfrac{1}{\sqrt{\cfrac{1}{0.01^2} + \cfrac{1}{0.02948^2}}} = 0.00947\,[\mathrm{m}^2]$$

- 답 $0.00947[\mathrm{m}^2]$

2) 풍량[m³/s]

- 계산과정

$$\Delta P = 101.55\,[\mathrm{kPa}] - 101.38\,[\mathrm{kPa}] = 0.17\,[\mathrm{kPa}] = 170\,[\mathrm{Pa}]$$

$$Q = 0.827 \times 0.00947 \times \sqrt{170} = 0.102\,[\mathrm{m}^3/\mathrm{s}]$$

- 답 $0.102[\mathrm{m}^3/\mathrm{s}]$

해설 ⊕ 제연설비 누설틈새면적 및 풍량 계산 공식

$$\text{누설량 } Q = 0.827 \times A \times P^{\frac{1}{N}}$$

여기서, Q : 급기 풍량[m³/s]

A : 틈새면적[m²]

P : 문을 경계로 한 실내의 기압차[N/m² = Pa]

N : 누설 면적 상수(일반출입문 = 2, 창문 = 1.6)

① 병렬상태인 경우의 틈새면적[m²] $A_T = A_1 + A_2 + A_3 + A_4$

② 직렬상태인 경우의 틈새면적[m²]

$$A_T[\mathrm{m}^2] = \cfrac{1}{\sqrt{\left(\cfrac{1}{A_1^2} + \cfrac{1}{A_2^2} + \cfrac{1}{A_3^2} + \cfrac{1}{A_4^2}\cdots\right)}} = \left(\cfrac{1}{A_1^2} + \cfrac{1}{A_2^2} + \cfrac{1}{A_3^2} + \cfrac{1}{A_4^2}\cdots\right)^{-\frac{1}{2}}$$

07 다음은 할론 1301 소화설비 배치도의 일부이다. 저장용기의 필요수량은 A실이 5개, B실이 3개일 때 가스체크밸브 3개를 사용해서 저장용기와 선택밸브 사이를 점선으로 연결하시오. (단, 선택밸브는 왼쪽이 A실, 오른쪽이 B실이다.) [5점]

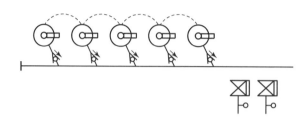

해답 ⊕

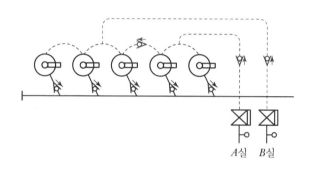

A실 B실

해설 ⊕ 「할론소화설비의 화재안전기술기준(NFTC 107)」
저장용기와 집합관을 연결하는 연결배관에는 체크밸브를 설치할 것. 다만, 저장용기가 하나의 방호구역만을 담당하는 경우에는 그렇지 않다.

08 분말소화설비의 화재안전기술기준에 따른 분말소화약제 저장용기에 대한 설치기준이다. 주어진 보기에서 골라 빈칸에 알맞은 말을 넣으시오. [5점]

[보기]
방호구역 내, 방호구역 외, 1, 2, 3, 4, 8, 10, 20, 30, 40, 50, 60, 70, 게이트, 글로브, 체크, 감압

1) (①)의 장소에 설치할 것. 다만, (②)에 설치할 경우에는 피난 및 조작이 용이하도록 피난구 부근에 설치해야 한다.
2) 온도가 (③)[℃] 이하이고, 온도 변화가 작은 곳에 설치할 것
3) 용기 간의 간격은 점검에 지장이 없도록 (④)[cm] 이상의 간격을 유지할 것
4) 저장용기와 집합관을 연결하는 연결배관에는 (⑤)밸브를 설치할 것. 다만, 저장용기가 하나의 방호구역만을 담당하는 경우에는 그렇지 않다.

해답 ➕ ① 방호구역 외　　　　② 방호구역 내　　　　③ 40
④ 3　　　　　　　　　⑤ 체크

해설 ➕ 저장용기 적합장소
① 방호구역 외의 장소에 설치할 것. 다만, 방호구역 내에 설치할 경우에는 피난 및 조작이 용이
하도록 피난구 부근에 설치해야 한다.
② 온도가 40[℃] 이하이고, 온도 변화가 작은 곳에 설치할 것
③ 직사광선 및 빗물이 침투할 우려가 없는 곳에 설치할 것
④ 방화문으로 방화구획 된 실에 설치할 것
⑤ 용기의 설치장소에는 해당 용기가 설치된 곳임을 표시하는 표지를 할 것
⑥ 용기 간의 간격은 점검에 지장이 없도록 3[cm] 이상의 간격을 유지할 것
⑦ 저장용기와 집합관을 연결하는 연결배관에는 체크밸브를 설치할 것. 다만, 저장용기가
하나의 방호구역만을 담당하는 경우에는 그렇지 않다.

09 35층의 복합건축물에 옥내소화전설비와 옥외소화전설비를 설치하려고 한다. 조건을 참고하여 다음 각 물음에 답하시오.　　　　　　　　　　　　　　　　　　　　　　　　[10점]

[조건]
• 옥내소화전은 지상 1층과 2층에 10[개], 3층~35층까지 각 층당 2[개]씩 설치하였다.
• 옥외소화전은 건물 외곽으로 5[개]를 설치하였다.
• 옥내소화전 펌프와 옥외소화전 펌프는 겸용으로 사용한다.
• 옥내소화전설비의 호스 마찰손실압은 0.1[MPa], 배관 및 관부속의 마찰손실압은 0.05[MPa], 실양정 환산수두압력은 0.4[MPa]이다.
• 옥외소화전설비의 호스 마찰손실압은 0.15[MPa], 배관 및 관부속의 마찰손실압은 0.04[MPa], 실양정 환산수두압력은 0.5[MPa]이다.

1) 옥내소화전 펌프의 최소 토출량[L/min]을 구하시오.
• 계산과정 :
• 답 :

2) 옥외소화전 펌프의 최소 토출량[L/min]을 구하시오.
• 계산과정 :
• 답 :

3) 저수조의 수원[m³]을 구하시오.(단, 옥상수조는 제외한다.)
• 계산과정 :
• 답 :

4) 펌프의 토출압력[MPa]을 구하시오.

- 계산과정 :
- 답 :

해답 ➊ 1) 옥내소화전 펌프의 최소 토출량[L/min]

- 계산과정

$$5[개] \times 130[\text{L/min}] = 650[\text{L/min}]$$

- 🔑 650[L/min]

2) 옥외소화전 펌프의 최소 토출량[L/min]

- 계산과정

$$2[개] \times 350[\text{L/min}] = 700[\text{L/min}]$$

- 🔑 700[L/min]

3) 저수조의 수원[m³](단, 옥상수조는 제외한다.)

- 계산과정
  ① 옥내소화전설비 수원의 양(최대 5개 적용)

$$5[개] \times 130[\text{L/min}] \times 40[\text{min}] = 26,000[\text{L}] = 26[\text{m}^3]$$

  ② 옥외소화전설비 수원의 양(최대 2개 적용)

$$2[개] \times 350[\text{L/min}] \times 20[\text{min}] = 14,000[\text{L}] = 14[\text{m}^3]$$

  ∴ 수원의 양은 두 설비의 합이므로 $Q = 26 + 14 = 40[\text{m}^3]$

- 🔑 40[m³]

4) 펌프의 토출압력[MPa]

- 계산과정
  ① 옥내소화전 펌프 토출압력

$$0.4 + 0.1 + 0.05 + 0.17 = 0.72[\text{MPa}]$$

  ② 옥외소화전 펌프 토출압력

$$0.5 + 0.15 + 0.04 + 0.25 = 0.94[\text{MPa}]$$

  ∴ 펌프의 토출압력은 두 설비의 최댓값이므로 $P = 0.94[\text{MPa}]$

- 🔑 0.94[MPa]

해설 ➊ 옥내소화전설비와 옥외소화전설비 겸용 시 계산 공식

$$\boxed{\text{전양정 } H = \text{실양정[MPa]} + \text{마찰손실[MPa]} + \text{방사압[MPa]}}$$

여기서, 옥내소화전의 노즐 방사압 : 0.17[MPa]
옥외소화전의 노즐 방사압 : 0.25[MPa]

10 다음 그림은 옥내소화전설비의 계통도를 나타낸 것이다. 보기를 참고하여 계통도상에 잘못된 곳을 4가지 찾아 바르게 고치시오. [5점]

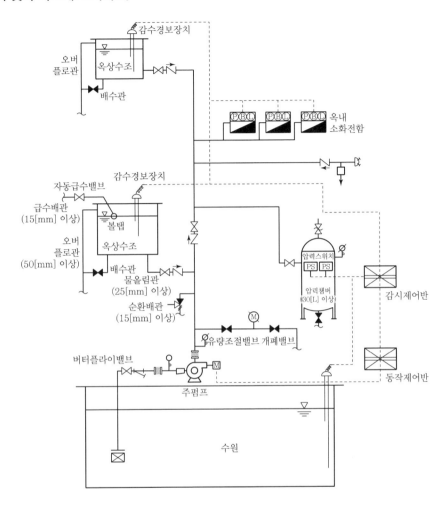

[보기]
- 도면상에 (　)안의 수치는 배관 구경을 나타낸다.
- 가까운 곳에 있는 부분을 수정할 때는 다음 예시와 같이 작성하도록 한다.
  - 옳은 예

틀린 부분	수정방법
xx의 A와 B	위치를 변경하여 설치

  - 잘못된 예(1가지만 정답으로 인정)

틀린 부분	수정방법
xx의 A	B
xx의 B	A

해답 ⊕

틀린 부분	수정방법
펌프 흡입 측 배관의 버터플라이밸브	개폐표시형 개폐밸브로 설치
순환배관의 구경	20[mm] 이상으로 수정
성능시험배관의 개폐밸브와 유량조절밸브	위치 변경
압력챔버의 용량	100[L] 이상으로 수정

해설 ⊕ 옥내소화전설비의 계통도

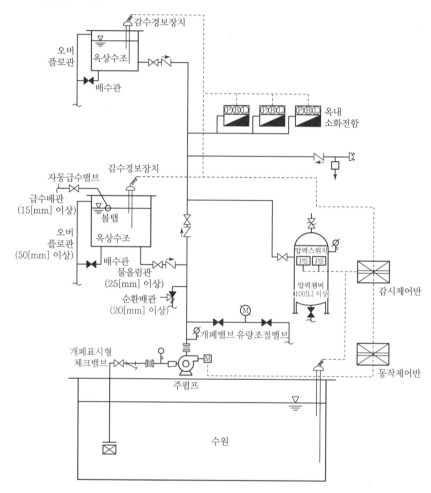

11 특수가연물을 저장·취급하는 창고(가로20[m], 세로10[m])에 압축공기포소화설비를 설치할 때 압축공기포헤드는 저발포용이고 최대 발포율을 적용할 때 발포 후 체적[m³]을 구하시오.(단, 수원의 양은 포수용액의 양과 같다고 본다.) [4점]

• 계산과정 :

• 답 :

(해답 ⊕) • 계산과정

포수용액의 양 Q = 바닥면적[m²] × 2.3[L/min · m²] × 10[min]

$$= (20 × 10)[m²] × 2.3[L/min · m²] × 10[min]$$

$$= 4,600[L] = 4.6[m³]$$

팽창비 $20 = \dfrac{\text{발포 후 포의 체적}}{\text{발포 전 포수용액의 체적}} = \dfrac{\chi}{4.6[m³]}$

∴ 발포 후 포의 체적 χ = 92[m³]

• 🔑 92[m³]

(해설 ⊕) [기준]

압축공기포소화설비의 분사헤드는 천장 또는 반자에 설치하되 방호대상물에 따라 측벽에 설치할 수 있으며 유류탱크주위에는 바닥면적 13.9[m²]마다 1개 이상, 특수가연물저장소에는 바닥면적 9.3[m²]마다 1개 이상으로 당해 방호대상물의 화재를 유효하게 소화할 수 있도록 할 것

방호대상물	방호면적 1[m²]에 대한 분당 방출량
특수가연물	2.3[L]
기타의 것	1.63[L]

[공식]

$$\text{팽창비} = \frac{\text{방출후포체적}}{\text{방출전수용액체적}}$$

구분		팽창비	포방출구의 종류
저발포		20 이하	포헤드, 압축공기포헤드
고발포	제1종	80 이상 250 미만	고발포용 고정포방출구
	제2종	250 이상 500 미만	
	제3종	500 이상 1,000 미만	

12 인화점이 10[℃]인 제4류위험물(비수용성)을 저장하는 옥외저장탱크가 있다. 주어진 조건을 참고하여 다음 각 물음에 답하시오. [8점]

[조건]
- 탱크형태 : 플로팅루프탱크(탱크 내면과 굽도리판의 간격 : 0.3[m])
- 탱크의 크기 및 수량 : (직경 15[m], 높이 15[m]) 1기, (직경 10[m], 높이 10[m]) 1기
- 옥외 보조포소화전 : 지상식 단구형 2[개]
- 송액관 : 80A – 50[m](80[mm]로 계산), 100A – 50[m](100[mm]로 계산)
- 탱크 2대에서의 동시 화재는 없는 것으로 가정한다.
- 탱크직경과 포방출구의 종류에 따른 포방출구의 개수는 다음과 같다.

탱크직경 \ 포방출구의 종류	Ⅲ형 또는 Ⅳ형	특형	탱크직경 \ 포방출구의 종류	Ⅲ형 또는 Ⅳ형	특형
13[m] 미만		2	60[m] 이상 67[m] 미만	10	10
13[m] 이상 19[m] 미만	1	3	67[m] 이상 73[m] 미만	12	12
19[m] 이상 24[m] 미만		4	73[m] 이상 79[m] 미만	14	
24[m] 이상 35[m] 미만	2	5	79[m] 이상 85[m] 미만	16	14
35[m] 이상 42[m] 미만	3	6	85[m] 이상 90[m] 미만	18	
42[m] 이상 46[m] 미만	4	7	90[m] 이상 95[m] 미만	20	16
46[m] 이상 53[m] 미만	6	8	95[m] 이상 99[m] 미만	22	
53[m] 이상 60[m] 미만	8	10	99[m] 이상	24	18

- 고정포방출구의 방출량 및 방사시간은 다음과 같다.

위험물의 구분 \ 포방출구의 종류	Ⅰ형 포수용 액량 (L/m²)	Ⅰ형 방출률 (L/m²·min)	Ⅲ형 포수용 액량 (L/m²)	Ⅲ형 방출률 (L/m²·min)	Ⅳ형 포수용 액량 (L/m²)	Ⅳ형 방출률 (L/m²·min)	특형 포수용 액량 (L/m²)	특형 방출률 (L/m²·min)
제4류 위험물 중 인화점이 21[℃] 미만인 것	120	4	220	4	220	4	240	8
제4류 위험물 중 인화점이 21[℃] 이상 70[℃] 미만인 것	80	4	120	4	120	4	160	8
제4류 위험물 중 인화점이 70[℃] 이상인 것	60	4	100	4	100	4	120	8

1) 포방출구의 종류와 포방출구의 개수를 구하시오.
　　① 포방출구의 종류 :
　　② 포방출구의 개수 :

2) 각 탱크에 필요한 포수용액의 양[L/min]을 구하시오.

  ① 직경 15[m] 탱크

    • 계산과정 :

    • 답 :

  ② 직경 10[m] 탱크

    • 계산과정 :

    • 답 :

  ③ 보조포소화전

    • 계산과정 :

    • 답 :

3) 포소화설비에 필요한 소화약제의 총량[L]을 구하시오.

  • 계산과정 :

  • 답 :

(해답⊕)　1)　① 포방출구의 종류 : 특형 방출구

      ② 포방출구의 개수 : 3＋2＝5개

  2) 각 탱크에 필요한 포수용액의 양[L/min]

    • 계산과정

      ① 직경 15[m] 탱크

$$\frac{(15^2 - 14.4^2)\pi}{4}[\mathrm{m^2}] \times 8[\mathrm{L/m^2 \cdot min}] \times 1 = 110.84[\mathrm{L/min}]$$

      ② 직경 10[m] 탱크

$$\frac{(10^2 - 9.4^2)\pi}{4}[\mathrm{m^2}] \times 8[\mathrm{L/m^2 \cdot min}] \times 1 = 73.14[\mathrm{L/min}]$$

      ③ 보조포소화전

$$2[개] \times 400[\mathrm{L/min}] = 800[\mathrm{L/min}]$$

    • 답　① 110.84[L/min]

      ② 73.16[L/min]

      ③ 800[L/min]

  3) 포소화설비에 필요한 소화약제의 총량[L]

    • 계산과정

      ① 고정포(최댓값)

        직경 15[m] 탱크 : $110.84[\mathrm{L/min}] \times 30[\mathrm{min}] = 3{,}325.2[\mathrm{L}]$

        직경 10[m] 탱크 : $73.14[\mathrm{L/min}] \times 30[\mathrm{min}] = 2{,}194.2[\mathrm{L}]$

      ② 보조포

        $800[\mathrm{L/min}] \times 20[\mathrm{min}] = 16{,}000[\mathrm{L}]$

③ 송액관

$$\frac{0.08^2\pi}{4}[\mathrm{m}^2]\times 50[\mathrm{m}]+\frac{0.1^2\pi}{4}[\mathrm{m}^2]\times 50[\mathrm{m}]=0.644026[\mathrm{m}^3]=644.03[\mathrm{L}]$$

$$\therefore\ Q=3{,}325.2+16{,}000+644.03=19{,}969.23[\mathrm{L}]$$

- 🖹 19,969.23[L]

(해설 ➕) 고정포방출구 방식 소화약제량 계산 공식

① 고정포방출구

$$Q_1 = A\cdot Q\cdot T\cdot S$$

여기서, Q_1 : 포소화약제의 양[L]

　　　　A : 탱크의 액표면적[m²]

　　　　Q : 단위포소화수용액의 양(방출률)[L/min · m²]

　　　　T : 방출시간[min]

　　　　S : 포소화약제의 사용농도[%]

② 보조소화전

$$Q_2 = N\times 400[\mathrm{L/min}]\times 20[\mathrm{min}]\times S$$

여기서, Q_2 : 포소화약제의 양[L]

　　　　N : 호스접결구의 수(최대 3개)

　　　　S : 포소화약제의 사용농도[%]

③ 배관보정량(내경 75[mm] 이하의 송액관을 제외한다)

: 「포소화설비의 화재안전기술기준(NFTC 105)」

$$Q_3 = A\times L\times S\times 1{,}000[\mathrm{L/m}^3]$$

여기서, Q_3 : 배관보정량[L]

　　　　A : 배관 단면적[m²]

　　　　S : 포소화약제의 사용농도[%]

　　　　L : 배관의 길이[m]

13 건식 스프링클러설비의 최대 단점은 시스템 내의 압축공기가 빠져나가는 만큼 물이 화재대상물에 방출이 지연되는 것이다. 이 것을 방지하기 위해 설치하는 보완설비 2가지를 쓰시오.　　　[3점]

① 　　　　　　　　　　　　　　　②

- -

(해답➕)　① 액셀레이터(Accelerator)
　　　　② 이그조스터(Exhauster)

(해설➕)　건식 스프링클러설비
　　　　"건식 스프링클러헤드"란 물과 오리피스가 분리되어 동파를 방지할 수 있는 스프링클러헤드를 말한다.

　　　　급속개방기구
　　　　① 엑셀레이터(Accelerator) : 건식 밸브(드라이밸브)의 중간챔버로 공기를 보내 밸브 개방을 촉진하는 장치
　　　　② 이그조스터(Exhauster) : 유수검지장치의 2차 측 배관 내의 압축공기를 대기로 배출하여 트립시간과 소화수 이송시간을 단축시키는 장치

14 발전기실에 IG-541이 충전된 불활성기체 소화설비를 설치하고자 한다. 조건과 국가화재안전기준을 참고하여 다음 물음에 답하시오.　　　[6점]

[조건]
- 방호구역의 체적은 가로 10[m], 세로 15[m], 높이 5[m]이다.
- 방호구역의 온도는 상온 15[℃]이다.
- IG-541 저장용기는 80[L]용을 적용하며, 충전압력은 15[MPa](게이지압력)이다.
- IG-541의 소화농도는 23[%]이다.
- 선형상수는 $K_1 = 0.65799$, $K_2 = 0.00239$이다.
- 전기화재에 적합하게 설계하도록 한다.

1) IG-541의 저장량은 몇 [m³]인지 구하시오.
　• 계산과정 :
　• 답 :

2) IG-541의 저장용기 수는 최소 몇 [병]인지 구하시오. (단, 보일의 법칙을 이용한다.)
　• 계산과정 :
　• 답 :

3) IG-541의 약제량 방사 시 유량은 몇 [m³/s]인지 구하시오.

· 계산과정 :

· 답 :

해답 ● 1) IG-541의 저장량[m³]

· 계산과정

$$S = K_1 + K_2 \times t = 0.65799 + 0.00239 \times 15 = 0.69384[\text{m}^3/\text{kg}]$$

$$C = \text{소화농도} \times 1.35(\text{전기화재}) = 23 \times 1.35 = 31.05[\%]$$

$$V_S = K_1 + K_2 \times 20[\text{℃}] = 0.65799 + 0.00239 \times 20 = 0.70579[\text{m}^3/\text{kg}]$$

$$\therefore X = 2.303 \times \log_{10}\left(\frac{100}{100-31.05}\right) \times \frac{0.70579[\text{m}^3/\text{kg}]}{0.67384[\text{m}^3/\text{kg}]} \times (10 \times 15 \times 5)[\text{m}^3]$$

$$= 283.70[\text{m}^3]$$

· 答 283.70[m³]

2) IG-541의 저장용기 수

· 계산과정

온도가 일정할 때 가스의 부피와 압력은 반비례한다.

$$80[\text{L}] : 0.101325[\text{MPa}] = X : 15[\text{MPa}]$$

$$\therefore X = 0.08[\text{m}^3] \times \frac{15[\text{MPa}]}{0.101325[\text{MPa}]} = 11.843[\text{m}^3]$$

$$\text{저장용기 수 } N = \frac{283.70[\text{m}^3]}{11.843[\text{m}^3/\text{병}]} = 23.96 = 24[\text{병}]$$

· 答 24[병]

3) IG-541의 약제량 방사 유량[m³/s]

· 계산과정

배관의 구경은 해당 방호구역에 할로겐화합물소화약제는 10초 이내에, 불활성기체소화약제는 A · C급 화재 2분, B급 화재 1분 이내에 방호구역 각 부분에 최소 설계농도의 95[%] 이상 해당하는 약제량이 방출되도록 하여야 한다.

$$X' = 2.303 \times \log_{10}\left(\frac{100}{100-31.05 \times 0.95}\right) \times \frac{0.70579[\text{m}^3/\text{kg}]}{0.67384[\text{m}^3/\text{kg}]} \times (10 \times 15 \times 5)[\text{m}^3]$$

$$= 266.70[\text{m}^3]$$

$$\therefore \frac{266.70[\text{m}^3]}{120[\text{s}]} = 2.22[\text{m}^3/\text{s}]$$

· 答 2.22[m³/s]

불활성기체 소화설비 계산 공식

$$불활성기체\ 소화약제\ X = 2.303 \left(\frac{V_S}{S} \right) \times \log_{10} \left(\frac{100}{100 - C} \right)$$

여기서, X : 공간체적당 더해진 소화약제의 부피[m³/m³]

S : 소화약제별 선형상수$(K_1 + K_2 \times t)$[m³/kg]

C : 체적에 따른 소화약제의 설계농도[%]

V_S : 20[℃]에서 소화약제의 비체적[m³/kg]

t : 방호구역의 최소 예상온도[℃]

15 특별피난계단의 부속실에 설치하는 제연설비에 관한 내용으로 조건을 참조하여 다음 각 물음에 답하시오. [4점]

[조건]
• 옥내의 압력은 740[mmHg]이다.
• 옥내에 스프링클러설비가 설치되지 아니한 경우이다.
• 부속실만 단독으로 제연하는 방식이다.
• 부속실이 면하는 옥내가 복도로서 그 구조가 방화구조이다.
• 제연구역에는 옥내와 면하는 2개의 출입문이 있으며 각 출입문의 크기는 가로 1[m], 세로 2[m]이다.
• 유입공기의 배출은 배출구에 따른 배출방식으로 한다.

1) 부속실에 유지해야 할 최소 압력[kPa]을 구하시오.
   • 계산과정 :
   • 답 :

2) 개폐기의 개구면적[m²]을 구하시오.
   • 계산과정 :
   • 답 :

해답 ⊕ 1) 최소 압력[kPa]
   • 계산과정

$$P = \left(\frac{740[\mathrm{mmHg}]}{760[\mathrm{mmHg}]} \times 101.325[\mathrm{kPa}] \right) + 0.04[\mathrm{kPa}] = 98.70[\mathrm{kPa}]$$

   • 🗒 98.70[kPa]

2) 개폐기의 개구면적[m²]
   • 계산과정

$$Q_N = (1 \times 2)[\mathrm{m}^2] \times 0.5[\mathrm{m/s}] = 1[\mathrm{m}^3/\mathrm{s}]$$

$$\therefore A_O = \frac{1[\mathrm{m^3/s}]}{2.5[\mathrm{m/s}]} = 0.4[\mathrm{m^2}]$$

• 답 0.4[m²]

(해설 ●) 특별피난계단의 부속실 제연설비 계산 공식

개폐기의 개구면적 $A_O = Q_N / 2.5$

여기서, A_O : 개폐기의 개구면적[m²]

Q_N : 수직풍도가 담당하는 1개 층의 제연구역의 출입문(옥내와 면하는 출입문을 말한다) 1개의 면적[m²]과 방연풍속[m/s]을 곱한 값[m³/s]

방연풍속 기준

제연구역		방연풍속
계단실 및 그 부속실을 동시에 제연하는 것 또는 계단실만 단독으로 제연하는 것		0.5[m/s] 이상
부속실만 단독으로 제연하는 것	부속실 또는 승강장이 면하는 옥내가 거실인 경우	0.7[m/s] 이상
	부속실이 면하는 옥내가 복도로서 그 구조가 방화구조(내화시간이 30분 이상인 구조를 포함한다)인 것	0.5[m/s] 이상

16 다음 그림과 같은 벤투리관을 설치하여 배관의 유속을 측정하고자 한다. 액주계에는 비중(S_{Hg}) 13.6인 수은이 들어 있고 액주계에서 수은의 높이차가 30[cm]일 때 배관에 흐르는 물의 속도 (V_1)는 몇 [m/s]인가? (단, 피토정압관의 속도계수(C_v)는 0.92이며, 중력가속도는 9.8[m/s²]이다.) [6점]

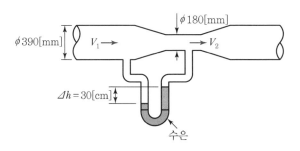

• 계산과정 :

• 답 :

• 계산과정

$$V_2 = \cfrac{1}{\sqrt{1-\left(\cfrac{180^2}{390^2}\right)^2}} \sqrt{2 \times 9.8 \times \left(\cfrac{13.6}{1}-1\right) \times 0.3} \times 0.92 = 8.10 [\mathrm{m/s}]$$

$$A_1 V_1 = A_2 V_2$$

$$\frac{0.39^2 \pi}{4}[\mathrm{m}^2] \times V_1 [\mathrm{m/s}] = \frac{0.18^2 \pi}{4}[\mathrm{m}^2] \times 8.10 [\mathrm{m/s}]$$

$$\therefore \ V_1 = 1.73 [\mathrm{m/s}]$$

• 🗒 1.73[m/s]

해설 ⊕ [공식]

연속방정식 $Q = AV$

여기서, Q : 체적유량[m³/s]

　　　　A : 배관의 단면적[m²]

　　　　V : 유속[m/s]

벤투리관 내의 유속

$$V = \cfrac{1}{\sqrt{1-\left(\cfrac{A_2}{A_1}\right)^2}} \sqrt{2 \times g \times \left(\cfrac{s_0}{s}-1\right) \times R} \times C_v$$

여기서, V : 관 내의 유속[m/s]

　　　　A : 관의 단면적[m²]

　　　　g : 중력가속도($=9.8[\mathrm{m/s}^2]$)

　　　　s_0 : 액주계 내의 유체 비중

　　　　s : 물의 비중($=1$)

　　　　R : 액주계 높이차[m]

　　　　C_v : 속도계수

01 할로겐화합물 및 불활성기체 소화설비에서 할로겐화합물 및 불활성기체 소화약제의 저장용기의 기준에 관한 설명이다. 보기에서 골라 (   ) 안에 알맞은 내용을 쓰시오. (단, 중복 가능) [4점]

> [보기]
> 3, 5, 10, 20, 30, 할로겐화합물, 불활성기체

저장용기의 약제량 손실이 (①)[%]를 초과하거나 압력손실이 (②)[%]를 초과할 경우에는 재충전하거나 저장용기를 교체할 것. 다만, (③) 소화약제 저장용기의 경우에는 압력손실이 (④)[%]를 초과할 경우 재충전하거나 저장용기를 교체해야 한다.

(해답⊕) ① 5   ② 10
③ 불활성기체   ④ 5

(해설⊕) 「할로겐화합물 및 불활성기체소화설비의 화재안전성능기준(NFPC 107A)」제6조(저장용기)
1) 할로겐화합물 및 불활성기체소화약제의 저장용기는 방호구역 외의 장소로서 방화구획된 실에 설치해야 한다.
2) 할로겐화합물 및 불활성기체소화약제의 저장용기는 다음 각 호의 기준에 적합해야 한다.
　① 저장용기의 충전밀도 및 충전압력은 할로겐화합물 및 불활성기체소화약제의 종류에 따라 적용할 것
　② 동일 집합관에 접속되는 저장용기는 동일한 내용적을 가진 것으로 충전량 및 충전압력이 같도록 할 것
　③ 저장용기의 약제량 손실이 5퍼센트를 초과하거나 압력손실이 10퍼센트를 초과할 경우에는 재충전하거나 저장용기를 교체할 것. 다만, 불활성기체 소화약제 저장용기의 경우에는 압력손실이 5퍼센트를 초과할 경우 재충전하거나 저장용기를 교체해야 한다.
3) 하나의 방호구역을 담당하는 저장용기의 소화약제의 체적 합계보다 소화약제의 방출 시 방출경로가 되는 배관(집합관을 포함한다)의 내용적의 비율이 할로겐화합물 및 불활성기체소화약제 제조업체(이하 "제조업체"라 한다)의 설계기준에서 정한 값 이상일 경우에는 해당 방호구역에 대한 설비는 별도 독립방식으로 해야 한다.

02 무대부에 개방형 스프링클러설비를 설치할 때 다음 그림과 조건을 참조하여 각 물음에 답하시오.

[7점]

[조건]
- 말단헤드 ⓐ의 방수압력은 0.1[MPa](계기)이고 방수량은 100[L/min]이다.
- 방출계수 $K = 100$이다.
- 배관의 마찰손실압은 다음의 공식에 따른다.(헤드의 마찰손실은 무시한다.)

$$\Delta P = 6.0 \times 10^4 \times \frac{Q^2}{100^2 \times d^5}$$

여기서, ΔP : 배관 1[m]당 마찰손실압[MPa/m]

Q : 배관 내 유량[L/min]

d : 배관 구경[mm]

- 배관 구경[mm]은 그림상의 ϕ에 있는 것으로 한다.

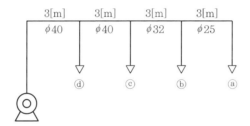

1) 헤드 ⓑ의 방수량[L/min]
- 계산과정 :
- 답 :

2) 헤드 ⓒ의 방수량[L/min]
- 계산과정 :
- 답 :

3) 헤드 ⓓ의 방수량[L/min]
- 계산과정 :
- 답 :

4) 펌프의 토출량[L/min]
- 계산과정 :
- 답 :

(해답 ⊕) 1) 헤드 ⓑ의 방수량[L/min]

    • 계산과정

      ⓐ점의 방사압 $P_a = 0.1$[MPa]

      방사량 $Q_a = K\sqrt{10P_a} = 100\sqrt{10 \times 0.1} = 100$[L/min]

      ⓑ점의 방사압 $P_b = P_a + \Delta P_{a-b} = 0.1 + \dfrac{6 \times 10^4 \times 100^2}{100^2 \times 25^5} \times 3 = 0.118$[MPa]

      방사량 $Q_b = K\sqrt{10P_b} = 100\sqrt{10 \times 0.118} = 108.63$[L/min]

    • 🖰 108.63[L/min]

  2) 헤드 ⓒ의 방수량[L/min]

    • 계산과정

      ⓒ점의 방사압 $P_c = P_b + \Delta P_{b-c} = 0.118 + \dfrac{6 \times 10^4 \times (100 + 108.63)^2}{100^2 \times 32^5} \times 3 = 0.141$[MPa]

      방사량 $Q_c = K\sqrt{10P_c} = 100\sqrt{10 \times 0.141} = 118.74$[L/min]

    • 🖰 118.74[L/min]

  3) 헤드 ⓓ의 방수량[L/min]

    • 계산과정

      ⓓ점의 방사압 $P_d = P_c + \Delta P_{c-d} = 0.141 + \dfrac{6 \times 10^4 \times (100 + 108.63 + 118.74)^2}{100^2 \times 40^5} \times 3$

                              $= 0.160$[MPa]

      방사량 $Q_d = K\sqrt{10P_d} = 100\sqrt{10 \times 0.160} = 126.49$[L/min]

    • 🖰 126.49[L/min]

  4) 펌프의 토출량[L/min]

    • 계산과정

      펌프의 토출유량 $= 100 + 108.63 + 118.74 + 126.49 = 453.86$[L/min]

    • 🖰 453.86[L/min]

(해설 ⊕) 스프링클러설비 헤드의 방수량 및 방사압력 계산 공식

$$\text{헤드 방수량 } Q = K\sqrt{10P}$$

    여기서, Q : 헤드 방수량[L/min]

            P : 방사압력[MPa]

            K : 방출계수

03 그림과 같은 위험물탱크(높이 2[m])에 국소방출방식으로 이산화탄소소화설비를 설치하려고 한다. 다음 물음에 답하시오. (단, 고압식이며, 방호대상물 주위에는 방호대상물과 크기가 같은 2개의 벽을 설치한다.) [8점]

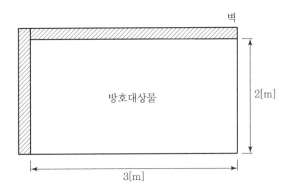

1) 방호공간의 체적[m³]은 얼마인가?
   • 계산과정 :
   • 답 :

2) 소화약제의 저장량[kg]은 얼마인가?
   • 계산과정 :
   • 답 :

3) 소화약제의 방사량[kg/s]은 얼마인가?
   • 계산과정 :
   • 답 :

(해답) [조건]
① 방호대상물의 크기 : 가로 3[m], 세로 2[m], 높이 2[m]
② 소화설비 : 국소방출방식의 고압식 이산화탄소소화설비
③ 방호대상물 주위에는 방호대상물과 크기가 같은 2개의 벽을 설치한다.

1) 방호공간의 체적[m³]
   • 계산과정

   $V = (3[m] + 0.6[m]) \times (2[m] + 0.6[m]) \times (2[m] + 0.6[m]) = 24.34[m^3]$

   • 답 24.34[m³]

2) 소화약제의 저장량[kg]
   • 계산과정

   $a = (3[m] \times 2[m]) + (2[m] \times 2[m]) = 10[m^2]$

   $A = (3.6[m] \times 2.6[m] \times 2[면]) + (2.6[m] \times 2.6[m] \times 2[면]) = 32.24[m^2]$

$$\therefore\ W = 24.34[\text{m}^3] \times \left(8 - 6\frac{10[\text{m}^2]}{32.24[\text{m}^2]}\right) \times 1.4 = 209.19[\text{kg}]$$

- 🔖 209.19[kg]

3) 소화약제의 방사량[kg/s]
  - 계산과정

    국소방출방식의 이산화탄소 소화약제의 저장량은 30초 이내에 방사할 수 있는 것으로 할 것

    $$\therefore\ \frac{209.19[\text{kg}]}{30[\text{s}]} = 6.97[\text{kg/s}]$$

  - 🔖 6.97[kg/s]

(해설 ⊕) 국소방출방식 이산화탄소소화설비 계산 공식

$$W(\text{약제량}) = \text{방호공간체적}(V) \times \text{방출계수}(Q) \times \text{할증계수}(h)$$
$$\text{방출계수} = 8 - 6\frac{a}{A}[\text{kg/m}^3]$$

여기서, V : 방호공간의 체적[m³](0.6[m]씩 연장하여 이루어진 공간)

Q : 방호공간 1[m³]에 대한 소화약제량[kg/m³]

a : 방호대상물 주위에 설치된 벽 면적의 합계[m²]

A : 방호공간의 벽면적의 합계[m²]

04 옥외소화전설비의 화재안전기술기준에 따라 보기를 참고하여 다음 각 물음에 답하시오. [4점]

[보기]

80, 130, 350, 0.1, 0.17, 0.25, 0.5, 1, 1.5, 20, 40, 60

1) 노즐선단에서의 방수량[L/min]
2) 노즐선단에서의 방수압력[MPa]
3) 호스접결구의 설치높이(지면으로부터의 높이)
4) 하나의 호스접결구까지의 최대 수평거리

(해답 ⊕) 1) 350[L/min] 이상   2) 0.25[MPa] 이상

3) 0.5[m] 이상 1[m] 이하   4) 40[m]

해설 ⊕ 「옥외소화전설비의 화재안전기술기준(NFTC 109)」

① 특정소방대상물에 설치된 옥외소화전(2개 이상 설치된 경우에는 2개의 옥외소화전)을 동시에 사용할 경우 각 옥외소화전의 노즐선단에서의 방수압력이 0.25[MPa] 이상이고, 방수량이 350[L/min] 이상이 되는 성능의 것으로 할 것. 다만, 하나의 옥외소화전을 사용하는 노즐선단에서의 방수압력이 0.7[MPa]을 초과할 경우에는 호스접결구의 인입 측에 감압장치를 설치해야 한다.

② 호스접결구는 지면으로부터의 높이가 0.5[m] 이상 1[m] 이하의 위치에 설치하고 특정소방대상물의 각 부분으로부터 하나의 호스접결구까지의 수평거리가 40[m] 이하가 되도록 설치해야 한다.

---

05 침대가 없는 숙박시설의 바닥면적이 600[m²](복도 30[m²] 포함)일 때 수용 가능한 인원은 몇 명인지 구하시오. (단, 복도는 불연재료 이상의 벽으로 바닥부터 천장까지 구획되어 있다.) [3점]

• 계산과정 :

• 답 :

해답 ⊕ • 계산과정

$$종사자수 + \frac{바닥면적의\ 합계}{3[\text{m}^2]} = 0[명] + \frac{(600-30)[\text{m}^2]}{3[\text{m}^2]} = 190[명]$$

• 🔑 190[명]

해설 ⊕ 「소방시설 설치 및 관리에 관한 법률 시행령」 별표7 수용인원의 산정방법

특정소방대상물		산정방법
숙박시설	침대가 있는 경우	종사자수 + 침대수
	침대가 없는 경우	$종사자수 + \dfrac{바닥면적의\ 합계}{3[\text{m}^2]}$
강의실, 교무실, 상담실, 실습실, 휴게실		$\dfrac{바닥면적의\ 합계}{1.9[\text{m}^2]}$
강당, 문화 및 집회시설, 운동시설, 종교시설		$\dfrac{바닥면적의\ 합계}{4.6[\text{m}^2]}$
기타		$\dfrac{바닥면적의\ 합계}{3[\text{m}^2]}$

[비고]

1. 위 표에서 바닥면적을 산정할 때에는 복도(준불연재료 이상의 것을 사용하여 바닥에서 천장까지 벽으로 구획한 것을 말한다), 계단 및 화장실의 바닥면적을 포함하지 않는다.

2. 계산 결과 소수점 이하의 수는 반올림한다.

06 제연설비의 예상제연구역에 대한 문제이다. 도면과 조건을 참고하여 다음 각 물음에 답하시오.

[8점]

[조건]
- 건물의 주요 구조부는 모두 내화구조이다.
- 각 실은 불연성 구조물로 구획되어 있다.
- 통로의 내부면은 모두 불연재이고, 통로 내에 가연물은 없다.
- 각 실에 대한 연기배출방식은 공동배출구역방식이 아니다.
- 각 실은 제연경계로 구획되어 있지 않다.
- 펌프의 효율은 60[%], 전압 40[mmAq], 동력전달계수는 1.10이다.

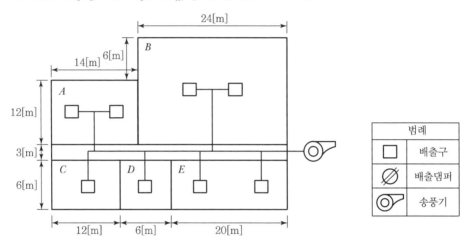

1) 각 실별 최소 배출량[m³/min]

구분	계산식	배출량
A실		
B실		
C실		
D실		
E실		

2) 범례를 참고하여 배출댐퍼의 설치를 그림에 표시하시오. (단, 댐퍼의 위치는 적당한 위치에 설치하고 최소 수량으로 한다.)

3) 송풍기의 동력[kW]을 구하시오.
- 계산과정 :
- 답 :

해답 ⊕ 1) 각 실별 최소 배출량[m³/min]

구분	계산식	배출량
A실	바닥면적 14[m] × 12[m] = 168[m²] 168[m²] × 1[m³/m² · min] = 168[m³/min] = 10,080[m³/hr]	168[m³/min]
B실	바닥면적 24[m] × 18[m] = 432[m²] 수직거리에 대한 조건이 없으므로 40,000[m³/hr] = 666.67[m³/min]	666.67[m³/min]
C실	바닥면적 6[m] × 12[m] = 72[m²] 72[m²] × 1[m³/m² · min] = 72[m³/min] = 4,320[m³/hr] 공동예상제연역이 아니므로 최저기준 적용 5,000[m³/hr] = 83.33[m³/min]	83.33[m³/min]
D실	바닥면적 6[m] × 6[m] = 36[m²] 36[m²] × 1[m³/m² · min] = 36[m³/min] = 2,160[m³/hr] 공동예상제연역이 아니므로 최저기준 적용 5,000[m³/hr] = 83.33[m³/min]	83.33[m³/min]
E실	바닥면적 6[m] × 20[m] = 120[m²] 120[m²] × 1[m³/m² · min] = 120[m³/min] = 7,200[m³/hr]	120[m³/min]

2) 배출댐퍼 도면

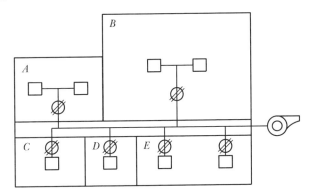

3) 송풍기의 동력[kW]
- 계산과정

  배출량 $Q = 666.67$[m³/min] = 11.111[m³/s]

  전압 P = 40[mmAq] = 0.04[mAq]

  $$\therefore P = \frac{9.8[\text{kN/m}^3] \times 11.111[\text{m}^3/\text{s}] \times 0.04[\text{m}]}{0.6} \times 1.1 = 7.99[\text{kW}]$$

- 🔲 7.99[kW]

거실제연설비 배출 및 송풍기의 동력 계산 공식

① 예상제연구역의 거실 바닥면적이 400[m²] 미만인 경우 : 배출량은 바닥면적 1[m²]당 1[m³/min] 이상으로 하되, 예상제연구역 전체에 대한 최저배출량은 5,000[m³/hr] 이상으로 할 것

$$Q = A[\mathrm{m}^2] \times 1[\mathrm{m}^3/\mathrm{min} \cdot \mathrm{m}^2] \times 60[\mathrm{min/hr}]$$

여기서, Q : 배출량[m³/hr]

A : 바닥면적[m²]

② 예상 제연 구역의 거실 바닥면적이 400[m²] 이상인 경우

예상제연구역이 직경 40[m]인 원의 범위 안에 있을 경우 : 배출량 40,000[m³/hr] 이상

예상제연구역이 직경 40[m]인 원의 범위를 초과할 경우 : 배출량 45,000[m³/hr] 이상

③ 예상제연구역이 통로인 경우 : 배출량 45,000[m³/hr] 이상으로 해야 한다.

$$송풍기의 동력[\mathrm{kW}] \; P = \frac{\gamma Q H}{\eta} \times K$$

여기서, γ : 비중량($\gamma_w = 9.8[\mathrm{kN/m}^3]$)

Q : 유량[m³/s]

H : 전양정[m]

η : 효율

K : 전달계수

07 900[L/min]의 유체가 구경 30[cm]인 3,000[m] 강관 속을 흐르고 있다. 비중이 0.85, 점성계수가 0.103[N · s/m²]일 때 다음 각 물음에 답하시오. [5점]

1) 유속[m/s]
 • 계산과정 :
 • 답 :

2) 레이놀즈수와 유동 분류
 ① 레이놀즈수
  • 계산과정 :
  • 답 :
 ② 유동(층류/난류)

3) Darcy – Weisbach식을 이용한 마찰손실수두[m]
 • 계산과정 :
 • 답 :

해답 ⊕ [조건 및 환산]

① 유량 $Q = 900[\text{L/min}] = \dfrac{0.9}{60}[\text{m}^3/\text{s}]$

② 배관의 길이 $L = 3,000[\text{m}]$

③ 배관의 지름 $d = 30[\text{cm}] = 0.3[\text{m}]$

④ 비중 $S = 0.85$

⑤ 점성계수 $\mu = 0.103[\text{N} \cdot \text{s}/\text{m}^2]$

1) 유속[m/s]
   - 계산과정

   $$\frac{0.9}{60}[\text{m}^3/\text{s}] = \frac{(0.3[\text{m}])^2 \pi}{4} \times V[\text{m}/\text{s}]$$

   $$\therefore \ V = 0.21[\text{m/s}]$$

   - 🗒 0.21[m/s]

2) 레이놀즈수와 유동 분류
   - 계산과정

   $$\rho = S \times \rho_w = 0.85 \times 1,000 = 850[\text{N} \cdot \text{s}^2/\text{m}^4]$$

   $$\text{Re} = \frac{850[\text{N} \cdot \text{s}^2/\text{m}^4] \times 0.21[\text{m/s}] \times 0.3[\text{m}]}{0.103[\text{N} \cdot \text{s}/\text{m}^2]} = 519.90$$

   $\text{Re} \leq 2,100$이므로 층류에 속한다.

   - 🗒 519.9, 층류

3) 마찰손실수두[m]
   - 계산과정

   층류일 때 $f = \dfrac{64}{Re} = \dfrac{64}{519.90} = 0.123$

   $$H = 0.123 \times \frac{3000[\text{m}]}{0.3[\text{m}]} \times \frac{(0.21[\text{m/s}])^2}{2 \times 9.8[\text{m/s}^2]} = 2.77[\text{m}]$$

   - 🗒 2.77[m]

해설 ⊕ [공식]

연속방정식 $Q = AV$

여기서, Q : 체적유량[m³/s]

A : 배관의 단면적[m²]

V : 유속[m/s]

$$\text{레이놀즈수 } Re = \frac{\rho VD}{\mu}$$

여기서, ρ : 밀도[kg/m³][N · s²/m⁴]

D : 배관의 지름[m]

μ : 점성계수[N · s/m²]

$$\text{Darcy-Weisbach 공식 } h_L = f\frac{L}{d}\frac{V^2}{2g}$$

여기서, h_L : 손실수두[m]

f : 마찰손실계수

L : 배관의 길이[m]

d : 배관의 지름[m]

g : 중력가속도(=9.8[m/s²])

08 습식 유수검지장치를 사용하는 스프링클러설비에서 유수검지장치의 작동 여부를 확인하기 위하여 시험장치를 설치한다. 다음 각 물음에 답하시오. [7점]

1) 시험장치는 어떤 배관에 연결하여 설치하는가?

2) 시험배관의 최소 구경[mm]은 얼마인가?

3) 다음의 미완성된 계통도(입면도)를 완성하시오. (단, 배관을 포함하여 오리피스, 압력계, 밸브를 반드시 표시한다.)

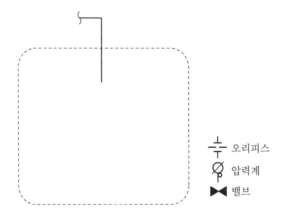

해답 ➕ 1) 유수검지장치 2차 측

2) 25[mm]

3) 계통도(입면도)

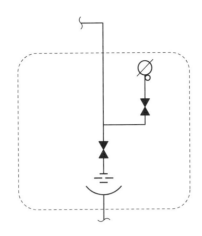

해설 ➕ 「스프링클러설비의 화재안전기술기준(NFTC 103)」
습식 유수검지장치 또는 건식 유수검지장치를 사용하는 스프링클러설비와 부압식 스프링클러
설비에는 동 장치를 시험할 수 있는 시험장치를 다음의 기준에 따라 설치해야 한다.
① 습식 스프링클러설비 및 부압식 스프링클러설비에 있어서는 유수검지장치 2차 측 배관에
연결하여 설치하고 건식 스프링클러설비인 경우 유수검지장치에서 가장 먼 거리에 위치
한 가지배관의 끝으로부터 연결하여 설치할 것. 이 경우 유수검지장치 2차 측 설비의 내용
적이 2,840[L]를 초과하는 건식 스프링클러설비는 시험장치 개폐밸브를 완전 개방 후 1분
이내에 물이 방사되어야 한다.
② 시험장치 배관의 구경은 25[mm] 이상으로 하고, 그 끝에 개폐밸브 및 개방형 헤드 또는 스
프링클러헤드와 동등한 방수성능을 가진 오리피스를 설치할 것. 이 경우 개방형 헤드는
반사판 및 프레임을 제거한 오리피스만으로 설치할 수 있다.
③ 시험배관의 끝에는 물받이 통 및 배수관을 설치하여 시험 중 방사된 물이 바닥에 흘러내리
지 않도록 할 것. 다만, 목욕실·화장실 또는 그 밖의 곳으로서 배수처리가 쉬운 장소에 시
험배관을 설치한 경우에는 그렇지 않다.

09 할론소화설비의 화재안전기술기준에 따른 '별도 독립방식'에 대한 내용이다. 다음 각 물음에 답하시오. [5점]

1) 별도 독립방식의 정의

2) 다음 빈칸에 알맞은 말을 넣으시오.

> 하나의 방호구역을 담당하는 소화약제 저장용기의 소화약제량의 체적합계보다 그 소화약제 방출 시 방출경로가 되는 배관(집합관을 포함한다)의 내용적의 비율이 (　　)배 이상일 경우에는 해당 방호구역에 대한 설비는 별도 독립방식으로 해야 한다.

(해답 ⊕) 1) 소화약제 저장용기와 배관을 방호구역별로 독립적으로 설치하는 방식
2) 1.5

(해설 ⊕) 「할론소화설비의 화재안전기술기준(NFTC 107)」
① 정의 : "별도 독립방식"이란 소화약제 저장용기와 배관을 방호구역별로 독립적으로 설치하는 방식을 말한다.
② 하나의 방호구역을 담당하는 소화약제 저장용기의 소화약제량의 체적합계보다 그 소화약제 방출 시 방출경로가 되는 배관(집합관을 포함한다)의 내용적의 비율이 1.5배 이상일 경우에는 해당 방호구역에 대한 설비는 별도 독립방식으로 해야 한다.

10 다음은 어느 실들의 평면도이다. 이 중 A실을 급기가압하고자 할 때 주어진 조건을 이용하여 다음을 구하시오. [7점]

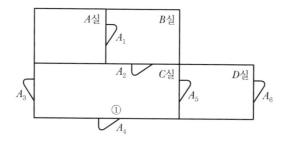

[조건]
- 실 외부대기의 기압은 101,300[Pa]로서 일정하다.
- A실에 유지하고자 하는 기압은 101,500[Pa]이다.
- 각 실의 문들의 틈새면적은 0.01[m²]이다.
- 어느 실을 급기가압할 때 그 실의 문 틈새를 통하여 누출되는 공기의 양은 다음의 식에 따른다.

$$Q = 0.827 A P^{\frac{1}{2}}$$

여기서, Q : 누출되는 공기의 양[m³/s]

　　　　A : 문의 전체 누설틈새면적[m²]

　　　　P : 문을 경계로 한 기압 차[Pa]

1) A실의 전체 누설틈새면적[m²]을 구하시오.

　(단, 소수점 아래 여섯째 자리에서 반올림하여 소수점 아래 다섯째 자리까지 나타내시오.)

　• 계산과정 :

　• 답 :

2) A실에 유입해야 할 풍량[L/s]을 구하시오. (단, 소수점 아래는 반올림하여 정수로 나타내시오.)

　• 계산과정 :

　• 답 :

(해답) 1) A실의 전체 누설틈새면적[m²]

　• 계산과정

　　① A_5와 A_6은 직렬상태

$$A_5 \sim A_6 = \frac{1}{\sqrt{\dfrac{1}{0.01^2} + \dfrac{1}{0.01^2}}} = 0.00707\,[\mathrm{m}^2]$$

　　② A_3, A_4와 $A_5 \sim A_6$은 병렬상태

$$A_3 \sim A_6 = 0.01 + 0.01 + 0.00707 = 0.02707\,[\mathrm{m}^2]$$

　　③ A_1, A_2와 $A_3 \sim A_6$은 직렬상태

$$A_1 \sim A_6 = \frac{1}{\sqrt{\dfrac{1}{0.01^2} + \dfrac{1}{0.01^2} + \dfrac{1}{0.02707^2}}} = 0.006841 = 0.00684\,[\mathrm{m}^2]$$

　• 답 0.00684[m²]

2) 풍량[m³/s]

　• 계산과정

$$\Delta P = 101,500\,[\mathrm{Pa}] - 101,300\,[\mathrm{Pa}] = 200\,[\mathrm{Pa}]$$

$$Q = 0.827 \times 0.00684 \times \sqrt{200} = 0.08\,[\mathrm{m}^3/\mathrm{s}] = 80\,[\mathrm{L/s}]$$

　• 답 80[L/s]

(해설) 제연설비 누설틈새면적 및 풍량 계산 공식

$$\text{누설량 } Q = 0.827 \times A \times P^{\frac{1}{N}}$$

　여기서, Q : 급기 풍량[m³/s]

　　　　A : 틈새면적[m²]

　　　　P : 문을 경계로 한 실내의 기압차[N/m² = Pa]

　　　　N : 누설 면적 상수(일반출입문 = 2, 창문 = 1.6)

① 병렬상태인 경우의 틈새면적[m²] $A_T = A_1 + A_2 + A_3 + A_4$

② 직렬상태인 경우의 틈새면적[m²]

$$A_T[m^2] = \frac{1}{\sqrt{(\frac{1}{A_1^2} + \frac{1}{A_2^2} + \frac{1}{A_3^2} + \frac{1}{A_4^2}\cdots)}} = (\frac{1}{A_1^2} + \frac{1}{A_2^2} + \frac{1}{A_3^2} + \frac{1}{A_4^2}\cdots)^{-\frac{1}{2}}$$

11 할론소화설비에서 그림의 방출방식 종류 명칭을 쓰고, 해당 방식에 대하여 설명하시오. [5점]

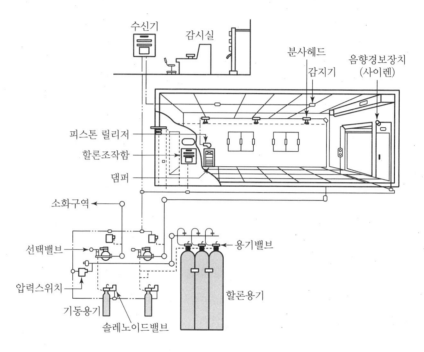

1) 명칭

2) 설명

(해답⊕) 1) 명칭 : 전역방출방식

2) 설명 : 소화약제 공급장치에 배관 및 분사헤드 등을 설치하여 밀폐 방호구역 전체에 소화약제를 방출하는 설비

12 그림과 같은 관에 유량이 100[L/s]로 40[℃]의 물이 흐르고 있다. ②점에서 공동현상이 발생하지 않도록 하기 위한 ①점에서의 최소 절대압력[kPa]을 구하시오. (단, 관의 손실은 무시하고 40[℃] 물의 증기압은 55.324[mmHg](절대압)이다.) [5점]

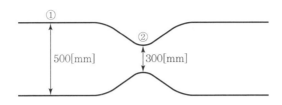

• 계산과정 :

• 답 :

해답 ⊕ • 계산과정

[조건 및 환산]

① 유량 $Q = 100[\text{L/s}] = 0.1[\text{m}^3/\text{s}]$

② 1지점 배관 구경 $d_1 = 500[\text{mm}] = 0.5[\text{m}]$

   2지점 배관 구경 $d_2 = 300[\text{mm}] = 0.3[\text{m}]$

③ 증기압(절대압) $55.324[\text{mmHg}] = \dfrac{55.324[\text{mmHg}]}{760[\text{mmHg}]} \times 101.325[\text{kPa}] = 7.376[\text{kPa}]$

㉠ 유속

$$0.1[\text{m}^3/\text{s}] = \frac{0.5^2\pi}{4}[\text{m}^2] \times V_1[\text{m/s}]$$

$$\therefore V_1 = 0.509[\text{m/s}]$$

$$0.1[\text{m}^3/\text{s}] = \frac{0.3^2\pi}{4}[\text{m}^2] \times V_1[\text{m/s}]$$

$$\therefore V_2 = 1.415[\text{m/s}]$$

㉡ 압력

$$\frac{P_1}{\gamma} + \frac{V_1^2}{2g} = \frac{P_2}{\gamma} + \frac{V_2^2}{2g} \ (\because Z_1 = Z_2)$$

$$\frac{P_1[\text{kPa}]}{9.8[\text{kN/m}^3]} + \frac{(0.509[\text{m/s}])^2}{2 \times 9.8[\text{m/s}^2]} = \frac{7.376[\text{kPa}]}{9.8[\text{kN/m}^3]} + \frac{(1.415[\text{m/s}])^2}{2 \times 9.8[\text{m/s}^2]}$$

$$\therefore P_1 = 8.25[\text{kPa}]$$

• 📋 8.25[kPa]

해설 [공식]

$$연속방정식 \ Q = AV$$

여기서, Q : 체적유량[m³/s]
   A : 배관의 단면적[m²]
   V : 유속[m/s]

$$베르누이방정식 \ \frac{P_1}{\gamma} + \frac{V_1^2}{2g} + Z_1 = \frac{P_2}{\gamma} + \frac{V_2^2}{2g} + Z_2$$

여기서, P_1 : 1지점에서의 압력[kPa], P_2 : 2지점에서의 압력[kPa]
   γ : 비중량($\gamma_w = 9.8[\text{kN/m}^3]$)
   V_1 : 1지점에서의 유속[m/s], V_2 : 2지점에서의 유속[m/s]
   Z_1 : 1지점에서의 위치[m], Z_2 : 2지점에서의 위치[m]

13 스프링클러설비에 사용되는 개방형 헤드와 폐쇄형 헤드의 기능상 차이점 1가지와 헤드별 적용 가능한 설비의 종류 3가지를 쓰시오. [6점]

1) 개방형 헤드와 폐쇄형 헤드의 차이점
2) 헤드별 적용설비

구분	개방형 헤드	폐쇄형 헤드
사용하는 종류 (스프링클러설비)	•	• • •

해답 1) 개방형 헤드와 폐쇄형 헤드의 차이점

개방형 헤드에는 감열부가 없고 폐쇄형 헤드에는 감열부가 있다.

2) 헤드별 적용설비

구분	개방형 헤드	폐쇄형 헤드
사용하는 종류 (스프링클러설비)	• 일제개방식	• 습식 • 건식 • 준비작동식

해설 스프링클러설비 용어의 정의

① "개방형 스프링클러헤드"란 감열체 없이 방수구가 항상 열려져 있는 스프링클러헤드를 말한다.

② "폐쇄형 스프링클러헤드"란 정상상태에서 방수구를 막고 있는 감열체가 일정온도에서 자동적으로 파괴·용해 또는 이탈됨으로써 방수구가 개방되는 스프링클러헤드를 말한다.

스프링클러설비의 종류

구분	1차 측	2차 측	헤드	밸브의 종류(명칭)	감지기 설치유무
습식	가압수	가압수	폐쇄형	습식 유수검지장치 (알람체크밸브)	×
건식	가압수	압축공기 또는 질소	폐쇄형	건식 유수검지장치 (드라이밸브)	×
준비작동식	가압수	대기압	폐쇄형	준비작동식 유수검지장치 (프리액션밸브)	○
일제살수식	가압수	대기압	개방형	일제개방밸브 (델류지밸브)	○
부압식	가압수 (정압)	소화수 (부압)	폐쇄형	준비작동식 유수검지장치 (프리액션밸브)	○

14 탱크의 내부직경이 50[m]인 부상지붕구조(Floating Roof Tank)에 포소화설비를 설치하여 방호하려고 할 때 다음 각 물음에 답하시오. [7점]

[조건]
- 탱크 내면과 굽도리판의 간격은 1[m]로 한다.
- 소화약제는 3[%]의 단백포를 사용하며, 수용액의 분당방출량은 8[L/(m^2·min)]이고, 방사시간은 30분으로 한다.
- 펌프 효율은 65[%]이며, 전양정은 80[m]이다.
- 포소화약제의 혼합장치로는 라인 프로포셔너방식을 사용한다.
- 물의 비중량은 9.8[kN/m^3]이다.

1) 포소화설비에 필요한 탱크의 액표면적, 포수용액량, 포원액량, 수원의 양을 각각 구하시오.
  ① 탱크의 액표면적[m^2]
    - 계산과정 :
    - 답 :
  ② 필요한 포수용액량[L]
    - 계산과정 :
    - 답 :
  ③ 포 원액량[L]
    - 계산과정 :
    - 답 :

④ 수원의 양[L]
- 계산과정 :
- 답 :

2) 수원을 공급하기 위한 펌프의 동력[kW]을 구하시오.
- 계산과정 :
- 답 :

(해답 ➕) 1) 포소화설비에 필요한 탱크의 액표면적, 포수용액량, 포원액량, 수원의 양
① 탱크의 액표면적[m²]
- 계산과정
$$\frac{(50^2 - 48^2)\pi}{4} = 153.94[\mathrm{m}^2]$$
- 답 153.94[m²]
② 필요한 포수용액량[L]
- 계산과정
$$153.94[\mathrm{m}^2] \times 8[\mathrm{L/m}^2 \cdot \mathrm{min}] \times 30[\mathrm{min}] = 36,945.6[\mathrm{L}]$$
- 답 36,945.6[L]
③ 포 원액량[L]
- 계산과정
$$36,945.6[\mathrm{L}] \times 0.03 = 1,108.37[\mathrm{L}]$$
- 답 1,108.37[L]
④ 수원의 양[L]
- 계산과정
$$36,945.6[\mathrm{L}] \times 0.97 = 35,837.23[\mathrm{L}]$$
- 답 35,837.23[L]

2) 펌프의 동력
- 계산과정
$$\text{유량 } Q = 153.94[\mathrm{m}^2] \times 8[\mathrm{L/m}^2 \cdot \mathrm{min}] = 1,231.52[\mathrm{L/min}] = \frac{1.23152}{60}[\mathrm{m}^3/\mathrm{s}]$$

$$\therefore P = \frac{9.8[\mathrm{kN/m}^3] \times \dfrac{1.23152}{60}[\mathrm{m}^3/\mathrm{s}] \times 80[\mathrm{m}]}{0.65} = 24.76[\mathrm{kW}]$$

- 답 24.76[kW]

포소화설비 약제 및 펌프 동력 계산 공식

$$\text{펌프의 전동기 동력[kW]} \quad P = \frac{\gamma Q H}{\eta} \times K$$

여기서, γ : 비중량($\gamma_w = 9.8[\text{kN/m}^3]$)

Q : 유량[m³/s]

H : 전양정[m]

η : 효율

K : 전달계수

15 옥내소화전설비와 스프링클러설비가 설치된 아파트에서 조건을 참고하여 다음 각 물음에 답하시오. [10점]

[조건]
- 계단식형 아파트로서 지하 2층(주차장), 지상 12층(아파트 각 층별로 2세대)인 건축물이다.
- 각 층에 옥내소화전 및 스프링클러설비가 설치되어 있다.
- 지하층에는 옥내소화전 방수구가 층마다 3조씩, 지상층에는 옥내소화전 방수구가 층마다 1조씩 설치되어 있다.
- 아파트의 각 세대별로 설치된 스프링클러헤드의 설치수량은 12개이다.
- 각 설비가 설치되어 있는 장소는 방화벽과 방화문으로 구획되어 있지 않고, 저수조, 펌프 및 입상배관은 겸용으로 설치되어 있다.
- 옥내소화전설비의 경우 실양정 50[m], 배관마찰손실은 실양정의 15[%], 호스의 마찰손실수두는 실양정의 30[%]를 적용한다.
- 스프링클러설비의 경우 실양정 52[m], 배관마찰손실은 실양정의 35[%]를 적용한다.
- 펌프의 효율은 체적효율 90[%], 기계효율 80[%], 수력효율 75[%]이다.
- 펌프 작동에 요구되는 동력전달계수는 1.1을 적용한다.

1) 주펌프의 최소 전양정[m]을 구하시오. (단, 최소 전양정을 산출할 때 옥내소화전설비와 스프링클러설비를 모두 고려하고, 계산한 값 중 큰 값으로 정한다.)
- 계산과정 :
- 답 :

2) 옥상수조를 포함하여 두 설비에 필요한 총 수원의 양[m³] 및 최소 펌프 토출량[L/min]을 구하시오.
- 계산과정 :
- 답 :

3) 펌프 작동에 필요한 전동기의 최소 동력[kW]을 구하시오.
- 계산과정 :
- 답 :

4) 스프링클러설비에는 감시제어반과 동력제어반으로 구분하여 설치하여야 하는데, 구분하여 설치하지 않아도 되는 경우 중 (   ) 안에 들어갈 설비 3가지를 쓰시오.

> (   )에 따른 가압송수장치를 사용하는 경우

①

②

③

해답 ➕ 1) 주펌프의 최소 전양정[m]

- 계산과정

  ① 옥내소화전설비의 전양정

  $$H_h = 50[\text{m}] + (50[\text{m}] \times 0.15) + (50[\text{m}] \times 0.3) + 17[\text{m}] = 89.5[\text{m}]$$

  ② 스프링클러설비의 전양정

  $$H_s = 52[\text{m}] + (52[\text{m}] \times 0.35) + 10[\text{m}] = 80.2[\text{m}]$$

  ∴ ①과 ② 중 큰 값을 적용하므로 89.5m

- 🔲 89.5[m]

2) 수원의 양[m³] 및 최소 펌프 토출량[L/min]

- 계산과정

  ① 옥내소화전설비 수원의 양(최대 2개 적용)

  $$(2[\text{개}] \times 130[\text{L/min}] \times 20[\text{min}]) + \left(2[\text{개}] \times 130[\text{L/min}] \times 20[\text{min}] \times \frac{1}{3}\right)$$

  $$= 6{,}933.33[\text{L}] = 6.93[\text{m}^3]$$

  ② 스프링클러설비 수원의 양(헤드의 설치수량보다 기준수량이 작으므로)

  $$(10[\text{개}] \times 80[\text{L/min}] \times 20[\text{min}]) + \left(10[\text{개}] \times 80[\text{L/min}] \times 20[\text{min}] \times \frac{1}{3}\right)$$

  $$= 21{,}333.33[\text{L}] = 21.33[\text{m}^3]$$

  ∴ 수원의 양은 두 설비의 합이므로 $Q = 6.93 + 21.33 = 28.26[\text{m}^3]$

  ③ 옥내소화전설비 펌프 토출량

  $$2[\text{개}] \times 130[\text{L/min}] = 260[\text{L/min}]$$

  ④ 스프링클러설비 펌프 토출량

  $$10[\text{개}] \times 80[\text{L/min}] = 800[\text{L/min}]$$

  ∴ 펌프 토출량은 두 설비의 합이므로 $Q = 260 + 800 = 1{,}060[\text{L/min}]$

- 🔲 ① 수원의 양 : 28.26[m³]

  ② 펌프 토출량 : 1,060[L/min]

3) 전동기의 최소 동력[kW]

- 계산과정

  유량 $Q = 260[\ell/\text{min}] + 800[\ell/\text{min}] = 1{,}060[\ell/\text{min}] = \dfrac{1.06}{60}[\text{m}^3/\text{s}]$

$$\therefore P = \frac{9.8[\text{kN/m}^3] \times \frac{1.06}{60}[\text{m}^3/\text{s}] \times 89.5[\text{m}]}{0.9 \times 0.8 \times 0.75} \times 1.1 = 31.56[\text{kW}]$$

- 🖺 31.56[kW]

4) ① 내연기관
   ② 고가수조
   ③ 가압수조

해설 ➕ 옥내소화전설비와 스프링클러설비 겸용 시 계산 공식

전양정 H = 실양정[m] + 마찰손실[m] + 방사압(수두)[m]

여기서, 옥내소화전의 노즐 방사압 : 0.17[MPa] = 17[m]

스프링클러설비의 헤드 방사압 : 0.1[MPa] = 10[m]

펌프의 전동기 동력[kW] $P = \frac{\gamma Q H}{\eta} \times K$

여기서, γ : 비중량($\gamma_w = 9.8[\text{kN/m}^3]$)

Q : 유량[m³/s]

H : 전양정[m]

η : 효율

K : 전달계수

16 전기실에 제1종 분말소화약제를 사용한 분말소화설비를 전역방출방식의 가압식으로 설치하려고 한다. 다음 조건을 참조하여 각 물음에 답하시오. [9점]

[조건]
- 소방대상물의 크기는 가로 11[m], 세로 9[m], 높이 4.5[m]인 내화구조로 되어 있다.
- 소방대상물의 중앙에 가로 1[m], 세로 1[m]의 기둥이 있고, 기둥을 중심으로 가로, 세로 보가 교차되어 있으며, 보는 천장으로부터 0.6[m], 너비 0.4[m]의 크기이고, 보와 기둥은 내열성 재료이다.
- 전기실에는 0.7[m]×1.0[m], 1.2[m]×0.8[m]인 개구부 각각 1개씩 설치되어 있으며, 1.2[m]×0.8[m]인 개구부에는 자동폐쇄장치가 설치되어 있다.
- 방호공간에 내화구조 또는 내열성 밀폐재료가 설치된 경우에는 방호공간에서 제외할 수 있다.
- 방사헤드의 방출률은 7.82[kg/(mm² · min · 개)]이다.
- 약제저장용기 1[개]의 내용적은 50[L]이다.
- 방사헤드 1개의 오리피스(방출구)면적은 0.45[cm²]이다.

- 소화약제 종류에 따른 소화약제의 양과 개구부 가산량은 다음과 같다.

소화약제의 종류	방호구역의 체적 1[m³]에 대한 소화약제의 양	가산량(개구부의 면적 1[m²]에 대한 소화약제의 양)
제1종 분말	0.6[kg]	4.5[kg]

- 소화약제 산정기준 및 기타 필요한 사항은 국가화재안전기준에 준한다.

1) 저장에 필요한 제1종 분말소화약제의 최소 양[kg]
   - 계산과정 :
   - 답 :

2) 저장에 필요한 약제저장용기의 수[병]
   - 계산과정 :
   - 답 :

3) 설치에 필요한 방사헤드의 최소 개수[개] (단, 소화약제의 양은 2)에서 구한 저장용기 수의 소화약제 양으로 한다.)
   - 계산과정 :
   - 답 :

4) 3)에서 구한 소화약제 양을 기준으로 헤드의 방출률[kg/s]
   - 계산과정 :
   - 답 :

(해답 ✚) 1) 분말소화약제의 최소 양[kg]
   - 계산과정
   보와 기둥은 내열성 재료이므로
   방호구역의 체적 = 특정소방대상물의 체적 – 기둥의 체적 – 보의 체적
   $V = (11[m] \times 9[m] \times 4.5[m]) - (1[m] \times 1[m] \times 4.5[m])$
   $\quad - (5[m] \times 0.6[m] \times 0.4[m] \times 2[개]) - (4[m] \times 0.6[m] \times 0.4[m] \times 2[개])$
   $\quad = 436.68[m^3]$
   $\therefore W = (436.68[m^3] \times 0.6[kg/m^3]) + (0.7[m] \times 1[m] \times 4.5[kg/m^2]) = 265.16[kg]$
   - 답 265.16[kg]

2) 약제저장용기의 수
   - 계산과정
   $1병당 충전량 = \dfrac{50[L]}{0.8[L/kg]} = 62.5[kg]$

   $\therefore 저장용기 수 = \dfrac{265.16[kg]}{62.5[kg/병]} = 4.24 = 5[병]$
   - 답 5[병]

3) 방사헤드의 최소 개수

- 계산과정

$$N = \frac{62.5[\text{kg/ 병}] \times 5[\text{병}]}{45[\text{mm}^2] \times 7.82[\text{kg/(mm}^2 \cdot \text{min} \cdot \text{개})] \times 0.5[\text{min}]} = 1.78 = 2[\text{개}]$$

- 🔑 2[개]

4) 헤드의 방출률[kg/s]

- 계산과정

소화약제 저장량을 30초 이내에 방출할 수 있는 것으로 한다.

$$\frac{62.5[\text{kg/ 병}] \times 5[\text{병}]}{2[\text{개}] \times 30[\text{s}]} = 5.21[\text{kg/s}]$$

- 🔑 5.21[kg/s]

해설 ➕ 전역방출방식 분말소화설비 계산 공식

$$\boxed{\text{전역방출방식의 심부화재 약제량 } W[\text{kg}] = (V + \alpha) + (A + \beta)}$$

여기서, V : 방호구역체적[m³]

α : 체적계수[kg/m³]

A : 개구부면적[m²]

β : 면적계수[kg/m²]

소화약제의 종별	체적 1[m³]에 대한 소화약제량[kg] (체적계수 α[kg/m³])	면적 1[m²]에 대한 소화약제량[kg] (면적계수 β[kg/m²])
제1종 분말	0.60	4.5
제2종, 제3종 분말	0.36	2.7
제4종 분말	0.24	1.8

저장용기의 내용적(충전비)

소화약제의 종별	소화약제 1[kg]당 저장용기 내용적[L]
제1종 분말	0.8
제2종 분말	1
제3종 분말	1
제4종 분말	1.25

01 제연설비에서 주로 사용하는 솔레노이드댐퍼 모터댐퍼 및 퓨즈댐퍼의 작동원리를 쓰시오. [3점]

1) 솔레노이드댐퍼

2) 모터댐퍼

3) 퓨즈댐퍼

해답 ➕
1) 솔레노이드가 누르게 핀을 이동시켜 작동

2) 모터가 누르게 핀을 이동시켜 작동

3) 덕트 내부가 일정 온도 이상이 되면 퓨즈블링크가 용융되어 폐쇄용 스프링에 의해 자동적으로 폐쇄되는 댐퍼

해설 ➕ 제연설비 댐퍼의 작동원리

1) 솔레노이드댐퍼(Solenoid Damper) : 건축물 화재발생 시 화재감지기의 신호를 받아 솔레노이드밸브(전자밸브)가 누르게 핀을 이동시킴으로써 로크(잠금) 상태를 해제하여 스프링의 힘 또는 중력에 의하여 자동개방 시키는 댐퍼로 제연경계, 도어폐쇄 등에 이용한다.

2) 모터댐퍼(Motor Damper) : 전동댐퍼로서 화재 시 열, 연기감지기의 신호를 받아 모터가 누르게 핀을 이동시킴으로써 로크(잠금) 상태를 해제하여 스프링의 힘 또는 전동기 작동에 의하여 자동으로 개폐조작 을 하는 댐퍼로 방연댐퍼, 풍량조절댐퍼, 방화셔터 등에 이용한다.

3) 퓨즈댐퍼(Fuse Damper) : 방화구획 관통부(방화벽)의 덕트 내부에 설치하는 댐퍼로서 퓨즈블링크가 열에 의하여 용융되어 떨어지면서 로크(잠금) 상태를 해지하여 스프링의 힘 또는 중력에 의하여 자동 으로 개폐 조작을 하는 댐퍼로 공조설비 등의 방화댐퍼에 이용한다.

02 다음은 주거용 주방자동소화장치의 설치기준이다. (   ) 안에 들어갈 내용을 보기에서 골라 적으시오. [6점]

> [보기]
> 차단장치, 감지부, 제어부, 방출구, 수신부, 천장, 바닥, 10, 20, 30, 50

1) (①)은(는) 상시 확인 및 점검이 가능하도록 설치할 것
2) 소화약제 (②)은(는) 환기구의 청소부분과 분리되어 있어야 할 것
3) 가스용 주방자동소화장치를 사용하는 경우 탐지부는 (③)와(과) 분리하여 설치하되, 공기보다 가벼운 가스를 사용하는 경우에는 (④) 면으로부터 (⑤)[cm] 이하의 위치에 설치하고, 공기보다 무거운 가스를 사용하는 장소에는 (⑥) 면으로부터 (⑤)[cm] 이하의 위치에 설치할 것

(해답 ➕) ① 차단장치 ② 방출구 ③ 수신부
④ 천장 ⑤ 30 ⑥ 바닥

(해설 ➕) 「소화기구 및 자동소화장치의 화재안전기술기준(NFTC 101)」 주거용 주방자동소화장치 설치기준
① 소화약제 방출구는 환기구(주방에서 발생하는 열기류 등을 밖으로 배출하는 장치를 말한다)의 청소부분과 분리되어 있어야 하며, 형식승인 받은 유효설치 높이 및 방호 면적에 따라 설치할 것
② 감지부는 형식승인 받은 유효한 높이 및 위치에 설치할 것
③ 차단장치(전기 또는 가스)는 상시 확인 및 점검이 가능하도록 설치할 것
④ 가스용 주방자동소화장치를 사용하는 경우 탐지부는 수신부와 분리하여 설치하되, 공기보다 가벼운 가스를 사용하는 경우에는 천장 면으로부터 30[cm] 이하의 위치에 설치하고, 공기보다 무거운 가스를 사용하는 장소에는 바닥 면으로부터 30[cm] 이하의 위치에 설치할 것
⑤ 수신부는 주위의 열기류 또는 습기 등과 주위온도에 영향을 받지 않고 사용자가 상시 볼 수 있는 장소에 설치할 것

03 스프링클러설비에 설치하는 시험장치에 대한 다음 각 물음에 답하시오. [5점]

1) 시험장치의 설치목적을 쓰시오.
2) 다음은 시험장치의 배관에 대한 내용이다. 다음 빈칸을 완성하시오.

> 시험장치 배관의 구경은 (①)[mm] 이상으로 하고, 그 끝에 개폐밸브 및 (②) 또는 스프링
> 클러헤드와 동등한 방수성능을 가진 (③)를 설치할 것. 이 경우, (②)는 반사판 및 프레임
> 을 제거한 (③)만으로 설치할 수 있다.

해답⊕ 1) 유수검지장치의 정상적인 작동상태를 시험하기 위하여
　　　2) ① 25　　　　　　　　② 개방형 헤드　　　　　　　③ 오리피스

해설⊕ **스프링클러설비의 시험장치**
　　　습식 유수검지장치 또는 건식 유수검지장치를 사용하는 스프링클러설비와 부압식 스프링클
　　　러설비에는 동장치를 시험할 수 있는 시험장치를 다음 각 호의 기준에 따라 설치하여야 한다.
　　　① 유수검지장치에서 가장 먼 가지배관의 끝으로부터 연결하여 설치할 것
　　　② 시험장치 배관의 구경은 유수검지장치에서 가장 먼 가지배관의 구경과 동일한 구경으로
　　　　하고, 그 끝에 개폐밸브 및 개방형 헤드를 설치할 것. 이 경우 개방형 헤드는 반사판 및 프
　　　　레임을 제거한 오리피스만으로 설치할 수 있다.
　　　③ 시험배관의 끝에는 물받이 통 및 배수관을 설치하여 시험 중 방사된 물이 바닥에 흘러내리
　　　　지 아니하도록 할 것. 다만, 목욕실·화장실 또는 그 밖의 곳으로서 배수처리가 쉬운 장소
　　　　에 시험배관을 설치한 경우에는 그러하지 아니하다.

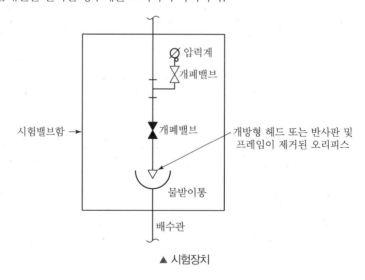

▲ 시험장치

04 가로 8[m], 세로5[m]인 주차장에 물분무소화설비를 설치하려고 한다. 다음 각 물음에 답하시오.

[4점]

1) 송수펌프의 최소 토출량[L/min]을 구하시오.
   - 계산과정 :
   - 답 :

2) 필요한 최소 수원의 양[m³]을 구하시오.
   - 계산과정 :
   - 답 :

(해답 ⊕) 1) 송수펌프의 최소 토출량[L/min]
   - 계산과정

$$A = (8 \times 5)[\text{m}^2] = 40[\text{m}^2]$$

$$\therefore \ Q = 50[\text{m}^2] \times 20[\text{L/min} \cdot \text{m}^2] = 1,000[\text{L/min}]$$

   - 🗊 1,000[L/min]

2) 필요한 최소 수원의 양[m³]을 구하시오.

$$1.000[\text{L/min}] \times 20[\text{min}] = 20.000[\text{L}] = 20[\text{m}^3]$$

(해설 ⊕) 특정소방대상물별 수원량 산정

소방대상물	수원량 산정방법
특수가연물 저장 취급	$A[\text{m}^2] \times 10[\text{L/min} \cdot \text{m}^2] \times 20[\text{min}]$ A : 바닥면적(최소 면적 50[m²] 적용)
컨베이어벨트	$A[\text{m}^2] \times 10[\text{L/min} \cdot \text{m}^2] \times 20[\text{min}]$ A : 벨트 부분 바닥면적
절연유봉입 변압기	$A[\text{m}^2] \times 10[\text{L/min} \cdot \text{m}^2] \times 20[\text{min}]$ A : 바닥부분 제외 변압기 표면적
케이블 트레이, 케이블 덕트	$A[\text{m}^2] \times 12[\text{L/min} \cdot \text{m}^2] \times 20[\text{min}]$ A : 투영된 바닥면적
차고 · 주차장	$A[\text{m}^2] \times 20[\text{L/min} \cdot \text{m}^2] \times 20[\text{min}]$ A : 바닥면적(최소 면적 50[m²] 적용)

05 옥내·외소화전설비 스프링클러설비의 펌프 흡입 측 배관에 개폐밸브를 설치할 때 버터플라이 밸브를 사용하지 않는 이유를 2가지만 쓰시오. [4점]

①

②

(해답 ⊕) ① 디스크에 의하여 유체의 마찰저항이 커서 공동현상이 발생할 수 있다.
② 순간적인 개폐로 수격작용이 발생할 수 있다.

(해설 ⊕) 버터플라이밸브
1) 개폐표시형 밸브를 설치해야 하는 부분
① 흡입 측 배관에 설치된 개폐밸브
② 토출 측 배관에 설치된 개폐밸브
③ 옥상수조 또는 고가수조와 수직배관에 설치된 개폐밸브
④ 송수구와 주배관의 연결배관에 설치된 개폐밸브

2) 흡입배관에 버터플라이밸브를 사용하지 않는 이유
디스크에 의하여 유체의 마찰저항이 커서 공동현상이 발생할 수 있고, 순간적인 개폐로 수격작용이 발생할 수 있다.

06 할로겐화합물 및 불활성기체 소화설비의 화재안전기술기준에 따른 다음 각 물음에 답하시오.

[8점]

1) 할로겐화합물 및 불활성기체 소화약제의 방사시간과 방사량 기준에 대해 아래 표를 완성하시오.

소화약제		방출시간	방출량
할로겐화합물		( )초 이내	각 방호구역 최소설계농도의 ( ) 이상
불활성기체	A급	( )분 이내	
	B급	( )분 이내	
	C급	( )분 이내	

2) 불활성기체 소화약제보다 할로겐화합물 소화약제의 방사시간이 더 짧은 이유에 대해 설명하시오.

해답 ⊕ 1) 할로겐화합물 및 불활성기체 소화약제의 방사시간 및 방사량

소화약제		방출시간	방출량
할로겐화합물		(10)초 이내	각 방호구역 최소설계농도의 (95%) 이상
불활성기체	A급	(2)분 이내	
	B급	(1)분 이내	
	C급	(2)분 이내	

2) 소화 시 생성되는 열분해 생성물 중 유독가스인 불화수소(HF)로부터 인명 피해 또는 재산 피해를 최소화할 수 있도록 하기 위하여

해설 ⊕ 할로겐화합물 및 불활성기체소화설비의 배관 구경(방사시간)

배관의 구경은 해당 방호구역에 할로겐화합물 소화약제는 10초 이내에, 불활성기체 소화약제는 A · C급 화재 2분, B급 화재 1분 이내에 방호구역 각 부분에 최소 설계농도의 95[%] 이상에 해당하는 약제량이 방출되도록 해야 한다.

07 그림의 평면도에 나타난 각 실 중 A실에 급기가압하고자 한다. 주어진 조건을 이용하여 다음 각 물음에 답하시오. [6점]

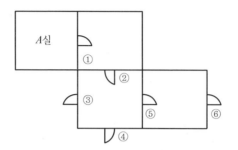

[조건]
- 실외부 대기의 기압은 101.3[kPa]이다.
- A실에 유지하고자 하는 기압은 101.4[kPa]이다.
- 각 실의 문(Door) 틀의 틈새면적은 0.01[m²]이다.
- 어느 실을 급기가압할 때 그 실의 문의 틈새를 통하여 누출되는 공기의 양[m³/s]은 다음 식을 따른다.

$$Q = 0.827 A P^{\frac{1}{2}}$$

여기서, Q : 누출되는 공기의 양[m³/s]
　　　　A : 문의 전체 유효등가 누설면적[m²]
　　　　P : 문을 기주로 한 실내외의 기압차[Pa]

1) 문의 전체 유효등가 누설면적[m²]을 구하시오.(단, 소수점 여섯째 자리에서 반올림하여 소수점 다섯째 자리까지 나타내시오.)
   - 계산과정 :
   - 답 :

2) A실에 유입시켜야 할 풍량[m³/s]을 구하시오.(단, 소수점 여섯째 자리에서 반올림하여 소수점 다섯째 자리까지 나타내시오.)
   - 계산과정 :
   - 답 :

(해답 ⊕) 1) 전체 유효등가 누설면적[m²]
　　　　　 • 계산과정
　　　　　　① A_5와 A_6은 직렬상태

$$A_5 \sim A_6 = \frac{1}{\sqrt{\dfrac{1}{0.01^2} + \dfrac{1}{0.01^2}}} = 0.00707 [\mathrm{m}^2]$$

② A_3, A_4와 $A_5 \sim A_6$은 병렬상태

$$A_3 \sim A_6 = 0.01 + 0.01 + 0.00707 = 0.02707 [\mathrm{m}^2]$$

③ A_1, A_2와 $A_3 \sim A_6$은 직렬상태

$$A_1 \sim A_6 = \frac{1}{\sqrt{\dfrac{1}{0.01^2} + \dfrac{1}{0.01^2} + \dfrac{1}{0.02707^2}}} = 0.00684 [\mathrm{m}^2]$$

- 🗒 $0.00684 [\mathrm{m}^2]$

2) 풍량[m³/s]
- 계산과정

$$Q = 0.827 \times 0.00684 \times 100^{\frac{1}{2}} = 0.0566 [\mathrm{m}^3/\mathrm{s}]$$

- 🗒 $0.0566 [\mathrm{m}^3/\mathrm{s}]$

해설 ➕ 제연설비 누설틈새면적 및 풍량 계산 공식

$$\text{누설량 } Q = 0.827 \times A \times P^{\frac{1}{N}}$$

여기서, Q : 급기 풍량[m³/s]

$\quad\quad\quad A$: 틈새면적[m²]

$\quad\quad\quad P$: 문을 경계로 한 실내의 기압차[N/m² = Pa]

$\quad\quad\quad N$: 누설 면적 상수(일반출입문 = 2, 창문 = 1.6)

① 병렬상태인 경우의 틈새면적[m²] $A_T = A_1 + A_2 + A_3 + A_4$

② 직렬상태인 경우의 틈새면적[m²]

$$A_T [\mathrm{m}^2] = \frac{1}{\sqrt{\left(\dfrac{1}{A_1^2} + \dfrac{1}{A_2^2} + \dfrac{1}{A_3^2} + \dfrac{1}{A_4^2} \cdots\right)}} = \left(\frac{1}{A_1^2} + \frac{1}{A_2^2} + \frac{1}{A_3^2} + \frac{1}{A_4^2} \cdots\right)^{-\frac{1}{2}}$$

08 그림은 어느 공장을 방호하기 위한 옥외소화전설비의 평면도이다. 다음 각 물음에 답하시오.

[6점]

[조건]
- 가로 120[m], 폭 50[m]이며 2층 구조이다.
- 층당 바닥면적은 6,000[m²]이고 연면적은 12,000[m²]이다.

1) 특정소방대상물의 각 부분으로부터 하나의 호스접결구까지 수평거리[m] 기준과 옥외소화전의 최소 설치개수를 구하시오.
   - 계산과정 :
   - 답 :

2) 펌프의 토출량[L/min]을 구하시오.
   - 계산과정 :
   - 답 :

3) 수원의 저수량[m³]을 구하시오.
   - 계산과정 :
   - 답 :

(해답 ⊕) 1) 호스접결구까지의 수평거리[m] 및 옥외소화전의 최소수량[개]
   - 계산과정
     호스접결구는 지면으로부터의 높이가 0.5[m] 이상 1[m] 이하의 위치에 설치하고 특정소방 대상물의 각 부분으로부터 하나의 호스접결구까지의 수평거리가 40[m] 이하가 되도록 설치해야 한다.
     $$N = \frac{(120[\text{m}] \times 2) + (50[\text{m}] \times 2)}{80[\text{m}]} = 4.25 = 5[\text{개}]$$
   - 🔖 수평거리 40[m] 이하, 5[개]

   2) 펌프의 토출량[L/min]
   - 계산과정
     $$Q = 350[\text{L/min}] \times 2[\text{개}] = 700[\text{L/min}]$$
   - 🔖 700[L/min]

   3) 수원의 저수량[m³]
   - 계산과정
     $$Q = 350[\text{L/min}] \times 2[\text{개}] \times 20[\text{min}] = 14,000[\text{L}] = 14[\text{m}^3]$$
   - 🔖 14[m³]

(해설 ⊕) 가압송수장치
   ① 방수압력 : 0.25[MPa] 이상 0.7[MPa] 이하(0.7[MPa] 초과 시 감압)
   ② 방수량 : 350[L/min] 이상
   ③ 펌프 토출량 : 350[L/min] × 옥외소화전 설치개수(최대 2개)
   ④ 수원의 양 : 350[L/min] × 옥외소화전 설치개수(최대 2개) × 20[min]

09 다음은 인명구조기구에 대한 내용이다. 다음 각 물음에 답하시오. [9점]

[특정소방대상물]
㉠ 지하 2층, 지상 5층인 관광호텔
㉡ 바닥면적이 500[m²]인 영화상영관
㉢ 물분무소화설비 중 할로겐화합물 및 불활성기체소화설비만 설치된 특정소방대상물

1) ㉡의 수용인원을 산출하시오.(단, 소방시설 설치 및 안전관리에 관한 법령을 근거로 하고, 고정식 의자와 긴 의자는 고려하지 않는다.)
   • 계산과정 :
   • 답 :

2) 다음 조건을 참고하여 각 특정소방대상물별로 설치해야 할 인명구조기구와 설치수량을 구하시오.

> [조건]
> • 설치해야 할 인명구조기구를 모두 쓰도록 한다.
> • 설치해야 할 인명구조기구가 없는 경우에는 인명구조기구란에만 "X" 표시를 한다.
> • 1)항에서 구한 값을 기준으로 ㉡행의 값을 구한다.

특정소방대상물	인명구조기구	설치수량
㉠		
㉡		
㉢		

(해답 ⊕) 1) ㉡의 수용인원
   • 계산과정 :

   $$N = \frac{500[m^2]}{4.6[m^2/명]} = 108.70[명] = 109[명]$$

   • 답 109[명]

2) 인명구조기구와 설치수량

특정소방대상물	인명구조기구	설치수량
㉠	방열복, 방화복, 공기호흡기, 인공소생기	각 2개 이상
㉡	공기호흡기	층마다 2개 이상
㉢	×	—

특정소방대상물		산정방법
숙박시설	침대가 있는 경우	종사자수 + 침대수
	침대가 없는 경우	종사자수 + $\dfrac{\text{바닥면적의 합계}}{3[m^2]}$
강의실, 교무실, 상담실, 실습실, 휴게실		$\dfrac{\text{바닥면적의 합계}}{1.9[m^2]}$
강당, 문화 및 집회시설, 운동시설, 종교시설		$\dfrac{\text{바닥면적의 합계}}{4.6[m^2]}$
기타		$\dfrac{\text{바닥면적의 합계}}{3[m^2]}$

[비고]

1. 위 표에서 바닥면적을 산정할 때에는 복도(준불연재료 이상의 것을 사용하여 바닥에서 천장까지 벽으로 구획한 것을 말한다), 계단 및 화장실의 바닥면적을 포함하지 않는다.
2. 계산 결과 소수점 이하의 수는 반올림한다.

「인명구조기구의 화재안전기술기준(NFTC 302)」

▼ 특정소방대상물의 용도 및 장소별로 설치해야 할 인명구조기구

특정소방대상물	인명구조기구의 종류	설치수량
1. 지하층을 포함한 층수가 7층 이상인 관광호텔 및 5층 이상인 병원	방열복 또는 방화복(안전모, 보호장갑 및 안전화를 포함한다), 공기호흡기, 인공소생기	각 2개 이상 비치할 것. 다만, 병원의 경우에는 인공소생기를 설치하지 않을 수 있다.
2. 문화 및 집회시설 중 수용인원 100명 이상의 영화상영관 3. 판매시설 중 대규모 점포 4. 운수시설 중 지하철 역 5. 지하가 중 지하상가	공기호흡기	층마다 2개 이상 비치할 것. 다만, 각 층마다 갖추어 두어야 할 공기호흡기 중 일부를 직원이 상주하는 인근 사무실에 갖추어 둘 수 있다.
6. 물분무 등 소화설비 중 이산화탄소소화설비를 설치해야 하는 특정소방대상물	공기호흡기	이산화탄소소화설비가 설치된 장소의 출입구 외부 인근에 1대 이상 비치할 것

10 위험물 옥외저장탱크에 포소화설비를 설치하고자 한다. 다음의 조건을 참고하여 각 물음에 답하시오. [9점]

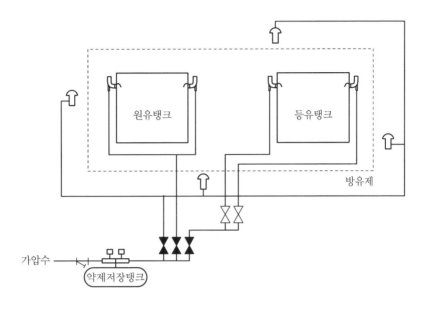

[조건]

• 탱크 사양

탱크	탱크 사양	탱크의 구조	포방출구의 종류
원유탱크	12[m] × 12[m]	플로팅루프 탱크	특형
등유탱크	25[m] × 14[m]	콘루프탱크	Ⅱ형

• 설계 사양

탱크	방출구	방출률	방사시간	포농도	굽도리판 간격
원유탱크	2[개]	8[L/m² · min]	30[분]	3[%]	1.2[m]
등유탱크	2[개]	4[L/m² · min]	30[분]	3[%]	해당 없음

• 송액관에 필요한 소화약제의 최소량은 72.07[L]이다.
• 보조포소화전은 방유제 주위로 4개 설치되어 있고 보조포소화전의 토출량은 400[L/min]이며 방사시간은 20분이다.
• 탱크 2대에서의 동시화재는 없는 것으로 간주한다.

1) 고정포방출구에 의하여 소화하는 데 필요한 포수용액의 양[L/min]은 얼마인지 구하시오.
  ① 원유탱크 계산과정 및 답
  ② 등유탱크 계산과정 및 답

2) 보조포소화전에 필요한 포수용액의 양[L/min]은 얼마인지 구하시오.
  • 계산과정 :
  • 답 :

3) 고정포방출구에 의하여 소화하는 데 필요한 소화약제의 양[L]은 얼마인지 구하시오.
   ① 원유탱크 계산과정 및 답
   ② 등유탱크 계산과정 및 답

4) 보조포소화전에 필요한 소화약제의 양[L]은 얼마인지 구하시오.
   • 계산과정 :
   • 답 :

5) 포원액탱크에 필요한 소화약제의 총량[L]은 얼마인지 구하시오.(단, 조건에서 제시한 송액관 소화약제를 포함한다.)
   • 계산과정 :
   • 답 :

(해답 ⊕) 1) 고정포방출구 포수용액의 양[L/min]
   ① 원유탱크 계산과정 및 답

   • 계산과정 : $Q = \dfrac{(12^2 - 9.6^2)\pi}{4}[\text{m}^2] \times 8[\text{L/m}^2 \cdot \text{min}] = 325.72[\text{L/min}]$

   • 🖹 325.72[L/min]
   ② 등유탱크 계산과정 및 답

   • 계산과정 : $Q = \dfrac{25^2\pi}{4}[\text{m}^2] \times 4[\text{L/m}^2 \cdot \text{min}] = 1{,}963.50[\text{L/min}]$

   • 🖹 1,963.50[L/min]

2) 보조포소화전 포수용액의 양[L/min]
   • 계산과정 : $3[\text{개}] \times 400[\text{L/min}] = 1{,}200[\text{L/min}]$
   • 🖹 1,200[L/min]

3) 고정포방출구 소화약제의 양[L]
   ① 원유탱크 계산과정 및 답

   • 계산과정 : $Q = \dfrac{(12^2 - 9.6^2)\pi}{4}[\text{m}^2] \times 8[\text{L/m}^2 \cdot \text{min}] \times 30[\text{min}] \times 0.03 = 293.15[\text{L}]$

   • 🖹 293.15[L]
   ② 등유탱크 계산과정 및 답

   • 계산과정 : $Q = \dfrac{25^2\pi}{4}[\text{m}^2] \times 4[\text{L/m}^2 \cdot \text{min}] \times 30[\text{min}] \times 0.03 = 1{,}767.15[\text{L}]$

   • 🖹 1,767.15[L]

4) 보조포소화전 소화약제의 양[L]
   • 계산과정 : $3[\text{개}] \times 400[\text{L/min}] \times 20[\text{min}] \times 0.03 = 720[\text{L}]$
   • 🖹 720[L]

5) 소화약제의 총량[L](송액관 소화약제 포함)
- 계산과정 : 고정포방출구 필요 소화약제의 양＋보조포소화전 필요 소화약제의 양
  ＝1,767.15[L]＋720[L]＋72.07[L]＝2,559.22[L]
- 🔲 2,559.22[L]

해설 ➕ 고정포방출구 방식 소화약제량 계산 공식
① 고정포방출구

$$Q_1 = A \cdot Q \cdot T \cdot S$$

여기서, Q_1 : 포소화약제의 양[L]

A : 탱크의 액표면적[m²]

Q : 단위포소화수용액의 양(방출률)[L/min · m²]

T : 방출시간[min]

S : 포소화약제의 사용농도[%]

② 보조소화전

$$Q_2 = N \times 400[\mathrm{L/min}] \times 20[\mathrm{min}] \times S$$

여기서, Q_2 : 포소화약제의 양[L]

N : 호스접결구의 수(최대 3개)

S : 포소화약제의 사용농도[%]

③ 배관보정량(내경 75[mm] 이하의 송액관을 제외한다)
: 「포소화설비의 화재안전기술기준(NFTC 105)」

$$Q_3 = A \times L \times S \times 1,000[\mathrm{L/m^3}]$$

여기서, Q_3 : 배관보정량[L]

A : 배관 단면적[m²]

S : 포소화약제의 사용농도[%]

L : 배관의 길이[m]

11 다음은 폐쇄형 스프링클러헤드를 설치한 그림이다. 조건을 참고하여 다음 각 물음에 답하시오.

[7점]

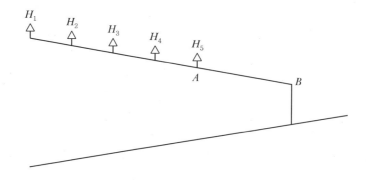

[조건]

• 각 헤드마다의 방수압력 차이는 0.02[MPa]이다.

• $A \sim B$ 구간의 마찰손실압은 0.03[MPa]이다.

• H_1 헤드에서의 방수압과 방수량은 화재안전기준에서 정하는 최소의 값으로 한다.

• 배관 구경 산정 시 수리계산에 의한 방법으로 구한다.

• H_1 헤드에서 방출계수를 구하고 모든 헤드의 방출계수는 동일한 것으로 한다.

1) A지점에서의 필요 최소 압력은 몇 [MPa]인가?

 • 계산과정 :

 • 답 :

2) $A \sim B$구간에서의 유량은 몇 [L/min]인가?

 • 계산과정 :

 • 답 :

3) $A \sim B$구간에서의 최소 배관 구경은 몇 [mm]인가?(단, 호칭경이 아닌 수리계산에 의한 값으로 한다.)

 • 계산과정 :

 • 답 :

(해답⊕) 1) A지점 필요 최소 압력[MPa]

 • 계산과정 : $P = 0.1[\text{MPa}] + (0.02 \times 4)[\text{MPa}] = 0.18[\text{MPa}]$

 • 답 0.18[MPa]

 2) $A \sim B$구간 유량[L/min]

 $80[\text{L/min}] = K\sqrt{10 \times 0.1[\text{MPa}]}$

 $\therefore K = 80$

 ① 헤드 H_2 유량 $= 80 \times \sqrt{10 \times (0.1 + 0.02)} = 87.64[\text{L/min}]$

② 헤드 H_3 유량 $= 80 \times \sqrt{10 \times (0.1 + 0.02 + 0.02)} = 94.66[\text{L/min}]$

③ 헤드 H_4 유량 $= 80 \times \sqrt{10 \times (0.1 + 0.02 + 0.02 + 0.02)} = 101.19[\text{L/min}]$

④ 헤드 H_5 유량 $= 80 \times \sqrt{10 \times (0.1 + 0.02 + 0.02 + 0.02 + 0.02)} = 107.33[\text{L/min}]$

∴ $Q = 80[\text{L/min}] + 87.64[\text{L/min}] + 94.66[\text{L/min}] + 101.19[\text{L/min}] + 107.33[\text{L/min}]$
$= 470.82[\text{L/min}]$

- 🔲 470.82[L/min]

3) $A \sim B$ 구간의 최소 배관 구경[mm]

수리계산에 따르는 경우 가지배관의 유속은 6[m/s], 그 밖의 배관의 유속은 10[m/s]를 초과할 수 없다.

$$\frac{0.47082}{60}[\text{m}^3/\text{s}] = \frac{D^2 \pi}{4}[\text{m}^2] \times 6[\text{m/s}]$$

∴ $D = 0.040806[\text{m}] = 40.81[\text{mm}]$

- 🔲 40.81[mm]

해설 ➕ [공식]

헤드 방수량 $Q = K\sqrt{10P}$

여기서, Q : 헤드 방수량[L/min]

P : 방사압력[MPa]

K : 방출계수

연속방정식 $Q = AV$

여기서, Q : 체적유량[m³/s]

A : 배관의 단면적[m²]

V : 유속[m/s]

12 전력통신 배선전용 지하구(폭 2.5[m], 높이 2[m], 길이 1,000[m])에 연소방지설비를 화재안전 기준에 따라 설치하고자 할 때 다음 각 물음에 답하시오. [5점]

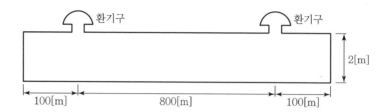

[조건]
- 소방대원의 출입이 가능한 환기구는 지하구 양쪽 끝에서 100[m] 지점에 설치한다.
- 지하구에는 방화벽이 설치되지 않았다.
- 환기구마다 지하구의 양쪽방향으로 살수헤드를 설정한다.
- 헤드는 연소방지설비 전용헤드를 사용한다.

1) 살수구역은 최소 몇 [개] 이상 설치되어야 하는가?
- 계산과정 :
- 답 :

2) 1구역에 설치되는 헤드의 최소 설치개수를 구하시오.
- 계산과정 :
- 답 :

3) 1구역에 2)에서 구한 헤드의 최소 개수를 설치하는 경우 연소방지설비의 최소 배관구경[mm]은 얼마 이상이어야 하는지 구하시오. (단 수평주행배관은 제외한다.)

··

(해답⊕) 1) 살수구역 최소 개수[구역]
- 계산과정
  환기구마다 살수구역 설정하므로 최소 2구역(양방향)으로 한다.
  환기구 사이의 간격이 700[m]를 초과하므로 1구역 추가
  ∴ 2[구역] × 2 + 1[구역] = 5[구역]
- 답 5[구역]

2) 1구역에 설치되는 헤드의 최소 설치개수[개]
- 계산과정
  ① 가로열 : $\dfrac{3[m]}{2[m/개]} = 1.5 = 2[개]$
  ② 세로열 : $\dfrac{2.5[m]}{2[m/개]} = 1.25 = 2[개]$
  ∴ 2[개] × 2[개] = 4[개]
- 답 4[개]

3) 연소방지설비의 최소 배관구경[mm]

1구역에 4[개]의 헤드를 설치하므로 최소 배관구경은 65[mm]로 한다.

- 🔲 65[mm]

해설 ➕ 지하구의 화재안전기술기준(NFTC 605)

① 배관

1) 연소방지설비 전용헤드 사용 시 다음 표에 의한 구경으로 한다.

살수 헤드 수	1개	2개	3개	4개 또는 5개	6개 이상
배관구경[mm]	32	40	50	65	80

2) 스프링클러 헤드 사용 시 스프링클러 헤드설치의 기준에 의한다.

② 교차배관은 가지배관과 수평으로 설치하거나 또는 가지배관 밑에 설치하고, 최소 구경은 40[mm] 이상이 되도록 할 것

③ 헤드

1) 천장 또는 벽면에 설치할 것

2) 헤드 간의 수평거리는 연소방지설비 전용헤드의 경우에는 2[m] 이하, 개방형 스프링클러 헤드의 경우에는 1.5[m] 이하로 할 것

3) 소방대원의 출입이 가능한 환기구·작업구마다 지하구의 양쪽방향으로 살수헤드를 설정하되, 한쪽 방향의 살수구역의 길이는 3[m] 이상으로 할 것. 다만, 환기구 사이의 간격이 700[m]를 초과할 경우에는 700[m] 이내마다 살수구역을 설정하되, 지하구의 구조를 고려하여 방화벽을 설치한 경우에는 그렇지 않다.

4) 연소방지설비 전용헤드를 설치할 경우에는 「소화설비용 헤드의 성능인증 및 제품검사 기술기준」에 적합한 살수헤드를 설치할 것

13 그림과 같이 6층 업무시설(철근 콘크리트 건물)에 1층부터 6층까지 각 층에 1개씩 옥내소화전을 설치하려고 한다. 그림과 주어진 조건을 이용하여 다음 각 물음에 답하시오. [12점]

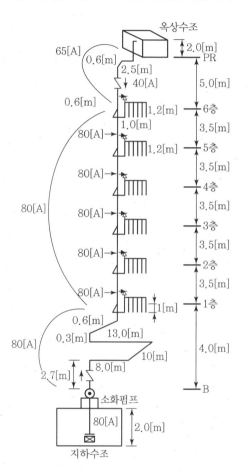

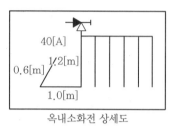

옥내소화전 상세도

[조건]
- 소화펌프에서 옥내소화전 바닥(티)까지의 거리는 다음과 같다. (위 그림 참조)
  - 수직거리 : 2.7+0.3+1=4.0[m]
  - 수평거리 : 8+10+13+0.6=31.6[m]
- 옥내소화전 바닥(티)에서 옥내소화전 바닥(티)까지의 거리는 3.5[m]이다. (위 그림 참조)
- 엘보는 모두 90° 엘보를 사용한다.
- 펌프의 효율은 55[%]이며 펌프의 축동력 전달효율은 100[%]로 한다.
- 호스의 길이 15[m], 구경 40[A]의 마호스 2개를 사용한다.
- 티(80×80×40[A])에서 분류되어 40[A] 배관에 연결할 때는 리듀서(80×40[A])를 사용한다.

⑦ 배관의 마찰손실은 다음 표를 참조할 것

[배관의 마찰손실(100[m]당)]

유량[L/min]	130	260	390	520
40[A]	14.7[m]	—	—	—
50[A]	5.1[m]	18.4[m]	—	—
65[A]	1.72[m]	6.20[m]	13.2[m]	—
80[A]	0.71[m]	2.57[m]	5.47[m]	9.20[m]

⑧ 관이음 및 밸브 등의 등가길이는 다음 표를 이용할 것

[관이음 및 밸브 등의 등가길이]

구경	90° 엘보	45° 엘보	90° 티(분류)	90° 티(직류)	게이트밸브	글로브밸브	앵글밸브 체크밸브 FOOT밸브
	등가길이[m]						
40[A]	1.5	0.9	2.1	0.45	0.30	13.5	6.5
50[A]	2.1	1.2	3.0	0.60	0.39	16.5	8.4
65[A]	2.4	1.5	3.6	0.75	0.48	19.5	10.2
80[A]	3.0	1.8	4.5	0.90	0.60	24.0	12.0
100[A]	4.2	2.4	6.3	1.20	0.81	37.5	16.5
125[A]	5.1	3.0	7.5	1.50	0.99	42.0	21.0
150[A]	6.0	3.6	9.0	1.80	1.20	49.5	24.0

⑨ 호스의 마찰손실수두는 다음 표를 이용할 것

[호스의 마찰손실수두(100[m]당)]

40[A]		50[A]	
마호스	고무내장호스	마호스	고무내장호스
26[m]	12[m]	7[m]	3[m]

1) 펌프의 토출량[L/min]은 얼마인가?

• 답 :

2) 수원(옥상수조 포함)의 저수량[m³]은 얼마인가?

• 계산과정 :

• 답 :

3) 다음 단계에 따라 전양정을 구하시오.

① 낙차 실양정

• 계산과정 :

• 답 :

② 호스의 마찰손실수두
　• 계산과정 :
　• 답 :
③ 배관(관부속품은 제외)의 마찰손실수두
　• 계산과정 :
　• 답 :
④ 관부속품의 마찰손실수두
　• 계산과정 :
　• 답 :
⑤ 전양정
　• 계산과정 :
　• 답 :

4) 펌프의 소요출력[kW]을 구하시오.
　• 계산과정 :
　• 답 :

(해답 ➕)　1) 펌프의 토출량[L/min]
　• 계산과정
　　$130[\text{L/min}] \times 1[\text{개}] = 130[\text{L/min}]$
　• 🗒 $130[\text{L/min}]$

　2) 수원(옥상수조 포함)의 저수량[m³]
　• 계산과정
　　지하수조 유효수량 $= 130[\text{L/min}] \times 20[\text{min}] = 2,600[\text{L}]$

　　옥상수조 유효수량 $= 2,600[\text{L}] \times \dfrac{1}{3} = 866.67[\text{L}]$

　　$\therefore\ 2,600[\text{L}] + 866.67[\text{L}] = 3,466.67[\text{L}] = 3.47[\text{m}^3]$
　• 🗒 $3.47[\text{m}^3]$

　3) 전양정[m]
　① 낙차 실양정
　　• 계산과정 : $H_1 = 2[\text{m}] + 4[\text{m}] + (3.5[\text{m}] \times 5[\text{개층}]) + 1.2[\text{m}] = 24.7[\text{m}]$
　　• 🗒 $24.7[\text{m}]$
　② 호스의 마찰손실수두
　　• 계산과정 : $H_2 = (15[\text{m}] \times 2) \times \dfrac{26}{100} = 7.8[\text{m}]$
　　• 🗒 $7.8[\text{m}]$

③ 배관(관부속품은 제외)의 마찰손실수두

- 계산과정

호칭구경	직관의 등가길이	마찰손실수두
80A	$2+4+31.6+(3.5\times5)=55.1[\text{m}]$	$55.1[\text{m}]\times\dfrac{0.71}{100}=0.39[\text{m}]$
40A	$0.6+1+1.2=2.8[\text{m}]$	$2.8[\text{m}]\times\dfrac{14.7}{100}=0.41[\text{m}]$

∴ $0.39[\text{m}]+0.41[\text{m}]=0.80[\text{m}]$

- 🔑 0.8[m]

④ 관부속품의 마찰손실수두

- 계산과정

호칭구경	관부속품의 등가길이	마찰손실수두
80A	• 90°티(분류) : 1[개]×4.5[m]=4.5[m] • 90°티(직류) : 5[개]×0.9[m]=4.5[m] • 90°엘보 : 6[개]×3[m]=18[m] • 체크밸브 : 1[개]×12[m]=12[m] • FOOT밸브 : 1[개]×12[m]=12[m] 합계 : 51[m]	$51[\text{m}]\times\dfrac{0.71}{100}=0.36[\text{m}]$
40A	• 90°엘보 : 2[개]×1.5[m]=3[m] • 앵글밸브 : 1[개]×6.5[m]=6.5[m] 합계 : 9.5[m]	$9.5[\text{m}]\times\dfrac{14.7}{100}=1.40[\text{m}]$

∴ $0.36[\text{m}]+1.40[\text{m}]=1.76[\text{m}]$

- 🔑 1.76[m]

⑤ 전양정

- 계산과정 : $H=24.7[\text{m}]+(0.8+1.76)[\text{m}]+7.8[\text{m}]+17[\text{m}]=52.06[\text{m}]$

- 🔑 52.06[m]

4) 펌프의 소요출력[kW]

- 계산과정

$$P=\cfrac{9.8[\text{kN/m}^3]\times\dfrac{0.13}{60}[\text{m}^3/\text{s}]\times52.06[\text{m}]}{0.55}\times1=2.01[\text{kW}]$$

- 🔑 2.01[kW]

해설➕ [공식]

전양정 $H=$ 실양정[m]+마찰손실[m]+방사압[m]

여기서, 옥내소화전의 노즐 방사압 : 0.17[MPa]=17[m]

전동기의 동력[kW] $P=\dfrac{\gamma QH}{\eta}\times K$

여기서, γ : 비중량($\gamma_w = 9.8[\mathrm{kN/m^3}]$)

Q : 유량[m³/s]

H : 전양정[m]

η : 효율

K : 전달계수

14 펌프의 토출량을 측정하기 위하여 수은마노미터를 통하여 측정한 결과 수은주의 높이가 펌프의 25[mm]이다. 토출량[L/min]을 구하시오.(단, $D_1 = 100[\mathrm{mm}]$, $D_2 = 50[\mathrm{mm}]$, 개구비를 고려, 수은의 비중은 13.6, 중력가속도는 9.8[m/s²]이다.) [5점]

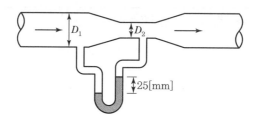

해답 ⊕

개구비 $m = \left(\dfrac{50}{100}\right)^2 = 0.25$

$V_2 = \dfrac{1}{\sqrt{1-(0.25)^2}} \times \sqrt{2 \times 9.8 \times \left(\dfrac{13.6}{1}-1\right) \times 0.025} = 2.566[\mathrm{m/s}]$

$\therefore Q = \dfrac{0.05^2 \pi}{4}[\mathrm{m^2}] \times 2.566[\mathrm{m/s}] = 5.04 \times 10^{-3}[\mathrm{m^3/s}] = 302.4[\mathrm{L/min}]$

해설 ⊕   [공식]

벤투리관 내의 유속

$$V = \dfrac{1}{\sqrt{1-\left(\dfrac{A_2}{A_1}\right)^2}} \sqrt{2 \times g \times \left(\dfrac{s_0}{s}-1\right) \times R} \times C_v$$

여기서, V : 관 내의 유속[m/s]

A : 관의 단면적[m²]

g : 중력가속도(=9.8[m/s²])

s_0 : 액주계 내의 유체 비중

s : 물의 비중(=1)

R : 액주계 높이차[m]

C_v : 속도계수

$$\text{연속방정식 } Q = AV$$

여기서, Q : 체적유량[m³/s]

A : 배관의 단면적[m²]

V : 유속[m/s²]

15 45[kg]의 액화 이산화탄소가 20[℃]의 표준대기압 상태에서 공간에 방출되었을 때 다음 각 물음에 답하시오. [5점]

1) 이산화탄소의 부피[m³]를 구하시오.

• 계산과정 :

• 답 :

2) 방호구역체적이 90[m³]인 공간에 방출되었을 때 이산화탄소의 농도[vol%]를 구하시오.

• 계산과정 :

• 답 :

해답 ➕ 1) 이산화탄소의 부피[m³]

• 계산과정

$$1[\text{atm}] \times V[\text{m}^3] = \frac{45[\text{kg}]}{44[\text{kg/kmol}]} \times 0.082[\text{atm} \cdot \text{m}^3/\text{kmol} \cdot \text{K}] \times (273+20)[\text{K}]$$

$$\therefore \ V = 24.57[\text{m}^3]$$

• 📖 24.57[m³]

2) 이산화탄소의 농도[vol%]

• 계산과정

$$\frac{24.57[\text{m}^3]}{(24.57+90)[\text{m}^3]} \times 100 = 21.45[\%]$$

• 📖 21.45[vol%]

해설 ➕ [공식]

$$\text{이산화탄소의 방출량}[\text{m}^3] = \frac{21-\text{O}_2}{\text{O}_2} \times V$$

여기서, O_2 : 소화약제 방출 후 산소의 농도[%]

V : 방호구역의 체적[m³]

$$\text{이상기체상태방정식 } PV = nRT = \frac{W}{M}RT$$

여기서, P : 압력[atm] [Pa]

V : 유속[m/s]

n : 몰수[mol]

W : 질량[kg]

M : 분자량[kg/kmol]

R : 이상기체상수($=0.082$[atm · L/mol · K]$=8.314$[N · m/mol · K])

T : 절대온도[K]

16 다음과 같은 루프배관에 폐쇄형 스프링클러헤드 1개를 설치하였을 때 다음 조건을 참고하여 Q_1 과 Q_2의 값을 각각 구하시오. [6점]

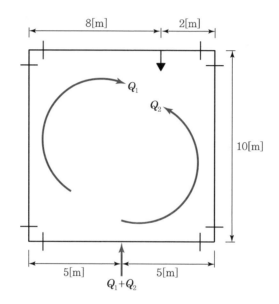

[조건]

• 헤드의 규정 방사압과 방수량은 화재안전기술기준에 따른다.

• 90° 엘보의 등가길이는 1[m]로 하고 다른 부속품은 고려하지 않는다.

• 루프배관의 구경은 모두 동일하다.

• 하겐 – 윌리엄스의 공식은 다음과 같다고 가정한다.

$$\Delta P = 6 \times 10^4 \times \frac{Q^2}{C^2 \times D^5} \times L$$

여기서, ΔP : 배관 마찰손실압력[MPa]

Q : 배관 내의 유수량[L/min]

D : 배관의 안지름[mm]

L : 배관길이[m]

- 계산과정 :

- 답 :

(해답 ➕)   • 계산과정

관로망에서 배관마찰손실을 서로 동일하므로

$$\triangle P_{Q1} = \triangle P_{Q2}$$

$$6 \times 10^4 \times \frac{Q_1^2}{C^2 \times D^5} \times (5 + 10 + 8 + 1 \times 2) = 6 \times 10^4 \times \frac{Q_2^2}{C^2 \times D^5} \times (5 + 10 + 2 + 1 \times 2)$$

$$25 Q_1^2 = 19 Q_2^2$$

$$Q_1 + Q_2 = 80 \text{[L/min]} \longrightarrow Q_2 = 80 \text{[L/min]} - Q_1$$

$$25 Q_1^2 = 19 (80 - Q_1)^2$$

$$\therefore \; Q_1 = 37.26 \text{[L/min]}$$

$$Q_2 = 80 \text{[L/min]} - 37.26 \text{[L/min]} = 42.74 \text{[L/min]}$$

• 🗒 $Q_1 = 37.26$[L/min], $Q_2 = 42.74$[L/min]

01 수계소화설비에서 동일한 지점에서의 압력이 다르면 방출압력과 방수량을 보정하여야 한다. 물분무헤드를 그림과 같이 6개 설치했을 때, 조건을 참고하여 다음 각 물음에 답하시오. [9점]

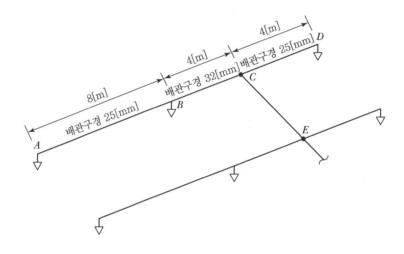

[조건]

• 모든 헤드의 방출계수는 동일하다.

• A헤드의 방수량은 60[L/min]이고, 방출압력은 350[kPa]이다.

• 소화설비의 배관 길이와 배관구경은 다음과 같다.

구간	$A \sim B$	$B \sim C$	$C \sim D$
배관의 길이	8[m]	4[m]	4[m]
배관의 구경	25[mm]	32[mm]	25[mm]

• 기타 관부속품의 마찰손실은 무시한다.

• 배관의 마찰손실압력은 Hazen – williams 공식을 따르고, 조도계수는 $C = 100$으로 한다.

$$\Delta P = 6.053 \times 10^7 \times \frac{Q^{1.85}}{C^{1.85} \times D^{4.87}} \times L$$

여기서, ΔP : 배관의 마찰손실압력[kPa]

Q : 유량[L/min]

C : 조도계수

D : 배관의 구경[mm]

L : 배관의 길이[m]

1) A헤드로부터 시작하여 C지점까지 계산하면,

　① $A \sim B$ 구간의 마찰손실압력[kPa]을 구하시오.

　　• 계산과정 :

　　• 답 :

　② B헤드의 압력[kPa]과 방수량[L/min]을 구하시오.

　　• 계산과정 :

　　• 답 :

　③ $B \sim C$ 구간의 유량[L/min]과 마찰손실압력[kPa]을 구하시오.

　　• 계산과정 :

　　• 답 :

　④ C지점의 압력[kPa]을 구하시오.

　　• 계산과정 :

　　• 답 :

2) D헤드로부터 시작하여 C지점까지 계산하면,

　① $C \sim D$ 구간의 마찰손실압력[kPa]을 구하시오.

　　• 계산과정 :

　　• 답 :

　② C지점의 압력[kPa]을 구하시오.

　　• 계산과정 :

　　• 답 :

3) D헤드의 방수압과 방수량은 A헤드의 방수압 및 방수량과 동일할 때, D헤드의 방출압력이 380[kPa]이면 C지점의 압력이 동일한지의 여부를 판정을 하시오. (단, C지점의 동일 압력 기준의 오차 범위는 ±5[kPa]이다.)

(해답 ⊕) 1) A헤드로부터 시작하여 C지점까지

　　① $A \sim B$ 구간의 마찰손실압력[kPa]

　　　• 계산과정

$$\Delta P_{A \sim B} = 6.053 \times 10^7 \times \frac{60[\mathrm{L/min}]^{1.85}}{100^{1.85} \times 25[\mathrm{mm}]^{4.87}} \times 8[\mathrm{m}] = 29.29[\mathrm{kPa}]$$

　　　• 🔲 29.29[kPa]

　　② B헤드의 압력[kPa]과 방수량[L/min]

　　　• 계산과정

$$P_B = (350 + 29.29)[\mathrm{kPa}] = 379.29[\mathrm{kPa}]$$

$$60[\mathrm{L/min}] = K\sqrt{10 \times 0.35[\mathrm{MPa}]}$$

$$K = 32.071$$

$$Q_B = 32.071 \times \sqrt{10 \times 0.37929[\mathrm{MPa}]} = 62.46[\mathrm{L/min}]$$

　　　• 🔲 379.29[kPa], 62.46[L/min]

③ $B \sim C$ 구간의 유량[L/min]과 마찰손실압력[kPa]
- 계산과정

$$Q_{B \sim C} = (60 + 62.46)[\text{L/min}] = 122.46[\text{L/min}]$$

$$\Delta P_{B \sim C} = 6.053 \times 10^7 \times \frac{122.46[\text{L/min}]^{1.85}}{100^{1.85} \times 32[\text{mm}]^{4.87}} \times 4[\text{m}] = 16.47[\text{kPa}]$$

- 🔑 122.46[L/min], 16.47[kPa]

④ C지점의 압력[kPa]
- 계산과정

$$P_C = (379.29 + 16.47)[\text{kPa}] = 395.76[\text{kPa}]$$

- 🔑 395.76[kPa]

2) D헤드로부터 시작하여 C지점까지
① $C \sim D$ 구간의 마찰손실압력[kPa]
- 계산과정

$$\Delta P_{C \sim D} = 6.053 \times 10^7 \times \frac{60[\text{L/min}]^{1.85}}{100^{1.85} \times 25[\text{mm}]^{4.87}} \times 4[\text{m}] = 14.64[\text{kPa}]$$

- 🔑 14.64[kPa]

② C지점의 압력[kPa]
- 계산과정

$$P_C = (350 + 14.64)[\text{kPa}] = 364.64[\text{kPa}]$$

- 🔑 364.64[kPa]

3) 압력 동일 여부 판정
- 계산과정

D헤드의 방출압력이 380[kPa]라면

$$Q_D = 32.071 \times \sqrt{10 \times 0.38[\text{MPa}]} = 62.52[\text{L/min}]$$

$$\Delta P_{C \sim D} = 6.053 \times 10^7 \times \frac{62.52[\text{L/min}]^{1.85}}{100^{1.85} \times 25[\text{mm}]^{4.87}} \times 4[\text{m}] = 15.80[\text{kPa}]$$

$$\therefore P_C = (380 + 15.80)[\text{kPa}] = 395.8[\text{kPa}]$$

→ A헤드로부터 시작하여 C지점의 압력은 395.76[kPa]로 ±5[kPa] 범위 내에 들어가므로 동일하다고 볼 수 있다.

- 🔑 압력 동일

(해설 ⊕)

$$방수량\ Q = K\sqrt{10P}$$

여기서, Q : 헤드 방수량[L/min]

$\quad\quad\ P$: 방사압력[MPa]

$\quad\quad\ K$: 방출계수

02 위험물의 옥외탱크에 Ⅰ형 고정포 방출구로 포소화설비를 설치하고자 할 때 다음 조건을 보고 물음에 답하시오. [6점]

[조건]
- 탱크의 지름 : 12[m]
- 사용약제는 수성막포(6[%])로 단위 포소화수용액의 양은 2.27[L/(min · m²)]이며 방출시간은 30분 이다.
- 보조포소화전은 1개 설치되어 있다. (호스접결구의 수는 1개이다.)
- 배관의 길이는 20[m](포원액탱크에서 포방출구까지), 관내경은 150[mm], 기타의 조건은 무시한다.

1) 포원액량[L]을 구하시오.
- 계산과정 :
- 답 :

2) 전용 수원의 양[m³]을 구하시오.
- 계산과정 :
- 답 :

해답 ⊕ 1) 포원액의 양[L]
- 계산과정

  ① 고정포 $Q_1 = \dfrac{(12[\text{m}])^2\pi}{4} \times 2.27[\text{L/m}^2 \cdot \text{min}] \times 30[\text{min}] \times 0.06 = 462.12[\text{L}]$

  ② 보조포 $Q_2 = 1[\text{개}] \times 400[\text{L/min}] \times 20[\text{min}] \times 0.06 = 480[\text{L}]$

  ③ 송액관 $Q_3 = \dfrac{(0.15[\text{m}])^2\pi}{4} \times 20[\text{m}] \times 0.06 \times 1{,}000[\text{L/m}^3] = 21.21[\text{L}]$

  $\therefore\ Q = 462.12 + 480 + 21.21 = 963.33[\text{L}]$

- 답 963.33[L]

2) 수원의 양[m³]
- 계산과정

  ① 고정포 $Q_1 = \dfrac{(12[\text{m}])^2\pi}{4} \times 2.27[\text{L/m}^2 \cdot \text{min}] \times 30[\text{min}] \times 0.94 = 7{,}239.81[\text{L}]$

  ② 보조포 $Q_2 = 1[\text{개}] \times 400[\text{L/min}] \times 20[\text{min}] \times 0.94 = 7{,}520[\text{L}]$

  ③ 송액관 $Q_3 = \dfrac{(0.15[\text{m}])^2\pi}{4} \times 20[\text{m}] \times 0.94 \times 1{,}000[\text{L/m}^3] = 332.22[\text{L}]$

  $\therefore\ Q = 7{,}239.81 + 7{,}520 + 332.22 = 15{,}092.03[\text{L}] = 15.09[\text{m}^3]$

- 답 15.09[m³]

해설 ⊕ [공식]

① 고정포방출구

$$Q_1 = A \cdot Q \cdot T \cdot S$$

여기서, Q_1 : 포소화약제의 양[L]

   A : 탱크의 액표면적[m²]

   Q : 단위포소화수용액의 양(방출률)[L/min · m²]

   T : 방출시간[min]

   S : 포소화약제의 사용농도[%]

② 보조소화전

$$Q_2 = N \times 400[\text{L/min}] \times 20[\text{min}] \times S$$

여기서, Q_2 : 포소화약제의 양[L]

   N : 호스접결구의 수(최대 3개)

   S : 포소화약제의 사용농도[%]

③ 배관보정량(내경 75[mm] 이하의 송액관을 제외한다)

: 「포소화설비의 화재안전기술기준(NFTC 105)」

$$Q_3 = A \times L \times S \times 1,000[\text{L/m}^3]$$

여기서, Q_3 : 배관보정량[L]

   A : 배관 단면적[m²]

   S : 포소화약제의 사용농도[%]

   L : 배관의 길이[m]

03 소화기구 및 자동소화장치의 화재안전기술기준에 따른 소화기구의 능력단위를 산정함에 있어 숙박시설의 경우 바닥면적이 500[m²]일 때 소화기구의 능력단위는 몇 단위 이상인가?(단, 건축물의 주요 구조부는 비내화구조이다.) [3점]

• 계산과정 :

• 답 :

(해답 ⊕) • 계산과정

$$\frac{500[\text{m}^2]}{100[\text{m}^2/\text{단위}]} = 5[\text{단위}]$$

• 🔖 5[단위] 이상

(해설 ⊕) 특정소방대상물별 소화기구의 능력단위기준

특정소방대상물	소화기구의 능력단위
위락시설	바닥면적 30[m²]마다 1단위
공연장, 집회장, 관람장, 문화재, 장례식장 및 의료시설	바닥면적 50[m²]마다 1단위
근린생활시설, 판매시설, 운수시설, 숙박시설, 노유자시설, 전시장, 공동주택, 업무시설, 방송통신시설, 공장, 창고시설, 항공기 및 자동차 관련 시설 및 관광휴게시설	바닥면적 100[m²]마다 1단위
그 밖의 것	바닥면적 200[m²]마다 1단위

주요 구조부가 내화구조이고, 벽 및 반자의 실내에 면하는 부분이 불연재료·준불연재료 또는 난연재료로 된 특정대상물에 있어서는 위 표의 기준면적의 2배를 해당 특정소방대상물의 기준으로 한다.

04 다음은 수계소화설비의 성능시험배관에 대한 내용이다. 조건을 이용하여 각 물음에 답하시오.

[9점]

[조건]
· 토출 측 배관에는 플렉시블 조인트를 설치할 것
· 성능시험배관의 밸브는 상시 폐쇄상태일 것
· 소방시설 자체점검사항 등에 관한 고시에 명시된 소방시설 도시기호를 사용할 것

1) 펌프의 토출 측 배관(개폐밸브까지)과 성능시험배관을 관부속류 및 계측기를 사용하여 완성하시오.

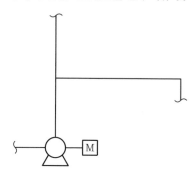

2) 각각의 시험의 명칭과 판정기준을 3가지 작성하시오.(단, 판정기준은 토출압력과 토출량을 기준으로 작성할 것)
　①
　②
　③

....

(해답 ➕) 1) 펌프의 토출 측 배관 계통도

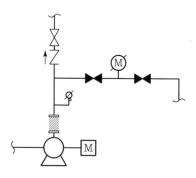

　2) 각각의 시험의 명칭과 판정기준 3가지
　　① 체절운전시험 : 토출량이 0인 상태로 운전 시 압력은 정격압력의 140[%]를 넘지 않을 것
　　② 정격운전(설계운전)시험 : 정격토출량으로 운전 시 압력은 정격압력 이상일 것
　　③ 최대운전(피크운전)시험 : 정격토출량의 150[%]의 유량으로 운전 시 정격압력의 65[%]
　　　이상일 것

05 특정소방대상물에 옥외소화전이 7개 설치되어 있다. 다음 각 물음에 답하시오. [4점]

1) 지하 수원의 수량[m³]을 구하시오.
   • 계산과정 :
   • 답 :

2) 펌프의 토출량[L/min]을 구하시오.
   • 계산과정 :
   • 답 :

3) 옥외소화전 호스접결구에 대한 내용이다. 빈칸에 알맞은 말을 넣으시오.

> 호스접결구는 지면으로부터의 높이가 (①)[m] 이상 (②)[m] 이하의 위치에 설치하고 특정
> 소방대상물의 각 부분으로부터 하나의 호스접결구까지의 수평거리가 (③)[m] 이하가 되도록
> 설치해야 한다.

───────────────────────────

(해답 ⊕) 1) 지하 수원의 수량[m³]
   • 계산과정
     2[개] × 350[L/min] × 20[min] = 14,000[L] = 14[m³]
   • 답 14[m³]

2) 펌프의 토출량[L/min]
   • 계산과정
     2[개] × 350[L/min] = 700[L/min]
   • 답 700[L/min]

3) ① 0.5, ② 1, ③ 40

(해설 ⊕) 「옥외소화전설비의 화재안전기술기준(NFTC 109)」
① 특정소방대상물에 설치된 옥외소화전(2개 이상 설치된 경우에는 2개의 옥외소화전)을 동
시에 사용할 경우 각 옥외소화전의 노즐선단에서의 방수압력이 0.25[MPa] 이상이고, 방수
량이 350[L/min] 이상이 되는 성능의 것으로 할 것. 다만, 하나의 옥외소화전을 사용하는
노즐선단에서의 방수압력이 0.7[MPa]을 초과할 경우에는 호스접결구의 인입 측에 감압장
치를 설치해야 한다.
② 호스접결구는 지면으로부터의 높이가 0.5[m] 이상 1[m] 이하의 위치에 설치하고 특정소방
대상물의 각 부분으로부터 하나의 호스접결구까지의 수평거리가 40[m] 이하가 되도록 설
치해야 한다.

06 수면이 펌프로부터 1[m] 아래에 있고 흡입되는 유량은 0.3[m³/min]이다. 공동현상이 발생하는지의 여부를 판별하시오.(단, 20[℃] 기준에서 대기압은 표준대기압이고 흡입 마찰손실수두는 0.5[m], 포화수증기압은 2,340[Pa], 물의 비중량은 9,789[N/m³], 필요흡입양정은 11[m]이다.)

[5점]

- 계산과정 :
- 답 :

해답 ⊕ • 계산과정

　　　 1) 유효흡입양정[m]

$$NPSH_{av} = 10.332[\mathrm{m}] - \frac{2,340[\mathrm{N/m^2}]}{9,789[\mathrm{N/m^2}]} - 1[\mathrm{m}] - 0.5[\mathrm{m}] = 8.59[\mathrm{m}]$$

　　　 2) 공동현상 발생 여부

　　　　$NPSH_{av} \geq NPSH_{re}$ 이어야 공동현상이 발생되지 않는다.

　　　　8.59[m] < 11[m]이므로 공동현상이 발생된다.

　　• 🗒 필요흡입양정(11[m])보다 유효흡입양정(8.59[ml])이 작으므로 공동현상 발생

해설 ⊕ [공식]

$$유효흡입수두\ NPSH_{av} = H_o - H_v \pm H_s - H_L$$

여기서, $NPSH_{av}$: 유효흡입양정[m], H_o : 대기압수두[m], H_v : 포화증기압수두[m],
　　　　H_s : 흡입 측 배관의 흡입수두[m] (다만, 압입식의 경우에는 +(플러스))
　　　　H_L : 흡입마찰수두[m]

07 다음은 이산화탄소소화설비에 대한 평면도를 나타낸 것이다. 각 물음에 답하시오. [12점]

[조건]
- 층고는 4.5[m]이다.
- 개구부의 면적은 다음과 같다.(단, 수전실에만 자동폐쇄장치가 설치되어 있다.)
　- 수전실 : 5[m²], 전기실 : 7[m²], 발전실 : 3.5[m²], 케이블실 : 개구부 없음
- 전역방출방식이며 표면화재를 기준으로 한다.
- 배관 구경은 20[mm]이고 방사헤드 1개당 방출량은 50[kg/min]이다.
- 저장용기 1병당 충전량은 45[kg]이다.

- 설계농도는 34[%]이고, 보정계수는 무시한다.
- 1), 2), 4)는 계산과정 없이 표에 답만 작성한다.
- 1), 2)의 소화약제량은 저장용기수와 관계없이 화재안전기준에 따라 산출하고, 4)의 소화약제량은 저장용기수 기준에 따라 산출한다.

[참고자료]
▼ 방호구역 체적에 따른 소화약제 및 최저한도의 양

방호구역 체적	방호구역의 체적 1[m³]에 대한 소화약제의 양	소화약제 저장량의 최저한도의 양
45[m³] 미만	1.00[kg]	45[kg]
45[m³] 이상 150[m³] 미만	0.90[kg]	
150[m³] 이상 1,450[m³] 미만	0.80[kg]	135[kg]
1,450[m³] 이상	0.75[kg]	1,125[kg]

1) 각 방호구역에 필요한 소화약제의 양을 구하시오.(단, 개구부 가산량이 적용되지 않는 경우에는 "－" 표시를 할 것)

방호구역	체적[m³]	체적당 가스양 [kg/m³]	소화약제량 (최저한도 고려)	개구부 면적 [m²]	개구부 가산량 [kg/m²]	총소화약제량[kg]
수전실				5		
전기실				7		
발전실				3.5		
케이블실				－	－	

2) 각 방호구역에 필요한 소화약제 저장용기의 수를 구하시오.

방호구역	소화약제량[kg]	1병당 저장량	용기수[병]
수전실		45[kg]	
전기실		45[kg]	
발전실		45[kg]	
케이블실		45[kg]	

3) 방호구역 전체에 필요한 저장용기수[병]를 구하시오.

4) 각 방호구역에 설치하는 헤드의 개수를 구하시오.

방호구역	소화약제량[kg]	분당 방출량	헤드수[개]
수전실		50[kg/min]	
전기실		50[kg/min]	
발전실		50[kg/min]	
케이블실		50[kg/min]	

5) 이산화탄소소화설비의 계통도를 완성하시오.(단, 소화약제 저장용기를 추가로 도시하고, 기동배관 (동관)은 점선으로 표시한다. 또한, 소방시설도시기호에 맞게 가스체크밸브를 도시하도록 한다.)

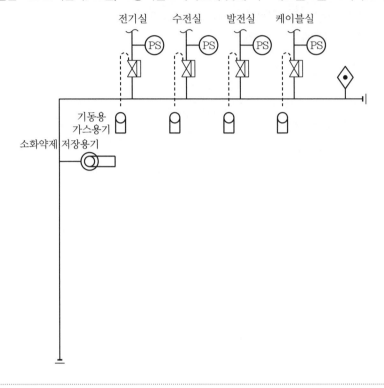

(해답 ⊕) 1) 소화약제의 양

방호구역	체적 [m³]	체적당 가스양 [kg/m³]	소화약제량 (최저한도 고려)	개구부 면적 [m²]	개구부 가산량 [kg/m²]	총소화약제 량[kg]
수전실	189	0.8	151.2	5	–	151.2
전기실	243	0.8	194.4	7	5	229.4
발전실	90	0.9	81	3.5	5	98.5
케이블실	45	0.9	45	–	–	45

2) 저장용기의 수

방호구역	소화약제량[kg]	1병당 저장량	용기수[병]
수전실	151.2	45[kg]	4
전기실	229.4	45[kg]	6
발전실	98.5	45[kg]	3
케이블실	45	45[kg]	1

3) 6[병]

4) 헤드의 수

방호구역	소화약제량[kg]	분당 방출량	헤드수[개]
수전실	180	50[kg/min]	4
전기실	270	50[kg/min]	6
발전실	135	50[kg/min]	3
케이블실	45	50[kg/min]	1

5) 계통도

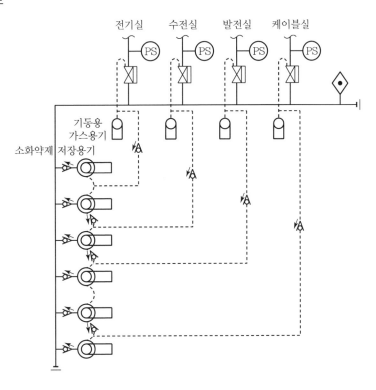

해설 ⊕ 배관의 구경

구분		방출시간
전역방출방식	가연성 액체 또는 가연성 가스 등 표면화재	1분
	종이, 목재, 석탄, 섬유류, 합성수지류 등 심부화재	7분(이 경우, 설계농도가 2분 이내에 30[%]에 도달하여야 한다)
국소방출방식		30초

[공식]

$$약제량 \ W = (V \times \alpha) + (A \times \beta)$$

여기서, W : 약제량[kg], V : 방호구역체적[m³], α : 체적계수[kg/m³]

A : 개구부면적[m²], β : 면적계수(표면화재 : 5[kg/m²], 심부화재 : 10[kg/m²])

표면화재(가연성 가스, 가연성 액체)

방호구역 체적	방호구역의 체적 1[m³]에 대한 소화약제의 양[kg/m³]	최저 한도량 [kg]	개구부 가산량[kg/m²] (자동폐쇄장치 미설치 시)
45[m³] 미만	1		5
45[m³] 이상 150[m³] 미만	0.9	45	5
150[m³] 이상 1,450[m³] 미만	0.8	135	5
1,450[m³] 이상	0.75	1,125	5

08 다음 그림은 입구의 지름 36[cm], 목의 지름 13[cm]인 벤투리미터를 나타낸 것이다. 벤투리 송출계수가 0.86이고 유량이 5.6[m³/min]일 때 입구와 목의 압력차[kPa]를 구하시오.(단, 정상흐름이고 비압축성이며 물의 비중량은 9.8[kN/m³]이다.) [5점]

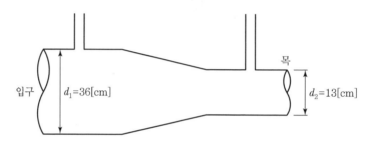

• 계산과정 :

• 답 :

(해답 ⊕) • 계산과정

[조건]

① 유량 $Q = 5.6[\text{m}^3/\text{min}]$

② $d_1 = 36[\text{cm}]$, $d_2 = 13[\text{cm}]$

③ 유량계수 $C = 0.86$

㉠ d_1 배관 측 유속

$$\frac{5.6}{60}[\text{m}^3/\text{s}] = 0.86 \times \frac{0.36^2 \pi}{4}[\text{m}^2] \times V_1$$

$$\therefore \ V_1 = 1.066[\text{m/s}]$$

$$1.066 = \sqrt{2gH_1}$$

$$\therefore \ H_1 = 0.058[\text{m}]$$

$$P_1 = \gamma H_1 = 9.8[\text{kN/m}^3] \times 0.058[\text{m}] = 0.568[\text{kPa}]$$

  ⓛ d_2 배관 측 유속

$$\frac{5.6}{60}[\text{m}^3/\text{s}] = 0.86 \times \frac{0.13^2\pi}{4}[\text{m}^2] \times V_2$$

$$\therefore\ V_2 = 8.176[\text{m/s}]$$

$$8.176 = \sqrt{2gH_2}$$

$$\therefore\ H_2 = 3.411[\text{m}]$$

$$P_2 = \gamma H_2 = 9.8[\text{kN/m}^3] \times 3.411[\text{m}] = 33.428[\text{kPa}]$$

$$\therefore\ 압력차(P_1 - P_2) = 33.428[\text{kPa}] - 0.568[\text{kPa}] = 32.86[\text{kPa}]$$

- 🔳 32.86[kPa]

해설 ➕ [공식]

연속방정식 $Q = AV$

여기서, Q : 체적유량[m³/s]
    A : 배관의 단면적[m²]
    V : 유속[m/s]

토리첼리의 정리 $V = \sqrt{2gH}$

여기서, V : 유속[m/s]
    g : 중력가속도($=9.8[\text{m/s}^2]$)
    H : 높이(수두)[m]

09 거실에 제연설비를 설치하려고 한다. 다음 각 물음에 답하시오. [8점]

[조건]
- 거실의 바닥면적은 390[m²]이다.
- 덕트의 길이는 80[m]이고, 단위 길이당 덕트 저항은 1.96[Pa/m]로 한다.
- 배기구 저항은 78[Pa], 배기그릴 저항은 29[Pa], 부속류의 저항은 전체 덕트 저항의 50[%]이다.
- 배출기는 다익형 팬(또는 Sirocco Fan)이다.
- 송풍기 효율은 50[%]로 하고 전달계수는 1.1로 한다.

1) 예상제연구역에 필요한 배출량[m³/h]을 구하시오.
 • 계산과정 :
 • 답 :

2) 송풍기에 필요한 정압[mmAq]을 구하시오.
- 계산과정 :
- 답 :

3) 송풍기의 전동기동력[kW]을 구하시오.
- 계산과정 :
- 답 :

4) 2)에서 구한 정압으로 송풍기가 1,750[rpm]으로 회전할 때 송풍기의 정압을 1.2배로 높이려면 회전수는 얼마로 증가시켜야 하는지 구하시오.
- 계산과정 :
- 답 :

해답 ➕ 1) 예상제연구역에 필요한 배출량[m³/h]
- 계산과정

$Q = 390[\text{m}^2] \times 1[\text{m}^3/\text{m}^2 \cdot \text{min}] = 390[\text{m}^3/\text{min}] = 23,400[\text{m}^3/\text{h}]$

- 🔑 23,400[m³/h]

2) 송풍기에 필요한 정압[mmAq]
- 계산과정

$H = (80[\text{m}] \times 0.2[\text{mm/m}]) + 8[\text{mm}] + 3[\text{mm}] + (80[\text{m}] \times 0.2[\text{mm/m}] \times 0.5)$

$= 35[\text{mmAq}]$

- 🔑 35[mmAq]

3) 송풍기의 전동기 동력[kW]
- 계산과정

$$P = \frac{9.8[\text{kN/m}^3] \times \dfrac{390}{60}[\text{m}^3/\text{s}] \times 0.035[\text{m}]}{0.5} \times 1.1 = 4.9[\text{kW}]$$

- 🔑 4.9[kW]

4) 송풍기의 정압을 1.2배로 높이기 위한 회전수
- 계산과정

$$\frac{1.2H}{H} = \left(\frac{N_2}{1,750[\text{rpm}]}\right)^2$$

$\therefore\ N_2 = 1,917.03[\text{rpm}]$

- 🔑 1,917.03[rpm]

[공식]

1) 거실 제연설비 배출량

① 예상제연구역의 거실 바닥면적이 400[m²] 미만인 경우 : 배출량은 바닥면적 1[m²]당 1[m³/min] 이상으로 하되, 예상제연구역 전체에 대한 최저 배출량은 5,000[m³/hr] 이상으로 할 것

$$Q = A[\text{m}^2] \times 1[\text{m}^3/\text{min} \cdot \text{m}^2] \times 60[\text{min/hr}]$$

여기서, Q : 배출량[m³/hr]

A : 바닥면적[m²]

② 예상제연구역의 거실 바닥면적이 400[m²] 이상인 경우

예상제연구역이 직경 40[m]인 원의 범위 안에 있을 경우 : 배출량 40,000[m³/hr] 이상

예상제연구역이 직경 40[m]인 원의 범위를 초과할 경우 : 배출량 45,000[m³/hr] 이상

③ 예상제연구역이 통로인 경우 : 배출량 45,000[m³/hr] 이상으로 해야 한다.

2) 전동기의 동력

$$\text{전동기의 동력[kW] } P = \frac{\gamma Q H}{\eta} \times K$$

여기서, γ : 비중량($\gamma_w = 9.8[\text{kN/m}^3]$)

Q : 유량[m³/s]

H : 전양정[m]

η : 효율

K : 전달계수

3) 상사의 법칙

$$\text{유량 } \frac{Q_2}{Q_1} = \left(\frac{N_2}{N_1}\right) \times \left(\frac{D_2}{D_1}\right)^3$$

$$\text{양정 } \frac{H_2}{H_1} = \left(\frac{N_2}{N_1}\right)^2 \times \left(\frac{D_2}{D_1}\right)^2$$

$$\text{동력 } \frac{P_2}{P_1} = \left(\frac{N_2}{N_1}\right)^3 \times \left(\frac{D_2}{D_1}\right)^5$$

여기서, N : 회전수[rpm]

D : 펌프의 직경[m]

10 10[m]×20[m]×4[m]인 특정소방대상물에 제3종 분말소화설비를 설치하려고 한다. 다음 조건을 참고하여 각 물음에 답하시오. [5점]

[조건]
- 방사헤드의 방출률은 20[kg/(min · 개)]이다.
- 전역방출방식이며 개구부는 없는 것으로 한다.
- 소화약제 산정 및 기타 사항은 국가화재안전기준에 따라 산정한다.

1) 저장에 필요한 제3종 분말소화약제의 최소 양[kg]
   - 계산과정 :
   - 답 :

2) 설치에 필요한 방사헤드의 최소 개수[개]
   - 계산과정 :
   - 답 :

3) 가압용 가스에 질소를 사용하는 경우 질소가스의 양[L](단, 35[℃]에서 1기압의 압력상태로 환산한 것이고, 배관의 청소에 필요한 양은 제외한다.)
   - 계산과정 :
   - 답 :

(해답⊕) 1) 분말소화약제의 최소 양[kg]
   - 계산과정
     $$W = (10 \times 20 \times 4)[\mathrm{m^3}] \times 0.36[\mathrm{kg/m^3}] = 288[\mathrm{kg}]$$
   - 🔖 288[kg]

2) 방사헤드의 최소 개수[개]
   - 계산과정
     $$N = \frac{288[\mathrm{kg}]}{20[\mathrm{kg/min \cdot 개}] \times 0.5[\mathrm{min}]} = 28.8 = 29[\mathrm{개}]$$
   - 🔖 29[개]

3) 가압용가스 질소가스의 양[L]
   - 계산과정
     $$Q = 40[\mathrm{L/kg}] \times 288[\mathrm{kg}] = 11,520[\mathrm{L}]$$
   - 🔖 11,520[L]

(해설⊕) 전역방출방식 분말소화설비 계산 공식

> 약제량 $W = (V + \alpha) + (A + \beta)$

여기서, W : 약제량[kg], V : 방호구역체적[m³]

α : 체적계수[kg/m³], A : 개구부면적[m²]

β : 면적계수[kg/m²]

체적계수(α) 및 면적계수(β)

소화약제의 종별	체적 1[m³]에 대한 소화약제량[kg]	면적 1[m²]에 대한 소화약제량[kg]
제1종 분말	0.60	4.5
제2종, 제3종 분말	0.36	2.7
제4종 분말	0.24	1.8

가압용 가스용기

① 분말소화약제의 가스용기는 분말소화약제의 저장용기에 접속하여 설치하여야 한다.

② 가압용 가스용기를 3[병] 이상 설치한 경우에는 2[개] 이상의 용기에 전자개방밸브를 부착할 것

③ 가압용 가스용기에는 2.5[MPa] 이하의 압력에서 조정이 가능한 압력조정기를 설치하여야한다.

④ 가압용 가스 또는 축압용 가스는 질소가스 또는 이산화탄소로 할 것

가압용 가스	• 질소가스는 소화약제 1[kg]마다 40[L] 이상 • 이산화탄소는 소화약제 1[kg]에 대하여 20[g] 이상	+	배관 청소에 필요한 양 (이산화탄소만 해당)
축압용 가스	• 질소가스는 소화약제 1[kg]에 대하여 10[L] 이상 • 이산화탄소는 소화약제 1[kg]에 대하여 20[g] 이상	+	배관 청소에 필요한 양 (이산화탄소만 해당)

* 배관의 청소에 필요한 양의 가스는 별도의 용기에 저장할 것

11 소화펌프 기동 시 일어날 수 있는 맥동현상(Surging)의 정의 및 방지대책 2가지를 쓰시오. [4점]

1) 정의
2) 방지대책
  ①
  ②

(해답 ⊕) 1) 맥동현상(Surging)

유량이 주기적으로 변하여 펌프 입출구에 설치된 진공계·압력계가 흔들리고 진공과 소음이 일어나며 펌프의 토출유량이 변하는 현상

2) 방지법

① 펌프의 양정곡선이 우하향인 특성의 부분만 상시 사용한다.

(이를 위해 펌프에 바이패스 라인을 설치하고, 우상향 부분의 토출량을 항시 바이패스시킨다.)

② 유량조절밸브를 배관 중 수조의 전방에 설치한다.

③ 토출 배관은 공기가 고이지 않도록 약간 상향 구배의 배관을 한다.

④ 운전점을 고려하여 적합한 펌프를 선정한다.

⑤ 풍량 또는 토출량을 줄인다.

⑥ 방출 밸브 등을 써서 펌프 속의 양수량을 서징할 때의 양수량 이상으로 증가시키거나 무단 변속기 등을 써서 회전차의 회전수를 변화시킨다.

⑦ 배관 내의 불필요한 공기탱크 등을 제거하고 관로의 단면적, 유속, 저항 등을 바꾼다.

12 6층 건물로서 업무시설에 옥내소화전이 각 층당 3개씩 설치되어 있다. 다음 각 물음에 답하시오.

[6점]

[조건]
- 최고위 옥내소화전 낙차 : 24[m]
- 배관 마찰손실수두 : 8[m]
- 소방용 호스의 마찰손실수두 : 7.8[m]
- 펌프의 효율은 55[%]이고, 동력전달계수는 1.10이다.

1) 수원의 양[m³]을 구하시오.(단, 옥상수조의 수원은 제외한다.)
- 계산과정 :
- 답 :

2) 펌프의 전양정[m]을 구하시오.
- 계산과정 :
- 답 :

3) 펌프의 토출량[m³/min]을 구하시오.
- 계산과정 :
- 답 :

4) 펌프의 동력[kW]을 구하시오.
- 계산과정 :
- 답 :

(해답 ⊕) 1) 수원의 양[m³]
- 계산과정

$$Q = 2[개] \times 130[L/min] \times 20[min] = 5,200[L] = 5.2[m^3]$$

- 답 5.2[m³]

2) 펌프의 전양정[m]
- 계산과정

$$H = 24[m] + 8[m] + 7.8[m] + 17[m] = 56.8[m]$$

- 답 56.8[m]

3) 펌프의 토출량[m³/min]

- 계산과정

$$Q = 2[개] \times 130[L/min] = 260[L/min] = 0.26[m^3/min]$$

- 🔖 $0.26[m^3/min]$

4) 펌프의 동력[kW]

- 계산과정

$$P = \frac{9.8[kN/m^3] \times \frac{0.26}{60}[m^3/s] \times 56.8[m]}{0.55} \times 1.1 = 4.82[kW]$$

- 🔖 $4.82[kW]$

(해설 ➕) 옥내소화전 펌프의 전양정

전양정 H = 실양정[MPa] + 마찰손실[MPa] + 방사압[MPa]

여기서, 옥내소화전의 노즐 방사압 : 0.17[MPa]

펌프의 전동기 동력[kW]

$P = \dfrac{\gamma QH}{\eta} \times K$

여기서, γ : 비중량($\gamma_w = 9.8[kN/m^3]$)

Q : 유량[m³/s]

H : 전양정[m]

η : 효율

K : 전달계수

13 15[m]×26[m]×8[m]인 특수가연물을 저장하는 랙식 창고에 라지드롭형 스프링클러헤드를 정방형으로 설치하려고 한다. 다른 소방시설의 설치를 고려하지 않을 때 설치해야 할 헤드의 최소 개수를 구하시오. [5점]

- 계산과정 :

- 답 :

(해답 ➕) • 계산과정

가로열 $N = \dfrac{15[m]}{2 \times 1.7[m] \times \cos(45°)} = 6.24 = 7[개]$

세로열 $N = \dfrac{26[m]}{2 \times 1.7[m] \times \cos(45°)} = 10.81 = 11[개]$

※ 랙식 창고의 경우에는 추가로 라지드롭형 스프링클러헤드를 랙 높이 3[m] 이하마다 설치할 것. 이 경우 수평거리 15[cm] 이상의 송기공간이 있는 랙식 창고에는 랙 높이 3[m] 이하마다 설치하는 스프링클러헤드를 송기공간에 설치할 수 있다.

$$높이\ N = \frac{8[m]}{3[m/열]} = 2.67 = 3[열]$$

∴ 최소 개수 = 7[개] × 11[개] × 3[열] = 231[개]

- 🔖 231[개]

해설 ➕ 스프링클러설비 계산

① 설치장소별 수평거리(R)

설치장소		수평거리(R)
• 무대부 • 특수가연물을 저장 또는 취급하는 장소		1.7[m] 이하
기타구조		2.1[m] 이하
내화구조		2.3[m] 이하
아파트 등		2.6[m] 이하
창고	특수가연물을 저장 또는 취급하는 장소	1.7[m] 이하
	기타구조	2.1[m] 이하
	내화구조	2.3[m] 이하

② 정방형의 경우

$$S = 2 \times r \times \cos 45°$$

여기서, S : 헤드 상호 간의 거리[m]

r : 유효반경[m]

14 소방시설 설치 및 관리에 관한 법률 시행령에 따른 자동소화장치를 설치해야 하는 특정소방대상물 중 주거용 주방 자동소화장치에 대한 내용이다. 빈칸에 알맞은 말을 넣으시오. [3점]

자동소화장치를 설치해야 하는 특정소방대상물은 다음의 어느 하나에 해당하는 특정소방대상물 중 (①) 및 덕트가 설치되어 있는 주방이 있는 특정소방대상물로 한다. 이 경우 해당 주방에 자동소화장치를 설치해야 한다.
• 주거용 주방자동소화장치를 설치해야 하는 것 : (②) 및 (③)의 모든 층

해답 ➕ ① 후드
② 아파트 등
③ 오피스텔

(해설 ⊕) 자동소화장치 설치대상(후드 및 덕트가 설치되어 있는 주방에 한한다)

(해설 ⊕) 자동소화장치 설치대상(후드 및 덕트가 설치되어 있는 주방에 한한다)

① 주거용 주방자동소화장치를 설치해야 하는 것 : 아파트 등 및 오피스텔의 모든 층

② 상업용 주방자동소화장치를 설치해야 하는 것

　　㉠ 판매시설 중 「유통산업발전법」에 해당하는 대규모점포에 입점해 있는 일반음식점

　　㉡ 「식품위생법」 제2조제12호에 따른 집단급식소

③ 캐비닛형 자동소화장치, 가스자동소화장치, 분말자동소화장치 또는 고체에어로졸자동
소화 장치를 설치해야 하는 것 : 화재안전기준에서 정하는 장소

15 다음은 업무시설과 슈퍼마켓(판매시설)에 설치하는 스프링클러설비에 대한 단면도와 평면도를
나타낸 것이다. 문제의 조건을 참조하여 각 물음에 답하시오. [10점]

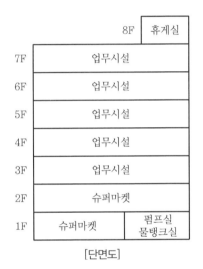
[단면도]

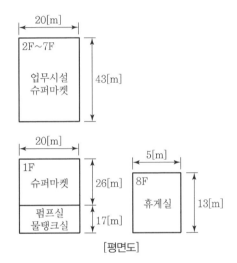
[평면도]

1) 전체 스프링클러헤드의 개수를 구하시오.

2) 다음의 표를 참고하여 헤드 개수에 따른 유수검지장치의 규격과 수량을 구하시오.

헤드수	2	4	7	15	30	60	65	100	160	161 이상
급수관의 구경	25	32	40	50	65	80	90	100	125	150

구분	유수검지장치의 규격[mm]	필요 수량
1F		( )개
2F~7F		각층 ( )개, 총개수( )개
8F		( )개

3) 주배관의 유속[m/s]을 구하시오.

• 계산과정 :

• 답 :

해답 ➕ 1) 전체 스프링클러헤드의 개수

- 계산과정

① 슈퍼마켓(1F)

가로열 $N = \dfrac{20[\mathrm{m}]}{2 \times 2.3[\mathrm{m}] \times \cos(45°)} = 6.15 = 7[개]$

세로열 $N = \dfrac{26[\mathrm{m}]}{2 \times 2.3[\mathrm{m}] \times \cos(45°)} = 7.99 = 8[개]$

∴ 슈퍼마켓(1F) 헤드 개수 = 7[개] × 8[개] = 56[개]

② 업무시설 & 슈퍼마켓(2F~7F)

가로열 $N = \dfrac{20[\mathrm{m}]}{2 \times 2.3[\mathrm{m}] \times \cos(45°)} = 6.15 = 7[개]$

세로열 $N = \dfrac{43[\mathrm{m}]}{2 \times 2.3[\mathrm{m}] \times \cos(45°)} = 13.23 = 14[개]$

각 층의 헤드 개수 = 7[개] × 14[개] = 98[개]

∴ 업무시설 & 슈퍼마켓(2F~7F) 헤드 개수 = 98[개] × 6[개층] = 588[개]

③ 휴게실(8F)

가로열 $N = \dfrac{5[\mathrm{m}]}{2 \times 2.3[\mathrm{m}] \times \cos(45°)} = 1.54 = 2[개]$

세로열 $N = \dfrac{13[\mathrm{m}]}{2 \times 2.3[\mathrm{m}] \times \cos(45°)} = 4.00 = 4[개]$

∴ 휴게실(8F) 헤드 개수 = 2[개] × 4[개] = 8[개]

④ 총 헤드의 개수 = 56[개] + 588[개] + 8[개] = 652[개]

- 🔑 652[개]

2) 유수검지장치의 규격과 수량

구분	유수검지장치의 규격[mm]	필요 수량
1F	80	(1)개
2F~7F	100	각층 (1)개, 총개수(6)개
8F	50	(1)개

3) 주배관의 유속[m/s]

- 계산과정

$Q = 30[개] \times 80[\mathrm{L/min}] = 2,400[\mathrm{L/min}]$

$\dfrac{2.4}{60}[\mathrm{m^3/s}] = \dfrac{0.1^2\pi}{4}[\mathrm{m^2}] \times V[\mathrm{m/s}]$

∴ $V = 5.09[\mathrm{m/s}]$

- 🔑 5.09[m/s]

해설 ⊕ 스프링클러설비 계산

① 설치장소별 수평거리(R)

설치장소		수평거리(R)
• 무대부 • 특수가연물을 저장 또는 취급하는 장소		1.7[m] 이하
기타구조		2.1[m] 이하
내화구조		2.3[m] 이하
아파트 등		2.6[m] 이하
창고	특수가연물을 저장 또는 취급하는 장소	1.7[m] 이하
	기타구조	2.1[m] 이하
	내화구조	2.3[m] 이하

② 정방형의 경우

$$S = 2 \times r \times \cos 45°$$

여기서, S : 헤드 상호 간의 거리[m]

r : 유효반경[m]

※ 헤드의 기준개수(폐쇄형 헤드)

설치장소			기준개수[개]
지하층을 제외한 층수가 10층 이하인 소방대상물	공장	특수가연물 저장·취급하는 것	30
		그 밖의 것	20
	근린생활시설, 판매시설·운수시설 또는 복합건축물	판매시설 또는 복합건축물 (판매시설이 설치되는 복합건축물)	30
		그 밖의 것	20
	그 밖의 것	헤드의 부착높이 8[m] 이상의 것	20
		헤드의 부착높이 8[m] 미만의 것	10
지하층을 제외한 층수가 11층 이상인 특정소방대상물·지하가 또는 지하역사, 창고, 아파트 등의 각 동과 연결된 주차장			30
아파트 등			10

[공식]

$$연속방정식 \quad Q = AV$$

여기서, Q : 체적유량[m³/s]

A : 배관의 단면적[m²]

V : 유속[m/s]

16 거실제연 시 제1종 기계제연방식, 제2종 기계제연방식, 제3종 기계제연방식의 제연방법에 대해 설명하시오. [6점]

1) 제1종 기계제연방식
2) 제2종 기계제연방식
3) 제3종 기계제연방식

(해답 ⊕) 1) 제1종 기계제연방식 : 송풍기 + 배연기(배풍기)를 설치하여 급기와 배기를 하는 방식

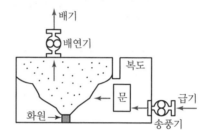

2) 제2종 기계제연방식 : 송풍기를 설치하여 급기를 하는 방식(배기는 자연제연방식)

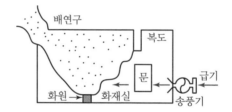

3) 제3종 기계제연방식 : 배연기를 설치하여 배기를 하는 방식(급기는 자연제연방식)

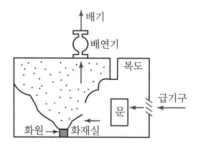

01 조건을 참조하여 제연설비에 대한 다음 각 물음에 답하시오. [5점]

[조건]
• 배연 덕트의 길이는 165[m]이고 덕트의 저항은 1[m]당 0.2[mmAq]이다.
• 배출구 저항은 7.5[mmAq], 배기그릴 저항은 3[mmAq], 관부속품의 저항은 덕트 저항의 55[%]이다.
• 효율은 50[%]이고, 여유율은 10[%]로 한다.
• 예상제연구역의 바닥면적은 850[m²]이고, 직경은 50[m], 수직거리는 2.7[m]이다.

1) 배연기의 소요전압[mmAq]을 구하시오.
2) 배출기의 이론소요동력[kW]을 구하시오.

(해답 ⊕) 1) 배연기의 소요전압[mmAq]
• 계산과정
$$P = (165 \times 0.2) + 7.5 + 3 + (165 \times 0.2 \times 0.55) = 61.65\,[\mathrm{mmAq}]$$
• 🔑 61.65[mmAq]

2) 배출기의 이론소요동력[kW]
• 계산과정
$$P = \dfrac{9.8\,[\mathrm{kN/m^3}] \times \dfrac{55,000}{3,600}\,[\mathrm{m^3/s}] \times 61.65 \times 10^{-3}\,[\mathrm{m}]}{0.5} \times 1.1 = 20.31\,[\mathrm{kW}]$$
• 🔑 20.31[kW]

(해설 ⊕) 바닥면적 400[m²] 이상인 거실의 예상제연구역 배출량
㉠ 예상제연구역이 직경 40[m]인 원의 범위 안에 있을 경우

직경	수직거리	배출량
40[m] 이하	2[m] 이하	40,000[m³/hr] 이상
	2[m] 초과 2.5[m] 이하	45,000[m³/hr] 이상
	2.5[m] 초과 3[m] 이하	50,000[m³/hr] 이상
	3[m] 초과	60,000[m³/hr] 이상

ⓛ 예상제연구역이 직경 40[m]인 원의 범위를 초과할 경우(예상제연구역이 통로인 경우 동일)

직경	수직거리	배출량
40[m] 초과 60[m] 이하	2[m] 이하	45,000[m³/hr] 이상
	2[m] 초과 2.5[m] 이하	50,000[m³/hr] 이상
	2.5[m] 초과 3[m] 이하	55,000[m³/hr] 이상
	3[m] 초과	65,000[m³/hr] 이상

[공식]

$$배출기의 소요동력[kW]\ P = \frac{\gamma QH}{\eta} \times K$$

여기서, γ : 비중량($\gamma_w = 9.8[kN/m^3]$)

Q : 유량[m³/s]

H : 전양정[m]

η : 효율

K : 전달계수

02 내경이 40[mm]인 소방호스에 노즐구경이 13[mm]인 노즐이 부착되어 있고, 300[L/min]의 방수량으로 물을 대기 중으로 방사할 경우 다음 물음에 답하시오.(단, 유동에는 마찰이 없는 것으로 가정한다.) [6점]

1) 소방호스의 평균유속[m/s]을 구하시오.

2) 소방호스에 연결된 방수노즐의 평균유속[m/s]을 구하시오.

3) 노즐을 소방호스에 부착시키기 위한 플랜지볼트에 작용하고 있는 힘[N]을 구하시오.

(해답 ⊕) 1) 소방호스의 평균유속[m/s]

• 계산과정

$$\frac{0.04^2 \pi}{4}[m^2] \times V_1[m/s] = \frac{0.3}{60}[m^3/s]$$

$$\therefore V_1 = 3.98[m/s]$$

• 🖪 3.98[m/s]

2) 방수노즐의 평균유속[m/s]

• 계산과정

$$\frac{0.013^2 \pi}{4}[m^2] \times V_2[m/s] = \frac{0.3}{60}[m^3/s]$$

$$\therefore V_2 = 37.67[m/s]$$

• 🖪 37.67[m/s]

3) 플랜지볼트에 작용하고 있는 힘[N]
- 계산과정

$$F = \frac{9,800[\text{N/m}^3] \times \left(\frac{0.3}{60}[\text{m}^3/\text{s}]\right)^2 \times \left(\frac{0.04^2\pi}{4}\right)[\text{m}^2]}{2 \times 9.8[\text{m/s}^2]} \times \left(\frac{\left(\frac{0.04^2\pi}{4}\right)[\text{m}^2] - \left(\frac{0.013^2\pi}{4}\right)[\text{m}^2]}{\left(\frac{0.04^2\pi}{4}\right)[\text{m}^2] \times \left(\frac{0.013^2\pi}{4}\right)[\text{m}^2]}\right)^2$$

$$= 713.19[\text{N}]$$

- 🔖 713.19[N]

해설 ⊕ [공식]

연속방정식 $Q = AV$

여기서, Q : 체적유량[m³/s]

A : 배관의 단면적[m²]

V : 유속[m/s]

플랜지 볼트에 작용하는 힘 $F[\text{N}] = \dfrac{\gamma Q^2 A_1}{2g} \left(\dfrac{A_1 - A_2}{A_1 A_2}\right)^2$

여기서, γ : 비중량($\gamma_w = 9.8[\text{kN/m}^3]$)

A_1 : 소방호스의 단면적[m²]

A_2 : 노즐의 단면적[m²]

g : 중력가속도($= 9.8[\text{m/s}^2]$)

03 각 층의 바닥면적이 6,000[m²]인 지하1층, 지상4층 건축물에 소화용수설비가 설치되어 있다. 다음 물음에 답하시오. [6점]

1) 소화용수의 저수량[m³]은 얼마인가?
2) 흡수관투입구의 수는 몇 [개] 이상으로 하여야 하는가?
3) 채수구는 몇 [개]를 설치하여야 하는가?
4) 가압송수장치의 1분당 양수량은 몇 [L] 이상으로 하여야 하는가?

해답⊕ 1) 소화용수의 저수량[m³]
  • 계산과정

  $$\frac{6,000[\text{m}^2] \times 5[\text{개층}]}{12,500[\text{m}^2]} = 2.4 \rightarrow 3 \times 20[\text{m}^3] = 60[\text{m}^3]$$

  • 답 60[m³]

2) 1[개] 이상

3) 2[개]

4) 2,200[L/min] 이상

해설⊕ 「소화수조 및 저수조의 화재안전기술기준(NFTC 402)」 소화수조 저수량
소화수조 또는 저수조의 저수량은 소방대상물의 연면적을 다음 표에 따른 기준면적으로 나누어 얻은 수(소수점 이하의 수는 1로 본다)에 20[m³]를 곱한 양 이상이 되도록 해야 한다.

소방대상물의 구분	기준 면적
1층, 2층 바닥면적 합계가 15,000[m²] 이상인 소방대상물	7,500[m²]
그 외	12,500[m²]

▼ [정리] 가압송수장치

소요수량	20[m³]	40[m³], 60[m³]	80[m³]	100[m³] 이상
흡수관투입구	1[개] 이상		2[개] 이상	
채수구의 수	1[개]	2[개]		3[개]
가압송수장치 1분당 양수량	1,100[L/min] 이상	2,200[L/min] 이상		3,300[L/min] 이상

04 그림은 위험물을 저장하는 플루팅루프탱크 포소화설비의 계통도이다. 그림과 조건을 참고하여 다음 각 물음에 답하시오. [12점]

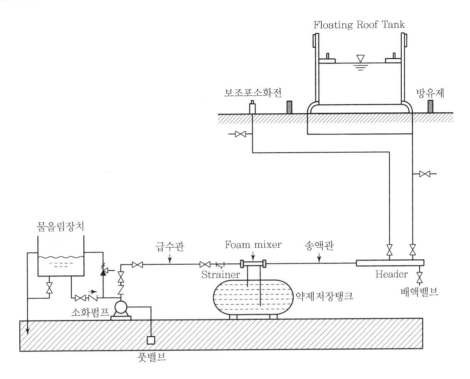

[조건]
- 탱크(Tank)의 안지름 : 50[m]
- 보조포소화전 : 7[개]
- 포소화약제 사용농도 : 6[%]
- 굽도리판과 탱크벽과의 이격거리 : 1.2[m]
- 송액관 안지름 : 100[mm], 송액관 길이 : 200[m]
- 고정포방출구의 방출률 : 8[L/(m·min)], 방사시간 : 30분
- 보조포소화전의 방출률 : 400[L/min], 방사시간 : 20분
- 소화약제의 밀도는 1,050[kg/m³]이다.
- 조건에 제시되지 않은 사항은 무시한다.

1) 소화펌프의 토출량[L/min]을 구하시오.
   - 계산과정 :
   - 답 :

2) 수원의 용량[L]을 구하시오.
   - 계산과정 :
   - 답 :

3) 포소화약제의 저장량[L]을 구하시오.

- 계산과정 :

- 답 :

4) 탱크에 설치되는 고정포방출구의 종류와 설치된 포소화약제 혼합방식의 명칭을 쓰시오.
   ① 고정포방출구의 종류 :
   ② 포소화약제 혼합방식 :

(해답 ⊕) 1) 소화펌프의 토출량[L/min]

- 계산과정

① 고정포 $Q_1 = \dfrac{(50^2 - 47.6^2)\pi}{4}[\mathrm{m}^2] \times 8[\mathrm{L/m}^2 \cdot \min] = 1{,}471.77[\mathrm{L/min}]$

② 보조포 $Q_2 = 3[개] \times 400[\mathrm{L/min}] = 1{,}200[\mathrm{L/min}]$

∴ $Q_1 + Q_2 = 1{,}471.77[\mathrm{L/min}] + 1{,}200[\mathrm{L/min}] = 2{,}671.77[\mathrm{L/min}]$

- 답 2,671.77[L/min]

2) 수원의 용량[L]

- 계산과정

① 고정포

$$Q_1 = \frac{(50^2 - 47.6^2)\pi}{4}[\mathrm{m}^2] \times 8[\mathrm{L/m}^2 \cdot \min] \times 30[\min] \times 0.94 = 41{,}504.01[\mathrm{L}]$$

② 보조포 $Q_2 = 3[개] \times 400[\mathrm{L/min}] \times 20[\min] \times 0.94 = 22{,}560[\mathrm{L}]$

③ 송액관 $Q_3 = \dfrac{0.1^2\pi}{4}[\mathrm{m}^2] \times 200[\mathrm{m}] \times 1{,}000[\mathrm{L/m}^3] \times 0.94 = 1{,}476.55[\mathrm{L}]$

∴ $Q_1 + Q_2 + Q_3 = 41{,}504.01[\mathrm{L}] + 22{,}560[\mathrm{L}] + 1{,}476.55[\mathrm{L}] = 65{,}540.56[\mathrm{L}]$

- 답 65,540.56[L]

3) 포소화약제의 저장량[L]

- 계산과정

① 고정포

$$Q_1 = \frac{(50^2 - 47.6^2)\pi}{4}[\mathrm{m}^2] \times 8[\mathrm{L/m}^2 \cdot \min] \times 30[\min] \times 0.06 = 2{,}649.19[\mathrm{L}]$$

② 보조포 $Q_2 = 3[개] \times 400[\mathrm{L/min}] \times 20[\min] \times 0.06 = 1{,}440[\mathrm{L}]$

③ 송액관 $Q_3 = \dfrac{0.1^2\pi}{4}[\mathrm{m}^2] \times 200[\mathrm{m}] \times 1{,}000[\mathrm{L/m}^3] \times 0.06 = 94.25[\mathrm{L}]$

∴ $Q_1 + Q_2 + Q_3 = 2{,}649.19[\mathrm{L}] + 1{,}440[\mathrm{L}] + 94.25[\mathrm{L}] = 4{,}183.44[\mathrm{L}]$

- 답 4,183.44[L]

4) ① 특형 방출구(Floating Roof Tank)
   ② 프레셔 프로포셔너(Pressure Proportioner Type)

[공식]

① 고정포방출구

$$Q_1 = A \cdot Q \cdot T \cdot S$$

여기서, Q_1 : 포소화약제의 양[L]

A : 탱크의 액표면적[m²]

Q : 단위포소화수용액의 양(방출률)[L/min · m²]

T : 방출시간[min]

S : 포소화약제의 사용농도[%]

② 보조소화전

$$Q_2 = N \times 400[\text{L/min}] \times 20[\text{min}] \times S$$

여기서, Q_2 : 포소화약제의 양[L]

N : 호스접결구의 수(최대 3개)

S : 포소화약제의 사용농도[%]

③ 배관보정량(내경 75[mm] 이하의 송액관을 제외한다)

：「포소화설비의 화재안전기술기준(NFTC 105)」

$$Q_3 = A \times L \times S \times 1,000[\text{L/m}^3]$$

여기서, Q_3 : 배관보정량[L]

A : 배관 단면적[m²]

S : 포소화약제의 사용농도[%]

L : 배관의 길이[m]

탱크에 설치되는 고정포방출구의 종류와 포소화약제 혼합방식의 명칭

① 특형 방출구(Floating Roof Tank)

탱크의 측면과 굽도리판(Foam Dam)에 의하여 형성된 환상부분에 포를 방출하여 소화작용을 하도록 설치된 설비

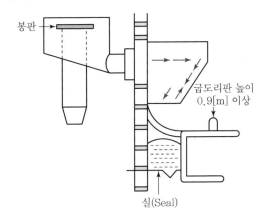

05 백화점 건물에 화재안전기준에 따라 아래 조건과 같이 스프링클러설비를 설계하려고 한다. 다음 각 물음에 답하시오. [8점]

[조건]
- 헤드의 오리피스는 직경 11[mm]이며, 방사 압력은 0.11[MPa]이다.
- 펌프는 지하층에 설치되어 있고 펌프에서 최상층 헤드까지의 수직거리는 50[m]이다.
- 배관 및 관부속 마찰손실수두는 펌프에서 최상층 헤드까지 수직거리의 20[%]로 한다.
- 펌프의 흡입 측 배관에 설치된 연성계는 300[mmHg]를 지시하고 있다.
- 각 층마다 헤드는 80[개]가 설치되어 있다.
- 펌프의 효율은 68[%]이며, 전달계수 $K=1.1$이다.

1) 펌프의 최소 유량[L/min]을 산출하시오.(단, 조건의 오리피스와 방사압력을 이용하시오.)
2) 전양정[m]을 산출하시오.
3) 필요한 최소 수원의 양[m³]을 구하시오.
4) 펌프의 축동력[kW]을 산출하시오.

··

(해답 ➕) 1) 펌프의 최소 유량[L/min]
- 계산과정

$$Q = 0.6597 \times 11[\mathrm{mm}]^2 \times \sqrt{10 \times 0.11[\mathrm{MPa}]} = 83.72[\mathrm{L/min}]$$

계수는 조건에 주어지지 않았으므로 무시한다.
- 🔲 83.72[L/min]

2) 전양정[m]
- 계산과정

$$실양정\ H_1 = \left(\frac{300[\mathrm{mmHg}]}{760[\mathrm{mmHg}]} \times 10.332[\mathrm{m}] \right) + 50[\mathrm{m}] = 54.08[\mathrm{m}]$$

$$마찰손실\ H_2 = 수직거리 \times 0.2 = 50[\mathrm{m}] \times 0.2 = 10[\mathrm{m}]$$

$$\therefore H = 54.08[\mathrm{m}] + 10[\mathrm{m}] + 10[\mathrm{m}] = 74.08[\mathrm{m}]$$

- 🔲 74.08[m]

3) 최소 수원의 양[m³]
- 계산과정

$$Q = 30[개] \times 83.72[\mathrm{L/min}] \times 20[\mathrm{min}] = 50,323[\mathrm{L}] = 50.32[\mathrm{m}^3]$$

- 🔲 50.32[m³]

4) 펌프의 축동력[kW]
- 계산과정

$$펌프의\ 토출량\ 30[개] \times 83.72[\mathrm{L/min}] = 2,511.6[\mathrm{L/min}]$$

$$P = \frac{9.8[\mathrm{kN/m}^3] \times \dfrac{2.5116}{60}[\mathrm{m}^3/\mathrm{s}] \times 74.08[\mathrm{m}]}{0.68} = 44.69[\mathrm{kW}]$$

- 🔲 44.69[kW]

(해설 🕂) 유량측정 계산 공식

① 노즐의 방사압력을 이용한 유량측정

$$Q = 0.6597 CD^2 \sqrt{10P} = 0.653 D^2 \sqrt{10P}$$

여기서, Q : 유량[L/min], D : 노즐의 내경[mm], P : 방사압력[MPa]

C : 계수(호스 노즐의 경우 보통 C의 값을 0.99로 본다.)

② 분사헤드의 방사압력을 이용한 유량측정

$$Q = K\sqrt{10P}$$

여기서, Q : 유량[L/min], K : 방출계수, P : 방사압력[MPa]

스프링클러설비 계산 공식

전양정 H = 실양정[m] + 마찰손실[m] + 방사압(수두)[m]

여기서, 스프링클러설비의 헤드 방사압 : 0.1[MPa] = 10[m]

스프링클러설비 수원의 양 Q = 80[L/min] × 헤드의 기준개수 × T[min]

여기서, T[min] : 방사시간(20분)

(30층 이상 50층 미만인 경우 40분, 50층 이상인 경우 60분)

※ 헤드의 기준개수(폐쇄형 헤드)

설치장소			기준개수
지하층을 제외한 층수가 10층 이하인 소방대상물	공장	특수가연물 저장·취급하는 것	30개
		그 밖의 것	20개
	근린생활시설, 판매시설·운수시설 또는 복합건축물	판매시설 또는 복합건축물 (판매시설이 설치되는 복합건축물)	30개
		그 밖의 것	20개
	그 밖의 것	헤드의 부착높이 8[m] 이상의 것	20개
		헤드의 부착높이 8[m] 미만의 것	10개
지하층을 제외한 층수가 11층 이상인 특정소방대상물·지하가 또는 지하역사			30개

펌프의 축동력[kW] $P = \dfrac{\gamma QH}{\eta}$

여기서, γ : 비중량($\gamma_w = 9.8[\text{kN/m}^3]$)

Q : 유량[m³/s]

H : 전양정[m]

η : 효율

06 지상 10층, 각 층의 바닥면적 4,000[m²]인 사무실 건물에 완강기를 설치하고자 한다. 건물에는 직통계단인 2 이상의 특별피난계단이 적합하게 설치되어 있고, 주요 구조부는 내화구조로 되어 있다. 완강기의 최소 개수를 구하시오. [4점]

해답 ● • 계산과정

$$N = \frac{4,000[\text{m}^2]}{1,000[\text{m}^2/\text{개}]} = 4[\text{개}]$$

다만, 내화구조이고 특별피난계단이 2 이상 설치되어 있으므로 피난기구의 2분의 1을 감소시킬 수 있다.

$$\therefore \frac{4[\text{개}]}{2} = 2[\text{개}]$$

2[개] × 8[개층] = 16[개]

• 답 16[개]

해설 ● 「피난기구의 화재안전기술기준(NFTC 301)」 피난기구의 설치개수

① 층마다 설치하되, 다음 시설 용도의 경우 기준면적마다 1개 이상 설치할 것

숙박시설 · 노유자시설 및 의료시설	해당 층의 바닥면적 500[m²]
위락시설 · 문화집회 및 운동시설 · 판매시설	해당 층의 바닥면적 800[m²]
계단실형 아파트	각 세대
그 밖의 용도	해당 층의 바닥면적 1,000[m²]

② 기준에 따라 설치한 피난기구 외에 숙박시설(휴양콘도미니엄을 제외한다)의 경우에는 추가로 객실마다 완강기 또는 2 이상의 간이완강기를 설치할 것

③ 기준에 따라 설치한 피난기구 외에 4층 이상의 층에 설치된 노유자시설 중 장애인 관련 시설로서 주된 사용자 중 스스로 피난이 불가한 자가 있는 경우에는 층마다 구조대를 1개 이상 추가로 설치할 것

피난기구 설치의 감소

피난기구를 설치하여야 할 특정소방대상물 중 다음의 기준에 적합한 층에는 피난기구의 2분의 1을 감소할 수 있다.

① 주요 구조부가 내화구조로 되어 있을 것

② 직통계단인 피난계단 또는 특별피난계단이 2 이상 설치되어 있을 것

07 3층인 특정소방대상물에 다음 조건에 따라 소화기와 간이소화용구를 비치할 때 다음 각 물음에 답하시오.　　　　　　　　　　　　　　　　　　　　　　　　　　　　　　　　　[10점]

[조건]
- 1층은 아동교육시설, 2층과 3층은 한의원이다.
- 각 층의 바닥면적은 30[m]×40[m]이며, 모든 층의 구조는 동일하다.
- 내화구조이며 벽 및 반자의 실내에 면하는 부분이 난연재료로 된 건축물이다.
- 간이소화용구는 전체 능력단위의 $\frac{1}{2}$ 만큼만 적용한다.
- 소화기는 개당 3단위 적용하며, 간이소화용구는 개당 1단위를 적용한다.

1) 1층~3층의 소화기구 능력단위를 계산하시오.
2) 1층에 비치해야 하는 간이소화용구의 최소 개수를 구하시오.
3) 2층~3층에 비치해야 하는 소화기의 최소 개수를 구하시오.
4) 간이소화용구의 종류 4가지를 쓰시오.

해답 ⊕　1) 1층~3층의 소화기구 능력단위[단위]
- 계산과정
　① 1층 (아동교육시설 − 노유자시설) 능력단위
　　$\dfrac{(30[\text{m}] \times 40[\text{m}])}{200[\text{m}^2/단위]} = 6[단위]$
　② 2층~3층 (한의원 − 근린생활시설) 능력단위
　　$\dfrac{(30[\text{m}] \times 40[\text{m}])}{200[\text{m}^2/단위]} = 6[단위]$
　　$6[단위] \times 2[개층] = 12[단위]$
　③ 6[단위] + 12[단위] = 18[단위]
- 답 18[단위]

2) 1층 간이소화용구의 최소 개수[개]
- 계산과정
　$\dfrac{6[단위] \times \dfrac{1}{2}}{1[단위/개]} = 3[개]$
- 답 3개

3) 2층~3층 소화기의 최소 개수[개]
- 계산과정
　$\dfrac{6[단위]}{3[단위/개]} = 2[개]$
　$2[개] \times 2[개층] = 4[개]$
- 답 4[개]

4) 간이소화용구의 종류 4가지

① 에어로졸식 소화용구

② 투척용 소화용구

③ 소공간용 소화용구

④ 소화약제 외의 것을 이용한 간이소화용구(마른 모래, 팽창질석 및 팽창진주암)

해설 ⊕ 특정소방대상물별 소화기구의 능력단위기준

특정소방대상물	소화기구의 능력단위
위락시설	바닥면적 30[m²]마다 1단위
공연장, 집회장, 관람장, 문화재, 장례식장 및 의료시설	바닥면적 50[m²]마다 1단위
근린생활시설, 판매시설, 운수시설, 숙박시설, 노유자시설, 전시장, 공동주택, 업무시설, 방송통신시설, 공장, 창고시설, 항공기 및 자동차 관련 시설 및 관광휴게시설	바닥면적 100[m²]마다 1단위
그 밖의 것	바닥면적 200[m²]마다 1단위
주요 구조부가 내화구조이고, 벽 및 반자의 실내에 면하는 부분이 불연재료·준불연재료 또는 난연재료로 된 특정대상물에 있어서는 위 표의 기준면적의 2배를 해당 특정소방대상물의 기준으로 한다.	

08 토출 개폐밸브 V_1, 성능시험 개폐밸브 V_2, 유량조절밸브 V_3를 이용하여 체절운전, 정격운전, 최대 부하운전시험 과정을 설명하시오. [6점]

1) 체절운전
2) 정격운전
3) 최대부하운전

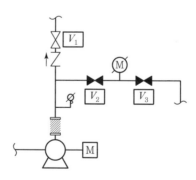

해답 ⊕ 1) 체절운전 : 펌프의 토출 측 주 개폐밸브 V_1을 폐쇄한다. → 성능시험배관상의 개폐밸브 V_2 및 유량조절밸브 V_3 폐쇄 상태를 확인한다. → 동력제어반(MCC – Panel)에서 충압펌프를 운전스위치를 수동 또는 정지 상태로 전환한다. → 주펌프를 수동으로 기동시킨다. → 토출 측의 압력계를 통해 체절압력(정격토출압의 140[%]) 이하인지 확인한다. → 복구시킨다.

2) 정격운전 : 펌프의 토출 측 주 개폐밸브 V_1을 폐쇄한다. → 성능시험배관상의 개폐밸브 V_2를 개방하고, 유량조절밸브 V_3를 서서히 개방시켜 유량측정장치를 통해 정격운전(펌프 사양에 명시)이 되도록 조정한다. → 정격운전점일 때 토출 측의 압력계를 통해 정격압력(펌프 사양에 명시) 이상인지 확인한다. → 복구시킨다.

3) 최대부하운전 : 펌프의 토출 측 주 개폐밸브 V_1을 폐쇄한다. → 성능시험배관상의 개폐밸브 V_2를 개방하고, 유량조절밸브 V_3를 조금 더 개방시켜 유량측정장치를 통해 최대운전(정격토출량의 150[%])이 되도록 조정한다. → 최대운전점일 때 토출 측의 압력계를 통해 정격토출압의 65[%] 이상인지 확인한다. → 복구시킨다.

해설 ⊕ **성능시험배관을 통한 펌프의 성능시험과정**

① 펌프의 토출 측 주 개폐밸브 V_1을 폐쇄한다.

② 성능시험배관상의 개폐밸브 V_2 및 유량조절밸브 V_3 폐쇄 상태를 확인한다.

③ 동력제어반(MCC-Panel)에서 충압펌프를 운전스위치를 수동 또는 정지 상태로 전환한다.

④ 압력챔버의 배수밸브를 개방시켜 주펌프를 기동시키거나 제어반으로 주펌프를 수동으로 기동시킨다.

⑤ 토출 측의 압력계를 통해 체절압력(정격토출압의 140[%]) 이하인지 확인한다.

⑥ 성능시험배관상의 개폐밸브 V_2를 개방하고, 유량조절밸브 V_3를 서서히 개방시켜 유량측정장치를 통해 정격운전(펌프 사양에 명시)이 되도록 조정한다.

⑦ 정격운전점일 때 토출 측의 압력계를 통해 정격압력(펌프 사양에 명시) 이상인지 확인한다.

⑧ 성능시험배관 상의 유량조절밸브 V_3를 조금 더 개방시켜 유량측정장치를 통해 최대운전(정격토출량의 150[%])이 되도록 조정한다.

⑨ 최대운전점일 때 토출 측의 압력계를 통해 정격토출압의 65[%] 이상인지 확인한다.

⑩ 제어반에서 주펌프를 수동으로 정지하고 자동으로 전환한다.

⑪ 펌프의 토출 측 개폐밸브 V_1을 개방하고, 성능시험배관 상의 개폐밸브 V_2 및 유량조절밸브 V_3를 수격작용이 발생하지 않도록 서서히 폐쇄한다.

⑫ 동력제어반(MCC-Panel)에서 충압펌프 운전스위치를 자동으로 전환한다.

※ 펌프의 성능시험 중 릴리프밸브에 관련된 내용은 제외하고 설명했음

09 다음 소방시설의 도시기호에 대한 명칭 또는 명칭에 대한 도시기호를 그리시오.　　　　[4점]

명칭	도시기호
(①)	
선택밸브	(②)
편심리듀서	(③)
(④)	⊏━━━⊐

해답 ⊕　① 풋밸브
　　　　② ⟶⊠⟶
　　　　③ ⟶▷⟶
　　　　④ 라인프로포셔너

명칭	도시기호
풋밸브	⊠
선택밸브	⟶⊠⟶
편심리듀서	⟶▷⟶
라인프로포셔너	⊏━━━⊐

10 다음 조건에 따라 방호구역에 분사된 할론 소화약제의 체적[m³]을 구하시오.　　　　[5점]

[조건]
- 분사된 할론 소화약제는 Halon 1301이며, 분자량은 148.9이다.
- 방호구역의 체적은 500[m³]이며, 차고 및 주차장이다.
- 약제 방출 후 방호구역의 산소 농도는 15[%], 압력은 1.2[atm]이고, 온도는 15[℃]이다.
- 대기상태는 공기와 같고, 이 외의 조건은 무시한다.

해답 ⊕　• 계산과정
　　　　① 최소 약제소요량[kg]
　　　　　　$W = 500[\text{m}^3] \times 0.32[\text{kg/m}^3] = 160[\text{kg}]$

② 할론 소화약제의 체적[m³]

$$1.2[\text{atm}] \times V[\text{m}^3] = \frac{160[\text{kg}]}{148.9[\text{kg/kmol}]} \times 0.082[\text{atm} \cdot \text{m}^3/\text{kmol} \cdot \text{K}] \times (273+15)[\text{K}]$$

$$\therefore \ V = 21.15[\text{m}^3]$$

- 🗐 21.15[m³]

해설 ➕　전역방출방식 할론소화설비 계산 공식

$$약제량 \ W = (V \times \alpha) + (A \times \beta)$$

여기서, W : 약제량[kg]

$\quad\quad\quad$ V : 방호구역 체적[m³]

$\quad\quad\quad$ α : 소요약제량[kg/m³]

$\quad\quad\quad$ A : 개구부면적[m²]

$\quad\quad\quad$ β : 개구부 가산량(개구부에 자동폐쇄장치 미설치)[kg/m²]

할론 1301 소화설비의 체적 1[m³]당 소요약제량 및 개구부 가산량

소방대상물	소요약제량	개구부가산량
• 차고, 주차장, 전기실, 전산실, 통신기기실 등 이와 유사한 전기설비 • 특수가연물(가연성 고체류, 가연성 액체류, 합성수지류 저장·취급)	0.32[kg/m³]	2.4[kg/m²]
특수가연물(면화류, 나무껍질 및 대팻밥, 넝마 및 종이부스러기, 사류, 볏짚류, 목재가공품 및 나무부스러기 저장·취급)	0.52[kg/m³]	3.9[kg/m²]

$$이상기체상태방정식 \ PV = nRT = \frac{W}{M}RT$$

여기서, P : 압력[atm] [Pa]

$\quad\quad\quad$ V : 유속[m/s]

$\quad\quad\quad$ n : 몰수[mol]

$\quad\quad\quad$ W : 질량[kg]

$\quad\quad\quad$ M : 분자량[kg/kmol]

$\quad\quad\quad$ R : 이상기체상수($= 0.082[\text{atm} \cdot \text{L/mol} \cdot \text{K}] = 8.314[\text{N} \cdot \text{m/mol} \cdot \text{K}]$)

$\quad\quad\quad$ T : 절대온도[K]

11 소화배관에 사용되는 강관의 인장강도는 240[MPa], 안전율은 5, 최고사용압력은 3.6[MPa]이다. 이 배관의 스케줄 수(Schedule No)를 계산하시오. [4점]

해답 ⊕ • 계산과정

$$허용응력 = \frac{240[\text{MPa}]}{5} = 48[\text{MPa}]$$

$$스케줄 = \frac{3.6[\text{MPa}]}{48[\text{MPa}]} \times 1{,}000 = 75$$

• 답 75

해설 ⊕ 할론소화설비 배관 계산 공식

$$허용응력 = \frac{인장강도}{안전율}$$

$$스케줄\ 수 = \frac{사용압력}{허용응력} \times 1{,}000$$

12 유량 Q, 양정 H인 펌프 2대를 병렬로 연결한 경우 유량 – 양정 곡선을 그리시오.(다만, 1대 펌프일 때의 토출량과 양정을 Q_1, H_1로, 2대 펌프를 연결한 경우 토출량과 양정을 Q_2, H_2로 표기하시오.) [5점]

해답 ⊕

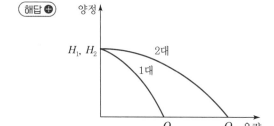

해설 ⊕ 펌프의 연결(토출량 Q, 양정 H인 펌프 2대를 직렬 또는 병렬로 연결한 경우)

① 직렬연결 : 양정이 2배가 된다. ($Q_2 = Q_1$, $H_2 = 2H_1$)

② 병렬연결 : 유량이 2배가 된다. ($H_2 = H_1$, $Q_2 = 2Q_1$)

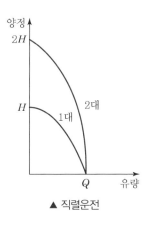

▲ 직렬운전

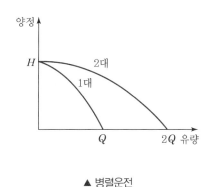

▲ 병렬운전

13 소화 배관의 동결을 방지하기 위해 보온재를 사용하는 경우 구비 조건 4가지를 쓰시오.(다만, 경제성 부분은 제외한다.) [4점]

①

②

③

④

(해답 ⊕) ① 기계적 강도가 클 것

② 열효율이 적을 것(열전도율이 적을 것)

③ 흡습성 및 흡수성이 없을 것

④ 다공성일 것

(해설 ⊕) 배관의 동결을 방지하기 위한 방법

① 보온재로 감싸는 방법

② 가열코일로 감싸는 방법

③ 중앙난방을 이용하는 방법

④ 부동액을 주입하는 방법

※ 보온재를 사용하는 경우 난연재료 성능 이상의 것으로 해야 한다.

① 보온재의 종류

• 암면보온통

• 유리면보온통

• 폴리스틸렌보온통

② 보온재의 구비조건

• 기계적 강도가 클 것

• 열효율이 적을 것(열전도율이 적을 것)

- 흡습성 및 흡수성이 없을 것
- 다공성일 것
- 비중이나 부피가 작을 것(부피비중이 적을 것)
- 시공이 용이하며 가격이 저렴할 것

14 수계소화설비의 가지배관은 토너먼트(Tournament) 배관방식을 적용할 수 없다. 다음 물음에 답하시오. [7점]

1) 토너먼트 배관방식을 사용할 수 없는 이유를 쓰시오.
2) 토너먼트 배관방식을 사용할 수 있는 설비 3가지를 쓰시오.(단, 할로겐화합물 및 불활성기체 소화설비는 제외한다.)

(해답⊕) 1) 내부 배관 형태로 수격현상이 일어나면서 배관이나 부속품에 진동 및 충격이 일어날 수 있기 때문에
2) 이산화탄소소화설비, 할론소화설비, 분말소화설비, 포소화설비 중 압축공기포 소화설비

15 지상 5층의 특정소방대상물에 옥내소화전설비를 화재안전기술기준 및 다음 조건에 따라 설치하였을 때 각 물음에 답하시오. [10점]

[조건]
- 옥내소화전은 각 층마다 6개씩 설치되었다.
- 실양정은 50[m]이고 배관상 마찰손실은 실양정의 20[%], 호스 마찰손실은 7.8[m]로 한다.
- 소방용 호스는 40[mm] 규격의 길이는 15[m], 수량은 2[본]을 사용하고, 마찰손실은 100[m]당 26[m]로 한다.
- 펌프의 효율은 50[%]이다.

1) 옥상수조에 저장하여야 할 최소 유효저수량[m³]은 얼마인가?
2) 펌프의 최소 토출량[L/min]은 얼마인가?
3) 전양정[m]은 얼마인가?
4) 펌프의 성능은 정격토출량의 150[%]로 운전할 경우 정격토출압력은 최소 몇 [MPa] 이상이어야 하는지 구하시오.
5) 펌프의 토출 측 주배관의 최소 구경을 다음 [보기]에서 선정하시오.

> [보기]
> 25[mm], 32[mm], 40[mm], 50[mm], 65[mm], 80[mm], 100[mm]

6) 펌프의 축동력[kW]은 얼마 이상이어야 하는가?

해답 1) 옥상수조에 저장하여야 할 최소 유효저수량[m³]
- 계산과정

  지하수조 유효수량 $= 2.6[\mathrm{m^3/min}] \times 20[\min] = 5.2[\mathrm{m^3}]$

  옥상수조 유효수량 $= 5.2[\mathrm{m^3}] \times \dfrac{1}{3} = 1.73[\mathrm{m^3}]$

- 답 $1.73[\mathrm{m^3}]$

2) 펌프의 최소 토출량[L/min]
- 계산과정

  $Q = 2[개] \times 130[\mathrm{L/min}] = 260[\mathrm{L/min}]$

- 답 $260[\mathrm{L/min}]$

3) 전양정[m]
- 계산과정

  $H = 50[\mathrm{m}] + (50[\mathrm{m}] \times 0.2) + 7.8[\mathrm{m}] + \left(\dfrac{15[\mathrm{m}]}{100[\mathrm{m}]} \times 26[\mathrm{m}] \times 2[본] \right) + 17[\mathrm{m}] = 92.6[\mathrm{m}]$

- 답 $92.6[\mathrm{m}]$

4) 정격토출량의 150[%]로 운전할 경우 정격토출압력[MPa]
- 계산과정

  펌프의 성능은 체절운전 시 정격토출압력의 140[%]를 초과하지 않고, 정격토출량의 150[%]로 운전 시 정격토출압력의 65[%] 이상이 되어야 하며, 펌프의 성능을 시험할 수 있는 성능시험배관을 설치할 것

  $P = \dfrac{92.6[\mathrm{m}]}{10.332[\mathrm{m}]} \times 0.101325[\mathrm{MPa}] \times 0.65 = 0.59[\mathrm{MPa}]$

- 답 $0.59[\mathrm{MPa}]$

5) 토출 측 주배관의 최소 구경
- 계산과정

  ※ 펌프의 토출 측 주배관의 구경은 유속이 4[m/s] 이하가 될 수 있는 크기 이상으로 해야 한다.

  $\dfrac{0.26}{60}[\mathrm{m^3/s}] = \dfrac{d[\mathrm{m}]^2\pi}{4}[\mathrm{m^2}] \times 4[\mathrm{m/s}]$

  $\therefore\ d = 0.037134[\mathrm{m}] = 37.13[\mathrm{mm}]$이므로 40A

  최소 구경 적용 → 50A

- 답 50A

6) 펌프의 축동력[kW]
- 계산과정

$$P = \dfrac{9.8[\mathrm{kN/m^3}] \times \dfrac{0.26}{60}[\mathrm{m^3/s}] \times 92.6[\mathrm{m}]}{0.5} = 7.86[\mathrm{kW}]$$

- 🗒 7.86[kW]

해설 ⊕ [공식]

전양정 H = 실양정[m] + 마찰손실[m] + 방사압[m]

여기서, 옥내소화전의 노즐 방사압 : 0.17[MPa] = 17[m]

펌프의 축동력[kW] $P = \dfrac{\gamma QH}{\eta}$

여기서, γ : 비중량($\gamma_w = 9.8[\mathrm{kN/m^3}]$)

Q : 유량[m³/s]

H : 전양정[m]

η : 효율

16 다음은 이산화탄소소화설비의 분사헤드를 설치하지 않아도 되는 장소이다. (   )에 알맞은 내용을 쓰시오. [4점]

- 방재실 · 제어실 등 사람이 상시 근무하는 장소
- 니트로셀룰로오스 · 셀룰로이드 제품 등 (㉠)을 저장 · 취급하는 장소
- 나트륨 · 칼륨 · 칼슘 등 (㉡)을 저장 · 취급하는 장소
- 전시장 등의 관람을 위하여 다수인이 출입 · 통행하는 통로 및 전시실 등

해답 ⊕ ㉠ 자기연소성 물질
㉡ 활성 금속물질

해설 ⊕ 「이산화탄소소화설비의 화재안전기술기준(NFTC 106)」 분사헤드 설치제외
① 방재실 · 제어실 등 사람이 상시 근무하는 장소
② 니트로셀룰로스 · 셀룰로이드제품 등 자기연소성 물질을 저장 · 취급하는 장소
③ 나트륨 · 칼륨 · 칼슘 등 활성 금속물질을 저장 · 취급하는 장소
④ 전시장 등의 관람을 위하여 다수인이 출입 · 통행하는 통로 및 전시실 등

MEMO

MEMO

소방설비기사 실기

기계분야

발행일 | 2025. 1. 10　초판발행

저　자 | 강단아
발행인 | 정용수
발행처 | 예문사

주　소 | 경기도 파주시 직지길 460(출판도시) 도서출판 예문사
T E L | 031) 955 – 0550
F A X | 031) 955 – 0660
등록번호 | 11 – 76호

정가 : 30,000원

ISBN 978 – 89 – 274 – 5701 – 5　13530